突兀黄金秋色里（2015 年 10 月摄于哈巴湖）

盐池县环境保护和林业志

盐池县自然资源局　编

中国文史出版社

2000年9月27日，在北京参加国际农村发展研讨会的外国专家、学者对盐池县荒漠化防治和外援项目实施情况进行考察

2001年10月16日，全国防沙治沙工程毛乌素沙地盐池县柳杨堡试验示范基地通过自治区有关单位验收

2002年9月26日，吴忠市市长杨国林（左四）带领有关部门调研盐池县生态建设工作，盐池县委书记何国攀（左三）、县长张柏森（前排右一）陪同调研

2003年8月，吴忠市委书记刘语平（前排左一）、市长杨国林（前排右一）调研盐池县草原禁牧工作

2004年7月10日，全县经济发展促评会现场观摩王乐井乡官滩治沙点

2007年11月6日，全国防沙治沙现场会全体与会人员实地观摩盐池县治沙项目区建设情况

2008年1月7日，国家林业局监察局组织对盐池县"三北"防护林基地日援项目区进行调研考察

2008年5月29日，联合国粮农组织驻华代表处代表、德国驻华使馆公使、德国GTZ公司负责人、世界自然保护联盟高级林业项目官员一行到盐池县考察防沙治沙造林工作

2008年7月31日，宁夏中部干旱带县内生态移民现场观摩会在盐池县召开，自治区有关领导视察千户新村建设

2008年4月17日，县委书记刘鹏云（左四）调研全县石油开发和环境保护工作

2008年3月25日，盐池县春季义务植树造林活动正式启动

2009 年 2 月 8 日，盐池县四套班子领导调研全县年度植树造林规划情况

2009 年 5 月 21 日，自治区西部办领导检查盐池县退牧还草工程执行情况

2010 年 3 月 22 日，国家发改委、国务院发展研究中心、陕甘宁革命老区振兴规划调研组到盐池县调研退耕还林、退牧还草和防沙治沙工作

2010 年 4 月 3 日，联合国防治荒漠化公约中德合作项目国际研讨会代表到盐池县考察项目建设情况

2010 年 3 月 12 日，盐池县义务植树造林启动大会

2011 年 8 月，国家七部委联合考核盐池县防沙治沙工作

2012 年 8 月 16 日，盐池县有关部门组织离退休老干部观摩全县生态建设情况，参观二道湖防沙治沙区

2013 年 3 月 18 日，盐池县春季植树造林暨机关干部义务植树启动大会

2013 年 5 月 28 日，国家林业局
"走风沙线　寻圆梦路"采访活动组
到白春兰治沙基地进行采访

2013 年 6 月 14 日，来自全区 10 个
县（市、区）技术推广单位代表、70
名养殖专业户在盐池县千禾饲料配送
中心观摩了柠条收割加工现场演示

2015 年 4 月 16 日，盐池县哈巴
湖管理局等部门组织了中日合作宁夏
盐池县毛乌素沙地樟子松营造示范项
目揭牌仪式暨义务植树活动

2016年7月30日，中央环保督察组督察盐池县环保工作

2016年9月7日，自治区林业厅副厅长平学智（右六）视察盐池县柠条平茬治理效果情况

2016年6月22日，盐池县委副书记、县长戴培吉（右一）带领有关部门调研全县生态旅游资源情况

2017 年 10 月 10 日，国家林业局副局长刘东生（前排左三）及"三北"工程精准治沙和灌木平茬复壮试点工作现场会与会人员对盐池县精准治沙和灌木平茬工作进行现场观摩

2017 年 3 月 9 日，国家林业局野生动物保护协会副秘书长王晓婷（右四）一行督导哈巴湖管理局野生动物疫源疫病监测防控和野生动物保护管理工作开展情况

2017 年 11 月 3 日，全区大美草原守护行动启动仪式在盐池县举行

2018年6月1日至7月1日，中央第二环境保护督察组到盐池县对自治区第一轮中央环境保护督查整改情况开展"回头看"

2018年4月2日，全县机关干部春季义务植树活动在青山乡猫头梁片区正式启动

2019年4月20日，自治区自然资源厅有关处室与盐池县自然资源局机关支部联合开展"不忘初心铸党旗 创先争优谋新篇"党建结对共建活动

2019 年 2 月 28 日，盐池县四套班子领导到冯记沟乡调研春季植树安排工作

2019 年 7 月 21 日，国家林草局调研组到盐池县调研草原确权承包试点工作开展情况

2019 年 10 月 9 日至 11 日，国家林业和草原局退耕还林（草）中心组织对盐池县 2019 年度退耕还林工程管理进行实际核查

2020年6月18日，宁夏农林科学院党委副书记、院长李月祥（前排右四）带领有关专家到盐池县专题调研院地合作项目开展情况

2019年9月24日，世界银行项目检查团一行对盐池县世行项目竣工验收进行前期预审

2019年12月11日，宁夏荒漠化防治技术与实践国际研修班参会人员在盐池县进行现场观摩调研

2020 年 9 月 8 日，盐池县委书记滑志敏（右七）带领有关部门调研全县生态环保工作

2020 年 10 月 4 日，盐池县委副书记、代县长龚雪飞（右六）带领有关部门调研青山石膏矿区环境整治情况

2022 年 4 月 1 日，盐池县委书记王海宁（前排右三），县委副书记、代县长刘娜（前排右四），政协主席张晨（前排右五）现场指导全县春季义务植树规划布局情况

2022 年 4 月 1 日，盐池县组织机关干部职工参加义务植树，开展新时代文明实践志愿服务活动

前　言

历史以来，盐池地区自然资源丰富，草原植被茂盛，自然风光优美。商周时期，今盐池地区为昫衍戎族聚居地。《诗经·小雅·出车》云："天子命我，城彼朔方……春日迟迟，卉木萋萋。鸧鹒喈喈，采蘩祁祁。执讯获丑，薄言还归"，既表达了战争对于黎民百姓之残酷，也侧面描述了边地风光美景。唐初，鉴于盐州地区水草丰茂，朝廷在此设置牧马八监，专司军马牧放饲养。建中元年（780年），边塞诗人李益随朔方节度使崔宁"巡行朔野"，经过今盐池县境内铁柱泉一带时，写下了"绿杨著水草如烟，旧是胡儿饮马泉。几处吹笳明月夜，何人倚剑白云天"的著名诗句。宋夏、蒙夏战争后，盐州一带人口锐减，田园荒芜，然而自然生态资源却得到了较好恢复。有明一代，朝廷及地方藩王在今花马池、铁柱泉、惠安堡、枸子山（今麻黄山）一带设置牧马苑，专司畜牧。康熙二十八年（1689年），康熙皇帝远征噶尔丹，三月二十日抵达花马池，兴之所至，于花马池草原猎兔318只。事后康熙帝曾在朝议时对众大臣说："朕带领兵丁于鄂尔多斯、花马池、定边等处行围，每日杀兔数千。一日所获，可作兵丁几日干粮。"说明在这一时期，花马池一带草原植被状况仍然良好。清末至民国后，随着盐池地区人口不断增长，战争和自然灾害频频发生，生态环境逐渐衰弱，森林树木、草原植被遭到严重破坏。据地方史料记载，其时农村寻常百姓欲得一根成材"锹把"（农村铁锹木柄），往往遍寻四野而无处可觅，生态环境恶化一至如斯。这种状况一直持续到20世纪六七十年代，全县沙化面积达到387.5万亩左右，占全县总面积的38%。

秋残思翠润，久旱慕阴凉。20世纪五六十年代，盐池农村百姓屡屡在房前屋后尝试人工种树，然受栽植技术、气候雨水条件所限，成功率极低。加之农业种植靠天吃饭，收成难料，以致老百姓无奈发出"春种万粒子，秋收一捧粮""插苗不活树，刈草莽还生"的感叹。及至1980年前后，全县掀起承包荒山、沙地绿化造林热潮，李万福、贺国英等植树造林模范首次在南部山区麻黄山一带成功种植苹果树，山区百姓有史以来第一次吃上当地自产的苹果，一时成为新闻佳话，传遍山乡。

1978年前30年，全县累计造林67.20万亩，成活保存面积只有11.8万亩。1978年盐池县被国家列为"三北"防护林体系重点县，经过8年艰苦奋斗，到1993年底，全县累计造林成活保

朔漠涌金（2020年10月郭晓龙摄于哈巴湖）

存面积达到 115.74 亩，保存率为 73.3%。20 世纪 90 年代后，历届县委、县政府坚持把植树造林、防沙治沙、改善生态环境作为全县工作重点，常抓不懈。先后实施了国家天然林资源保护工程、"三北"防护林工程、退耕还林（草）工程、外援生态治沙项目以及围城造林、城乡生态一体化建设等项目。

"十一五"期间，全县继续依托重点生态项目，持续推进防沙治沙、植树造林、水土保持综合治理，建成了环城生态圈、骨干公路绿化通道、围乡镇林网，形成了跨地域综合施策、南北中全境覆盖、乔灌草相得益彰的生态治理模式。境内明沙丘基本消除，初步实现"人进沙退"的

历史性逆转。深入开展草原禁牧村民自治工作，争取并实施草原生态补奖机制，扎实推进集体林权制度改革。全县林木覆盖率、植被覆盖度分别达到 31% 和 65%。"十二五"期间，全县累计人工造林 45 万亩，环城 5 公里 10 万亩生态圈基本形成，林木覆盖度提高了 5 个百分点，空气质量优良天数持续攀升。成功创建国家园林县城、自治区文明县城，荣获全国防沙治沙示范县和全国绿化先进集体，被确定为国家重点生态功能区试点县。截至 2016 年，全县普查实有森林总面积 181.5 万亩，其中有林地 11.3 万亩，灌木林地 170.2 万亩；未成林地 61 万亩。到"十三五"末，全县累计林木保存面积发展到 200 万亩，累计完

成营造林 55.5 万亩，森林覆盖率、草原综合植被盖度分别达到 27.32% 和 58.45%，高于全区 11 个和 2 个百分点。全县"一圈一带三区多点"（围城生态圈，长城旅游观光和生态修复带，南部水土流失防治生态区、中部水源涵养生态区、北部防沙治沙生态区，多点串连的城乡绿网）生态安全格局全面构建。严格落实国家环境保护政策，全面推行河（湖）长制，全力打赢蓝天碧水净土保卫战，重拳整治环境污染问题，铁腕推进中央、自治区环保督察整改工作，全县优良天数比例达到 90% 以上，宁夏东部生态安全屏障更加牢固。漫步山乡井邑，长城两岸，关河炫彩，柳陌含烟，"绿色盐池"已经成为塞上风景亮丽名片。

1991 年 5 月，盐池县人民政府林业科更名为盐池县林业局。2002 年 8 月，根据区、市、县级机构改革方案，成立盐池县环境保护与林业局。2009 年 11 月，盐池县环境保护与林业局更名为盐池县环境保护和林业局。2019 年 3 月，根据区、市、县级机构改革方案，成立盐池县自然资源局，为县人民政府正科级部门，加挂盐池县林业和草原局牌子。至此，盐池县林业局（环境保护和林业局）完成阶段性历史任务。其间，不仅是盐池县林业生态建设最大机遇期、创新发展期、成果显现期，也是林业生态文明深入发展期。有鉴于此，组织编纂《盐池县环境保护和林业志》，全面总结这一时期全县林业生态建设成

借得素颜著春深（2020年4月郭晓龙摄于麻黄山）

果经验、方法措施以及问题不足，有利于持续推进新形势下生态建设和环境保护，有利于实现经济繁荣、城乡振兴发展。

全县"十四五"发展规划中，关于生态环境建设的奋斗目标为：打造全区生态文明建设示范区，筑牢宁夏东部重要生态安全屏障；万元GDP综合能耗、碳排放、主要污染物排放总量和单位GDP用水量下降15%以上，地表水国考断面全部达到Ⅲ类水体，绿色GDP达到98%以上；空气质量优良天数稳定保持90%以上；森林覆盖率达到30%，草原综合植被覆盖度达到60%，争创全国生态文明建设示范县。

历史只会眷顾坚定者、奋进者、搏击者，而不会等待犹豫者、懈怠者、畏难者。站在"两个一百年"奋斗目标历史交汇点之上，革命老区人民接续传承红色基因，弘扬践行革命精神，不断从党的百年光辉历程中汲取智慧和前行力量，以新发展理念融入新发展格局，以建设黄河流域生态保护和高质量发展先行区为先导，以实现经济繁荣、生态优美为奋进目标，努力为建设实现"产业强、生态美、百姓富、治理优"的现代化新盐池而著力东风，砥身砺行。

凡　例

一、编纂《盐池县环境保护和林业志》是以马克思列宁主义、毛泽东思想、邓小平理论、"三个代表"重要思想、科学发展观和习近平新时代中国特色社会主义思想为指导，科学运用辩证唯物主义和历史唯物主义的观点方法，充分反映人民群众的历史作用，全面、客观、真实、系统地记述盐池县在林业生态和环境保护方面的发展历程和主要成果，突出体现"存史、资政、育人"功用。

二、鉴于2004年已经编辑出版了《盐池县生态建设志》（时间下限截至2000年），因此本志主要章节时间上限定为2000年1月1日，下限至2020年12月31日；为相关工作延续性记述，有关章节上限时间可适当上溯。

三、鉴于《宁夏哈巴湖国家级自然保护区志》已于2016年由中国文史出版社出版，因此哈巴湖保护区相关内容原则上在本志中不予涉及，只在生态资源等全县综合性内容叙述中作简要概括。

四、本志运用述、记、志、传、图、表、录七种体裁，以志为主，采用记述文体，部分内容用说明文体。全文力求语言文字简洁顺畅，表述清楚，合乎语法逻辑和志书体例规范。

五、本志所采用资料、数据以盐池县环境保护和林业局档案、盐池县档案馆馆藏档案、政府工作报告、统计公报和已出版地方志书资料为主，以全国及自治区行业主管部门、专家学者著作和各级党委、政府相关政策文件及相关党报党刊报道资料为补充；艺文部分内容以原刊（原媒体）采用稿为校稿蓝本。

六、本志设章（设章下序）、节、目，采用第三人称记述，横排门类，纵述史实，力求层次分明，图文并茂。

七、大事记采用编年体，按事件发生时间顺序一事一记。要求时间、地点、人物、起因、经过、结果六要素基本完备；所记事项有具体日期的注明年、月、日；日期不详的附于月末，用"是月"表示；月份不详的附于季末，分别用"春季""夏季""秋季""冬季"或"是年春"等规范用语表示；季节不详的附于年末，用"是年"表示。

八、志书内数字用法按照2000年11月1日国家标准化管理委员会颁布《出版物上数字用法》的规定标准执行。如计量单位统一使用公制；千米、平方千米、公顷、千克、平方米等，一律用现行汉字单位表示；亩、公斤、石等计量单位遵照当地习惯用法；统计表格数据单位用"平方公里""m^2""m^3""kg"等公制单位表示；引用《盐池县志》《盐池统计年鉴》等已出版地方志资料数据，为使统计数据口径一致，保持原计量单位不变。

九、志书内附表以章统一编号，第一个数码为章号，第二个数码为节号，第三个数码为顺序号，如表1—1—1表示第一章第一节第一表；表2—2—1表示第二章第二节第一表，以此类推。

十、为了行文叙述方便，对于字数较多的地域名称、单位名称、领导职务名称等，除在同一章节第一次使用全称后，下文可根据行文语言习惯使用简称。如"宁夏回族自治区"简称为"自治区"，"中共盐池县委、盐池县人民政府"简称"盐池县委、盐池县政府"或"县委、县政府"等。

十一、附录文件部分，重点录入文件标题、内容，或重点节选相关内容；对文本格式、附件、签印等内容不作全面录入；并对语法、逻辑、技术规范等存在错误和不规范问题进行校正。

翠色簇拥长城关（摄于2019年6月）

目 录

银装托素塬（2020 年 12 月崔振华摄于麻黄山）

概　述

盐池县位于宁夏回族自治区东部，处于陕甘宁蒙四省区七县（市、区、旗）交界地区。东与陕西省定边县毗邻，西与本区灵武市、同心县、红寺堡区接壤，南接甘肃省环县，北靠内蒙古自治区鄂托克前旗。境内古城、堡寨、关楼、战台、烽堠星罗棋布，自古就有"西北门户，灵夏肘腋"之称。县境南北长110公里，东西宽66公里，总面积8522.2平方公里，属鄂尔多斯台地向黄土高原过渡地带，地势南高北低，平均海拔1600米。2017年全县辖4镇4乡和1个街道办事处，有102个行政村，654个自然村，17个城镇社区居委会。总人口17.2万人，其中农业人口14.3万人，有回、满、东乡等13个少数民族4234人，占全县总人口的2.45%，其中回族人口3728人，占全县总人口的2.16%。全县共有耕地218万亩，人均15.6亩，其中水浇地32.0557万亩。林木保存面积358万亩。

盐池地处西部边陲，自然风景优美，历来为北方游牧民族驻牧之地，亦为中原王朝与北方游牧民族反复争夺之地。战国中后期，秦国西北部与包括朐衍戎在内的北地义渠戎为邻，且经常发生争端。《史记·秦本纪》载："三十七年（前623年），秦用由余谋伐戎王，益国十二，开地千里，遂称霸西戎。"秦统一六国后，在原来朐衍戎游牧之地设置朐衍县，成为盐池最早的历史地名。公元前221年，秦统一六国后，秦始皇派大将蒙恬统兵三十万攻占河南地（黄河河套以南地区），置44县，朐衍县为其一。秦亡汉兴，匈奴崛起。公元前127年，汉武帝派大将卫青再次收复河南地，朐衍县仍为北地郡所属19个县之一。汉初设置朐衍县，从此进入中央朝廷政权范围。隋大业十三年（617年），梁师都割据盐川郡（次年即唐武德元年再改盐川郡为盐州）。贞观初，唐朝廷以盐州为中心设立牧马八监，成为朝廷驻牧之地。晚唐、五代到宋初，灵州为丝绸之路必经之地。这一时期，今盐池南部地区惠安堡、萌城为其必经驿路。北宋时期，盐州因池盐之利而成为宋廷与党项部族反复争夺之地；1038年李元昊称帝，西夏立，盐州为其腹地。明正统八年（1443年）置花马营，弘治十五年（1502年）置花马池守御千户所，正德元年（1506年）改守御千户所为宁夏后卫。清代为灵州花马池分州，民国二年（1913年）花马池分州从灵州分出，成立盐池县制。盐池县于1936年6月21日由西征红军解放，此后与陕甘宁边区革命同步，经历了十三年光辉而曲折的革命历程。

枸岭岚烟（2021年9月张涛摄于麻黄山）

一

宁夏天然草场主要分布在中部和南部地区，以银南地区分布面积为最大，达到191.88万公顷，占宁夏天然草场总面积的63.7%，其中盐池县分布面积又为最大，计55.70万公顷。盐池县植被资源在区系上属于亚欧草原区亚洲中部亚区、中国中部草原区过渡地带。盐池县境内共有植物615种，隶属于99科、321属，其中天然植物76科、215属、420种。种子植物331种，分属于57科、211属，其中野生植物48科、231种；栽培植物28科、100种。科属组成有禾本科46种，占13.9%；菊科39种，占11.8%；豆科

36种，占10.9%；藜科24种，占7.3%。以上四科共145种，占植物总数的43.8%。在野生植物中，菊科34种，禾本科30种。10种以上的科还有十字花科、蔷薇科、百合科、茄科等。植被类型有灌丛型、草原型、草甸型、沙地植被型和荒漠型。其中灌丛、草原、沙地植被数量较大，分布亦广。由于盐池县地理位置和自然因素过渡性特点，植被类型也显示出自南而北逐渐演替和互相交错的过渡性特点。县境内没有天然森林，只有人工林约14万亩（不包括灌木林），主要分布在花马池、青山、大水坑一带。盐池县共有维管植物77科、284属、571种，其中野生维管植物54科、178属、376种。植物种质资源中，饲

两栖类、爬行类、鸟类和兽类目科种分别是宁夏分布科目总数的 32.26%、33.33%、31.58%、41.75% 和 41.89%。盐池县各种动物种类均占宁夏分布种类 1/3 以上，与国内同类地区比较，陆生脊椎动物种类明显高于其他地区。盐池县共有陆生脊椎动物 22 目 50 科 158 种：两栖类 1 目 2 科 2 种；爬行类 1 目 3 科 6 种；鸟类 15 目 33 科 119 种；哺乳类 5 目 12 科 31 种。水生脊椎动物只有鱼纲 2 目 3 科 10 种。共记录鸟类 15 目 33 科 119 种，其中雀形目 31 种，占总调查数的 26.05%；非雀形目 88 种，占总调查数的 73.95%。根据 2009—2013 年调查，共记录鸟类 14 目 28 科 79 种，其中雀形目 16 种，占调查总数的 20.25%；非雀形目 63 种，占调查总数的 79.75%。境内共有鸟类优势种 20 种，占鸟类总数的 16.81%；常见种 35 种，占 29.41%；偶见种 64 种，占 53.78%。

二

1978 年前 30 年，全县累计造林 67.20 万亩，成活保存面积只有 11.8 万亩。1978 年，盐池县被国家列为"三北"防护林体系重点县。经过 8 年艰苦奋斗，到 1993 年底，全县累计造林成活保存面积达 115.74 亩，保存率为 73.3%。20 世纪 90 年代后，历届县委、县政府坚持把植树造林、防沙治沙、改善生态环境作为全县工作的重点，常抓不懈，林业建设取得了显著成绩，生态环境有了明显改善。1996 年后，先后实施了牧区开发示范工程、坡改梯综合治理生态工程、天然草原植被恢复与保护等建设项目。到 2000 年底，

用、食用和药用植物较为丰富。天然草场中可用于畜牧业的饲草植物有 127 种，占野生维管植物的 33.78%；在全国重点普查的 363 种常用中药材中，盐池境内有 152 种，隶属于 94 科；蜜源植物 70 余种，约占植物总数的 15%，优质蜜源植物主要有甘草、牛心朴子、紫花苜蓿、荞麦、向日葵等；有树龄超过百年古树 7 棵，最长估测树龄 300 年，最短估测树龄 120 年。

盐池县地质、气候、土壤、植被、农牧业经济发展结构的五个过渡性特征，同时也决定了盐池地区生物多样性和动物种类的复杂性。盐池县共有野生脊椎动物 24 目 53 科 168 种，其中野生陆生脊椎动物 22 目 50 科 158 种；鱼类、

全县保留围栏草场50.2万亩，人工种草留床面积23万亩，封育划管改良草场163万亩；全县累计林木保存面积发展到200万亩，林木覆盖率达到18.3%，林业产值达3409万元。

2000年1月，国务院西部地区开发领导小组召开西部地区开发会议，研究加快西部地区发展的基本思路和战略任务，部署实施西部大开发重点工作。国家在实施西部大开发过程中，对西部投资安排上倾斜基础设施、生态环境和科技教育等方面，力争用五至十年时间使西部地区基础设施和生态环境建设取得突破性进展。2002年，盐池县确定为"生态建设年"，县委、县政府制定出台了《关于加快生态环境建设与大力发展草畜产业的意见》，确立了"北治沙，中治水，南治土"的林业发展思路，并于11月1日率先在全区实行草原禁牧，配套出台了《关于全面实行草原禁牧，大力发展舍饲养殖的决定》《盐池县草原有偿承包暂行办法》等一系列草原建、管、用政策。2001、2002年盐池县被评为全区生态建设先进县。2003年1月25日，盐池县委、县政府隆重召开表彰大会，命名"治沙18勇士"，掀起全县林业生态建设高潮。是年，盐池县确定为"生态旅游年"，举办了第三届生态旅游节。2005年3月28日，盐池县哈巴湖自然保护区顺利通过国家环保总局国家级自然保护区评审委员会评审，晋升为国家级自然保护区。2006年，盐池县被评为全国绿化先进县。2007年盐池县环保与林业局被授予全国防沙治沙先进集体和全国天然林保护工程管理先进集体。2008年，盐池县以创建自治区园林县城为突破口，以改善城乡生态和人居环境为目标，扎实推进城乡造林绿化工程。2009年启动集体林权制度改革试点；成功创建全国林业科技示范县，被评为全区生态建设先进县。2010年6月，盐池县被纳入全国10个草原保护建设科技综合示范县之一；7月1日，盐池县委审议通过了《盐池县集体林权制度改革工作实施方案》，付诸实施；11月，盐池县被列入国际金融组织贷款生态治理项目宁夏项目区。

2011年，盐池县以构筑宁夏东部绿色生态屏障为目标，以防风固沙、围城造林、水土保持为重点，认真组织实施国家重点林业工程项目，大力开展高效节水经济林、水土保持林等生态治理工程，被评为全国绿化先进县。2012年后，县委、县政府除继续推进国家重点林业生态建设项目外，进一步加强推进退耕还林（草）后续产业发展、森林管护、节能减排等问题解决。2012年7月10日，国家农业部检查组主持在盐池县召开了草原生态保护奖补工作汇报会，推进落实生态奖补政策。2013年5月18日，盐池县被授予"国家园林县城"。2014年5月9日，盐池县政府审议通过了《盐池县环境保护行动计划（2014—2017年）》《盐池县大气污染防治行动计划（2013—2017年）》等环境保护政策性文件。2015年7月，全区草原确权承包登记试点在青山乡正式启动。2016年后，全县"一村一品"林业经济、庭院经济发展模式初步形成，特色美丽村庄建设深入发展，农村生态环境持续得到改善。2017年，根据区、市统一部署，组织在全县范围内开展了油区和非煤矿山环保问题专项整治。2018年，盐州历史

麻黄山乡赵记湾小流域综合治理成果（摄于 2007 年 8 月）

文化古城景区、哈巴湖生态旅游区被自治区旅游景区质量等级评定委员会批准为国家 AAAA 级旅游景区。2020 年 12 月 11 日，盐池县入选全国绿色矿业发展示范区。

2000—2020 年，盐池县先后实施了"三北"防护林、天然林保护、退耕还林、退牧还草、防沙治沙、小流域治理等重点工程，全县林木保存面积最高达到 440 多万亩，200 多万亩沙化土地得到不同程度治理，50 万亩流动沙丘基本固定，120 万亩退化草原恢复植被，产草量由每亩 48 公斤增加到 168 公斤，全县植被覆盖率提高到 60% 以上，生态植被得到良性恢复，初步实现了"沙进人退"到"人进沙退"的历史性逆转。全国水土保持现场会、全国退牧还草现场会和全国防沙治沙现场会先后在盐池县召开。

三

盐池县自 2000 年正式启动实施国家天然林资源保护工程，一期工程实施期限为 2000 年至 2010 年，二期工程实施期限为 2011 年至 2020 年。工程覆盖全县 8 个乡镇和 1 个国有林场，即花马池镇、大水坑镇、惠安堡镇、高沙窝镇、王乐井乡、青山乡、冯记沟乡、麻黄山乡和生态林场。一期工程累计投入资金 2221 万元，二期工程累计投入资金 10371.5 万元（其中社保资金 302 万元）。工程实施以来，全县生态建设取得了显著成效，森林面积、蓄积率和覆盖率都有了很大提高，森林资源恢复性增长，生态状况明显好转。

2000—2020 年，盐池县先后实施退耕还林 174.52 万亩，其中退耕地造林 47.97 万亩（前

随着生态环境持续改善，先后有多种鸟类迁徙盐池境内（摄于2013年3月）

一轮41.15万亩，新一轮6.82万亩），荒山造林121.25万亩，封山育林5.3万亩。工程建设覆盖全县8个乡镇99个行政村，涉及3.1万余退耕农户，13.1万退耕农民。截至2020年，累计完成投资11.13亿元（种苗补助1.0788亿元，巩固退耕还林成果3887.8万元，粮款及现金补助9.6631亿元），其中新一轮1.2038亿元。通过建设治理，项目区生态环境日趋改善，水土流失得到明显遏制，南部黄土丘陵区山洪减少，年扬沙天气由2000年前后的74次降低到2019年的15次；农民人均可支配收入由2000年的1287元增长到2019年的12127元。2000年，全县森林覆盖率达27.32%，逐步实现了沙地披绿、人进沙退的历史性转变。

盐池县自1978年11月起启动实施国家"三北"防护林工程，次年被国务院列为国家经济建设重要项目。工程共分为3个阶段、8期工程分阶段实施。1978—2000年为第一阶段，分三期工程：1978—1985年为一期工程，1986—1995年为二期工程，1996—2000年为三期工程；2001—2020年为第二阶段，分两期工程，2001—2010年为四期工程，2011—2020年为五期工程；2021—2050年为第三阶段，分三期工程，2021—2030年为六期工程，2031—2040年为七期工程，2041—2050年为八期工程。工程规划期限70年，目前已经启动第六期工程建设。通过20年"三北"防护林工程建设、黄土高原地区综合治理示范县重点林业工程建设，盐池县境内生态植被进一步向好发展，森林覆盖率持续提高，自然条件逐年好转，"生态盐池""绿色盐池"渐被社会各界广泛认可。项目林区农民群众通过参与林业工程建设、苗木培育、林木管护等项目途径增加收入，也通过参与生态休闲旅游开发、经济林种植等产业途径获得更多发展机遇，创造了显著的生态、经济和社会效益。

四

根据国务院环境保护委员会 1984 年 7 月发布的《中国珍稀濒危保护植物名录》、国家林业局和农业部 1999 年 8 月发布的《中国国家重点保护野生植物名录》，盐池县境内（主要为哈巴湖保护区）野生植物中，有国家重点保护野生植物 6 种：发菜、中麻黄、草麻黄、沙冬青、甘草、沙芦草。其中，发菜为国家 I 级重点保护野生植物，其余为国家 II 级重点保护野生植物。在保护区分布的野生植物中，有中国特有植物 12 种：油蒿、籽蒿、地构叶、粟蒿、知母、百花蒿、阿拉善碱蓬、中国马先蒿、沙冬青、鹅绒藤、菟丝子以及栽培树种文冠果。林业部门（哈巴湖保护区管理局）对野生植物保护采取的主要措施有：严防植物病虫害及外来物种进入保护区；切实加强植物病虫害的预测预报，做到及时发现、及时防治；采取积极措施保护野生植物生长环境，通过争取中央、自治区财政补助资金项目加强保护区内濒危、珍稀野生植物资源物种保护与繁殖国家攻关课题研究；确定珍稀物种自然保护区，在指定保护范围内加大繁殖培育珍稀濒危物种力度和面积；建立优良种源区和珍稀树种基因库，建立野生植物资源物种数据库，制定科学规划，采取就地保护、迁地保护和离体保存

等多种方式进行保护。

盐池县 22 目 50 科 158 种陆生脊椎动物中，国家 I 级重点保护鸟类 5 种；国家 II 级重点保护兽类 3 种，鸟类 19 种；自治区重点保护两栖类 1 种，鸟类 24 种，兽类 6 种；属于濒危野生动植物种国际贸易公约规定附录 I 保护的鸟类 1 种；附录 II 保护的鸟类 20 种，兽类 2 种；附录 III 保护的鸟类 7 种，兽类 1 种；属于中日保护候鸟及其栖息环境协定规定保护的鸟类 55 种；属于中澳保护候鸟及其栖息环境协定规定保护的鸟类 15 种；属于国家保护的有益或有重要经济科学研究价值的陆生脊椎动物共 98 种：两栖类 2 种、爬行类 6 种、鸟类 81 种、哺乳类 9 种。2006 年建立哈巴湖国家级自然保护区后，保护区管理局把野生动植物保护放到与森林环境保护同等重要地位，建立了管理局→管理站→管护点三级管理保护网络，重点保护包括国家、自治区级保护动物，并将具有较高经济及生态价值的野生动物纳入保护范围。2007 年 9 月保护区管理局在城南管理站建设了 300 平方米的野生动物救护站和繁殖饲养场，负责收容、救治保护区及周边地区受伤、疾病野生动物。加强与公安等部门协调合作，加大执法力度，使保护区猎捕野生动物案例逐年减少。

从 2014 年 1 月开始，盐池县林业部门根据国家林业局下发《关于在全国开展林业有害生物普查工作的通知》（林造发〔2003〕73 号）和《自治区环林局关于在全区开展有害生物普查工作的通知》（宁林办发〔2003〕290 号）文件精神，组织对全县林业有害生物进行普查。2015 年 12 月至 2016 年 7 月底完成普查资料汇总。

凉风起兮日照渠（2021年8月摄于哈巴湖）

根据普查结果，盐池县境内共有有害生物140种，其中害虫6目53科136种，病原微生物3种，啮齿类动物1种。境内危险性生物种类主要有沙枣木虱、光肩星天牛、青杨天牛、家茸天牛、柠条豆象、榆跳象、芳香木蠹蛾东方亚种、柠条广肩小蜂、刺槐种子小蜂、泰加大树蜂、杨大透翅蛾等。盐池县自1999年盐池县被列为全国森林病虫害中心测报点以来，检疫部门重点突出森防目标管理和监测体系建设，加大综合防治力度，通过病虫害测报、虫害防治、种子种苗检疫和病虫害监测观察，有效遏制了病虫害蔓延。

2000年以来，盐池县森林防火工作一直由林业部门、哈巴湖管理局（盐池机械化林场）及乡镇林业站负责。2019年3月盐池县自然资源局成立后，下设森林草原防火禁牧办，具体负责执行森林防火工作。同时，盐池县自然资源局、应急管理局等部门单位在自然灾害防治救治方面职责互有穿插，各有侧重。应急管理局负责组织编制全县总体应急预案和安全生产类、自然灾害类专项预案，综合协调应急预案衔接工作；指导协调相关部门单位实施森林草原火灾、水灾、旱灾等自然灾害防治；负责森林草原火情监测预警，发布森林和草原火险、火灾信息。自然资源局负责落实综合防灾减灾规划相关要求；指导开展防火巡护、火源管理、防火设施建设等工作；组织指导国有林场、林区开展防火宣传教育、监测预警、督促检查等职能。

五

加强林业产业开发建设，促进林业经济持续增长，是林业可持续发展至关重要问题，也是盐池县"十一五"期间重点攻关课题。多年来，县委、县政府及部门、乡镇为林业产业发展特别是沙产业开发做出不懈努力，但总体效果并不明显，林业经济还没有成为带动一方群众致富的支柱产业。"十二五"期间，盐池县立足林业生态建设实际，大力推广林下高效种植养殖模式。截至 2015 年底，全县林下经济建设面积达到 31.3 万亩，产值超过 1.7 亿元；其中林下种植业产值近 2000 万元，林下养殖业产值近 1.3 亿元，林下产品采集加工业产值近 2500 万元。2000 年后，

盐池县围绕国家天然林资源保护、"三北"防护林、退耕还林（草）等重点林业生态建设项目、城乡绿化造林等林业建设目标任务，加大种苗生产、基地建设、市场营销培育，鼓励跨县区、跨行业界别参与林木种苗生产经营，全面提升林业经济增幅，多渠道增加林农收入。"十三五"期间，盐池县结合林业助力精准扶贫精准脱贫工作思路，按照"坚持不懈、扎实推进，精准扶贫、注重实效，创新机制、激发活力，保护生态、绿色脱贫"工作原则，全面推进林下经济快速发展。截至 2020 年底，麻黄山大接杏种植基地累计完成种植面积 1 万亩；全县累计建成柠条饲草加工厂 10 个，带动当地 1050 个农民就业，年均为畜牧业提供饲草 40 万吨以上。

城关丽日（戴卫东摄）

2001年10月24日，盐池县首届生态旅游节在花马寺（位于花马寺生态旅游区核心区）开幕，标志着盐池县生态旅游业起步发展。2002年10月、2003年8月、2006年6月，盐池县又分别举办了第二届、第三届、第四届生态旅游节。此后，盐池县先后打造了哈巴湖、革命历史纪念园、盐州古城、长城关、长城旅游带、张家场、花马寺、白春兰治沙业绩园、曹泥洼生态民俗村、兴武营特色产业村、李塬畔革命旧址等历史文化和生态游泳景区景点，多次组织举办了滩羊文化节、黄花节、杏花节、香瓜节、农民丰收节、航空嘉年华等节庆活动，皆包含了生态旅游相关项目，"古长城、红老区、绿盐池"逐渐成为盐池旅游品牌代言。截至2019年，全县年旅游接待人数达到127.3万人次，旅游综合收入4.1亿元。"2+3"红色研学模式基本形成，红色研学接待游客达到35.4万人次。发展3星级以上农家乐8家、3星级宾馆3家；累计建成家庭林场（农场）5个，农家乐50家，实现年收入300万元。何新庄、文化大院、兴武营特色产业示范村等一批乡村旅游示范点正在兴起；"盐州大集·民俗嘉年华""航空嘉年华"和"滩羊美食文化节"等系列文化旅游品牌正在形成，充分发挥了"文化旅游+"效应。生态文明深入人心、生态文化繁荣发展。

六

"万物各得其和以生，各得其养以成"。展望未来，习近平生态文明思想，不仅是我国生态文明建设的行动指南，还自然以宁静、和谐、美丽；还将推动我国由工业文明时代快步迈向生态文明新时代，促进经济发展与环境保护良性循环，更好实现"两个一百年"奋斗目标，指引中华民族迈向永续发展的彼岸。

中共盐池县第十五次代表大会决议提出，今后五年要进一步确立绿色环保新发展理念，努力实现"产业强、生态美、百姓富、治理优"新发展目标；立足黄河流域生态保护和高质量发展战略规划，严格保护国家级自然保护区，在提高现有森林资源质量基础上，统筹推进封育造林和天然植被恢复，扩大森林植被有效覆盖率；持续推进沙漠防护林体系建设，深入实施退耕还林、退牧还草、三北防护林等重大工程，有效开展光伏治沙试点，因地制宜建设乔灌草相结合的防护林体系；要把"生态美"建设与乡村振兴、全国文明城市创建、着力推进城乡环境一体化建设结合起来，全面提升城市绿化、亮化、美化和文明素质提升，着力推进将盐池县建设成为"宜居宜业的中心县城、产业融合的特色小镇、美丽整洁的现代乡村"而不懈奋斗。

第一章 自然环境和森林资源

曲径通幽（2010 年 10 月郭晓龙摄）

森林资源指林木、林地及其所在空间内的一切森林植物、动物、微生物以及这些生命体赖以生存并对其有重要影响的自然环境条件的总称。森林资源按物质结构层次可划分为林地资源、林木资源、林区野生动物资源、林区野生植物资源、林区微生物资源和森林环境资源六类。

　　森林资源是地球上最重要资源之一，是生物多样化基础，它不仅能够为生产和生活提供多种宝贵木材和原材料，为人类经济生活提供多种物品，更重要的是森林能够调节气候、保持水土，防止、减轻旱涝、风沙、冰雹等自然灾害；还有净化空气、消除噪声等功能；同时森林还是天然的动植物园，哺育着各种飞禽走兽，生长着多种珍贵林木和药材。森林可以更新，属于再生自然资源，也是一种无形的环境资源和潜在的"绿色能源"。

第一节　自然环境

盐池县位于黄河中上游，宁夏回族自治区东部，毛乌素沙地西南缘，北接内蒙古自治区鄂托克前旗，东邻陕西省定边县，南靠甘肃省环县，西与宁夏同心县、灵武市接壤，属四省区交界地带，地理位置为东经106°30'—107°47'，北纬37°14'—38°10'。历史上，盐池地区以盛产食盐著名，因此盐池县因盐池而得名。

一、地质地貌

盐池县地势南高北低，海拔1295—1951米，自南向北由黄土高原向鄂尔多斯台地过渡。以惠安堡镇杜记沟、狼布掌和大水坑镇的牛皮沟、谷山塘与李伏渠为界，南部为黄土高原丘陵区，北部为鄂尔多斯缓坡丘陵区。

（一）南部黄土丘陵区：该区为黄土高原西部边缘，陇东黄土丘陵区北部边缘。盐池县境内包括麻黄山乡全境，大水坑镇、惠安堡镇南部，总面积1400平方千米，占全县总面积的20.63%，海拔均在1600米以上，最高峰为麻黄山乡境内

蒋家山，海拔1951.5米。该地区山峦起伏，沟壑纵横，梁峁相间，水土流失严重。该地区北部横贯一条绵延起伏的黄土山梁，东起大水坑镇张平庄北山梁，顺西南方向，经观音峁过陈家大梁、何家大梁、大口子山、钱家山大梁、长沟梁、平梁山到惠安堡镇北窑子，黄土山梁由众多东西走向的小山梁并列组成，绵延45公里，横亘10余公里，海拔1823—1951.5米，构成了东北、西南向分水岭，这道分水岭同时也是南北水系分界线。南部属黄河水系的环江流域，北部属内河水系。分水岭顶部地势平坦，两侧坡度渐大，部分山梁与沟谷边缘形成陡崖，或悬或立。梁坡黄土覆盖30—50米，日降水超过15mm时，便会径流而造成水土流失。

南部黄土丘陵区冲蚀沟壑纵贯山梁，分布甚广，水土流失侵蚀地面支离破碎。分水岭西北冲沟短而浅，向北汇入苦水河。分水岭东南多冲沟，宽而深，多呈"V"字形，流入甘肃环江，入泾河再入黄河。

南部黄土丘陵区塬、梁、峁相间，沟谷纵

注：本章部分引用《宁夏通志·地理环境卷》（2016年3月第2次印刷，方志出版社）、《宁夏哈巴湖国家级自然保护区志》（2016年12月第1次印刷，中国文史出版社）、《盐池县水务志》（2019年9月第1次印刷，宁夏人民出版社）相关内容。

秋日麻黄山（2020年8月周勇摄）

横。黄土塬主要分布于惠安堡东南万家塬一带，海拔1700米左右；黄土峁多分布于黄土梁之间，为黄土梁进一步切割而成，高20—60米不等，状多残丘、圆脊或鱼脊；涧底谷地为梁峁之间较低部位，地势平坦，表层为冲积、淤积黄土；部分涧底因侵蚀严重而形成冲沟、陷穴。

（二）北部鄂尔多斯缓坡丘陵区：包括高沙窝、花马池、王乐井、青山、冯记沟等乡镇全境，大水坑、惠安堡镇北部地区，面积约为5588.6平方千米，占全县总面积的79.37%。海拔1400—1600米，大部分为缓坡滩地。该区中部两道梁地，分别构成南北向、东西向分水岭。南北向分水岭南起大水坑镇大马鞍山，向北经青山乡刘窑头，过花马池镇聂家梁、叶家鄢子、南台、梁台、李华台、双井子梁，出县境入内蒙古自治区鄂托克前旗境内，境内长70公里，宽3—5公里，海拔1500—1800米。东西向分水岭东起花马池镇八岔梁，向西经大墩梁、聂家梁、佟家山、牛家山、刘四渠、鸦儿沟至西狼洞沟，全长68千米，宽2—8千米不等，海拔在1421—1652米之间。

侵蚀高坡丘陵分布于东西向分水岭的南端马鞍山、石板梁及其两侧处，即王乐井乡黄土梁和花马池镇红沟梁一带，海拔1450—1650米之间。多数丘陵顶部侵蚀严重，基岩裸露，相对宽阔平坦，但低洼处黄土覆盖较厚，丘陵两翼冲沟发育，尤其南北走向分水岭东段，切割密度和深度较大。

缓坡丘陵主要分布于大水坑镇东南、青山乡以西、县城西北广大地域，平均海拔1400—1550米，相对高差多在50米以下。

王乐井西南、青山西北及大（水坑）—惠（安堡）路以北地区地势平坦，低洼处多形成积水盐湖。

（三）山脉：盐池县境内麻黄山、牛家山、佟家山、灵应山、陈记山、钱家山、大口子山、刘家山等，均属于崛起丘陵，其中以麻黄山乡境内蒋家山为最高。

（四）河流冲沟：县境西南、南北向分水岭以东由苦水河分出支流冲沟两条，为季节性河流，流入滩地或盐湖后消失。最大冲沟为北马坊沟，长25千米，最宽处172米，深20余米。分水岭西侧河沟很少，长仅2—3千米，流入平滩后消失。

（五）沙漠：盐池县地处毛乌素沙地南沿。毛乌素，蒙古语意为"坏水"，地名起源于陕北靖边县海则滩镇毛乌素村。自定边县孟家沙窝至靖边县高家沟乡的连续沙带称小毛乌素沙带；由于陕北长城沿线风沙带与内蒙古鄂尔多斯南部沙带连续分布在一起，因而将鄂尔多斯高原东南部和陕北长城沿线的沙地统称为"毛乌素沙地"，毛乌素沙地亦称鄂尔多斯沙地。历史上，盐池县长期处于半耕半牧区，过度开垦、过度放牧及对植物枝干（农村烧柴取火用）和甘草、发菜等森林资源掠夺式采挖，造成盐池县沙漠化面积持续扩大，发展到20世纪六七十年代，全县沙化面积达到387.5万亩左右，占全县总面积的38%，境内形成五条较大流沙带：第一条为兴武营至殷家塘流沙带，西起陶乐黄河东岸，由横城入县境，从毛卜喇城向东经兴武营西北，过西大井向东延伸至边记场、双井子、毛家沙窝，出殷家塘东约5千米处入内蒙古界，宽4—10千米，长30千米左右；第二条为魏庄子至马场流沙带，由灵武市猪头岭、磁窑堡、白芨滩延伸入县境，经西梁、薛井子、胡家圈向东至马场，宽4—13千

米，长约77千米；第三条为余庄子至黄记沙窝流沙带，西起余庄子，经毛记墩、八步战台、瞭马墩、喇嘛墩至黄记沙窝；第四条为二道川至骆驼井流沙带，西起内蒙古鄂托克前旗二道川入县境一棵树村、东沙边子、西沙边子至骆驼井，继续向东延伸入陕西定边县界；第五条位于县境腹部哈巴湖一带，西起铁柱泉，向东经哈巴湖、南海子、左记沟台、刘窑头、猫头梁、二道湖，经太平庙东入陕西定边县界，宽7—12千米，长约59千米。境内所有流沙带中，流动沙丘相对常见，杂以固定沙丘、半固定沙丘和浮沙。梁地覆盖沙丘和缓坡丘陵沙丘地下水资源缺乏，洼地平滩沙丘地下水资源丰富。因气候过度干旱，在20世纪80年代以前，冬春多大风，屡有沙尘暴。

二、气候

宁夏地处中纬度地带，全年受西风环流影响，下半年受夏季风环流影响。西风环流经青藏高原时，受高原地形及不同季节热力、动力影响，发生分支、绕流现象。季风急流过青藏高原分成南北两支，南支急流于夏季消失，副热带系统夏季风北上，促使宁夏进入雨季。青藏高原还阻挡了低层冷、暖空气南北交换，使大气环流、温度场、降水分布发生变化，从而使包括宁夏在内的高原北侧具有冬季干冷、夏季干热的大陆性气候特色。

气候区划是根据不同气候类型，按一定指标将全球或某一地区划分为若干区域，将各地区不同气候按其主要特征归纳为若干类型，即对气候进行分类。根据1979年3月出版的《中华人

民共和国气候图集》中气候区划采用标准，宁夏将全区划分为四个气候区，即中温带六盘高冷（固原南部）半湿润气候区（ⅠA），中温带南华（固原北部）同心、盐池半干旱气候区（ⅠB），中温带银南丘陵半干旱气候区（ⅡB），中温带贺兰山东侧黄灌区干旱气候区（ⅠC）。中温带南华同心、盐池半干旱气候区，南界至干燥度1.5线，北界至≥10℃积温3100℃线，包括西吉县、原州区大部，海原县全部，同心县南部和盐池县东北部。该区热量资源丰富，干旱也较严重。在水分分区上属半干旱气候区，以干旱为其特征。

盐池县属典型中温带大陆性气候，全年大部分时间受西北环流支配，北方大陆气团控制时间较长，因此形成冬长夏短、春迟秋早、冬寒夏热、干旱少雨、风大沙多、日照充足的特点。年平均气温7.8℃，极端最高气温38℃，极端最低气温－29.6℃。日照长，温差大，气候差异较为明显。年日照时数为2896.4h，年太阳总辐射值140.31kcal/cm²；≥10℃积温2944.9℃。多年平均降雨量248.6mm左右，年际变化大，且多集中在7、8、9三个月；年蒸发量2179.8mm，为降水量的8—9倍，干燥度为3.1。冬春风沙天气较多。年平均风速2.9m/s，最大风速达16m/s，风向以西北风为主，年均大风日数为36—69天，沙尘暴日数为15天以上，主要集中在2月至5月。

盐池地区热量资源相对丰富。≥0℃活动积温3438.2℃，可满足一般植物生长对热量的需求；≥10℃的活动积温3081.2℃，最热月平均温度23.1℃，不但可满足春小麦（≥10℃积温1600℃—1700℃）、玉米（≥10℃积温2100℃—2400℃）对热量的需求，甚至可满足水稻（≥10℃积温2400℃—2500℃，最热月温度20℃）对热量的需求。平均初霜日9月24日，终霜日4月28日，无霜期162天。初霜日最早出现于9月4日，终霜日5月4日，绝对无霜期123天。过晚终霜对农作物、果树等生长构成威胁。

盐池地区春季平均气温9.3℃，随着太阳辐射加强，气温逐渐回升；从3月份起，冷空气势力减退，月平均气温由零下升至零上，大风沙暴天气稍有平缓；4月份平均气温上升到10℃左右，5月份气温达到12℃—17℃。夏季平均气温21℃左右，6月份平均气温达到20℃以上；7月份平均气温23℃左右，南北温差2℃，处于夏暑炎热期；8月份平均气温跌至20℃左右。秋季平均气温8℃，日辐射减弱，日照缩短，受北方冷空气影响，气温下降明显；9月份平均气温在15℃左右，10月份气温下降到8℃—9℃，9月下旬到10月上旬出现初霜冻，正是"早穿皮袄午穿纱，晚抱火炉吃西瓜"之季；11月份气温降至零下，冷空气活动频繁，开始结冰，土壤开始封冻。冬季平均气温－7℃，受西伯利亚和蒙古冷高压控制，天气晴朗，气温低，开始寒冷；12月份平均气温－6.9℃，伴有风沙天气出现；1月份平均气温－6.9℃，大风沙暴天气较多；2月份气温略有回升，但仍寒冷，月平均气温－5.2℃。

盐池地区地温年内变化规律如下：7月份最热，1月份最冷；气温年较差（一年中最高月平均气温与最低月平均气温之差）以0厘米地温最大，随着深度增加年较差依次递减，但递减幅度逐渐变小；3月份以前地表温度最低，随着深度增加温度渐次增高，增高幅度有随天气变暖而依次递减趋势；5—8月份地表温度最高，随着深度增加温度逐渐降低，降低幅度以最热月最大；10—12月地表温度由地表向深处呈渐高趋势，重复出现3月份以前规律；4月、9月基本属于过渡类型，10厘米以上随深度增加而温度呈递减趋势，但递减幅度小，10厘米以下则基本相同。在土壤各层温度变化中，5厘米地温变化的农业意义较其他各层更为明确。盐池地区5厘米地温稳定通过0℃的初日是3月10日，终日为11月8日；稳定通过5℃的初日是3月27日，终日为10月25日；稳定通过10℃的初日是4月15日，终日为10月15日。冻土出现平均初日是10月29日，终日为3月20日，持续期149天，平均最大冻土深度86厘米，极端最大冻土深度94厘米；冻土出现的初日期变动幅度较大，初日最早为10月16日，最晚为11月4日，前后相差20天；终日最早3月11日，最晚4月9日，前后相差1月。

三、相对湿度

盐池县年平均相对湿度46%。1—5月份随着气温持续上升，相对湿度逐渐变小，至5月达最低点，为33%；6—8月份随着降雨量逐渐增多，相对湿度亦同步上升，至8月达最高峰；9月以后降水量急剧减少，气温亦迅速降低，相对湿度虽然变小，但变幅不大，此后几月湿度基本维持在同一水平。相对湿度 ≤ 30% 的低湿日数，在6月、7月、8月分别是10天、8天、5天，此种低湿天气如遇高温（ ≥ 30℃）并伴有一

定风力（ ≥ 3 m/s），则可形成干热风。1981年到2010年，盐池地区年平均蒸发量为2249.9毫米，是降水量282.3毫米的7.97倍；年际之间变化较大，最多年份达3230.2毫米（1991年），最少年份只有2209.2毫米（1984年）；月蒸发量有随气温升高而增大特点，7月最大，1月最小。

四、土壤

宁夏土壤形成与气候、地形、河流、地下水、成土母质、植物植被等自然条件以及灌溉、排水、施肥、耕作等人为因素直接相关。

宁夏土壤分类始于20世纪30年代。1930年底，中央地质调查所土壤研究室成立，研究室美籍专家梭颇与研究室主任技师侯光炯在中国北部及西北部土壤概图中，将固原、彭阳一带定为未成熟之栗钙土，盐池、麻黄山、预旺及海原一带定为未成熟之淡栗钙土，中北部定为灰钙土及黄灰色之漠境土，宁夏平原定为盐质及非盐质冲积土。中华人民共和国成立后，国家和地方有关机构先后组织开展了多次土壤调查，对宁夏土壤分类进行了深入研究，并划分出黑垆土、灰钙土、棕钙土、亚高山草甸土、褐土以及淡灰土、盐土、龟裂土、沼泽土和浅色草甸土、淤灌熟化土等土壤类型。20世纪50年代末期开展的第一次土壤普查，60年代进行的荒地调查，70年代进行的银南山区和固原地区土壤概查，分别积累了大量土壤资料，汇集出版了《宁夏土壤与改良利用》一书，将宁夏繁多的土壤类型，依土壤发生联系归纳为地带性土壤、水成盐成土壤、耕种熟化土壤及山地土壤四大系列、16个土类。这也是

宁夏历史上第一个全面系统的土壤分类。1990 年出版的《宁夏土壤》一书，成为宁夏土壤分类的主要依据。

据 1983 年盐池县第二次土壤普查资料显示，全县除大沟壑和城镇面积外，土壤总面积 1002.33 万亩，占全县土地总面积的 98.5%，有 9 个大类即灰钙土、风沙土、黑垆土、盐土、新积土、草甸土、堆垫土、白僵土和裸岩；24 个亚类、45 个土属、146 个土种和变种。

（一）灰钙土，灰钙土面积 398.1 万亩，占全县土壤总面积的 39.7%，主要分布在中部、北部的鄂尔多斯缓坡丘陵地带。

（二）风沙土，即沙丘、浮沙地。全县灰钙土地区土壤普遍沙化；风沙土面积 387.5 万亩，占全县土壤总面积的 38.6%；主要分布在北部、中部灰钙土地区。

（三）黑垆土，是盐池县干草原生物气候带条件下形成的地带性土壤，面积 189.29 万亩，占土壤总面积的 18.9%。分布于南部麻黄山、红井子、大水坑、惠安堡等地的黄土丘陵地区，土层深厚，以轻壤土为主。

（四）盐土，盐土面积 20.31 万亩，占全县土壤总面积的 2.1%。除麻黄山、后洼、萌城等黄土丘陵地区外，其他各乡镇均有分布，以花马池、王乐井、惠安堡、青山居多；有盐湖，产盐和硝，地势低洼，地下水位较高；由于风沙不断填入盐湖、洼地，盐湖碱湖低洼地不断缩小。1983 年与 1961 年相比，盐湖地减少 13 万亩，温润的盐土类型地变为干燥盐土类型地，进而变为初育土、沙丘地。

另有新积土 5.59 万亩、草甸土 0.52 万亩、堆垫土 0.49 万亩、白僵土 0.36 万亩、裸岩 0.16 万亩。以上 5 类土合计 7.12 万亩，占土壤总面积的 0.71%。零星分布，多为放牧草场。

盐池县境内的大多数土壤结构松散，肥力较低。黄土丘陵区成土母质为黄土，表层土壤具有黄土特征，容易被暴雨冲蚀。鄂尔多斯缓坡丘陵区土壤含沙量大，易受风蚀而沙化。南部地区土壤有机质含量：草地 1% 左右，耕地 0.8%；水解氮含量：草地 49.4PP 米（1PP 米即万分之一），耕地 45.17PP 米；严重缺磷，草地速效磷仅 1.85PP 米，耕地 4.4PP 米。中、北地区有机质含量：草地 0.66%，耕地 0.57%；水解氮含量：草地 27.15PP 米，耕地 29.79PP 米；含磷量也很少，但较南部地区为多，速效磷含量草地 4.26PP 米，耕地 7.8PP 米左右。

五、水文

根据《宁夏国土资源》（1987 年 7 月第一版，宁夏人民出版社出版）宁夏天然水资源总量计算成果表调查显示，盐池县天然地表水资源量为 0.1925 亿立方米 / 年，地下水资源量为 0.2054 亿立方米 / 年，分别占宁夏地表水和地下水资源量的 2.2% 和 1%。其中可利用地表水 0.0199 亿立方米 / 年，可利用地下水 0.2054 亿立方米 / 年。地下水主要有毛乌素沙地第四纪地下水、毛乌素沙地基岩地下水及承压自流水和黄土丘陵区地下水，从南向北埋藏渐浅，水量逐渐增多，水质逐渐变好。

宁夏水文按气候区可划分为 3 个区，即半湿润区、半干旱区、干旱区。

表 1—1—1 宁夏各市县水资源总量计算成果表

市、县	分区面积（平方公里）	多年平均降水量（10^8立方米）	多年平均地表水资源量（10^8立方米）	多年平均地下水资源量（10^8立方米）	重复计算量（10^8立方米）	水资源总量（10^8立方米）	多年平均产水模数（10^4立方米/平方公里）
银川市	1276	2.578	0.252	2.541	2.24	0.526	4.122
永宁县	1011	1.767	0.169	3.544	3.354	0.359	3.551
贺兰县	1208	2.520	0.279	2.792	2.528	0.543	4.495
灵武市	3685	7.251	0.165	1.895	1.779	0.281	0.763
平罗县	2053	4.171	0.482	3.448	3.002	0.928	4.520
惠农县	963	1.723	0.183	0.897	0.743	0.337	3.499
石嘴山市	529	0.961	0.118	0.500	0.414	0.204	3.856
陶乐县	909	1.560	0.064	0.349	0.315	0.098	1.078
利通区	984	1.802	0.131	2.209	2.178	0.162	1.646
青铜峡市	1886	3.027	0.225	3.608	3.549	0.284	1.506
中卫市	4671	9.159	0.226	2.655	2.508	0.373	0.799
中宁县	2169	4.195	0.174	2.726	2.657	0.243	1.120
盐池县	6655	17.678	0.185	0.314	0.073	0.426	0.640
同心县	7019	19.267	0.463	0.193	0.193	0.463	0.660
固原市	3922	18.037	1.729	0.795	0.779	1.754	4.449
海原县	5489	18.567	0.537	0.171	0.163	0.581	1.058
西吉县	3144	13.211	0.812	0.292	0.292	0.812	2.583
隆德县	985	5.192	0.721	0.423	0.423	0.721	7.320
泾源县	751	4.983	1.650	1.027	1.027	1.65	21.971
彭阳县	2491	11.842	0.892	0.382	0.382	0.892	3.581
宁夏合计	51800	149.491	9.493	30.733	28.598	11.628	2.245

表 1—1—2 宁夏水文分区特征表

分区名称	评价面积（万平方公里）	年降水量（毫米）	水面蒸发（毫米）	干旱指数	年径流深（毫米）	年径流系数	年输沙模数（吨/平方公里）	地表水资源（亿立方米）
Ⅰ 半湿地区	0.094	800—600	800—900	1—1.5	300—150	0.4—0.2	200—2000	2.08
Ⅱ 半干旱区	0.969	600—400	900—130	1.5—3.0	150—15	0.2—0.05	2000—8000	3.97
Ⅲ 干旱区	4.117	400—180	1000—1600	3—9	15—2	0.1—0.01	8000—<100	3.44
Ⅲ 1 同盐灵区	3.332	400—180	1300—1600	3—9	15—2	0.05—0.02	800—200	1.57
Ⅲ 2 银川灌区	0.657	200—180	1000—1400	3—8	2	0.01	<100	1.49
Ⅲ 3 贺兰山区	0.128	400—200	1000—1400	3—8	40—5	0.1—0.03	2000—500	0.38
宁夏全区	5.18	800—180	800—1600	1—9	300—2	0.4—0.01	8000—<100	9.49
全区平均		289	1320	4.3	17.3	0.05	1940	

表 1—1—3　宁夏地下水天然资源分区及其计算结果（陶灵盐台地）

地下水资源分布			矿化度（克/升）			天然资源量（立方米/年）	补给模数（10立方米/年·平方公里）
区	亚区		<1	1—3	3—5		
Ⅲ 陶灵盐台地地下水资源区	Ⅲ 1 东部波状台地下水资源亚区	Ⅲ 1—1 地池地下水资源地段	0.0617	0.1674	0.0078	0.2369	2.090
		Ⅲ 1—2 古西天河地下水资源地段	0.0149	0.0279	0.0023	0.0451	0.312
		Ⅲ 1—3 马家滩—大水坑地下水资源地段	0.0450	0.0586	0.0405	0.1036	0.493
		Ⅲ 1—4 王乐井黄土梁地下水资源地段		0.0021	0.0022	0.0043	0.200
	Ⅲ 2 西部低山丘陵地下水资源亚区	Ⅲ 2—1 灵武东山—石沟驿地下水资源地段		0.0386		0.0386	0.219
		Ⅲ 2—2 灵武东山地下水资源地段	0.0071	0.0107		0.0178	0.219
	Ⅲ 3 陶乐高阶地地下水资源亚区			0.0121		0.0121	0.194
小计			0.0811	0.3138	0.0635	0.4584	

地表水、地下水及其土壤水，是大自然普遍存在的三种水体。对整个宁夏而言，地表水主要是河流水，由大气降水和地下水补给，以河川径流、水面蒸发、土壤入渗等形式排泄。地下水为储存于地下含水层的水量，由降水和地表水下渗补给，以河川径流、潜水蒸发、地下潜流的形式排泄。土壤水为存在于包气带（潜水位至地表间）的水量，上面随降水和地表水的补给，下面接收地下水补给，主要消耗于土壤蒸发和植物蒸腾，一般是在土壤含水量超过持水量的情况下才下渗补给地下水，或形成壤中流汇入河川，具有供给植物水分并连通地表水和地下水的作用。

盐池县境内地表水、地下水、土壤水及水资源量分布如下。

（一）地表水

宁夏是全国地表水资源最为贫乏省区之一。河川年径流量9.49亿立方米，年径流深18.3毫米，是全国平均值（276毫米）的1/15，黄河流域平均值（87.6毫米）的1/5。盐池县境内无大的河流，南部地面径流有山水河、苦水河、东川、打伙店沟等季节性河流，分属环江流域、苦水河流域和内陆流域。中北部为内陆冲沟水系，南部、西南部为黄河水系的支流。境内地表水以大气降水和沟泉水进行补给。冲沟皆发源于县境中北部南北走向分水岭和东西走向分水岭两侧，南北走向分水岭东侧河沟多为季节性河流，一般较长较宽、流量较大，南北走向分水岭西侧和东西走向分水岭河沟少，沟道较短窄、流量小。一般沟长5—18千米，皆流入洼地形成湖泊或沼泽湿地，成为野生动植物主要栖息和繁殖地。

盐池县境内流域面积大于300公顷的河沟有19条，以月儿泉、红山沟、土沟等流域面积为最大。

山水河发源于甘肃省环县，流经盐池西南部惠安堡镇，转入宁夏同心县、灵武市、吴忠市利通区，从新华桥处入黄河，盐池境内长45千米，最宽水面50米左右，属环江水系。山洪暴发时流量较大，平时水面较小甚至干涸。遇山洪倾泻时，流速3—4米/秒，水深3—4米，水土流失严重，洪水含沙量大。

表1—1—4 盐池县主要河沟统计表

河沟名称	所在管理站	河沟级别	河源		河口		流域面积（km²）	河沟长度（km）	河沟宽度（m）	河底平均比降（‰）	多年平均径流量（m³/d）
			地点	高程（m）	地点	高程（m）					
官滩	哈巴湖	一	双疙塔	1450	官滩	1386	1800	7.5	2	8.5	800
野湖井沟		一	野湖井南梁	1580	周记场东	1520	1200	6	30	10	600
月儿泉沟		一	月儿泉	1587	红庄井坑	1500	1400	5	3	17.4	200
二道湖	二道湖	一	二道湖	1390	庙湾北滩	1350	600	2.5	10	16	240
猫头梁沟		一	猫头梁	1490	牛记圈南	1320	2800	11	15	15.5	400
陡沟子		一		1450	陡沟子	1380	1000	4.5	15	15.6	
红山沟	城南	一	左记沟台	1560	东郭庄	1317	4800	18.2	20	13.4	1200
佟记圈沟		一		1510	四儿滩	1337	3100	8.5	15	20.4	250
严记湾沟		一	大墩梁	1340	得胜墩	1310	300	4	3	7.5	
土沟	柳杨堡	一	聂记梁	1560	柳杨堡东	1310	3900	15	80	16.7	800
刘记沟		一		1540	刘记沟村东	1382	800	7.5	20	21.1	
杨记圈沟		一	杨记圈西梁	1370	张记场村南	1333	300	6.5	15	5.7	
李记沟		一	梁台	1505	李记沟村北	1428	500	3	25	25.7	
苏记沟		一		1520	张记场村北	1362	700	6.5	13	24.3	
梁台东沟		一		1505	黄家沙窝南	1378	500	4.3	15	29.5	
梁台北沟		一		1520	黄家沙窝北	1403	400	4	15	29.3	
官记圈沟		一	张记台	1465	卢记唐村北	1370	700	5	30	19	
高记圈沟		一		1510	东陈记圈	1350	1100	8	35	20	
八岔梁沟	骆驼井	一	八岔梁	1440	西井滩	1378	2200	4	60	23.8	

苦水河发源于大水坑镇贺坊沟，至盐池、同心县交界的小泉村与山水河汇入黄河。苦水河矿化度高，一般在4克/升左右，最高可达7克/升，不宜农田灌溉与生活饮用。

打伙店沟源于麻黄山乡后洼村，东南流入陕西省定边县界，汇入东川河，向南入甘肃省环县环江。中部有20余处沟泉水，为季节性河流，流量为9870立方米/日。

盐池县中北部内陆冲沟，多为雨水或泉水冲刷而成。皆发源于县内南北走向分水岭两侧。自北向南每隔15—20千米就有一条主沟，一般长5—8千米，皆流入盐湖或碱滩消失，大部分沟深4—5米，最深20米，多为细泉长流，春季化冰时水量较大，水质多为甜水，可供人畜饮水。

历史上，盐池境内有不少湖泊，现绝大多数已干涸。

硝池子位于花马池镇苏步井村，呈不规则圆形，周长约1.5千米，水深约10厘米，冬季干结为白硝。

八字洼硝湖位于花马池镇柳杨堡村，呈椭圆形，周长1.5千米，水深15厘米，入冬季后结为白硝。

四儿滩湖在20世纪90年代中期周长5千米左右，呈椭圆状，干涸为半沼泽湖泊。1996年春，以四儿滩湖为中心，辐射北塘、东郭庄、刘窑头、太平庙和赵记塘村中间地带，形成东西长约10.5千米，总面积约3万亩的湖泊，湖水最深处5.7米，平均水深1米左右。2000年8月湖面减少到长约3千米，宽约0.5千米，湖水最深处约3米。

天池子位于高沙窝乡，呈圆形，周长1千米，干涸为沼泽地。

二道湖位于青山乡，呈椭圆形，周长1.5千米，平均水深15厘米。

牛圈坑西湖位于青山乡，呈圆形，周长0.7千米，夏季水深10厘米左右，冬季干涸，产硝。

园硝湖位于冯记沟乡马儿庄村，呈椭圆形，周长2千米，冬季干枯，产硝。

摆宴井碱湖为椭圆形，周长1千米，冬季干涸，产硝。

此外，境内南海子湖、官滩海子湖、青山南湖、古峰庄东湖、老盐池等湖泊大多属于季节性湖泊湿地。

（二）地下水

地下水是指在一定期限内能提供给人类使用且能逐年得到恢复的地下淡水量。是水资源的组成部分。通常以地面入渗补给量（包括天然补给量和开采补给量）计算其数量。

盐池县地下水资源主要分布于南北分水岭以东地区，面积约为1165.24平方千米。地形坡度较陡，地表为薄层风积砂覆盖，位于盐池县城周边及柳杨堡洼地，主要为毛乌素沙地第四系地下水、毛乌素沙地基岩地下水及承压自流水和南部山区地下水。其中毛乌素沙地第四系地下水含水层岩性主要是冲积—洪积沙、含砾石沙，少数为风积沙和淤积沙。石梁区厚度仅1—2米，山谷洼地最大厚度可达38米，日涌水量100—450立方米，水质较差，总矿化度3克/升左右，含氟量3—5毫克/升。水源补给主要是降雨。毛乌素沙地基岩地下水由下白垩纪志丹群构成，为一套陆相碎屑沉积物，含水层厚度60—70米，日涌水量100—600立方米，水质较好，矿化度1—4克/升，含氟量1.8毫克/升。由南向北表现出埋藏渐浅、水量渐多、水质渐好的特点。

马家滩—大水坑地段，地形起伏不大，相对高差10—50米。上部第四系堆积物分布广泛，大部分低缓丘陵、台地含水量极少，仅在坳谷、洼地分布有第四系孔隙潜水，厚度一般小于10米，水位埋深1—5米，矿化度1—3克/升。

王乐井黄土梁段，为王乐井乡境内一条东西向黄土梁地，面积366.7平方千米，两侧冲沟发育，沟深20—40米。岩性为第四系黄土及黄土状粘砂土，具有大孔隙，垂直节理，透水不含水。下伏基岩为古近系砂岩、砂质泥岩夹石膏层，地下水矿化度大于5克/升。

盐池县饮用水，在20世纪90年代以前，井水占72%，泉水占3%，其余以窖水、沟河水及积雪为补充。境内有较大泉水百余处，日流量2500立方米，其中四分之三为甜水。大水坑、惠安堡、青山、花马池等乡镇多为甜水，麻黄山等南部山区多为苦水（盐碱水）。

盐池县境内水资源贫乏，且水质较差。据《宁夏回族自治区盐池县农业区划报告汇编》（由自治区农业区划办公室和"三北"防护林地区农业区划办公室安排，盐池县于 1983 年 4 月至 1984 年 10 月完成调查，1985 年 6 月形成成果报告）相关资料显示，盐池县境内大部分地区水质矿化度高，含氟量超过人畜饮用标准。多数地下水、地表水含氟量在 1.5 毫克 / 升以上。氟病在盐池县大部分地区均有存在。据县卫生防疫部门和水利部门普查，按水中含氟量卫生指标衡量，全县氟病重病区 49 个大队，54868 人；中病区 22 个大队，22870 人；轻病区 9 个大队，6272 人，合计氟病区 80 个大队，84719 人；氟病区人口占全县总人口的 81.5%。

（三）水资源量

盐池县水资源总量约为 3979.2552 万立方米 / 年，其中地表水 1925 万立方米 / 年，地下水开采储量 2054.26 万立方米 / 年。可利用水总量 2252.89 万立方米 / 年，其中可利用地表水 198.63 万立方米 / 年，可利用地下水 2054.26 万立方米 / 年。

宁夏多年平均年降水量 149.491 亿立方米（1956—2000 年），平均年降水深 289 毫米，比第一次水资源评价（157 亿立方米）减少 4.8%，不足全国平均值的一半。

宁夏各分区降水量分布，以泾河干流最大，多年平均降水量 650 毫米；洪、茹、蒲河次之，为 476 毫米；葫芦河 457 毫米；盐池内流区 250 毫米；甘塘内陆区最小为 171 毫米。行政分区降水量分布由南向北依次递减，固原最大，多年平均降水量 429 毫米；吴忠次之，为 230 毫米；银川市 198 毫米；石嘴山市 189 毫米。地区平均降水量最大最小之比达 2.3 倍。

盐池县由于受季风影响，降水主要集中在夏秋

表 1—1—5　盐池县各分区水资源量表（1985 年调查成果数据）

分区	地表水多年平均年径流总量（万立方米）	地下水开采储量（万立方米 / 年）	水资源量（万立方米 / 年）
大水坑—高沙窝水资源贫乏亚区（1₁）	255.37	724.7552	
城郊—柳杨堡水资源弱富亚区（1₂）	189.63	1329.5	3979.2552
麻黄山—萌城干旱黄土丘陵沟壑区（2）	1471		
合计	1925	2054.2552	

表 1—1—6　盐池县地下水开采储量表

地区	开采储量立方米 / 日	地区	开采储量立方米 / 日
城西灌区	31561.5	西井滩洼地	12000.0
柳杨堡洼地	31000.0	东西沙边子	25000.0
陈记圈—崔家塘	28000.0	红井子洼地	417.0
二道湖—高家圈	23100.0	其他零星地点	10000.0
兴武营—党记坑	21000.0		

两季，7、8、9三个月合计占全年总降水量的62%。降水年际变化大，保证率低。据1954年至2000年资料表明，1964年降水最多为586.8毫米，1980年降水最少为145.3毫米，相差3倍多。年平均降水量296.4毫米，年蒸发量2179.8毫米，有"三年两头旱，十年一大旱"之说。年季降水变化大。

盐池地区月降水量变化大。1959年8月份降水量最多，达244.5毫米，而1966年8月份只有8毫米，二者相差30多倍。日降水量变化更大，1999年7月13日一天降水量121.2毫米，相当于少雨年份1980年全年降水量145.3毫米的83.41%。自然降水是盐池县绝大部分农田和全部草原以及南部山区人畜饮水的主要来源。

1981年到2010年，盐池县年平均降水为282.3毫米。其间，年降水量最多可达392.5毫米（1985年），最少只有176.5毫米（1987年），前者是后者的2.2倍，说明其间降水量不但少，且变动幅度亦较大。就月份分布来看，相差悬殊。降水最多的是8月份，占年降水量的23.8%，降水最少的是12月，占年降水量的0.5%。就季节分配看，夏季降水量最多，且相对稳定；冬季降水量最少，且极不稳定；春、秋两季介于二者之间。就耕作期（3—10月）来看，3—6月降水量占年降水量的32.8%，7—9月则占57.8%，前期较少，后期较多。降水分布不均还表现在较短时间内快速形成大雨甚至暴雨，比如1984年8月2日、1989年7月16日、1992年7月23日，一日降水量分别为61.5毫米、72.1毫米、53.3毫米，均超过暴雨标准，占年降水量的20%左右。

各级降水强度天数分布有以下规律：除日降水量≥25.0毫米、≥50.0毫米的天数以外，其余各级别的降水天数均是8月份最多、1月份最少，说明降水量最多时期恰是降水频繁期，反之亦然；日降水量≥25.0毫米、≥50.0毫米的大雨、暴雨天数7月份多于8月份，说明大雨、暴雨往往出现在最热月份，而不是出现在雨量最多的月份；日降水量≥10毫米的透雨（可深入植物根层的降雨）天数，在耕作期（3—10月）总共只有8.4天，几乎平均1月1次，透雨过少常常造成土壤干旱，影响植物生长。各级别降水强度还反映了降水的有效性，境内≥5.0毫米的降水量占年降水量的82.4%，而仅仅湿润地表的无效降水占年降水量的17.8%。

盐池地区降水又一特点是最长连续降水日数短，最长连续无降水日数长，即持续干旱时间相对较长。最长连续降水日数记录为8天（1985年8月22日—8月29日），最短只有2天（1987年11月26日—11月27日），其余多为3—4天；连续无降水日数最长104天（1986年12月18日—1987年3月31日），最短41天（1991年12月26日—1992年2月4日），其余则多在60天以上。持续干旱主要发生在冬春季节。

六、气象灾害

气象灾害主要有干旱、大风（沙暴）、冰雹、暴雨、霜冻、干热风等，以干旱、风沙、霜冻最为常见，对植物生长危害最大。

第二节　植物资源

植物资源是自然资源的一大类群，包括农作物、森林、草原、草场等高等植物及苔藓、真菌等低等植物。植物资源是生物圈中各种植被的总和，包括陆生和水生植物两大类。前者分为天然植物资源（如森林资源、草场和野生植物资源等）和栽培植物资源（如粮食、经济作物及园艺作物等）；后者如各类海藻及水草等。植物资源作为第一性生产者，是维持生物圈物质循环和能量流动的基础。

宁夏天然草场面积大、分布广，植物种类多，类型复杂，是形成宁夏国土植被的主体。根据宁夏草场资源调查显示：全区天然草场面积301.41万公顷，占宁夏国土总面积的58.2%。其中可利用草场面积262.53万公顷，可利用褶皱草场面积269.67万公顷，人均草场面积0.53公顷左右。宁夏天然草场主要分布在中部和南部地区，以银南地区分布面积为最大，达到191.88万公顷，占宁夏天然草场总面积的63.7%。其中盐池、同心、中卫三县（市）天然草场分布面积又为最大，分别为：盐池县55.70万公顷，同心县44.45万公顷，中卫市30.86万公顷。宁夏有520多种木本植物，分属63科154属，其中乔木117种，灌木384种，藤木19种；野生树种主要分布在贺兰山、罗山、

六盘山等天然次生林区，盐池、灵武、陶乐、中卫、固原地区各县均有分布。

一、植物资源概况

盐池县植被资源在区系上属于亚欧草原区亚洲中部亚区、中国中部草原区过渡地带。境内共有植物615种，隶属于99科、321属，其中天然植物76科、215属、420种。种子植物331种，分属57科、211属，其中野生植物48科、231种；栽培植物28科、100种。科属组成有禾本科46种，占13.9%；菊科39种，占11.8%；豆科36种，占10.9%；藜科24种，占7.3%。以上四科共145种，占植物总数的43.8%。在野生植物中，菊科34种，禾本科30种。10种以上的科还有十字花科、蔷薇科、百合科、茄科等。植被类型有灌丛型、草原型、草甸型、沙地植被型和荒漠型。其中灌丛、草原、沙地植被数量较大，分布亦广。由于盐池县地理位置和自然因素过渡性特点，植被类型也显示出自南而北逐渐演替和互相交错的过渡性特点。

在盐池县331种种子植物资源中，其中树木资源100余种，分天然林和人工林两种。天然

表 1—2—1　盐池县植物类群统计表

植物类别	全部植物			天然植物		
	科数	属数	种数	科数	属数	种数
植物	99	321	615	76	215	420
高等植物	79	288	579	56	182	384
维管植物	77	284	571	54	178	376
种子植物	76	283	569	53	177	374
裸子植物	3	6	12	1	1	4
被子植物	73	277	557	52	176	370
双子叶植物	62	225	450	42	135	280
单子叶植物	11	52	107	10	41	90

注：全部植物种数减去天然植物种数为栽培植物种数。

林树种以灌木树种为主，乔木次之；人工林树种包括乔木、灌木和园林花卉树种。主要树种有旱柳、侧柏、白榆、刺槐、新疆杨等用材树种 10 余种，苹果、杏、桃、李、梨等经济林树种 20 余种；草原植被是本县植被主体，主要草种有沙蒿、长茅草、茭蒿、百里香、白草、猫头刺、牛枝子、苦豆子、牛心蒲子、甘草、沙葱等。

盐池县种子植物科、属、种占全部植物科、属、种的 92.7%、97.3%、97.8%，天然种子植物科、属、种占全部天然植物科、属、种的 89.8%、95.7%、96.6%；栽培植物 195 种，占全部种子植物的 34.3%，占种子植物的 1/3。种子植物有向菊科、禾本科、豆科等世界性大科集中的趋势，又有向众多少种、单种科分散倾向，具有一定的复杂性，反映了盐池县植物过渡带特征。

盐池县境内没有天然森林（不含柠条、沙柳等灌木），只有人工林约 14 万亩（不包括灌木林），主要分布在花马池、青山、大水坑一带。

中北部地区，特别是哈巴湖和高沙窝、苏步井、柳杨堡的流沙地带有近 10 万亩沙柳灌丛。一些丘陵地区有小片野生柠条灌丛。草原植被包括干草原和荒漠草原两个亚型。其界线在东塘、安定堡、鸦儿沟、冯记沟、马儿庄、惠安堡一线。干草原包括南部黄土高原丘陵和中部广大地区，约占全县总面积的 2/3，有五个植物群系，自南向北依次为：大针茅群系、百里香群系、长芒草群系、沙芦草群系和赖草群系，都有较高的饲用价值。在黄土高原丘陵地带，由于土壤、水分条件较好，植物生长茂盛，种类繁多，覆盖度为 50%—75%。向北到中部缓坡丘陵区，植物生长率逐渐下降，覆盖度 30%—50%。荒漠草原分布于县境北部地区，植被有短花针茅群系和白草群系，也有较好饲用价值，但受水分条件限制，生长较差，一般覆盖度在 35% 左右。沙地植被广泛分布于县境北部、中部沙漠地区，有苦豆子群系、老瓜头群系、黑沙蒿群系和白沙蒿群系等，对保护地表免遭风蚀和固沙有重要作用，也有一

长城岸边花锦簇（摄于 2009 年 9 月）

定的饲用价值，覆盖度一般在 30% 左右，最高达 50%—60%。

二、植物资源分类分布

盐池县共有维管植物 77 科、284 属、571 种，其中野生维管植物 54 科、178 属、376 种。植物种质资源中，饲用、食用和药用植物较为丰富。

盐池县地处温带草原区，草本植物种类丰富，占 70% 以上。其中天然草场中可用于畜牧业的饲草植物有 127 种，占野生维管植物的 33.78%。其中沙芦草、冰草、紫花苜蓿、直立黄芪、冷蒿、著状亚菊等都属于优质牧草。

全国重点普查的 363 种常用中药材中，哈巴湖保护区内有 152 种，隶属于 94 科。药用植物种类最多为菊科，其次是毛茛科和蔷薇科，其余有豆科、唇形科、百合科、十字花科、伞形科和玄参科等，保护区药用植物占全国重点普查药用植物总种数的 41.87%，其中甘草、苦豆子分布最广；银柴胡、牛心朴子（别名老瓜头）等为宁夏药材大宗品种；列当、黄花列当、沙茴香、沙苁蓉、达乌里龙胆、地构叶、远志、锁阳、知母等均为知名药材植物；麻黄科的木贼麻黄、中麻黄和草麻黄可提取麻黄素。除此以外，重要的药用植物还有枸杞、黄芪、杏仁、桃仁、李仁、酸枣仁、茜草、茵陈等。

盐池县境内有蜜源植物 70 余种，约占植物总数的 15%，优质蜜源植物主要有甘草、牛心朴子、紫花苜蓿、荞麦、向日葵等。

编织材料植物有芦苇、芨芨草、马蔺、细叶鸢尾沙柳、毛柳等。

天然野菜绿色食品植物有沙芥、宽翅沙芥、

花棒（又名细枝岩黄芪，摄于 2006 年 6 月）

荠菜、蒲公英、苣荬菜（苦苦菜）、蒙古葱（沙葱）、蒙山莴苣等。

野生观赏花卉植物有金色补血草、二色补血草（扫帚草）、翠雀、山丹、荒漠霞草等。

适用于当地防风固沙、生态建设的植物有沙柳、毛柳、油蒿、小叶锦鸡儿、柠条锦鸡儿、杨柴、沙棘、沙鞭、籽蒿等；榆树、小叶杨、新疆杨、合作杨、刺槐是优良的防护林树种；松科樟子松耐旱、耐寒、抗风沙，已用于防护林建设；油松用于城镇绿化，华北落叶松为试验树种；柏科的侧柏、圆柏、沙地柏用于城镇绿化。盐池县境内共有裸子植物 3 科 6 属 12 种，其中野生种类仅麻黄科 1 科 1 属 4 种，其余皆为栽培种。麻黄科 4 种中的木贼麻黄、中麻黄、草麻黄 3 种可提取麻黄素，其中中麻黄和草麻黄是国家重点保护植物。松科中的樟子松、油松、华北落叶松，柏科的侧柏、圆柏、沙地柏皆为裸子植物。

盐池县境内共有被子植物 370 种，其中 237 种被子植物具有不同程度的经济用途，占植物总

数的 66%；引种栽培的 191 种植物均有一定的经济价值。

盐池县地形地貌较为单一，地面虽有起伏，但高差变化不大，所以植物种类相对贫乏，但也不乏特有植物种及国家重点保护植物存在。其中油蒿、籽蒿、地构叶、紊蒿、知母、百花蒿、阿拉善碱蓬、中国马先蒿、沙冬青、鹅绒藤、菟丝子及栽培树种文冠果 12 种植物为中国特有分布植物。

盐池县境内发菜、中麻黄、草麻黄、沙冬青、甘草、沙芦草 6 种为国家重点保护植物，其中发菜为国家 I 级重点保护野生植物，其余为国家 II 级重点保护野生植物。

盐池县现有树龄超过百年古树 7 棵，分别为：隰宁堡村古榆树，估测树龄 120 年；施天池西古榆树，估测树龄 200 年；施天池东榆树，估测树龄 150 年；大水坑东队古榆树，估测树龄 300 年；大水坑东队寺院古榆树，传说树龄 300 年；西沟村古榆树，传说树龄 200 年；李塬畔村古杏村，传说树龄 200 年。

三、植被分类及其特征

盐池县气候土壤条件既具备荒漠区特征，又具有草原区特征，植被以荒漠、草原复合形式存在，并逐步形成复杂多样的植被类型。根据建群种和生物学特性中的相似性，以《中国植被》中植被分类系统为标准，参考《中国植被及其地理格局——中华人民共和国植被图集 1：100 万说明书》《内蒙古植被》有关标准，盐池县天然植被类型可划分为灌丛、灌草丛、草原、荒漠、草

甸、水生植被 6 种；6 种植被类型下划分为 9 种植被亚型、16 个群系组和 32 个群系；人工植被划为 1 个植被型、3 个植被亚型、4 个群系组、10 个群系。

盐池县年平均降水量在 280 毫米左右，而 250 毫米等雨量线为草原和荒漠分界线。按照中国植被区划，盐池地区植被属于温带草原区、温带东部草原亚区、草原地带。同时由于盐池地区植物区系处于黄土高原植物区系、鄂尔多斯台地植物区系和阿拉善植物区系交汇处，因此盐池地区植被表现出以下特征：

（一）寓荒漠于草原。盐池地区植被不处于荒漠区，但荒漠植被占有一定比重，主要体现在三个方面：一是有一定量的籽蒿荒漠分布于境内，籽蒿荒漠是阿拉善荒漠代表植被，其前侵到盐池地区草原中保留了下来，在生态演替顶级理论中称为"前顶级"，这个"前顶级"分布于盐池地区，丰富了草原带沙生植被的内涵。二是有猫头刺荒漠和红砂荒漠分布于草原，猫头刺植被和红砂植被是贺兰山山麓及其相邻低地优势植被，其前侵到盐池地区草原中保留下来，仍属生态演替顶级理论中的"前顶级"，其存在增大了植物群落的稳定性。三是存在一定量的柠条锦鸡儿荒漠分布，同样构成"前顶级"群落。这三类"前顶级"群落存在，增大了盐池地区生态系统多样性和景观生态系统的破碎化。此外，盐池地区零星分布的荒漠植物还有百花蒿、白茎盐生草、灌木亚菊和驼绒藜等，进一步丰富了植物物种的多样性。

（二）寓荒漠草原于荒漠化草原。荒漠草原本质上是荒漠，是指分布在荒漠中的草原，如短

花针茅草原、戈壁针茅草原和沙生针茅草原等；而荒漠化草原本质是草原，只是由于自然和人为因素导致草原植被荒漠化，出现了沙丘、沙地景观，但植被主体还或多或少保留原始草原植被。盐池地区主体属于草原，但在县境中南部分布一定量的短花针茅群落，砾石梁地分布有戈壁针茅群落，沙生针茅群落也有零星分布，这些荒漠草原植被丰富了盐池地区草原植被的多样性，提升了草原植被的稳定性。

（三）寓湿地于草原。盐池地区汇集了毛乌素沙地第四系地下水、毛乌素沙地基岩地下水及黄土丘陵地下水，形成了许多湖泊、沼泽湿地。在这些湖泊、湿地周边分布有较多的非地带性隐域性湿地植被。据 2010 年哈巴湖保护区湿地资源调查报告，盐池县境内共有湿地斑块 36 块，湿地总面积 10720.88 公顷，包括河流湿地 201.99 公顷，湖泊湿地 3294.29 公顷，沼泽湿地 7224.60 公顷；主要湿地型包括季节性河流 201.99 公顷，季节性咸水湖 3294.29 公顷，内陆盐沼 4146.57 公顷，季节性咸水沼泽 3078.03 公顷。湿地植被类型丰富多样：常年有水的河、湖分布有水生植被；淡水河、湖、水库深水处分布有沉水植物群系；河、湖、水库较浅处分布有扁秆蔗草、小香蒲等挺水植物群系；淡水河、湖滩上发育有草地风毛菊等中生草甸群系；永久性咸水湖积水较深处，生长有以芦苇为单一建群种的挺水植物群系；紧靠咸水湖水线生长有碱蓬为单一优势种的一年生草本植物群；碱蓬群系外侧生长有芦苇、碱地风毛菊等盐中生草甸群系；群落中还可见较多的赖草，再外侧则生长有芨芨草、油蒿、碱蓬、芦苇、碱地风毛菊、黑沙蒿等群落，以咸水

湿地（摄于 2012 年 10 月）

湖为中心，呈规则同心圆分布。湖泊与湿地植物群落为大量的野生动物种群提供了栖息地，在保护鸟类资源和生物多样性方面起到重要支撑作用，同时在调节气候环境、改善大气质量、调节地表径流、补充地下水资源、蓄洪防旱、保护湿地植被资源等方面发挥重要作用。

（四）草原带沙地植被占主导。沙地植被是生长在沙地的乔灌草植被的总称，草原带沙地植被则是在草原带沙地上乔灌草植被的总称。植物群落分类一般是根据建群植物的生长型或生活型来划分的。盐池县位于毛乌素沙地南缘，草原带沙地植被占植被主导地位。草原带沙地植被大灌木主要有沙柳、乌柳、花棒、沙棘、沙木蓼、小叶锦鸡儿、柠条锦鸡儿等，半灌木主要有油蒿、籽蒿和牛枝子等，多年生草本植物主要有白草、赖草、沙芦草、苦豆子、甘草等，一年生草本植物主要有沙蓬、沙鞭、沙芥、沙地旋覆花、虫实、猪毛菜、猪毛蒿等，这些沙生植物构成盐池地区植被主体。

（五）植被过渡带特征明显。盐池县在地貌上处于黄土高原向鄂尔多斯台地过渡；气候上处于半干旱区向干旱区过渡；土壤上从灰钙土向棕钙土过渡；植被上从草原向荒漠过渡；农业经济上从南及北由农业区向农牧区过渡。这五大过渡带特征，导致了盐池地区植被汇集了黄土高原植物区系、鄂尔多斯台地植物区系和阿拉善植物区系的建群植物，以鄂尔多斯台地代表植物油蒿植被在盐池地区占主导地位；阿拉善荒漠代表植物籽蒿、红砂、猫头刺、短花针茅、戈壁针茅植被在境内呈斑块状分布，丰富了盐池地区生态系统的多样性；黄土高原干草原和典型草原代表植物长芒草、大针茅和小叶锦鸡儿植被，则体现了盐池地区草原植被的本底特征。正是由于这些过渡带特征，导致盐池地区错综复杂、镶嵌分布的生态系统。

第三节　野生动物资源

我国幅员辽阔，地貌复杂，湖泊众多，气候多样。丰富的自然地理环境孕育了无数珍稀野生动物，使我国成为世界上野生动物种类最为丰富国家之一。根据有关数据统计，我国约有脊椎动物6266种，占世界种数的10%以上，其中兽类500种，鸟类1258种，爬行类412种，两栖类295种，鱼类3862种。这些珍贵的野生动物资源既是人类宝贵的自然财富，也是人类生存环境不可或缺的重要组成。但是随着我国人口快速增长及经济高速发展，野生动物资源保护需求和压力不断增大。据统计，我国现有300多种陆栖脊椎动物处于濒危状态。自20世纪80年代以来，我国采取了一系列措施加强野生动物保护。尤其是《野生动物保护法》颁布实施以来，部分野生动物资源数量趋于稳定并有所上升，其中国家重点保护野生动物是资源数量保持稳定或稳中有升的主体，但非国家重点保护野生动物，特别是具有较高经济价值的野生动物种群数量明显下降。

盐池县境内共有野生脊椎动物24目53科168种，其中野生陆生脊椎动物22目50科158种；鱼类、两栖类、爬行类、鸟类和兽类目科种分别是宁夏分布科目总数的32.26%、33.33%、31.58%、41.75%和41.89%。盐池县各种动物种类均占宁夏分布种类1/3以上，与国内同类地区比较，陆生脊椎动物种类明显高于其他地区。境内共有国家重点保护动物27种，其中国家I级保护动物鸟类5种，国家II级保护动物兽类3种，鸟类19种；共计采集浮游动物16种，其中轮虫9种、枝角类4种、桡足类2种、卤虫1种。

一、脊椎动物资源分布

（一）脊椎动物种类分布

自然地理环境因素、历史和现代经济社会发展规律过程，在很大程度上决定了区域性生态环境。盐池县地质、气候、土壤、植被、农牧业经济发展结构的五个过渡性特征，同时也决定了盐池地区生物多样性和动物种类的复杂性。

（二）水生脊椎动物分布

盐池县水生脊椎动物只有鱼纲2目3科10种。除草鱼、白鲢、鲤鱼人工养殖外，其余均分布于天然湖泊湿地；10种鱼类中，泥鳅、北方花鳅、达里湖高原鳅、瓦氏雅罗鱼、白鲢、棒花鱼、鲤鱼、鲫鱼、鲶鱼为古北界种类，草鱼为东洋界种类。

（三）陆生脊椎动物分布

盐池县地处干旱、半干旱地区，总体生态景观以灌丛、草甸、干旱草原、荒漠草原、草原沙生植被、湿地及荒漠为主，植物植被资源丰富，为多种野生动物提供了适宜生息场所。盐池县共有陆生脊椎动物22目50科158种：两栖类1目2科2种；爬行类1目3科6种；鸟类15目33科119种；哺乳类5目12科31种。其中国家 I 级保护鸟类5种；国家 II 级保护兽类3种，鸟类19种；自治区重点保护两栖类1种，鸟类24种，兽类6种；属于濒危野生动植物种国际贸易公约规定附录 I 保护的鸟类1种；附录 II 保护的鸟类20种，兽类2种；附录 III 保护的鸟类7种，兽类1种；属于《中日保护候鸟及其栖息环境协定》规定保护的鸟类55种；属于《中澳保护候鸟及其栖息环境协定》规定保护的鸟类15种；属于国家保护的有益或有重要经济科学研究价值的陆生脊椎动物共98种：两栖类2种、爬行类6种、鸟类81种、哺乳类9种。

1.两栖纲、爬行纲种类分布

盐池县共有两栖纲、爬行纲2目5科8种，分属东北—华北型、季风型、草原型、古北型4个分布型。东北—华北型、草原型各占两栖爬行类动物总数的25%，季风型占12.5%，古北型占37.5%。其中两栖纲1目2科2种，即属古北界的花背蟾蜍、东洋界的黑斑蛙，花背蟾蜍数量较多，黑斑蛙数量较少，溪流湖泊湿地、农田、草原或湿地边缘荒漠区均有分布；爬行纲1目3科6种，均系古北界种类，草原沙蜥、荒漠沙蜥、丽斑麻蜥、白条锦蛇、黄脊游蛇较为常见。

2.鸟纲种类分布构成

盐池县共记录鸟类15目33科119种，其中雀形目31种，占总调查数的26.05%，非雀形目88种，占总调查数的73.95%。2009—2013年调查共记录鸟类14目28科79种，其中雀形目16种，占调查总数的20.25%，非雀形目63种，占调查总数的79.75%。

截至2013年底，哈巴湖自然保护区新记录鸟类27种：鹈形目普通鸬鹚；鹳形目大白鹭和中白鹭；雁形目翘鼻麻鸭、赤膀鸭、凤头潜鸭、赤嘴潜鸭、斑背潜鸭；隼形目金雕、黄爪隼；鸻形目剑鸻、灰斑鸻、红脚鹬、泽鹬、三趾鹬、灰斑蹼鹬、反嘴鹬；鸥形目鸥嘴噪鸥、渔鸥；鸽形目岩鸽、灰斑鸠；佛法僧目普通翠鸟、蓝翡翠；雀形目黑背鹡鸰、灰喜鹊、达乌里寒鸦、大苇莺。新记录27种鸟类中，金雕属于国家 I 级保护鸟类；黄爪隼属于国家 II 级保护鸟类；灰斑鸠、灰斑蹼鹬、反嘴鹬、鸥嘴噪鸥和黑背鹡鸰5种为宁夏新记录鸟类。

盐池境内共有鸟类优势种20种，占鸟类总数的16.81%；常见种35种，占29.41%；偶见种64种，占53.78%。20种优势种中，有水鸟12种：斑嘴鸭、赤麻鸭、翘鼻麻鸭、绿头鸭、赤嘴潜鸭、蓑羽鹤、黑水鸡、骨顶鸡、灰头麦鸡、反嘴鹬、黑翅长脚鹬、普通燕鸥；其余分别为斑翅山鹑、雉鸡、灰斑鸠、蒙古百灵、凤头百灵、家燕、喜鹊和树麻雀。

夏候鸟优势种有赤麻鸭、翘鼻麻鸭、赤嘴潜鸭、灰头麦鸡、反嘴鹬、黑翅长脚鹬、家燕、普通燕鸥、蓑羽鹤；夏候鸟常见种有凤头鸊鷉、鹭、红头潜鸭、环颈鸻、红脚鹬、黄头鹡鸰、白鹡鸰、大苇莺、漠雀、红嘴鸥、沙鸥和漠鸥；夏候鸟稀有种有金翅、蓝翡翠、草鹭、夜鹭、大麻鳽、黑鹳、灰鹤、小䴙、大䴙、金眶鸻、渔鸥、红角鸮、灰鹡鸰、黑背鹡鸰、三趾鹬、鸥嘴噪鸥、白额燕鸥、楼燕、灰（崖）沙燕、普通翠鸟、白背矶鸫。

旅鸟优势种只有绿头1种鸭；旅鸟常见种有白鹭、凤头潜鸭、大天鹅、小天鹅、琵嘴鸭、赤颈鸭、剑鸻、银鸥、长耳鸮和草原雕；旅鸟偶见种较多，主要有鸿雁、罗纹鸭、花脸鸭、白腹鸫、斑鸫、大白鹭、中白鹭、斑嘴鹈鹕、普通鸬鹚、白琵鹭、豆雁、灰雁、白眉鸭、赤膀鸭、斑背潜鸭、普通秋沙鸭、黄爪隼、泽鹬、赤颈鸫、石雀、白额雁、针尾鸭、绿翅鸭、灰斑鸻、灰斑蹼鹬、粉红胸鹨、水鹨、红点颏和白尾海雕。统计表明，旅鸟占哈巴湖保护区鸟类总数的1/3以上。

留鸟优势种和常见种有雉鸡、黑水鸡、骨顶鸡、灰斑鸠、凤头百灵、麻雀、斑嘴鸭、喜鹊、斑翅山鹑、蒙古百灵、小鸊鷉、红隼、纵纹腹小鸮、雕鸮、戴胜、大斑啄木鸟、大山雀、大嘴乌鸦、鸢、灰喜鹊、大鵟、石鸡和毛腿沙鸡；偶见种有紫啸鸫、金雕、鹗、普通秧鸡、小田鸡、岩鸽、蚁䴕、长尾灰伯劳、达乌里寒鸦、虎斑地鸫、白尾鹞和猎隼。

冬候鸟只有银脸长尾山雀和凤头麦鸡2种，均为偶见种。

3.乳纲种类分布

盐池县共有兽类5目12科31种，分别占宁夏兽类目（6）科（19）种（74）的83.3%、63.16%和41.89%。兽类中以啮目为最多，有4科15种，食肉目次之，3科10种，分别占全县

兽类的48.39%和32.26%；食虫目2科3种，兔形目2科2种，翼手目1科1种。

二、重点保护动物

（一）国家重点保护野生动物

根据1988年12月10日国务院颁布的《国家重点保护野生动物名录》，盐池县有国家重点保护动物27种，其中国家Ⅰ级保护动物鸟类5种，国家Ⅱ级保护动物兽类3种，鸟类19种。

（二）自治区级重点保护野生动物

盐池县共有自治区级保护动物31种，占自治区保护动物总数（51种）的60.8%。其中两栖类1种，鸟类24种，哺乳类6种。

（三）《濒危野生动植物种国际贸易公约》中规定保护的野生动物

《濒危野生动植物种国际贸易公约》于1973年8月3日于华盛顿签订，其宗旨是通过许可证制度对国际间野生动植物及其产品、制成品的进出口实行全面控制和管理，以促进各国保护和合理开发野生动植物资源。我国于1980年12月25日加入该公约，1981年4月8日正式对我国生效。《中华人民共和国野生动物保护法》第二十四条、第四十条中的"国际公约""国际条约"主要是指这个公约。《濒危野生动植物种国际贸易公约》规定的物种包括附录Ⅰ、附录Ⅱ和附录Ⅲ，附录Ⅰ包括具有受到和可能受到贸易影响而有灭绝危险的物种；附录Ⅱ中规定的物种目前虽未濒临灭绝，但如果对其贸易不严加管理，就可能变成有

灭绝危险的物种；附录Ⅲ包括任一成员国认为属其管辖范围内应进行管理，以防止或限制开发利用，而需要其他成员国合作控制贸易的物种。盐池县共有属于《濒危野生动植物种国际贸易公约》规定保护范围物种31种，其中属附录Ⅰ1种，属附录Ⅱ22种，属附录Ⅲ8种。

（四）《中日保护候鸟及其栖息环境协定》中规定保护的鸟类

中国和日本国政府考虑到鸟类是自然生态系统的一个重要因素，也是一项在艺术、科学、文化、娱乐、经济等方面具有重要价值的自然资源，鉴于很多种鸟类属于迁徙于两国之间、并季节性栖息于两国的候鸟，故而愿在保护和管理候鸟及其栖息环境方面进行合作，并于1981年3月3日在北京签订了《中日保护候鸟及其栖息环境协定》。盐池县共有55种属于《中日保护候鸟及其栖息环境协定》中规定的保护鸟类，占协定规定保护种（226）的24.3%。

（五）《中澳保护候鸟及其栖息环境协定》中规定保护的鸟类

中国和澳大利亚政府考虑到鸟类是自然环境中的重要组成部分，也是一项在科学、文化、娱乐和经济等方面具有重要价值的自然资源；鉴于很多鸟类是迁徙于中国和澳大利亚之间并栖息于两国的候鸟，愿在保护候鸟及栖息环境方面进行合作，故于1986年10月20日签订了《中澳

保护候鸟及其栖息环境协定》。盐池县共有属于《中澳保护候鸟及其栖息环境协定》规定的保护鸟类15种，占协定保护种（81）的18.5%。

（六）"国家保护的有益的或者有重要经济、科学研究价值的陆生野生动物"

国家林业局于2000年8月1日颁布了《国家保护的有益的或者有重要经济、科学研究价值的陆生野生动物名录》。盐池县共有"国家保护的有益的或者有重要经济、科学研究价值的陆生动物"98种，其中两栖类2种，爬行类6种，鸟类81种，哺乳类9种。

三、浮游动物

2013年7月，哈巴湖自然保护区联合南开大学项目组组织对盐池县浮游动物进行定性（种类区系组成）和定量（密度和生物量）分析。共计采集浮游动物16种，其中轮虫9种、枝角类4种、桡足类2种、卤虫1种。构成调查水域淡水测站优势类群及现存量的主要浮游动物均为我国北方地区习见的、对环境变化耐受力较强的广分布种类。优势种类如萼花臂尾轮虫和直额裸腹蚤均为水体富营养化的指标生物，由此初步判定调查水域的营养类型应属于富营养型水体，高盐水域测站分布的种类主要是卤虫，作为优良的饵料生物卤虫具有较高的经济价值。

第二章　林业重点工程建设

草原新绿（摄于 2016 年）

"十五"期间，盐池县通过退耕还林、"三北"防护林四期、天然林保护等国家重点生态建设项目的实施，全县生态环境发生了根本性转变，实现了沙漠化逆转，大面积流动半流动沙丘得到有效治理。"十五"期间，全县共计完成人工造林350万亩，飞播造林37万亩，封山育林27万亩，辖区内森林覆盖率达到20%，五年治理面积相当于新中国成立40年来治理面积总和。"十一五"期间，除国家重点林业建设项目外，盐池县以创建国家园林县城、全力打造宁夏东部绿色生态屏障为目标，以"因地制宜，适地适树，合理布局，突出特点"为原则，以防风治沙、围城造林、水土保持、生态经果林建设为重点，采取封、管、造三措并举，草、灌、乔科学配置，人工治理与自然修复有机结合措施，植树造林工作取得阶段性成果。

　　"十二五"期间，盐池县委、县政府始终坚持生态立县战略不动摇，牢固树立绿水青山就是金山银山发展理念，大力实施禁牧还绿、造林增绿、产业兴绿等改造提升工程，高标准建成城北防护林、猫头梁生态治理示范区、主干道路大绿化等一批精品工程，注重与有影响力的龙头企业在城市景观绿化、退化林分改造等领域开展深度合作，实现生态效益、经济效益、社会效益同步提升。通过广大干部群众长期不懈辛勤努力，形成了以城北防护林、城南景观林为核心的环城10千米宽幅生态圈，全县200多万亩沙化土地全部得到有效治理，林木和植被覆盖度分别达到31%和70%，先后荣获全国防沙治沙示范县和全国绿化先进县，盐州大草原再添绿彩。严格落实环境保护政策，不断加强基层环保能力建设，重拳整治环境污染突出问题，向违法行为亮剑开刀，铁心硬手推进中央环保督察整改工作，国家重点生态功能区考核连续四年被评为良好等次，宁夏东部生态绿色屏障更加稳固。"十三五"期间，除国家重点林业建设项目外，县委、县政府结合县域经济发展布局谋划生态建设重点工程包括：长城旅游带生态建设项目，规划期限五年（2016—2020年），全长28.6千米，预算总投资11658.38万元；国家沙漠公园建设项目，规划期限五年（2016—2020年），规划总面积627.9公顷，预算投资8000万元以上；柠条平茬项目，规划期限五年（2016—2020年），计划到"十三五"末全县至少建成柠条平茬转饲加工基地12个，预算总投资3000万元。

第一节　天然林资源保护工程

天然林资源保护工程，以从根本上遏制生态环境恶化，保护生物多样性，促进社会、经济可持续发展为宗旨；以对天然林的重新分类和区划，调整森林资源经营方向，促进天然林资源的保护、培育和发展为措施；以维护和改善生态环境，满足社会和国民经济发展对林产品的需求为根本目的。对划入生态公益林的森林实行严格管护，坚决停止采伐，对划入一般生态公益林的森林，大幅度调减森林采伐量；加大森林资源保护力度，大力开展营造林建设；加强多资源综合开发利用，调整和优化林区经济结构；以改革为动力，用新思路、新办法，广辟就业门路，妥善分流安置富余人员，解决职工生活问题；进一步发挥森林的生态屏障作用，保障国民经济和社会的可持续发展。

宁夏天然林保护工程自 2000 年开始实施，工程主要是对全区 577 万亩有林地、灌木林地及未成林造林地管护全部落实到山头地块，责任落实到单位或个人。截至 2010 年底，全区共计完成封山育林 323.5 万亩，飞播造林核实合格面积 99.86 万亩，累计完成投资 42726 万元，其中中央投资 40042 万元，地方配套资金 2684 万元。宁夏天然林资源保护二期工程自 2011 年开始启动实施，截至 2015 年底，全区 1530.8 万亩森林资源得到有效保护；完成人工造林 40.96 万亩，占总规划任务的 27.5%，封山育林 103.7 万亩，占总规划任务的 27.7%；完成国有中幼林抚育任务 54.4 万亩；全区国有林业场圃 6879 名在职职工纳入天保工程养老、医疗、失业、工伤、生育五项保险补助。5 年累计完成投资 95541 万元，其中中央投资 84093 万元，占 88.7%，地方配套资金 11448 万元，占 11.3%。

盐池县天然林保护工程自 2000 年开始实施，一期工程实施期限为 2000 年至 2010 年，二期工程实施期限为 2011 年至 2020 年。一期工程累计投入资金 2221 万元，二期工程累计投入资金 10371.5 万元。

一、工程综述

盐池县天然林资源保护工程自 2000 年国家批准在盐池县正式开始实施，一期实施期限为 2000 年至 2010 年，二期实施期限为 2011 年至 2020 年。工程覆盖全县 8 个乡镇和 1 个国有林场，即花马池镇、大水坑镇、惠安堡镇、高沙窝镇、王乐井乡、青山乡、冯记沟乡、麻黄山乡和生态林场。一期工程累计投入资金 2221 万元，二期工程

疏林高下半青黄（2020年10月薛月华摄于哈巴湖）

累计投入资金10371.5万元（其中社保资金302万元）。工程实施以来，盐池县生态建设取得了显著成效，森林面积、蓄积和覆盖率都有了提高，森林资源恢复性增长，生态状况明显好转。

工程实施以来，盐池县以天然林资源保护工程建设为重点，加强森林资源管护，严格按照自治区林业和草原局下达的天保工程各项任务开展工作，完成森林管护面积279.67万亩，其中：国有林管护面积3万亩，国家级公益林（集体）管护面积88.57万亩，地方公益林（集体）管护面积188.1万亩。共有天保护林员342人，全部签订管护协议，持证上岗，做到地块落实，面积落实，责任到人。

生态公益林保护建设对维护生态平衡、改善人居环境具有重要作用。工程主要内容是在缺株断带、保存率较低的地段按照原设计株行距和树种进行补植补造，增加树木株数，提高植被盖度和林分郁闭度。共计完成补植补造11.13万亩，飞播造林42.94万亩，飞播造林种草修复2.1万

亩，天保区林木抚育20.86万亩。

完成森林抚育75000亩，抚育措施为修枝、中耕除草、补植、平茬等。通过生态抚育，清除枯枝和死树，改善林木营养空间、光照条件和生长环境，抑制病虫害滋生，有效预防火灾发生。平茬复壮后的枝条用于饲料加工，每亩每年可生产饲料约为500千克，为充分发挥森林多效功能开辟了新的途径。

盐池县天然林资源保护工程实施以来，严格按照国家、自治区相关政策规定，确保政策落实到位。

森林管护补助政策。盐池县天然林资源保护工程管护面积为279.57万亩，共设置管护站点23个，由342名护林员组成管护队伍。通过县人民政府与各乡（镇）政府及生态林场签订责任书、各乡（镇）政府及生态林场与护林员签订森林资源管护责任协议书，落实管护单位和管护人员责任。森林管护补助资金主要用于发放护林员工资及工程区基础设施建设。其中天然林

资源保护工程基础设施建设共完成新建护林房23座，新修林道138.5公里，新修防火隔离带184.3公里，完成林地围栏728公里；配备风力发电机14台，太阳能发电设备2套，架设生活用电2.5公里，制作林地宣传牌、警示牌、责任牌等200余块。此外，在各护林点共计投放滩鸡3万只，增加护林员经济收入，使其能够更好地安心护林工作。

社会保险补助政策。盐池县天然林资源保护工程实施以来，县林业局将29名（其中在岗职工19人，离退休10人）林业职工的基本养老保险、基本医疗、失业、工伤、生育五险均纳入县级社会统筹，林业职工思想稳定，工作热情高涨，无职工转岗就业情况。

生态公益林补偿政策。盐池县在天然林资源保护工程实施过程中，累计完成森林生态效益补偿基金投资9267万元，全部为中央投资。具体发放措施为，每年根据各乡镇报送的年度自查验收结果、森林生态效益补偿基金管护补助发放名册和公示名册，由县林业和财政有关部门审核公示后，通过"一卡通"方式兑付林权所有者。在生态公益林管护上采取"谁享受补助谁承担管护职责"的办法，不再聘用护林员。

盐池县实施天然林资源保护工程，由县委、县人民政府主持，各乡镇、场站具体落实，从上至下层层签订责任书，建立了科学完善的管理体系。县委、县政府成立由林业、财政、社保和各乡（镇）及有关部门参与的天然林资源保护工程领导小组，在县林业和草原局下设天然林资源保护工程办公室，编制4名，具体负责方案编制、公益林建设、森林抚育、封山育林等技术指导、

检查验收等工作。县委、县人民政府对各乡镇、林场实施目标、任务、资金、责任"四到乡镇、场"的管理体制。各乡镇、场分别成立了以单位主要领导任组长的工程建设领导机构，全面抓好工程规划、组织协调、竣工验收等工作，形成了在各级政府组织管理下，以林业部门为主、相关部门配合的组织实施机制。项目档案管理上严格落实《宁夏回族自治区天保工程档案管理办法》，设立专门档案室，配备档案管理人员，确保天然林资源保护工程档案的科学性和完整性。

盐池县在实施天然林资源保护工程中，县委、县人民政府先后制定了《盐池县天然林资源工程管理暂行办法》《盐池县天然林资源管护办法》，严格落实国家、自治区相关政策法规。

盐池县在天然林资源保护工程资金使用管理上，严格依据国家有关项目工程管理办法，确保项目投资合法合规使用，切实提高资金使用率。项目实施严格按照国家及自治区关于重点工程项目资金管理规定，建立健全内部监督制度，实行资金储存单独建账、单独核算、政府集中采购、项目法人责任制、招投标制、预决算审核制、工程监理制，以制度管项目，以制度管资金，以制度管人。坚决杜绝擅自调整实施方案和作业设计、变更建设地点和建设规模等情况。项目验收结算依据法定程序，严防挤占、挪用、截留、滞留、串用项目资金、虚列工程支出、套取国家资金、改变资金用途、转移或转存资金、账外设账、私设"小金库"等问题发生。

根据自治区天然林资源保护工程办公室要求，完成了县级天然林资源保护工程管理业务应用系统数据录入工作。盐池县实施天然林资源保护工

程过程中，采取调查辖区内样方植被覆盖率和农户收入的方式，监测辖区内生态效益、社会效益和可持续影响效益显著。通过入户抽查，辖区内农民人均可支配收入从2011年的3200元增加到2018年的10685元，植被覆盖率由2000年的14.6%提升到2019年的21.85%。同时，辖区内群众不合理上诉、上访现象逐渐减少，多转化为合理发展诉求，社会普遍问题大多得到妥善解决。

2000—2020年，盐池县实施天然林资源保护工程共计完成补植补造11.13万亩，飞播造林42.94万亩，飞播造林种草修复2.1万亩，天然林资源保护区林木抚育20.86万亩，县域森林覆盖率由2000年的14.6%增加到2019年的21.85%，增加7.25个百分点。辖区内生态状况明显改善，森林生态系统功能逐步恢复，风沙危害进一步减少，生物多样性得到有效保护，各种鸟类、动物进入工程区繁衍生息，在全国率先实现了由沙漠化向生态绿地的逆转。

天然林资源保护工程实施以来，盐池县委、县人民政府逐步建立起了科学的工程建设、目标管理责任体系，严格按照《宁夏天然林资源保护工程县级考核办法（试行）》等规章制度落实工程管理，保证了工程项目的顺利实施。天然林资源保护工程建设取得了集宣传、教育、行动于一体的社会效果。保护森林资源，改善生态环境，促进人与自然和谐发展，正在成为全民自觉行动。工程实施后，涉林刑事案件、林政案件发生率比实施前大幅下降，重大森林火灾、偷伐、盗伐等毁林案件极少发生，形成了广大人民群众共同关心保护生态环境建设的良好局面。

盐池县实施天然林资源保护工程以来，森林面积逐年扩大，森林资源持续增长，极大改善了空气质量，有效改善了人民群众生产生活环境，城乡面貌和人居环境焕然一新。

天然林资源保护工程有效提高了农民群众参与生态林业建设、发展林业经济的积极性。依托良好的生态成果和沙漠绿洲特色，积极发展林业生态经济，培育了长城自驾游、乡村休闲游、农家体验游、特色种植（大接杏、黄花菜）游等新兴旅游业态，生态环境游正在成为全县经济社会发展新的增长点。

盐池县通过实施天然林资源保护工程，在生态、经济、社会效益方面取得一定成效，但全县生态系统仍然较为脆弱，生态可持续发展仍然面临诸多问题，主要表现在：

一是天然林整体防护功能效益仍然较差，林地有效利用率低。从树种结构看，以灌木居多，纯林、单层林多，混交林、复层林少，结构较为单一，没有形成乔灌草复层异龄结构。部分治理后的荒漠化地区和水土流失严重地区生态环境依然脆弱，人工造林立地条件越来越差。二是工程区经济社会发展水平普遍不高，工程区森林资源储备与加快推进工业化、城镇化的需要还有很大差距；工程区经济社会发展水平与林区群众、林业职工向往美好生活期待还不相适应，生态文明建设还需进一步推进。三是科学管护水平不高，管护难度越来越大。盐池县大部分森林管护区地处偏远山区或牧业腹地，林区防火、道路养护、病虫害防治，以及管护站供电、供水、网络等基础设施较为落后，在一定程度上影响了森林资源的有效管护和林区经济发展，对林业后续产业发展促进力度不强。

二、建设内容

1998年，国家林业局经过两年试点后，于2000年10月正式启动天然林资源保护工程。工程建设的目标，主要是解决天然林的休养生息和恢复发展问题，最终实现林业资源、经济、社会协调发展。天然林保护工程是一项庞大、复杂的社会性系统工程。工程内容主要包括：森林区划、生态公益林建设、商品林建设、转产项目建设、人员分流、加强工程基础保障体系工作等。

盐池县天然林资源保护工程自2000年10月国家批准在盐池县正式开始实施，一期实施期限为2000—2010年，二期实施期限为2011—2020年。

（一）天然林资源保护工程一期

2000年以前，由于自然、历史和人为因素，形成了盐池县干旱、风沙、霜冻、冰雹、干热风等自然灾害频发的气候特点，特别是干旱少雨、沙暴沙尘以及过度放牧、乱砍滥伐造成森林植被稀薄的环境现状，严重制约着当地农牧业经济的发展，使人民群众生活水平长期处于恶劣的生存环境和积弱的贫困状态。

盐池县委、县人民政府以西部大开发为契机，确定天然林资源保护工程的实施以生态环境建设为宗旨，按照山、沙、滩统一规划，合理布局，突出重点，分步实施，坚持以封为主，封、飞、造相结合，加快营林步伐，使盐池县尽快绿起来，充分发挥林业的生态效益，改善当地农民的生产和生活环境，提高经济和社会效益，使生态、经济、社会效益有机结合起来。

天然林资源保护工程第一期实施范围包括盐池县北部六乡的鸦儿沟乡、高沙窝镇、王乐井乡、苏步井乡、柳杨堡乡、城郊乡及中部的青山乡、冯记沟乡、马儿庄乡、大水坑镇、红井子乡、南部的惠安堡镇、萌城乡、后洼乡、麻黄山乡和盐池机械化林场。

截至2010年，盐池县天然林资源保护工程共计完成封山育林33.6万亩，飞播造林79.87万亩，林草覆盖率由18.7%提高到30%，全县风沙、干旱等自然灾害性天气减少，野生动物数量和种类逐年增加。安置下岗分流人员76名，完成养老统筹费511.87万元。

天然林资源保护工程实施中，县域内飞播造林、封山育林任务根据年度规划及各乡镇具体情况，逐年分步实施。其中完成飞播造林79.89万亩（2001—2010年）；封山育林33.6万亩（疏林地）（2001—2010年）；种苗基地建设6.7万亩；森林资源管护161.20万亩。全面停止天然林采伐。

2001年，自治区林业局下达盐池县飞播造林计划10万亩。盐池县林业部门根据县域环境现状，选择马儿庄、鸦儿沟、冯记沟、高沙窝等乡镇流动、半流动沙地为项目区，于当年5月下旬至6月上旬进行飞播和人工模拟飞播造林，完成飞播造林8万亩，人工模拟飞播造林2万亩。根据之后监测结果，各项目区只有沙蒿成活率较高；由于在播后不久遭遇持续高温干旱天气，导致部分花棒、杨柴种子发芽后遭暴晒枯死，部分播区出苗不齐。

薪炭林项目于2001年立项，2002年在高沙窝、苏步井、柳杨堡等乡镇组织群众实施造林2.3万亩。

2002年，自治区林业局安排盐池县马儿庄、大水坑、青山、高沙窝、柳杨堡等乡（镇）实施飞播造林10万亩，其中飞播造林9.2万亩、人工模拟飞播造林0.8万亩。飞播各类用种3.5万公斤，其中花棒2万公斤，杨柴1万公斤，沙蒿0.5万公斤。项目实施之初，县林业局组织技术人员对全县宜播地块进行勘测，确定在马儿庄等乡镇6个沙化严重地块实施飞播，并按照飞播作业要求，埋设导航桩，编制作业设计说明书；对所有飞播用种进行净化处理，对花棒种子进行大粒化处理。在自治区林科所指导下，对马儿庄乡黑土坑播区和闫小口子——朱新庄播区飞播花棒、杨柴种子进行驱避剂防腐剂包衣处理，有效地提高了出苗率。到5月中下旬，顺利完成飞播任务。由于当年降雨偏多，各播区苗木生长良好，飞播前的半流动、半固定沙地已是一片绿洲，明沙丘基本消失。花棒、杨柴平均每亩有苗200株以上，局部地区30—40株/平方米；沙蒿每亩有苗300株以上，局部地区50—60株/平方米。花棒、杨柴平均生长量20—30厘米，最高达50厘米左右；沙蒿30—40厘米，最高达70厘米，飞播区沙化得到初步治理。

2002年，自治区林业局安排盐池县封山（沙）育林计划14万亩，其中续封9万亩，新封5万亩。经自查验收，完成续封13.1万亩，新封5万亩。新封主要区域在苏步井、青山、城郊三个乡及机械化林场辖区，封育区内植被恢复良好，流沙基本得到固定。

2003年，自治区林业局下达盐池县人工造林计划56万亩，实际完成78.6805万亩，为计划指标的141%。其中成活率在85%以上合格面积为70.6423万亩（含机械化林场人工造林1.0094万亩），为计划指标的126%，成活率在85%以下的待补面积7.9505万亩。下达飞播造林计划10万亩，实际完成10万亩，其中冯记沟乡实施5.6万亩，王乐井乡实施1.5万亩，其余3万亩在分散沙丘实施人工模拟飞播，经验收合格面积7.3万亩。封山育林2万亩（含机械化林场1万亩），在王乐井、冯记沟两乡实施封育1万亩。实施森林管护面积230万亩。

2004年，盐池县共计完成各类造林任务77.2万亩，其中人工造林72.2万亩，人工模拟飞播造林5万亩。其中人工造林72.2万亩中，成活率在85%以上合格面积65.7万亩，待补植面积6.5万亩。完成育苗0.12万亩。由于盐池县2003年实施造林超出计划指标，自治区林业局虽进行全部验收，但只兑现了2003年退耕还林任务指标，超造部分计划指标全部转至2004年。因此2004年盐池县造林任务分三个部分，即2004年新造面积、补植面积和2003年超造面积。由于连续几年来实施封、飞、造综合治理，全县适合飞播造林的大面积流动半流动沙地逐步减少，一些小面积流动半流动沙地更适宜于人工撒播。经过自治区林业局组织专家认真调研，决定从2004年起暂停在盐池县实施飞机播种造林，代之为人工模拟飞播造林，并确定在王乐井、冯记沟、高沙窝三个乡镇实施人工模拟飞播造林5万亩。向县内外种子供应商公开招标花棒、杨柴、沙蒿等种子，及时进行种子净化处理，于7月份实施了造林。经县林业部门组织自查验收，各人工模拟飞播造林地块草树长势良好。同时组织农民群众对沙化较严重地区实施补播，条件适宜地块补植营养袋柠条、花棒、杨柴等苗木。

2005年，根据自治区林业局下达计划指标，盐池县在花马池、王乐井等乡镇10个播区实施撒播5万亩（合格2.3万亩，待补播2.7万亩），同时对2004年撒播区域进行补播。2005年组织撒播时严格按照飞播造林技术要求，对花棒种子进行大粒化处理，和杨柴、沙蒿、沙打旺种子按4:2:1:1的比例混装，亩均播种量计划为0.4千克。每个撒播地块均由林业技术人员亲自指导实施。由于当年全县遭遇特大干旱，仅花马池镇、王乐井乡所辖5个播区2.3万亩地块出苗较好，高沙窝、惠安堡镇等地播区出苗不齐，之后对出苗不齐的播区进行了连续补播。

"十五"期间，天然林资源保护工程作为盐池县生态建设的重点项目，共计完成飞播造林37万亩，封山育林33.6万亩；每年通过天然林资源保护工程完成森林管护171万亩；通过项目实施，使机械化林场和城郊林场77名富余待岗人员得到妥善安置，323名林业职工参加了养老保险。

"十一五"期间，盐池县计划五年中完成封山（沙）育林20万亩，主要是对中北部地区的柠条、杠柳、白刺等天然林进行封育保护，其次是对20世纪90年代飞播区和疏林地进行封育管护，并实施补播补种，以达到林地郁闭度要求。天然林资源保护工程森林管护面积150万亩左右，计划到"十一五"末达到200万亩。通过天然林资源保护工程，继续加强对天然林资源保护区内林木管护，加强森林防火、病虫害防治，增加基础设施，解决林业职工养老保险，持续搞好全县林业生态建设。

2006年，盐池县天然林资源保护工程补植撒播4万亩，共计撒播花棒、杨柴、沙蒿种子1.6万公斤，其中花马池镇撒播0.6万亩、高沙窝镇0.6万亩、王乐井乡北台行政村0.2万亩、冯记沟乡0.6万亩、惠安堡镇（含太阳山工业园区）1万亩、青山乡刘窑头村0.5万亩。按照飞播造林技术要求，对花棒进行大粒化处理，并和杨柴、沙蒿、沙打旺进行混装，按照亩均0.4千克的播种量进行撒播，花棒：杨柴：沙蒿：沙打旺比例为4:2:1:1。每个撒播地块均由林业技术人员亲自指导实施，共计12块播区。由于遭遇特大干旱，部分区域出苗不齐，后续持续进行了补播。

2007年，盐池县天然林资源保护工程完成封山育林1万亩。实施区块位于花马池镇四墩子村左记沟台一带，封育后组织当地群众进行了撒播补植，撒播后恰逢及时雨，出苗整齐，长势良好。此外，还组织在花马池、王乐井、高沙窝、冯记沟、青山、惠安堡等乡镇实施撒播补植4.3万亩。撒播时对花棒进行大粒化处理，与杨柴、沙蒿进行混装，按照亩均0.4千克的播种量，花棒：杨柴：沙蒿，比例为4:4:2:1，在13个播区实施。由于遭遇特大干旱天气，冯记沟乡、惠安堡镇等地播区出苗不齐，花马池镇、王乐井乡、青山乡播区出苗较好。

2008年，盐池县天然林资源保护工程完成封山育林7万亩，续封5万亩（含机械化林场2万亩），完成任务的100%；补植2万亩。

盐池县天然林资源保护工程一期历时10年，国家累计投入资金2221万元，共完成飞播造林42.9350万亩，保存合格面积36.9668万亩；封山（沙）育林33.6万亩，森林管护面积138.3万亩。森林覆盖率由2000年的8.4%增加到2010年的

12.1%，增加 3 个百分点，取得了良好的生态和社会效益。

盐池县天然林资源保护工程通过采取封、飞、造营林措施的针对性治理，管护区 138.3 万亩林木资源得到休养生息，森林生态系统功能逐步恢复，生物多样性得到有效保护，盐池县也率先在全国同类地区实现了沙漠化逆转。一是林木资源有效增加，沙地植被明显恢复，并且建成了 100 万亩优质灌木采种基地。二是局部地区生态状况得到改善，生物多样性增加，绝迹数十年的鸟类、狐狸进入飞播封育区繁衍生息。三是林区经济结构得到调整，林业经济造血能力得到增强。全县建立柠条资源基地 220 万亩，沙柳资源基地 40 万亩，以甘草为主的人工中药材种植基地 8.13 万亩。柠条、沙柳等林木资源转化利用速度加快，年均平茬复壮 60 万亩，可加工转化柠条颗粒配方饲料 10 万吨。四是林业职工安置工作稳步推进。通过天然林资源保护工程管护实施，安置林业职工从事森林管护，通过林业生态重点工程实施鼓励林业职工从事造林工作，通过大力发展林业后续产业安排富余职工从事林下产业经营，一系列政策措施切实解决了职工就业困难，维护了林区稳定。

盐池县政府自 2005 年底制定出台《盐池县林地保护和管理暂行办法》后，明确提出"坚定不移地抓好封山禁牧工作，选好配齐管护人员、积极创新管护机制、明确细化管护责任、以管护促建设、以利用促管护"六项管护措施。林业部门也先后制定了《盐池县天然林资源工程管理暂行办法》《盐池县天然林资源管护办法》，规划确定管护区块，建立林地档案。县政府每年定期召开全县林草资源管护大会，与各乡镇逐年签订管护责任书，各乡镇政府与护林员签订管护责任合同，实行主要领导负总责、分管领导具体抓的管护机制。全县林业系统 130 名护林员全部持证上岗，做到地块落实，面积落实，责任到人，奖罚分明。先后投资 30 万元建设护林房 13 处 485 平方米，在各护林点累计投放滩养殖鸡 3 万只，投资 8 万元配置风力发电机 14 台，切实改善了护林员生活、工作条件。进一步强化森林管护，加大依法治林力度，重点打击违法毁林事件，对一般破坏林地行为采取教育和处罚相结合的办法，进行引导和劝解。加强夜间、早晚禁牧巡护，坚决杜绝"偷牧"行为。明确各乡镇、村委会、护林员与环林局天保办、林政办、森林派出所、禁牧办职责分工，成立禁牧应急小分队，确保 24 小时信息畅通，责任到岗、管护到位。

盐池县实施天然林资源保护工程一期 10 年间，共计受理林业案件 77 起，结案 77 起，其中盗伐林木 4 起，滥伐林木 18 起，其他涉林案件 55 起，收缴罚款 2.6507 万元，依法收缴植被恢复费 95.1590 万元。开展野生动物保护专项行动，发放通告 0.5 万份。积极配合全区开展打击破坏森林资源专项行动，严厉打击乱砍滥伐林木、乱垦滥占林地、乱挖滥采野生植物、乱捕滥猎野生动物等违法犯罪行为。

盐池县政府专门成立森林防火指挥部，下设办公室，负责落实森林防火责任制，县、乡（镇）、村三级政府和基层组织层层签订防火责任书，严格落实责任追究。持续加强对辖区群众森林防火宣传教育，积极组织开展森林防火"宣传周""宣传月"活动，进一步增强人民群众"保护生态环境就是保护家园"的自觉意识。制定森林防火"十不准",公告森林火警举报电话,做到森林防火早研究、早部署、早安排、早落实。着力抓好重要季节、重大节假日、重要地段防火工作,适时开展森林防火安全检查和火灾隐患排查,加强森林防火信息调度,对火情做到早发现、早排除、早处置。盐池县实施天然林资源保护工程一期10年间,全县无森林火灾发生。

根据国家天然林资源保护工程项目部署,上级林业部门在盐池县设立了国家级森林病虫防治监测点,有效提升和促进了县域内森林病虫鼠害防治水平,杜绝了重大疫情人为传播。盐池县天然林资源保护工程区总面积138.3万亩,年均防治面积10万亩,成灾率下降为零,防治率由天然林资源保护工程项目实施前的40%提高到2010年的100%,监测覆盖率由50%提高到88%以上。种苗产地检疫率达100%,病虫监测面积260.6万亩,实现了"一年控制蔓延,两年减轻危害,三年大见成效"的计划目标。

资金投入管理方面,盐池县林业主管部门严格按照自治区《天然林保护工程财政资金管理规定》实施细则,认真遵照执行国家林业和草原局提出"严管林、慎用钱、质为先"的管理原则,把有限的项目资金用在刀刃上。严格资金管理要求,做到专户储存、单独建账、专款专用、单独核算,分工程项目进行明细核算;建立健全内部监督制度,规范资金管理,确保工程质量和投资效益。

盐池县在实施天然林保护工程建设一期建设中,取得了明显的项目投资效益,积累了生态建设治理经验。但也由于自然气候条件、管理水平差距等因素,致使部分项目没有达到规划目标要求,出现枯苗木等失败面积,其中封育失败面积0.95万亩,飞播失败面积5.9682万亩。

盐池县在实施天然林保护工程建设一期建设中,县天然林资源保护工程领导小组办公室全面制定工程实施管理规章制度,承办作业设计、技术培训、宣传发动等工作,层层落实签订责任书;负责以法定程序实施项目招投标,实施积极的承包治理政策措施;建立健全工程项目档案,上报各类报表信息,不断提高工程管理水平,推进工程项目科学化管理。

(二)天然林资源保护工程二期

盐池县天然林资源保护工程第二期工程实施年限为2011—2020年,工程项目覆盖花马池、高沙窝、王乐井、青山、冯记沟、惠安堡、大水坑、麻黄山8个乡镇和城郊林场、沙生植物灌木园。

盐池县天然林资源保护工程经过一期10年建设,天然林资源步入起步发展阶段,但辖区森林资源质量仍然不高,中幼林比重大,生态环境仍然脆弱。

盐池县"十二五"规划纲要提出全县林业生态建设要依托项目,建设生态文明先行区。树立生态、绿色、环保发展理念,打造中部干旱带防风固沙体系,继续巩固全国防沙治沙示范县区,构建西部重要的生态安全屏障。实施以灌木为主治沙造林40万亩,封沙育林60万亩,完成未成林抚育管护150万亩;建立采种基地100万亩;林木繁育基地0.5万亩;建设以红枣为主的生态经济林基地6万亩;柠条平茬250万亩;努力提升原有生态综合治理示范区的生态、经济、社会效益。通过治理,使全县150万亩沙化土地得到治理,

30 万亩流动沙丘基本得到固定。使全县林草覆盖率提高到 35%，净增 5 个百分点。造林苗木基本实现自给自足，林业产业化程度明显增强，生态与经济协调发展，初步实现兴林富民目标。

实施天然林资源保护工程二期主要目标是：构建宁夏东部稳定的森林生态屏障，实现森林资源从恢复性增长进一步向质量提高转变。森林资源 191.2 万亩林地面积应管尽管，到 2020 年森林面积增加 175 万亩（含国家特别规定的灌木林），生态状况从逐步好转进一步向明显改善转变，工程区沙化面积明显减少，生物多样性明显增加；林区经济社会发展由稳步复苏进一步向和谐发展转变，民生明显改善，国有林场职工社会保障应保尽保，辖区社会和谐稳定。

主要任务：一是加强森林资源管护，继续封山（沙）禁牧，确保盐池全境森林生态功能修复。森林管护面积 232.7 万亩。其中国有林管护面积 11.5 万亩，集体所有的国家级公益林面积 33.1 万亩，集体所有地方公益林面积 188.1 万亩，管护任务分解到各乡镇。二是完成公益林建设 12 万亩，其中封山育林 10 万亩，人工造林 10 万亩，其中乔木 6 万亩，灌木 4 万亩，公益林建设任务量分解各县。三是实施中幼林抚育，完成国有中幼林抚育 1.5 万亩。四是保障和改善民生，通过落实政策和工程项目，保障盐池县林场、苗圃 34 名林业职工的基本养老、医疗、失业、生育、工伤保险得到落实，增加管护区就业，提高职工和林农收入，健全完善社会保障体系，使职工收入和社会保障接近或达到社会平均水平。

政策措施：一是实施森林管护补助政策。对于国有林，中央财政安排森林管护费每亩每年 5

元；对于集体林，属于国家级公益林的，由中央财政安排森林生态效益补偿基金每亩每年 10 元；属于地方公益林的，主要由地方财政安排补偿基金，中央财政每亩每年补助森林管护费 3 元。管护经费可以用于补植补造，其中管护设施建设维护（包括护林点建设及维护、护林员生活设施配套、水利基础设施、场站用房、职工用房建设、林区道路建设、交通工具）和设备购置费等占管护费的 30% 左右。二是完善社会保险补助政策。中央财政继续对国有林场负担的在职职工基本养老、基本医疗、失业、工伤和生育等五项社会保险给予补助，分别按缴费工资基数的 20%、6%、2%、1%、1% 比例补助。社保缴费工资基数为 24575.2 元，是宁夏 2008 年社会平均工资的 80%。对符合现行就业政策的国有林业单位代管的灵活就业困难人员，地方人民政府按国家有关规定统筹解决这部分人员的社会保险补贴，对国有林业单位跨行政区域的，由所在地、市或省级人民政府统筹解决。三是执行政策性社会性支出补助政策。中央财政继续对国有林业单位负担的教育、医疗卫生及公检法司经费给予补助，并相应提高补助标准；为鼓励推进改革，对将国有林业单位承担的消防、环卫、街道等社会公益性事业移交地方政府管理的省（区、市），中央财政给予补助。补助标准参照 2008 年全国社会平均水平，教育经费人年均补助 30000 元，医疗卫生经费人年均补助 15000 元。四是实行公益林建设投资补助政策。中央基本建设投资继续安排公益林建设，人工造林乔木每亩补助 300 元，灌木造林每亩补助 120 元，封山育林每亩补助 70 元。五是增加森林培育经营补助政策。中央财政对国

表 2—1—1　盐池县天保工程二期各类土地面积统计表（单位：万亩）

单位	行次	工程区总面积	林地合计	有林地 小计	天然林	人工林	灌木林地 小计	其中：国家特别规定灌木林	疏林地	未成林造林地	苗圃地	无林地 合计	宜林荒山荒地	宜林沙荒地	采伐迹地	火烧迹地	其他无林地	其他林地	非林地
列次	0	1	2	3	4	5	6	7	8	9	10	11	12	13	14	15	16	17	18
盐池县 合计	1	872.3	421.3	8.1		8.1	157.0	157.0	1.6	50.7	0.2	203.8	40.0	157.8			5.9		451.0
国有	2	6.5	1.5	1.5		1.5													5.0
集体	3	865.8	419.8	6.6		6.6	157.0	157.0	1.6	50.7	0.2	203.8	40.0	157.8			5.9		446.0
花马池镇 小计	4	115.1	73.8	1.3		1.3	32.0	32.0	0.3	9.2	0.2	30.8		30.8					41.3
国有	5	2.0	0.2	0.2		0.2													1.8
集体	6	113.1	73.6	1.1		1.1	32.0	32.0	0.3	9.2	0.2	30.8		30.8					39.5
高沙窝镇 小计	7	102.5	50.9	0.4		0.4	18.7	18.7	0.7	8.0		23.1		17.9			5.2		51.6
国有	8	1.2	0.1	0.1		0.1													1.1
集体	9	101.3	50.8	0.3		0.3	18.7	18.7	0.7	8.0		23.1		17.9			5.2		50.5
王乐井乡 小计	10	101.0	51.8	0.3		0.3	23.7	23.7	0.0	5.5		22.3		22.1			0.2		50.4
国有	11	0.4	0.1	0.1		0.1													0.3
集体	12	100.6	51.7	0.2		0.2	23.7	23.7	0.0	5.5		22.3		22.1			0.2		48.9
冯记沟乡 小计	13	100.2	28.4	0.2		0.2	9.8	9.8	0.0	0.5		17.9	0.1	17.3			0.5		71.8
国有	14	0.2	0.1	0.1		0.1													0.1
集体	15	100.0	28.3	0.1		0.1	9.8	9.8	0.0	0.5		17.9	0.1	17.3			0.5		71.7
青山乡 小计	16	66.0	32.9	0.7		0.7	15.0	15.0	0.0	1.0		16.2		16.2					33.1
国有	17	0.4	0.2	0.2		0.2													0.2
集体	18	65.6	32.7	0.5		0.5	15.0	15.0	0.0	1.0		16.2		16.2					32.9
惠安堡镇 小计	19	147.0	53.1	0.5		0.5	18.2	18.2	0.1	12.7		21.6	8.1	13.5					93.9
国有	20	0.8	0.1	0.1		0.1													0.7
集体	21	146.2	53.0	0.4		0.4	18.2	18.2	0.1	12.7		21.6	8.1	13.5					93.2
大水坑镇 小计	22	159.0	91.6	1.5		1.5	30.6	30.6	0.2	2.1		57.2	17.2	40.0					67.4
国有	23	1.5	0.6	0.6		0.6													0.9
集体	24	157.5	91.0	0.9		0.9	30.6	30.6	0.2	2.1		57.2	17.2	40.0					66.5
麻黄山乡 小计	25	81.4	38.7	3.0		3.0	9.0	9.0	0.3	11.8		14.6	14.6						42.7
国有	26																		
集体	27	81.4	38.7	3.0		3.0	9.0	9.0	0.3	11.8		14.6	14.6						42.7

表 2—1—2　盐池县天保工程二期公益林区划界定表（单位：万亩）

单位	行次	林地面积						
		合计	国家级公益林				地方公益林	商品林
			计	一级	二级	三级		
列次	0	1	2	3	4	5	6	7
盐池县 合计	1	421.2	126.4		126.4		292.6	2.2
盐池县 国有	2	4.3	1.3		1.3		2.9	0.1
盐池县 集体	3	416.9	125.1		125.1		289.7	2.1
花马池镇 小计	4	73.8	15.0		15.0		58.8	
花马池镇 国有	5	0.9					0.9	
花马池镇 集体	6	72.9	15.0		15.0		57.9	
高沙窝镇 小计	7	50.9	10.3		10.3		40.6	
高沙窝镇 国有	8	0.7	0.5		0.5		0.2	
高沙窝镇 集体	9	50.2	10.0		10.0		40.2	
王乐井乡 小计	10	51.8	10.2		10.2		40.6	1.0
王乐井乡 国有	11	0.2					0.2	
王乐井乡 集体	12	51.6	10.2		10.2		40.4	1.0
冯记沟乡 小计	13	28.4	11.6		11.6		16.8	1.1
冯记沟乡 国有	14	0.2	0.1		0.1		0.1	
冯记沟乡 集体	15	28.2	11.5		11.5		15.6	1.1
青山乡 小计	16	27.8	10.3		10.3		17.5	
青山乡 国有	17	0.4					0.4	
青山乡 集体	18	27.4	10.3		10.3		17.1	
惠安堡镇 小计	19	58.2	16.2		16.2		42.0	
惠安堡镇 国有	20	0.7	0.7		0.7			
惠安堡镇 集体	21	57.5	15.3		15.3		42.2	
大水坑镇 小计	22	91.6	33.7		33.7		57.9	
大水坑镇 国有	23	1.2					1.0	
大水坑镇 集体	24	90.4	33.7		33.7		56.7	
麻黄山乡 小计	25	38.7	19.1		19.1		19.6	
麻黄山乡 国有	26							
麻黄山乡 集体	27	38.7	19.1		19.1		19.6	
灌木园 小计	28							0.1
灌木园 国有	29							0.1
灌木园 集体	30							

表 2—1—3 盐池县天保工程二期公益林建设任务汇总表（单位：万亩）

单位	行次	合计	人工造林			封山育林	森林改造培育			飞播造林
			小计	乔木	灌木		计	森林改造	补植补造	
列次	0	1	2	3	4	5	6	7	8	9
盐池县	1	22.0	10.0	6.0	4.0	12.0				
花马池镇	2	2.8	1.3	0.8	0.5	1.5				
高沙窝镇	3	2.8	1.3	0.8	0.5	1.5				
王乐井乡	4	2.8	1.3	0.8	0.5	1.5				
冯记沟乡	5	2.8	1.3	0.8	0.5	1.5				
青山乡	6	2.7	1.2	0.7	0.5	1.5				
惠安堡镇	7	2.7	1.2	0.7	0.5	1.5				
大水坑镇	8	2.7	1.2	0.7	0.5	1.5				
麻黄山乡	9	2.7	1.2	0.7	0.5	1.5				

表 2—1—4 盐池县天保工程二期森林管护与补助面积统计表（单位：万亩）

单位	行次	森林管护面积				中央财政森林管护补助面积			
		合计	国有林	集体所有国家级公益林	集体所有地方级公益林	合计	国有林	集体所有国家级公益林	集体所有地方级公益林
列次	0	1	2	3	4	5	6	7	8
盐池县	1	232.7	11.5	33.1	188.1	224.2	3	33.1	188.1
花马池镇	2	54.3	1.3	6	47	53		6	47
高沙窝镇	3	35.1	0.3	4.7	30.1	34.8		4.7	30.1
王乐井乡	4	32.1	0.2	3.9	28	31.9		3.9	28
冯记沟乡	5	33.6	0.1	6.5	27	33.5		6.5	27
青山乡	6	18.2	0.6	5.6	12	17.6		5.6	12
惠安堡镇	7	17.5	0.4	2.1	15	17.1		2.1	15
大水坑镇	8	28.5	1.4	2.1	25	27.1		2.1	25
麻黄山乡	9	9.1	2.9	2.2	4	6.2		2.2	4
哈巴湖四尔滩	10	1	1			1	1		
城郊林场	11	1.8	1.8			1	1		
灌木园	12	1.5	1.5			1	1		

表 2—1—5　宁夏天保工程二期社会保险和政策性社会性支出补助人数统计表（单位：人）

单位	行次	社会保险补助人数	政策性社会性岗位					
			合计	教育	医疗卫生	公检法司	政企合一单位政府机关事业	消防、环卫、街道等社会公益事业
列次	0	1	2	3	4	5	6	7
盐池县	1	34						
城郊林场	2	27						
灌木园	3	7						

注：公检法司经费补助人数编制到省，不分解落实到各实施单位。

有中幼林抚育每亩补助 120 元。六是地方投入政策。宁夏回族自治区财政对集体所有的地方公益林管护每亩补助 2 元。

根据上述任务、政策和测算标准，以及国家、自治区有关文件规定，经测算，盐池县天然林资源保护工程二期（2011—2020 年）总投入 13316.9 万元，其中中央财政 6623 万元（不含 2010 年以前已纳入生态补偿的管护费），占 49.7%，中央基本建设投资 3120 万元，占 23.4%；自治区财政投入 3573.9 万元，占 26.8%。分投资渠道和建设项目投资测算如下：

财政资金投入：2011—2020 年盐池县天然林资源保护工程二期建设共需投入财政资金 9743 万元（不含 2010 年以前已纳入生态补偿的管护费），占工程建设总投资的 50%，其中中央补助资金 6623 万元，地方配套资金 3573.9 万元。一是森林管护费和中央补偿基金补助。2011—2020 年盐池县天然林资源保护工程二期建设森林资源管护中央投入 6372 万元，其中国有林管护面积 11.5 万亩（不含 2010 年以前已纳入补偿的国家级公益林面积），管护费 105 万元；集体所有的国家级公益林面积 33.1 万亩（不含 2010 年以前已纳入补

偿的国家级公益林），管护费 2317 万元；集体所有的地方公益林面积 188.1 万亩，管护费 3950 万元，自治区财政配套资金 3573.9 万元。二是国有林场职工社会保险补助。2011—2020 年盐池县国有林业场圃职工 34 人基本养老、基本医疗、工伤、失业、生育保险中央投入资金 251 万元。三是森林抚育补助。2011—2020 年盐池县国有中幼龄抚育面积 1.5 万亩，中央投入 1800 万元。

基本建设投入：2011—2020 年，盐池县天然林资源保护工程二期建设基本建设共需投入资金 3120 万元，占工程建设总投资的 23.4%，为中央基本建设投资。一是人工造林投资。2011—2020 年盐池县天然林资源保护工程二期建设人工造林计划完成 10 万亩，其中乔木造林 6 万亩，灌木造林 4 万亩，中央基本建设投资 2280 万元。二是封山育林投资。2011—2020 年盐池县天然林资源保护工程二期建设封山育林计划完成 12 万亩，中央基本建设投资 840 万元。

2012—2020 年，根据自治区林业局下任务指标，盐池县实施天然林资源保护工程二期任务指标及完成情况如下：2012 年完成封山育林任务 35000 亩，完成任务的 100%。2013 年完成

表 2—1—6　盐池县天保工程二期地方投入汇总表（单位：万元）

单位	行次	地方财政投入											
		森林管护费与地方补偿基金				社会保险补助	政策性社会性支出补助			森林抚育补助	巩固分离企业办社会职能改革补助		
		合计	小计	国有林	集体国家级公益林	集体地方公益林		小计	其中			小计	改革补助	改革奖励
									公检法司经费补助	消防、环卫、街道等社会公益事业经费补助				
列次	0	1	2	3	4	5	6	7	8	9	10	11	12	13
盐池县	1	3574	3573.9			3573.9								
花马池镇	2	893.0	893.0			893.0								
高沙窝镇	3	571.9	571.9			571.9								
王乐井乡	4	532.0	532.0			532.0								
冯记沟乡	5	513.0	513.0			513.0								
青山乡	6	228.0	228.0			228.0								
惠安堡镇	7	285.0	285.0			285.0								
大水坑镇	8	475.0	475.0			475.0								
麻黄山乡	9	76.0	76.0			76.0								

封山育林任务 40000 亩，飞播造林 20000 亩并封育（狼洞沟），完成任务的 100%。2014 年完成封山育林 20 万亩，平茬柠条 40 万亩，补植补造 5.2 万亩，完成任务的 100%。2015 年完成封山育林 35200 亩，完成计划任务 35000 亩的 100.5%。2016 年完成封山育林 20000 亩，完成计划任务的 100%。2017 年完成退化林分改造 20001 亩，完成未成林补植补造 30000 亩，完成森林抚育 25000 亩；完成封山育林 20000 亩，完成计划任务的 100%。2018 年完成退化林分改造 40099 亩，完成未成林补植补造 20000 亩，完成森林抚育 30000 亩，完成柠条平茬 40008 亩；完成封山育林 25073 亩，完成计划任务的 100%。2019 年完成退化林分改造 15000 亩，完成森林质量精准

提升工程 20000 亩，完成森林抚育 60000 亩；完成封山育林 20000 亩，完成计划任务的 100%。2020 年完成退化林分改造 51012 亩，完成未成林补植补造 20024 亩，完成森林抚育 70000 亩（"三北"工程灌木柠条平茬）；完成封山育林 20000 亩，完成计划任务的 100%。

盐池县实施天然林资源保护工程二期建设中，逐年制定《盐池县天然林资源保护工程年度建设实施方案》，精准实施工程建设，重点进行封山育林、补植补造和抚育工作。同时加强林道、护林房等基础设施建设及防火隔离带建设，有效推进工程建设科学化管理，并顺利通过国家核查验收。通过工程项目实施，到 2020 年，盐池县森林覆盖率达到 27%。

表2—1—7 盐池县天保工程二期中央投入汇总表（单位：万元）

单位	行次	合计	森林管护费与中央补偿基金 小计	计	国有林	集体国家级公益林	集体地方公益林	社会保险补助	政策性社会性支出补助 计	公检法司经费补助	消防、环卫、街道等社会公益事业经费补助	森林抚育补助	巩固分离企业办社会职能改革补助 计	改革补助	改革奖励	中央基本建设投资 小计	人工造林	封山育林	森林改培	补植补造	飞播造林
列次	0	1	2	3	4	5	6	7	8	9	10	11	12	13	14	15	16	17	18	19	20
盐池县	1	9743	6623	6372	105	2317	3950	251								3120	2280	840			
花马池镇	2	1820	1419	1419	12	420	987									401.4	296.4	105			
高沙窝镇	3	1365	964	964	3	329	632									401.4	296.4	105			
王乐井乡	4	1264	863	863	2	273	588									401.4	296.4	105			
冯记沟乡	5	1424	1023	1023	1	455	567									401.4	296.4	105			
青山乡	6	1028	649	649	5	392	252									378.6	273.6	105			
惠安堡镇	7	845	466	466	4	147	315									378.6	273.6	105			
大水坑镇	8	1064	685	685	13	147	525									378.6	273.6	105			
麻黄山乡	9	643	264	264	26	154	84									378.6	273.6	105			
城郊林场	10	215	215	16	16			199													
灌木园	11	66	66	14	14			52													
哈巴湖四尔滩	12	9	9	9	9																

第二节　退耕还林（草）工程

一、工程综述

2000—2020 年，盐池县先后实施退耕还林 174.52 万亩，其中退耕地造林 47.97 万亩（前一轮 41.15 万亩，新一轮 6.82 万亩），荒山造林 121.25 万亩，封山育林 5.3 万亩。工程建设覆盖全县 8 个乡镇 99 个行政村，涉及 3.1 万余退耕农户，13.1 万退耕农民。截至 2020 年，累计完成投资 11.13 亿元（种苗补助 1.0788 亿元，巩固退耕还林成果 3887.8 万元，粮款及现金补助 9.6631 亿元），其中新一轮 1.2038 亿元。通过建设治理，项目区生态环境日趋改善，水土流失得到明显遏制，南部黄土丘陵区山洪减少，年扬沙天气由 2000 年前后的 74 次降低到 2019 年的 15 次；农民人均可支配收入由 2000 年的 1287 元增长到 2019 年的 12127 元。全县森林覆盖率达 27%，逐步实现了沙地披绿、人进沙退的历史性转变。

退耕还林工程是从保护生态环境出发，将水土流失严重的耕地，沙化、盐碱化、石漠化严重的耕地及粮食产量低而不稳的耕地，有计划、有步骤地停止耕种，因地制宜地造林种草，恢复植被。退耕还林工程是迄今为止我国政策性最强、投资量最大、涉及面最广、群众参与程度最高的一项生态建设工程，仅中央投入工程资金就超过 4300 亿元。1999 年，四川、陕西、甘肃 3 省率先开展了退耕还林试点，由此揭开我国退耕还林工程的序幕。根据《国务院关于进一步做好退耕还林还草试点工作的若干意见》（国发〔2000〕24 号）、《国务院关于进一步完善退耕还林政策措施的若干意见》（国发〔2002〕10 号）和《退耕还林条例》规定，并按照国务院西部地区开发领导小组第二次全体会议确定 2001—2010 年退耕还林 1467 万公顷的规模，国家林业局会同国家发展改革委、财政部、国务院西部开发办、国家粮食局编制了《退耕还林工程规划》（2001—2010 年）。2002 年 1 月 10 日，全国退耕还林工作电视电话会议宣布退耕还林工程全面启动。4月 11 日，国务院下发《关于进一步完善退耕还林政策措施的若干意见》（国发〔2002〕10 号），安排北京、天津、河北、山西、内蒙古、辽宁、吉林、黑龙江、安徽、江西、河南、湖北、湖南、广西、海南、重庆、四川、贵州、云南、西藏、陕西、甘肃、青海、宁夏、新疆 25 个省（区、市）和新疆生产建设兵团退耕还林任务共 572.87 万公顷，其中退耕地造林 264.67 万公顷，宜林荒山荒地造林 308.20 万公顷。

退耕还林现行政策规定：一、国家无偿向退耕农户提供粮食、生活费补助。粮食和生活费补助标准为：长江流域及南方地区每公顷退耕地每年补助粮食（原粮）2250 公斤；黄河流域及北方地区每公顷退耕地每年补助粮食（原粮）1500 公斤。从 2004 年起，原则上将向退耕户补助的粮食改为现金补助，中央按每公斤粮食（原粮）1.40 元计算包干给各省（区、市）。具体补助标准和兑现办法由省政府根据当地实际情况确定。每公顷退耕地每年补助生活费 300 元。粮食和生活费补助年限，1999—2001 年还草补助按 5 年计算，2002 年以后还草补助按 2 年计算；还经济林补助按 5 年计算；还生态林补助暂按 8 年计算。尚未承包到户和休耕的坡耕地退耕还林的，只享受种苗造林费补助。退耕还林者在享受资金和粮食补助期间，应当按照作业设计和合同要求在宜林荒山荒地造林。二、国家向退耕农户提供种苗造林补助费。种苗造林补助费标准按退耕地和宜林荒山荒地造林每公顷 750 元计算。三、退耕还林必须坚持生态优先。退耕地还林营造的生态林面积以县为单位核算，不得低于退耕地还林面积的 80%。对超过规定比例多种的经济林只给种苗林补助费，不补助粮食和生活费。四、国家保护退耕还林者享有退耕地上的林木（草）所有权。退耕还林后由县级以上人民政府依照森林法、草原法有关规定发放林（草）权属证书，确认所有权和使用权，并依法办理土地用途变更手续。五、退耕地还林后的承包经营权期限可以延长到 70 年。承包经营权到期后，土地承包经营权人可以依照有关法律、法规的规定继续承包。退耕还

林地和荒山荒地造林后的承包经营权可以依法继承、转让。六、资金和粮食补助期满后，在不破坏整体生态功能前提下，经有关主管部门批准，退耕还林者可以依法对其所有林木进行采伐。七、退耕还林所需前期工作和科技支撑等费用，国家按照退耕还林基本建设投资的一定比例给予补助，由国务院发展计划部门根据工程情况在年度计划中安排。退耕还林地方所需检查验收、兑付等费用，由地方财政承担。中央有关部门所需核查等费用，由中央财政承担。八、国家对退耕还林实行省、自治区、直辖市人民政府负责制。省、自治区、直辖市人民政府应当组织有关部门采取措施，保证按期完成国家下达的退耕还林任务，并逐级落实目标责任，签订责任书，实现退耕还林目标。

为全面贯彻落实中央、国务院提出"退耕还林（草）、封山绿化、以粮代赈、个体承包"的方针政策，盐池县把退耕还林（草）工程作为治理荒漠化的主要措施和战略机遇，根据国家林业局制定的《长江上游黄河中上游地区退耕还林（草）试点示范方案》和《国务院关于进一步做好退耕还林（草）试点工作的若干意见》（国发〔2000〕24 号）精神，按照自治区政府安排指导意见，从 2001 年开始退耕还林（草）工程试点。通过对不同区域、不同自然条件的地块退耕还林（草）试点，建设以生态效益为中心，经济效益、社会效益有机结合的多类型、高标准示范区，探索符合县情实际的退耕还林（草）措施和办法，特别是以粮代赈、个体承包等措施，有计划、分步骤稳定地推进全县退耕还林（草）工程持续深入。

（一）工程措施

一是加强工程推进组织领导，重在依靠群众参与。县人民政府成立了由县长、分管副县长分任组长、副组长，发改、财政、审计、国土、林业等部门负责人为成员的领导小组，实行主要领导负责制、项目单位责任制，形成各级领导亲自抓，乡镇部门协调联动、齐抓共管的工作局面。二是注重项目建设与产业发展有机结合。将退耕还林成果项目与特色种植、养殖等产业结合推进，增加项目区农户经济收入，推动农业特色产业发展。利用农田水利基本建设，在扬黄灌区开展高标准农田建设，在旱作区发展滴灌、喷灌等高效节水种植，大面积推广优质牧草、黄花、马铃薯等节水作物种植，持续壮大以日光温室为主的设施农业，探索中部干旱带发展现代农业的新路子。借助项目和滩羊养殖政策倾斜优势，大力发展畜牧业。三是严格工程质量，提高工程效益。按照《退耕还林条例》等政策规定，从规划制定到组织施工，从技术指导到检查验收，从粮款兑现到抚育管护，层层把关，责任到人。质量管理上严把"七关"，即区域界定关、面积丈量关、作业设计关、整地栽植关、种苗质量关、抚育管护关和验收兑现关。编制规划时，由县、乡退耕还林领导小组统一选区定点，乡、村两级组成工作组，逐户逐块丈量退耕面积，林业技术人员逐块编制作业设计。坚持谁退耕、谁抚育管护，及时组织群众开展除草、抚育、病虫鼠害防治等管护工作。适时组织开展退耕还林质量"回头看"，巩固建设成果。粮款管理推行专户储存，单独核算，专款专用，归口管理，严格按照"村组公示、签订合同、退耕发证、乡镇造册、直接

到户"的兑现程序组织发放，确保公开、公正、公平。严格实行"三不兑现"政策，即对退耕地造林保存率达不到85%、不适时抚育、管护不力的农户地块暂停政策兑现，待整改合格后再予以补兑。盐池县于2001年在全区率先实行封山禁牧，制定出台了《关于进一步加强封山禁牧工作的意见》，划区管理，分类指导，建立了林草干警、乡林业站和护林员三级管护网。四是坚持民建民管，建立长效机制。积极推行"谁受益、谁监督、谁管理"办法，鼓励和邀请项目区群众参与工程建设的讨论和决策，集中民智，鼓励群众参与项目的实施建设过程。项目后期管理中，由群众民主推选项目管理员，逐步形成了"民建民管"的长效运行机制。

（二）建设成效

2000年后，历届县委、县政府始终坚持生态立县战略不动摇，一张蓝图绘到底，一任接着一任干，持续推进巩固退耕还林（草）建设成果。在各项惠农政策鼓舞下，全县涌现出白春兰、王锡刚、史俊、余聪等一大批劳动模范和治沙英雄，谱写了一曲曲感人至深的奋进壮歌。光明日报记者庄电一先后发表题为《新"黎明"荒漠化可以逆转的证明》《盐池县如何实现沙漠化逆转》等系列报道；日本、德国等社团组织、基金会和国际友好人士也对盐池县生态建设给予了无私援助。

实施退耕还林取得了明显生态效益。一是风沙治理实现历史性突破，重点治理地区沙化土地面积和沙化程度呈"双降"趋势。营造防风固沙林142.1万亩，有效治理沙化土地，沙化土地和

荒漠化土地连续 10 年呈现了"双缩减";二是防治水土流失成效显著,局部地区水土流失面积和侵蚀强度呈"双减"趋势,累计营造水土保持林和水源涵养林 34.8 万亩,水土流失面积得到不同程度的控制。

盐池县实施退耕还林(草)工程 20 年间,先后培育大型柠条饲草配送中心、加工厂 8 个,带动全县发展饲草加工点 200 多个,柠条年转化饲草能力达到 6 万余吨,产值达 2000 万元,销售范围辐射全县养殖园区及周边 6 个县区,初步形成了集"产学研推"为一体的产业链条。在促进林畜草畜平衡的同时,也为发展滩羊产业、促进农民增收提供了有力支撑。同时抢抓环保产业发展机遇,积极探索发展沙柳、柠条等灌木平茬加工燃料颗粒,充分利用其热值高、灰分低、能效高、无污染等优势,替代煤炭、油气等化石燃料,培育重点企业 1 家,生物质燃料颗粒年销售收入近千万元。打造花马寺生态旅游区、哈巴湖景区、白春兰防沙治沙业绩园、长城旅游观光带等生态旅游景点,年接待游客 50 万人次,创收超过 5000 万元。

(三)工程典型模式

以柠条为主的生态林模式。柠条是盐池县的传统树种,具有耐寒、耐瘠薄、抗风蚀、耐沙埋、耐啃食,萌蘖力强、牲畜适口性好等特点。该模式选用柠条、花棒、杨柴等林草树种对沙丘实施前挡后拉,层层设防,灌草结合,使流动、半流动沙丘趋于固定。

以山杏、红枣植苗造林为主的经济林模式。在南部山区干旱阳坡以山杏植苗造林为主,中部滩地以红枣植苗造林为主。集中在冬季封冻前和第二年土壤解冻后进行种植。

以樟子松植苗造林为主的防护林模式。2000 年后,盐池县城镇、公路主干线沿线新植防护林主要以樟子松为主,县境边界外围防护林选用柠条、紫穗槐、毛条等灌木树种。

盐池县实施退耕还林(草)工程 20 年间,取得良好的生态、经济和社会效益,但在项目实施过程中也面临不少问题和困难。

一是退耕地块落实难。2015 年自治区下达盐池县新一轮退耕还林任务后,县林业部门依据国土部门非基本农田旱耕地信息与实地进行核对,并征求农户退耕意愿。多数农户认为,项目选中的大部分耕地都是当地地力相对较好的耕地,是农民的口粮田,因此并不愿意实施退耕还林。而地力相对较差、农户愿意退耕还林的现状耕地,在国土部门数据库中则被认定为永久基本农田、林地、草地或其他地类,不符合国家退耕还林规定条件。针对上述情况问题,盐池县有关部门、乡镇灵活执行政策规定,先采集农民自愿退耕还林现状耕地,再经过国土部门地类审核。2015—2019 年,全县累计采集农民自愿退耕的现状耕地 14.88 万亩,经国土部门审核认定旱耕地 7.48 万亩(含基本农田 3.9 万亩)、草地 6.47 万亩、林地 0.6 万亩、其他地类 0.87 万亩,具体表现为:完全符合退耕还林地类条件的耕地块很少。多数同一地块既有耕地、永久基本农田、非基本农田,又含草地、林地、其他类地,而且各地类相间出现。如果将同一地块现状耕地中符合地类条件的耕地退耕,不符合地类条件的耕地不退耕,造成退耕地边界很难准确界定,同一版块分裂成很多版块，且面积小、地块碎片化，农民宁可整块继续耕种，也不愿退耕还林。盐池县为了完成自治区下达退耕还林任务指标，经过各级政府、部门、干部艰难协调，勉力推进，勉强完成2015—2019年新一轮退耕还林任务6.82万亩。二是"还林"项目实施难度大，经济效益不明显，群众配合度低。盐池县位于中部干旱带，气候条件决定了退耕还林树种只能以生态灌木林为主，而新一轮退耕还林5年间每亩补助只有1500元，后期几乎没有经济收益，前一轮退耕还林16年每亩补助2050元，补助标准过低，影响了群众配合新一轮退耕还林工程实施的积极性。随着农村社会经济形势好转，一些长年外出打工的农民开始返乡从事农牧业经营，比如种植小杂粮，五六年间亩产收入也能超过1500元，耕地仍属自己，且无须长期管护，因此退耕还林积极性不高。部分群众计划将自己的耕地退耕还林，并通过了各级部门审核，纳入了国家年度退耕还林计划，但是到了种植季节，想法却发生了变化，不愿意退耕还林了，有的直接就种植了农作物，政府部门只好重新选择地块，增加了工作难度，甚至错过造林季节。三是管护难度大。由于耕地历史现状和新一轮退耕还林地类条件要求，导致新一轮退耕还林地块碎片多、较分散，很大程度上增加了管护难度。

自治区出台《关于建设黄河流域生态保护和高质量发展先行区的实施意见》，坚持以"一河三山"生态坐标构建"一带三区"总体布局，严守"三条控制线"建设黄河流域生态保护和高质量发展先行区。实现上述战略目标预期，生态建设和修复的任务还十分繁重。解决好上述困难问

题，才能持续推进全县乃至全区退耕还林（草）工程向好发展。

二、建设内容

2001年，盐池县退耕还林（草）试点定于境内北部六乡毛乌素沙区和惠安堡灌区，涉及7个乡镇、20个行政村、2225户、7986农户，其中劳动力1855人，耕地面积52200亩，人均耕6.5亩，人均收入1070元。

盐池县境内的毛乌素沙区，年降雨量250—280mm，属典型干旱荒漠区，风大，自然灾害频繁，植被覆盖度低，生态环境恶化。境内旱耕地土壤有机质少，土地退化严重，区域总面积530万亩，占全县土地总面积的52%。草原以甘草、苦豆子等植物分布为主，耕地面积90万亩，宜林荒沙地100万亩，规划试点区退耕还林（草）涉及7个乡镇20个行政村。规划区域为沙化蔓延、植被稀疏、自然灾害频发的生态环境恶化重点区域。

试点原则：坚持全面规划、分类实施、突出重点、先易后难、先行试点、稳步推进原则。坚持实事求是、因地制宜、合理布局、宜林则林、宜草则草、分类指导、注重实效原则。坚持生态、经济和社会效益相统一原则；统筹规划，合理布局，把退耕还林（草）与农村产业结构调整，解决农民吃饭、花钱等实际问题有机结合，解除退耕农民后顾之忧。坚持政策引导和农民自愿相结合原则，不搞行政命令、不强迫，通过政策引导和说服教育使退耕还林（草）成为农民群众自觉行动。坚持以流域或区域为单元，实行集

中连片治理。工程管理坚持"五统"原则，即统一规划、统一退耕、统一施工、统一验收、统一管护。坚持依靠科技进步，围绕造林种草成活率、保存率及生长量，增加科技含量，提高工程建设质量。坚持实行县、乡各级政府目标责任制，把退耕还林（草）任务落实到乡、村，层层建立责任制，确保退耕还林（草）目标、任务、资金、粮食、责任到位。

退耕还林（草）试点示范的任务、布局和典型区域划分：

全县安排试点退耕面积2万亩，还林（草）面积5万亩，其中退耕造林面积1.2万亩，占退耕面积的60%，退耕种草0.8万亩，占退耕面积的40%，荒山造林5万亩，具体计划为：惠安堡镇退耕4000亩、还林10000亩；城郊乡退耕4000亩，还林10000亩；苏步井乡退耕3000亩，还林7500亩；高沙窝乡退耕3000亩，还林7500亩；王乐井乡退耕2000页，还林5000亩；柳杨堡乡退耕2000亩，还林5000亩；鸦儿沟乡退耕2000亩，还林5000亩。

试区布局：选择毛乌素沙区北部六乡和惠安堡共7个乡镇，涉及20个行政村，其中惠安堡3个村（狼布掌，杜记沟，大坝）；苏步井乡3个村（英雄堡、芨芨沟、李华台）；高沙窝乡3个村（黄记台、高沙窝，长流墩）；王乐井乡3个村（刘四渠、郑记堡、牛记圈）；柳杨堡乡3个村（皖记沟、柳杨堡、冒寨子）；城郊乡3个村（郭记沟、八岔梁、田记掌）；鸦儿沟乡2个村（鸦儿沟、王吾岔）。

试区类型：试点示范区除惠安堡的狼布掌、杜记沟和大坝村属干旱黄土丘陵外，北部六乡均属毛乌素沙区，因此在树种、草种选择上以柠条、花棒、杨柴、沙柳、红柳等灌木为主，条件较好的丘间洼地适当配置新疆杨、旱柳、沙枣、白输、白蜡、刺槐、紫穗槐等耐旱树种，草以紫花苜蓿为主。

林草配置模式（典型设计）：根据当地自然气候条件及林业三大效益相结合原则，提出如下林草配置模式：以柠条（沙棘）、紫花苜蓿为主的灌木结合型；以沙枣、沙柳为主的防风固沙林；以柠条、沙棘为主的灌木饲料型；以新疆杨、刺槐、枣树为主的河漫滩水土保持林。

项目实施后，完成退耕还林（草）7.5万亩，完成任务的107.1%，其中成活率在85%以上的合格面积6.9万亩，占总面积的92%，需补植面积0.6万亩，占造林面积的8%；完成退耕2.13万亩，占2万亩退耕任务的106.5%，其中成活率在85%以上的合格面积1.91万亩，占退耕面积的89.2%，待补植面积0.27万亩，占退耕面积的10.8%；完成还林面积5.4万亩，占5万亩还林任务的108%，其中成活率在85%以上的合格面积5万亩，占还林面积的92.6%，待补植面积0.4万亩，占还林面积的7.4%。

2001年是盐池县实施退耕还林（草）试点第一年，各级领导、部门、乡镇十分重视，项目区群众配合也较为积极。虽然全县降雨较迟（7月下旬），但雨量大且频繁，群众抓住有利时机抢墒播种，基本上集中三天时间内即完成了大部分造林任务，在随后的几次降雨后又对出苗不齐的部分地块进行适时补播。但也由于期间降雨持续时间长，造成局部地区洪水频发。惠安堡小庄子退耕地在播后即遭洪水冲袭淤埋，补播后再遭

2002 年 10 月，盐池县萌城乡水土保持鱼鳞坑造林成果

冲埋，反复数次，造成 600 多亩退耕地受损。持续降雨使气温下降，苏步井乡英雄堡退耕地虽经数次补播，仍然出苗不齐。

2002 年是盐池县退耕还林（草）工程全面启动的一年。全县退耕还林（草）总计划任务 31 万亩（退耕 12 万亩，荒山造林 19 万亩），涉及 15 个乡（镇）、79 个行政村、14700 农户。项目实施后，经自查验收，完成退耕还林 33.2 万亩，完成任务的 101%，其中退耕 12.9 万亩，完成任务的 107.5%；荒山造林 20.3 万亩，完成任务的 106.8%。成活率在 85% 以上合格面积为 31.4 万亩，需补植面积 1.89 万亩。工程实施中，由于各级领导重视，项目区群众支持，工程推进十分顺利。麻黄山、后洼、萌城、大水坑四个乡（镇）按作业设计要求挖鱼鳞坑近 200 万个，动土方 76 万方。中北部地区各乡（镇）抓住年降雨较多的有利时机，抢墒播种，并对出苗不齐的地块及时进行补播。冯记沟乡部分群众因等不到降雨，怕

耽误时机，自发组织拉水车队，从远处拉水播种。大部分项目区群众都对退耕地进行多次锄草，并在锄草过程中补种、补播，有的地块连续补种多达 5 次，切实保证了成活率。

2003 年，盐池县退耕还林任务为 51 万亩（退耕 20 万亩，荒山造林 31 万亩），实际完成 617452 亩，为下达任务的 121%，其中成活率在 85% 以上合格面积为 546741 亩，为下达任务的 107%，需补植面积 70711 亩；造林 219831 亩，为下达任务的 110%，其中成活率在 85% 以上合格面积为 191672 亩，为下达任务的 95.8%，需补植面积 28159 亩；荒山造林 396650 亩，为下达任务的 128%，其中成活率在 85% 以上合格面积为 355069 亩，为下达任务的 115%，需补植面积 42552 亩。

2004 年，盐池县退耕还林计划任务为 50 万亩（含以封代造 12 万亩），实际完成 54.73 万亩，其中 2004 年新造林 31.45 万亩，补植造林 3.65 万

亩，2003 年超额完 19.8 万亩。成活率在 85% 以上的合格面积为 50.24 万亩，需补植面积 4.49 万亩。是年，在遭遇风沙、干旱、冰雹等自然灾害情况下，有关部门、乡镇积极组织项目区群众及时抢墒播种，对出苗不齐的所有退耕还林地于 8 月下旬前全部进行了补植，部分地块进行了重新造林。

2005 年，是盐池县实施封山育林第一年，选择高沙窝镇、花马池镇和机械化林场共计实施退耕还林 4 万亩，高沙窝镇封山育林区以花棒、杨柴、沙柳、毛条、柠条等灌木为主，花马池镇以天然柠条为主，主要是通过封育保护恢复被羊只啃食多年的植被，使其达到林地标准。

盐池县退耕还林（草）工程自 2001 年开始试点，至 2005 年累计完成退耕还林 153.5 万余亩（其中退耕造林 41 万亩），使 3 万余农户受益，项目区人均增收 562 元，占全年人均收入的 1/3 左右。盐池县退耕还林工程包括退耕地造林、荒山造林和封山育林三部分。退耕、荒山造林及封山育林共计完成造林 27.5 万亩，其中成活率在 85% 以上面积 26.9 万亩，待补植面积 0.6 万亩。退耕地造林（2004 年已造林）8.9 万亩，待补植面积 0.6 万亩；荒山造林 14 万亩。退耕还林封山育林 4 万亩（含机械化林场 2 万亩）。从 2005 年起，退耕地造林不再按人分配，而是按照重点区域选择积极性高的群众实施，荒山造林区块各乡镇皆有分布。是年，由于全县遭遇特大干旱，有效降雨较迟，多数荒山造林于 8 月中旬前后才完成播种，出苗不齐。王乐井、冯记沟、惠安堡、麻黄山等西南部乡镇，截至 9 月底降水不足 100mm，造林成活率较往年相比面积合格率低，苗木长势整体较弱。

盐池县计划于"十一五"期间实现退耕还林 65 万亩，其中退耕造林 31 万亩，荒山造林 34 万亩。到 2010 年，预计全县退耕还林面积达到 200 万亩，占全县总造林面积的 44% 左右。规划退耕还林工程主要分布于境内水土流失和沙漠化严重区域，南部山区 50% 的坡耕地和荒地全部进行造林，基本农田地块、防洪渠堤两侧、淤地坝等水利水保工程周围地区计划全部造林，中北部风沙危害严重的旱耕地也将全部退出造林，特别加强中西部地区退耕还林力度，控制沙漠化危害。

2006 年，自治区下达盐池县退耕还林工程退耕地还林任务 10000 亩，其中：麻黄山乡 2890 亩、王乐井乡 2611 亩、花马池镇 1630 亩、青山乡 1088 亩、哈巴湖管理局 700 亩、大水坑镇 545 亩、高沙窝镇 280 亩、冯记沟乡 256 亩。实际完成退耕地造林面积 10000 亩，全部为生态林；完成退耕还林工程造林 48563 亩，其中退耕地 15400 亩（含补植），荒山造林 33163 亩，超计划完成 16163 亩。是年，全县遭遇持续干旱，多数荒山造林在 8 月中旬前后才完成播种，苗木成活率普遍不高。县林业部门提前组织进行自查验收，查找问题不足，研究提出补植补播办法，最终圆满完成了上级下达的任务指标。并且对生态经济林（以枣树为主）造林区域实行营林承包，群众根据作业设计及时栽植、浇水、抚育，技术人员包片指导。栽植过程中，采用苗木截干、覆膜、使用节水钵等抗旱措施，确保苗木成活，共计完成生态经济造林 7731 亩。组织对全县新植 16 片枣树全部实施灌溉、缠纸带、埋土措施，确保下年成活率。退耕还林工程奖补政策分两期兑现：2006 年 4 月份兑现面积 350508.4 亩，兑现粮食 5257626 公斤，10 月兑现面积 403738.8 亩，兑现粮食 6887694 公斤，兑现现金 47634853.2 元（含粮折款）。

2007 年，盐池县退耕还林工程包括退耕地造林和荒山造林两部分，退耕地荒山造林完成 21131 亩，成活率达到 85% 以。荒山造林分布于全县各乡镇，由于全县遭遇持续干旱，多数荒山造林在 8 月中旬前后开始播种，苗木长势较差。高沙窝、王乐井、冯记沟、惠安堡、麻黄山等西南部乡镇截至 9 月底降水不足 100mm，许多地块整地后因无降水而没有实施造林，已造林的成活率也不高。

表 2—2—1　2007 年度退耕还林投资表（单位：万元）

类别乡镇	合计	种植	用工			粮食补贴（2001—2008 年）			退耕农户现金补偿（20元/亩）	其他		
			金额	数量（工日）	工价（元/工日）	金额	数量（工日）	工价（元/工日）		粮食运输费	种植基地建设费	项目管理费
合计	896.46	56.446	420	140000	30	280	2000000	1.4	40	40	50	10
惠安堡	175.1	27.1	84	28000	30	56	40000	1.4	8			
城郊	157.73	9.73	84	28000	30	56	40000	1.4	8			
苏步井	116.22	5.22	63	21000	30	42	30000	1.4	6			
高沙窝	116.39	5.39	63	21000	30	42	30000	1.4	6			
王乐井	76.94	2.94	42	14000	30	28	20000	1.4	4			
柳杨堡	77.14	3.14	42	14000	30	28	20000	1.4	4			
鸦儿沟	76.94	2.94	42	14000	30	28	20000	1.4	4			

表 2—2—2　2007 年度用工量表（单位：万株、万元、公斤）

乡镇类别		合计	惠安堡		城郊		苏步井		高沙窝		王乐井		柳杨堡		鸦儿沟	
			还林	还草	还林	还草	还林	还草	还林	还草	还林	还草	还林	还草	还林	还草
合计		140000	25600	2400	23560	4440	17400	3600	17406	3594	11600	2400	12800	1200	11600	2400
防护林	整地	35988	7680		7068		5220		5220		3480		3840		3480	
	栽植	23992	5120		4712		3480		3480		2320		2560		2320	
	补填	11996	2560		2356		1740		1740		1160		1280		1160	
	施肥	12002	2560		2356		1740		1746		1160		1280		1160	
	其他	35988	7680		7068		5220		5220		3480		3840		3480	
草	整地	6006		720		1332		1080		1074		720		360		
	栽植	6012		720		1332		1080		1080		720		360		
	补填	2004		240		444		360		360		240		120		
	施肥	4008		480		888		720		720		480		240		
	其他	2004		240		444		360		360		240		120		

2008 年，自治区下达盐池县退耕还林工程任务 1 万亩，主要安排在机械化林场实施；对历年缺株断带、面积损失林地进行补植补造。是年，由于国家林业局要对宁夏实施退耕还林工程进行阶段性检查验收。因此盐池县政府先期安排林业部门、各乡镇对退耕还林工程造林面积、苗木保存率及档案管理进行全面自查，对达不到要求的采取相应措施进行补救。国家林业局检查验收后，全区退耕还林工程普遍存在的问题引起了自治区领导的高度重视。自治区林业局先后下发了《关于对退耕还林工程退耕地造林进行全面整改的通知》《关于坚决认真贯彻落实陈建国书记指示切实做好退耕还林补植补造工作的通知》和《关于做好退耕还林补植补造管护工作的紧急通知》，其中对盐池县 2001—2006 年退耕还林工程退耕地造林不合格、缺失面积共计 111589.8 亩做出暂停兑现补助粮款的决定。为了切实巩固退耕还林成果，坚决贯彻落实陈建国书记关于退耕还林补植补造工作指示精神，盐

池县政府多次召开专题会议，安排部署退耕地补植补造和管护工作，发动广大退耕农户自购种苗，对保存率低于 85% 和面积缺失的退耕地进行全面补植补造，任务落实到项目区每家每户。项目区群众克服一切困难，想尽一切办法，确保苗木成活。特别是严重缺水的南部山区，人力背扛肩挑为新植苗木浇水，场面十分感人，终于按要求完成补植补播补造任务。全县共计完成退耕地补植补造 14.2 万亩，用苗 1000 万株，其中原苗木保存率低于 65% 的退耕地 113682.4 亩，原苗木保存率在 65%—84% 的退耕地 28445.7 亩。补植补造总投资 184.6 万元，其中中央投资 130 万元，农民投工投劳 54.6 万元。此外还对 42 万亩退耕地进行全面检查，重新确定护林员，进一步明确责任，加大管护力度，将管护成效与政策兑现挂钩，加强了退耕林地林木管理，人畜毁林现象渐少发生。

2008—2009 年，自治区发改委下达盐池县巩固退耕还林成果补植补造任务 5.4 万亩，经自治

表 2—2—3 2008 年退耕还林还草工程营造作业设计汇总表

统计单位	营造林总面积	按地类			按林种						按营造方式		按主要植被类型	按营造模式
		退耕地	宜林地	防护林	特用林	用材林	生态经济林	薪炭林	人工造林	封山育林	飞播造林	乔	灌	草	纯林
合计	40000		40000	31461			8539		40000			19986	20014		40000
花马池镇	3138.7		3138.7	2067			1071.7		3138.7			1064.7	2074		3138.7
王乐井乡	240		240				240		240			240			240
冯记沟乡	4196.3		4196.3	4173			23.3		4196.3			23.3	4173		4196.3
惠安堡镇	3283		3283	3240			43		3283			43	3240		3283
青山乡	466		466	265			201		466			201	265		466
大水坑镇	12096		12096	11876			220		12096			220	11876		12096
麻黄山乡	6580		6580				6580		6580			6580			6580
机械化林场	10000		10000	9840			160		10000			600	9400		10000

2008 年 5 月下旬，盐池县委、县政府组织相关单位开展林业绿化观摩互学活动

区林业和草原局验收全部合格，其中 2008 年补植补造任务 2.6 万亩（2001 年退耕地 1.26 万亩，2002 年退耕地 1.34 万亩），涉及全县 8 个乡镇 54 个村庄；2009 年补植补造任务 2.8 万亩（2002 年退耕地 1863.4 亩，2003 年退耕地 18723.6 亩，2004 年退耕地 3988.6 亩，2005 年退耕地 3424.4 亩），涉及全县 8 个乡镇 94 个村庄。补植补造林木保存（成活）率达到 85% 以上；7603 名退耕农户享受政策补助 3888 万元。在具体兑现补助政策时，对于补植补造和管护合格的予以足额兑现，补植补造和管护不合格的暂停兑现，限期整改。2009 年全县共计兑现小麦补助 1005 万公斤，粮折款及现金 4579.676 万元。补植补造工作中，盐池县严格按照自治区林业局《关于做好退耕还林工程退耕地补植补造种苗采购有关工作的通知》（宁林造发〔2008〕490 号）要求，尊重农户意愿，由退耕农户自行采购种苗，按照补植补

造规划设计，在林业技术人员统一指导下完成补植补造工作，县林业局与各乡镇签订《巩固退耕还林成果退耕地补植补造责任书》，各乡镇与行政村、自然村签订《巩固退耕还林成果退耕地补植补造合同书》，明确目标任务，切实落实到位。

2009 年，盐池县退耕还林工程完成荒山造林 0.8 万亩，封山育林 1 万亩。完成补植补造任务 2.8 万亩，涉及全县 8 个乡镇 94 个村庄，退耕地补植补造总投资 198.8 万元，其中中央投资 140 万元，农民投工投劳折合 58.8 万元。

盐池县根据《自治区林业局关于开展 2009 年度退耕还林工程退耕地还林阶段验收工作的通知》要求，于 3 月 25 日至 4 月 18 日对 2001 年退耕还林工程退耕地进行全面检查验收。2001 年自治区林业局下达盐池县退耕还林工程退耕地还林任务 2 万亩，涉及 4 个乡镇（花马池镇 9000 亩、惠安堡镇 4000 亩、王乐井乡 4000 亩、高沙

表 2—2—4　2008 年退耕还林还草工程年度作业设计投资预算汇总表（单位：元）

单位	计	合计 营造林工程 小计	种苗	营造	管护	合计 基础设施	退耕还林还草 计	退耕还林还草 营造林工程 小计	亩数	种苗	营造	管护	退耕还林还草 基础设施	宜林地造林种草 计	宜林地造林种草 营造林工程 小计	亩数	种苗	营造	管护	宜林地造林种草 基础设施
合计	3737889	3737889	1366223	1901623.2	470042.8									3737889	3737889	40000	1366223	1901623.2	470042.8	
花马池镇	400292	400292	159470	196982.2	43839.8									400292	400292	3138.7	159470	196982.2	43839.8	
王乐井乡	29640	29640	5040	16320	8280									29640	29640	240	5040	16320	8280	
冯记沟乡	167865	167865	45155	101111	21599									167865	167865	4196.3	45155	101111	21599	
惠安堡镇	139375	139375	38721	83099.5	17554.5									139375	139375	3283	38721	83099.5	17554.5	
青山乡	74121	74121	27144	39017.5	7959.5									74121	74121	466	27144	39017.5	7959.5	
大水坑镇	516532	516532	143400	308582	64550									516532	516532	12096	143400	308582	64550	
麻黄山乡	845084	845084	156380	463894	224810									845084	845084	6580	156380	463894	224810	
机械化林场	1564980	1564980	790913	692617	81450									1564980	1564980	10000	790913	692617	81450	

表 2—2—5　盐池县 2008 年荒山荒地造林投资预算表（单位：亩、元）

树种	面积	初植密度	合计	种苗费		整地费		种（栽）植费		抚育管护费		浇水费		肥料费	材料费
				单价（元/亩）	金额	单价（元/亩）	金额	单价（元/亩）	金额	单价（元/亩）	金额	单价（元/亩）	金额	金额	金额
合计	40000		3737889		1366222.5		1041656.5		671757.2		470042.8		142592	42294	3324
柠条（直播）	20966	222	800901.2	10	209660	12	251592	11.2	234819.2	5	104830				
柠条苗	555	222	46398	22.2	12321	34.4	19092	22	12210	5	2775				
花棒、杨柴	9190	222	666275	11.1	102009	34.4	316136	22	202180	5	45950				
山杏	7194	42	888459	21	151074	44	316536	24	172656	34.5	248193				
枣（D≥0.8cm）	551	32	157457	112	61712	57	31407	18.5	10193.5	23.5	12948.5	50	27550	10917	2729
枣（D≥3cm）	120	32	78452	480	57600	57	6840	18.5	2220	23.5	2820	50	6000	2377	595
苹果	507	42	184005.5	147	74529	68	34476	24	12168	31.5	15970.5	66	33462	13400	
枸杞	160	476	290416	1237.6	198016	119	19040	49.5	7920	100	16000	214	34240	15200	
葡萄	7	167	5677.3	250.5	1753.5	262.5	1837.5	41.5	290.5	79.4	555.8	120	840	400	
沙柳条	50	222	3338	17.76	888	22	1100	22	1100	5	250				
新疆杨、国槐、刺槐	50	56	39825	560	28000	80	4000	34	1700	38.5	1925	84	4200		
樟子松	550	42	565125	840	462000	68	37400	22	12100	31.5	17325	66	36300		
红柳	100	222	11560	66.6	6660	22	2200	22	2200	5	500				

表 2—2—6　2008 年退耕还林工程荒山荒地造林统计表（单位：亩）

单位名称	合计	生态经济林（树种）						防护及治沙造林（树种）							
		小计	苹果	杏	枸杞	枣	葡萄	小计	花棒	毛条	柠条	樟子松	红柳	杨、槐	沙柳
合计	40000	8539	507	7194	160	671	7	31461	9190	555	20966	550	100	50	50
机械化林场	10000	160			160			9840	9190			550		50	50
花马池镇	3138.7	1071.7	340.7	473		251	7	2067		390	1677				
王乐井乡	240	240		240											
麻黄山乡	6580	6580		6380		200									
青山乡	466	201	100	101				265	165				100		
大水坑镇	12096	220				220		11876			11876				
惠安堡镇	3283	43	43					3240			3240				
冯记沟乡	4196.3	23.3	23.3					4173			4173				

表 2—2—7　盐池县 2008 年荒山荒地造林用工量测算表（单位：亩、万个）

树种	面积	用工量				
		合计工日	整地工日	种（栽）植工日	抚育、管护、工日	浇水工日
合计	40000	4.653	2.083	1.344	0.941	0.285
柠条、花棒、杨柴（植苗）	9745	1.196	0.67	0.429	0.097	
柠条（直播）	20966	1.183	0.503	0.47	0.21	
山杏	7194	1.474	0.633	0.345	0.496	
枣	671	0.2	0.076	0.025	0.032	0.067
苹果	507	0.192	0.069	0.024	0.032	0.067
枸杞	160	0.154	0.038	0.016	0.032	0.068
葡萄	7	0.008	0.004	0.001	0.001	0.002
沙柳、红柳	150	0.016	0.007	0.007	0.002	
新疆杨、国槐、刺槐	50	0.023	0.008	0.003	0.004	0.008
樟子松	550	0.207	0.075	0.024	0.035	0.073

窝镇 3000 亩）。验收主要依据为《退耕还林条例》、国家林业局《退耕还林工程建设检查验收办法》和《自治区林业局关于开展 2009 年度退耕还林工程退耕地还林阶段验收工作的通知》要求。验收的主要内容为 2001 年退耕地每小班的保存面积、苗木保存率、林分质量、每亩收益、退耕还林生态效益、林权证发放、林班图、档案管理和管护情况。通过对盐池县 2001 年退耕地还林 76 个小班组织验收，保存面积为 20000 亩，苗木保存率在 85% 以上的面积为 20000 亩，合格率为 100%；2 万亩退耕地林权证发放到户；档案齐全，分类归档，专人管理；管护到位，无人

2009年4月，高沙窝镇组织干部群众扎草方格治沙

畜破坏现象发生；树木生长较弱，郁闭度和覆盖度较低，成林面积为2000亩；柠条间作苜蓿亩均收益20元。

2010年，自治区发改委下达盐池县巩固退耕还林成果退耕地补植补造任务2万亩，实际完成2万亩，经自治区林业局检查验收全部合格。项目涉及全县8个乡镇41个行政村67个自然村81个小班3101户退耕农民。总投资126.11万元，其中中央投资100万元，农民投工投劳26.11万元。春季，盐池县开始发动群众开展补植补造，共计调用407.6万株裸根苗对林木保存率低于85%的地块、在缺苗断行断带处全面进行补植，苗木栽植后及时组织浇水。但由于春夏两季持续干旱，苗木成活率较低。5月份，县环境保护和林业局抽调技术人员对春季补植补造情况进行全面检查，针对补植株距大于1米、带距

过大、成活率较低等问题，提出雨前做好整地、备种工作，雨后抢墒补种的补救措施。7月份，全县普降中雨，部门及乡镇及时组织群众开展夏季补种补造，在春季补植补造的基础上抢墒补种柠条19595亩，播种9800公斤。在推进补植补造工作中，县委、县政府主要领导亲自主持召开专门会议，安排部署退耕还林补植补造工作。县环境保护和林业局包乡技术人员、乡镇林业技术人员组成技术检查指导组，对补植补造情况逐块检查，发现问题及时解决；抽调专业人员对补植补造退耕地进行严格自验；对补植补造不达标乡镇予以处罚；严格按照《巩固退耕还林成果专项资金使用和管理办法》实行专账核算，专款专用，专户管理，项目资金通过财政支付各乡镇，各乡镇依据验收结果直接兑付到退耕农户。通过对补植补造工种验收，2万亩退耕地林木保存（成

活）率达到 85% 以上；3101 名退耕农户享受退耕还林政策补助 1440 万元。

盐池县环境保护和林业部门根据自治区林业局《关于开展 2010 年度退耕还林工程退耕地还林阶段验收工作的通知》精神，积极开展 2002 年退耕地阶段验收自查，组织专业技术人员深入 8 个乡镇 420 个小班 12 万亩退耕地，经 GPS 逐个核实小班面积和小班图，针对部分小班存在缺苗问题，指导农户用柠条裸根苗、容器苗补植。国家林业局阶段验收盐池县 2002 年退耕地最终结果为：面积保存率 100%，林木保存合格率 99.1%，林权证发放、建档率 100%，管护率 100%，不合格为惠安堡镇 2 个小班 271.7 亩、青山乡 1 个小班 282 亩。组织退耕农户自购柠条裸根苗 571 万株、柠条种子 3.6 万公斤，雨季植苗、雨季直播补植补造退耕地 7.2 万亩。落实 2003—2006 年退耕地补助政策，兑现小麦 594.6 万公斤，粮折款及现金补助 2796.6 万元。为了认真贯彻落实《国务院关于完善退耕还林政策的通知》（国发〔2007〕25 号）精神，确保 2003 年度退耕地顺利通过国家阶

2010 年 8 月中旬，盐池县农村群众积极参与植树造林项目作业

段验收，组织专业技术人员深入 8 个乡镇 611 个小班 13 万亩退耕地开展自查验收，针对部分小班缺苗现象，及时督促乡镇做好补植工作。

根据《自治区林业局关于开展 2010 年度退耕还林工程阶段验收工作的通知》（宁林造发〔2010〕38 号）要求，盐池县于 3 月 1 日至 15 日对 2002 年退耕还林工程退耕地进行阶段验收检查。2002 年自治区下达盐池县退耕还林工程退耕地还林任务 12 万亩，涉及 8 个乡镇和 1 个移民开发区（花马池镇 26920 亩、大水坑镇 18742 亩、王乐井乡 17730 亩、惠安堡镇 15445 亩、麻黄山乡 10248 亩、青山乡 9890 亩、高沙窝镇 9120 亩、冯记沟乡 7992 亩、太阳山开发区 3913 亩），实际完成退耕地造林面积 12 万亩，全部为生态林。验收依据《退耕还林条例》、国家林业局《退耕还林工程退耕地还林阶段验收办法》和《自治区林业局关于开展 2010 年度退耕还林工程阶段验收工作的通知》要求，验收内容为 2002 年退耕地每小班的保存面积、苗木保存率、林分质量、每亩收益、退耕还林生态效益、林权证发放、林班图、档案管理和管护情况等。通过对 2002 年退耕地还林的 430 个小班验收，保存面积为 12 万亩，苗木保存率达到 85% 以上的面积为 12 万亩，合格率为 100%。退耕地林权证全部发放到户；档案齐全，分类归档，专人管理；管护到位，无人畜破坏现象；林木生长较弱，覆盖度较低，成林面积为 80307 亩；柠条间作苜蓿亩均收益 40 元。通过验收检查认定，盐池

表 2—2—8　2010 年度盐池县退耕还林工程退耕地还林阶段验收（全面检查验收）结果统计表（单位：亩）

单位	流域名	2002 年生态林							2005 年经济林						
		计划面积	保存面积		未保存面积				计划面积	保存面积		未保存面积			
			合计	其中转为经济林面积	未达到保存标准面积		不核实面积	损失面积		合计	其中转为经济林面积	未达到保存标准面积		不核实面积	损失面积
					计	其中转为经济林面积						计	其中转为经济林面积		
合计		120000	120000												
花马池镇	黄河	26920	26920												
大水坑镇	黄河	18742	18742												
王乐井乡	黄河	17730	17730												
惠安堡镇	黄河	15445	15445												
麻黄山乡	黄河	10248	10248												
青山乡	黄河	9890	9890												
高沙窝镇	黄河	9120	9120												
冯记沟乡	黄河	7992	7992												
太阳山开发区	黄河	3913	3913												

注：①2002 年生态林上报面积和 2005 年经济林上报面积请对照附件一填写；②未达到保存标准面积、不核实面积、损失面积按小班调查表中各类原因分类统计；④表中"单位名"要统计到乡；⑤面积以亩为单位，保留一位小数，各乡的累加面积要与全县合计面积相一致；③流域名指兑现补助政策所属流域，我区全部填写黄河流域，各乡区累加面积要与全县合计面积相一致。

表 2—2—9　盐池县 2010 年退耕还林补植补造任务表（单位：亩）

乡镇	合计	2003 年	2004 年	2005 年
合计	20000	17338.1	1163.8	1498.1
花马池镇	4100	3078.9		1021.1
高沙窝镇	1660	1660		
王乐井乡	3120	2715		405
冯记沟乡	1460	1460		
惠安堡镇	2820	1656.2	1163.8	
青山乡	1740	1668		72
大水坑镇	3020	3020		
麻黄山乡	2080	2080		

县 2002 年退耕地管护措施到位，苗木齐全。但由于持续干旱少雨，林木生长量较小，致使部分林木未达到成林标准。2010 年还对 2003、2004、2005 年退耕还林地造林进行补植补造。

2011 年，盐池县完成退耕还林补植补造任务 2.5 万亩，组织完成 2003 年退耕地国家阶段验收、2004 年退耕地阶段验收自查、2004—2006 年退耕地粮款兑现等工作。根据自治区林业局《关于开展 2011 年度退耕还林工程退耕地还林阶段验收工作的通知》精神，盐池县组织技术人员深入 8 个乡镇 665 个小班 13 万亩退耕地开展 2003 年退耕地阶段验收自查。最终国家林业局阶段验收盐池县 2003 年退耕地结果为：面积保存率 100%，林木保存合格率 100%，林权证发放、建档率 100%，管护率 100%。补植补造退耕还林地 7.5 万亩，退耕农户共计自采使用柠条裸根苗 428.7 万株、容器苗 60.52 万株、柠条种子 2.1 万公斤。经县环境保护和林业局检查验收，2011 年巩固退耕还林成果补植补造 2.5 万亩退耕还林地林木保存（成活）率达到 85%

以上，达到合格标准，1892 名退耕农户享受退耕还林政策补助 720 万元。兑现 2004—2006 年退耕地粮款及小麦 340.9 万公斤，粮折款及现金补助 1650 万元。组织对 2004 年度退耕地国家阶段验收进行自查，针对小班缺苗现象督促乡镇做好补植。

是年，根据《自治区林业局关于开展 2011 年度退耕还林工程阶段验收工作的通知》（宁林办发〔2010〕530 号）要求，盐池县于 2010 年 10 月 18 日至 12 月 15 日组织对 2003 年退耕还林工程进行阶段验收。2003 年自治区下达盐池县退耕还林工程退耕地还林计划任务 13 万亩（花马池镇 25040.4 亩、大水坑镇 21650 亩、王乐井乡 18790 亩、惠安堡镇 14213.2 亩、麻黄山乡 12340 亩、冯记沟乡 12320 亩、青山乡 12270 亩、高沙窝镇 10879.6 亩、太阳山 2496.8 亩），实际完成退耕地造林面积 13 万亩，全部为生态林。通过验收检查认定，盐池县 2003 年退耕地管护措施到位，苗木齐全；但由于连年持续干旱少雨，林木生长量较小，成林面积为 27703.5 亩，成林率

表 2—2—10 盐池县 2011 年巩固退耕还林成果补植补造任务表（单位：亩）

乡镇	合计			2003 年	2004 年			2005 年			2006 年
	合计	退耕	荒山	荒山	小计	退耕	荒山	小计	退耕	荒山	退耕
合计	25000	10000	15000	4689	12540	3190	9350	7519	6558	961	252
花马池镇	4939	2050	2889	2889				2050	2050		
高沙窝镇	8020	830	7190		7190		7190	830	830		
王乐井乡	1560	1560						1560	1560		
冯记沟乡	730	730			730	730					
惠安堡镇	1420	1420			1420	1420					
青山乡	5791	870	4921	1800	2160		2160	1831	870	961	
大水坑镇	1500	1500						1248	1248		252
麻黄山乡	1040	1040			1040	1040					

仅为 21.3%（表 2—2—11《2011 年盐池县退耕还林工程退耕地还林全面检查验收结果统计表》）。

2012 年，盐池县退耕还林工作主要完成荒山造林 1.5 万亩、巩固退耕还林成果荒山造林补植补造 2.7 万亩；完成 2004 年退耕地国家阶段验收、2005 年退耕地阶段验收自查、2001—2006 年退耕地粮款兑现。

根据自治区发改委《关于下达宁夏 2012 年退耕还林工程配套荒山荒地造林中央预算内投资计划的通知》（宁发改农经〔2012〕601 号），下达盐池县 2012 年退耕还林工程荒山造林任务 1.5 万亩，将全县当年造林验收合格的 11 个小班 1.5 万亩灌木林纳入计划。盐池县林业部门及时编制《盐池县 2012 年退耕还林工程荒山造林及封沙育林作业设计》，认真组织实施，顺利通过自治区评审。

根据自治区发改委《关于下达 2012 年度巩固退耕还林成果任务计划的通知》（宁发改西部〔2012〕233 号），下达盐池县 2012 年巩固退耕还林成果荒山造林补植补造任务 2.7 万亩。盐池县

环境保护与林业局立即与各乡镇实地确定了 27 个补植补造小班，其中：麻黄山乡 8 个小班 3520 亩，惠安堡镇 1 个小班 4820 亩，大水坑镇 5 个小班 5110 亩，花马池镇 8 个小班 5800 亩，王乐井乡 4 个小班 5280 亩，冯记沟乡 1 个小班 2470 亩。及时编制了《盐池县 2012 年巩固退耕还林成果补植补造建设方案》，并接受自治区专家组评审。7—8 月份，每次降雨，都督促各乡镇补种巩固退耕还林成果荒山造林地，经盐池县环境保护与林业局验收组验收结果为：补植合格 16704 亩，不合格 10296 亩。不合格补植林地为 8 月 15 日前后播种，验收时尚未出苗，待第二年春季返青，继续督促各乡镇做好补植工作。

2012 年，自治区发改委下达盐池县巩固退耕还林成果 2012 年补植补造任务 2.7 万亩，全部为荒山造林补植补造，已全面完成补植补造任务，涉及 6 个乡镇和 1 个国营林场的 17 个行政村 25 个自然村 29 个小班 1318 户退耕农民。补植补造总投资 189 万元，其中中央投资 150 万

表 2—2—11　2011 年盐池县退耕地还林工程全面检查验收结果统计表（单位：亩）

单位	流域名	2003 年生态林								2006 年经济林							
		计划面积	面积合计	保存面积		未保存面积			损失面积	计划面积	面积合计	保存面积		未保存面积			损失面积
				计	其中转为经济林面积	未达到保存标准面积		不核实面积				计	其中转为生态林面积	未达到保存标准面积		不核实面积	
						计	其中转为经济林面积							计	其中转为生态林面积		
合计	黄河	130000	130000	130000													
花马池镇	黄河	25040.4	25040.4	25040.4													
大水坑镇	黄河	21650	21650	21650													
王乐井乡	黄河	18790	18790	18790													
惠安堡镇	黄河	14213.2	14213.2	14213.2													
麻黄山乡	黄河	12340	12340	12340													
冯记沟乡	黄河	12320	12320	12320													
青山乡	黄河	12270	12270	12270													
高沙窝镇	黄河	10879.6	10879.6	10879.6													
太阳山	黄河	2496.8	2496.8	2496.8													

表 2—2—12　2012 年度盐池县退耕还林工程退耕地还林阶段验收（全面检查验收）成林与林权证发放面积统计表（单位：亩）

工程县	原有补助政策到期计划年度	计划面积	保存面积			保存面积中成林面积			保存面积中发放林权证面积		
			合计	生态林	经济林	合计	生态林	经济林	合计	生态林	经济林
盐池县	2004 年	45000	45000	45000		9846.4	9846.4		45000	45000	

元，农民投工投劳 39 万元。

根据自治区林业局《关于开展 2012 年度退耕还林工程退耕地还林阶段验收工作的通知》要求，盐池县林业总部专门抽调包乡技术人员，深入 4 个乡镇 253 个小班 4.5 万亩退耕地开展 2004 年退耕地阶段验收自查。自查结果为：2004 年退耕地还林合格面积 29852 亩，不合格面积 15148 亩。不合格退耕地涉及 4 个乡镇和太阳山开发区的 29 个村 96 个小班。不合格原因主要为林木保存率不达标、面积缺失。对于不合格面积，责成有关乡镇、村组及时做好补植补造，加强管护。3 月 20 日至 4 月 15 日，相关乡镇先后 4 次发动群众，自购柠条裸根苗 285 万株，补植退耕地 27648 亩，其中惠安堡镇 3508.8 亩 40 个小班、麻黄山乡 3983 亩 21 个小班、冯记沟乡 5702 亩 24 个小班、高沙窝镇 1196 亩 7 个小班、花马池镇 2000 亩 12 个小班、大水坑镇 3500 亩 19 个小班、王乐井乡 4000 亩 24 个小班、青山乡 3000 亩 18 个小班、太阳山开发区 758.2 亩 4 个小班，补植后及时组织浇水，保证成活率。4 月 22 日至 4 月 23 日，县委、县政府两办督查室组织对各乡镇补植补造情况进行督查，针对冯记沟乡、高沙窝镇、麻黄山乡部分小班仍存在补植不全面、株距大、栽植浅、未及时浇水等问题，现场提出整改建议，限期整改。5 月 17 日至 21 日，各乡镇再次组织群众用柠条容器苗 55 万株补植裸根苗成活率较低的退耕地 7020 亩，其中冯记沟乡

2012 年 3 月，盐池县有关乡镇组织扎设草方格治沙现场

2755 亩、青山乡 215 亩、大水坑镇 550 亩、麻黄山乡 650 亩、高沙窝镇 1600 亩、惠安堡镇 1250 亩。同时及时调整完善作业设计、检查验收等一整套档案资料，做到图表与实地完全一致。5 月 17 日，接受国家林业局对盐池县 2004 年退耕地阶段验收，验收结果为：退耕地还林面积保存率 100%，林木保存合格率 100%，林权证发放、建档率 100%，管护率 100%。6 月份，督促各乡镇及时做好雨季补种 2005—2006 年不合格退耕地备种、除草、整地工作。

是年 11—12 月份，根据自治区林业局《关于开展 2012 年阶段验收工作的通知》要求，确保 2005 年度退耕地顺利通过国家阶段验收，盐池县环境保护与林业局组织包乡技术人员深入 7 个乡镇 644 个小班 9.5 万亩退耕地，开展自查验收督导。12 月，盐池县环境保护与林业局依据相关验收结果，对 2001—2006 年退耕地政策补助粮款进行分批兑现，共计兑现金额 4804.5625 万元，其中小麦 58.89 万公斤、大米 96.3 万公斤、粮折款及现金补助 4242.728 万元。兑现 2012 年

表 2—2—13 2012 年度盐池县退耕还林工程退耕地还林阶段验收（全面检查验收）结果统计表

（单位：亩）

盐池县	兑现流域	2004 年生态林						
		计划面积	保存面积		未保存面积			
			合计	其中转为经济林面积	未达到保存标准面积		不核实面积	损失面积
					计	其中转为经济林面积		
合计		45000	45000					
麻黄山乡	黄河	18295.9	18295.9					
惠安堡镇	黄河	13543.3	13543.3					
冯记沟乡	黄河	10000	10000					
高沙窝镇	黄河	3160.8	3160.8					

表 2—2—14 盐池县 2013 年巩固退耕还林成果补植补造任务表（单位：亩）

乡镇	合计			2001 年	2002 年	2003 年	2004 年	2005 年	2006 年	2008 年	2009 年
	合计	退耕	荒山	退耕	退耕	退耕	退耕	退耕	退耕	荒山	荒山
合计	70000	65000	5000	2000	6010.6	11881.4	8586.5	30047.5	6474	4130	870
花马池镇	13070	13070			2846.9	2939.7		6307.4	976		
高沙窝镇	5410	5410			640	499		3992	279		
王乐井乡	10180	10180				1894		7846	440		
冯记沟乡	4750	4750				1438.8	3055.2		256		
惠安堡镇	9280	9280		2000	1751.7	1112.9	3913.3	502.1			
青山乡	5680	5680			482	1041		3069	1088		
大水坑镇	9840	9840			290	2956		6049	545		
麻黄山乡	6790	6790					1618	2282	2890		
哈巴湖管理局	5000		5000							4130	870

退耕地粮款补助 401791.2 亩，补兑 2010 年暂停发放退耕地粮款 14503.5 亩；补兑 2011 年暂停发放退耕地粮款 30149.1 亩，暂停 2012 年退耕地粮款兑现 18208.8 亩。

2013 年，自治区林业局下达盐池县巩固退耕还林成果退耕地补植补造任务 6.5 万亩，实际完成补植补造面积 24329.7 亩；完成 2005 年退耕地国家阶段验收、2006 年退耕地阶段验收自查、2001—2006 年退耕地粮款兑现及林木管护等工作。

2013 年，盐池县实施巩固退耕还林成果退耕地补植补造任务 6.5 万亩，荒山造林补植补造任务 0.5 万亩，林业产业育苗任务 1678 亩。各乡镇组织阶段造林后，经县环保和林业部门组织自查验收，退耕地补植补造合格面积 23459.7 亩 83 个小班（花马池镇 1415.1 亩 9 个小班、高沙窝镇 94 亩 1 个小班、王乐井乡 1300 亩 9 个小班、惠安堡镇 4542.6 亩 25 个小班、大水坑镇 6178 亩 22 个小班、青山乡 3140 亩 13 个小班），不合格面积 41540.3 亩 199 个小班（花马池镇 11654.9 亩 53 个小班、高沙窝镇 5316 亩 26 个小班、王乐井乡 8880 亩 46 个小班、惠安堡镇 4737.4 亩 29 个小班、大水坑镇 3662 亩 19 个小班、青山乡 2540 亩 11 个小班、冯记沟乡 4750 亩 15 个小班、麻黄山乡 6790 亩 29 个小班），完成任务的 36.1%；荒山造林补植补造合格面积 870 亩 1 个小班（哈巴湖管理局），不合格面积 4130 亩 2 个小班（哈巴湖管理局），完成任务的 17.4%；完成林业产业育苗 1678 亩。9 月 16 日至 20 日，再次组织对全县 2013 年巩固退耕还林成果补植补造和育苗情况进行自查。自查范围为全县 2013 年巩固退耕还林成果退耕地补植补造 6.5 万亩、荒山造林补植补造 0.5 万亩、育苗 1678 亩所有小班，涉及 8 个乡镇和 1 个国有林场的 75 个行政村 191 个自然村 3 个管理站的 344 个小班，其中补植补造小班 309 个，育苗小班 35 个。验收方式主要为：用 GPS 定点测算补植补造和育苗面积；通过打样方、测行株距、统计株数测算苗木成活率；通过现场调查确认苗木抚育管理情况；经验收人员与乡镇主管领导、林业站人员现场确定结果，并在验收证上签字。自查结果：全县 2013 年巩固退耕还林成果补植补造 309 个小班 7 万亩，其中退耕地补植补造 306 个小班 6.5 万亩（花马池镇 62 个小班 13070 亩，大水坑镇 41 个小班 9840 亩，王乐井乡 54 个小班 10180 亩，惠

安堡镇 54 个小班 9280 亩，麻黄山乡 23 个小班 6790 亩，冯记沟乡 15 个小班 4750 亩，高沙窝镇 27 个小班 5410 亩，青山乡 24 个小班 5680 亩），荒山造林补植补造 0.5 万亩（哈巴湖管理局 2 个小班 3000 亩）；育苗 35 个小班 1678 亩（花马池镇），全部达到国家验收标准（表 2—2—15《盐池县 2013 年巩固退耕还林成果育苗验收表》、表 2—2—16《盐池县 2013 年巩固退耕还林成果补植补造验收表》）。2013 年巩固退耕还林成果补植补造完成总投资 721.5116 万元，其中中央投资 700 万元，农民投工投劳 21.5116 万元；林果产业育苗建设完成总投资 2034 万元，其中中央投资 432 万元，农民投工投劳 1602 万元。依据验收结果将中央补助资金兑现到有关乡镇，各乡镇再通过"一卡通"及时兑付到补植补造户和育苗户。此外 2012 年全县补植补造尚遗留不合格面积 14356 亩（花马池镇 4480 亩、王乐井乡 3460 亩、大水坑镇 1476 亩、麻黄山乡 2470 亩、冯记沟乡 2470 亩）。2013 年继续督促涉及乡镇完成补植，补植后经自查验收，合格面积 11886 亩（花马池镇 4480 亩、王乐井乡 3460 亩、大水坑镇 1476 亩、麻黄山乡 2470 亩），不合格 2470 亩（冯记沟乡）。

根据自治区林业局《关于开展 2013 年度退耕还林工程退耕地还林县级全面自查验收工作的通知》（宁林办发〔2012〕438 号）要求，盐池县环境保护与林业局抽调技术人员深入 7 个乡镇 658 个小班，对 2005 年退耕还林工程退耕地还林开展验收自查。2005 年自治区下达盐池县退耕还林工程退耕地还林任务 9.5 万亩（王乐井乡 22528 亩、花马池镇 22521.6 亩、大水坑镇 22330

表 2—2—15 盐池县 2013 年巩固退耕还林成果育苗验收表（单位：亩、%）

乡镇	小地名	树种	株行距	小班号	面积	成活率	备注
合计					1678		
花马池	十六堡	樟子松	30cm×50cm	1	96	98	
花马池	十六堡	樟子松	30cm×50cm	2	155	98	
花马池	十六堡	樟子松	30cm×50cm	4	90	98	
花马池	十六堡	樟子松	30cm×50cm	5	6	97	
花马池	十六堡	樟子松	30cm×50cm	6	29	98	
花马池	十六堡	樟子松	30cm×50cm	7	6	97	
花马池	十六堡	樟子松	30cm×50cm	8	567	98	
花马池	十六堡	樟子松	30cm×50cm	9	5	98	
花马池	十六堡	樟子松	30cm×50cm	13	19	99	
花马池	十六堡	樟子松	30cm×50cm	15	138	98	
花马池	十六堡	榆	30cm×40cm	3	6	98	
花马池	十六堡	榆	30cm×40cm	11	12	97	
花马池	十六堡	榆	30cm×40cm	12	21	96	
花马池	十六堡	榆	30cm×40cm	14	27	98	
花马池	佟记圈	樟子松	30cm×50cm	31	92	97	
花马池	万亩生态园	樟子松	30cm×50cm	24	4	98	
花马池	万亩生态园	樟子松	30cm×50cm	18	9	97	
花马池	万亩生态园	樟子松	30cm×50cm	19	121	98	
花马池	万亩生态园	樟子松	30cm×50cm	10	9	99	
花马池	万亩生态园	榆	30cm×40cm	26	3	98	
花马池	万亩生态园	榆	30cm×40cm	27	4	97	
花马池	万亩生态园	榆	30cm×40cm	28	3	97	
花马池	李毛庄	樟子松	30cm×50cm	32	62	98	
花马池	李毛庄	榆	30cm×40cm	33	14	95	
花马池	李毛庄	榆	30cm×40cm	34	7	96	
花马池	李毛庄	榆	30cm×40cm	35	3	98	
哈巴湖管理局	哈巴湖管理站	樟子松	30cm×50cm	38	45	97	
哈巴湖管理局	哈巴湖管理站	樟子松	30cm×50cm	39	16	97	
哈巴湖管理局	哈巴湖管理站	樟子松	30cm×50cm	40	21	98	
哈巴湖管理局	哈巴湖管理站	樟子松	30cm×50cm	41	18.6	97	
哈巴湖管理局	哈巴湖管理站	樟子松	30cm×50cm	42	8.4	97	
哈巴湖管理局	哈巴湖管理站	樟子松	30cm×50cm	43	14	97	
哈巴湖管理局	哈巴湖管理站	樟子松	30cm×50cm	44	18	97	
哈巴湖管理局	哈巴湖管理站	樟子松	30cm×50cm	36	18	97	
哈巴湖管理局	哈巴湖管理站	樟子松	30cm×50cm	37	11	96	

亩、青山乡 13280 亩、高沙窝镇 8389.6 亩、麻黄山乡 4682 亩、惠安堡镇 1268.8 亩），全部为生态林。经过自查，合格面积 67361.5 亩，不合格面积 27638.5 亩。依据自查结果，对林木保存率不达标、面积缺失、管护差等不合格面积及时反馈各乡镇、村组做好补植补造。3 月 20 日至 4 月 15 日，各乡镇发动群众自购柠条裸根苗 135 万株补植退耕地 16087.3 亩，其中花马池镇 673.3 亩、高沙窝镇 131 亩、麻黄山乡 1598 亩、大水坑镇 3262 亩、青山乡 100 亩、王乐井乡 10323 亩，补植后及时组织浇水。县退耕办对各乡镇补植补造情况逐小班轮回检查，针对补植株距大于 1 米、栽植浅、补植不全面、不及时浇水、管护不到位等问题及时提出整改意见，督促限期整改。5 月 21 日至 28 日，再次组织群众用柠条营养袋苗 60 万株补植成活率较低的退耕地 26092 亩，其中花马池镇 1870 亩、麻黄山乡 4479 亩、大水坑镇 1730 亩、青山乡 1830 亩、王乐井乡 14334 亩、高沙窝镇 1500 亩、哈巴湖管理局 349 亩。5 月 29 日，国家林业局中南林业调查规划院核查组对盐池县 2005 年退耕地进行阶段验收，验收结果为：2005 年退耕地还林 577 个小班保存面积为 9.5 万亩，林木保存率在 65% 以上的面积为 9.5 万亩，合格面积保存率 100%；退耕地林权证全部发放到户；档案齐全，管护到位，无人畜破坏现象；林木生长较弱，覆盖度较低；柠条间作苜蓿亩均收益 40 元。由于连年持续干旱少雨，林木生长量较小，成林面积 23423.9 亩，成林率仅为 24.6%。

是年，根据自治区林业局 2014 年退耕地阶段验收工作有关文件精神，确保 2006 年度退耕

地还林工程顺利通过国家阶段验收，县环保和林业局组织 7 个包乡技术人员深入 7 个乡镇 1 万亩退耕地开展自查验收。依据相关验收结果，对 2001—2006 年退耕地进行政策兑现，共计兑现金额 3850 万元，其中大米 50 万元、粮折款及现金补助 3800 万元。

2014 年，自治区林业局下达盐池县巩固退耕还林成果补植补造任务 8.7 万亩，其中退耕地补植 0.3 万亩（王乐井乡），荒山造林补植 8.4 万亩（花马池镇 12760 亩，高沙窝镇 13800，王乐井乡 7920 亩，冯记沟乡 8110 亩，惠安堡镇 11610 亩，青山乡 4790 亩，大水坑镇 13260 亩，麻黄山乡 5750 亩，哈巴湖管理局 6000 亩）；完成补植补造 2013 年巩固退耕还林成果补植补造不合格面积 48424.3 亩；完成 2012—2014 年巩固退耕还林成果补植补造任务 14.449 万亩；组织对 2006 年退耕地造林国家阶段验收进行自查验收，并迎接国家阶段验收；12 月底前完成 2014 年退耕地政策补助兑现工作；同时加强退耕还林工程管理，强化管护成效与退耕地政策兑现相挂钩的管理机制。

半年对全县 2014 年国家阶段验收的 10000 亩退耕地自查结果为：合格面积 4655 亩，不合格面积 5345 亩。不合格退耕地面积涉及 6 个乡镇的 12 个村 26 个小班。对于林木保存率不达标、面积缺失、管护差的退耕地及时反馈各乡镇、村组，并于 3 月上旬每个乡镇派一名技术人员，督促各乡镇务必组织开展补植补造工作。3 月 20 日至 4 月 15 日，各乡镇发动群众自购柠条裸根苗 53.6 万株补植退耕地 7861 亩（其中麻黄山乡 2890 亩 6 个小班、冯记沟乡 200 亩 1 个小班、高

表 2—2—16 盐池县 2013 年巩固退耕还林成果补植补造验收表（单位：亩、米、%）

单位	造林年度	小班号	小班面积	图幅号	权属	地类	植被类型	林种	树种	设计密度	补植面积	补植后成活率	设计	验收	档案	管护	抚育	备注
														管理情况			
合计											70000							
花马池镇					个人	退耕	灌木	生态	柠条	220	13070	88	有	有	有	有	有	
王乐井乡					个人	退耕	灌木	生态	柠条	220	10180	86	有	有	有	有	有	
大水坑镇					个人	退耕	灌木	生态	柠条	220	9840	87	有	有	有	有	有	
惠安堡镇					个人	退耕	灌木	生态	柠条	220	9280	86	有	有	有	有	有	
麻黄山乡					个人	退耕	灌木	生态	柠条	220	6790	85	有	有	有	有	有	
冯记沟乡					个人	退耕	灌木	生态	柠条	220	4750	86	有	有	有	有	有	
高沙窝镇					个人	退耕	灌木	生态	柠条	220	5410	86	有	有	有	有	有	
青山乡					个人	退耕	灌木	生态	柠条	220	5680	87	有	有	有	有	有	
哈巴湖管理局					国有	荒山	灌木	生态	花棒	220	870	85	有	有	有	有	有	
											4130	85						

表 2—2—17 盐池县 2013 年巩固退耕还林成果育苗建设投资概算表

项目		单位	规模	单价	投资概算及资金来源				备注
					总投资（万元）	中央补助（万元）	地方配套（万元）	农民投工投劳（万元）	
合计					2034	432	890	712	
1.苗木	小计	株	3912404		855.3608	432	423.3608		
	2 年生樟子松容器苗	株	3578904	2 元	842.0208	418.66	423.3608		
	1 年生白榆苗	株	333500	0.4 元	13.34	13.34			
2.整地费		亩	1678	100 元	16.78		16.78		
3.种植费	小计	亩	1678		52.5207		52.5207		
	樟子松	亩	1578	300 元	47.34		47.34		
	白榆	亩	100	518.07 元	5.1807		5.1807		
4.中耕除草		亩	1678	1000 元	167.8		167.8		5 年
5.基肥		亩	1678	500 元	83.9		61.7385	22.1615	5 年
6.追肥		亩	1678	500 元	83.9			83.9	5 年
7.灌水		亩	1678	1000 元	167.8		167.8		5 年
8.病虫害防治		亩	1678	250 元	41.95			41.95	5 年
9.起苗	小计		3912404		563.9885			563.9885	
	樟子松	株	3578904	1.3 元	547.3135			547.3135	
	白榆	株	333500	0.5 元	16.675			16.675	

表 2—2—18　盐池县 2014 年巩固退耕还林成果补植补造任务表（单位：亩）

乡镇	合计			2001 年	2002 年		2003 年	2004 年	2005 年		2007 年	2009 年
	合计	退耕	荒山	荒山	退耕	荒山	荒山	荒山	退耕	荒山	荒山	荒山
合计	87000	3000	84000	5230	1881	13877	13328	21767	1119	22449	1349	6000
花马池镇	12760	—	12760	1930		2394	5861	2575				
高沙窝镇	13800		13800	3300			1759	5331		3410		
王乐井乡	10920	3000	7920		1881	5423	1245		1119	1252		
冯记沟乡	8110		8110					4210		3900		
惠安堡镇	11610		11610							11610		
青山乡	4790		4790			1314	112	2015			1349	
大水坑镇	13260		13260			3156	2350	6706		1048		
麻黄山乡	5750		5750			1590	2001	930		1229		
哈巴湖管理局	6000		6000									6000

表 2—2—19　盐池县 2014 年巩固退耕还林成果补植补造验收汇总表（单位：亩、米、%）

单位	造林年度	小班号	小班面积	图幅号	权属	地类	植被类型	林种	树种	设计密度	补植面积	补植后成活率	管理情况					备注
													设计	验收	档案	管护	抚育	
合计											87000							
花马池镇					集体	荒山	灌木	生态	柠条	3×3	12760	88	有	有	有	有	有	
王乐井乡					集体	荒山	灌木	生态	柠条	3×3	7920	86	有	有	有	有	有	
					个人	退耕	灌木	生态	柠条	220	3000	85	有	有	有	有	有	
大水坑镇					集体	荒山	灌木	生态	柠条	3×3	13260	85	有	有	有	有	有	
惠安堡镇					集体	荒山	灌木	生态	柠条	3×3	11610	85	有	有	有	有	有	
麻黄山乡					集体	荒山	灌木	生态	柠条	3×3	5750	85	有	有	有	有	有	
冯记沟乡					集体	荒山	灌木	生态	柠条	3×3	8110	85	有	有	有	有	有	
高沙窝镇					集体	荒山	灌木	生态	柠条	3×3	13800	85	有	有	有	有	有	
青山乡					集体	荒山	灌木	生态	柠条	3×3	4790	85	有	有	有	有	有	
哈巴湖管理局					国有	荒山	灌木	生态	柠条	3×3	6000	85	有	有	有	有	有	

表 2—2—20　盐池县 2014 年巩固退耕还林成果林果产业建设验收表（单位：亩）

王乐井乡											
村（林班）	自然村	造林年度	小班面积	小地名	权属	原树种	设计密度	嫁接树种	嫁接面积	成活率	备注
孙家楼	孙家楼	2005	975	庄后退耕地	个人	灵武长枣	3m×7m	灰枣	975	95	
孙家楼	孙家楼	2010	2100	油路两侧	个人	枣	3m×7m	灰枣	2100	93	
王吾岔	王吾岔	2006	1601	油路两侧	个人	枣	3m×7m	灰枣	1601	92	
合计									4676		
麻黄山乡											
何新庄	赵记湾	2015		张旧庄	个人	曹杏	4m×4m		350	91%	
下高窑	甘沟	2015			个人	曹杏、红梅杏	4m×4m		350	91%	
下高窑	凉风掌	2015			个人	曹杏	4m×4m		270	85%	
井滩子	下甘沟	2015		旱山田	个人	曹杏、红梅杏	4m×4m		264	85%	
井滩子	郭记洼	2015		大北洼	个人	曹杏、红梅杏	4m×4m		766	85%	
合计									2000		

表 2—2—21　2014 年盐池县退耕还林工程退耕地还林阶段验收（全面验收）统计表（单位：亩）

单位	兑现流域	2006年度退耕地还林（草）计划总面积	2006 年度退耕地还生态林							
			面积合计	保存面积		未保存面积				
				计	其中转为经济林面积	未达到保存标准面积		不核实面积	损失面积	
						计	其中转为经济林面积			
合计		10000	10000	10000						
麻黄山乡	黄河	2890	2890	2890						
王乐井乡	黄河	2611	2611	2611						
花马池镇	黄河	1630	1630	1630						
青山乡	黄河	1088	1088	1088						
哈巴湖管理局	黄河	700	700	700						
大水坑镇	黄河	545	545	545						
高沙窝镇	黄河	280	280	280						
冯记沟乡	黄河	256	256	256						

沙窝镇 200 亩 3 个小班、花马池镇 976 亩 2 个小班、王乐井乡 2171 亩 3 个小班、青山乡 888 亩 8 个小班，哈巴湖 536 亩 8 个小班）。4 月 22 日至 23 日，组织对补植补造存在问题进行督查，现场提出整改建议，限期整改。6 月 6 日至 7 日，再次用柠条容器苗 26 万株补植裸根苗成活率较低的退耕地 2250 亩，其中青山乡 320 亩、王乐井乡 1935 亩。9 月 16 日至 20 日，组织对全县 2014 年巩固退耕还林成果退耕地补植补造 0.3 万亩、荒山造林补植补造 8.4 万亩、枣树嫁接 4676 亩、杏树种植 2000 亩所有小班逐个进行自查，涉及 8 个乡镇和 1 个国营林场的 31 个行政村 51 个自然村和 3 个管理站的 116 个小班，其中补植补造小班 108 个、枣树嫁接 3 个、杏树种植 5 个。经自查，全县 2014 年巩固退耕还林成果补植补造 108 个小班 8.7 万亩，其中退耕地补植补造 25 个小班 0.3 万亩（王乐井乡），荒山造林补植补造 83 个小班 8.4 万亩（花马池镇 11 个小班 12760 亩，大水坑镇 11 个小班 13260 亩，王乐井乡 5 个小班 7920 亩，惠安堡镇 10 个小班 11610 亩，麻黄山乡 11 个小班 5750 亩，冯记沟乡 3 个小班 8110 亩，高沙窝镇 7 个小班 13800 亩，青山乡 12 个小班 4790 亩，哈巴湖管理局 13 个小班 6000 亩）；枣树嫁接 3 个小班 4676 亩（王乐井乡），杏树种植 5 个小班 2000 亩（麻黄山乡），全部达到合格标准。

6 月 8 日至 10 日，国家林业局西北林业调查规划院核查组对盐池县 2006 年退耕地阶段组织验收，验收结果为：盐池县 2006 年退耕地还林的 76 个小班保存面积为 1 万亩，林木保存率在 65% 以上的面积为 1 万亩，合格面积保存率为

100%；退耕地林权证全部发放到户；档案齐全，分类归档，专人管理；管护到位，无人畜破坏现象发生；林木生长较弱，覆盖度较低；柠条间作苜蓿亩均收益 40 元。盐池县 2006 年退耕地管护措施到位，苗木齐全。但由于连年持续干旱少雨，林木生长量较小，成林面积为 1476 亩，成林率仅为 14.8%。

2015 年，自治区发改委下达盐池县 2015 年巩固退耕还林成果补植补造任务 8.7 万亩，其中退耕地补植补造 0.3 万亩，荒山造林补植补造 8.4 万亩，涉及全县 8 个乡镇 43 个村 68 个自然村 91 个小班 87000 亩 4331 户；自治区林业厅规划盐池县新一轮退耕还林 25 万亩，涉及全县 8 个乡镇 3339 个小班，其中 25 度以上坡耕地 1005 亩 42 个小班，严重沙化耕地 248995 亩 3297 个小班；组织对 2008—2013 年巩固退耕还林成果补植补造项目进行评估；完成 2015 年退耕地完善政策补助兑现及加强林木管护等工作。

根据盐池县发展和改革局《关于下达 2015 年巩固退耕还林成果项目计划任务及评估第一轮项目实施效果的通知》（盐发改农〔2015〕137 号），下达盐池县 2015 年巩固退耕还林成果补植补造任务 8.7 万亩，平茬柠条 4.64 万亩，实际完成补植补造任务 8.7 万亩，平茬柠条 4.64 万亩。春季，组织樟子松种植户将造林地精耕细作，普遍按照 3m×3m 株行距挖 60cm×60cm×60cm 的栽植穴，并按照"三埋两踩一提苗"的栽植要求，共计栽植苗木 2.775 万株，栽植后立即浇足定植水，确保苗木栽植成活率达 85% 以上。7 月份适逢全县普降中雨，及时组织群众抢墒补种柠

条 8.7 万亩，播种 10.44 万公斤，补种十天后及时检查出苗情况，对于不达标面积多次组织了补种。10 月 10 日至 20 日，县环境保护和林业局组织对全县 2015 年巩固退耕还林成果退耕地补植补造 0.3 万亩、荒山造林补植补造 8.4 万亩所有小班逐个进行自查，涉及 8 个乡镇 36 个行政村 57 个自然村 119 个小班，其中退耕地小班 14 个，荒山造林小班 105

2015 年 3 月 29 日，盐池县环境保护和林业局局长宋德海（前排左一）现场督查全县春季植树造林情况

个；平茬柠条和沙柳 4.64 万亩，涉及 4 个乡镇 14 个行政村 25 个自然村 49 个小班。自查主要内容为补植补造、平茬柠条和沙柳的小班面积，苗木保存（成活）率，抚育管护等。经过自查，全县 2015 年巩固退耕还林成果补植补造 119 个小班 8.7 万亩，其中退耕地补植补造 14 个小班 0.3 万亩（8 个乡镇，每个乡镇 375 亩），荒山造林补植补造 105 个小班 8.4 万亩（花马池镇 9 个小班 4487 亩，大水坑镇 15 个小班 14152 亩，王乐井乡 15 个小班 11290 亩，惠安堡镇 3 个小班 4831 亩，麻黄山乡 9 个小班 2611 亩，冯记沟乡 9 个小班 12575 亩，高沙窝镇 36 个小班 29020 亩，青山乡 9 个小班 5034 亩）；柠条（沙柳）平茬 49 个小班 4.64 万亩（花马池镇 25 个小班 25847 亩，大水坑镇 4 个小班 5848 亩，高沙窝镇 8 个小班 7610 亩，青山乡 12 个小班 7095 亩），全部达到合格标准。

组织对盐池县 2008—2013 年巩固退耕还林成果补植补造项目进行评估。自治区发改委和盐池县发改局下达批复盐池县 2008—2014 年巩固退耕还林成果补植补造建设任务 28.6 万亩（2008 年 2.6 万亩、2009 年 2.8 万亩、2010 年 2 万亩、2011 年 2.5 万亩、2012 年 3 万亩、2013 年 7 万亩、2014 年 8.7 万亩），其中退耕地补植补造任务 15.2 万亩，荒山造林补植补造任务 13.4 万亩。经过评估，2008—2013 年盐池县巩固退耕还林成果补植补造退耕地和荒山造林地 19.9 万亩，完成任务的 100%；2008—2012 年巩固退耕还林成果补植补造项目通过自治区发改委验收；2013 年巩固退耕还林成果补植补造 7 万亩，完成 100%，通过县级验收；2014 年巩固退耕还林成果补植补造 8.7 万亩，合格面积 67707 亩，合格率为 77.8%，对不合格面积 19293 亩于 9 月前全部完成补植补造。3 月份，依据相关验收结果，对 2013—2014 年巩固退耕还林未能达标的 24957.6 亩退耕地暂停粮款兑现，随后组织督促退耕农户进行补植，

表 2—2—2—22 盐池县 2015 年巩固退耕还林成果补植补造验收表（单位：亩、米、%）

单位	造林年度	小班号	小班面积	图幅号	权属	地类	植被类型	林种	树种	设计密度	补植面积	补植后成活率	管理情况					备注
													设计	验收	档案	管护	抚育	
总计											87000							
合计					集体个人		灌木	生态	柠条	220	84000							
						退耕	乔、灌	生态	柠条、樟子松	220、74	3000					有	有	
花马池镇					集体	荒山	灌木	生态	柠条	220	4487	88	有	有	有	有	有	
					个人	退耕	乔木	生态	樟子松	74	375	85	有	有	有	有	有	
王乐井乡					集体	荒山	灌木	生态	柠条	220	11290	86	有	有	有	有	有	
					个人	退耕	灌木	生态	柠条	220	375	85	有	有	有	有	有	
大水坑镇					集体	荒山	灌木	生态	柠条	220	14152	85	有	有	有	有	有	
					个人	退耕	灌木	生态	柠条	220	375	85	有	有	有	有	有	
惠安堡镇					集体	荒山	灌木	生态	柠条	220	4831	85	有	有	有	有	有	
					个人	退耕	灌木	生态	柠条	220	375	85	有	有	有	有	有	
麻黄山乡					集体	荒山	灌木	生态	柠条	220	2611	85	有	有	有	有	有	
					个人	退耕	灌木	生态	柠条	220	375	85	有	有	有	有	有	
冯记沟乡					集体	荒山	灌木	生态	柠条	220	12575	85	有	有	有	有	有	
					个人	退耕	灌木	生态	柠条	220	375	85	有	有	有	有	有	
高沙窝镇					集体	荒山	灌木	生态	柠条	220	29020	85	有	有	有	有	有	
					个人	退耕	灌木	生态	柠条	220	375	85	有	有	有	有	有	
青山乡					集体	荒山	灌木	生态	柠条	220	5034	85	有	有	有	有	有	
					个人	退耕	灌木	生态	柠条	220	375	85	有	有	有	有	有	

表 2—2—23 盐池县 2015 年巩固退耕还林成果柠条（沙柳）平茬验收表（单位：亩、米、%）

乡镇	村（林班）	自然村	小班号	小班面积	坐标点 横坐标	坐标点 纵坐标	权属	植被类型	林种	树种	平茬面积	管理情况 设计	管理情况 验收	管理情况 档案	管理情况 管护	管理情况 抚育	备注
合计				46400							46400						
大水坑镇				5848			集体	灌木	生态	柠条	5848	有	有	有	有	有	
青山乡				7095			集体	灌木	生态	柠条	7095	有	有	有	有	有	
花马池镇				5926			集体	灌木	生态	柠条	5926	有	有	有	有	有	
				19921			集体	灌木	生态	沙柳	19921	有	有	有	有	有	
高沙窝镇				7610			集体	灌木	生态	柠条	7610	有	有	有	有	有	

表 2—2—24 盐池县 2015 年退耕地还林全面检查验收结果上报表（单位：亩）

单位	计划年度	验收年度	退耕地类别	计划面积	退耕地还林全面检查验收面积 合计	退耕地还林全面检查验收面积 合格面积（成活率≥85%）	退耕地还林全面检查验收面积 待补植面积	退耕地还林全面检查验收面积 失败面积	退耕地还林全面检查验收面积 损失面积	退耕地还林全面检查验收面积 不核实面积	退耕地还林全面检查验收面积 不动产权证书发放面积
合计				40000	40000	40000					
花马池镇	2015	2016	严重沙化	3955.4	3955.4	3955.4					
大水坑镇	2015	2016	严重沙化	10817.7	10817.7	10817.7					
冯记沟乡	2015	2016	严重沙化	4139.2	4139.2	4139.2					
高沙窝镇	2015	2016	严重沙化	4344.4	4344.4	4344.4					
惠安堡镇	2015	2016	严重沙化	2673.3	2673.3	2673.3					
麻黄山乡	2015	2016	严重沙化	1941.5	1941.5	1941.5					
青山乡	2015	2016	严重沙化	11818.4	11818.4	11818.4					
王乐井乡	2015	2016	严重沙化	310.1	310.1	310.1					

表 2—2—25 盐池县 2015 年新一轮退耕还林全面验收汇总表（单位：亩）

乡镇	退耕地类别	计划年度	合格面积（成活率≥85%）	林种			配置类型			树种							
				合计	生态林	经济林	合计	乔木林	灌木林	合计	柠条	榆	樟子松	枣	杏	核桃	苹果
合计			40000	40000	39894.6	105.4	40000	2121	37879	40000	37879	1029.8	985.8	50.1	10.4	25.8	19.1
花马池镇	严重沙化	2015	3955.4	3955.4	3955.4		3955.4	696.8	3258.6	3955.4	3258.6	29.8	667				
大木坑镇	严重沙化	2015	10817.7	10817.7	10817.7		10817.7	0	10817.7	10817.7	10817.7						
冯记沟乡	严重沙化	2015	4139.2	4139.2	4093.6	45.6	4139.2	45.6	4093.6	4139.2	4093.6			45.6			
高沙窝镇	严重沙化	2015	4344.4	4344.4	4339.9	4.5	4344.4	4.5	4339.9	4344.4	4339.9			4.5			
惠安堡镇	严重沙化	2015	2673.3	2673.3	2673.3		2673.3	18.8	2654.5	2673.3	2654.5		18.8				
麻黄山乡	严重沙化	2015	1941.5	1941.5	1886.2	55.3	1941.5	55.3	1886.2	1941.5	1886.2				10.4	25.8	19.1
青山乡	严重沙化	2015	11818.4	11818.4	11818.4		11818.4	1300	10518.4	11818.4	10518.4	1000	300				
王乐井乡	严重沙化	2015	310.1	310.1	310.1		310.1		310.1	310.1	310.1						

表 2—2—26 盐池县 2015 年巩固退耕还林成果补植补造投资概算表

			单位	规模	单价	投资概算及资金来源		备注
合计						870.00	870.00	
1. 种苗费	苗木	小计	株	27750	50	138.75	138.75	
		樟子松	株	27750	50	138.75	138.75	15.95%
	种子	小计	公斤	130672.1	26	339.75	339.75	39.05%
		柠条	公斤	130672.1	26	339.75	339.75	
2. 整地种植费			亩	87000	30	261.00	261.00	30.00%
3. 抚育管护费			亩	87000	15	130.50	130.50	15.00%

表 2—2—27 盐池县 2015 年巩固退耕还林成果林果后续产业概算表

序号	建设内容	单位	单价（元）	数量	金额（万元）	资金来源（万元）			
						中央投资	地方配套	农民自筹	
	合计				1532.0	232.0	700.0	600.0	
1	平茬	亩	80	46400	371.2	232.0	139.2		24.23%
1.1	机械费	亩	30	46400	139.2		139.2		
1.2	人工费	亩	50	46400	232.0	232.0			
2	运输费	亩	50	46400	232.0		92.8	139.2	15.14%
2.1	机械费	亩	20	46400	92.8		92.8		
2.2	人工费	亩	30	46400	139.2			139.2	
3	加工	亩	77.85	46400	361.2		129.2	232.0	23.58%
3.1	人工费	亩	50	46400	232.0			232.0	
3.2	机械费	亩	27.85	46400	129.2		129.2		
4	机械购置				490.0		338.8	151.2	31.98%
4.1	割灌机	台	2000	300	60.0		58.8	1.2	
4.2	大型收割机	台	400000	6	240.0		240.0		
4.3	粉碎机	台	40000	10	40.0		40.0		
4.4	运草车	台	50000	30	150.0			150.0	
5	工房	间	9700	80	77.6			77.6	5.07%

2015 年 5 月，高沙窝镇围村绿化造林新植樟子松

黄山乡 3000 亩、青山乡 3000 亩、惠安堡镇 3000 亩），编制了《2015—2016 年退耕还林工程退耕地还林建设方案》，经县政府第 47 次常务会议审议通过后，县发改局批复了 2015 年建设方案，2016 年建设方案待自治区退耕还林任务下达后再予以批复。之后林业部门按照《2015—2016 年退耕还林工程退耕地还林建设方案》确定

达到合格标准后，补充兑现补助资金 399.32 万元。8 月 10 日前，组织各乡镇完成 2013—2015 年巩固退耕还林成果补植补造任务 10.7 万亩。

2016 年上半年，县林业部门组织各乡镇采集退耕地 13.72 万亩，形成小班矢量图，经过多次与县国土资源局对接，在全县 2014 年末土地利用现状图上叠加分析，结果为耕地 6.6 万亩（其中基本农田 3.16 万亩）、林地 0.58 万亩、草地 6.3 万亩、其他土地 0.24 万亩，可用于退耕还林的耕地只有 3.44 万亩，基本农田和草地面积 9.46 万亩需经国土部门依法变更地类后才能实施退耕还林。根据国土部门地类数据分析结果和耕地现状，在充分尊重农民退耕还林意愿的基础上确定 2015 年新一轮退耕还林 4 万亩（大水坑镇 10164.9 亩、冯记沟乡 4783.2 亩、高沙窝镇 5434.8 亩、花马池镇 2984.8 亩、麻黄山乡 5535 亩、青山乡 10367.4 亩、王乐井乡 2357 亩、哈巴湖管理局 720.9 亩）、2016 年新一轮退耕还林 2 万亩（大水坑镇 3000 亩、冯记沟乡 2500 亩、高沙窝镇 2348 亩、花马池镇 3152 亩、麻

的小班地块，组织各乡镇进一步确定各小班边界，落实地块。各乡镇退耕地农户不同程度地出现"返水"现象，原来决定退耕还林的地块又不愿退耕还林了。5 月 16 日，县政府召开专题会议研究决定：各乡镇在原有退耕还林任务不变的基础上，尽量按群众意愿变更退耕还林地块，全县共落实退耕地面积 55022 亩，其中落实到户面积 51944 亩，签订合同书面积 29742 亩，完成整地面积 39517 亩，完成造林面积 10845 亩（前一轮退耕还林超计划造林 6854 亩，新造林 3991 亩）。8 月 10 日前督促各乡镇全面完成 2015—2016 年新一轮退耕还林任务 6 万亩，及时做好检查验收、补助资金兑现等工作；督促各乡镇补植补造 2013—2015 年巩固退耕还林成果补植补造未合格面积 5.7 万亩，完成林果产业建设面积 2.6 万亩，9 月底完成补植补造验收。8 月底前完成 2016 年退耕地完善政策补助资金兑现。继续加强退耕还林工程管理工作，强化林木管护成效与退耕地政策兑现相挂钩的管理机制，林木和林地面积保存率不达标、管护不到位的退耕地停止政策补助兑

表 2—2—28　盐池县 2016 年营造林作业设计汇总表

实施单位	退耕户情况		营造林总面积	荒山荒地造林				按造林地类别			
									退耕地造林		
	退耕户数	涉及人口数		计	人工造乔木林	人工造灌木林	封山育林	合计	25度以上坡耕地	重要水源地 15～25度坡耕地	严重沙化耕地
	户	人	亩	亩	亩	亩	亩	亩	亩	亩	亩
合计			20000.0					20000.0			20000.0
大水坑镇			4139.5					4139.5			4139.5
冯记沟乡			3607.1					3607.1			3607.1
高沙窝镇			984.4					984.4			984.4
花马池镇			1584.3					1584.3			1584.3
惠安堡镇			1006.0					1006.0			1006.0
麻黄山乡			2423.0					2423.0			2423.0
青山乡			4655.5					4655.5			4655.5
王乐井乡			1600.2					1600.2			1600.2

表 2—2—29　盐池县 2016 年造林投资测算汇总表

实施单位	总投资 (元)	营造林投资					辅助工程投资			其他投资		其他费用 (元)
		合计					计 (元)	材料费用 (元)	施工费用 (元)	计 (元)	国家现金补助 (元)	
		计 (元)	种苗费用 (元)	造林施工费用 (元)	抚育管护费用 (元)	其中：国家补助种苗造林费 (元)						
合计	31560610.0	7560610.0	2293228.0	4267382.0	1000000.0	6000000.0				24000000.0	24000000.0	
大水坑镇	6002275.0	1034875.0	413950.0	413950.0	206975.0	1241850.0				4967400.0	4967400.0	
冯记沟乡	5263452.0	934932.0	361395.0	393182.0	180355.0	1082130.0				4328520.0	4328520.0	
高沙窝镇	1427380.0	246100.0	98440.0	98440.0	49220.0	295320.0				1181280.0	1181280.0	
花马池镇	2525566.6	624406.6	196480.6	348711.0	79215.0	475290.0				1901160.0	1901160.0	
麻黄山乡	3967268.4	1059668.4	251696.4	686822.0	121150.0	726900.0				2907600.0	2907600.0	
青山乡	8595678.0	3009078.0	710646.0	2065657.0	232775.0	1396650.0				5586600.0	5586600.0	
惠安堡镇	1458700.0	251500.0	100600.0	100600.0	50300.0	301800.0				1207200.0	1207200.0	
王乐井乡	2320290.0	400050.0	160020.0	160020.0	80010.0	480060.0				1920240.0	1920240.0	

注：1. 此表以乡为单位，统计到村，保留小数点后一位数；2. "2栏" = "3栏" + "8栏" + "11栏"。

现，并限期整改。

2017 年，盐池县发改、环境保护和林业部门在充分尊重退耕农户意愿的基础上，确定 2016 年新一轮退耕还林地 2 万亩，涉及全县 8 个乡镇 41 个行政村 68 个自然村 217 个小班，其中大水坑镇 4139.5 亩、冯记沟乡 3607.1 亩、高沙窝镇 984.4 亩、花马池镇 1584.3 亩、麻黄山乡 2423 亩、青山乡 4655.5 亩、王乐井乡 1600.2 亩、惠安堡镇 1006 亩。春季，组织群众栽植樟子松、榆、杏、枣、刺槐等乔木 1843.4 亩；夏季降雨后，再组织播种以柠条为主的灌木林 18156.6 亩。对于苗木成活率低于 85% 的林地，及时督促退耕农户进行补苗，确保 2016 年新一轮退耕还林种植任务全面完成。10 月 17 日至 11 月 10 日，组织发改、财政、国土、审计、环林等部门技术人员对 2015—2017 年新一轮退耕还林 646 个小班进行检查验收，验收结果为：2015—2017 年新一轮退耕还林完成种植面积 646 个小班 70394.1 亩，其中 2015 年 39982.4 亩、2016 年 20000 亩、2017 年 10411.7 亩。完成 2015 年新一轮退耕还林 39982.4 亩，其中合格面积 30789.2 亩，不合格面积 9193.2 亩，占用面积 17.6 亩；2016 年新一轮退耕还林合格 20000 亩；2017 年种植不合格面积 10411.7 亩。

为切实巩固退耕还林成果，切实加强退耕林地管护，各乡镇指定专人管护退耕林地，严禁牲畜进入退耕还林地啃食、踩踏林木，禁止工程占用、采砂石等人为破坏林木和林地活动。加大依法查处涉林案件力度，严厉打击毁林不法人员。持续加强推进补植补造，确保成活率。2017 年，经林业部门和各乡镇自查验收，对管护不力、林

木保存率不达标的 33548.4 亩退耕地暂停政策补助兑现，待退耕农户补植补造合格后予以补兑。2017 年全县共兑现退耕还林政策补助 5715.2 万元，涉及 8 个乡镇 36033 户，户均 1586 元，其中建档立卡户 7928 户 1505.38 万元（前一轮退耕还林补助 7473 户 929.94 万元，新一轮退耕还林补助 1155 户 575.44 万元），户均 1898 元。

2018 年，盐池县环境保护和林业部门在充分尊重退耕农户意愿的基础上，选定新一轮退耕还林耕地 3000 亩，经自治区发改委审核批复后，下达盐池县 2018 年新一轮退耕还林任务 3000 亩，涉及 6 个乡镇 18 个行政村 22 个自然村 36 个小班，其中大水坑镇 454 亩、花马池镇 147.2 亩、麻黄山乡 614.6 亩、青山乡 1221.9 亩、王乐井乡 390.3 亩、惠安堡镇 172 亩。县环境保护和林业局据此编制《盐池县 2018 年退耕还林工程退耕地还林建设方案》，由县发改局批复下达各乡镇指标任务。春季，组织退耕地群众栽植樟子松、榆、胡杨、核桃等乔木 285.8 亩，夏季降雨后，再及时播种以柠条为主的灌木林 2714.2 亩，对于苗木成活率低于 85% 的林地，督促退耕地农户及时进行补苗。10 月 8 日至 29 日，组织发改、国土、环林等部门分别对 8 个乡镇 2015—2018 年新一轮退耕还林耕地 649 个小班进行验收，验收结果为：2015—2018 年新一轮退耕还林共完成种植面积 70442.5 亩 649 个小班，其中 2015 年 40000 亩、2016 年 20000 亩、2018 年 10442.5 亩；2015 年新一轮退耕还林 40000 亩，其中合格面积 30338.5 亩，不合格面积 9661.5 亩（损毁面积 106.6 亩）；2016 年新一轮退耕还林 20000 亩，其中合格面积 17814.8 亩，不合格面

表2—2—30　盐池县2018年营造林作业设计汇总表

实施单位	退耕户情况		营造林总面积	按造林地类别							
	退耕户数	涉及人口数		荒山荒地造林				退耕地造林			
				计	人工造乔木林	人工造灌木林	封山育林	合计	25度发上坡耕地	重要水源地15—25度坡耕地	严重沙化耕地
	户	人	亩	亩	亩	亩	亩	亩	亩	亩	亩
合计			3000.0					3000.0			3000.0
大水坑镇			454.0					454.0			454.0
花马池镇			147.2					147.2			147.2
惠安堡镇			172.0					172.0			172.0
青山乡			1221.9					1221.9			1221.9
麻黄山镇			614.6					614.6			614.6
王乐井乡			390.3					390.3			390.3

积2185.2亩（损毁面积9.5亩）；2018年种植退耕还林10442.5亩，其中合格面积3706.4亩，不合格面积6736.1亩。

根据自治区发改委、林业厅等部门要求报送2019—2020年新一轮退耕还林任务需求相关文件精神，盐池县组织各乡镇对农民自愿退耕还林耕地进行测量，形成小班矢量数据，初步退耕还林地面积3.4万亩，经县国土局审核面积1.6万亩，报自治区发改委。后经自治区国土厅审核，确定盐池县符合新一轮退耕还林耕地5288亩，由自治区发改委下达盐池县2019年新一轮退耕还林任务需求。2018年，盐池县共兑现退耕还林政策补助4628.09万元，涉及8个乡镇36033户，户均1271元，其中建档立卡户8131户1242.29万元（前一轮退耕还林补助7968户822.13万元，森林生态效益4236户58.6万元，新一轮退耕还林补助714户361.56万元），户均1527元。

2019年，盐池县环境保护和林业部门组织退耕群众对自治区发改委下达盐池县2019年新一轮退耕还林5200亩任务指标实施造林。6月份，组织各乡镇自查前一轮41.15万亩退耕地保存情况，不合格退耕地面积28653.8亩；7—9月份，向退耕农户兑现385271.4亩前一轮合格退耕地补助资金2587.6万元，补兑2015年退耕地第二次补助资金221.9万元、2002—2003年18659.9亩退耕地现金补助37.3万元，共计2846.8万元。同时，督促退耕农户对林木保存率不达标的9554.9亩不合格退耕地补植柠条等苗木75万余株，8月份，经国家林业和草原局验收全部合格。10月份，县环境保护和林业局、发改局、财政局联合组织对2015—2019年68200亩新一轮退耕地进行全面验收，合格面积63337亩，不合格面积4863亩。10月10日，盐池县2019年退耕还林工程顺利通过国家林业和草原局退耕还林（草）管理中心组织的核查验收。11月，根据县级检查验收结果，向退耕农户兑现新一轮退耕还林补助资金 2002.808 万元，其中种苗费 208 万元，现金补助 1794.808 万元。

2020 年春，盐池县环境保护和林业局督导退耕农户对林木保存率不达标的 9554.9 亩不合格退耕地补植柠条等苗木 75 万余株。6 月，组织各乡镇自查前一轮 41.18 万亩退耕地林木保存情况，其中不合格退耕地面积 26003.7 亩；7—9 月份，向退耕农户兑现 385841.5 亩前一轮合格退耕地补助资金 2510.5 万元。10 月，组织环境保护和林业局、发改局、财政局、审计局联合对 2015—2019 年 28417.3 亩新一轮退耕地进行全面验收，合格面积 25001 亩，不合格面积 3416.3 亩。11 月，依据县级检查验收结果，向退耕农户兑现退耕还林补助资金 1236.5 万元，其中新一轮退耕还林补助资金 937.7 万元，补兑前一轮退耕还林资金 298.8 万元。2020 年自治区财政下达盐池县退耕还林补助资金 3613.5 万元，兑现到户 3453.03 万元，资金支付率为 95.6%。为向有关部门提供退耕还林补助资金扶贫情况，县环境保护和林业局逐户核对 2016—2020 年退耕还林涉及建档立卡户兑现补助资金情况。2016—2020 年，全县共向 39080 名退耕农户兑现补助资金 25188.6 万元，其中建档立卡户 8375 户 6924.2 万元。

盐池县"十四五"规划中，全县计划实施退耕还林还草 2 万亩：南部黄土丘陵区实施退耕还林还草 5000 亩（麻黄山乡、大水坑镇、惠安堡镇黄土丘陵区易水土流失的 20 亩以上坡耕地种植以大接杏为主的经济林 3000 亩；在 20 亩以下坡耕地种植以紫花苜蓿为主的人工牧草 2000 亩）；中部地区退耕还林还草 7500 亩（在大水坑镇、惠安堡镇、青山乡、冯记沟乡易沙化、盐碱化或潜在沙化的 50 亩以上耕地上种植以柠条、柽柳、沙柳为主的防风固沙林 5000 亩；在 50 亩以下易沙化或潜在沙化耕地种植以紫花苜蓿为主的人工牧草 2500 亩）；北部风沙区退耕还林还草 7500 亩（王乐井乡、花马池镇、高沙窝镇农牧交错带已沙化的 50 亩以上耕地种植以柠条、柽柳、沙柳为主的防风固沙林 5000 亩；在 50 亩以下已沙化耕地种植以紫花苜蓿为主的人工牧草 2500 亩）。

第三节 "三北"防护林工程

"三北"防护林工程是指在中国"三北"地区，即西北、华北和东北建设的大型人工林业生态工程，该项工程的实施，能够极大减缓我国日益加速的荒漠化和水土流失进程。由国家林业局西北、华北、东北防护林建设局负责建设。

"三北"防护林工程自1978年11月启动，次年被国务院列为国家经济建设重要项目。工程共分为3个阶段、8期工程进行。1978—2000年为第一阶段，分三期工程：1978—1985年为一期工程，1986—1995年为二期工程，1996—2000年为三期工程；2001—2020年为第二阶段，分两期工程，2001—2010年为四期工程，2011—2020年为五期工程；2021—2050年为第三阶段，分三期工程，2021—2030年为六期工程，2031—2040年为七期工程，2041—2050年为八期工程。工程规划期限70年，目前已经启动第六期工程建设。

一、工程综述

"三北"防护林工程是改善生态环境、减少自然灾害、维护生存空间的战略需要。总体规划中的"三北"地区，要在保护好现有草原植被的基础上，采取人工造林、飞机播种造林、封山封

沙育林育草等方法，营造防风固沙林、水土保持林、农田防护林、牧场防护林以及薪炭林和经济林等，形成乔、灌、草植物相结合，林带、林网、片林相结合，多种林、多种树合理配置，农、林、牧协调发展的防护林体系。

干旱、风沙和水土流失导致的生态灾难严重制约着"三北"地区经济社会发展，使"三北"地区各族人民群众长期处于贫穷落后境地。建设"三北"工程，不仅对改善"三北"地区生态环境起着决定性作用，而且对改善全国生态环境具有举足轻重的战略意义。建设"三北"工程是实现民族团结，巩固国防，实现各民族共同繁荣的战略需要。

盐池县地处毛乌素沙地边缘，是"三北"地区沙漠化、水土流失、生态脆弱最为严重地区之一，自1978年列为"三北"防护林体系工程建设重点县以来，全县林业建设取得显著效果。截至2000年，全县累计造林保存面积近200万亩，其中人工造林148.5万亩，飞播造林51万亩，四旁植树130万株，幼林抚育累计60万亩，全面完成"三北"防护林工程各期各项建设任务，生态环境得到恢复改善，农业、牧业生产条件趋向好转，农民生活水平和生存环境进一步得到改善

和提高，林业生态效益、社会效益、经济效益逐年显现。

"十一五"期间，盐池县规划完成"三北"防护林工程35万亩，其中2006—2008年前三年每年完成5万亩，2009—2010年两年每年完成10万亩。主要分布在县境中北部的三条大沙带，国道、省道、县道两侧，农田防护林及其外围，盐碱危害较严重的区域实施。借助生态建设项目投资，工程措施和生物措施一起上，集中连片治理流动和半流动沙丘；在视力可及范围建设绿色通道；建立功能齐全，结构稳定的农田防护林体系，保护农田和水利设施；治理盐渍化较严重区域，增加植被覆盖度。发展枣、杏等经济林15000亩，增加农民收入。截至"十一五"末，盐池县实施"三北"防护林工程保存人工造林面积120多万亩，四旁植树283.43万株，占全县各项造林工程的41%。

2013年，盐池县被列入全国40个黄土高原地区综合治理示范县。2010年12月30日，国家发展改革委、水利部、农业部、国家林业局编制印发《黄土高原地区综合治理规划大纲（2010—2030年）》，旨在保障国土生态安全，促进区域产业结构调整和经济可持续发展，促进社会主义新农村建设。《黄土高原地区综合治理规划大纲（2010—2030年）》经国务院批准后，先期在列入治理范围的山西、内蒙古、河南、陕西、甘肃、宁夏、青海省七个省341个县（市）中选择40个县作为黄土高原地区综合治理示范县。2013年，国家林业局下发《国家林业局关于开展黄土高原地区综合治理林业示范建设的通知》（林规发〔2013〕162号），决定在"三北"工程建设中

率先启动林业示范建设项目。自此黄土高原综合治理进入了统一规划、因地制宜、分区施策、生物措施、工程措施、耕作措施有机结合，农林水综合配套、相互配合、协调推进、形成合力的新时期。林业示范县的率先启动，开启了探索具有黄土高原地区特色综合治理模式、统筹生态建设与民生改善、有序推进黄土高原综合治理的新时期。盐池县由于多年来持续重视生态环境建设，先后实施了小流域治理、农田基本建设、水利水保工程、生态移民迁出区生态修复等一系列综合治理，对实施黄土高原综合治理有可借鉴经验模式，因此被列入自治区5个示范县（区）规划，推荐为全国40个示范县（区）之一，实施了一系列人工造林和封山（沙）育林工程。

盐池县在"十二五"到"十三五"期间，深入学习贯彻习近平新时代中国特色社会主义思想和党的十八大、十九大精神，牢固树立"绿水青山就是金山银山"理念，大力推进荒漠化和水土流失综合治理，根据作业区立地条件、气候特点及多年沙地抗旱造林经验，因地制宜，采用人工造林和封山育林相结合措施，进一步完善区域生态防护体系，取得了显著成果。

盐池县通过20年"三北"防护林工程建设、黄土高原地区综合治理示范县重点林业工程建设，境内生态植被进一步向好发展，森林覆盖率得到持续提高，自然气候条件逐年好转，成为盐池县"红、古、绿"三张名片中最亮丽的一张，"生态盐池""绿色盐池"渐被社会各界广泛认可。项目区农户通过参与林业工程、林木管护、苗木培育、浇水缠干等项目施工途径增加收入，也通过参与生态旅游、休闲度假、经济林种

植等产业途径获得更多发展机遇，创造了显著的生态、经济和社会效益。

二、建设内容

2001年，自治区林业局下达盐池县"三北"四期防护林工程任务5万亩，实际完成造林10.31万亩（其中成活率在85%以上合格面积9.35万亩，需补植面积0.96万亩）。超额完成5.3万亩。

2002年，自治区林业局下达盐池县"三北"四期工程任务4.9万亩。经验收，完成各类造林21.7万亩，其中成活率在85%以上合格面积18.8万亩，需补植面积2.9万亩。在所有完成造林中，固沙林15万亩，其中成活率在85%以上合格面积12.2万亩，需补植面积2.8万亩；水保林11.1万亩，其中成活率在85%以上合格面积11.1万亩；平原绿化完成76万株，计0.2万亩，经验收全部合格；经济林0.28万亩，其中成活率在85%以上合格面积0.24万亩，需补植造林0.04万亩。

2003年，自治区林业局下达盐池县"三北"四期防护林工程任务4.3万亩，实际完成16.9353万亩，成活率85%以上的合格面积15.9682万亩，补植面积1.215万亩。造林区块主要分布在盐兴公路两侧15米内、307国道和古王公路两侧。

2004年，盐池县共计实施"三北"防护林四期工程造林4.21万亩，其中合格2.23万亩，补植面积1.94万亩，加上上年超造12.35万亩，共计完成"三北"四期工程16.56万亩，其中成活率在85%以上合格面积14.62万亩，需补植面积1.94万亩。新造林主要为经济林、平原绿化和治沙造林；经济林以枣树为主，栽植0.36万亩，合格0.11万亩，合格率为30.6%；平原绿化主要集中在王乐井乡、青山乡几片新开发扬黄灌区，栽植农田防护林5.8万株、0.05万亩；治沙造林集中在青山乡、冯记沟乡、王乐井乡等沙化严重、盐碱危害较大地区，虽经几次补植，终因自然气候条件太差，成活率不高。

2005年，盐池县"三北"防护林四期工程完成造林6.3万亩，其中成活率在85%以上合格面积3.4万亩，待补植面积2.9万亩，治沙造林4.2万亩（合格面积1.55万亩，待补植2.7万亩），村庄绿化750亩（合格500亩，待补植250亩），绿色通道造林1343亩，平原绿化0.26万亩（合格0.05万亩，待补植0.21万亩），生态经济林0.72万亩，封山育林1.3万亩。造林工程主要集中在高沙窝镇，选择沙化和盐渍化较为严重区域地块实施，以沙柳、红柳等灌木树种为主。村庄绿化分布全县各乡镇10个村庄点，树种以国槐、白蜡为主，冯记沟、惠安堡、青山等乡镇把养殖园区和吊庄居民点作为村庄绿化区块，狠抓栽植管理，成活率较高。绿色通道造林集中在盐大公路青山段，完成0.13万亩，由于是年持续干旱，先后进行多次补植补造，努力使成活率达到90%以上。封山育林集中在青山乡刘记窑头村实施面积1.3万亩，先是组织群众对老化灌木（主要为沙柳）进行平茬复壮，同时对沙化较严重地块进行撒播，还对项目区周围进行围栏封育，修建了护林房，配备专职护林人员，封育效果较好。

2006年，盐池县在高沙窝镇兴武营区块实施封山育林2万亩。完成村庄绿化385亩，分布于全县3个乡镇的3个村庄，树种以国槐、新疆杨为主，庭院经济以枣树、梨树为主，由于栽植、管护好，成活率较高。是年，国家林业西北院组织对盐池县2005年退耕还林工程、"三北"四期防护林工程、天然林保护工程、1999年飞播造林工程、2001年退耕还林工程进行历时一个月的全面考核检查。

2007年，盐池县"三北"四期防护林工程完成造林97946.6万亩，其中85%以上合格面积62841.6亩，待补植面积35105万亩；治沙造林78117亩，其中合格面积45291亩，待补植32826亩）；村庄绿化541.6亩，绿色通道造林1426亩，85%以上合格面积1204亩（其中208亩合计在退耕还林中，待补植面积222亩）；生态经济林完成4862亩，其中待补植2057亩；封山育林完成1.3万亩。村庄绿化涉及全县各乡镇10个村庄，树种以国槐、白蜡、新疆

2007年3月，盐池县认真组织开展全民植树造林活动

2008年4月，冯记沟乡钱记滩村组织群众治沙造林现场

杨为主，冯记沟、花马池、高沙窝等乡镇将吊庄居民点作为村庄绿化重点，狠抓栽植管理，成活率较高。封山育林继续集中在高沙窝镇新武营区块实施，面积1.3万亩，封育效果较好。

2008年，盐池县以建设"生态盐池"为目标，以创建自治区级园林县城为契机，以实施"三北"四期防护林工程为依托，以境内交通主要干线、农村庄点和围城镇造林为重点，动员全民参与造林绿化行动。自治区林业局下达盐池县"三北"防护林四期工程计划11.79万亩，其中绿色通道0.2亩，村庄绿化900亩，治沙造林及其他造林4.5万亩，封山育林7万亩，续封1.3万亩。盐池县林业部门、各乡镇组织群众从3月上旬开始至秋季造林之前完成指标任务。通过自查验收，"三北"四期防护林工程完成3.82442万亩，其中在扬黄灌区和高效节水灌区种植红枣0.14137万亩，由于受春季持续超强低温阴雪天气影响，种植区90%以上苗木严重受冻，花马池、大水坑镇区块3万余亩造林计划受挫；种植山杏、枸杞面积6272亩，山杏集中在麻黄山乡

以鱼鳞坑方式种植，种植枸杞192亩，集中在惠安堡镇扬黄灌区；"三北"防护林续封1.3万亩，集中在高沙窝镇兴武营区块；在全县8个乡镇实施村庄绿化1610.2亩。根据自治区林业局工作安排，盐池县林业部门于2006年10月至2007年12月配合完成全县森林资源规划设计调查和森林资源信息网络管理系统"二类清查"，2008年10月下旬，自治区林业局有关部门组织对盐池县"二类清查"所有数据进行专家论证。通过森林资源信息"二类清查"，摸清了全县森林资源家底，实现了森林资源信息化管理。

2009年，自治区林业局下达盐池县"三北"防护林四期工程计划人工造林2万亩，封山育林新封1万亩。盐池县根据"三北"防护林体系建设总体要求，结合实际，按照"统一规划、打破界限、集中连片、规模治理、因地制宜、合理布局、适地适树"原则，在全县8个乡镇实施人工造林面积2万亩，其中乔木林0.5万亩，实施区域为大水坑镇二道沟村种植山杏1500亩，麻黄

2009年3月，盐池县各义务植树责任单位及时组织对新植苗木进行灌水养护，提高成活率

山乡胶泥湾村种植刺槐3000亩；万亩生态园及围城造林800亩，树种为新疆杨、樟子松；在全县8个乡镇营造灌木林2万亩，主要为治沙造林；在王乐井乡南海子区域实施封山育林1万亩。造林密度按不同立地条件进行科学配置，滩地或缓坡地柠条直播规划3米种植带、3米保护带，种植带内间隔2米播2行柠条；围城造林设计杨树密度为2.5m×2.5m，樟子松2.5m×2.5m；南部山区鱼鳞坑栽植，刺槐与山杏栽植密度4m×4m。苗木树种统一要求使用一、二级苗，质量要求达到GB7908—87规定，同时保证起苗根系完整，至栽植前苗木不失水。柠条直播按《宁夏治沙造林技术规程》进行施工，植苗、扦插造林采用抗旱造林技术，新疆杨进行深栽或适当深栽，对刺槐树种进行截干处理。整个造林工程由县环境保护和林业局统一规划、统一组织。树种采购时，与苗木供应商签订合同，确保苗木成活率达到85%以上。造林时间集中在春、夏、秋三季，春季组织植苗造林，夏季直播柠条，秋季实施鱼鳞坑栽植。

2010年，盐池县"三北"四期防护林工程共计完成人工造林13000亩，其中花马池镇1832.1亩，大水坑镇1129.6亩，惠安堡镇214亩，高沙窝镇4004亩，王乐井乡600.7亩，青山乡699.7亩，冯记沟乡111.9亩，麻黄山乡4408亩。完成青山乡北王场封山育林14000亩。项目实施区域地块土层厚度均在80cm以上，造林前均为宜林地。树种选择以适地适树为原则，主要选择新疆杨、樟子松、

小刺槐、接杏、山杏、葡萄、柠条等生长快、抗逆性强、易发育、耐干旱的当地传统优良树种。种苗指标要求达到国家《主要造林树种苗木质量分级》（GB6000—1999）质量规定同等苗木规格Ⅰ级标准，种子指标要求达到国家《林木种子质量分级》（GB7908—1999）质量等级二级以上。项目采用带状整地和穴状整地，柠条种植采用带状整地，新疆杨、樟子松、小刺槐、接杏、山杏、葡萄采用穴状整地。乔木种植密度为株行距3m×3m，即株距3米，行距3米，种植穴0.8m×0.8m×0.8m；柠条种植密度为3m×3m，即种植带3米，保护带3米，种植带中种植2行柠条。

2011年，自治区林业厅下达盐池县"三北"防护林四期工程人工造林计划20008.2亩，其中花马池镇7190亩，冯记沟乡664.2亩，大水坑镇12154亩；封山育林2万亩，其中青山乡1万亩，大水坑镇1万亩。实施区域均选择土层厚度在80cm以上、造林前为宜林地块。树种选择本着适地适树原则，以柠条、榆树、樟子松等为主要树种。

2012年，盐池县实施2012年"三北"防护林工程共计完成人工造林30438.3亩，其中花马池镇4171.2亩，大水坑镇4339.4亩，惠安堡镇1344.8亩，高沙窝镇18135.7亩，王乐井乡744.3亩，青山乡95.7亩，冯记沟乡848.1亩，麻黄山乡759亩；封山育林12000亩。树种以新疆杨、樟子松、刺槐、柠条、枣

2012年10月，高沙窝镇秋冬季植树造林现场

树等为主；共用柠条种子13180公斤。乔木种植密度为株行距3m×3m、2m×2m、4m×4m、2.5m×2.5m，种植穴0.8m×0.8m×0.8m。柠条种植密度3m×3m。林业部门严格执行《营造林技术规程》标准编制作业设计，精心组织施工。认真组织工程验收逐小班、逐地块核查，采用样地（样带或样方）对成活率和保存率进行调查，小班造林成活率、保存率调查允许误差为±2%；用GPS核实小班面积，低于5亩的小班面积以米绳丈量，小班面积检查验收允许误差为±5%。所有面积均以水平面积计算，以亩为单位，保留一位小数点。长期加强管护抚育，县政府每年投资近千万元，组织群众拉水浇灌、覆膜、缠杆、修枝、剪杈、抹芽、除萌、常青树遮阴喷水、中耕除草等综合抗旱措施，有效提高成活率。

2013年，盐池县实施黄土高原综合治理林业示范建设项目，分布在沟沿流域、沙边子流域和甘洼山流域。实施人工造林乔木9403.5亩，灌木8991.3亩；封山育林1.6万亩，其中包括麻黄山乡乔木林0.2万亩，青山乡海昌林木良种繁育场

乔木林 0.1 万亩。人工造林以上述三个流域周边为项目实施区域；封山育林树种以樟子松、榆树、柠条等乔灌木为主，辐射全县 8 个乡镇。人工造林成活率达到 85% 以上，保存率达到 80% 以上。工程总投资 627.5 万元，其中中央投资 502 万元，地方配套 125.5 万元（包括麻黄山乡乔木林 60 万元，青山乡海昌良种繁育场乔木 30 万元）。

盐池县被国家列为黄土高原综合治理示范县后，相关造林项目得到国家资金补助，补助标准为乔木林 300 元 / 亩，灌木林 120 元 / 亩，因此项目区群众积极性很高。沟沿流域、沙边子流域和甘洼山流域位于县境中北部鄂尔多斯缓坡丘陵区，土层深厚，适合樟子松、榆树、柠条等乔灌木造林。作业设计为株行距 3m×3m，栽植坑规格长 80cm×宽 80cm×深 80cm，灌木林设计株行距为 3m×3m。沙边子流域：Ⅰ号林班，花马池林班，造林 5185.4 亩，其中乔木林 134 亩，灌木林 5051.4 亩；Ⅱ号林班，高沙窝林班，造林 3854.3 亩，其中乔木林 870 亩，灌木林 2984.3 亩。沟沿流域：Ⅲ号林班，王乐井林班，灌木林 534 亩。甘洼山流域：Ⅳ号林班，冯记沟林班，造林面积 2070 亩，其中乔木林 119 亩，灌木林 1951 亩；Ⅴ号林班，青山林班，造林面积 1604.1 亩，其中乔木林 1048.1 亩，灌木林 556 亩；Ⅵ号林班，大水坑林班，造林 1105 亩，灌木林 1105 亩；Ⅶ号林班，惠安堡林班，造林面积 2042 亩，其中乔木林 315 亩，灌木林 1727 亩；Ⅷ号林班，麻黄山林班，乔木林 2000 亩。造林前对栽植带进行全面整地和穴状整地，穴状整地规格为 0.8m×0.8m×0.8m。树种配置为樟子松、榆树、柠条带状混交，混交比为 5∶5。种植点配置为品

字形，株行距 3m×3m；初植密度 74 株。苗木规格为樟子松高 1.2 米以上、榆树胸径大于 3 厘米。为切实提高成活率和保存率，从当年夏季开始，林业部门根据不同树种提出不同抚育要求，针叶树连续抚育 2 年，每年 2 次；阔叶树连续 3 年，每年 2 次；灌木林连续 3 年，每年 2 次。抚育措施包括松土、除草、平茬、培土、补植、修枝等。并按照"定人员、定地块、定责任、定报酬"办法，由所辖乡镇或集体林地承包者负责管护，确保复验成活率达到 85% 以上。

封山育林是利用森林自我更新能力，在自然条件适宜的山区实行定期封山，禁止垦荒、放牧、砍柴等人为破坏活动，使森林植被得到有效恢复的一种育林方式。2013 年，盐池县根据县情实际，在王乐井乡狼洞沟村试行"全封"（即项目区在较长时间内禁止一切人为活动）填育工程 1.6 万亩。项目总投资 112 万元，补植造林 5000 亩，其中劳务投资 25 万元，种苗投资 60 万元，投工 27 万元（包括管护费）。项目区试行全封育后，封育区严禁放牧、割草、拾柴、开荒、采石、取土、烧荒和违章建设及其他破坏生态活动；严防因吸烟、燎干、祭扫等引起的森林火灾；每遇持续干旱年份，境内则鼠害必定严重，因此还须采取措施人工和药物诱杀方式防治鼠害。

2014 年，盐池县"三北"防护林工程封山育林项目区位于高沙窝镇南梁村，建设期限为 1 年，封育期设计为 3 年，封育时间为 2014—2016 年，封山育林面积 2 万亩。项目区以优化林木结构，改善林木生长环境，提高森林生态系统整体功能为目标。封育作业方式为补植补造，树种以柠条、花棒、杨柴为主。柠条根据降雨墒情，采

取点种方式补植；花棒、杨柴在降雨前进行撒播。按照适地适树、灌草结合原则，并根据封育区立地条件及灌木萌蘖能力等情况，封育区采用灌草结，封育类型；封育方式为全封育，在对原有围栏进行修缮的基础上，采取围栏工程措施；封育区配备专职护林员5名，进行常年巡护，必要时在主要交通路口设点，加强封育管护。在封育区周界明显位置设立固定项目碑1块，标志牌2块，标明工程名称、封育区四至范围、面积、年限、方式、措施等；封育区林道、防火道修筑为土基隔离简易路。森林防火以宣传预防为主，在重点防火期内对进入封育区人员进行登记并做好防火事宜提醒。2014年盐池县封山育林项目总投资175万元（中央投资140万，地方配套资金35万元），其中补植8000亩，投资120万元（劳务投资100元/亩共计80万元；种苗投资50元/亩共计40万元）；护林员管护费，5人10000元/

月，三年共计36万元；设立固定宣传标志牌，每个0.2万元，2个0.4万元；立碑1块，计0.6万元；防火费用1元/亩，计2万元；宣传费用1元/亩，计2万元；病虫害防治3元/亩，计6万元；其他费8万元（验收费、设计费等）。通过封育，项目区及周边地区生态环境得到一定改善，尤其是在水土保持、水源涵养、净化空气、生物多样性方面效果明显。

"三北"防护林工程人工造林涉及花马池、大水坑、高沙窝、惠安堡、王乐井、青山、冯记沟、麻黄山8个乡镇，8个作业区，2014年规划营造人工林面积2.87万亩，其中乔木1.2万亩，灌木1.67万亩。一作业区花马池镇造林8527.6亩，全部为乔木；二作业区大水坑镇造林364亩，全部为乔木；三作业区惠安堡镇造林231.9亩，全部为乔木；四作业区高沙窝镇造林17603.4亩，其中乔木903.4亩，灌木16700亩；五作业区王

2014年8月，花马池镇城北三期防护林工程新植樟子松

乐井乡造林 61.2 亩，全部为乔木；六作业区青山乡造林 440 亩，全部为乔木；七作业区冯记沟乡造林 1064 亩，全部为乔木；八作业区麻黄山乡造林 407.9 亩，全部为乔木。根据作业区立地条件及生态脆弱性指标要求，项目区设计林种为防风固沙林，即防护林。树种乔灌结合，乔木以榆树、樟子松为主，灌木以柠条为主；种苗优先县内，其次以县外、区外种苗进行补充，苗木"一签三证"齐全，严禁未经检疫、携带病虫害源的苗木进入境内。造林前对项目区采取全面或局部整地，方式为穴状整地和带状整地。穴状整地规格 80cm×80cm×80cm，带状整地深 30cm，株行距 3m×3m，播种两行，行间距 2 米。整地时间宜为上年春季多风季节后至雨季前，不进行秋季整地。春季大致在 3 月 15 日—4 月 30 日期间植苗造林，即土壤解冻到苗根深度至苗木新芽萌动前；可以顶浆造林，但不能顶冻土造林。灌木采取夏播种子造林，在 6—7 月提前采取带状整地，7—8 月中旬有效降雨后抢墒播种。造林采用穴植法，大小深度标准为 80cm×80cm×80cm，严格落实"三埋两踩一提苗"栽植技术。人工播种柠条播种时间为 7 月份雨季来临前，如出苗不齐，断桥严重，于 8 月中旬前进行补播。苗木从起苗到定植，一般经过选苗、分级、包装、蘸浆、运输、假植、修剪、生根保水处理等工序，栽植时采取分级栽植。营造纯（片）林，乔木 74 株/亩（3m×3m），柠条 1 公斤/亩（3m×3m），种植点采取长方形配置。幼林抚育管护，主要采取浇水、补植、松土除草、病虫害防治、防火等措施；造林后 5 年内进行全封育保护。对于成活率达不到 85% 的地段小班，在来年春天选用同

龄大苗进行补植。如遇出苗少、分布不均或断桥严重情况，于当年 8 月中旬前或次年雨季前后进行补播，确保每 10 米有苗 10 株以上，即平均每亩有苗达到 148 株以上。各树种补植面积按造林面积的 10% 计算，成活率达到 85% 以上的作业区不进行补植，但 10% 的补植资金仍然拨付造林单位；成活率在 41%—85% 之间的作业区要进行补植，补植资金仍按造林面积的 10% 拨付。为了改良土壤，防止杂草与幼苗争水争肥，连续进行 5 年于 6—8 月组织人工锄株间杂草（锄宽 1 米）1 次，锄草深 5 厘米左右。2014 年盐池县"三北"防护林工程人工造林总投资 700.5 万元，其中中央投资 560.4 万元，地方配套 140.1 万元。

2015 年，自治区发改委、林业厅《关于下达防护林工程宁夏 2015 年中央预算内投资计划的通知》（宁发改农经〔2015〕441 号）下达盐池县全国林业示范县封育项目面积 2 万亩，补植柠条 8000 亩。项目区位于花马池镇沙边子流域，建设期限为 2015 年 1—12 月，总投资 158.20 万元（项目直接投资 147.00 万元，其他费用投 11.20 万元），其中中央财政专项资金 140.00 万元，地方配套资金 18.20 万元。沙边子项目区土地面积 757.71 平方千米，其中水土流失面积达 597.71 平方千米。项目区涉及高沙窝镇、花马池镇、王乐井乡和冯记沟乡 4 个乡镇，流域面积 419.07 万亩。项目封育选择花马池镇苏步井村，封育面积 2 万亩划分为 1 个林班 9 个小班，封育期限为 2015 —2017 年，采取全封育形式。封育期结束后，要求小班灌草综合覆盖度大于等于 50%，灌木覆盖度不低于 20%，对自然繁育能力不足区域、露沙地、植被稀疏地块进行"抢墒"人工补播灌草种子，对

于人工播种出苗差的小班，趁雨季补植柠条。项目实施后配备专职护林员加强管护，严禁放牧、挖中药材及开垦荒地等行为；主要路口设置永久性封育警示牌、界碑，公示项目名称、界边位置、封禁方式等；安装封育围栏 35 千米；在封育区重要节点安装宣传牌 2 块。项目区病害主要有柠条叶锈病、柠条叶枯病、紫纹羽病、枯萎病等，虫害为主要为柠条豆象、春尺蠖、柠条小蜂、柠条荚螟、柠条象鼻虫、尺蠖、种子小蜂、榆毒蛾等，兔、鼠害主要有中华鼢鼠、东方田鼠、蒙古兔等，均采取对应措施进行防治。有害生物防治坚持"预防为主，综合防治"原则，采取生物、物理、营造林技术等措施防治，原则上不用或少用农药，严禁使用国家禁止使用、残留时间长的农药。严格检疫执法，防范外来有害生物入境，尤其是在补植补播前认真做好种子、种苗检疫工作。

自治区发改委、林业厅《关于下达防护林工程宁夏 2015 年中央预算内投资计划的通知》（宁发改农经〔2015〕441 号）文件下达 2015 年盐池县黄土高原综合治理工程营造乔木林项目 0.5 万亩，柠条灌木林 2 万亩，建设期限为 2015 年 1—12 月，总投资 1920.07 万元（项目直接投资 1888.87 万元，其他费用 31.20 万元），其中中央财政专项资金 390.00 万元，地方配套资金 1530.07 万元；总投资中乔木林营造工程投资 1648.87 万元，占项目总投资的 85.88%；灌木林营造工程投资 240.00 万元，占项目总投资的 12.50%。项目区所在高沙窝、花马池、王乐井、冯记沟、大水坑及青山 6 个乡镇土地总面积 4305.51 平方千米（其中水土流失面积达 3418.31 平方千米），其中林地面积 117995.28 公顷，耕地面积 101341.86 公顷，牧草地面积 131475.19 公顷，其他土地 21848.48 公顷；林地中有林地 4185.56 公顷，灌木林地 87466.12 公顷，宜林地 56317.31 公顷，其他林地 28026.29 公顷。沙边子流域位于县境北部，涉及高沙窝、花马池、王乐井和冯记沟 4 个乡镇，流域面积 419.07 万亩；甘洼山流域位于县境南部，涉及青山、惠安堡、大水坑和麻黄山 4 个乡镇，流域面积 437 万亩。两个项目区涉及农户 26678 户、14 万人，2014 年项目区农民人均收入 6975 元。项目在沙边子流域实施建设面积 17509.6 亩，划分为 4 个林班、43 个小班；甘洼山流域实施建设面积 7490.4 亩，划分为 2 个林班、32 个小班。项目营造乔木林 0.5 万亩（花马池镇 4591 亩，高沙窝镇 126.7 亩，王乐井乡 93.9 亩，青山乡 96.4 亩，大水坑镇 92 亩），北部花马池镇、高沙窝镇、王乐井乡等风沙区林种设计为防风固沙林；南部青山乡和大水坑镇设计为水土保持林。乔木树种包括落叶乔木和常青树，落叶乔木主要为刺槐、核桃、枣树、榆树、丝棉木、新疆杨，常青树主要为樟子松。刺槐、榆树、丝棉木、新疆杨：D ≥ 3cm；核桃、枣树 D：1—2cm；樟子松 H ≥ 100cm。初植密度，枣树株行距为 4m×4m，每亩初植 42 株，其余乔木株行距 3m×3m，每亩初植 74 株。根据项目区立地条件采用不同树种配置，高沙窝镇为刺槐纯林和枣树纯林，面积 126.7 亩（枣树纯林 106.6 亩，刺槐纯林 20.1 亩）；花马池镇为樟子松纯林和榆树纯林，面积 4591 亩（樟子松纯林 4148.5 亩，榆树林 442.5 亩）；王乐井乡为纯林和混交林，面积 93.9 亩（樟子松、刺槐、丝棉木混交林 54.4 亩，块状混交；丝棉木纯林 10.5 亩，核桃 29 亩）；青山乡均为纯林，面积96.4亩（榆树72.8亩，樟子松23.6亩）；大水坑镇均为纯林，面积92亩（榆树89亩，新疆杨3亩）。造林时间集中于4月1日—5月10日期间，在秋季土壤墒情较好时进行补植，多在10月前后。栽植前根据不同苗木习性，采取截干、主干缠膜、修根、剪枝、浸水等措施处理，植时用50ppm生根粉液蘸苗根，栽植时做到随起苗、随拉运、随栽植、随灌水，起苗到栽植时间不超过48小时，对远距离拉运苗木进行根系蘸泥浆处理、包装，苗木根系不得露天放置。当天调运的苗木不能及时栽植时，将苗木根系放入水池浸泡或用湿土压埋。栽植时严格按照"三填两踏一提苗"技术要求，植后灌水时间不超过24小时。加强栽后浇水、培土、复踏、扶正；防治病虫害等工作，明确专人做好管护。栽植后24小时内完成第一次灌溉，此后根据土壤墒情大约10天左右灌水一次，植后当年灌溉8—10次（包括冬灌），此后年份灌溉视苗木生长、土壤墒情适时浇灌，年控制灌溉次数6—7次。当年造林成活率低于85%时，于秋季或翌年春季以同龄大苗补植，对于成活率小于40%的小班，组织重新植造。项目播种灌木林面2万亩（高沙窝镇10946.7亩，冯记沟乡1751.3亩，青山乡1698亩，大水坑镇5604亩）。树种选择为柠条，双行带状，3米种植带、3米保护带，种植带种植2行，行间距2米。适时整地是提高造林成活率的关键，根据项目区气候特点，一般在造林前第一场透雨时进行。沙地整地一般在5—8月进行。带状整地深翻种植带宽3米，带间距3米。柠条采用播种造林，一般在中等强度降雨后抢墒播种时采用机械条播。为防止鸟、兽、兔、鼠危害，对

种子进行药物包衣处理。每亩播种1.5kg。覆土厚度一般在3—5cm。土壤墒情好的情况下，柠条种子在播种10天后就会发芽出土，在幼苗长到5厘米时进行间苗，幼苗长到7—8cm时定苗，每亩保持在220株以上。幼林抚育管理主要包括管护、除草和病虫害防治。对3年内小苗每年进行一次除草。造林后当年、第二、第三年对成活率不合格造林地进行补植、补播或重新造林。

2016年，自治区发改委、林业厅《关于下达防护林工程宁夏2016年中央预算内投资计划的通知》（宁发改农经〔2016〕367号）下达盐池县黄土高原综合治理示范县工程营造乔木林项目0.2万亩，营造灌木林1.2万亩，实施封育1.3万亩。项目区涉及沙边子流域的高沙窝、花马池、冯记沟和甘洼山流域青山、大水坑、惠安堡6个乡镇28000户、14万人，分为2个子项目区、7个林班57个小班。项目区土地总面积4482.32平方千米（其中水土流失面积达3584.52平方千米），其中林地面积172512.88公顷，耕地面积137935.67公顷，牧草地面积113828.09公顷，其他土地27301.09公顷。林地中乔木林地4382.82公顷，灌木林地79954.26公顷，宜林地59888.35公顷，其他林地28287.45公顷。沙边子流域的高沙窝镇、花马池镇、冯记沟乡土地总面积2117.83平方千米（其中水土流失面积1681.97平方千米），该区域水土流失以风蚀为主，其中高沙窝镇水土流失面积547.93平方千米，花马池镇水土流失面积597.71平方千米，冯记沟乡水土流失面积536.33平方千米。甘洼山流域的大水坑镇、惠安堡镇、青山乡土地总面积2364.49平方千米（其中水土流失面积1902.55平方千米），该区域水土流失以水蚀为主，

其中大水坑镇水土流失面积828.14平方千米，惠安堡镇水土流失面积682.42平方千米，青山乡水土流失面积391.99平方千米。2015年项目区农村人均可支配收入为7674元。

盐池县实施项目营造乔木林0.2万亩，灌木林1.2万亩，封育1.3万亩。其中沙边子流域营造面积2.4924万亩，涉及高沙窝、花马池和冯记沟3个乡镇，其中乔木林0.0742万亩，灌木林地1.1182万亩，封山育林1.3万亩，划分为5个林班、34个小班。甘洼山流域建设面积0.2076万亩，分布在大水坑镇、惠安堡镇和青山乡，其中乔木林地0.1258万亩，灌木林地0.0818万亩，分为3个林班、23个小班；分别在大水坑镇大水坑、新建、柳条井村，惠安堡镇的杨儿庄村，冯记沟乡的汪水塘、回六庄村，青山乡的猫头梁村营造乔木纯林1544亩（其中白榆962亩，樟子松582亩），林种设计为水土保持林和防风固沙林，树种选择为白榆、针叶树、樟子松，规格为白榆：D≥3cm；樟子松：H≥1m。株行距3m×4m，每亩初植56株。根据项目区立地条件，乔木林设计为乔木纯林，植苗造林，穴状整地，坑穴规格为80cm×80cm×80cm。苗木种植一般在春季4月1日—5月10日期间，秋季土壤墒情好时进行补植。营造灌木林面积1.2万亩，其中高沙窝镇1.1182万亩，青山乡0.0818万亩，设计为防风固沙林和水土保持林，柠条播种造林，双行带状，带间距4米，株行距0.5m×2m。1.3万亩封育项目位于高沙窝镇宝塔村，分为1个林班、5个小班，封育期限为2016—2018年，采取全封育形式，类型为灌草型。封育期结束后，小班灌草综合覆盖度要求大于等于50%，其中灌木覆盖度

不低于20%。对自然繁育能力不足区域和露沙地、植被稀疏地进行"抢墒"人工补播灌草种子。在人工播种出苗差的地方趁雨季补播柠条。本项目在封育区内共采取机械播种补植柠条3900亩。切实加强封育管理，严禁放牧、采挖中药材及开垦荒地。封育区1号小班西北角设置永久性封育碑1座，1号小班和11号小班西南角邻近道路处安装宣传牌2块，封育区安装封育围栏12千米。

自治区下达盐池县2016年黄土高原综合治理示范县工程营造乔木林项目中，列入示范点建设，主要是采用针阔混交造林模式，通过选择适合树种，采用精准造林措施，营造林分结构稳定、生长状况良好的防风固沙林，为全面推进黄土高原地区生态建设树立样板，提供示范。盐池县2016年示范点建设选择立地条件具有代表性的花马池镇红沟梁村1、2号2个小班，示范面积456亩。以樟子松、刺槐、白榆设计种植防风固沙林，设计规格为白榆D≥3cm、刺槐D≥3cm、樟子松H≥1m。乔木林设计为针阔混交林，树种配置模式为2行樟子松、2行刺槐、2行白榆块状混交模式，株行距3m×4m，每亩初植56株，穴状整地，开挖80cm×80cm×80cm种植穴。樟子松苗木出土时带50cm土球，白榆幼苗以50ppm ABT生根粉浸根。栽植符合"三埋两踩一提苗"规范要求，覆土深度在根系土际线以上5厘米处。植后立即浇透定根水，待水渗干后扶正苗木，培土封穴，定植穴覆，采用幅宽90cm的塑料地膜保墒提温，每穴覆膜90cm×100cm。对白榆采取截干、主干缠膜等措施，提高幼苗保水能力。

盐池县2016年黄土高原综合治理示范县工

程项目总投资 679.50 万元（中央财政专项资金 518.00 万元，占总投资的 76.23%；地方配套资金 161.50 万元，占总投资的 23.77%），其中乔木林营造工程投资 229.36 万元，占项目总投资的 33.75%；灌木林营造工程投资 255.00 万元，占项目总投资的 37.53%；示范点建设投资 89.80 万元，占项目总投资的 13.22%；封育工程投资 63.90 万元，占项目总投资的 9.40%。工程建设其他费 41.44 万元（其中建设单位管理费 7.77 万元、科技支撑费 12.95 万元、咨询设计费 12.95 万元、工程监理费 7.77 万元），占项目总投资的 6.10%。

2017 年，自治区下达盐池县黄土高原综合治理示范县建设项目营造灌木林 3350 亩，封山育林 2 万亩，封育管护 1.4 万亩。盐池县实际完成防风固沙林 0.2933 万亩，水土保持林 0.0357 万亩；封山育林 2 万亩（包括撒播灌草种子 0.6 万亩）；完成退化林分改造 0.20001 万亩，未成林补植补造 3 万亩，森林抚育 2.5 万亩，项目涉及高沙窝、花马池、王乐井、冯记沟、惠安堡及大水坑 6 个乡镇，划分为 7 个林班 22 个小班，包括造林作业区和封育作业区在内，总面积 2.335 万亩。

造林区设计为防风固沙林和水土保持林，其中防风固沙林 2993 亩，位于高沙窝镇、花马池镇、王乐井乡及冯记沟乡；水土保持林 357 亩，位于惠安堡镇及大水坑镇。造林作业区面积 3350 亩，划分为 6 个林班 11 个小班，1 号林班位于花马池镇苏步井村，面积 1207 亩，划分为 4 个小班；2 号林班位于高沙窝镇长流墩村，面积 773 亩，划分为 1 个小班；3 号林班位于高沙窝镇李庄子村，面积 430 亩，划分为 1 个小班；4 号林班位于王乐井乡狼洞沟村，面

积 583 亩，划分为 1 个小班；5 号林班位于大水坑镇红井子村，面积 80 亩，划分为 1 个小班；6 号林班位于惠安堡镇四股泉村，面积 277 亩，划分为 3 个小班。造林方式为播种造林。灌木林选择树种为柠条，种子规格为达国家二级标准以上；双行带状种植，带间距 4 米，株行距 1m×2m，每亩植 220 穴，每亩播种量为 1.5 千克。根据项目区立地条件及盐池县以往灌木林营造经验，灌木林设计为柠条纯林。带状整地，深翻种植带宽 3 米，带间距 4 米，整地时间选择造林前第一场透雨进行，沙地整地大体在当年 5—8 月。机械条播，播种量为每亩 1.5 千克，播种深度 3—4cm，覆土厚度为 3—5cm，为防止鸟、兽、兔、鼠危害，种子进行药物包衣处理，播种后在种植带内铺设幅宽 90cm 的塑料地膜。对于播种造林成活率达不到 90% 的地段或小班适时选用同龄大苗进行补植，补植经费不再追加，由施工单位解决。当年 6—8 月时间，组织人工锄株间杂草（锄宽 1 米）1 次，锄草深 5 厘米。截至 2017 年，县内已建成种苗基地 5 处，年出圃苗木 600 余万株，年生产沙生灌木种籽 100 万公斤以上，完全能够满足县内造林需要；种苗采用公开招标方式进行采购。

封育作业区作业面积 2 万亩，位于高沙窝镇宝塔村，划分为 1 个林班 11 个小班，建设期限为 2017 年 10 月—2018 年 10 月，封育期限为 2018—2023 年，采取全封育形式，实施乔灌草型和灌草型，封育结束后要求小班林草综合覆盖度大于等于 50%，其中灌木覆盖度不低于 35%。项目实施过程中，对自然繁育能力不足区域和植被稀疏小班进行人工撒播灌草（柠条、

表 2—3—1 盐池县 2017 年三北防护林工程项目区工程布局表

作业区	建设内容	乡镇	作业区	小班号	小班面积（亩）	备注
总计						
造林作业区	灌木林		合计		3350	
		花马池镇	小计		1207	
			苏步井	1	539	
			苏步井	2	459	
			苏步井	3	79	
			苏步井	4	130	
		高沙窝镇	小计		1203	
			长流墩	1	773	
			李庄子	2	430	
		王乐井乡	小计		583	
			狼洞沟	1	583	
		惠安堡镇	小计		277	
			四股泉	1	150	
			四股泉	2	62	
			四股泉	3	65	
		大水坑镇	小计		80	
			红井子	1	80	
封育作业区	封育		合计		20000	
		高沙窝镇	宝塔	1	2925	封育管护
			宝塔	2	730	撒播灌草种子
			宝塔	3	1651	撒播灌草种子
			宝塔	4	2110	封育管护
			宝塔	5	1988	撒播灌草种子
			宝塔	6	3434	封育管护
			宝塔	7	1106	封育管护
			宝塔	8	1962	封育管护
			宝塔	9	2016	封育管护
			宝塔	10	1631	撒播灌草种子
			宝塔	11	447	封育管护

沙蒿）种子 0.6 万亩。封育区及周边设置固定样地 5 个（封育区 3 个，封育区外 2 个），样地大小 32m×32m，边界用截面 8cm×10cm 水泥桩圈定，长 1.4 米，地上部分长 1.0 米，埋深 40 厘米。封育区安装封育项目碑 1 块，封育围栏总长 15.24 千米。

项目建设总投资 295.88 万元（项目直接投资 280.48 万元，占项目总投资的 94.80%），其中灌木林营造投资 80.40 万元，占总投资的 27.17%，封育工程投资 200.08 万元，占总投资的 67.62%，其他费用投资 15.40 万元（其中建设单位管理费投资 4.20 万元；勘查设计费投资 7.00

万元；工程监理费投资 4.20 万元），占总投资的 5.20%。项目总投资中，中央财政重点防护林工程专项资金 280.00 万元，地方自筹资金 15.88 万元。投资预算分项说明：灌木林营造每亩投资 240.00 元，其中整地费每亩 85 元，种子每亩 1.5 千克，每千克 30 元，每亩 45 元，播种费每 80 元，抚育管护每年每亩 10 元，管护 3 年，每亩 30 元；封育每亩投资 100.04 元，撒播灌草种子每亩 115 元，其中每亩撒播种子 3 千克，每千克 30 元，人工费每亩 10 元，封育碑每块 5000 元，抚育管护每年每亩 10 元，共管护 5 年，每亩 50 元，围栏每米 20 元，固定样地每个 240 元。

表 2—3—2 盐池县 2017 年三北防护林工程投资预算表（单位：万）

序号	项目名称	单位	单价（元）	数量	投资（万元）				投资额			备注
					合计	建安工程	设备购置	其他	合计	中央	地方及其他	
	合计				295.88	280.48		15.40	295.88	280.00	15.88	
一	工程直接投资				280.48	280.48			280.48	280.00	0.48	
1	灌木林	亩	240.00	3350	80.40	80.40			80.40	80.40		
1.1	整地费	亩	85	3350	28.48	28.48			28.48	28.48		
1.2	柠条种子费	亩	45	3350	15.08	15.08			15.08	15.08		
1.3	播种费	亩	80	3350	26.80	26.80			26.80	26.80		
1.4	抚育管护	亩	30	3350	10.05	10.05			10.05	10.05		管护 3 年
2	封育	亩	100.04	20000	200.08	200.08			200.08	199.60	0.48	
2.1	撒播灌草种子	亩	115	6000	69.00	69.00			69.00	69.00		
2.2	封育碑	块	5000	1.00	0.50	0.50			0.50	0.50		
2.3	管护	亩	50	20000	100.00	100.00			100.00	100.00		管护 5 年
2.4	围栏	km	20000	15.23	30.46	30.46			30.46	30.10	0.36	
2.5	固定样地	个	240	5.00	0.12	0.12			0.12		0.12	
二	工程建设其他费用				15.40			15.40	15.40		15.40	
1	建设单位管理费		中央投资的 1.5		4.20			4.20	4.20		4.20	
2	咨询设计费		中央投资的 2.5		7.00			7.00	7.00		7.00	
3	工程监理费		中央投资的 1.5		4.20			4.20	4.20		4.20	

根据自治区林业厅《市、县（区）造林面积和森林覆盖率年度考核方案》，盐池县林业部门按照文件规定方法动作认真完成调查工作。经调查，盐池县现有森林总面积17.79394万公顷，其中有林地0.524691万公顷，灌木林地17.122433万公顷；未成林地0.698156万公顷。林地覆盖率调查是在保护利用规划底图上进行判读区划，然后进行现场验证，修正了原有的划、漏划等小班图，剔除了近几年造林失败小班，纳入了近年来新造林小班，把原有未成林小班中达到成林的小班纳入森林统计面积。自查结果为：原有森林面积163.2万亩，森林覆盖率19.06%；截至2017年底净增森林面积103.7万亩，森林总面积达到266.9万亩，森林覆盖率达到20.9%。

2018年，自治区林业厅下达盐池县黄土高原综合治理林业示范县建设项目人工造林计划2万亩（乔木林0.2亩，灌木林1.8万亩），封山育林2.5万亩，封育管护1.9578万亩，项目建设期限为2018年3月31日—2019年8月31日。盐池县实际完成人工造林2.224万亩，其中成活率为85%以上的合格面积2万亩（成活率60%—84%的面积为0.224万亩）；完成退化林分改造4.0021万亩，未成林补植补造2万亩；封山育林2.5073万亩；完成森林抚育3万亩，柠条平茬4.0008万亩。

综合治理项目区涉及花马池、高沙窝、王乐井、青山、冯记沟、大水坑、惠安堡、麻黄山8个乡镇，划分为10个林班134个小班，总面积4.5万亩。其中造林作业区面积2万亩，划分为8个林班120个小班：1号林班位于花马池镇苏步井村，面积1061亩，划分为9个小班；2号林班位于高沙窝镇二步坑、高沙窝、长流墩、李庄子4个村，面积4193亩，划分为24个小班；3号林班位于王乐井乡鸦儿沟村，面积2756亩，划分为13个小班；4号林班位于青山乡猫头梁、郝记台、古峰庄、月儿泉、青山5个村，面积3459亩，划分为32个小班；5林班位于冯记沟乡丁记掌村、冯记沟村，面积2467亩，划分为12个小班；6号林班位于大水坑镇柳条井、新建、李伏渠、马坊4个村，面积3444亩，划分为19个小班；7号林班位于惠安堡镇大坝村，面积2399亩，划分为9个小班；8号林班位于麻黄山乡黄羊岭村，面积221亩，划分为2个小班。封育作业区作业面积2.5万亩，划分为2个林班14个小班，9号林班位于王乐井乡曾记畔村，面积10033亩，划分为8个小班；10号林班位于花马池镇佟记圈村，面积14967亩，划分为6个小班。

人工造林0.2万亩（防风固沙林1958亩，水土保持林42亩）作业区涉及高沙窝镇的二步坑村，青山乡的猫头梁、郝记台、古峰庄、青山4村以及大水坑镇的马坊村，造林方式为植苗造林，树种选择刺槐、白榆、胡杨、旱柳、山杏和樟子松，苗木标准为刺槐D≥4cm、旱柳D≥4cm、白榆D≥3cm、胡杨D≥3cm、山杏d≥2cm、樟子松H≥1m。初植密度及种苗量：胡杨、旱柳、刺槐、白榆、山杏、樟子松株行距3m×3m或4m×4m，每亩初植74株或42株，总种苗量128448株，其中胡杨2183株、旱柳814株、刺槐37703株、白榆18496株、山杏6874株、樟子松62378株。根据项目区立地条件，乔木林设计为阔叶混交、针阔混交、针叶纯林相结合种植模式，总面积2000亩，其中樟子松纯林 78 亩，白榆、胡杨混交林 11 亩，樟子松、白榆混交林 307 亩，樟子松、刺槐混交林 1019 亩，樟子松、旱柳混交林 22 亩，樟子松、白榆、胡杨混交林 72 亩，樟子松、白榆、山杏混交林 491 亩。行间混交，穴状整地，坑穴 80cm×80cm×80cm。栽植时间于为 4 月 1 日—5 月 10 日期间。栽植前根据不同苗木特点，对落叶苗木采取截干、乔木主干缠膜、修根、剪枝、浸水等措施进行处理，植时用 50ppm 生根粉液蘸根；樟子松根苗带直径为 50cm 土球，外缠草绳，严格按照"三填两踏一提苗"要求施工。为提高土壤肥力，促进苗木生长，对栽植坑穴增施有机肥，将肥料与土壤拌和后施入坑穴底部，每穴施肥 1.5 千克。植后到灌水间隔时间不超过 24 小时。苗木当年成活率低于 85% 时，于当年秋季或翌年春季用同龄大苗补植，成活率低于 40% 时重新造林。营造灌木林 1.8 万亩（防风固沙林 9511 亩，水土保持林 8489 亩）作业区涉及花马池镇苏步井村，高沙窝镇高沙窝、长流墩、李庄子 3 村，王乐井乡鸦儿沟村，青山乡古峰庄村、月儿泉村，冯记沟乡丁记掌村、冯记沟村，大水坑镇柳条井、新建、李伏渠 3 村，惠安堡镇大坝村及麻黄山乡黄羊岭村。造林方式为播种造林，树种选择为柠条，种子规格为达国家二级标准以上。种植模式为双行带状，带间距 3 米，株行距 1m×3m，每亩播种量 1.5 千克，留苗 222 株以上。灌木林设计为柠条纯林，带状整地，深翻种植带，深翻带宽 3 米，带间距 3 米。整地时间为造林前第一场透雨进行，沙地整地于 5—8 月进行。灌木林播种方式为机械条播，播种量为每亩 1.5 千克，播种深度 3—4cm，覆土厚度 3—5cm，

种子进行药物包衣处理，播种后在种植带内铺施幅宽 90 厘米的塑料地膜。

封育项目区位于王乐井乡曾记畔村和花马池镇佟记圈村，封育面积 2.5 万亩，划分为 2 个林班 14 个小班，封育期限为 2018 年 3 月 31 日—2023 年 3 月 31 日，实行全封育形式。封育类型为灌草型。封育期结束后，要求小班林草综合覆盖度大于等于 50%，其中灌木覆盖度不低于 15%。封育措施为人工撒播灌草种子，对自然繁育能力不足区域和植被稀疏地人工撒播柠条种子 5422 亩，播种量为每亩 3 千克。封育区安装封育碑 2 块，安装封育围栏 30.73 千米。封育区及周边设置固定样地 8 个（封育区 4 个，封育区外 4 个），样地大小规格为 32m×32m，边界用截面为 8cm×10cm 的水泥桩圈定，水泥桩长 1.4 米，地上部分长 1.0 米，埋深 40 厘米。

项目总投资 1196.61 万元（项目直接投资 1157.51 万元，占项目总投资的 96.73%），其中营造乔木林投资 475.51 万元，占总投资的 39.74%；营造灌木林投资 432.00 万元，占总投资的 36.10%；封育工程投资 250.00 万元，占总投资的 20.89%；其他费用投资 39.10 万元，占总投资的 3.27%。项目总投资 1196.61 万元，其中，中央财政重点防护林工程专项资金 782.00 万元，地方自筹资金 414.61 万元。

是年，根据自治区林业厅《市、县（区）造林面积和森林覆盖率年度考核方案》要求，盐池县林业部门组织对各乡镇本年度有林地、国家特别规定灌木林地和未成林造林地面积和覆盖率进行调查，调查结果为：盐池县 2018 年共有森林面积 177939.4 公顷，其中有林地 5246.91 公顷，灌

木林地 171224.33 公顷，未成林地 8314.89 公顷。本次林地覆盖率调查是在保护利用规划底图上进行判读区划，然后进行现场验证。修正了原有错划、漏划小班图，剔除了近年来造林失败小班，纳入新造林小班，把原有未成林小班中达到成林的小班纳入森林统计面积。经过与上年调查结果比对，盐池县 2017 年森林面积 262.63 万亩，森林覆盖率为 20.9%，截至 2018 年底，森林总面积 266.91 万亩，森林覆盖率达到 21.2%。是年，盐池县林业部门还组织对 2015 至 2018 年所有造林工程进行全面跟踪检查验收，并组织有关乡镇对 20 个美丽乡村绿化造林 0.1483 万亩。

2019 年，自治区林业和草原局《自治区绿化委员会办公室关于下达 2019 年国土绿化任务的通知》（宁绿办发〔2019〕1 号）下达盐池县国土绿化任务包括："三北"防护林工程营造灌木林 1.98 万亩，封山育林 2 万亩，封育管护 2 万亩。

实际完成人工造林 2.6814 万亩，成活率在 85% 以上面积 2.4 万亩，成活率为 60%—84% 的面积 0.2814 万亩；完成退化林分改造 3.501 万亩。其中"三北"防护林工程新造灌木林 1.98 万亩、退化林分改造 1.25 万亩、封山育林 2 万亩；退耕还林 0.3 万亩，森林抚育项目 6 万亩（其中"三北"工程灌木平茬 5 万亩）。是年，盐池县森林覆盖率达到 21.85%。

"三北"防护林工程（精准治沙重点县）作业区涉及花马池、高沙窝、王乐井、青山、冯记沟乡 5 个乡镇，划分为 11 个林班 42 个小班，总面积 3.98 万亩（造林作业 1.98 万亩，封育作业区 2 万亩）。造林作业区划分为 9 个林班 24 个小班，其中花马池镇硝池子村、苏步井村造林面积 1740 亩，划分为 2 个林班 7 个小班；高沙窝镇施记圈村、南梁村造林面积 1785 亩，划分为 2 个林班 3 个小班；王乐井乡双疙瘩村造林面

表 2—3—3　盐池县 2019 年三北防护林工程（精准治沙重点县）作业区工程布局表

作业类型	乡（镇）	林班	小班数	面积（亩）	建设内容	备注
合计		11	42	39800		
造林	小计	9	24	19800		
	花马池镇	2	7	1740	营造灌木林	
	高沙窝镇	2	3	1785	营造灌木林	
	王乐井乡	1	2	2379	营造灌木林	
	青山乡	2	4	347	营造灌木林	
	冯记沟乡	2	8	13549	营造灌木林	
封育	小计	2	18	20000		
	花马池镇	1	2	1549	撒播灌草种子	
			6	6788	封育保护	
	花马池镇	1	1	425	撒播灌草种子	
			9	11238	封育保护	

积 2379 亩,划分为 1 个林班 2 个小班;青山乡青山村、旺四滩村造林面积 347 亩,划分为 2 个林班 4 个小班;冯记沟乡马儿庄村、汪水塘村造林面积 13549 亩,划分为 2 个林班 8 个小班。封育作业区划分为 2 个林班 18 个小班,其中花马池镇苏步井村封育面积 8337 亩,划分为 1 个林班 8 个小班;花马池镇高利乌苏村封育面积 11663 亩,划分为 1 个林班 10 个小班。项目实施后,盐池县先后出台了《"三北"防护林工程建设管理办法》《盐池县 2019 年"三北"防护林工程实施方案》等,落实工程建设管理程序步骤及"谁造林谁管护"等责任原则,要求各造林任务单位需派专人对责任区内造林进行定期巡查,实施相应抚育措施,确保成活率。造林成活率达不到 85% 的地段或小班,适时进行补植补造。造林当年 6—8 月组织人工锄株间杂草(锄宽 1 米)1 次,锄草深 5 厘米。

封育项目区位于花马池镇苏步井村、高利乌苏村,封育面积 2 万亩,划分为 2 个林班 18 个小班,项目建设期为 2019 年 1 月—12 月,实行全封育形式;封育期 2019 年 8 月—2024 年 3 月;封育类型为灌草型。封育期结束后,小班灌草盖度达要求 40% 以上或草本覆盖度增加 20 个百分点以上;对自然繁育能力不足区域和植被稀疏地进行人工撒播灌草种子 1974 亩,播种量为每亩 3 千克。封育区安装封育碑 1 块,封育围栏 40.95 千米。封育区及周边设置固定样地 20 个(封育内 15 个,封育区外 5 个),样地大小为 32m×32m,边界用截面 8cm×10cm,长 1.4 米的水泥桩圈定,地上部分长 1.0 米,埋深 40 厘米。

项目建设总投资 698.48 万元(项目直接投资 675.20 万元,占项目总投资的 96.67%),其中灌木林营造投资 475.20 万元,占总投资的 68.03%;封育工程投资 200.00 万元,占总投资的 28.63%;其他费用投资 23.28 万元,占总投资的 3.33%,包括勘察设计费、工程监理费等。项目总投资中,中央财政重点防护林工程专项资金 675.20 万元,地方自筹资金 23.28 万元。

2020 年,盐池县认真贯彻落实习近平总书记来宁视察讲话精神,持续推进大面积国土绿化行动,不断提升新时期"三北"工程建设质量。自治区绿化委员会办公室印发《自治区绿化委员会办公室关于下达 2020 年营造林任务的通知》(宁绿办发〔2020〕1 号)和《自治区林业和草原局关于下达 2020 年林业草原生态保护恢复资金和林业改革发展资金计划的通知》(宁林发〔2020〕93 号),下达盐池县造林任务 11.1 万亩,其中人工造林(灌木林)2 万亩、封山育林 2 万亩、退化林分改造 5.1 万亩、未成林补植补造 2 万亩;森林抚育 7 万亩。盐池县实际县完成人工造林 2.0008 万亩,完成封山育林 2 万亩,退化林分改造 5.1012 万亩,未成林补植补造 2.0024 万亩;完成森林抚育项目 7 万亩("三北"工程灌木平茬)。造林地块全县 8 个乡镇均有分布。是年,盐池县森林覆盖率达到 27%。

"三北"工程(精准治沙重点县)封山(沙)育林 2.0049 万亩作业项目区位于惠安堡镇隰宁堡村、老盐池村和冯记沟乡平台村。封育区内植被现状为:灌木猫头刺覆盖度为 30%,沙蒿柴、狗尾草、猪毛草、狗尾草、芨芨草、老瓜头、扯根草、梭草、骆驼蓬等草本植物覆盖度为 30%。封育后要求灌草盖度达到 40% 或者草本覆盖度增

冯记沟乡马儿庄村人工湖生态景观（摄于 2019 年 9 月）

加 20%。2.0049 万亩封育区划分为 1 个林班 13 个小班（隰宁堡作业区 1 小班，老盐池 11 小班，平台 1 小班），其中隰宁堡村育林 4242 亩，老盐池村育林 13971 亩、平台村育林 1836 亩。项目采用全封育方式，封育期为 2020 年 9 月—2025 年 8 月。封育树种主要为柠条，草本植物为苦豆子、沙蒿、老瓜头及其他杂草。依据《封山（沙）育林规程》（GB/T15163—2018）要求，采用抽样调查法在封育区设计了 24 个标准样地和 6 个对照样地，标准样地为边长 31.62 米的正方形，边角埋设固定标志物，注明标准样地和对照样地编号。隰宁堡封育区设置 6 个标准样地，3 个对照样地；老盐池封育区设置 15 个标准地，2 个标准地；平台封育区设置 3 个标准地，1 个对照样地。标准样地内按照封山（沙）育林技术规程中标准地调查项目内容，根据作业实施范围、位置、林分生长状况、林种等因素，按照集中连片、先近后远、先急后缓、交通便利等原则，在全面勘查和标准地调查基础上，将郁闭度相近、林分生长状况类似划分为一个作业区。项目区设立封育标志牌 2 处，采取封育刺丝围栏。封育投资共计 200 万元，全部为中央预算内资金投资。

盐池县环境保护和林业局按照自治区林业和草原局《关于下达 2020 年度中央财政林业发展改革资金项目计划的通知》要求，进一步加强资金管理，项目资金专户储存、专款专用。监察、审计、财政等部门充分发挥职能作用，加强项目资金监督监察和跟踪问效，严禁挤占、截留、挪用项目资金现象发生，确保资金运行安全有效。严格检查验收制度，确保作业设计、封山育林数量质量、资金使用、成效监测、信息报送等档案资料详尽完备。

第四节　其他重点林业项目

2000年是"九五"规划收官之年，也是实施西部大开发战略起步之年，生态建设任务更加艰巨。盐池县积极推进以林业项目建设带动区域性林业发展促进全县生态环境持续改善，实施了一系列林业生产建设规划任务。一是继续完成北部六乡荒漠化土地综合整治工程造林49636.8亩，该项目持续5年，累计人工造林275982亩。二是柳杨堡乡全国防沙治沙示范基地建设年内人工造林195.8亩，至2000年圆满完成为期5年的项目规划任务。三是惠安堡镇贾记圈扬黄灌区农业综合开发技术研究项目，5年累计完成防护林2090亩，经果林3264亩，建成较为稳定的灌区农田防护林体系。四是组织实施了国家计委下达的5万亩全国生态重点县项目林业生产任务，确定大水坑、青山、王乐井、冯记沟4个乡镇定为沙滩治理区，惠安堡、马儿庄2个乡镇为扬黄灌区农田防护林治理区，两个区域6个乡镇共计完成造林4.46万亩，育苗515亩（南部山区"两杏一果"扶贫开发工程选择惠安堡、马儿庄灌区和部分有水浇地的乡镇实施以枣树为主的种植区，造林1384.8亩）。五是猫头梁高效生态林业示范区完成以沙柳、枣树为主的防风治沙林4310亩。六是保护母亲河工程项目造林6200亩，封沙育林10万亩。七是飞播治沙造林11.3万亩，经自治区级验收，成活在85%的合格面积6万亩。是年，盐池县共计完成人工造林有效面积120646亩，成活率在85%以上的合格面积106371亩（不含机械化林场合格面积2225亩），占自治区林业局下达任务的106%，其中水土保持林380亩、牧场防护林84866亩、农田防护林6202亩、公路防护林14043亩、经济林880亩、飞播造林11.3万亩，完成自治区林业局下达任务的100%；新增育苗1694亩，占自治区林业局下达1200亩任务指标的141.2%；封沙育林10万亩，占自治区林业局下达任务的100%；全民义务植树46万株，占自治区林业局下达40万株任务指标的115%；四旁植树10万株，果品产量746吨，完成林业总产值3117万元。在实施各项林业生产建设任务过程中，盐池县委、县政府主要抓好以下几个方面工作：一是围绕"西部大开发、生态要先行"的主线思想，持续营造全民参与林业生态建设的社会氛围，大力宣传树立白春兰、史俊、余聪等一批治沙造林模范，充分发挥其示范带动作用。特别是白春兰二十年如一日，在沙边子村治理沙漠1850亩，造林800余亩。2000年8月8日，"白春兰沙产业开发有限公司"

正式成立，进一步在全县掀起群众参与生态建设新高潮，各乡镇陆续涌现出一批依靠科技治沙造林、参与林业产业发展的专业村和专业户，吸引更多农民群众投入林业生产中。二是抓好重点工程项目实施，按照县域北部沙区、中部滩区、南部山区三大区块进行分类指导，实现生态建设重点突破。三是加强乡站建设。2000年3月13日县林业部门制定发布了《林业工作站管理办法》，有效促进了乡站经济实体保持良好的发展势头。通过分类指导，政策扶持，全县各林业乡站依据技术优势，积极创办培育了一批有活力、有发展前景的经济实体。中北部沙区乡站积极开发沙产业，逐步建立麻黄、甘草、葡萄、沙柳等一批林业产业基地；南部山区在开展小流线综合治理同时，借助项目优势栽植新品种，发展经果林业；扬黄灌区乡站积极推动将枸杞、枣杏种植转化为市场和经济优势。

2001年，盐池县实施重点林业生态建设项目主要包括全国生态重点县建设项目、猫头梁生态综合建设示范区项目、退耕还林（还草）、封沙育林、飞播造林、日本援助项目、保护母亲河工程、盐池县毛乌素沙地南海子造林示范区建设、日本协力基金治沙贷款项目、采种基地建设、城西滩骨干苗圃建设项目等。全年完成人工造林20.67万亩，其中成活率在85%以上的造林合格面积18.75万亩，成活率在70%—84%的造林面积0.22万亩，成活率在41%—69%的造林面积1.70万亩；完成飞播造林10万亩，完成任务指标的100%。完成育苗1192亩，完成任务指标的119.2%。在20.67万亩人工造林中，退耕还林7.5万亩（其中85%以上合格面积6.9万亩，

需补播面积0.6万亩），生态重点县、南海子、猫头梁等项目区造林2.85万亩（成活率在85%以上合格2.5万亩，需补植面积0.35万亩），"三北"防护林造林10.31万亩（其中成活率在85%以上的合格面积9.35万亩，需补植面积0.96万亩）。生态重点县建设项目主要安排在惠安堡、马儿庄、城西滩等扬黄灌区外围周边实施造林1.41万亩，其中成活率在85%以上的合格面积1.25万亩，占造林面积的88.7%，需补植面积0.17万亩，占造林面积11.3%。猫头梁生态项目区完成造林0.82万亩，其中成活率在85%以上的合格面积0.67万亩，成活率在70%—84%的造林面积0.009万亩，成活率在41%—69%的造林面积0.14万亩。南海子治沙项目于当年启动，完成造林0.43万亩，其中成活率在85%以上的造林面积0.38万亩，需补植面积0.05万亩，完成育苗78亩。红沟梁生态项目区完成造林0.2万亩，其中以杨树、沙柳为主的水旱地和道路防护林0.08万亩，以枣树为主的经济林0.009万亩，以柠条为主的牧场防护林0.11万亩，林木成活率全部达到85%以上。是年，自治区林业局下达盐池县飞播造林任务10万亩，项目区位于马儿庄、鸦儿沟、冯记沟、高沙窝等乡镇流动、半流动沙地，实际完成飞播造林8万亩，人工模拟飞播造林2万亩。

2002年，盐池县确定为"生态建设年"，全年完成人工造林54.95万亩（其中成活率在85%以上的合格面积50.2万亩），飞播造林9.9万亩，封山育林18.1万亩（新封4万亩，续封13.1万亩），义务植树70.6万株，育苗2148亩。全县实施的重点林业建设项目主要有全国生态重点县建

设项目、日本援助黄河中游防护林建设项目、猫头梁生态建设项目、"保护母亲河"工程、南海子治沙项目、坡改梯项目、薪炭林项目。自治区下达盐池县全国生态重点县建设项目任务指标1万亩，实际在冯记沟、马儿庄乡完成造林1.2万亩（其中成活率在85%以上的合格面积1.17万亩，需补植面积0.03万亩），完成任务的120%。"保护母亲河"工程、猫头梁生态建设项目、南海子治沙项目进入最后一年实施阶段，各项目区主要是对历年建设内容进行补植补造，做好迎验收工作。薪炭林项目于2001年立项，2002年在高沙窝、苏步井、柳杨堡等乡镇完成造林2.3万亩。根据自治区林业局下达任务指标，组织在马儿庄、大水坑、青山、高沙窝、柳杨堡等乡镇实施飞播造林10万亩（其中飞机播种9.2万亩、人工模拟飞播造林0.8万亩），飞播用种3.5万公斤（其中花棒2万公斤、杨柴1万公斤、沙蒿0.5万公斤）。由于当年降雨偏多，各播区苗木生长良好，花棒、杨柴平均每亩有苗200株以上，局部地区30—40株/平方米；沙蒿每亩有苗300株以上，局部地区50—60株/平方米。花棒、杨柴平均生长量20—30厘米，最高50厘米左右；沙蒿平均生长量30—40厘米，最高70厘米左右。自治区林业局下达盐池县封山育林任务14万亩（续封9万亩，新封5万亩），经自查验收，实际完成续封13.1万亩，新封5万亩，新封区主要涉及苏步井、青山、城郊3乡和机械化林场，封育区内植被恢复良好。是年，盐池县进一步创新林业发展机制，鼓励和动员社会力量参与林业产业发展。积极推行股份制、股份合作林业，大力扶持造林大户；鼓励农村集体经济组织、个人集资联合发展林业产业，共同投入，共同管理，共同受益，促使一大批农村经济人走进山塬和沙漠，以产业促生态，以生态谋发展。苏步井乡拓宽投资渠道，招引上陵农贸有限公司、荣宝公司、隆鑫源经贸有限公司等企业投资当地沙化土地治理，造林2万余亩；自治区滩羊选育场在马儿庄乡承包造林4400亩；惠安堡镇将西沙窝0.5万亩沙化严重土地承包给当地农户进行治理；萌城乡将几个荒山山头租赁给个体企业进行绿化治理等。据不完全统计，全县共有100多家企业和个人参与绿化造林，面积近10万亩。为表彰先进、鼓足干劲，进一步掀起全县绿化造林新高潮，盐池县委、县政府于2003年1月25日隆重召开了"治沙18勇士"命名表彰大会。

2003年，是盐池县积极调整生态建设发展思路，快速推进林业项目进程，实现城乡生态一体化的关键之年。全年完成人工造林78.6805万亩，占自治区林业局下达56万亩任务指标的141%，其中成活率在85%以上的合格面积70.6423万亩（含机械化林场1.0094万亩），占任务指标的126%，其中成活率在85%以下的待补面积7.9505万亩；飞播造林10万亩，封山育林2万亩（含机械化林场1万亩）。积极推进改善生态环境和发展农村经济有效结合，在庭院经济发展、苗木繁育等方面给予扶持，在栽植技术、病虫害防治等方面跟踪服务。县委、县政府对生态建设工作统一部署，结合全县农业结构调整，重点发展林草间作15万亩，计划利用两到三年时间在全县建成以紫花苜蓿为主的优质牧草基地50万亩；发展退耕还果模式0.5万亩；投资60万元发展水地苜蓿4万亩；投资28万元，种植中药材

0.5万亩；投资8万元，建立中药材（甘草）育苗基地0.03万亩，育苗3000万株。认真贯彻落实自治区人民政府《关于加快推进林业建设机制创新的若干意见》，充分发挥政策导向作用，按照"政府引导，项目带动，企业介入，社会参与，个体承包"原则，把非公有制林业作为推动全县生态建设的、壮大农村经济的重要载体，毫不动摇地支持和推动。进一步落实草原保护、林业发展、治理生态环境各项惠农扶持政策，支持社会各界、私营企业、个人离城进乡，治理开发沙山荒地。规范林业专项资金管理，确保资金安全运行，按照"慎用钱"原则合理调整林业投资，提高资金使用率，确保国家、自治区重点生态建设项目质量和投资效益。

2004年，盐池县继续做好退耕还林、"三北"防护林四期、天然林保护三项国家林业重点生态工程建设项目，积极推进国家异地移民生态建设项目与日本无偿援助、全球机制无偿援助两个外援项目，启动宁夏林业局盐池县周庄子沙漠化综合治理项目、毛乌素沙地宁夏盐池治理示范区、盐池县毛乌素沙地采种基地、盐池县生态综合治理示范项目四儿滩综合示范区四个新建设项目，通过一系列方法措施，取得了良好成果：一是全面贯彻落实中共中央、国务院《关于加快林业发展的决定》和中央关于西部大开发战略决策，严格保护现有森林资源，加快林草植被恢复，努力建设宁夏东部生态屏障。积极实施以治理水土流失为重点的退耕还林工程，搞好沿道路、沿乡镇、沿农田、沿明沙丘的绿色形象工程，重点建设一批森林生态、野生动物富集、符合内陆湿地类型的自然保护项目区域。大力推动

产业结构调整，建设具有适地特色的林业产业群。进行思想上的大教育、大解放、大开放，使林业职工牢固树立靠改革开放、靠市场机制、靠自力更生实现林业振兴思想，为全面建设小康社会打下坚实基础。二是依托生态建设项目优势，抓好中北部地区生态综合治理。通过毛乌素沙地宁夏盐池县综合示范区、四儿滩综合治理示范区、周庄子沙漠化综合治理生态等项目建设，加强重点区、辐射区综合治理。三是充分利用现有产业基础条件，进一步优化林业产业结构。加强以育苗、柳编、药材种植为主的沙产业开发，建立培育沙区经济新优势。推进柠条饲料加工转化利用，解决农民禁牧后发展舍饲圈养饲草料问题，以柠条产业带动畜牧业发展。采取封育、补播措施，建立稳定优质采种基地50万亩。加快林业产业园区建设，发展红枣示范区1万亩。根据自治区林业局下达各项林业生产任务指标，全年共计完成各类生态造林77.2万亩（人工造林72.2万亩，人工模拟飞播造林5万亩），其中成活率在85%以上的合格面积65.7万亩，待补植面积6.5万亩。2004年新造人工林36.37万亩，其中成活率在85%以上的合格面积30.08万亩，合格率为82.7%，需补植面积6.29万亩。新造林中退耕还林31.45万亩，其中退耕地造林6.45万亩（成活率在85%以上的合格面积5.37万亩，需补植面积1.08万亩），荒山造林25万亩（成活率在85%以上合格面积21.73万亩，待补植面积3.27万亩）；"三北"防护林四期完成造林4.21万亩，其中治沙造林3.80万亩（合格2.10万亩，需补植1.7万亩）；经济林造林0.36万亩（合格面积0.11万亩，补植面积0.25万亩），平原绿化造

2004年4月，黄河中游防护林建设项目盐池县植树造林作业现场

招标采购，保证一、二级优良苗种所需，之后县、乡两级林业技术人员分赴各造林现场组织施工服务，共计完成退耕还林等造林项目任务11万亩，栽植各类苗木3000余万株，墒情较差的冯记沟、麻黄山等乡镇造林后全部浇上定植水，保证成活率。组织对近三年来全县退耕还林工程未合格面积进行补植补造。二是加强技术服务，提高科技投入。每个乡镇派驻1—2名林业技术人员会同乡站林业技术人员一起，长期服务于林业生产一线，为群众讲解造林技术规程，规划造林地块，组织实施造林，检查造林质量。针对部分地区干旱缺水现状，在日援项目区、四尔滩项目区、经济林及盐兴公路造林等林业项目建设中大面积使用推广节水钵，取得了良好的节水效果，造林初植需水量不及常规造林的1/10。如草泥洼村栽杆枣树使用节水钵成活率达到95%以上；盐兴公路栽植10万株乔木，其中使用节水钵植苗木4万株，成活3万余株，而其余6万株未使用节水钵植苗仅成活1万余株。三是加强林地管护，强化林业管理。县政府安排专项资金用于林地管护，退耕地每亩每年2元，荒山造林和其他林地每亩每年1元，全县每个自然村至少配备1名专职护林员昼夜管护。造林验收时，具体提出"六不验收"即"羊进林地不验收；在林地乱采滥挖甘草、苦豆子等中药材的不验收；不按技术规程造林的不验收；林粮间作的不验收；林地纠纷

林0.05万亩、5.8万株；日本项目等其他造林0.72万亩，全部为合格面积；完成人工模拟飞播造林5万亩；补植2003年不合格3.65万亩，经验收全部合格，其中退耕还林补植造林3.49万亩（退耕地补植1.40万亩，荒山造林补植2.09万亩）；"三北"防护林四期补植0.15万亩；新育苗1200亩。2003年除当年已兑现退耕还林任务和日本国援助项目、薪炭林补植造林面积外，其余超造部分全部顶替2004年造林任务，计32.15万亩，其中"三北"防护林四期12.35万亩，全部为成活率达到85%以上的合格面积；退耕地为6.7万亩（合格6.6万亩，需补植0.1万亩），荒山造林13.1万亩（合格13.06万亩，需补植0.04万亩）。是年，盐池县加强生态建设，推进林业生产主要方法措施突出体现在以下几个方面：一是加强植苗造林，提高造林质量。根据上年自治区林业局在盐池及固原召开的两次植苗造林现场会议精神要求，盐池县决定大面积实施植苗造林。3月中下旬，组织对春季造林所需植苗造林苗木进行公开

没有解决好的不验收；退耕地不除草抚育的不验收"硬性要求。四是社会力量办林业为生态建设注入新活力。2000 年以前以盐池"治沙 18 勇士"为代表，其治沙事迹在群众中广为流传。2004 年后，个体公司兴办林业继续为盐池生态建设添绿增色，更有广大群众或几亩、几十亩，尽己所能，自觉在房前屋后为改善家乡生态环境添枝增叶，有力地推动了全县生态建设步伐。

2005 年，盐池县继续坚持生态林业可持续发展战略，以结构调整为主线，以深化林业改革和机制创新为动力，以科技为支撑，以工程造林为抓手，全面推进退耕还林、"三北"防护林四期、天然林资源保护等国家重点林业工程，突出绿色通道、农田防护林、村庄绿化三个薄弱环节，切实提升林业建设水平。在抓好重点工程建设同时，一批生态建设项目相继实施。日本国无偿援助治沙项目顺利完成，共计治理流动半流动沙丘 4 万亩；南海子万亩生态示范区、猫头梁农业综合示范项目治理成果逐步显现；全国生态重点县工程营造水保林和防风固沙林 5 万余亩。青山乡灵应寺区域实施宁夏防沙治沙（跨区域）示范项目计划任务 0.5 万亩，实际实施造林 0.5 万亩。项目区分为核心区和治理区，核心区 0.11 万亩，营造以枣树为主的生态经济林 0.02 万亩，以侧柏为主的针叶林 0.02 万亩，公路防护林及其他造林 0.071 万亩；治理区 0.39 万亩，营造以山杏、刺槐为主的水土保持林。核心区造林以春季植苗造林为主，治理区于夏季以营造袋造林，秋季对个别成活率较低区域补植。荒山造林分布于全县各个乡镇，但是由于遭遇持续特大干旱，成活率较低，特别是王乐井、冯记沟、惠安堡、麻黄山

等西南部地区截至 9 月底降水不足 100 毫米，致使实施造林成合格率面积不达标。根据《自治区林业局关于开展 2005 年全区森林资源连续清查工作的通知》（宁林办发〔2005〕155 号）要求，林业部门组成 3 个工作组，自 6 月 1 日起，历时 3 个月完成宁夏森林资源连续清查第三次复查，共完成调查样地 839 个，其中复位样地 400 个，新增样地 439 个；地类为宜林沙荒地样地 326 个，其中复位样地 129 个，新增样地 197 个；有林地样地 14 个，其中复位样地 11 个，新增样地 3 个；疏林地样地 7 个，其中复位样地 6 个，新增样地 1 个；有立木林样地 15 个，其中复位样地 12 个，新增样地 3 个；灌木林样地 293 个，其中复位样地 167 个，新增样地 126 个；无立木林地 16 个，其中复位样地 5 个，新增样地 11 个；城乡居民建设用地样地 24 个，其中复位样地 15 个，新增样地 9 个；其他样地 144 个，其中复位样地 55 个，新增样地 89 个。按照国家重点生态公益林区划界定，组织在全县荒漠化严重地区实施生态公益林森林生态效益补偿基金 17.8 万亩（机械化林场所属各分场 10.879 万亩，花马池镇、高沙窝镇及乡林场 6.921 万亩），重点解决国有林场及重点公益林区域森林资源管护缺资金、管护难问题。公益林补偿的主要内容为有林地、疏林地和灌木林地，有林地和疏林地主要分布在机械化林场辖区公路防护林，其中有林地面积 4.9655 万亩，疏林地面积 0.8515 万亩；灌木林地分布在高沙窝镇、花马池镇和乡办南海子林场、苏步井林场，面积 6.921 万亩。有林地和疏林地分布于县内国道、县道两侧，灌木林主要分布在县境中北部三条大沙带上。

2006年是实施"十一五"规划的开局之年，盐池县委、县政府提出全县林业工作总体要求是认真贯彻落实《中共中央国务院关于加快林业发展的决定》和《国务院进一步加快防沙治沙工作的决定》精神，以科学发展观统揽环保和林业工作全局，继续执行国家、自治区关于环境保护和生态建设发展方针，准确把握全县生态建设处于"整体遏制向全面好转"发展阶段的县情实际和不稳定、脆弱性特点，以建设宁夏生态大县为目标，突出土地荒漠化治理，组织实施好退耕还林、"三北"防护林四期和天然林保护三大工程，强化森林病虫害防治、林木管护、湿地保护、野生动植物保护四项工作，全面提升退耕还林后续产业、日援项目区、毛乌素沙地跨区域示范项目、四尔滩生态综合治理示范区、公益林补偿五大区域整体水平，启动德援生态建设项目，全面推进全县环保和林业事业持续健康发展。实施退耕还林工程1.7万亩（机械化林场退耕地1万亩，

补植0.54万亩，荒山造林0.7万亩，生态经济林0.7万亩）；"三北"防护林四期工程造林4.34万亩（绿色通道造林0.3万亩，庄点绿化造林0.038万亩、治沙及其他造林2万亩，封山育林2万亩）；天然林资源保护工程1万亩（机械化林场）。实施人工造林30万亩，其中退耕还林工程20万亩（荒山造林12万亩，退耕地造林8万亩），"三北"防护林四期5万亩（封育2万亩，治沙造林2.35万亩，以枣树为主的生态经济林0.5万亩，绿色通道0.1万亩，村庄绿化0.05万亩），飞播造林3万亩，重点生态项目造林2万亩（跨区域治沙示范区造林1万亩；德援项目造林1万亩）；日本民间友人染野先生援助项目高沙窝中学魏庄子造林0.05万亩，养羊200只，种植优质牧草0.02万亩；整合机关义务植树点，实施围城造林0.1万亩，植树50万株。实施生态公益林补偿18.5万亩（有林地面积2.1万亩，灌木林地16.4万亩）。9月下旬组织开展了森林资源二

2007年10月下旬，盐池县组织干部群众积极参加秋季义务植树造林活动

类清查工作。

2007年，盐池县实施人工造林20万亩，封山育林1万亩，中幼林抚育5万亩；义务植树50万株；对0.35万亩围城造林进行补植抚育；平茬柠条50万亩，柠条间作沙打旺1万亩、间作甘草3万亩、间作紫花苜蓿3万亩。人工造林主要分布于高沙窝镇和青山乡境内，选择沙化和盐渍化较为严重片区种植沙柳、红柳、柠条等灌木。生态经济林分布于花马池、王乐井、高沙窝、冯记沟、青山等乡镇，共计造林0.4862万亩，成活率在85%以上的合格面积0.0805万亩，待补植0.2057万亩。在青山乡刘记窑头区域实施宁夏防沙治沙（跨区域）示范项目，完成以沙柳为主的治沙造林0.4万亩。从9月中旬开始，环境保护和林业局组织12名工作人员分4个组对全县当年实施"三北"防护林四期工程、退耕还林工程、天然林保护工程及其他各项造林项目进行为期10天的自查验收，并对历年未达到合格面积的人工造林补植情况进行自查。通过自查验收，2007年全县共计实施各类人工造林12.90776万

亩，其中"三北"防护林续封面积1.3万亩，天保工程封育1万亩，人工模拟飞播补植4.3万亩。各项人工造林成活率在85%以上的合格面积为9.39726万亩，待补植面积3.5105万亩。是年，盐池县林业建设及森林管护方面的主要措施为：一是根据适地条件细致划分地类区域，强化营林质量。将造林区分别确定为水地林网、绿色通道、经济林、盐碱地、村庄绿化等几个地类，每个区域根据适地条件科学编制作业设计。针对当年天气干旱、土壤墒情较差情况，适当增加沙枣、榆树、红柳等抗旱树种。绿色通道造林打破以乔为主格局，在高沙窝区域公路林营造中选择毛条树种。二是强化营林管护，确保治理成果。鼓励和支持群众在退耕地间作苜蓿、甘草等优良牧草和中药材，解决羊畜饲草和经济收入问题；重新确定老飞播区和封育区及重点沙漠化治理区65万亩区域为天保工程重点管护区，配备专职护林人员、签订管护合同，划定管护区域，责任到人，确保治理成果。在各护林点投放雏鸡0.6万只，增加护林员收入；第二批天保工程管护面

表 2—4—1　2007 年盐池县林业基本情况统计表

乡镇	行政村数	自然村数	土地总面积（平方公里）	耕地面积	总人口	户数	农村劳动力	有林地面积（亩）	
								合计	其中经济林
合计	47	269	2490	47.8	64934	14861	26857	42143	5071
惠安堡	7	55	600	7.5	10954	2850	4828	3466	1436
城郊	3	40	480	4.9	10745	2736	4708	15575	1205
柳杨堡	7	40	448	5.4	8808	2026	2950	7755	1839
高沙窝	8	36	710	5.8	8441	1267	3117	4727	118
苏步井	6	28	324	5.7	5323	1317	1864	3750	
王乐井	7	40	445	12.9	11644	2593	4410	8690	75
鸦儿沟	7	30	483	5.6	8828	2072	5000	1300	400

积 120 万亩。三是对部分营林项目采取责任承包措施，包括部分扬黄灌区农田林网、重点林业工程、乡镇绿色通道、生态经济林营造等项目，使 90% 以上的承包造林面积成活率达到 85% 以上。

2008 年，自治区下达盐池县植树造林任务 16.79 万亩（含机械化林场 1.5 万亩），其中退耕还林工程 5 万亩（其中生态经济林 1.1 万亩，防护林与治沙造林 3.9 万亩），"三北"防护林四期工程 11.79 万亩（绿色通道 0.2 万亩，村庄绿化 0.09 万亩，治沙造林及其他造林 4.5 万亩，封山育林 7 万亩），续封 1.3 万亩。是年，盐池县委、县政府以科学发展观统领林业工作全局，以开展"两大工程"绿化美化及创建园林县城为契机，以建设"生态盐池"为目标，积极调整林业建设发展思路，把生态文明融入经济建设、社会主义新农村建设等各项工作之中。全年实施各项人工造林 24.6 万亩，完成自治区林业局下达任务的 146.5%，其中人工造林 9.8 万亩（包括退耕还林 5 万亩）；"三北"防护林造林 4.8 万亩；封

山育林 7 万亩；栽植经果林 3 万亩；挖鱼鳞坑 80 万个。中幼林抚育 15 万亩（病害虫防治 5.09 万亩，修枝、除草、涂白等 10 万亩），完成任务的 302%。义务植树 100 万株，完成任务的 200%；平茬柠条 50 万亩。全年征收排污费 97 万元，完成任务的 121%。重点工程建设方面，完成全国防沙治沙示范项目 0.4 万亩，德援项目 0.6 万亩；实施国家退耕还林工程、"三北"防护林天然林保护工程、全国防沙治沙等重点项目共计完成造林 61244.2 亩。沙泉湾综合治理示范区造林 1 万亩，营造经济林 0.02 万亩、展示林 0.12 万亩、公路林 5 公里，扎草方格 0.3 万亩，恢复草场 0.5 万亩，草原围栏 30 公里，打多管井 5 眼，建三位一体 80 座，修筑林道 20 公里，架设农电 4.37 公里，修建护林房 200 平方米、实验室 450 平方米，投资 30 万元完成森林派出所基础设施建设及设备配套；宁夏防沙治沙（跨区域）示范项目刘窑头项目区完成以沙柳为主的治沙造林 0.5 万亩；分别在大水坑镇新泉井村、王乐井乡孙家楼村、麻黄山乡谢儿渠村栽植以红枣为主的经济林 3 万亩（含整地面积），新增设施园艺 0.02 万亩；在花马池、大水坑、高沙窝 3 镇各村实施柠条平茬 20 万亩（花马池镇 16 万亩、大水坑镇 1 万亩、高沙窝镇 3 万亩）；在高沙窝镇兴武营片区实施续封 1.3 万亩。根据自治区林业局安排，县林业部门

2008 年 4 月 16 日，盐池县毛乌素沙地百万亩整治工程正式启动

于 2006 年 10 月至 2007 年 12 月组织完成了盐池县森林资源规划设计调查和森林资源信息网络管理系统的建立，于 2008 年 10 月下旬组织了专家论证。是年，盐池县林业生态建设的主要方法措施是：一是精心组织施工，各项造林计划做到早规划、早组织、早落实，根据立地条件制定《造林实施方案》，确定造林地块、树种、株数、技术、责任人等具体事项，全县百余名林业技术人员深入造林一线，坚持"挖大坑、栽大苗、浇大水"要求，严把整地关、苗木关、栽植关、浇水关、管护关，确保栽植苗木外观整齐，景观效果突出，吴忠市造林现场观摩会在盐池召开。二是加大宣传力度，使生态文明深入乡村农户。组织干部进村入户，发放宣传材料 600 余份，制作各类公益广告 263 块。在《宁夏日报》《吴忠日报》等刊物上刊登生态文明建设成果通讯报道 50 余篇，编发《盐池林业信息》24 期。组织县直机关单位在西北环路、王圈梁片区植树 16.4 公里、0.68444 万亩。积极组织、鼓励农村群众结合发展庭院经济在房前屋后植树造绿，要求每户农民人均至少义务植树 3 棵，全县基本消除了无树庄头和无树户。县城机关以实施创建园林县城为契机，采取植树造绿、拆墙透绿、见缝插绿等措施，大力绿化美化单位庭院及住宅小区。县城 18 个单位和 6 个住宅小区达到庭院（小区）绿化标准，创建为县级"园林式单位（小区）"。三是进一步推行政府种苗采购服务和重点工程营林承包机制，由造林专业队、绿化公司根据作业设计承担苗木栽植和后期管护，确保造林质量切实提高。

2009 年，为进一步提高全县生态建设总体

水平，打造生态宜居县城，盐池县抢抓自治区启动全国防沙治沙示范省建设和国家扩大内需增加生态投入的历史机遇，依托"三北"防护林工程、退耕还林工程、天然林保护工程及自治区"六个百万亩"生态建设项目，加大林业发展力度，实施了一系列林业生态建设工程。县委、县政府总体部署生态林业建设规划，以改善生态环境和发展林业产业、增加林农收入为目标，以实施林业工程项目为依托，以公路沿线、长城沿线、扬黄干渠为主线，以建设防沙治沙、生态经济林示范区及杨黄干渠百里生态长廊和围城造林为重点，点、线、面结合，封、禁、造、管层层推进，因地制宜，精心组织，全力打造宁夏东部绿色屏障。全年计划完成造林任务 15.08196 万亩，其中乡镇人工造林 6.08196 万亩（退耕还林荒山造林 0.49 万亩、生态经济林 1.177 万亩、庄点绿化 0.35843 万亩、绿色通道 0.1263 万亩、治沙造林 3.93023 万亩），封山育林 9 万亩（新封 7 万亩、续封 2 万亩）。分别规划建立了花马池镇张记场片区 0.6 万亩防沙治沙示范区；高沙窝镇黄记场、青山乡甘洼山片区 2 个 0.5 万亩防沙治沙示范区；花马池镇冒寨子、冯记沟乡铁柱泉、青马圈、大水坑镇杨儿庄、张布梁、青山乡路红庄、雷记沟等 7 个千亩防沙治沙示范点；建立了 0.3 万亩沙泉湾国家级治沙模式展示区；完成围城镇造林 11 个地段 0.56136 万亩绿化（其中 6 个地段发动机关义务植树完成，其余立地条件较差的 5 个地段由专业造林单位实施）；完成退耕还林补植补造 11.15898 万亩，并组织机关干部职工对西北环路等单位包抓义务植树点进行补植补造。各片区造林树种分别选择为河北杨、新

表2-4-2　2009年林业用地各地类面积统计表（单位：亩）

实施单位	土地总面积（平方公里）	合计	林业用地（亩）													非林业用地	森林覆盖率（%）
			有林地			灌木林地	疏林地	未成林造林地	苗圃地	无林地						
			计	天然林	人工林					计	宜林荒山荒地	采伐迹地	火烧迹地	宜林沙荒地		
合计	8661.3	4791245.4	135278.8		135278.8	3171176.1	42352.5	650271	2320	789847	354536.6			435310.4		26
高沙窝镇	1504.3	581801.6	7789.6		7789.6	468206	12830	84559		8717	6123			2594		22
花马池镇	960	1279197.8	44777		44777	853224.3	11100.5	110392	1400	258004	61230			196774		63
王乐井乡	1019	776596.5	11590.5		11590.5	617761	3650	86741	130	56724	50800			5924		41
惠安堡镇	889	501694.3	11469.5		11469.5	307116.8	5143	71674	350	105941	64639.5			41301.5		24
大水坑镇	1260	631252.3	9067.2		9067.2	403019.5	2320	92330		124515.6	82821.1			41694.5		22
青山乡	1633	405336.2	7255.7		7255.7	284742.5	1896	74657		36695				36695		12
麻黄山乡	660	292517.6	31686.6		31686.6	102342	200	69366	90	88923	88923					14
冯记沟乡	736	322849.1	11642.7		11642.7	134764	5213	60552	350	110327.4				110327.4		14

注：此表按乡镇统计到村，以亩为单位，保留一位小数。

疆杨、国槐、刺槐、榆树、云杉、毛条、柠条、樟子松、枣树、紫穗槐、山杏、苹果、红柳、沙木蒙和花灌木等 20 多个品种。标准规格为：国槐、河北杨、新疆杨等落叶乔木胸径 7cm、枣树地径 0.8cm、山杏地径 0.8cm、苹果地径 0.8cm、红柳地径 0.6cm、毛条等灌木地径 0.3cm、樟

2009 年 7 月，盐池县实施围城造林初见成效

子松高 1.5m，枸杞地径 0.8cm，苗高 80cm。乔木造林株行距分别为 2.5m×2.5m、3m×3m；灌木造林株行距为 1m×1m、1m×2m、2m×2m 或 2m×3m；生态经济林中的苹果株行距 3m×5m、枣树株行距 3m×8m；鱼鳞坑种植株行距 4m×4m。共计使用各种苗木 2949196 万株。春季全面整地后，采取植苗方式栽植，栽植穴规格 50cm×50cm×50cm，每穴施农家肥 10 公斤，植后年浇水 4—5 次，随后进行全封闭式管护。根据《自治区林业局关于报送 2009 年营造林自查验收报告的通知》要求，县林业部门组织技术人员分三组于 9 月 14 日至 20 日对全县 2009 年造林地块逐小班进行自查验收，涉及全县 7 个乡镇、52 个小班。自查主要内容为造林地块所在乡镇、村及小地名、造林保存面积、苗木保存（成活）率、树种、抚育管护、整地等。通过检查验收，2009 年全县完成封山育林 2 万亩（其中退耕还林工程 1 万亩、"三北"四期工程 1 万亩）；完成人工造林 2.97877 万亩，成活率 85% 以上面积 2.86987 万亩，成活率为 70% 面积 1089 亩；灌木

林 2.9559 万亩，乔木林 228.7 亩。对于苗木保存率低于 85% 的造林地块，春季用营养袋或裸根苗进行补植补造，夏季对春季补植补造成活率低的地块采用种子进行补植补造，确保苗木保存率全部达到 85% 以上。

2010 年，盐池县按照《关于加快生态建设的意见》（盐党发〔2009〕58 号）精神，坚持"生态立县"战略不动摇，按照"超前规划，加强保护，加快治理"的总体思路，依托国家重点生态项目建设，不断加快生态环境综合治理，实现生态、经济、社会和谐发展。全年计划完成新增造林 30.5 万亩，其中人工造林 6.5 万亩（生态经济林 1 万亩；围城造林、农田林网、绿色通道、村庄绿化 0.5 万亩；治沙造林 5 万亩），封沙育林 24 万亩，新增育苗 0.3 万亩，草方格治沙 1 万亩，抚育管护未成林 50 万亩，柠条平茬 40 万亩，建立采种基地 40 万亩，草原围栏 15 万亩，草场补播改良 8 万亩，小流域综合治理 3.87 万亩。继续争取实施中德财政合作中国北方荒漠化综合治理、全国防沙治沙综合治理、科技支撑、中幼林

2009年10月，盐池县有关乡镇组织拉运麦草，开展大规模草方格治沙

抚育、种苗基地建设等项目，积极争取"三北"防护林工程五期、世行贷款、创建环境优美乡镇和生态村等一大批生态林业建设项目。严格落实封山禁牧政策，加大林草管护和资源保护力度，巩固生态建设成果。根据县境不同区域立地条件，在南部黄土丘陵区规划以治理水土流失为重点，建立0.3万亩刺槐和0.1万亩接杏示范区；中北部毛乌素沙地规划以保护和恢复原生植被为重点，建立生态园、黄记场、孙家楼3个万亩以上综合治理示范区及魏庄子等4个千亩以上生态治理示范区；扬黄库井灌区继续以完善百里生态长廊、农田林网和扩大经济林为重点，建立以城西滩农田防护林为骨架，万亩红枣、千亩枸杞及葡萄经济林示范区为亮点，农村庄点绿化为补充，绿色通道为网络的防护林体系；在柳杨堡和郭记沟流域治理水土流失面积3.87万亩，新建集雨场226座，打机井6眼，建洪漫坝7座，修生产道路25.5公里；在杏树梁流域新建淤地坝2座。

各项造林树种选择为樟子松、云杉、桧柏、新疆杨、旱柳、刺槐、垂柳、香花槐、枫树、山杏、山桃、枣树、接杏、沙枣、榆树、臭椿、河北杨、醉鱼木、榆叶梅、丁香、刺玫、紫穗槐、沙木蓼、红柳、沙冬青、柽柳、红叶小檗、月季、连翘、柠条、花棒、羊柴等乡土品种。根据种苗规格确定不同的栽植密度为1m×1m、1m×2m、1m×3m、2m×2m、2m×3m、2.5m×2.5m、3m×3m、3m×5m不等。苗木规格为乔木胸径2—7cm，根系完整，样形通直；常青树高50—250cm、冠细30—80cm、根系带完整土球；灌木类苗种地上部分无抽干现象，根系完整，粗度达标。乔木林种植穴为80cm×80cm×80cm，经济林种植穴为60cm×60cm×60cm，灌木林种植穴为40cm×40cm×40cm。全年生态建设投资10374.01万元，其中申请国家投资3585.2万元；地方配套4052.6万元；农民自筹2736.21万元。具体预算标准分别为：乔木林0.5万亩，每亩 6000 元，计 3000 万元；灌木林 5 万亩，每亩 120 元，计 600 万元；经济林 1 万亩，每亩 500 元，计 500 万元；封山育林 24 万亩，每亩 70 元，计 1680 万元；育苗 0.2 万亩，每亩 5000 元，计 1000 万元；草方格 1 万亩，每亩 800 元，计 800 万元；幼林抚育管护 50 万亩，每亩 10 元，计 500 万元；采种基地 40 万亩，每亩 20 元，计 800 万元；草原围栏 15 万亩，每亩 20 元，计 300 万元；草场改良补播 8 万亩，每亩 10 元，计 80 万元；水土保持项目投资 1114.01 万元。根据《自治区林业局关于做好全区 2010 年营造林核查验收工作的通知》（宁林保发〔2010〕498 号）要求，县林业部门组织技术人员分三个小组于 9 月 6 日到 21 日对全县 2010 年造林地块进行逐小班自查验收，验收结果为：2010 年全县完成人工造林 93938.6 亩，成活率在 85% 以上的合格面积 76314.3 亩，待补植面积 17624.3 亩，实施自治

区政府《关于做好 2010 年林业生态建设工作的通知》（宁政发〔2010〕43 号）下达盐池县人工造林任务 5 万亩，实际完成 9.4 万亩，完成任务的 188%；完成封山育林 1.4 万亩，完成任务的 100%；完成退耕还林补植补造 2 万亩，成活率在 85% 以上的合格面积 2 万亩。

2011 年，盐池县以创建国家园林县城、全力打造宁夏东部绿色生态屏障为目标，以"因地制宜，适地适树，合理布局，突出特点"为原则，植树造林工作取得阶段性成果。全年完成新增造林 11.3 万亩，完成任务的 188%；封山育林 23.9 万亩，完成任务的 100%；育苗 0.3 万亩，完成全年任务的 300%；组织全县干部群众义务植树 60 万株，完成任务的 120%。实施封山育林 30 万亩，抚育幼林 50 万亩，平茬转化柠条 40 万亩。完成补植补造 5.8 万亩；计划扎设草方格 1 万亩，实际完成 1.5 万亩（狼洞沟 1 万亩、

表 2—4—3　盐池县 2010 年生态建设投资概算表（单位：万亩、元 / 亩、万元）

项目		面积	投资标准	投资金额	其中			备注
					国家投资	地方配套	农民自筹	
合计		144.7		10374.01	3585.2	4052.6	2736.21	
人工造林	乔木林	0.5	6000	3000	100	2900		
	灌木林	5	120	600	600			
	经济林	1	500	500	120		380	
封山育林		24	70	1680	1680			
育苗		0.2	5000	1000			1000	
草方格		1	800	800		600	200	
幼林抚育管护		50	10	500			500	
采种基地		40	20	800		400	400	
草原围栏		15	20	300	210	45	45	
草场补播改良		8	10	80	80			
小流域治理		柳杨堡、郭记沟、杏树梁三个流域		1114.01	795.2	107.6	211.21	

表2—1—4—4　盐池县2010年水土保持建设任务分配表（单位：万亩、座、公里）

	水浇地（万亩）	洪漫地（万亩）	乔木林（万亩）	灌木林（万亩）	经果林（万亩）	种草（万亩）	围栏（万亩）	封育治理（万亩）	集雨场（座）	机井（座）	淤地坝（座）	洪漫坝（座）	生产道路公益林（公里）
合计	0.23	0.03	0.05	0.79	0.08	0.73	0.38	1.59	226.0	6.00	2.00	7.00	25.50
柳杨堡流域	0.21	0.03	0.02	0.69	0.06	0.33	0.38	0.49	6.00	3.00		7.00	4.50
郭记沟流域	0.02		0.025	0.100	0.017	0.40		1.10	220	3.00			21.00
杏树渠流域、淤地坝													

表2—1—4—5　2010年林业建设重点项目资金预算表（单位：亩、万元）

项目名称	乡镇	实施地点	面积	资金预算					备注
				合计	争取国家投资	县财政自筹	农民自筹	资金缺口	
合计			128508	6170	410	200	3500	2060	
万亩生态园	花马池镇	冯记圈	6528	4578	130	60	3400	988	
万亩枣树	王乐井乡	孙家楼	10000	300	120	40	100	40	
万亩防沙治沙	高沙窝镇	黄记场	10000	500	120	40		340	
围城绿化	花马池镇、青山	盐惠路、县城周围	1980	792	40	60		692	西北环路补植补造榆树470亩

魏庄子 0.5 万亩），后期又对狼洞沟草方格治沙区进行了撒播造林，撒播苗木成活率达 95% 以上。水土保持林计划完成 1 万亩，实际完成 1 万亩（以鱼鳞坑造林为主）；防沙治沙造林完成 26 万亩（封山育林 23.9 万亩，治沙造林 2.1 万亩）。自治区林业局下达盐池县中央财政造林补贴资金试点项目 2 万亩，实际完成 2.00007 万亩，成活率 100%。为全面做好造林绿化工作，县政府在整合天保林、公益林、退耕还林等项目资金的同时进一步加大地方财政资金投入。当年，全县造林绿化投入 9070 万元，到位资金 6185.7 万元，其中县级财政支出 2009.9 万元，各类项目投入 4175.8 万元。

2012 年，盐池县环境保护和林业工作继续坚持以科学发展观为指导，以打造绿色沙漠、绿色村庄、绿色通道、绿色屏障工程为重点，大力开展植树造林活动。扎实落实环境保护措施使人居环境、发展环境得以明显改善。继续开展以公路干道、铁路沿线、长城两侧、扬黄干渠为轴线，以建设百万亩防风固沙林带、扬黄干渠百里绿色生态长廊和围城（镇）造林为重点，大力实施禁牧还绿、造林增绿、产业兴绿工程，继续推进退耕还林、退牧还草、"三北"防护林等重点工程建设，在抓管护、保成活和查漏补缺、巩固提高上下功夫，在发展育苗、沙生植物加工转化上做文章，努力促进生态效益、经济效益和社会效益持续发展。全年完成新增造林 15.8 万亩，完成任务的 263%；封山育林 30 万亩，完成任务的 100%；建立育苗基地 0.15 万亩，完成任务的 150%；组织全民义务植树 50 万株，完成任务的 100%；退耕还林补植补造 6 万亩，修剪林木 13.5 万亩（861 万株），嫁接枣树 1 万亩，平茬柠条 40 万亩，圆满完成全年各项任务指标。各项重点生态建设工程实施情况如下：城南万亩防

2012 年 3 月，高沙窝镇组织群众拉运麦草，开展草方格治沙

护林治沙项目涉及青山乡猫头梁行政村二道湖自然村和花马池镇佟记圈自然村，治理面积1.4万亩，营造樟子松0.32万亩（其中新植0.1091万亩，由7个绿化公司负责实施，补植0.2109万亩）；县城机关干部义务植树和当地农民投工投劳完成栽植榆树0.26万亩；扎草方格栽植沙柳0.82万亩。在狼洞沟片区实施沙柳种植2万亩、1334万株，该区为盐池县防沙治沙重点区，2011年县直机关单位及相关乡镇分片划区扎设草方格固沙1.3万亩，后期又采取栽植柠条，撒播花棒、杨柴进行生物固沙，但由于干旱气候影响，植被覆盖度仍不理想，2012年春季采取栽植沙柳进行进一步补植补造。百公里公路防护林项目建设涉及211国道惠安堡段及盐兴路惠安堡、冯记沟、王乐井等乡镇通道和乡村旅游线路，长100公里，绿化面积0.9万亩，树种以榆树为主，栽植乔木77万株，成活保存率较高。全县重点植树造林项目，采取"五统一"和"五不"原则，即实施造林时坚持统一划线定点、统一挖坑整地、统一供应苗木、统一栽植标准、统一供水浇水原则；技术督查指导过程中坚持规划不到位不整地、整地不合格不供苗、苗木不达标不栽植、栽植不规范不收工、浇水不彻底不验收原则。为了提高成活率，采取"座水"栽植办法，制定详细技术规程，提高景观效果和绿化品位。投资135.7万元购置打药机、割灌机、绿篱机、高枝油锯等大型抚育工具115台（把），高枝剪、人字梯、修枝锯（剪）等小工具8200多台（把），自2012年1月9日正式启动对公路沿线绿化、围城围乡镇绿化、庄点绿化、重点项目区绿化共计13万亩681万余株乔木林和经果林进行修剪抚育。依法

严厉打击涉林违法犯罪案件，全年共受理林业行政案件13起，查办12起，行政罚款7000余元。根据《自治区林业局关于做好2012年全区营造林核查验收工作的通知》（宁林造发〔2012〕344号）要求，县林业部门组织专业技术人员分8个小组于2012年8月25日至29日对全县2012年造林地块逐小班、逐地块进行自查验收。自查结果为：2012年盐池县完成人工造林14.06852万亩，其中成活率在85%以上的合格面积8.9434万亩，成活率在75%—84%的面积3.348万亩，成活率在70%—74%的面积870.5亩，成活率在41%—69%的面积1.69万亩；自治区林业局下达盐池县2012年人工造林任务7.4万亩，完成任务的120.8%；下达封山育林3.5万亩，完成任务的100%。

2013年，盐池县认真贯彻党的十八大精神，坚持"生态立县"战略不动摇，深入实施以生态建设为主的林业发展战略，以建设环境优美、生态文明为总目标，以改善生态、改善民生为总任务，推动全县生态文明持续发展，全面完成自治区林业局下达各项任务指标。全年计划人工造林10.0350万亩（其中春季造林2.527万亩），封山育林30万亩，平茬转化柠条40万亩，草原可持续管理10万亩中幼林抚育1万亩。实际完成人工造林10.90659万亩（其中成活率达到85%以上的合格面积83701.1亩，成活率在75%—84%的面积709.6亩，成活率在70%—74%的面积9138.7亩，成活率为41%—69%的面积15516.5亩），为自治区林业局下达盐池县人工造林任务7.5万亩的111.6%；完成狼洞沟飞播造林封育2万亩，完成下达任务的100%；封山育林30万

亩；平茬柠条 40 万亩；修剪林木 14.1 万亩 760 万株，完成任务的 108%；完成退耕还林补植补造 10.5 万亩。根据不同区域立地条件，人工造林分布全县各个乡镇，其中花马池镇 0.9169 万亩（春季造林 0.6669 万亩，含义务种植榆树 0.1773 万亩及发包种植榆树 0.3134 万亩、樟子松 0.1762 万亩，夏播柠条 0.25 万亩）；大水坑镇 0.965 万亩（春季围城镇榆树

2013 年 6 月 14 日，自治区林业厅和盐池县政府组织了全县飞播造林种草工程启动仪式

造林 0.05 万亩，夏播柠条 0.915 万亩）；惠安堡镇 1.473 万亩（春季隰宁堡新村绿化造林 0.028 万亩，树种主要为榆树、香花槐、垂柳、苹果、梨、枣树等，夏播柠条 14450 亩）；高沙窝镇 2.192 万亩（春季围城镇榆树造林 0.05 万亩，夏播柠条 2.142 万亩）；王乐井乡夏播柠条造林 0.42 万亩；青山乡夏播柠条造林 0.286 万亩；冯记沟乡 0.64 万亩（春季围乡榆树造林 0.09 万亩，夏播柠条 0.55 万亩）；麻黄山乡 3 万亩（春季鱼鳞坑栽植小刺槐 1.5 万亩，夏播柠条 1.5 万亩）。围城绿化主干线完成树种补植改造 1421 亩（榆树 1016 亩、92471 株，红柳 372 亩、163000 株，垂柳 33 亩、13000 株）。各片区树种主要为樟子松、榆树、香花槐、垂柳、柠条、小刺槐、枣树、苹果、红柳、梨等，樟子松、榆树、香花槐、垂柳栽植密度为 3m×3m，柠条、红柳栽植密度为 1m×2m。苗木规格为要求榆树胸径为 3cm 和 3.5cm，截杆 2.2m；香花槐胸径 4cm；垂柳胸径 5cm，截杆 2.8m，根系完整，杆形通直；樟子松

苗高 1.2m、冠幅 80cm，苗高 1m，冠幅 60cm，根系带完整的土球；小刺槐地径 ≥ 1.5cm，截杆 20cm；经济林地径 ≥ 1cm。榆树、垂柳、香花槐种植穴为 80cm×80cm×80cm，苹果、梨、枣树种植穴为 60cm×60cm×60cm，柠条整地规格为 3m×3m（3 米种植带、3 米保护带，每种植带内栽植 2 行，行间距 2 米）。要求各乡镇对 2008 年以来栽植的乔木林、经济林需补植区进行补植。各乡镇自行组织围城镇、村庄、道路人工造林 9.008 万亩（花马池镇 0.25 万亩，大水坑镇 0.915 万亩，惠安堡镇 1.445 万亩，高沙窝镇 2.142 万亩，王乐井乡 0.42 万亩，青山乡 0.286 万亩，冯记沟乡 0.55 万亩，麻黄山乡 3 万亩）。上述各项造林项目中，发包造林 0.7814 万亩（其中花马池镇 0.4896 万亩，含榆树造林 3134 亩、樟子松造林 1762 亩；冯记沟乡围乡榆树造林 0.09 万亩；大水坑围城镇榆树造林 0.05 万亩；惠安堡隰宁堡移民新村绿化种植榆树、香花槐、垂柳、樟子松等 0.028 万亩；高沙窝镇围城镇榆树造林 0.05 万亩，

补植改造 0.0732 万亩）。发包造林由县环境保护和林业局负责规划设计，各乡镇政府为发包主体，政府采购中心统一招标实施。发包工程结束后，由各乡镇组织技术人员会同两办督查室、发改、财政、审计等部门进行验收合格后以 4 : 3 : 3 比例分 3 年支付合同款项。全年绿化造林共需资金 5045.8 万元，其中造林项目投资 4647.9 万元（通过项目解决 1754.3 万元，政府解决 2893.6 万元），修建林道投资 97.2 万元，铺设输水管道投资 300.7 万元。

2014 年，盐池县委、县政府认真贯彻落实中共中央生态文明"五位一体"思想，以科学发展观为指导，按照"北治沙，中治水，南治土"总体思路，坚持生态立县战略不动摇，深入实施以生态建设为主的林业发展战略，以改善生态、改善民生为总任务，坚持以打造宁夏东部绿色生态屏障、建设"美丽盐池"为目标，统筹全县林业生态建设和环境保护工作协调发展。全年计划人工造林 6 万亩，封山育林 30 万亩，平茬转化柠条 40 万亩。全年实际完成人工造林 8.74735 万亩（成活率在 85% 以上合格面积 7.3808 万亩），其中乔木林 1.23926 万亩，灌木林 6.14154 万亩，成活率在 70%—84% 的面积 0.46365 万亩，成活率在 41%—69% 的面积 0.8474 万亩，成活率小于 40% 的面积 0.0555 万亩；封山育林 2 万亩，完成计划任务的 100%；平茬柠条 40 万亩；巩固退耕还林成果荒山补植补造 9.71 万亩；天保工程补植补造 5.2 万亩；世行项目治理面积 11.24 万亩（扎设草方格栽植灌木林 0.96 万亩、封育 7.02 万亩、防护林种植 3.26 万亩）；2006 年 1 万亩退耕地顺利通过国家核查验收。2014 年林业建设项目在全县 8 个乡镇皆有分布，其中花马池镇人工造林 0.5380 万亩（城西泄洪渠绿化 81 亩、王圈梁节点绿化 1029 亩、灌区林网建设 270 亩、夏播柠条 4000 亩），封育 4 万亩，柠条平茬 8.5 万亩。高沙窝镇人工造林 1.0404 万亩（郭巴线绿化 300 亩、高速公路节点绿化 104 亩、夏播柠条 1 万亩），封育 3 万亩，柠条平茬 6 万亩。大水坑镇人工造林 0.55 万亩（冯大路绿化 300 亩、鱼鳞坑造林 3200 亩、夏播柠条 2000 亩）；封育 2.5 万亩，柠条平茬 5 万亩。惠安堡镇人工造林 0.4182 万亩（老盐池及 211 国道节点绿化 418 亩、移民新村绿化 466 亩、灌区林网建设 298 亩、夏播柠条 3000 亩），封育 1.5 万亩，柠条平茬 4 万亩。王乐井乡人工造林 0.0872 万亩（王乐井至佟记山道路绿化 210 亩、灌区林网建设 162 亩、夏播柠条 500 亩），封育 3 万亩，柠条平茬 6.5 万亩。冯记沟乡人工造林 0.607 万亩（冯青路和冯大路绿化 1110 亩、高速公路节点绿化 329 亩、灌区林网建设 175 亩、夏播柠条 4000 亩），封育 2 万亩，柠条平茬 3 万亩。青山乡人工造林 1.0806 万亩（冯青路和盐大路节点绿化 200 亩、盐大路绿化 100 亩、拓明公司园区绿化 342 亩、高速公路节点绿化 168 亩，夏播柠条 9996 亩），封育 2.5 万亩，柠条平茬 5 万亩。麻黄山乡人工造林 1.31 万亩（鱼鳞坑造林 9100 亩、生态经济林 1000 亩、夏播柠条 3000 亩），封育 1.5 万亩，柠条平茬 2 万亩。围城造林 0.6672 万亩，城北防护林三期建设 0.6672 万亩（发包造林 0.5265 万亩，环林局及机关干部义务植树种植樟子松、榆树 0.1407 万亩）；307 国道两侧及青银高速公路北侧补植补造 0.7195 万亩，由哈巴湖管理局组织实施；住建局规划设计并组织实施县城高速公路立交桥区造林 0.036 万亩。树种主要选择为樟子松、新疆杨、榆树、香花槐、垂柳、柠条、小刺槐、枣树、山杏、红柳等。各乡镇 2008 年以来栽植的乔木、经济林需补植片区由各乡镇自行采购苗木进行补植。2014 年各乡镇自行安排造林 61413 亩（花马池镇 4351 亩，大水坑镇 5500 亩，惠安堡镇 3716 亩，高沙窝镇 10300 亩，王乐井乡 872 亩，青山乡 10638 亩，冯记沟乡 5741 亩，麻黄山乡 13100 亩，哈巴湖管理局造林 7195 亩）。上述造林项目中，由政府采购中心统一发包造林 0.7721 万亩（其中王圈梁节点绿化 1029 亩，县城高速公路立交桥区 360 亩、高沙窝节点 104 亩、冯记沟节点 329 亩、青山节点 168 亩，城北防护林 III 期 5265 亩，隰宁堡新村 466 亩）。除县城高速公路立交桥片区外，其他区域发包造林由县环林局负责规划设计，王圈梁、高沙窝、冯记沟、青山公路节点由所在乡镇发包，城北防护林 III 期由县环林局发包，隰宁堡移民新村由惠安堡镇发包。所有发包项目由政府采购中心统一招标，工程结束后，由各发包单位组织技术人员会同两办督查室、发改、财政、审计等部门进行验收，合格后以 4∶3∶3 比例分三年支付工程款项。分别由交通局、住建局实施新修城北防护林生态体系 III 期工程新修主干道砾石路 6 公里，简易作业路 10 公里，铺设输水管道 10 公里。2014 年全县

人工造林共计投入资金 12159.07 万元，其中造林投资 11503.07 万元，修建林道 56 万元，铺设输水管道 600 万元。

2015 年，盐池县继续加大林业生态建设力度，全年计划人工造林 6.917 万亩（其中春季造林 1.617 万亩，春季造林计划用乔木苗 192.6 万株，种子 5.3 万公斤）；柠条平茬 20 万亩，封山育林 2 万亩。6.917 万亩人工造林面积（发包造林 0.885 万亩）分项目实施如下：城北四期工程樟子松、榆树造林 0.55 万亩（环林局发包造林 4700 亩、机关干部义务植树 800 亩）；环林局招标实施城东工程造林（樟子松）441 亩；美丽乡村绿化造林 0.1471 万亩（其中花马池镇盈德村 50 亩、裕兴村 76 亩、曹泥洼村 99 亩；高沙窝镇南梁村 86 亩；冯记沟乡老庄子村 400 亩、叶儿庄村 100 亩；惠安堡镇大坝村 36 亩、萌城村 215 亩、老盐池村 18 亩；青山乡青山村 60 亩、古峰庄村 65 亩；王乐井乡郑记堡子村 80 亩、郭记洼村 100 亩；大水坑镇新泉井村 41 亩、宋堡子 45

2015 年 3 月下旬，盐池县农村春季植树造林作业现场

亩。大坝村、萌城村由环境保护和林业局负责招标实施；盈德村、裕兴村、曹泥洼村、南梁村、老庄子村、叶儿庄村、老盐池村、青山村、古峰庄村、郑记堡子村、郭记洼村、新泉井村、宋堡子村由环林局提供苗木，村上组织造林）。长城旅游沿线造林1742亩，以张记场博物馆、安定堡古城为造林重点区，并对长城沿线红柳滩、芨芨滩片区进行补植，具体由文广局、花马池镇、高沙窝镇、王乐井乡和环林局负责招标实施；高沙窝工业集中区规划造林716亩，由高沙窝镇、工业和商务局、环林局招标实施；赵记湾大接杏示范区造林1000亩，由麻黄山乡、环林局招标实施；高沙窝镇魏庄子（施记圈）治沙项目区计划治理面积3300亩，由高沙窝镇、环林局以世界银行项目组织实施。所有发包工程由政府采购中心统一招标，工程结束后由发包责任单位组织技术人员会同财政、审计、监察等部门进行验收，苗木成活率达到90%以上合格标准后，按照4∶3∶3比例分3年支付工程款项（其中长城旅游沿线红柳滩、芨芨滩绿化补植管护两年，经验收成活率达到90%以上后，按照6∶4比例分两年支付工程款项）。夏播造林5.5万亩，其中花马池镇0.5万亩，高沙窝镇2万亩，冯记沟乡0.6万亩，惠安堡镇0.5万亩，青山乡0.6万亩，王乐井乡0.5万亩，大水坑镇0.5万亩，麻黄山乡0.3万亩（夏播柠条0.1万亩，鱼鳞坑栽植曹杏、红梅杏0.2万亩），所需种子由各乡镇自行采购，验收合格后由环林局按标准予以兑现。造林树种选择为樟子松、桧柏（北京桧）、榆树、沙枣、国槐、香花槐、垂柳、柠条、灵武长枣、大接杏（曹杏、红梅杏）、李子、樱桃、杜梨子、玫瑰

等。由县交通局、环林局、水务局分别负责修筑城北四期工程造林新修干道公路12公里、林地简易作业路23公里，铺设输水管道46公里。根据自治区林业厅《自治区林业厅市、县（区）造林面积和森林覆盖率年度考核方案的通知》《自治区林业厅关于做好2015年全区营造林工程核查验收工作的通知》要求，县环林局组织有关单位、乡镇于10月8日至25日对全县造林项目进行自查验收，验收结果为：2015年全县完成人工造林65415.7亩（2015年自治区林业厅下达盐池县人工造林任务5.7万亩），成活率在85%以上合格面积6.11636万亩，其中乔木林0.50517万亩（生态林0.49141万亩，经济林0.01376亩万），灌木林5.61119万亩（生态林5.60166万亩，经济林95.3亩），成活率70%—84%的面积0.42521万亩；完成封山育林3.52万亩，完成自治区林业厅下达任务的100.5%。2015年全县绿化造林共计投入资金6009.85万元（县级财政投入资金2700.54万元），其中发包造林1568.94万元；春季造林经费（规划、监理、作业路修筑、围栏补偿等费用）100万元；各乡镇造林、义务植树种苗费285.6万元；城北四期工程造林5500亩3008.71万元；城东工程造林441亩339.3万元；美丽乡村绿化造林1471亩335.43万元；长城旅游沿线绿化造林1742亩471.53万元；高沙窝工业集中区绿化造林716亩274.38万元；赵记湾大接杏示范区绿化造林1000亩294万元；高沙窝镇魏庄子（施记圈）治沙项目区造林0.33万亩313.5万元；夏播造林5.5万亩127万元；修筑干道公路12千米96万元；铺设输水管道650万元。

"十三五"时期是我国全面建成小康社会关

键时期，也是深化改革开放、加快转变经济发展方式攻坚时期，更是发展现代林业、建设生态文明、推动林业可持续发展重要战略机遇期。盐池县委、县政府认真贯彻落实中央、自治区一系列关于加强生态文明建设意见精神，持续推动生态建设上台阶、提质量、增效益，为建设山川秀美、生态文明、绿色和谐的美丽盐池作出新的更大贡献。

王乐井乡郑家堡村美丽村庄绿化新植樟子松（摄于 2015 年 8 月）

"十三五"期间，除国家重点林业生态建设项目外，盐池县委、县政府结合县域经济发展布局谋划生态建设重点包括四个项目。项目一：长城旅游带生态建设项目，规划期限五年（2016—2020 年）。项目位于盐池县境北部明长城沿线，主线自高平堡至毛卜喇古城，与明长城旅游线并行 67.1 千米；支线自通用机场经白春兰治沙业绩园至高平堡古城，全长 28.6 千米。工程预算总投资 11658.38 万元。通过沿长城旅游带生态建设项目，既保护和改善了明长城沿线生态环境，又通过长城和生态旅游年吸引游客 20 万人次，实现年旅游收入 4000 万元。项目二：国家沙漠公园建设项目，规划期限五年（2016—2020 年）。国家沙漠公园总规划面积 627.9 公顷，分南北两个片区，区划为荒漠保育区、宣教展示区、荒漠体验区、管理服务区四个功能区，项目工程分两期实施，预算总投资 8000 万元以上。该项目完成后能够更好地保护和展现盐池防沙治沙成果，在合理利用沙生资源和人文历史资源基础上促进当地经济发展。项目三：柠条平茬建设项目，规划期限五年（2016—2020 年）。截至"十二五"末全县柠条保有量达到 260 万亩，每年需要平茬柠条 40 万亩，为满足 3 年一次平茬复壮和转饲要求，计划到"十三五"末全县至少需要建成柠条平茬转饲加工基地 12 个（已建成 4 个，待建 8 个），预算总投资 3000 万元。项目四：县城东北部排水沟综合治理项目，规划期限五年（2016—2020 年），建设内容主要是将污水处理厂提标扩建为 1.5 万 m³/d 的综合性污水处理厂，建成人工湿地 7.5 万平方米，铺设工业园区污水管网 12 千米，建成排水沟监测能力工程，整个工程预算总投资 9755 万元。

2016 年，盐池县根据《自治区绿化委员会办公室关于下达 2016 年营造林任务的通知》（宁绿办发〔2016〕2 号）、自治区林业厅《2016 年精准造林实施方案和林业重点工程建设项目实施方案》《宁夏 2016 年营造林及森林覆盖率目标责任书》下达任务指标，计划全年实施人工造林 3.0375 万亩（其中春季造林 1.0375 亩，占全年任务的 34.2%），以长城旅游观光带生态修复、青山乡猫头梁示范点治理、围乡镇造林、美丽村庄绿化、麻黄山经果林等片区为绿化重点进行春季造林，计划用苗 93 万株（发包造林用苗 70.1 万株、机关义务植树及乡镇造林用苗 22.9 万株）；封山育林 2 万亩，平茬柠条 20 万亩。人工造林总面积 3.0375 万亩（其中发包造林面积 0.6207 万亩），包括：长城旅游带绿化造林 0.2 万亩，附沙地栽植花棒、杨柴、沙打旺，乔木林树种设计为樟子松、榆树、金叶榆等，由文广局、花马池镇、高沙窝镇、王乐井乡、环林局负责协调地块，招标实施；青山乡猫头梁生态绿化 0.1 万亩，种植樟子松、榆树、金叶榆、紫穗槐、山杏、山桃等，由青山乡、环林局负责组织招标实施；城东北水系植树造林 0.05 万亩，种植红柳、榆树、金叶榆等，由花马池镇、环林局负责组织招标实施；麻黄山乡张记湾片区造林 0.13 万亩，树种为曹杏或红梅杏，由麻黄山乡环林局负责组织招标实施；惠大路两侧道路绿化 0.1 万亩，种植榆树，由大水坑镇、惠安堡镇环林局负责组织招标实施；青山乡灵应山景观绿化 0.02 万亩，种植樟子松，由青山乡环林局负责组织招标实施；大水坑镇镇区至新建村沿路绿化 0.015 万亩，种植榆树，由大水坑镇环林业局负责组织招标实施；高沙窝镇宝塔、营西商业街绿化 57 亩，种植樟子松、国槐、金叶榆等，由高沙窝镇环林局负责组织招标实施。所有发包工程由政府采购中心统一招标，工程结束后由责任单位组织技术人员会同县财政、发改、审计等部门进行验收，苗木成活率达到 90%（含 90%）以上合格标准，按照 4：3：3 比例分 3 年支付工程款项目。全县实施人工苗木

造林 0.4168 万亩，其中青山乡猫头梁机关义务种植榆树造林 0.1 万亩；美丽乡村建设造林 0.0601 万亩（其中花马池镇裕兴、盈德、惠泽、四墩子、东塘、苏步井村共计 124 亩；高沙窝镇南梁村 75 亩；王乐井乡狼洞沟村 40 亩，孙家楼村 55 亩；冯记沟乡回六庄村 60 亩、马儿庄村 14 亩；青山乡营盘台村 60 亩；惠安堡镇老盐池村 5 亩；大水坑镇新泉井村 52 亩、宋堡子 47 亩、二道沟村 65 亩、王新庄村 4 亩），树种主要为垂柳、樟子松、金叶榆、曹杏、红梅杏等，均由涉及乡镇组织实施，县环林局提供苗木。乡镇（含补植补造）规划造林 0.2567 万亩，由涉及乡镇组织实施，县环林局负责提供苗木。树种主要选择为樟子松、刺槐、榆树、金叶榆、国槐、香花槐、垂柳、灵武长枣、曹杏或红梅杏、李子、紫穗槐、柠条、花棒、杨柴、沙打旺等。夏播柠条（荒山造林）造林 2 万亩（花马池镇 0.1 万亩；高沙窝镇 0.8 万亩；王乐井乡 0.2 万亩；冯记沟乡 0.2 万亩；青山乡 0.2 万亩；惠安堡镇 0.1 万亩；大水坑镇 0.2 万亩；麻黄山乡 0.2 万亩）。各乡镇所需柠条种子自行采购，待造林验收合格后由环林局按标准予以兑现。全县造林 3.0375 万亩共需资金 3411.93 万元，其中发包造林 0.6207 万亩 2651.4 万元，机关义务植树 0.1 万亩 112 万元，美丽乡村绿化 0.0601 万亩 98.95 万元，乡镇造林 0.2567 万亩 153.58 万元，夏播柠条 2 万亩 240 万元，青山乡猫头梁造林区新修干道 7 公里 56 万元，春季造林准备费 100 万元。2016 年全县重点工程完成人工造林 2.5904 万亩（成活率在 85% 以上合格面积 2.4616 万亩），其中黄土高原综合治理林业示范建设项目乔木林 0.2005 万亩、灌木林

1.2006万亩；中央财政造林补贴项目造林0.6万亩；其他造林项目0.4605万亩；完成退化林分改造1.0001万亩；未成林补植补造6.5787万亩，成活率在70%—84%的面积0.1288万亩；封山育林2万亩；森林抚育3万亩。完成人工造林任务的107%（2016年人工造林任务2.3万亩），完成封山育林任务的100%。全县累计完成植树造林8.4万亩（其中新一轮退耕还林4万亩，退化林分改造2万亩），完成造林任务2.8倍；封育2万亩，平茬柠条20万亩，均完成任务的100%。

根据自治区林业厅关于《市、县（区）造林面积和森林覆盖率年度考核方案》（宁林办发〔2016〕157）要求，盐池县林业部门组织对全县各乡镇年度有林地、国家特别规定灌木林地和未成林造林地面积进行调查，调查内容包括因植树造林、林业工程建设等增加的有林地、灌木林地和未成林造林地面积；未成林地转化成有林地和特灌面积；因建设项目占用征收而减少的有林地和特灌面积；毁林开垦、非法占用的有林地和特灌面积，以及因灾害原因损毁的有林地和特灌面积。本次调查包括内业判读区划、外业核实调查、统计汇总计算森林覆盖率等3个关键技术环节。内业判读区划的方式，先是提取"林地一张图"中有林地、国家特别规定灌木林和未成林造林地，参照植树造林、森林采伐、森林灾害和占用征收林地等资料，再参照遥感影像判读区划疑似有林地和特灌变化的图斑形成判读区划底图，填写属性因子。再是依据判读区划

底图，现地调查验证区划图斑，完善属性信息，变更调查核实。三是汇总有林地、特灌和未成林造林地图斑，形成森林覆盖率汇总统计数据。通过调查，盐池县截至2016年实有森林总面积121065.08公顷，其中有林地7552.6公顷，灌木林地113512.48公顷；未成林地40726.45公顷。经调查核实，林地变化主要有以下几个方面的原因：人工造林由未成林转入成林面积8001.11公顷。在林地保护利用规划中错划林地面积1213.1公顷。近年来因干旱等原因致使造林失败林地面积1120公顷。本次林地覆盖率调查是在保护利用规划的底图上判读区划，然后进行现场验证。修正了原有错划、漏划等小班图，剔除了近年来造林失败小班，纳入了新造林小班，把原有未成林小班中达到成林的小班纳入森林统计面积。自查结果为：原有森林面积163.2万亩，森林覆盖率为19.06%，经调查核实，截至2016年底净增森林面积16.4万亩，森林总面积达到181.6万亩，森林覆盖率达到20.9%。

麻黄山大接杏

是年，盐池县还完成了"十二五"防沙治沙目标责任考核和退耕还林工程实绩核查，"三北"防护林五期建设代表自治区通过国家验收，《盐池县国有林场改革方案》通过区林业厅审批，国家沙漠公园通过国家林业局专家评审，成功举办全区柠条平茬现场观摩会，被国家林业局确定为柠条平茬利用示范县，被全国绿化委员会评为全国防沙治沙先进集体。

2017年，盐池县计划新增造林面积4.3万亩（其中灌木林2万亩，乔木林0.2万亩，经济林0.1万亩，退耕还林2万亩）；人工造林3.0437亩，其中春季造林1.0437亩，占全年任务的34.3%，计划用苗50.5万株（发包造林用苗33.6万株、机关义务植树及乡镇造林用苗16.9万株）；退化林分改造2万亩；封山育林3万亩；平茬柠条20万亩。继续坚持"生态立县"战略不动摇，以猫头梁景观防护区、长城旅游观光带、麻黄山经果林基地建设等项目为重点，大力实施禁牧还绿、造林增绿、产业兴绿改造提升工程。3.0437

万亩人工造林面积中，其中发包造林0.7083万亩，其中长城旅游带绿化造林0.3万亩，主要栽植小叶杨（胡杨）、刺槐、金叶榆、沙棘、长柄扁桃及其他灌木等；荣兴加气站至通用机场道路两侧绿化188亩，种植金叶榆（低杆）、紫穗槐、忍冬等；黄记台光伏旅游村庄绿化184亩，种植金叶榆（低杆）、榆树、刺槐等；牛王线至307国道种植榆树181亩；大水坑特色小城镇造林绿化500亩；二道湖、猫头梁自然村种植曹杏、红梅杏、连翘等800亩；黄羊岭、刘记口子、佘记洼子村种植曹杏、红梅杏2000亩；麻黄山乡下高窑庙周边绿化种植紫穗槐、山桃、柠条等230亩。所有发包工程均以相关乡镇、部门为责任单位，政府采购中心统一招标实施。工程结束后由责任单位组织林业技术人员会同县财政、发改、审计等部门进行验收，苗木成活率达到90%（含90%）以上合格标准后，按照4∶3∶3比例分三年支付工程款项，当年验收不合格工程顺延承包期一年，直至工程合格达标。提供苗木造林0.3354万亩，其中青山乡猫头梁机关义务植树造林0.12万亩，设计树种为榆树、刺槐，义务植树由各机关单位完成并负责抚育管护。美丽乡村绿化造林0.1772万亩（高沙窝镇施记圈村、兴武营村、顾记圈村19亩；王乐井乡西沟村、曾记畔村、刘相庄村165亩；冯记沟乡暴记春村78亩、汪水塘村70亩、岔岭村60亩；青山乡方山村、

王乐井乡枣树种植基地（2017年8月周勇摄）

西台村、南梁村、海子塘村、尚圈村 407 亩、古峰庄村 150 亩、郝记台行政村 500 亩；惠安堡镇老盐池村 125 亩；大水坑镇宋堡子村、向阳村、二道沟村 118 亩；麻黄山乡赵记湾村 30 亩，后洼街道与前塬村 50 亩），树种主要为垂柳、金叶榆、榆树、国槐、樟子松、经果林等，由涉及乡镇组织实施，环林局提供苗木。各乡镇自行组织造林 382 亩，由涉及乡镇组织实施，环林局负责提供苗木。夏播柠条（荒山造林）造林 2 万亩（其中花马池镇 0.1 万亩；高沙窝镇 0.9 万亩；王乐井乡 0.1 万亩；冯记沟乡 0.3 万亩；青山乡 0.2 万亩；惠安堡镇 0.2 万亩；大水坑镇 0.1 万亩；麻黄山乡 0.1 万亩），所需柠条种子由各乡镇自行采购，造林验收合格后由县环林局按照标准予以兑现。荒山造林树种选择为刺槐、榆树、金叶榆、国槐、垂柳、灵武长枣、樟子松、曹杏或红梅杏、李子、紫穗槐、柠条等。全县人工造林 3.0437 万亩共计投入资金 3388 万元（县财政投入资金 1000 万元，其余 2388 万元整合项目资金解决），其中发包造林 0.7083 万亩 2632 万元；机关义务植树 0.12 万亩 134 万元；美丽乡村建设 0.1772 万亩 104 万元；乡镇造林 0.0382 万亩 34 万元；夏播柠条 2 万亩 320 万元；青山乡猫头梁造林区新修干道 8 千米 64 万元。春季造林准备工作经费（规划设计费、监理费、修作业道、挖假植坑、围栏补偿等）100 万元。按照《自治区绿化委员会办公室关于下达 2017 年营造林任务的通知》文件精神和年初签订的《宁夏 2017 年营造林及森林覆盖率目标责任书》要求，林业部门于 10 月 1 日至 30 日组织对全县造林项目进行了自查验收。根据验收结果，2017 年盐池县完成人工造林 2.7817 万亩（成活率在 85% 以上合格面积 2.2237 万亩），其中黄土高原综合治理林业示范建设项目营造乔木林 0.2029 万亩、灌木林 2.0208 万亩，成活率在 60%—84% 面积 0.5580 万亩；退化林分改造 2.0001 万亩，未成林补植补造 3 万亩，封山育林 2 万亩，森林抚育 2.5 万亩；完成人工造林任务 4.2 万亩的 102%，完成封山育林任务 2 万亩的 100 %。同时组织对 2014—2017 年所有发包造林项目进行全面跟踪检查，确保工程质量合格达标。

2018 年，盐池县继续坚持以"绿水青山就是金山银山"理念为指针，坚定不移地实施生态立县战略，按照"北治沙、中治水、南治土"发展思路，突出"沿线、沿路、依水"重点生态治理，着力为建设"多彩盐池"加快建设步伐。认真按照《自治区绿化委员会办公室关于下达 2018 年造林绿化任务的通知》《宁夏 2018 年营造林及森林覆盖率目标责任书》和自治区林业厅《2018 年精准造林实施方案和林业重点工程建设项目实施方案》要求，切实做好任务指标落实工作。全年计划人工造林 6.1610 万亩（含新造林区封育 0.5500 万亩），其中春季造林 0.9698 万亩，春季造林共计用苗 41.8 万株（发包造林用苗 19.9 万株、机关义务植树及乡镇造林用苗 21.9 万株）；完成柠条平茬 20 万亩，封山育林 2 万亩，退化林分改造 2 万亩，封育治理 2.3 万亩。继续组织实施好退耕还林、"三北"防护林和天然林保护工程，强化森林病虫害防治、林木管护、湿地保护、野生动植物保护工作，计划新增造林面积 2.8 万亩（灌木林 1.8 万亩，乔木林 0.2 万亩，退耕还林 0.8 万亩）。实际完成新增造林 2.2 万

日借嫩黄著山碧（2018年8月摄于麻黄山乡）

亩，封山育林 2.5 万亩，平茬柠条 20 万亩。实施 6.1610 万亩（含新造林区封育 0.55 万亩）人工造林，其中发包造林 0.508 万亩，包括：长城旅游带绿化造林 500 亩，栽植小胡杨、榆树、刺槐、金叶榆等树种；高沙窝镇兴武营村绿化造林 100 亩，栽植小胡杨、沙枣、红柳、桃、杏等树种；哈巴湖南梁路绿化造林 350 亩，栽植榆树、刺槐；猫头梁生态治理区绿化造林 1000 亩，栽植小胡杨、樟子松、刺槐等树种；青山乡至灵应山绿化造林 800 亩，栽植榆树、刺槐、樟子松等树种；北马坊绿化造林 180 亩，栽植小胡杨、刺槐、樟子松、金叶榆及经果林；大水坑向阳至摆宴井公路林 200 亩，栽植榆树、刺槐等；大水坑小城镇出口绿化 250 亩，栽植垂柳、樟子松、国槐、金叶榆、桧柏球等树种；麻黄山乡高崾岘、羊圈山等村周边绿化造林 1700 亩，栽植曹杏、红梅

杏。所有发包工程皆由所在乡镇、部门为发包责任单位，由县政府采购中心统一组织招标，工程结束后由责任单位组织技术人员会同县财政、发改、审计等部门进行验收，苗木成活率达到 90%（含 90%）以上合格标准，则按照 4 : 3 : 3 比例分 3 年支付工程款项（麻黄山乡大接杏种植按照 3 : 4 : 3 比例分 3 年支付）。提供苗木造林面积 0.3098 万亩（其中青山乡猫头梁机关义务植树造林 0.1 万亩，栽植榆树、刺槐等）。美丽乡村巷道绿化 0.1483 万亩（高沙窝镇大疙瘩村 71 亩，王乐井乡石山子村、牛记圈村、郑家堡村、王乐井村、曾记畔村、狼洞沟村、孙家楼村、刘四渠村 229 亩，冯记沟乡双庄坑村、牛记口子村、苦水村 518 亩，青山乡雷记沟村、月儿泉村 尖山湾村、北马房村 229 亩，惠安堡镇老盐池村 202 亩，大水坑镇宋堡子村、井沟村 211 亩，麻黄山

乡管记掌村、胶泥湾村23亩）；庭院经济林计划实施200个自然村、8104户，每户10株，共计用苗81040株。树种主要设计为樟子松、金叶榆、榆树、国槐及经果林等；乡镇其他区域造林0.2135万亩，均由涉及乡镇组织实施，县环林局提供苗木。夏播柠条（荒山造林）造林2.3412万亩（包括花马池镇0.1万亩，高沙窝镇0.7212万亩，王乐井乡0.32万亩，冯记沟乡0.3万亩，青山乡0.3万亩；惠安堡镇0.3万亩；大水坑镇0.2万亩；麻黄山乡0.1万亩），各乡镇所需柠条种子自行采购，造林验收合格后由县环林局按照标准予以兑现。封育治理面积2.3万亩，其中花马池镇0.66万亩（由哈巴湖国家级自然保护区实施），高沙窝镇0.3万亩，王乐井乡0.36万亩，冯记沟乡0.6万亩，青山乡0.2万亩；惠安堡镇0.18万亩，树种选择为小胡杨、刺槐、榆树、金叶榆、国槐、垂柳、樟子松、桧柏球、曹杏或红梅杏、枣树、紫穗槐、柠条等。全县人工造林6.1610万亩（含新造林区封育5500亩）共计投入资金6658万元（县财政投入资金1300万元，其余5358万元整合项目资金解决），其中发包造林0.5080万亩2719万元；机关义务植树0.1万亩126万元，美丽乡村绿化造林0.1483万亩732万元，封育治理2.3万亩2300万元，乡镇造林0.2135万亩（含文冠果0.1520万亩）226万元，夏播柠条2.3412万亩375万元，青山乡猫头梁造林区新修干道8千米80万元，春季造林准备工作经费100万元。2018年，盐池县完成重点工程人工造林2.224万亩（成活率在85%以上合格面积2万亩），其中黄土高原综合治理林业示范建设项目乔木林0.2万亩、灌木林1.8

万亩，成活率60%—84%面积0.224万亩；退化林分改造4.0099万亩；未成林补植补造2万亩；封山育林2.5073万亩；森林抚育3万亩；柠条平茬4.0008万亩；完成自治区下达盐池县人工造林任务2万亩的100%；完成封山育林任务2.5万亩的100%。

2019年，盐池县坚持以习近平新时代中国特色社会主义思想为指导，牢固树立和践行新发展理念，切实增强加快林业改革发展、维护森林生态安全责任感、使命感，着力推进林业现代化建设。全年计划新增造林面积2.5288万亩（营造灌木林1.64万亩、乔木林0.36万亩、退耕还林0.5288万亩）；退化林分改造2万亩；封山育林2万亩；森林抚育6万亩；平茬柠条20万亩。全年实际完成人工造林4.0404万亩，其中春季造林0.8404万亩，用苗34.17万株（发包造林用苗18.9万株、机关义务植树及乡镇造林用苗15.27万株）；发包造林0.5380万亩，包括城北围城造林区栽植榆树、刺槐、樟子松等1000亩；惠安堡镇隰宁堡村庄绿化330亩，栽植樟子松、刺槐、杏树等树种；青山乡北马房至营盘台公路造林540亩，栽植樟子松、刺槐；方山、赫记台、猫头梁村级公路沿线经果林示范区栽植杏、桃、李等1000亩；灵应山经果林种植300亩，栽植杏、桃、李等；冯青路沿线（244国道）造林绿化840亩，栽植刺槐、樟子松；冯记沟乡李新庄村庄绿化300亩，栽植樟子松、刺槐、杏等；麻黄山乡麻—后公路两侧栽植刺槐270亩；麻黄山乡管记掌村种植曹杏、红梅杏800亩，均以相关乡镇为发包责任单位，县政府采购中心统一组织招标施工，工程结束后由相关负责单位组织技术人员会同县财政、发改、审计等部门进行验收，苗木成活率达到90%（含90%）以上合格标准，按照4：3：3比例分3年支付工程款项（麻黄山大接杏种植按照3：4：3比例分3年支付）。提供苗木造林0.3024万亩（其中城北机关义务植树造林1000亩，栽植榆树、刺槐）；美丽乡村庄点巷道绿化0.1032万亩（高沙窝镇二步坑、大疙瘩村72亩，王乐井乡鸦儿沟、狼子沟村181亩，冯记沟乡石井坑、苦水村176亩，青山乡月儿泉、尖山湾、红庄村100亩，惠安堡镇老盐池、隰宁堡苦水井、万记塬调庄121亩，大水坑镇马儿沟、柳条井村144亩，麻黄山乡李塬畔村238亩），设计树种为樟子松、金叶榆、刺槐及经果林等；包括庭院经济示范村（大水坑镇双疙瘩、黄记井村，王乐井乡浪子沟村）在内的乡镇其他造林992亩，均由涉及乡镇实施，环林局负责提供苗木（其中文冠果由种植大户自行采购苗木，验收合格后由县环林局按标准兑现补助款）；夏播柠条（荒山造林）1.9万亩（花马池镇0.1万亩，高沙窝镇0.2万亩，王乐井乡0.35万亩，冯记沟乡0.5万亩，青山乡0.3万亩，惠安堡镇0.15万亩，大水坑镇0.2万亩，麻黄山乡0.1万亩），柠条种子由各乡镇自行采购，造林验收合格后由县环林局按照标准予以兑现。封育治理1.3万亩（王乐井乡0.5万亩，冯记沟乡0.3万亩，青山乡0.3万亩，惠安堡镇0.2万亩），树种选择为刺槐、榆树、金叶榆、垂柳、樟子松、曹杏、红梅杏、紫穗槐、柠条等。人工造林4.0404万亩共计投入资金3856万元（县财政投入资金1000万元，其余2856万元整合项目资金解决），其中发包造林0.538万亩1461万元，机关义务植树0.1万亩

126万元，美丽乡村绿化0.1032万亩210万元，封育治理1.3万亩1300万元，乡镇造林0.0992万亩199万元，夏播柠条1.9万亩380万元，青山乡猫头梁造林区新修干道8千米80万元，春季造林准备工作费100万元。

乡镇美丽村庄绿化实施如下政策优惠和管护原则：各乡镇营造的灌木林由涉及乡镇负责管护，验收合格后每亩补助160元，验收不达标的，从县级财政拨付乡镇的林木管护费中每株扣除30元；村庄巷道绿化及农户房前屋后栽植的乔木由乡镇、村组负责组织实施并管护，苗木由县环林局提供；庭院经济示范村发展坚持适地适树原则；积极鼓励具备条件的村庄发展庭院经济，层层签订种植管护协议，确保成活率；由乡镇负责建立台账，明确户名、树种、数量、苗木规格等，每年9—10月份由涉及乡镇、林业、财政、审计等部门组织验收，验收合格后每株补助60元，每户最多按10株标准补助，并按照25%、25%、50%的比例分3年兑现种植农户。

根据自治区林业和草原局印发《自治区绿化委员会办公室关于下达2019年国土绿化任务的通知》（宁绿办发〔2019〕1号）要求，盐池县林业部门认真组织实施全年绿化造林任务，并于10月8日至25日对全县造林工作进行自查验收，验收结果为：全年完成人工造林0.26814万亩，成活率在85%以上造林面积2.4万亩（其中"三北"工程1.98万亩），成活率在60%—84%的造林面积0.2814万亩；退化林分改造1.5万亩；森林质量精准提升工程2万亩；封山育林2万亩；退耕还林0.3万亩；森林抚育6万亩。完成自治区下达盐池县人工造林任务2.4万亩的100%，

盐池县樟子松种植基地（2021年6月周勇摄）

封山育林任务2万亩的100%。组织对2016—2019年所有发包造林工程进行全面跟踪检查，确保工程质量。10月份由环林、财政、审计、发改等部门组织对2017—2019年林业发包工程进行检查验收。

2020年是"十三五"规划收官之年，盐池县林业工作继续坚持以习近平新时代中国特色社会主义思想为指导，牢固树立和认真践行"绿水青山就是金山银山"理念，按照山水林田湖草系统治理要求，坚定"生态立区"战略不动摇。计划新增造林面积2万亩（灌木林），退化林分改造5.1万亩，封山育林2万亩，森林抚育7万亩，柠条平茬20万亩。计划组织实施人工封育造林11.1万亩，其中人工造林9.1万亩（新植2.6万亩、补植补造6.5万亩）、封育治理2万亩；其中春季人工造林计划完成0.6804万亩，用苗38.7万株（发包造林用苗20.5万株、机关义

务植树及乡镇造林用苗17.4万株、2018—2019年机关义务植树区补植0.8万株）。实际完成人工造林11.1804万亩，其中：发包造林面积0.489万亩，其中城北造林区栽植樟子松、刺槐1100亩；大水坑镇污水处理厂至武记塘道路绿化栽植樟子松、刺槐660亩；惠安堡镇金宇浩源养殖园区及其周边绿化栽植樟子松、刺槐150亩；S307高沙窝镇南梁至灵武界道路绿化栽植樟子松、刺槐、榆树720亩；青山乡王记场至灵应寺环境绿化栽植樟子松200亩；青山乡史记湾至西台、灵应寺绿化栽植樟子松等300亩；青山乡南梁村种植曹杏、红梅杏260亩；G244青山段道路绿化栽植樟子松、刺槐等600亩；麻黄山乡李源畔、马儿庄村庄绿化栽植樟子松、刺槐等150亩；麻黄山乡胶泥湾村大接杏种植750亩，以上所有项目由涉及乡镇或部门协调地块等事宜，县自然资源局负责组织招标实施。工程完工后由责任单位会

同县发改、财政、审计等部门及监理公司组织验收，苗木成活率达到90%（含90%）以上的合格面积，按4:3:3比例分3年支付工程款（经果林项目按3:4:3比例支付）。当年验收不合格工程顺延承包期一年，直至工程合格。提供苗木造林面积1914亩，其中城北机关义务植树栽植榆树、刺槐1100亩；乡镇其他区域造林914亩，由涉及乡镇组织实施，县自然资源局负责提供苗木。夏播柠条2万亩（花马池镇、大水坑镇、高沙窝镇、王乐井乡、麻黄山乡各0.2万亩，惠安堡镇、青山乡各0.3万亩，冯记沟乡0.4万亩），所需柠条种子由乡镇自行采购，造林验收合格后由县自然资源局按照补助标准予以兑现。封育治理面积2万亩（花马池镇1万亩，高沙窝镇、冯记沟乡各0.4万亩，惠安堡镇、青山乡各0.1万亩）。补植补造6.5万亩（冯记沟乡1.5万亩，花马池镇、大水坑镇、青山乡各1万亩，高沙窝镇、王乐井乡各0.6万亩，惠安堡镇0.5万亩，麻黄山乡0.3万亩）。鼓励育苗大户协调地块自主承包造林，管护期三年，承包期满后林权交付当地村集体或个人管理，树种选择以樟子松为主，造林密度4m×4m、44株/亩，补助标准为2500元/亩，苗木要求苗高1.0～1.5m，冠幅40～60cm，主干挺直，分支整齐，株冠端正无断枝，根系带土球，无病虫害，栽植坑规格80cm×80cm×80cm，苗木成活率90%（含90%）以上合格面积，补助资金按4:3:3比例分3年兑

现；补植补造作业区造林密度6m×6m、20株/亩；退化柠条改造，在其保护带内沿带向中间每6米栽植一株，补助标准1000元/亩，改造树种以樟子松、刺槐、榆树、桧柏、曹杏、红梅杏、紫穗槐、柠条等为主。11.1804万亩人工造林共计投入资金2926万元（不包含村庄绿化、封育治理、夏播柠条、补植补造及育苗户自主造林投入资金），其中县财政投入春季造林资金1000万元，其余资金整合项目或由项目实施单位解决，其中发包造林4890亩2334万元；机关义务植树1000亩105万元；乡镇造林914亩267万元；2018—2019年机关义务植树区补植资金概算20万元；城北造林区新修干道10千米投入100万元；春季造林准备工作经费100万元。

根据自治区林业和草原局印发《自治区绿化委员会办公室关于下达2020年营造林任务的通知》（宁绿办发〔2020〕1号）要求，盐池县认真组织实施全年绿化造林任务，并于10月8日至25日对全县造林工作进行自查验收，验收结果为：自治区下达盐池县营造林任务共11.1万亩，其中人工造林（灌木林）2万亩、封山育林2万亩、退化林分改造5.1万亩、未成林补植补造2万亩；森林抚育7万亩。盐池县实际完成人工造林2.0008万亩，封山育林2万亩，退化林分改造5.1012万亩，未成林补植补造2.0024万亩；完成森林抚育项目7万亩（"三北"工程灌木平茬），全年森林覆盖率达到27.32%。

第五节　外援项目

1998年，盐池县政府专门成立外援项目办公室，主要组织实施爱德援助项目，以推进环境改善和针对农村妇女扶贫开发作为目的，以引进国外先进生态治理和扶贫理念为支撑，先后引进实施爱德基金会等各种援助项目（包括非生态项目）资金近亿元。2004年7月盐池县防治荒漠化国际援助项目协作中心成立后，继续推进外援生态项目实施。1998年以来，盐池实施的一般外援项目主要有：

1998—2000年，德国米索尔基金会援助盐池县以社会性别为导向的农民自我组织、扶贫和环境改造项目，投资210万元人民币。

1998—2008年，香港基督教协进会和爱德基金会援助重返校园项目，引进资金300万元人民币，资助失学儿童1361人次。

2000—2009年，爱德基金会援助治沙与社区综合发展项目，引进资金1300万元人民币。

2004—2006年，澳大利亚政府援助高沙窝乡社区发展项目，引进资金36万元人民币。

2006—2007年，亚洲基金会援助推动公众参与社区发展项目，引进资金75万元人民币。

2006—2007年，加宁铝业公司援助村级社区发展项目试点，引进资金27万元人民币。

2007—2008年，福特基金会援助妇女发展项目，引进资金50万元人民币。

2010—2011年，全球环境基金和联合国发展署援助环境可持续发展项目，引进资金99.5万元人民币。

2000年以来，盐池县重点实施的外援生态项目主要有爱德项目、日本国政府援助项目、中德财政合作中国北方荒漠化综合治理项目、世界银行贷款宁夏黄河东岸防沙治沙项目等。

一、爱德项目

爱德基金会是从事社会发展工作的民间公益团体，总部在南京，成立于1985年4月，与国内外各有关机构密切合作，开展社区发展与环境保护、公共卫生与艾滋病防治、社会福利、灾害管理、助学助孤、城市社区社会服务、教育与国际交流、社会组织培育等多方面工作。项目区域累计覆盖全国31个省、市、自治区，逾千万人受益。

盐池县实施爱德援助治沙与社区综合发展项目（简称爱德项目），是由南京爱德基金会管理、中国农业大学国际农村发展学院技术支持、盐池县外援项目办公室承担的大型农村综合发展项目，实施年限为 1999 年 12 月至 2002 年 12 月，三年累计完成环境综合治理、生产生活条件改善、小额信贷、培训和行政管理五大类 18 个子项目，基本形成了以井灌、节灌为主的特色庭院经济生态治理区，以草原围栏封育为主的家庭高效畜牧业生态治理区，以乔灌草为主的绿色屏障以及退耕还林还草为主的林草间作生态治理区，使项目区的沙化得到有效遏制，生态环境得到了明显改善。2003 年 5 月至 2004 年 5 月实施过渡期项目。

爱德项目是盐池县引进最大的一个外援农村发展项目，全县共有 3 个乡、28 个自然村设立爱德项目农民活动室。爱德资助失学儿童项目自 1997 年开始实施，至 2003 年 12 月，累计资助小学生 1950 名，实际在校 1617 名，已毕业 333 名，2003 年开始增加资助中学生 300 余名。

2000 年 8 月 23 日—24 日，联合国儿童基金会官员一行对盐池县爱德小额循环贷款项目执行情况进行了督导检查。2001 年 5 月 14 日，加拿大国际开发署、北美门诺中央委员会 3 名爱德项目官员视察了盐池县青山乡古峰庄村爱德援助项目实施情况。2001 年 11 月 13 日，爱德资助失学儿童重返校园项目管理研讨会暨表彰会在盐池县城召开。2003 年 2 月 18 日，盐池县有关部门在青山乡古峰庄村举办了"第四届爱德项目区农民文化与科技竞赛活动"。

2004 年 5 月 12 日，爱德宁夏盐池二期项目正式启动。自治区副主席赵廷杰、自治区政协副主席马瑞文、吴忠市人大常委会副主任姬学仁、盐池县委书记张柏森等领导参加项目启动签字

仪式。二期项目期限自 2004 年至 2007 年，计划投资 1800 万元，其中爱德基金会资助 900 万元，地方配套 800 万元，群众自筹 100 万元。项目将在一期生产建设的基础上扩大规模，受益人口将达到 2 万人。

2005 年 4 月 26 日，爱德基金会援建村级卫生室项目在盐池县启动，项目投资 21.6 万元在全县援建 27 个村级卫生室。

2005 年 7 月，毕业于伦敦经济大学国际关系学院的法国女学生白蒂娜第一次踏上中国西部土地，来到设立于盐池县的宁夏扶贫与环境改造中心做志愿服务工作。白蒂娜一边为中心工作人员培训英语，一边为该中心正在申报的援助项目当翻译。通过阅读资料，白蒂娜发现当地许多农村妇女通过能力提升培训和小额信贷支持后，个人生活态度、生活方式有着极大反差，往往会从毫无主见变为自立自信。这种改变让白蒂娜觉得有些不可思议。带着好奇，白蒂娜坚持要去看看这些项目受益农村妇女的现实生活，并因此将自己的志愿服务期限延长了 3 个月。其间，白蒂娜和当地农村妇女建立了深厚友谊。"我慢慢喜欢上了宁夏，银川、盐池都很好，这里的人对我也好。"白蒂娜笑称："如果可以，我愿意留下来。"

2005 年 11 月 4 日，在国际爱德基金会成立 20 周年之际，由英、美、加拿大等国家和地区爱德项目基金捐助者组成的考察团到盐池县考察爱德项目实施情况。

2006 年，盐池县实施爱德项目，完成封沙育林 2.25 万亩，撒播林草种子封育 15 万亩，固沙造林 2 万亩，草原恢复面积 0.75 万亩，营造庭院经济林 500 亩，打水窖 40 眼，建设养羊暖

棚 89 座。2007 年，实施德援项目完成封沙育林 2 万亩，撒播林草种子封育 5 万亩，固沙造林 0.5 万亩，改良草原面积 0.5 万亩，营造庭院经济林 200 亩，打水窖 40 眼，新建养羊暖棚 100 座。

二、日援项目

1999 年，《中国宁夏盐池县毛乌素沙地前缘生态林建设示范区规划》编制完成，项目区涉及高沙窝、柳杨堡两个乡。项目规划由日本国政府无偿援助投资 19108.245 万日元实施干旱造林 4 万亩。项目检查指导、监督实施、运用部门分别为：自治区林业厅、自治区对外贸易经济合作厅、盐池县政府。中日合作治沙造林项目是日本国政府无偿援助中国的第一个生态建设项目，建设期限为 2001—2004 年，设置在通过植物固沙和机械沙障固沙（草方格固沙）恢复林草植被，固定流动沙丘，削弱沙漠化危害，改善当地群众生产生活条件。项目区地处毛乌素沙漠边缘，位于盐池县境内明长城两侧流沙带上，涉及高沙窝、花马池、王乐井两镇一乡 5 个行政村和 1 个国有林场。按地域分布划分为 5 个造林区，规划 31 个林班 133 个林小班，面积 42060 亩，同时修筑林道 34 公里，修建护林房 3 座，瞭望塔 6 座，围栏 74 公里，观测井 11 眼，气象观测站 2 处。

2000 年 5 月 25 日，应国家林业和草原局邀请，以日本国际协力事业团无偿资金部审查室长中川和夫先生为团长，日本宁夏无偿造林考察团一行 10 人在国家林业局国际合作司刘立军的陪同下到盐池县对"宁夏黄河中上游无偿造林项目"——高沙窝项目区进行基本设计调查。

2001 年 10 月 17 日，日本国政府无偿援助黄河中上游宁夏防护林建设盐池工程项目一期正式启动，该项目总投资约 2000 万元，规划造林面积 2804 公顷。截至 2002 年 4 月份，盐池项目区实施草方格固沙 100 平方米，修建林道 11.1 公里，完成大面积造林 666.7 公顷。通过两年建设，项目区林草覆盖度由实施前的 5% —10% 提高到 35% 以上，流沙基本固定，环境明显改善，扬沙天气减少，实现环境、资源、人口协调发展，经济可持续增长。

2003 年 4 月，盐池县启动日本国无偿援助黄河中上游沙漠化治理二期项目，该项目总投资 3175 万元，其中日方协力银行贷款 2387 万元，规划用五年时间营造防风固沙林 1660 公顷，围

2003 年 5 月，盐池县外援项目治理区

栏封育补植林木 4013 公顷。当年由盐池县绿苑公司组织群众在高沙窝、王乐井、柳杨堡 3 乡镇确定的日援项目区实施治理面积 1.8 万亩,栽植各类苗木 257.5 万株,直播、撒播各类林草种子 1200 公斤。

2004 年 4 月 8 日,宁夏大树绿化公司和日本制纸植林公司在盐池县高沙窝日援项目区举行了中日合作治沙项目二期工程造林启动仪式;当年完成造林 0.9 万亩。截至 2004 年,盐池县实施日援项目共计完成造林 4.155 万亩,修筑林道 34 千米,开挖观测井 12 眼、带子井 1 眼、多管井 1 眼,营造展示林 75 亩,树立示范户 40 户,修建护林房 3 处 250 平方米,修建瞭望塔 6 座,刺丝围栏 7.4 万米,新建气象观测站 2 处。

2005 年 6 月 25 日,由日本国政府先后提供 14.7 亿日元援助实施的黄河中游宁夏防护林建设项目举行盐池项目区竣工仪式,自治区副主席赵廷杰、日本驻华大使参赞百崎贤之先生一行亲临参加。日援黄河中上游宁夏防护林建设项目于 2001 年 10 月启动,2004 年竣工,分别在盐池、灵武、陶乐三个项目区实施人工造林 6.3 万亩。其中盐池项目区造林 4200 亩,修筑林道 34 公里,围栏 74 公里,建设护林房 3 座,打观测井 12 眼,设气象观测站 2 处,营造展示林 75 亩,树立生态示范户 40 户。项目区林草覆盖率由实施前的 5%—10% 提高到 2006 年的 48% 以上。

2006 年 6 月 9 日,日本制纸植林公司经理落合先生一行对盐池县实施日援治沙项目工程管护工作进行了考察。是年,盐池县还实施了日本民间友人染野先生援助高沙窝镇中学和魏庄子围村造林 500 亩,种植优质牧草 200 亩,养羊 200 只。

2007 年 6 月 4 日,日本海外林业咨询协会专务理处长二泽先生在国家林业局外交司多边处处长刘利军的陪同下,就盐池县实施黄河中游日援项目建设工作进行考察。10 月 18 日,日本驻华使馆一等秘书空周一对黄河中游防护林建设项目盐池项目区林草种植后续管护工作进行了考察。2008 年 6 月 5 日,日本制纸综合开发株式会社社长吉村义孝在自治区林业局副局长马林陪同下,考察了盐池县日援项目区管理运行情况。

2009 年 9 月 27 日,国家林业局国际合作司、对外合作项目中心副主任苏明在自治区林业局副局长马林及盐池县有关部门陪同下就盐池县外援治沙项目实施情况进行综合考察。

三、中德财政合作中国北方荒漠化综合治理

2008 年 10 月 28 日,中德财政合作中国北方荒漠化综合治理宁夏项目管理机构——德国复兴银行专家一行在自治区林业局有关领导、盐池县委书记李卫宁及相关部门陪同下对盐池项目区进行考察。中德财政合作中国北方荒漠化综合治理宁夏项目是德国政府援助宁夏的生态治理项目,项目自 2008 年启动实施,建设期 8 年。盐池县项目区涉及花马池、高沙窝、王乐井、冯记沟、青山、大水坑 6 个乡镇,规划治理面积 81.18 万亩,总投资 2833 万元,其中德方援助 1841.45 万元。建设内容主要包括草地恢复与可持续管理、水土保持两种类型,同时涵盖集水窖、蓄棚、饲料加工储存四项辅助内容。

2009 年 4 月 8 日,中德财政合作中国北方

2009 年 4 月 8 日，中德财政合作中国北方荒漠化综合治理宁夏项目启动大会在盐池县沙泉湾项目区隆重举行

荒漠化综合治理宁夏项目启动大会在盐池县沙泉湾德援项目基地隆重举行。自治区副主席郝林海，德国马立华使馆、德国复兴银行驻北京代表处官员，财政部金融公司、国家林业局国际合作公司、德国 DF1S 咨询公司负责人及盐池县四套班子领导和有关部门出席启动仪式。中德财政合作中国北方荒漠化综合治理宁夏项目是宁夏争取到的第二个德援林业项目，项目规划为：未来 7 年中，德国政府提供 700 万欧元的援助款和 250 万元贷款，中方配套 7155 万元资金，分别在盐池县、红寺堡开发区、罗山等地开展林草植被恢复、利用和土壤侵蚀治理，同时开展庭院经济林、集水窖和温棚建设。项目结束后可使 60400 公顷草原植被得到恢复，59100 公顷土壤侵蚀得到控制。

2010 年 4 月 3 日，中德合作荒漠化治理项目国际研讨会专家克里斯汀·夏德等一行 50 余

人对盐池项目实施情况进行考察。盐池县 2009 年实施中德合作荒漠化治理项目，当年采取沙丘生态恢复、沙障固沙、植树造林、封育补播等措施完成植被恢复 6550 亩。

2011 年 3 月 8 日，盐池县召开中德财政合作中国北方荒漠化综合治理宁夏项目盐池项目区座谈会，德国复兴银行项目经理马林海、技术专家哈斯，国家林业局国际合作双边处处长沈素华，宁夏林业国际合作项目管理中心负责人，盐池县副县长王学增及林业和环境保护局、财政局等有关部门参加了会议。

2012 年，盐池县实施中德财政合作荒漠化综合治理项目完成草原可持续管理（R2）3210 公顷、灌木饲料生产（R3）39 公顷，草方格固沙（B3）119 公顷，项目涉及 1 个行政村、6 个自然村。11 月 20 日，2012 年中德财政合作项目管护工作会议在盐池县城召开，会议总结了 2012

年中德项目开展情况,安排部署了下一阶段各项工作,宣读了《项目管护暂行办法》,签订了项目管护责任书。2013 年 9 月 15 日,中德财政合作项目检查评估代表团在盐池县召开了项目评估座谈会。

2013 年,盐池县实施中德财政合作荒漠化综合治理项目,完成草原可持续管理(R2)5100 公顷、灌木饲料生产(R3)170 公顷,草地封育(RO)900 公顷,草方格治沙(E3)150 公顷,项目涉及 6 个行政村、10 个自然村。

2014 年,盐池县实施中德财政合作中国北方荒漠化综合治理宁夏项目完成草原可持续管理、植被恢复、灌木饲料计划指标 30.02 万亩,占总任务 82%,涉及 5 个乡镇 12 个行政村 30 个自然村。

盐池县实施中德财政合作中国北方荒漠化综合治理宁夏项目于 2008 年启动,至 2016 年结束,项目涉及全县 6 个乡镇 24 个自然村,通过分年度、分模式方式,累计完成治理面积 31.6 万亩,完成计划任务的 100%,并于 2016 年 8 月份顺利通过终期验收。

四、世界银行贷款宁夏黄河东岸防沙治沙项目

世界银行贷款宁夏黄河东岸防沙治沙项目(以下简称"世行宁夏治沙项目")于 2013 年正式启动,经过 7 年实施建设,累计投入资金 55386 万元(使用世行贷款资金 46236 万元,地方配套资金 9150 万元),完成荒漠化治理面积 77.7 万亩,其中有效固定流动沙丘 38.8 万亩,封

育 27.8 万亩,营造灌木林 4.2 万亩、多功能林 3.2 万亩、防护林 3.7 万亩。通过项目实施,宁夏全区土壤侵蚀和退化得到有效遏制,植被覆盖度大幅提升,生态环境显著改善。项目区基础设施和农田得到有效保护,有力促进农民增收,助力宁夏脱贫攻坚。2020 年,项目通过世界银行专家团评估,被评为世界银行"令人满意项目"。

2012 年,根据自治区林业局安排,盐池县开始试行世行宁夏治沙项目,涉及 4 个乡镇 6 个子项目区,完成治理面积 19 万亩,其中草方格治沙 3.7 万亩,封育 9.3 万亩,营造灌木林 3.5 万亩,人工种草 0.5 万亩。从 2013 年开始,盐池县正式开始实施世行宁夏治沙项目。2013—2015 年,盐池县实施世行宁夏治沙项目总体情况如下:

2013—2015 年,盐池县实施世行宁夏治沙项目共计 18 个合同段,实施治理面积 187868.6 亩。其中草方格 + 灌木林 24225 亩,封育 127247.6 亩,营造灌木林 35925 亩、乔灌混交林 471 亩,铺设流动沙丘防火作业道 22.82 千米、一般防火作业道 70.4 千米,建设护林点 9 处、瞭望塔 4 座,设立项目标识牌 11 块、防火警示牌 29 块,围栏 30 千米。3 年中盐池县实际完成治理面积 166260.5 亩,其中草方格 + 灌木林 10637.6 亩,封育 128584.6 亩,灌木林 26797.9 亩,乔灌混交林 240.4 亩,铺设流动沙丘防火作业道 16.19 千米、一般防火作业道 40.82 千米,新建护林点 4 处、瞭望塔 3 座,设立项目标识牌 7 块、防火警示牌 16 块,围栏 16 千米。

(一)2013 年项目计划完成情况:项目任务 9 个合同段,治理面积 98790.2 亩,其中草方格 + 灌木林 14113.5 亩,封育 48751.7 亩,营造灌木

林35925亩，铺设流动沙丘防火作业道5.51公里、一般防火作业道46.64公里，新建护林点5处、瞭望塔2处，设立项目标识牌5块、防火警示牌16块。实际完成治理面积98518亩，其中草方格+灌木林5717.4亩，封育66002.7亩，营造灌木林26797.9亩，铺设流动沙丘防火作业道5.51千米、一般防火作业道28.72千米，新建护林房2处、瞭望塔2座，设立项目标识牌4块、防火警示牌8块。

（二）2014年项目计划完成情况：项目任务3个合同段，治理面积17799.4亩，其中草方格+灌木林4665.5亩，封育12662.9亩，营造乔灌混交林471亩，铺设流动沙丘防火作业道10.88公里、一般防火作业道5.11公里，新建护林点2处、瞭望塔1处，设立项目标识牌3块、防火警示牌8块。实际完成治理面积17503.5亩，其中草方格+灌木林1600.2亩，封育15662.9亩，营造乔灌混交林240.4亩，铺设流动沙丘防火作业道10.68千米、一般防火作业道3千米，新建瞭望塔1座、护林房2处，设立项目标识牌3块、防火警示牌8块。

（三）2015年项目计划完成情况：项目任务6个合同段，治理面积71279亩，其中草方格+灌木林5446亩，封育65833亩，铺设流动沙丘防火作业道6.43公里、一般防火作业道18.65公里，新建护林点2处、瞭望塔1处，设立项目标识牌3块、防火警示牌5块，围栏30公里。实际完成治理面积50239亩，其中草方格+灌木林3320亩，封育46919亩，修建防火作业道9.1公里，围栏16公里。新建护林点、瞭望塔，设立项目标识牌、防火警示牌均未完成。

世行宁夏治沙项目严格执行招投标采购程序，先期制定采购计划，经世行批准后公开发布采购信息，按照规定程序进行招投标。财务管理方面，制定了专门财务管理制度，配备专职财务人员，严格实行报账制结算；项目资金严格按照专项资金计划执行，设立专用账户，独立核算、专户储存、专户管理、专款专用，执行严格的审计制度。

2013—2015年，盐池县实施世行宁夏治沙项目合同总价6085.679256万元，实际完成工程量核算后总价3634.332621万元，世行报账2054.23033元，配套支付581.605102万元。其中：2013年合同总价4153.97345万元，实际完成工程量核算后总价2893.788643万元，世行报账1574.154429万元；2014年合同总价1013.82566万元，实际完成工程量核算后总价740.543978元，世行报账388.47529万元；2015年合同总价917.880146万元，世行报账916.00612万元。

配套资金落实情况：2013—2014年，盐池县实施世行宁夏治沙项目完成工程量核算后资金36343326.21元，按26%比例应配套9449264.81元；2015年完成工程量核算后资金9178801.46元，按10%比例应配套917880.15元；另需配套勘察设计费65万元，监理费125万，项目管理费21万，培训费47.32万元，专家咨询费0.5万元，合计配套资金12955344.96元。盐池县实际到位配套资金1193万元，配套比例为92%。

执行世行项目要求注重实效，保障措施到位，按规定程序严格落实项目任务。为此，盐池县委、县政府项目实施单位切实加强组织领导，强化项目管理。一是成立了由环境保护和林业局主要领导任组长、分管领导和乡镇负责人任副组长、部门技术负责人为成员的项目实施领导小组，具体负责项目规划设计和技术指导。二是实行项目办技术人员包点责任制和监理制。项目实施期间严把种苗关、栽植关、管护关和质量验收关。三是加大宣传力度，增强群众对项目的认可度和支持力度，调动广大群众参与项目建设的积极性。四是切实巩固治理成果，加强项目区林草管护力度，保证长效治理成果，实现项目终期目标。

世行宁夏治沙项目，要求对相关参与项目人员进行施工培训。培训以现场培训、县级培训和省级培训相结合方式分别进行，培训对象主要为各项目区承包企业负责人、施工经理、施工技术人员、监理公司人员及项目区群众。项目计划现场培训1833人次，县级培训761人次，省级培训164人次。实际完成现场培训1333人次，县级培训620人次，省级培训164人次，其中2013年度完成现场培训400人次，县级培训86人次，省级培训30人次；2014年度完成现场培训400人次，县级培训89人次，省级培训30人次；2015年度完成现场培训333人次，县级培训286人次，省级培训40人次；2016年度完成现场培训200人次，县级培训159人次，省级培训64人次。

世行宁夏治沙项目注重与民生建设相结合，助推脱贫攻坚，实施"替代生计"计划。第19合同段于2016年3月为李庄子、魏庄子两个项目区采购新建养殖暖棚56座，马铃薯储藏窖4孔，集雨场40处，合同总价85.6万元。盐池YC—HW—1合同段为项目区群众采购五菱荣光双排小卡车19辆，四轮拖拉机43辆，三轮车229辆，收割机8台，粉碎机5台，铡草机12台，玉米脱粒机1台，采购总价550.62万元。"替代生计"计划的实施，使项目区群众生产力得到较大提升，增收致富有了坚实保障，项目区群众真正得到了实惠，直接受益700余万。

2016年，盐池县实施世行宁夏治沙项目，完成荒漠化治理土地面积12467.2公顷；营造防护林31.4公顷；修筑防火作业道93.91公里，建立护林点10处、瞭望塔5座，设立项目标示牌11块、防火警示牌29块。

2017年，盐池县实施世行宁夏治沙项目，扎设草方格446亩，补植补造草方格、封育5.5万余亩；完成流动沙丘治理及一般防火作业道铺设15.98公里；围栏14公里。根据项目进展要求，对2013年度实施的项目进行验收全校后，纳入天然林保护工程，交由项目区所在乡镇负责安排护林员进行管护。对2014、2015年度合同段未达标面积进行补植补造。同时落实监理单位工作执行情况，做好项目档案材料收集整理。

2018年，盐池县实施世行宁夏治沙项目，补充扎设草方格3677亩、封育35340亩；完成流动沙丘治理及一般防火作业道铺设12.62公里；新建护林房2处，设立项目标识牌2块、防火护林警示牌3块；围栏24.8公里。同时全面完成了国家林业局组织的项目核查。

第三章 绿化造林

盐池县城北市民休闲森林公园新景（2020年10月薛月华摄）

盐池县地处黄河宁夏中部干旱带、毛乌素沙漠南沿。历史以来，生态植被资源贫乏，城乡绿化水平极低。从新中国成立伊始，县委、县政府就开始尝试植树造林。1953年春，盐池县委决定在城区冒家寨子、海牛滩、柳杨堡等地进行防沙造林试点，当年植树10余亩，成活率达到80%以上，打破了数百年来盐池地区"种不活树"的迷信。1958年建立了县级城南林场，开始有计划地组织较大规模的植树造林。同时国家有关部委、科研单位也相继在盐池县开展林业科学试验。1961年，经中国科学院治沙研究所盐池工作组测定，由国家有关部门于1955—1956年在盐池县营造的城西滩18条防风治沙林带和12条副林带防风作用突出，防风林带对6级风可降低风力40%至50%，防风带内植被覆盖率达到70%左右。1979年10月根据自治区林业建设统一部署，将原属盐池县城南林场和高沙窝、哈巴湖、柳杨堡、二道湖、黑山墩、堡子台等6个国营林场合并成立了宁夏盐池机械化林场（处级），开始了县域全境大规模的绿化造林。1981年全民义务植树运动发起后，掀起了全县数十年持续不断、热情不减的绿化造林高潮。

　　改革开放后，盐池县被国家列为"三北"防护林重点县，县委、县政府结合县情实际，确定了"北治沙、中治水、南治土"的生态建设思路，开展了大规模全民植树造林活动，实施了一系列城乡绿化建设项目。截至1985年，全县累计造林保存86.9万亩。1986年，经自治区森林资源清查，全县有林面积达到102.78万亩。又经过8年持续奋斗，到1993年底，全县累计植树造林成活面积达到115.74万亩，保存率73.3%。截至2000年，全县累计林木保存面积200万亩，其中灌木林保存面积150万亩，林木覆盖率达到18.3%。

第一节　全民义务植树

造林绿化、发展林业是整治国土、治理山河、维护和改善生态环境的一项重要措施，是功在当代、造福后世的千秋事业。大力植树造林，发展林业，对于保障农牧业稳产高产，调整农村产业结构，加快山区脱贫致富和奔小康，改善对外开放投资环境，促进国民经济发展和社会事业全面进步都具有十分重要的意义。

1993年2月26日，国务院下发了《国务院关于进一步加强造林绿化工作的通知》（国发〔1993〕15号），要求各地进一步深化改革，实行多林种、多树种、多形式、多层次推进造林绿化。要十分重视科学技术，提高造林绿化质量，优化林种、树种结构，注意乔、灌、草相结合。抓造林绿化工作要统筹安排，总体推进，做到"五个结合"。一是把全民义务植树、面上造林、部门造林和林业重点工程建设结合起来，各方面造林绿化一起抓；二是把农村造林和城镇造林绿化结合起来，城乡一起抓；三是把林业部门抓林业和各部门办林业结合起来，全社会一起抓；四是把造林绿化和保护管理结合起来，发展巩固一起抓；五是把造林绿化、发展林业和精神文明建设结合起来，两个文明建设一起抓。

全民义务植树是中华人民共和国规定公民依法应当完成的、一定数量的、无报酬的义务植树劳动。1981年12月13日五届全国人民代表大会第四次会议通过了《关于开展全民义务植树运动的决议》，1982年2月27日国务院发布了《关于开展全民义务植树运动的实施办法》。2017年6月13日全国绿化委员会根据《中华人民共和国森林法》《关于开展全民义务植树运动的决议》(1981年12月13日第五届全国人民代表大会第四次会议通过)、《关于开展全民义务植树运动的实施办法》和《全国造林绿化规划纲要（2016—2020）》有关规定，制定颁布了《全民义务植树尽责形式管理办法（试行）》，明确了8类（造林绿化、抚育管护、自然保护、认种认养、设施修建、捐资捐物、志愿服务、其他形式等）义务植树尽责形式，凸显了义务植树在推进国土绿化、建设生态文明、促进绿色发展中的重要作用。

2001年盐池县开始实施退耕还林工程，成为林业发展重大转折，全县林业建设取得突破性进展。2001—2003年，三年累计造林142.3万亩，创造历史最好成绩。2004年后，历届盐池县委、县政府坚持"生态立县"战略不动摇，持续开展生态绿化建设，历年植树造林完成情况如下：

表 3—1—1 2004—2016 年盐池县植树造林统计（单位：亩）

年份	合计	新造林	封育	经济林
2004	266252	206252	60000	
2005	199375	166375	33000	
2006	81879	61879	20000	
2007	83300	60300	23000	2600
2008	84121	61121	23000	
2009	48010	28010	20000	
2010	90314	76314	14000	5500
2011	84660.7	54660.7	30000	8738
2012	115378	80378	35000	
2013	123701	83701	40000	354
2014	92598	72598	20000	
2015	96000	61000	35000	
2016	84000	60000	20000	
总计	1449588.7	1072588.7	373000	17192

一、义务植树造林类型

盐池县实施大规模植树造林，根据立地条件、环境保护和生态环境质量提升需求，主要包含防风固沙林、农田防护林、围城防护林、水源涵养林、水土保持林、美丽村庄绿化林、长城旅游观光林、护路林、工业园区绿化林等类型。

（一）防风固沙林：主要分布于县域中北部广大沙区，主要由沙柳组成，盐碱地防风固沙林主要为白刺。经过多年反复试验，花棒、羊柴等灌木在境内流动沙丘得到成功种植，进一步丰富了固沙树种。截至 2013 年，全县防风固沙林达到 40 万亩，200 万亩流动沙丘得到有效控制。

（二）农田防护林：盐池县最早于 1955 年就采用苏联"宽林带、大网格"模式，在城西滩营造农田防护林 2045.7 亩，主林带间距 300 米，植树 11 行，带宽 20—30 米，副林带间距 500 米，网格面积 200 亩，至今仍起到良好防护效果，29 万亩农田得到有效保护。20 世纪 80 年代后盐池县农田防护林建设重点放在扬黄灌区。截至 2003 年，先后建成先惠安堡灌区防护林 1.2 万亩，基本形成树成行、林成网格局。2006 年完成城西滩、王乐井、冯记沟、惠安堡 8 片灌区（官滩、野湖井、王乐井、龚儿庄、东升、青马圈、牛记口子、闫记口子）林网植补植补造，新增造林面积 5000 亩。

（三）围城防护林：盐池县为切实美化县城环境，涵养气候，打造宁夏东部绿色屏障，先后围绕县城四周实施环城绿化，营造乔木为主防护林带 10 千米，20 年间累计围城绿化面积 2.73099 万亩。

（四）水源涵养林：是指以调节、改善水源

流量和水质的防护林。盐池县水源涵养林主要分布于骆驼井一带农田林网、项目治理区（详见第七章《环境保护》第六节《水源地保护》）。

（五）水土保持林：盐池县南部山区和扬黄灌区边缘地带普遍存在水土流失问题，是全区水土流失较为严重地区之一。1996年，盐池县结合扶贫开发项目，在南部山区启动了"两杏一果"项目。截至2003年底，累计保存经济、水土保持林15.54万亩，使32万亩坡耕旱地得到不同程度保护。

（六）美丽村庄绿化林：对美丽村庄实施绿化造林，是为改善农村村庄区域生态环境与促进群众增收相结合，实现人居环境、自然生态、产业发展互相促进目标。盐池县于2005年在全县各乡镇选择10个村庄点开始实行村庄绿化，当年取得较好效果，此后逐年推进实施。2006年组织实施了花马池镇塞上民居、李毛庄吊庄、青山乡旺四滩吊庄及惠安堡镇狼一队、狼二队等村庄绿化造林（每乡镇一个自然村，每村500亩）。2007年在各乡镇再次实施了10个村庄的绿化造林。2008年分别在8个乡镇64个自然村实施村庄绿化1610.2亩。2012年在惠安堡、冯记沟、高沙窝、大水坑、麻黄山、王乐井6乡镇实施围乡镇（村）造林984亩；组织在北塘、长城、十六堡、隰宁堡、猫头梁、官滩等18个村庄实施村庄绿化1155亩。2013年在大水坑、高沙窝、冯记沟、惠安堡等乡镇完成围乡镇造林及村庄绿化2080亩。2014年在青山乡、大水坑镇、冯记沟乡、惠安堡等乡镇实施围乡镇及村庄绿化1368亩。2015年先后打造冯记沟乡老庄子村等28个美丽村庄，实施绿化造林1772亩；在麻黄山乡赵家湾村栽植大接杏3000亩。2016年在麻黄山乡张家湾村栽植曹杏、红梅杏1300亩；在大水坑镇新泉井等17个自然村实施村庄绿化造林601亩。2018年完成高沙窝等7个乡镇美丽村庄绿化造林1500亩。2019年完成8个美丽村庄绿化1000亩，打造庭院经果林示范点10个。

（七）长城旅游观光林：2015年，盐池县着手重点打造长城旅游观光带生态屏障，把张记场博物馆到明代安定堡古城沿线作为造林重点，启动长城旅游观光带生态修复工程，完成造林面积1742亩。并对沿线红柳滩、芨芨滩林木覆盖较低区块进行补植补造。2016年以红沟梁至叶记豁子沿线为重点，完成造林面积2000亩。

（八）护路林：盐池县实施公路干线防护林以县城为中心，辐射跨省、县级以及县乡交通干线道路、重要道路节点。主要是对上述干线道路两侧100—500米内沙化地带和荒沙化地带全部实施绿化造林。同时针对境内主干道路线长、节点多、立地条件不一等特点，重点突出道路节点绿化。2000—2020年，盐池县先后在境内高速公路，国、省干线，县乡道路两侧实施绿化长达千余千米，折合面积40余万亩。

（九）工业园区绿化林：盐池县工业园区分为县城功能区、高沙窝功能区、青山功能区。根据县委、政委统一部署，相关园区、企业按照"点、线、面"结合要求，科学配置园区及周边植物、植被绿化，逐步形成了树种搭配合理、生态功能稳定、环境效益显著的功能效果。

盐池县自1981年开展义务植树活动，持续推进40年。2000年以后，盐池县委、县政府主要主导实施了围城造林、围乡镇造林、美丽村庄生态建设、干线道路生态屏障营造、农村庭院经济林发展及生态景观林营造等全民义务植树工程。

二、历年义务植树成果

2000年，盐池县组织全县8000多名干部、职工、学生及武警官兵开展了为期两周的义务植树和绿化整地活动。重点对长城北侧泄洪渠、烈士陵园（后改为解放公园）、上潘记圈、盐青公路以及县城向西南方向延伸的盐—惠、盐—青等三条公路进行了植树、整地。全县共计完成春季义务植树46万株、秋季义务整地9400延米。

2001年，盐池县开展义务植树主要是加强幼树抚育、浇水、除草和补植工作。

2002年，盐池县组织机关干部、学生义务植树70.6万株，继续做好历年所植幼树抚育、浇水、除草和补植工作。

2003年，盐池县重点在县城机关、县城周边、城西滩建立义务植树点，各乡镇在国、省干道两侧和沙化严重地带建立义务植树点，各村发动群众在房前屋后、乡村道路两侧开展义务植树，全县共计完成义务植树65万株，约8000亩，村庄绿化61.4万株。

2004年，盐池县以城镇建设改造为契机，按照以城带乡、以乡促城、城乡联动、整体推进为要求，全面抓好城乡绿化一体化建设。先后发动机关单位、学校、厂矿企业和广大农村群众共计10949人参加了春季义务植树，重点对县城东、县城南、盐兴公路及城乡主要街道进行绿化建设，实施围城造林2050亩。全县共计建立绿

化基地34个，完成义务植树55.9万株。

"十一五"期间，盐池县每年完成义务植树50万株左右，各单位、部门、乡镇都建立了绿化点，从苗木栽植和抚育管理一包到底，努力做到"绿化一块、成活一块、保存一块、见效一块"。各行政村、自然村根据村情实际，组织在村庄四围、农田林网、村级道路两侧实施义务植树。环境保护和林业局、包扶单位积极为农村义务植树创造便利条件，在种苗供应、技术指导、拉水浇灌、苗木抚育等方面给予必要资金帮助和技术支持。

2005年，盐池县在各乡镇10个村庄点组织实施村庄绿化，种植国槐、白蜡等树种，其中冯记沟、惠安堡、青山等乡镇把养殖园区和吊庄居民点作为绿化重点，狠抓栽植管理，总体成活率较高；在盐大公路青山段实施的绿色通道工程完成植树0.13万亩，成活率较低，经夏、秋两季多次进行补植，最终林成活达到90%以上。

2006年，盐池县组织实施了高沙窝至郭庄子村道、盐大公路至旺四滩村道、盐兴公路至李毛庄吊庄居民点村道等绿色通道造林1000亩；实施花马池镇塞上民居、李毛庄吊庄、青山乡旺四滩吊庄及惠安堡镇狼一队、狼二队等村庄绿化造林（每乡镇一个自然村，每村500亩）；实施围城造林1000亩，植树50万株。实施县城公墓绿化450亩；完成太阳山工业园区、东顺工业园区和部分企业、学校绿化提升；完成王乐井乡张步井村300亩、官滩村1800亩盐碱地治理造林；完成大（水坑）—青（山）公路两侧造林2800亩，以上共计实施绿化造林5000亩。新建育苗基地200亩，巩固建设育苗基地1000亩，年出圃各类苗木达到600万株。

2007年，盐池县组织实施了10个村庄绿化，种植国槐、白蜡、新疆杨等，冯记沟、花马池、高沙窝等乡镇村庄绿化成活率较高；盐大公路、大麻公路麻黄山段、高速公路绿色通道工程共计完成绿化植树1426亩，成活率未达标，经秋季补植后，成活率达到85%以上。

2008年，盐池县以创建自治区级园林县城为契机，以实施三北四期防护林工程为依托，以围城镇造林、高速公路主要干线、农村庄点、村道沿线为重点，全民参与义务植树造林。县直各机关单位实施围城造林栽植灌木102.5万株、常青树8.45万株、乔木57.85万株，共计6145亩，成活率全部达到85%以上；实施绿色通道造林3267.4亩，其中成活率达到85%面积2405.1亩，不合格面积853.3亩；庄点绿化完成1610.2亩，分别在8个乡镇64个自然村组织动员广大农民群众在房前屋后每人栽树5棵，其中成活率达到85%面积1393.3亩，成活率在85%以下面积216.9亩；实施治沙造林19727.9亩，主要分布在冯记沟乡、机械化林场、惠安堡镇、王乐井乡，成活率达到85%面积19721.3亩；各乡镇义务植树栽植苗木310553株。2008年盐池县全民义务植树总体情况表现良好，受到各级领导肯定与好评，国家林业局副局长李育材为盐池县题词："人进沙退，治沙典范。"

2009年，盐池县组织实施围城造林5613.6亩，其中县绿化办分配县直各机关单位义务植树造林6片2728.3亩，其中三环路造林250亩、

302国道至火车站货场造林247.5亩、火车站广场西侧造林874亩、铁路南侧造林398亩、盐惠路至工业园区造林306.9亩、王圈梁公路两侧造林808.9亩；在围城造林难度较大、立地条件较差地段由环境保护与林业局采取承包造林1110亩，其中花马湖围堰造林480亩、花马湖公园造林630亩；由县机械化林场实施造林1618.3亩，其中花马湖北堰造林900亩、中建路两侧造林219亩、盐惠路两侧造林499.3亩。

2010年，盐池县按照《关于加快生态建设的意见》（盐党发〔2009〕58号）精神，依托国家重点生态项目建设，不断加快县域生态环境综合谋划布局。组织相关职能部门先后编制完善了《2010—2011年县城外围绿化规划》《2010—2011年城乡生态建设规划》《2010—2011年城乡道路绿化规划》《2010—2011年骨干苗圃建设规划》《2010—2011年环境保护规划》等，计划到2011年底，使县城绿化覆盖率、绿地率、人均公共绿地面积分别达到40%、35%和14平方米以上，

2010年4月1日，盐池县组织县城中学生参加义务植树添绿，践行生态文明

2011年3月中旬，盐池县组织机关干部开展扎草方格治沙活动

基本形成总量适宜、分布均衡、特色鲜明的县城绿地系统。除国家三北防护林、退耕还林等重点生态建设工程外，全年自主实施围城造林、农田林网、绿色通道、村庄绿化造林共计0.5万亩。

2011年，盐池县委、县政府组织发动全县干部职工、武警官兵、个体商户和广大农村群众利用节假日，全面投入"植树造林、绿化家园"活动，先后组织实施围城造林和道路绿化1万亩（机关围城造林义务植树0.4787万亩，补植补造0.4213万亩，实施团结新村、十六堡新村等村庄绿化0.1万亩），完成县政府下达计划任务的118%，成活率全部达到95%以上。县城各单位、居民小区采取拆墙透绿、拆围还绿、见缝插绿、异地植绿等措施，积极创建县级"园林式单位（小区）"，整体推进城市绿化面积和质量提升。通过考核验收，有36个单位和22个住宅小区荣获县级"园林式单位（小区）"称号，较上

年新增18个单位、16个住宅小区。城市绿化以创建国家园林城市为契机，采取"三包"（包种植、包抚育、包成活）措施，建成街头绿地17块、生态广场3个、生态公园5个，城市苗圃530亩。在狼洞沟治沙项目区，平均每天参与治沙群众高达4000余人，最高峰时近万人，是历年来投入治沙人数最多、规模最大的一次全民植树活动。

政府有关部门将往年1—2周的义务植树活动时间延长至1个月，实行义务植树登记卡制度，建卡率达到95%，义务植树尽责率达到98%以上。县城建成区绿化覆盖率、绿地率、人均公共绿地面积分别达到40%、37%和12.9平方米，形成了以花马湖、城南万亩生态园和城北防护林体系为中心、以干线公路为辐射的绿色景观生态圈。

2012年，盐池县组织在惠安堡、冯记沟、

高沙窝、大水坑、麻黄山、王乐井6乡镇实施围乡镇造林984亩；组织在北塘、长城、十六堡、隰宁堡、猫头梁、官滩等18个村庄实施村庄绿化1155亩。

2013年，盐池县共计组织实施义务植树1773亩，包括：2010—2012年机关义务植树补植补造1421亩（其中由环境保护和林业局实施造林片区738亩；东、西环路及万亩生态园补植榆树33亩3000株；高级中学南侧、西侧补植垂柳33亩2995株；县城南二环两侧补植672亩，其中榆树348亩31649株、红柳324亩151000株）；由住房和建设局负责在西北环路补植榆树237亩21662株、红柳48亩1200株；由水务局负责在扬黄干渠补植榆树27亩2400株；由各义务植树责任单位负责对2011年春季城北义务植树区补植榆树195亩17760株；由各义务植树责任单位负责对2012年春季义务植树佟记圈片区补植榆树176亩16000株；由哈巴湖管理局负责对县城工业园区北门至王圈梁307国道两侧种植红柳进行抚育。结合创建国家园林城市，采取义务植树和政府购买服务方式组织实施了城北生态防护林建设，集中全县80多个机关单位、10多家绿化公司，先后出工30万余人（次），共计完成生态治理面积1.01万亩（栽植樟子松0.3万亩，榆树0.71万亩）。在大水坑、高沙窝、冯记沟、惠安堡等乡镇完成围乡镇造

林及村庄绿化2080亩。实施主干道路绿化造林10891亩（其中重要节点绿化5650亩只完成规划设计，计划于2014年春季实施造林）。根据全县乡村道路两侧立地条件，在适合播种柠条路段共计实施夏季直播柠条5241亩（表3—1—2《盐池县2013年植树造林面积及资金概算表》、表3—1—3《2013年春季造林汇总表》）。

2014年，盐池县从3月20日到4月15日，组织各机关单位实施城北防护林Ⅲ期义务植树1407亩104118株（其中机关工委282亩、发改局党委40亩、教体局党委401亩、公安局党委47亩、水务局党委126亩、农牧局党委126亩、文广局党委43亩、交通运输局党委29亩、卫生局党委137亩、工商局党委14亩、环林局党委18亩、街道办11亩、国税局党委20亩、人武部3亩、供电局14亩、移动公司3亩、联通公司2亩、人民银行2亩、工商银行10亩、农业银行15亩、宁夏银行8亩、建设银行5亩、信用联社27亩、石油公司10亩、人寿保险公司5亩、电信局5亩、财保公司4亩）；由各责任

2013年3月18日，盐池县春季植树造林启动大会现场

表 3-1-2 盐池县 2013 年植树造林面积及资金概算表（单位：亩、株、公斤、元）

乡镇	造林区域	面积	树种	种苗规格	株行距	种苗量		单价	资金概算	造林季节			造林机制		备注
						苗木	种子			春季	夏播柠条	义务植树	乡镇造林	发包造林	
合计		100350				1517937	75080		50458703	25270	75080	2456	90080	7814	
花马池	义务植树	1773	榆树	胸径3cm	3×3	131202		20	2624040	1773		1773			义务植树
		2029	榆树	胸径3cm	3×3	150146		60	9008760	2029				2029	发包
		1105	榆树	胸径3cm	4×4	46410		60	2784600	1105				1105	发包
		1762	樟子松	苗高1.2m	3×3	130388		120	15646560	1762				1762	发包
大水坑	夏播柠条	2500	柠条	种子	3×3		2500	18	45000		2500		2500		
	围镇造林	500	榆树	胸径3cm	3×3	37000		60	2220000	500				500	发包
	夏播柠条	9150	柠条	种子	3×3		9150	18	164700		9150		9150		发包
惠安堡	西宁堡村	280	柠条	种子	3×3	20720		120	2128260	280				280	发包
	夏播柠条	14450	柠条	种子	3×3		14450	18	260100		14450		14450		
高沙窝	围镇造林	500	榆树	胸径3cm	3×3	37000		60	2220000	500				500	发包
	夏播柠条	21420	柠条	种子	3×3		21420	18	385560		21420		21420		发包
王乐井	夏播柠条	4200	柠条	种子	3×3		4200	18	75600		4200		4200		
青山	夏播柠条	2860	柠条	种子	3×3		2860	18	51480		2860		2860		
冯记沟	围镇造林	900	榆树	胸径3cm	3×3	66600		60	3996000	900				900	发包
	夏播柠条	5500	柠条	种子	3×3		5500	18	99000		5500		5500		
麻黄山	井滩子	15000	刺槐	地径1.5cm	4×4	630000		2	1260000	15000			15000		
	夏播柠条	15000	柠条	种子	3×3		15000	18	270000		15000		15000		
围城改造	花马池	738	榆树、红柳等			182649			3240000	738				738	环林局实施
		683	榆树、红柳等			85822				683		683			义务植树补植
城北输水管道		57.4千米							3007200						
城北林道		7.7千米							971843						

表3—1—3　2013年春季造林汇总表（单位：元、亩）

工程类别	乡镇	面积	树种			单价			资金			总资金	备注
			榆树	樟子松	刺槐	榆树	樟子松	刺槐	榆树	樟子松	刺槐		
合计		25270										45128220	
城乡镇造林	大木坑	500	500			60	120		2220000			2220000	发包
	高沙窝	500	500			60			2220000			2220000	发包
	冯记沟	900	900			60	120		3996000			3996000	发包
城北二期造林	花马池	6669	1773			20			2624040			2624040	义务植树
			1105			60			2784600			2784600	
			2029	1762		60	120		9008760	15646560		24655320	发包
移民新村	惠安堡	280			15000							2128260	发包
鱼鳞坑	麻黄山	15000						2			1260000	1260000	发包
围城改造	花马池	738										3240000	林业局发包
	花马池	683											机关单位义务植树改造

2014年11月，大水坑镇组织群众进行林木涂红抹白养护管理

单位对2012—2013年义务植树片区进行补植补造500亩37000株；全县80多个机关单位、近20家绿化公司出工30万余人（次），共计完成生态治理面积11片6672亩（栽植樟子松5265亩，榆树1407亩）；在青山乡、大水坑镇、冯记沟乡、惠安堡等乡镇实施围乡镇及村庄绿化1368亩（每个村民完成村庄绿化义务植树5棵）；完成叶儿庄、强记滩等中部草畜产业带乡村道路绿化1026亩。在高沙窝、马儿庄、猫头梁高速公路出口、国省道路过境段（王圈梁、萌城）、县（区、市）交界节点实施绿化面积5650亩。实施王圈梁、马儿庄、青山、高沙窝、县城等5个公路节点绿化造林1990亩；在郭巴线、211国道等其他重要路段造林1602亩。同时要求各责任单位对2012—2013年义务植树区进行春灌、涂红刷白。

2015年，盐池县从3月25日到4月10日，采取机关义务植树和发包造林方式实施城北Ⅳ期绿化造林种植樟子松、榆树以及沙生灌木等5500亩；组织机关干部义务植树1200亩；环境保护和

林业局、住房和建设局等部门对施记圈等28个美丽村庄实施绿化造林1772亩，完成任务的100%；在盈德、曹泥注、强记滩、叶儿庄、大坝、萌城、青山、古峰庄、郑记堡子、新泉井村等10个村庄实施围村造林栽植樟子松、刺槐、丝棉木、垂柳等3000亩（辖区群众每人完成3—5棵义务植树任务）；完成乡镇、主干道路沿线绿化造林1665亩，完成任务的100%；实施高沙窝工业园区绿化造林2381亩；组织各责任单位于4月10日前对2015—2016年义务植树片区进行春灌（供水点设在花马湖和猫头梁）和涂红刷白。

2018年，盐池县从3月30日至4月15日组织开展春季义务植树。由县环境保护和林业局、住房和城乡建设局及相关乡镇对全县20个美丽乡村实施绿化造林1483亩；按照《盐池县2018年造林绿化实施方案》要求，完成高沙窝等7个乡镇美丽村庄绿化造林1500亩，完成任务的100%；结合脱贫富民战略，在全县8个乡镇200个自然村8014户推进发展庭院经济，种植杏、桃、枣、苹果、梨等8万余株（辖区群众每人完成3—5棵义务植树任务）。组织机关、学校、企事业单位干部职工在青山猫头梁项目区实施义务植树造林1000亩。组织各责任单位于4月15日前对2016—2017年义务植树片区进行春灌（供水地点设在花马湖和猫头梁）和涂红刷白。

2019年，盐池县重点抓好美丽乡村和农户

村庄院落美化绿化，打造宜居宜业新农村。组织对2017—2018年已建成美丽村庄进行重点绿化，完成8个美丽村庄绿化1000亩，打造庭院经果林示范点10个；县环境保护和林业局、住房和城乡建设局配合各乡镇对22个美丽乡村实施绿化造林1124亩。"十二五"到"十三五"期间，盐池县实施大规模围城、围乡镇造林，取得了十分显著的生态效果和社会效益，但随着造林面积逐年增加，林木管护费随之大幅度上升。十年间，仅县政府组织的造林（不含乡村自主造林）面积每年管护资金高达1100余万元。为巩固来之不易的生态成果，同时适度减轻财政负担，节约有限水资源，盐池县政府组织有关专家就林木科学管护进行调研论证，随后确定了新的林木管护原则：一是属地管理原则；二是对6年树龄左右的樟子松、榆树和10年左右树龄的杨树不再进行人工浇水（如遇特殊干旱年份可整合林业项目资金或申请财政专项资金进行浇水）。经过调整，全县自主人工造林管护资金降至900万元/年以内。具体管护措施、任务涉及六个方面：全县2008—2013年围县城、围乡镇造林面积30726.9亩，其中2010年万亩生态园造林2800亩，由县自然资源局整合林业项目资金进行管护，县财政不再拨付管护经费，剩余27926.9亩管护费调整至100元/亩/年标准执行（主要管护内容为每年犁地1次、除草2次，做好防火和人为破坏等工作）；2014—2016年围城、围乡镇造林13213

亩，其中2014年马儿庄收费站造林329亩，管护费按200元/亩/年标准执行（主要管护内容为犁地1次，春灌、冬春修剪各1次，6、7份浇水1次，做好防火和人为破坏等工作）；麻黄山赵记湾、甘沟、张记湾经果林1874亩，管护费按400元/亩/年标准执行3年，剩余11010亩管护费按400元/亩/年标准执行（主要管护内容为犁地1次、除草2次，冬灌、春灌各1次，6、7月份浇水1次，做好冬春季修剪及防火、病虫害防治、防止人为破坏等管护工作）；由县住房与建设局负责管护的围城造林2012亩交由自然资源局管护；以上管护资金属政府补助性资金，不足部分由乡镇政府或有关部门组织群众以投工投劳等形式予以解决；全县林木管护督查工作由自然资源局总负责，政府督查室配合，并制定详细考核细则，划区负责，责任到人，切实做到管得好、见成效。管护调整事宜自2019年7月1日起执行；2019年上半年管护费用按年管护费标准50%进行拨付。

2020年，盐池县组织实施了21个美丽乡村绿化造林，用苗46730株；实施工业园区企业及学校绿化，用苗5965株。认真实施《全民义务植树尽责形式管理办法》，创新推进"互联网＋全民义务植树"模式，全面增强公民保护自然生态、建设绿色家园意识，全民义务植树尽责率达到100%。

第二节 创建国家园林县城

2006 年 1 月 6 日，国家住房和城乡建设部（原建设部）启动创建国家园林县城活动，截至 2020 年 3 月，全国已先后分十个批次命名了 363 个国家园林县城。盐池县于 2008 年 2 月开始创建自治区级园林县城，历时 4 年，到 2012 年 2 月 8 日（全国第五批），成功创建为国家园林县城。盐池县在创建国家园林县城同时，启动创建国家卫生县城，时称"两创"。

一、2000—2007 年城市园林建设

2000 年，盐池县确定为"城市建设年"，县委、县政府确定当年城市建设十大工程：东西大街改造、南北大街改造、重点巷道改造，新建永青街、西环路，主要街道两侧危旧房改造，建水冲式厕所，改造"盐池公园"（街心公园），实施住宅小区开发（南苑小区、农林小区、医院住宅小区、市场小区、城建小区、西苑小区、水电小区），新建县城泄洪工程。在大刀阔斧旧城改造中，城市绿化被提到重要高度，特别提出要以"传统—现代—园林"为特色，对建成区绿化景观进行大范围、大面积改造提升，提出四个方面具体措施：突出城市个性、注重建筑设计特色；

"点、线、面"结合，形成完整的城市绿地系统，加强道路绿化、街景美化；开辟城市公共绿地和生产保护绿地，提高绿地标准，创造宜人宜居城市新形象；强化城市主体景观塑造，完善景观要素及其有机联系。结合城市绿化，相继建成和改造了 2 个广场、8 个文化公园和 1 个革命历史纪念园，以及盐林路、文化街 2 条县城主街区。

（一）花马广场：又称"万人广场"，"花马腾飞"雕塑矗立广场中央，位于盐池县委、县政府办公大楼正向南面，总占地面积 10 万平方米，为盐池解放 65 周年献礼工程。一期工程建设控制面积 4 万平方米，于 2001 年 6 月 1 日动工，9 月 20 日竣工，共计拆迁居民房屋 168 户，总投资 600 万元。之后经过数次绿化升级改造，保留绿化面积超过 35%。

（二）振远广场：位于县城西二环南北中段西侧，占地 3 万平方米，绿地面积超过 80%，兼为法治文化广场。

（三）花马湖公园：位于花马寺国家森林公园内，北距县城 4 千米。花马寺国家森林公园于 2002 年 12 月经国家林业局批准建立，总面积 5000 公顷，包括花马湖、哈巴湖、骆驼井三个功能区。其中花马湖景区（公园）面积 3200 公顷，

在三个景区中面积最大。花马湖公园分布连片原生、人工林，榆、杨、柳、槐混交，沙柳、柠条成片，松、柏点缀其中，植被类型多样，季相色彩层次分明。景区内盐池革命历史纪念碑、花马寺、花马湖房车营地等人文景观同自然景观融为一体，构成塞上独特生态景观资源。

（四）盐州园：位于县城控制区北部边沿，古王高速盐池出口东侧，占地170亩。

（五）街心公园：位于县城中心盐州南路与花马西街交汇处西南侧，始建于1986年，为盐池解放50周年献礼工程，当时占地1万平方米。2000年因旧城改造拓宽街面，压缩至南北长89米、东西宽44米，实际占地3916平方米，内建凉亭3座，汉白玉花马雕塑一座。

（六）解放公园：位于县城（花马池古城）东南角，占地120亩。

（七）威胜园：位于县城北门三清阁外，占地40.5亩。

（八）湿地公园：位于县城控制区东北部、古王高速与307国道中间地带，公园中心位置设置4米高巨型滩羊雕塑一座。

（九）广惠园：位于县城南门外侧，占地2.72公顷，兼为地名公园。

（十）沙地旱生灌木园：位于盐池县城西北2千米处，始建于1985年，是宁夏最早建成的科技植物园，全园面积1100亩，共有7个功能分区，定植各种灌木130种，乔木30种，果树26种，常绿树16种，草本植物100余种。

（十一）盐池革命烈士陵园：位于县城东南角，始建于1986年，是全自治区最早建立的县级博物馆，为歇山式仿古建筑。陵园内建有革命烈士纪念碑、纪念馆等。2006年陵园迁建花马湖西北侧新址后，改为"革命历史纪念园"。原烈士陵园于2016年改为解放公园，对园内绿化景观进行了全方位升级改造。

上述主题广场、文化休闲公园和革命历史纪念园大体建成于2000年前后，此后又分别进行了不同程度绿化和景观升级改造。比如2016年规划建设的环花马池古城文化公园（简称"环城公园"），即涵盖了威胜园、广惠园。

2001年2月14日，盐池县委、县政府召开城市建设工作会议，讨论确定城市建设工作总体思路是："主攻县城、启动三镇，围城造林、全面建设"，3月26日，即召开了全县绿化及围城造林动员大会。2002年，盐池县确定为"生态建设年"，开始按照"北治沙，中治水，南治土"思路加大生态环境建设，同时加快城市生态绿化建设步伐。2003年1月9日，盐池县委十一届六次扩大会议提出"五二一一"发展思路，强调要在加快工业化进程同时，进一步加强旅游、环保、生态治理、社会保障、基础设施建设、提高人民群众生活等九个方面工作。截至2003年底，县城建成区绿地总面积达到398公顷，绿化率35.15%，人均绿地面积18.21平方米，沿街90%的单位拆除了封闭式围墙，使单位庭院绿化与道路绿化融为一体，县城道路绿化普及率达到95%。2006年，盐池县实施了县城"东改西移、北挖南扩"发展战略。2007年围绕旧城改造、新区开发、生态绿化、优化人居环境等方面共安排城市建设项目27个，总投资2.5亿元。

2006年春，按照县委、县政府关于提升城市绿化树种品级要求，县环林局筹资60余万元完成了县城盐林路、文化街绿化，并在文化街首次引种了河北杨树种。

二、2008—2012 年创建自治区级、国家级园林县城工作

2008 年，盐池县委、县政府决定创建自治区级园林县城，于 2 月 15 日召开了全县创建自治区园林城市和卫生城市动员大会。上半年，全县建成区绿化面积 398 公顷，各项指标均达到考核标准。8 月 20 日，自治区考核鉴定专家组对盐池县创建"自治区区级园林县城"工作进行初评考核。2009 年 1 月 13 日，经过自治区建设厅按照《宁夏回族自治区园林城市申报与评审办法》《宁夏回族自治区园林城市标准》和《宁夏回族自治区园林县城标准》相关程序进行严格考核，决定命名盐池等县（市）为"自治区园林城市"。2009 年 11 月 11 日盐池县委、县政府召开全县创建国家卫生县城和园林县城启动大会，"两创"工作进入实质实施阶段。是年，盐池县牢固树立"抓生态就是抓生存、抓发展"理念，新增造林、退耕还林补植补造、人工种草、草原围栏及补播改良总面积 84.3 万亩；成功创建为全国林业科技示范县，被自治区党委、政府评为"全区生态建设先进县"。2010 年，盐池县为实现"两创"目标，规划造林 6.5 万亩，其中春季造林 32557 亩，围城造林 9617 亩，义务植树 7141 亩，林业局发包造林 2371 亩。12 月 21 日，盐池县成功创建为国家卫生县城。2011 年，全县新增造林面积 13.8 万亩，封山育林 30 万亩，抚育幼林 50 万亩，被评为全国绿化先进县。2013 年 5 月，在第九届中国（北京）国际园林博览会暨国家园林城市（县城、城镇）授牌仪式上，盐池县被授予"国家园林县城"。

盐池县实施创建国家园林县城过程中，主要采取以下措施。

（一）营造全民创建环境氛围。创建国家园林县城，是优化全县投资环境、促进经济社会可持续发展的需要。盐池县在巩固自治区园林县城等一系列创建成果同时，对照《国家园林县城标准》，精心组织、全民动员、狠抓落实，强力推进国家园林县城创建工作。

1. 健全组织，完善机制。健全创建领导机构和专职管理机构。成立了盐池县创建国家园林县城领导小组，由政府县长任组长，县委、人大、政府、政协分管领导任副组长。领导小组下设 7 个专项工作组，组长均由县领导担任，并确定了牵头部门和责任单位，明确工作重点，切实做到管理无漏洞，创建无死角。抽调全县各机关 17 名工作人员成立创园办，负责协调组织创园日常工作。聘请自治区创园专家为常年技术顾问，加强对创园工作的指导，确保创园工作科学有效开展。进一步健全完善城市管理专职队伍（即城管局、环卫所、园林所和物业公司），配齐配足人员。先后出台《盐池县城市管理暂行规定》《盐池县城市规划管理办法》《盐池县全民义务植树办法》等一系列规范性文件，确保创建工作做到有规可依、有章可循。

2. 精心组织，落实责任。县委常委会、政府常务会多次专题研究园林县城创建工作中的重大事项。配齐配强县绿化办公室领导班子，将城市建设费和城市维护费纳入年度财政预算，每年安排专项资金用于城乡绿化建设。制定下发了《创

建国家园林县城实施方案》，层层召开动员会对创园工作进行全面安排部署。按照"条块结合，以块为主"原则，将街巷道、公园广场、单位庭院、居民小区、生产绿地、防护绿地绿化建设进行分解，分别由县领导包片，并将工作任务细化落实到全县121个部门、单位和企业，完善职责和属地"两条线"管理体制，建立环环相扣责任落实网络，形成县委、县政府组织牵头、行业部门协调管理、责任单位落实的工作机制。

3.营造氛围，全民共创。盐池县在创园过程中，把宣传、引导作为重要事项来抓。通过设立专栏、专题、曝光台、简报、电子屏等形式，坚持每天宣传报道创园工作动态，形成强大舆论声势；先后在县城主要地段和路口设置大型宣传牌10块、印制创园指导手册500余册；出动创园宣传车200台次，在300辆出租车上安装了LED电子屏。在县城区开展了"园林式单位""园林式小区"评选创建和古树名木认养活动，开展了"净化、绿化、美化、亮化"和创园林县城签名等形式多样的宣传教育活动。

4.强化督查，务求实效。将创建效果与部门负责人业绩考核挂钩，教育、惩戒、激励三管齐下，确保"一个目标干到底，一种声音喊到底，一把尺子量到底"。建立县委、县政府主要领导定期督查、包抓县领导和牵头部门分片督查、人大和政协领导随机视察、专项督查组每日督查的网络化督查模式，采取定期检查与督促整改相结合、自查互查与抽查暗访相结合等办法，有力推动创园各项工作切实落实。

（二）科学编制城市规划。结合新一轮县城总体规划修编，聘请高资质专业机构，高标准编制

完成《盐池县城绿地系统规划》。规划突出以县城生态资源为基础，综合考虑城市格局和发展空间，突出花马古城历史文化底蕴，赋予时代特征，着力塑造宁夏东大门亮丽形象。总体生态绿化设计上，以一城（县城）四区（老城区、西区、南区、东区）五带（花马池街、307国道、盐兴路、盐大路、盐林路）十景（沙生植物园、盐州园、长城公园、革命烈士纪念园、三清阁、花马城墙、花马寺森林公园、万亩生态园、花马湖、十里红峡）为重点，兼顾人文、自然景观和功能要素，力求体现时代风貌，彰显生态古城魅力。

（三）改善宜居城市环境。按照国家园林县城标准，着重体现结构性、层次性、抗逆性、艺术性、观赏性、生态性，积极组织开展规划建绿、科技兴绿、全民育绿、特色造绿、依法治绿活动，基本形成以城西滩农田防护林、大墩梁防风固沙林、城南生态防护林建设为"绿屏"，以花马池街、盐州路为"绿轴"，以西环路、北环路两侧宽幅林带为"绿带"，以县城九纵七横道路配套绿化为"绿网"，以城市广场、公园、绿地为"绿肺"，以街头绿地、单位庭院、居民住宅小区绿化为"绿星"的城市绿化框架。建成街头绿地17块、广场3个、公园5个、城市苗圃35.33公顷。截至2012年，县城建成区绿化覆盖率、绿地率、人均公共绿地面积分别达到40.03%、36.95%和12.90平方米。

1.公园绿地。先后整合资金3950万元，改建或新建了广惠园、长城公园、盐州园、盐池公园、烈士陵园等主题公园。

2.街道绿化。县城区主干道总面积245万平方米，实施绿化面积108万平方米，道路绿化普

及率100%，道路绿化达标率81%。坚持道路与绿化同步提升改造原则，街道绿化以国槐、新疆杨、河北杨、旱柳、榆树等为主要树种，注重乔、灌、草、花科学组合，先后对北环路、西环路、东顺路等31条93.8公里道路进行了绿化，栽植各类苗木310万株，道路绿化比例明显提高，干道绿化面积达到道路用地面积的25.24%以上。时令草花、优良地被植物在各处公园、广场、游园、隔离带、花坛成片种植，基本实现每年5—10月份主要街道、地段、景点绿色常在，鲜花常新。

3. 庭院绿化。以开展创建花园式单位为契机，以点带面，整体推进。家和园、龙辰苑、隆兴花园等居住小区绿地面积达到35%以上。同时大力发展墙体、走廊、透视围墙立体绿化，新增立体绿化1782米。县城45家有条件绿化单位创建园林式单位28家，占62%；36个有绿化条件居民小区创建园林式小区23个，占63%。

4. 城乡绿化。一是切实采取包种植、包抚育、包成活"三包"措施，深入开展全民植树活动。义务植树尽责率达到83%，植树成活率和保存率分别达到86%和87%。积极组织开展"党员先锋林""共青团林""爱国教育基地林"建设，栽植各种纪念树、纪念林和绿地认建、认养、认管等群众性绿化活动。二是坚持带、片、网、点科学规划、适地适树原则，大力实施退耕还林、三北防护林、天然林保护等绿化工程，全力打造宁夏中部干旱带上的绿色生态屏障。全县有林地面积达到400余万亩，沙化面积由539万亩减少到不足200万亩，50万亩流动沙丘得到固定，120万亩退化草原恢复植被，草原植被覆盖率由2008年的55%提高到2012年的64%，林

地覆盖率达到23%。三是坚持以国营苗圃为中心，以民营、私营、联户经营为补充，不断壮大苗木树种产业。发展沙生灌木园、城南林场等规模育苗基地5个，建设苗圃基地170.66公顷，苗木品种达26个，年储备量200多万株，年提供各类苗木100万株以上。

（四）完善城市功用。按照"东改西移，北控南扩"县城发展规划，先后整合资金20亿元大力实施旧城改造和新区建设。一是着力加快基础设施建设，新修南二环路、文化西街等城市道路及排水工程32公里，道路铺装率达到95%以上，建成区人均拥有道路面积12.7平方米；对县城144条64.4万平方米居民巷道全部进行硬化改造，铺设排水管线13.8公里；城市污水处理厂建成并全面投入运行，新建、改扩建县城集中供热站6处，集中供热面积达到145万平方米，普及率达到75%以上；实施了县城供水水源扩建项目和天然气入户工程，饮用自来水普及率达到98%，水质综合合格率达到100%，燃气普及率达到80.6%；建成垃圾处理场1处、垃圾中转站4座，购置各种大型环卫机械22台（辆），日转运垃圾80吨，城区垃圾日产日清；配备保洁员239名，机械化清扫率达20%以上；增设果壳箱、垃圾箱（池）758个，主要街道果壳箱覆盖率及垃圾无害化处理率均达到95%；建设水冲式公厕43座、旱厕27座全部免费向群众开放，万人拥有公厕7座。二是大力实施美化亮化工程。围绕破旧楼体、墙体、阳台、门店、招牌等市容市貌"五旧"方面，组织开展市容街景美化改造工程，共计美化粉饰居民区平房、楼体立面13.5万平方米，拆除、更换门头牌匾3540个，清理"城市牛

皮癣" 8000 余处;安装更换路灯 1651 盏,亮灯率达到 98%;集中打造花马池街和盐林路景观亮化示范街,20 个沿街单位设计安装了灯带、轮廓灯,实现了道路亮、楼体亮、牌匾亮、门面亮、橱窗亮、广告亮,形成以路灯功能性照明为基础、以商业门店亮化为点缀、以广告亮化为补充的亮化效果。三是在县城合单位、企业、门店全面推行"门前六包"(包卫生、绿化、秩序、无摊担、无乱停乱放、无乱贴乱画)责任制;先后动用大型机械 1.5 万台,清理垃圾 120 余万吨,拆除违章建筑 11.3 万平方米。积极探索将县城主要街道、居民区清扫保洁权统一拍卖,归口县住建局统一管理,实现"一把扫帚扫到底"管理模式。组织对车站、公园、市场、学校、医院等公共场所和"五小"行业进行全面规范管理。按照"谁主办、谁收费、谁管理"原则,对花马市场等四大市场进行全面升级改造,建设半封闭式大棚、彩钢营业房 2500 平方米,实现划行归市,规范经营。

(五)彰显城市文化个性。盐池汉初设县,1936 年 6 月解放,中原文化、游牧文化、红色文化相互交融,遗存大量丰富的人文景观和历史古迹。创园过程中,县委、县政府十分重视文物保护和科学利用发展,2001 年率先在全区出台了《盐池县文物保护管理办法》。先后迁建、新建了革命烈士纪念馆、中国滩羊馆;对三清阁、花马池瓮城及 900 米城墙进行科学修复;2006 年被国家文物局命名为"全国文物保护工作先进县"。制定了《盐池县古树名木保护办法》,组织对全县古树名木进行普查登记,建立档案。坚持把改善环境质量、优化人居环境作为创园工作的出发点和落脚点,切实加强环境保护各项指标达到工

作。五年来县城区未发生重大环境污染和生态破坏事件,年均好于二级以上天数达到 330 余天。

三、2013 年后县城园林建设

2013 年,整合大县城建设资金 6100 万元,实施了县城新区"北山"土方工程(人造景观假山)、公园和主干道绿化工程,新增城市绿化面积 450 亩。相继启动了环城公园、长城关公园建设。环城公园建设,主要是对花马池城墙外围四侧 800 余亩带状空地进行绿化、硬化、文化雕塑和娱乐运动设施安装。以传统经典、革命记忆、历史流变、民俗传承为内容主线,围绕城墙四围建成了四个主题文化公园:即城东侧"民俗再现"、南侧"红色印迹"、西侧"经典重温"、北侧"历史记忆"。环城公园主题鲜明,内容丰富,是对传统文化、革命文化、民俗文化的全面展示,是爱国主义教育、党史教育、思想道德建设弘扬传承的重要载体,也是长城旅游带上的重点精品景点、景区。

2014 年,完成环城公园东城墙外围绿化带、古王高速路口匝道、八车道、高速公路外围景观绿化,同时对县城街道进行补植补造,新增绿化面积 995 亩;完成怡和园景观提升改造,实施绿化、硬化,安装雕塑和供水系统;在新区闲置地栽植樟子松 266 亩 1.8 万株。

2016 年,高标准建成长城关、环城公园、体育馆、市民休闲森林公园等城市地标性建筑工程;对解放公园、威胜园、花马广场、振远广场进行绿化、硬化、亮化、美化升级改造;对平安大道、花马街等"三纵两横"道路实施绿化提

表 3—2—1　盐池县创建国家园林县城各项指标完成情况对照表

项目	单位	国家园林县城指标	完成情况	达标情况
城市绿化覆盖率	%	40	40.06	达标
建成区绿地率	%	35	36.95	达标
人均公共绿地面积	平方米	9 平方米以上	12.90	达标
1000 平方米以上公共绿地服务半径	平方米	达到 500 平方米	500	达标
道路绿化普及率	%	100	100	达标
道路绿化达标率	%	80	81	达标
城市干道绿化带面积不少于道路总用地面积	%	25	25.24	达标
县城至少有两座 3 公顷以上的公园	座	2	5	达标
公园绿地率	%	70	78	达标
全县"园林式单位"	%	60	62	达标
全县"园林式小区"	%	60	63	达标
主干道沿街单位实施拆墙透绿情况	%	90	98	达标
义务植树成活率	%	85	86	达标
义务植树保存率	%	85	87	达标
义务植树尽责率	%	80	83	达标
广场绿化率	%	60	67.31	达标
生活垃圾无害化处理率	%	80	94	达标
生活污水处理率	%	65	65	达标
大气污染指数小于 100 天的天数	天	240 天以上	330	达标
地表水环境质量	类	三		达标
人均拥有建成区道路面积	平方米	9 平方米以上	12.7	达标
用水普及率	%	90	98	达标
水质综合合格率	%	100	100	达标
道路亮灯率	%	98	98	达标
每万人拥有公厕	座	4 座以上	7	达标
获得区级园林县城称号	年	2 年以上	2	达标

升，共计新增绿化面积 650 亩。

截至 2018 年底，盐池县建成区绿化面积 539.1 公顷，覆盖率 40.02%；园林绿地面积 505.80 公顷，绿地率 37.55%，公园绿地面积 95.00 公顷。按建成区 13.47 平方千米、5.35 万城镇人口计算，人均公园绿地面积 17.76 平方米。分述如下：

（一）公园绿地面积 95 公顷，绿化覆盖面积 99.20 公顷。

（二）附属绿地面积 158.00 公顷，绿化覆盖面积 175.74 公顷。包括小区绿地面积 18.8 公顷，绿化覆盖面积 19.70 公顷；单位绿地面积 25.16 公顷，绿化覆盖面积 37.22 公顷；道路绿地面积

120.3 公顷，绿化覆盖面积 125.08 公顷。另有新增道路及节点绿化面积 6.26 公顷。

（三）防护林绿地面积 156.00 公顷，绿化覆盖面积 167.3 公顷。

1. 西环路防护林，绿地面积 15.68 公顷，绿化覆盖面积 16.83 公顷。

2. 南二环防护林绿地面积 40.66 公顷，绿化覆盖面积 43.92 公顷；北环路防护林绿地面积 26 公顷，绿化覆盖面积 28.34 公顷。

3. 千户村东路防护林绿地面积 6.25 公顷，绿化覆盖面积 6.52 公顷。

4. 工业大道防护林绿化面积 26.35 公顷，绿化覆盖面积 28.55 公顷；中央大道绿化面积 4.5 公顷，绿化覆盖面积 4.98 公顷。

5. 高速匝道绿化面积 22.21 公顷，绿化覆盖面积 23.56 公顷。

6. 交警队防护林绿化面积 1.75 公顷，绿化覆盖面积 1.80 公顷。

7. 樟子松防护林绿化面积 12.60 公顷，绿化覆盖面积 12.80 公顷。

（四）其他绿地面积 55.54 公顷，绿化覆盖面积 55.60 公顷。

1. 东顺路一、二、三区，绿地面积 3.82 公顷，绿化覆盖面积 3.82 公顷。

2. 城拐角绿地面积 5.66 公顷，绿化覆盖面积 5.66 公顷。

3. 四小北侧绿地面积 4.25 公顷，绿化覆盖面积 4.26 公顷。

4. 污水处理厂绿地面积 9.53 公顷，绿化覆盖面积 9.55 公顷。

5. 一小门口、教育小区、振远中路街头绿地绿化面积 0.37 公顷，绿化覆盖面积 0.37 公顷。

6. 振远东路四周：绿地面积 0.78 公顷；绿化覆盖面积 0.78 公顷。

7. 纬二路、民政局、工行街头绿地绿化面积 0.58 公顷，绿化覆盖面积 0.58 公顷。

8. 百货大楼、三清阁街头绿地绿化面积 0.62 公顷，绿化覆盖面积 0.62 公顷。

9. 冯住加油站、汽车城北侧绿地面积 1.38 公顷，覆盖面积 1.38 公顷。

10. 安居巷、青年创业园北门口街头绿地面积 0.31 公顷，覆盖面积 0.31 公顷。

11. 五小门口、盐州翰府小区门前街头绿地面积 0.89 公顷，覆盖面积 0.89 公顷。

12. 长城新村绿地面积 6.94 公顷，覆盖面积 6.94 公顷。

13. 北山（新区人工假山）绿地面积 4.97 公顷，覆盖面积 4.97 公顷。

14. 振远广场西侧、林苑小区门口绿地面积 0.10 公顷，覆盖面积 0.10 公顷。

15. 人大机关门前、政府后花园绿地面积 0.93 公顷，覆盖面积 0.93 公顷。

16. 花园社区、明翠园绿地面积 1.09 公顷，绿化覆盖面积 1.09 公顷。

17. 旧高速路口绿地面积 0.63 公顷，覆盖面积 0.63 公顷。

18. 党校东侧、供热西站门绿地面积 0.38 公顷，覆盖面积 0.38 公顷。

19. 泄洪渠四周绿地面积 3.75 公顷，覆盖面积 3.75 公顷；绿地面积 0.23 公顷，覆盖面积 0.23 公顷。

20. 滩羊雕塑四围、广惠路南侧、芙蓉园、千户村东路绿地面积 1.13 公顷，覆盖面积 1.13 公顷。

21. 盐林路景观带、龙鼎世家西侧绿地面积 2.18 公顷，覆盖面积 2.18 公顷。

22. 工业大道两侧、东门加油站绿地面积 4.34 公顷，覆盖面积 4.34 公顷。

23. 清真寺北侧绿地面积 0.91 公顷，覆盖面积 0.91 公顷。

（五）生产绿地合计面积 161.99 公顷（其中

建成区绿地面积 35.33 公顷）。

1. 灌木园绿地面积 35.33 公顷，绿化覆盖面积 35.33 公顷。

2. 万亩生态园绿地面积 40 公顷，绿化覆盖面积 40 公顷。

3. 城南林场绿地面积 53.33 公顷，绿化覆盖面积 53.33 公顷。

4. 哈巴湖苗圃绿地面积 33.33 公顷，绿化覆盖面积 33.33 公顷。

表 3—2—2　2018 年盐池县绿化情况汇总表

序号	名称	绿地面积（公顷）	覆盖面积（公顷）	备注
1	公园绿地	95	99.2	
2	防护绿地	156	167.3	
3	生产绿地	35.00	35.00	（建成区 35.00 公顷）
4	附属绿地	164.26	182	
5	其他绿地	55.54	55.60	
6	合计	506.5	539.1	

表 3—2—3　2018 年盐池县公园广场绿化情况统计表

序号	公园广场名称	建设用地面积（公顷）	绿地面积（公顷）	绿化覆盖面积（公顷）	备注
1	威胜园	3	2.4	2.4	
2	广惠园 I	3	2.4	2.4	
3	振远广场	5.4	4.3	4.7	
4	花马广场	4.7	2.4	2.5	含文昌公园（2017 年改造）
5	广惠园 II	3	2.4	2.4	
6	盐池公园	6.7	6.25	6.5	2016 年提升改造
7	颐和园	1.37	1.28	1.30	
8	街心公园	0.3	0.2	0.2	
9	森林休闲公园	69.06	58.07	61.40	
10	盐池县古城墙带状公园	18.74	15.30	15.40	2015—2017 年
11	合计	115.27	95.00	99.20	

表 3—2—4　2018 年盐池县其他绿地绿化统计表

序号	名称	绿地面积（公顷）	绿化覆盖面积（公顷）	备注
1	东顺路（一、二、三区）	3.82	3.82	
2	城拐角	5.66	5.66	
3	四小北侧	4.25	4.26	
4	污水处理厂	9.53	9.55	
5	一小门口、教育小区、振远中路	0.37	0.37	
6	振远东路四周	0.78	0.78	
7	纬二路、民政局、工行街头绿地	0.58	0.58	
8	百货大楼、三清阁街头绿地	0.62	0.62	
9	冯柱加油站、汽车城北侧	1.38	1.38	
10	安居巷、青年创业园北门口	0.31	0.31	
11	五小门口、盐州翰府门前	0.89	0.89	
12	长城新村	6.94	6.94	
13	北山体	4.97	5.00	
14	振远广场西侧、林苑小区门口	0.10	0.10	
15	人大门前、政府后花园	0.93	0.93	
16	花园社区、明翠园	1.09	1.09	
17	原高速路口	0.63	0.63	
18	党校东侧、西门供热公司门口	0.38	0.38	
19	泄洪渠四周	3.75	3.75	
20	滩羊雕塑、广惠路南侧、芙蓉园、千户村东路	1.13	1.13	
21	盐林路景观带、龙鼎世家西侧	2.18	2.18	
22	工业大道绿地、东门加油站	4.34	4.34	
23	清真寺北侧绿地	0.91	0.91	
24	合计	55.54	55.60	

表 3—2—5　2018 年盐池县防护绿化详细统计表

序号	名称	绿化面积（公顷）	绿化覆盖面积（公顷）	备注
1	西环路防护林	15.68	16.83	
2	南环路防护林	40.66	43.92	
3	北环路防护林	26	28.34	
4	千户村东路防护林	6.25	6.52	
5	工业大道防护林	26.35	28.55	
6	中央大道绿化	4.5	4.98	
7	高速匝道	22.21	23.56	
8	交警队防护林	1.75	1.80	
9	樟子松防护林	12.6	12.8	
10	合计	156	167.3	

表 3—2—6　2018 年盐池县附属绿地绿化情况汇总表

序号	名称	建设用地面积（公顷）	绿地面积（公顷）	达标绿地面积（公顷）	绿化覆盖面（公顷）	备注
1	小区		18.8		19.7	
2	单位		25.16		37.22	
3	道路		114.04		118.82	
4	合计		158		175.74	

表 3—2—7　2018 年盐池县生产绿地统计表

序号	名称	绿化面积（公顷）	绿化覆盖面积（公顷）	备注
1	灌木园	35.33	35.33	建成区内
2	万亩生态园	40	40	城市周边与建成区相接
3	城南林场	53.33	53.33	
4	哈巴湖	33.33	33.33	
5	合计	161.99	161.99	

第四章　森林资源保护

秋炼金黄老虬髯（2013 年 10 月摄于哈巴湖）

森林资源保护旨在促进森林数量增加、质量改善或物种繁衍，以及其他有利于提高森林功能效益的保护性措施。森林资源保护大致分为森林资源消耗量控制、森林生物多样性保护、森林景观资源保护及森林灾害防治等。根据县情实际，盐池县在实施森林保护方面，重点突出了森林灾害防治、病虫害监测防疫防治和生物多样性保护方面。

2009 年 11 月，盐池县"环境保护与林业局"更名为"盐池县环境保护和林业局"。根据职能职责要求，盐池县环境保护和林业局设办公室、植树造林与防沙治沙、森林资源保护、林木病虫害防治、环境监测评价 5 个职能岗位，其中：

林木病虫害防治岗主要职责：组织指导全县林木病虫害防治、检疫、预测预报；制定林木病虫检疫对象和防治措施；开展辖区种苗检疫，指导种苗生产单位或种苗专业户建立无检疫对象种苗繁殖基地；负责指定车站、仓库、公路沿线等重点场所林木检疫，签发林木调运检疫证书；负责检疫对象的封锁、扑灭工作；全面掌握本地区林木病虫害发生种类、危害程度和种群动态；定期为生产、防治提供病虫害调查和测报资料；编制全年林业有害生物防治计划；承担全县林业有害生物指导防治、人员培训；组织推广应用防治新技术。

环境监测评价岗主要职责：负责管理、征收废水、废气、固体废物、噪声、放射性物质等超标排污费征收。参与环境污染事故纠纷的调查处理；负责环境监理和环境保护行政稽查。

第一节　生物多样性保护

生物多样性一般是指"地球上生命的所有变异"。生物多样性是生物及其环境形成的生态复合体以及与此相关的各种生态过程的综合，包括动物、植物、微生物和它们所拥有的基因以及它们与其生存环境形成的复杂的生态系统。

生物多样性保护多采取建立自然保护区方式进行保护。也即把包含保护对象在内一定面积的陆地或水体划分出来，进行保护和管理。自然保护区是具有代表性的自然系统、珍稀濒危野生动植物种的天然分布区，包括自然遗迹、陆地、陆地水体、海域等不同类型生态系统。自然保护区还具备科学研究、科普宣传、生态旅游等重要功能。

一、野生植物保护

野生植物，是指原生地天然生长植物。野生植物是重要的自然资源和环境要素，对于维持生态平衡和发展经济具有重要作用。我国野生植物种类非常丰富，拥有高等植物 3 万余种，居世界第 3 位，其中特有植物种类 1.7 万余种。

早在 1950 年 5 月，国家就制定法规保护稀有生物。70 年代后，国家进一步重视对野生植物的保护。1973 年国务院制定颁布的《关于保护和改善环境的若干规定（试行草案）》明确提出加强植物保护。《环境保护法（试行）》《环境保护法》《森林法》和《中华人民共和国草原法》等都从各自角度对保护和合理利用野生植物作了相应规定。此外，国家还专门制定发布了相关野生动物保护法规，如 1984 年 6 月 25 日国务院办公厅转发的《农牧渔业部关于制止乱搂发菜、滥挖甘草，保护草场资源的报告》、1987 年国务院发布的《野生药材资源保护管理条例》等。1994 年，国家林业局和农业部组织专家制定了《国家重点保护野生植物名录》，共收入 419 种和 13 大类物种 1000 多种，并于 1999 年 8 月公布了第一批《国家重点保护野生植物名录》。1996 年 9 月 30 日，国务院令第 204 号发布，自 1997 年 1 月 1 日起施行《中华人民共和国野生植物保护条例》，对保护、发展和合理利用野生植物资源，保护生物多样性，维护生态平衡提出明确的法律规定。

盐池县生物多样性保护主要集中在哈巴湖国家级自然保护区。

国家重点植物保护：根据国务院环境保护委员会 1984 年 7 月发布的《中国珍稀濒危保护植物名录》、国家林业局和农业部 1999 年 8 月发布的《中国国家重点保护野生植物名录》，在哈巴湖保护区野生植物中，有国家重点保护野生植物 6 种：发菜、中麻黄、草麻黄、沙冬青、甘草、沙芦草。其中，发菜为国家 I 级重点保护野生植物，其余为国家 II 级重点保护野生植物。

国家特有植物保护：在哈巴湖保护区分布的野生植物中，有中国特有植物 12 种：油蒿、籽蒿、地构叶、紊蒿、知母、百花蒿、阿拉善碱蓬、中国马先蒿、沙冬青、鹅绒藤、菟丝子以及栽培树种文冠果。

（一）主要保护措施

盐池县自 2000 年实施天然林保护工程以来，哈巴湖自然保护区通过实施封山禁牧、人工造林、封沙育林等林业工程，加强种苗工程建设、森林资源管护、森林防火等措施，重点遏制滥挖、滥采、滥垦、滥牧现象，生态环境得到进一步改善，辖区内野生植物得到有效保护。

1. 严防植物病虫害及外来物种进入保护区。切实加强植物病虫害的预测预报，做到及时发现、及时防治，严防病虫害蔓延；非有确切必要，原则上保护区不引进外地植物物种。

2. 采取积极措施保护野生植物生长环境。野生植物资源的凋零物能够增强土壤肥力，为土壤带来大量养分，起到保持水土作用。一些气候环境适宜区域，野生植物也可以与人工林相互伴生，辅助人工林生长。因此在保护区内，要求不得以任何方式破坏野生植物生长环境，不得随便使用化学药剂，不得随意破坏森林和草地植被，不得在保护区内开矿、建设较大规模取水工程等。

3. 加大野生植物资源保护科研力度。通过争取中央、自治区财政补助资金项目，加强保护区

内濒危、珍稀野生植物资源物种保护与繁殖国家攻关课题研究；确定珍稀物种自然保护区，在指定保护范围内加大繁殖培育珍稀濒危物种力度和面积；建立优良种源区和珍稀树种基因库，建立野生植物资源物种数据库，制定科学规划，采取就地保护、迁地保护和离体保存等多种方式进行保护。

4. 加强保护宣传教育和执法力度。进一步加大宣传，使林区广大群众认识到保护珍稀物种的重要性。认真执行"采集证"制度和进出口许可制度，坚决杜绝以言代法情况发生。禁止在核心保护区发生任何方式的野生植物破坏行为，严禁采集、采挖野生植物。在保护缓冲区，除科研等特别需要外，原则上不允许采集野生植物，尤其是珍稀野生植物。在实验区，最大限度地保护森林植被，及时恢复因科学研究、项目经营、设施建设等造成的植被裸露区，把人为干扰野生植物资源程度降到最低。

（二）优势造林树种培育

1. 毛柳繁育栽培试验。2015 年，保护区管理局在骆驼井、哈巴湖、城南管理站分别进行为期 1 年的毛柳繁育栽培试验，在半固定沙丘、固定沙丘、平缓沙地试验面积 0.54 公顷（半固定沙丘、固定沙丘、平缓沙地试验面积各 0.18 公顷）。试验结果表明，三种立地类型成活率达到 60%—85% 以上，生长量达到 30—50 厘米。半固定沙丘栽植两年生、种条长度 50 厘米毛柳试验成活率和生长量最好。

2. 油牡丹栽植。2015 年，保护区管理局在骆驼井管理站实施以长柄扁桃为主的生态经济林综合示范区建设，其中投资 1.58 万元建立油用牡丹

示范区3.33公顷，采用一年生Ⅰ级种苗栽植，起到了良好示范作用。

3. 白榆保种。为保证全县林业建设、保护区生态建设对优良种苗的需求，保护区管理局于2014—2015年申请实施了白榆林木良种基地建设项目。该项目以保护和利用宁夏东部沙地旱生特色优良林木种质资源为核心，以向宁夏生态建设"四大绿色长廊"（沿黄河城市带绿色景观长廊、贺兰山东麓葡萄产业长廊、中部干旱带防风固沙长廊、六盘山水源涵养绿色长廊）、"五大工程"（封山禁牧、退耕还林草、防沙治沙、湿地保护、绿化美化）和生态移民修复区项目建设提供优质种苗为目的，新建白榆等地方特色抗寒耐旱林木良种基地60.5公顷。

4. 沙棘种苗培育。沙棘是一种抗寒、耐旱、耐盐碱树种，为国家Ⅱ级野生保护植物，也是宁夏及周边省区生态造林最佳树种之一。2000年后，随着退耕还林、天然林保护及生态移民迁出区植被恢复工程进一步延伸，沙棘育苗已在全区形成一定规模。保护区管理局先后于2002年、2013年、2015年在哈巴湖保护区培育沙棘种苗2万余株。

5. 胡杨引种。2014年，保护区管理局在城南管理站中建路和花马湖北岸试验种植胡杨500株，2015年补植100株，成活较好。

二、野生动物保护

法律所保护的野生动物，是指珍贵、濒危的陆生、水生野生动物和有重要生态、科学、社会价值的陆生野生动物。自然界由许多复杂的生态系统构成，一种植物消失了，以这种植物为食的昆虫就会消失；某种昆虫没有了，捕食这种昆虫的鸟类将会饿死；鸟类的死亡又会对其他动物产生影响。所以大规模野生动物毁灭会引起一系列连锁反应，产生严重后果。

1988年11月8日，第七届全国人民代表大会常务委员会第四次会议通过了《中华人民共和国野生动物保护法》，2004年8月28日第十届全国人民代表大会常务委员会第十一次会议进行了修正。《中华人民共和国野生动物保护法》规定：国家对珍贵、濒危的野生动物实行重点保护；国家重点保护的野生动物分为一级保护野生动物和二级保护野生动物；国家重点保护的野生动物名录及其调整，由国务院野生动物行政主管部门制定，报国务院批准公布。地方重点保护野生动物，是指国家重点保护野生动物以外，由省、自治区、直辖市重点保护的野生动物。地方重点保护的野生动物名录，由省、自治区、直辖市政府制定并公布，报国务院备案。

1990年9月1日，宁夏回族自治区第六届人民代表大会常务委员会第十四次会议审议通过了《宁夏回族自治区野生动物保护实施办法》，于1990年11月1日起执行。

盐池县野生动物保护主要集中在哈巴湖国家级自然保护区内。

（一）野生动物考察普查

2002—2003年，盐池县在申报哈巴湖国家级自然保护区期间，由盐池机械化林场邀请北京林业大学、宁夏大学、宁夏动物园有关专家组织对保护区进行综合考察，开展对辖区内动物资源的区属特征、分布状况、种群等进行全面考察。

2008年3月，由宁夏哈巴湖国家级自然保护区管理局、宁夏林业调查规划院、北京林业大学、宁夏动物园共同组成科考队，在2002—2003年综合考察基础上，对保护区内野生动物资源进行全面翔实科学考察。

2013—2014年，保护区管理局抽调技术人员，与南开大学相关专业教师和学生一起，在前两次考察成果基础上，对保护区生物种类多样性再次进行为期40天的调查。并于2014年完成了《宁夏哈巴湖自然保护区综合科学考察报告》。

根据调查结果，2014年，哈巴湖保护区综合科学考察共记录野生脊椎动物168种，隶属于24目53科，其中鱼类2目3科10种，两栖类1目2科2种；爬行类1目3科6种；鸟类15目33科119种；哺乳类5目12科31种。包括国家Ⅰ级重点保护鸟类5种，国家Ⅱ级重点保护兽类3种、鸟类19种。自治区级重点保护两栖类1种、鸟类24种、兽类6种。保护区鱼类、两栖类、爬行类、鸟类和兽类目科种分别是宁夏的32.26%、33.33%、31.58%、41.75%和41.89%。

（二）重点保护野生动物名录

根据1988年12月10日国务院颁布的《国家重点保护野生动物名录》，在哈巴湖保护区记录的珍稀脊椎动物中，有国家重点保护野生鸟类25种，其中Ⅰ级保护野生鸟类5种，Ⅱ级重点保护野生鸟类20种；有国家Ⅱ级重点保护野生兽类3种。同时，保护区有自治区级重点保护野生动物28种，其中两栖类1种，鸟类27种，兽类6种。

（三）保护措施

1. 宣传教育。保护区野生动植物保护宣传主要由局、站、点三级联合组织开展，利用"爱鸟周""环境保护日"等重要活动节点，通过开展活动、发放宣传单、进村入户等形式，持续加大《环境保护法》《野生动物保护法》《宁夏野生动物保护实施办法》等法律法规宣传力度。2013年，保护区建立了哈巴湖博物馆，全方位展示了保护区人文历史、自然景观、动植物资源科学价值展示及保护区发展历程等内容，起到了非常好的宣传教育作用。是年，保护区管理局及各基层单位先后发放科普图书1000册、宣传单7000份、年历10000份；开展生物多样性保护知识进社区、进校园，组织中小学生参加科普夏令营等活动，倡导全社会共同关心、肩负野生动植物保护的社会责任。2014年后，保护区管理局逐年相应组织开展"爱鸟周""环境保护日""湿地日"宣传等主题活动；组织编制保护区宣传手册、宣传画册，随保护活动开展广泛发放林区群众，扩大宣传教育力度范围。

2. 建立保护网络。改革开放前，盐池境内野生动物基本处于"野生无主，谁猎归谁"的无序管理状态，猎捕野生动物现象十分普遍。1983年4月13日《国务院关于严格保护珍贵稀有野生动物的通令》、1988年11月8日《中华人民共和国野生动物保护法》颁布之后，野生动物保护逐渐受到重视。其间，盐池境内林区巡护由护林点护林人员承担，巡护重点任务是防止林木盗伐、火灾等林业灾害，野生动物保护巡护只针对少数珍稀动物。2006年建立哈巴湖国家级自然保护区后，保护区管理局把野生动植物保护放到与森林环境

表 4—1—1 宁夏哈巴湖国家级自然保护区国家级重点保护鸟类

名称	学名	所属目科	保护级别
黑鹳	*Ciconia nigra*	鹳形目，鹳科	国家Ⅰ级保护
大鸨	*Otis tarda*	鸨形目，鸨科	国家Ⅰ级保护
小鸨	*Otis tetrax*	鸨形目，鸨科	国家Ⅰ级保护
金雕	*Aquila chrysaetos*	隼形目，鹰科	国家Ⅰ级保护
白尾海雕	*Haliaeetus albicilla*	隼形目，鹰科	国家Ⅰ级保护
斑嘴鹈鹕	*Pelecanus philippensis*	鹈形目，鹈鹕科	国家Ⅰ级保护
猎隼	*Falco cherrug*	隼形目，隼科	国家Ⅰ级保护
草原雕	*Aquila nipalensis*	隼形目，鹰科	国家Ⅰ级保护
白额雁	*Anser albifrons*	雁形目，鸭科	国家Ⅱ级保护
大天鹅	*Cygnus cygnus*	雁形目，鸭科	国家Ⅱ级保护
小天鹅	*Cygnus columbianus*	雁形目，鸭科	国家Ⅱ级保护
白琵鹭	*Platalea leucorodia*	鹳形目，鹮科	国家Ⅱ级保护
蓑羽鹤	*Anthropoides virgo*	鹤形目，鹤科	国家Ⅱ级保护
灰鹤	*Crus grus*	鹤形目，鹤科	国家Ⅱ级保护
灰斑鸻	*Pluvialis squatarola*	鸻形目，鸻科	国家Ⅱ级保护
长耳鸮	*Asio otus*	鸮形目，鸱鸮科	国家Ⅱ级保护
纵纹腹小鸮	*Athene noctua*	鸮形目，鸱鸮科	国家Ⅱ级保护
雕鸮	*Bubo bubo*	鸮形目，鸱鸮科	国家Ⅱ级保护
红角鸮	*Otus sunia*	鸮形目，鸱鸮科	国家Ⅱ级保护
红隼	*Falco tinnunculus*	隼形目，隼科	国家Ⅱ级保护
黄爪隼	*Falco naumanni*	隼形目，隼科	国家Ⅱ级保护
鹗	*Pandion haliaetus*	隼形目，鹗科	国家Ⅱ级保护
鸢	*Milvus korschun*	隼形目，鹰科	国家Ⅱ级保护
白尾鹞	*Circus cyaneus*	隼形目，鹰科	国家Ⅱ级保护
大鵟	*Buteo hemilasius*	隼形目，鹰科	国家Ⅱ级保护

表 4—1—2 宁夏哈巴湖国家级自然保护区国家重点保护兽类

名称	学名	保护级别
荒漠猫	*Felis bieti*	国家Ⅰ级保护
石貂	*Martes foina*	国家Ⅱ级保护
兔狲	*Otocolobus manul*	国家Ⅱ级保护

表 4—1—3 宁夏哈巴湖国家级自然保护区宁夏重点保护动物

名称	学名	所属目科	保护级别
艾鼬	*Mustela eversmanii*	食肉目，鼬科	区级
白鹭	*Little Egret*	鹳形目，鹭科	区级
斑嘴鸭	*Anas poecilorhyncha*	雁形目，鸭科	区级
苍鹭	*Ardea cinerea*	鹳形目，鹭科	区级
豆雁	*Anser fabalis*	雁形目，鸭科	区级
凤头鸊鷉	*Podiceps cristatus*	鸊鷉目，鸊鷉科	区级
骨顶鸡	*Fulica atra*	鹤形目，秧鸡科	区级
鸿雁	*Anser cygnoides*	雁形目，鸭科	区级
花脸鸭	*Anas formosa*	雁形目，鸭科	区级
灰雁	*Anser anser*	雁形目，鸭科	区级
楼燕	*Apus apus*	雨燕目，雨燕科	区级
琵嘴鸭	*Anas clypeata*	雁形目，鸭科	区级
石鸡	*Alectoris chukar*	鸡形目，雉科	区级
雉鸡	*Phasianus colchicus*	鸡形目，雉科	区级
长尾灰伯劳	*Lanius sphenocercus*	雀形目，伯劳科	区级
赤狐	*Vulpes vulpes*	食肉目，犬科	区级
赤麻鸭	*Tadorna ferruginea*	雁形目，鸭科	区级
戴胜	*Upupa epops*	佛法僧目，戴胜科	区级
绿头鸭	*Anas platyrhynchos*	雁形目，鸭科	区级
狗獾	*Meles meles*	食肉目，鼬科	区级
黑水鸡	*Gallinula chloropus*	鹤形目，秧鸡科	区级
花背蟾蜍	*Bufo raddei*	无尾目，蟾蜍科	区级
黄鼬	*Mustela sibirica*	食肉目，鼬科	区级
家燕	*Hirundo rustica*	雀形目，燕科	区级
罗纹鸭	*Anas falcata*	雁形目，鸭科	区级
沙狐	*Vulpes corsac*	食肉目，犬科	区级
蚁䴕	*Jynx torquilla*	䴕形目，啄木鸟科	区级
猪獾	*Arctonyx collaris*	食肉目，鼬科	区级

保护同等重要地位，建立了管理局—管理站—管护点三级管理保护网络。保护重点对象包括国家、自治区级保护动物，并将具有较高经济及生态价值的野生动物纳入保护范围。

3. 野生动物救助、放野。2007年9月，保护区管理局在城南管理站建设了300平方米的野生动物救护站和繁殖饲养场，负责收容、救治保护区及周边地区受伤、疾病野生动物。通过精心救治养护，使其恢复天然本性状态，之后放归自然。开展梅花鹿等野生动物人工繁育，补充种源，扩大动物种群。2013—2015年，为减少野兔、老鼠对保护区植被破坏，平衡保护区食物链，管理局先后两次协调农牧厅放归狐狸20只。

4. 严厉打击猎捕行为。2000年后，管理局严禁保护区内猎捕行为，加强与公安等部门协调合作，加大执法力度，保护区猎捕野生动物案例逐年减少。2007年7月12日，盐池县公安局森林派出所查获一起特大非法猎捕野生动物案，收缴国家二级保护动物雕鸮（亦称雕枭）12只（其中1只死亡），抓获犯罪嫌疑人1人，随后进行依法处理。

（四）主要保护工作

哈巴湖国家级自然保护区自2006年建立以来，野生动物保护工作逐步走上了日常化、规范化、制度化轨道。

2007年3月，保护区管理局为保护野生动物栖息地，创造野生动物生存适宜栖息环境，设立投饲点10处；采取生态工程措施，改善野生动物栖息环境360公顷；加大森林执法力度，严厉打击非法狩猎、诱捕、毒杀野生动物和其他妨碍野生动物生息繁衍行为。

2008年4月，保护区管理局科研人员采集制作动物标本16种21份，建立了珍稀野生动物标本室。同年9月在保护区管理局鸟类环志站（鸟类环志是研究候鸟迁徙动态及其规律的重要手段，鸟环由镍铜合金或铝镁合金制成，上面刻有环志国家、机构、地址和鸟环类型、编号等）建立了100平方米的鸟类环志工作室，并在哈巴湖、花马湖、苟池西畔建立鸟类环志点3处，配备了工作设备和实验设备。

2009年，哈巴湖国家级自然保护区野生动物疫源疫病监测站成立，在各基层管理站配置了监测人员，制定了工作制度、监测检疫措施，及时有效发现野生动物疫情，确保野生动物种群安全。

2010年，保护区管理局在哈巴湖、四儿滩建立生态定位监测站2处，在城南管理站吴记圈建立气象观测站60平方米，在红山沟、哈巴湖、猫头梁、郝记台等处建立水文水质监测点4处，为保护野生动物提供更多监测数据。

2011年，《宁夏回族自治区禁牧封育条例》颁布后，保护区积极响应《条例》政策，全面开展禁牧封育，为野生动物栖息创造更加良好生存环境。

2012年，在盐池县政府及有关部门支持协助下，全球环境基金GEF项目专家组在对盐池县生态环境建设进行综合考察后，组织农业、林业、牧业、土地、生态、水利、环境、生物多样性、经济等相关专家共同编制了《盐池县综合生态系统管理规划和行动计划》，对盐池境内生物研究和生态系统保护起到积极指导促进作用。

2013—2014年，保护区管理局会同南开大学对保护区植物、鸟类、昆虫和水生生物进行综合科学考察，编制完成《宁夏哈巴湖自然保护区综合科学考察报告》。

2014年，保护区管理局与当全县各乡镇政府联合成立了社区共管委员会，制定了规章制度和保护管理办法，进一步加强野生动物保护。

2015年，保护区管理局在实施中央财政资金湿地生态效益补偿项目中，新建沙边子、太平庙、黄记沙窝、北王圈、红柳长廊及四儿滩湿地保护站4处，并在哈巴湖、南海子、花马池和八字洼4处湿地布设固定观测点8个。

2016年，保护区管理局进一步完善资源巡护管理系统、资源管护数据库和管理台账，建立资源管理制度，落实巡护员、监管员和管护点管护人分级负责制；制作安装保护区功能界碑710块、宣传标识牌23块，制作宣传片1部。完成《保护区综合科学考察报告》《生物多样性监测动物、植物、昆虫图册》编制。完成全国第二次陆生野生动物资源调查、春季和秋季迁徙水鸟同步调查、野生动物调查监测、水样采集等各项生态监测调查工作；加强野生动物疫源疫病监测防控，监测到鸟类32种。

2017年，保护区管理局确定为"资源管理提升年"，提出从宣传教育、基础设施建设、人类活动问题整改等十个方面对资源管理工作进行全面提升，研究制定了《资源管理提升年实施方案》，全力促进保护区资源管护健康有序发展。5月份先后专题召开了促评工作会、共管座谈会、资源管理例会，协调解决共管共建问题，筑牢局、站、点、员和县、乡、村、组两个四级资源管护体系。积极组织开展"爱鸟周""地球日""生物多样性日"宣传，编发宣传材料2000余份，倡导全社会关心支持野生动植物保护。举办综合生态系统管理、生物多样性保护等各类培训班8期；联合南开大学课题组布设监测点4处，开展湿地生态监测；加强候鸟高致病性禽流感等野生动物疫源疫病监测防控；完成全区春季水鸟调查及水位监测，救助国家二级重点保护野生动物黄爪隼1只。对疫源疫病监测网络直报系统进行维护，全年上报监测日报200期、监测周报20期，监测鸟类45种，其中白秋沙鸭、红胸秋沙鸭、黑尾鹬为保护区新记录鸟类。

2018年，保护区管理局继续突出抓好社区共管，进一步健全完善两个"四级"资源管护体系。协调盐池县政府制定出台了《宁夏哈巴湖国家级自然保护区和水源地一级保护区生态移民实施方案》，计划3年完成核心区、缓冲区生态移民搬迁。积极组织开展野生鸟类巡护和执法检查，加强候鸟高致病性禽流感等野生动物疫源疫病监测防控，上报监测日报112期、监测周报21期、监测到鸟类30余种。根据湿地生态补偿项目计划，与北京林业大学、南开大学等科研院所紧密配合，开展了保护区湿地生态监测、动植物资源动态监测、土壤调查、昆虫资源调查、湿地生态效益补偿研究课题研究。

2019年，保护区管理局新上红外监测相机，持续加强野生动物疫源疫病监测防控工作，共上报日报118期，周报35期，监测到鸟类30余种，新记录遗鸥和青头潜鸭2个鸟种。组织开展湿地动态监测及遗鸥资源同步调查、保护区昆虫资源分布调查、湿地生态效益补偿项目绩效评价等工作，进一步摸清资源底数。

第二节 病虫害监测、检疫防控

森林灾害包括森林病虫害、火灾及气象灾害等。森林灾害防治贯彻"防重于治"方针，通过生物、化学和工程等措施对森林进行综合防治。对于影响范围广、突发性强的森林病虫害（如松毛虫、油桐尺蠖等）则应建立长期监测网，加强虫情、病情预测预报，以便及时采取对应防治措施。

20世纪90年代，发生在宁夏的光肩星天牛灾害，对全区防护林网造成毁灭性破坏。2000年后随着防护林网树种结构逐步调整，以及城市绿地和骨干道路绿化带的大规模建设，树木种类和数量迅猛增长，外地苗木大量涌入区内，带来了沟眶象、斑衣蜡蝉、洋白蜡卷叶绵蚜、小绿叶蝉等有害生物，给林业生态建设造成了严重威胁。

宁夏林业有害生物监测、检疫和防治行政执法主要依据还是1983年出台、1989年修订的《森林病虫害防治条例》，1983年出台、1992年修订的《植物检疫条例》等行政法规及1994年出台、2011年修订的国家林业局规章《植物检疫条例实施细则（林业部分）》已不能适应全区林业有害生物防治新形势、新任务要求。

党的十八大后，中央、国务院高度重视生态文明建设，提出了一系列关于生态文明建设的新理念新思想新战略，强调保护生态环境就是保护生产力，改善生态环境就是发展生产力。自治区第十二次党代会明确将"环境优美"作为党代会报告主题，将"实施生态立区战略"写入党代会报告。党的十九大报告指出：必须树立和践行绿水青山就是金山银山的理念，坚持节约资源和保护环境的基本国策，像对待生命一样对待生态环境。2014年5月26日国务院办公厅下发《进一步加强林业有害生物防治工作的意见》（国办发〔2014〕26号），从建设生态文明和美丽中国战略全局出发，提出了加强防治工作总要求，从国家层面作出了关于林业有害生物防治工作的决策部署，充分体现了党中央、国务院对林业特别是林业有害生物防治工作的高度重视，凸显了林业有害生物防治工作在促进生态文明建设中的重要地位和作用。制度建设层面，《意见》第八条明确要求"各地区要积极推动地方防治检疫条例、办法制（修）定，研究完善具体管理办法"。2015年4月，自治区政府办公厅下发《自治区人民政府办公厅关于进一步做好林业有害生物防治工作的通知》（宁政办发〔2015〕47号）第七条要求"健全法规制度，推进制定《宁夏回族自治区林业有害生物防治检疫条例》，完善全区各级人民政府重大林业有害生物应急管理和跨部门、跨区域协作防治制度，建立限期除治监督、检疫执法责任追究等制度"。并对全区林业有害生物防治依法治理工作同时提出了明确要求。2017年11月17日，自治区人民政府常委会审议通过了《宁夏回族自治区林业有害生物防治办法》，于2018年1月1日起正式实施，标志着宁夏林业有害生物防治工作进入新的历史时期。

1991年8月，盐池县林木病虫害防治检疫站成立，1999年11月更名为盐池县森林病虫害防治检疫站，2006年7月更名为盐池县林木检疫站，隶属环境保护和林业局管理，属于全额拨款事业单位，核定编制7人。2019年3月盐池县自然资源局成立后下设自然资源保护监督所，负责组织指导林业草原有害生物防治、检疫和预测预报；监督管理陆生野生动植物猎捕、采集、驯养、繁殖培植和经营利用；负责全县陆生野生动物疫源疫病监测、防控；执行林业有害生物检疫执法，签发检疫证书，编制有害生物防治计划；承担古树名木保护、林业和草原应对气候变化等相关工作。

自1999年盐池县被列为全国森林病虫害中心测报点以来，检疫部门重点突出森防目标管理和监测体系建设，加大综合防治力度，通过病虫害测报、虫害防治、种子种苗检疫和病虫害监测观察，有效遏制了病虫害蔓延，尤其是春尺蠖危害得到有效控制。2000年4月底到5月初，检疫人员先后对全县5.2万亩病虫害发生林地实施全面防治，其中组织对城郊乡柠条场5000亩柠条集中进行化学防治，春尺蠖死亡率达到90%以上。光肩星天牛防治工作取得明显成效，插毒签10万

支，捕捉天牛成虫5.52万只，砸卵500余处。种苗检疫方面，设立检疫育苗点5处，检疫苗木100万余株、柠条种子3486公斤、飞播种子25万公斤。经过积极防治，初步完成全县林木病虫害防治目标，全县森林病虫害发生率控制在4.5%以内，防治率达到100%，种苗产地检疫率100%，病虫害监测面积100.164万亩，监测率77%。

2003年，盐池县全面提升森林病虫防治水平，控制森林病虫危害。严格检疫执法，规范种苗、木材市场动作秩序，杜绝重大疫情人为传播，森林病虫害成灾率控制在5.1%，防治率达到91%，种苗产地检疫率为100%，病虫监测面积260.6万亩，监测覆盖率88%。实施森林病虫害防疫管护面积230万亩。

2004年，盐池县林木病虫害防治检疫部门严格检疫执法，加强防治力度，组织对全县22.7万亩春尺蠖危害榆树林实行集中化学防治，春尺蠖死亡率达到95%以上。调查苗圃地20处，发放产地检疫合格证35份，检疫苗木4692万株，苗木产地检疫率100%。对外省区调入苗木种子开展集中验证复检21起，复检苗木20余万株，调运检疫苗木近74万株，种子25万公斤。认真开展林业有害生物普查工作，调查填写林业有害生物小班记录表563份，设立林木害虫标准地265块，采集有害生物标本50份，制作标本10盒。加强"两证"（林木种苗生产许可证和林木种苗经营许可证）发放管理，对全县从事种苗生产经营单位和个人进行逐个清查、登记。明确"两证"发放对象，对其所生产经营苗木种类、地点、存放时间及生产面积和经营方式进行认真调查核对，年检办理"两证"育苗户22家，新

办"两证"育苗户5家。

2006年，盐池县持续加强森林病虫害监测预报防治，严禁有害生物入侵。建立健全病虫害预防系统，做到防患于未然。进一步加强了病虫害防治设备配备，建立了病虫害防治预警机制。制定了护林员上岗制度，强化约束，使护林职责真正落到实处。林业有害生物成灾率控制在40%以下，无公害防治率达到60%，测报准确率达到60%，种苗产地检疫率达到90%以上。

2007年，盐池县林木病虫害防治检疫部门全面提高林木病虫害防治水平，林业有害生物成灾率控制在27%以下，无公害防治率达到50%，测报准确率达到78%，种苗产地检疫率达到98%以上。重点协助做好潘儿庄灌区1075亩农田林网更新改造，采取伐根嫁接、捕捉成虫、化学防治等措施，全面控制病虫害蔓延。利用"3S"技术完成森林资源二类清查，彻底摸清全县森林资源基数，掌握森林资源消长动态变化，建立森林资源地理信息平台，为科学编制林地保护利用规划和森林采伐限额提供依据。

2008年，盐池县环境保护和林业局组织森林保护站、种苗站技术人员，对县内21家苗圃地进行实地调查，发放产地检疫合格证23份，检疫苗木1057万株，苗木产地检疫率为100%。加强外调苗木检疫监测，共计检疫调运苗木187.8万株，依法焚毁带有天牛幼虫活体新疆杨树苗303株。组织对全县林木危害严重林地进行防治，防治面积55.102万亩；人工捕捉天牛成虫10万头，插毒签20万个，人工

抚育0.3万株。对花马池镇下王庄灌区遭受天牛危害的农田防护林采取伐根嫁接技术进行林网更新，共伐根嫁接3000株；对境内部分受林区木蠹蛾幼虫危害的林木3000余株采取树盘开沟施药，然后用农膜覆盖树盘压土熏杀幼虫方法进行集中防治。自制查蠹工具，组织对重点林区新栽高秆乔木林的土壤墒情进行排查，根据墒情适时实施浇灌，确保土壤不旱不涝，提高苗木根系抗旱能力。动员广大群众特别是退耕还林农户对3万亩经果林、4000多亩庄点绿化、42万亩退耕还林地，采取拉水浇灌、覆膜保墒、修枝剪叶、抹芽除萌、中耕除草等各种综合抗旱措施。对千户村、西北环路、长城公园等重点绿化工程区移栽大树采取喷保水剂、输营养液等技术措施缓解旱情。并针对苗木生长状况，对林木抗旱抚育措施、病虫害防治等方面进行科学指导，指定检疫专人对新栽植苗木进行定期病虫害检疫监测。

2011年，盐池县继续加强工程造林病虫害防治力度，新植苗木长势良好，无枯死苗木，无枯叶病枝。种苗检疫面积为0.2万亩，检疫调运苗木1165万株，复检苗木930万株，检疫率为

2008年6月，盐池县林业部门集中实施林木病虫害防治

2009年3月，盐池县林业检疫部门组织集中焚烧带有病虫害苗木，杜绝疫情扩散

100%。圆满完成林业有害生物防治"四率"指标，辖区成灾率13.8%，无公害防治率为99%，测报准确率88.3%，产地检疫率为100%。

2012年，盐池县林木病虫害防治检疫部门认真组织开展"四率"达标工作，全年共计检疫产地苗圃15家、面积2260亩，花卉3家、2210.3万株，复检苗木291.9万株，查处携带锈色粒肩天牛国槐苗木案件2起，集中销毁苗木1930株（市场价值16万元）。进一步加强部门协调配合，大力开展林业植物检疫执法检查行动，合力遏制林业有害生物人为传播危害。加强新栽苗木抚育管理，采取有效措施防旱、防冻、防抽干，确保苗木成活成林成景。切实加强林业有害生物防控工作，制定应急预案，落实责任措施。

2013年，盐池县林木病虫害防治检疫部门组织对境内23家苗圃地进行实地检查，检疫产地苗木1058万株，产地检疫率100%。复检外省调入苗木68.9万株。组织对全县林区实施病虫害防治面积6.574万亩。

2014年，盐池县林木病虫害防治检疫部门继续加强春尺蠖、榆木蜜虾、光肩（黄斑）星天

牛预测预报，认真做好检疫防治工作，圆满完成自治区防疫总站下达的各项任务指标。联合木材检查站开展路检、市检，杜绝虫源进入县境辖区。对境内15家苗圃地进行实地检查，开展外省调入苗木复检，复检率达100%。按照自治区森林防护总站关于开展林业有害生物普查工作通知要求，1月份组织专业人员参加了自治区林业区举办的林业有害生物专项普查培训班，之后于3月29日至4月24日举办了全县林业有害生物普查培训班。

2015年，盐池县林木病虫害防治检疫部门在协助推进黄土高原地区综合治理林业示范建设项目同时，对项目区有害生物防治坚持"预防为主，综合防治"原则，并采取生物防治、物理防治、技术防治等措施，确保重点项目安全实施。4月至11月，认真组织实施了林业有害生物普查外业调查、内业整理和补充调查工作。

2016年，盐池县林业部门根据国家林业局下发《关于在全国开展林业有害生物普查工作的通知》（林造发〔2003〕73号）和《自治区环林局关于在全区开展有害生物普查工作的通知》（宁林办发〔2003〕290号）文件精神，组织对全县林业有害生物进行普查。普查范围为全县境内所有森林、花卉、种实、木材及其制品生产经营场所等。普查重点为境内自然保护区、林业生态建设工程项目区、公路沿线及大量使用外调苗木实施的绿化工程区，辖区所有林地（含荒漠植被、经济林）、贮木场、木材加工厂、花圃，以及林业重点保护区、有害生物易发区、以往调查涉及较少区。盐池县于2015年12月至2016年7月底完成普查资料汇总，编写普查工作报告、技

术报告，汇总有关表格、实物标本和图片、光盘、电子文档等资料上报区厅。经过普查队员历时 7 个月的外业普查，基本摸清了全县林业有害生物发生现状。普查对象包括：对林木、种苗等林业植物及其产品造成危害的所有病原微生物、有害生物、有害植物及鼠、兔、螨类等；在本地区业已造成危害但尚未记录的林业有害生物；国家现阶段重点关注的松材线虫、美国白蛾等重大林业有害生物及林业鼠（兔）害、有害植物；国家环林局 2013 年第 4 号公告公布的《全国林业检疫性有害生物名单》《全国林业危险性有害生物名单》以及国家环林局 2014 年第 6 号公告新增列林业危险性有害生物种类；2003 年以来在全国有发生、危害记录的 506 种林业有害生物种类；2003 年以来从国（境）外或省级行政区传入的林业有害生物新记录种类。普查小组实际普查面积 337.8 亩，代表林分面积 113827 亩，调查标准地 25 个。共计普查有害生物 140 种，其中害虫 6 目 53 科 136 种，病原微生物 3 种，啮齿类动物 1 种，共计采集标本 5294 号，拍摄照片 2000 余张。另外在普查过程中采集非林业害虫 6 目 10 科 61 种。辖区内危险性生物种类主要有沙枣木虱、光肩星天牛、青杨天牛、家茸天牛、柠条豆象、榆跳象、芳香木蠹蛾东方亚种、柠条广肩小蜂、刺槐种子小蜂、泰加大树蜂、杨大透翅蛾。

2016 年，盐池县林业部门持续加强林业有害生物和野生动物疫源疫病监测。通过监测，全县林业有害生物成灾面积 610 亩，成灾率 0.15‰（自治区下达指标为 6.5‰以下）；林业有害生物监测发生面积 50.3 万亩，测报准确率为 91%（下达指标为 88%以上）；春尺蠖防治面积 3.9 万亩（其中哈巴湖防治面积 1.9 万亩），光肩星天牛防治面积 908 亩（其中哈巴湖防治面积 170 亩），木蠹蛾防治 3595 亩（其中哈巴湖防治面积 1495 亩）；无公害防治面积 39908 亩，无公害防治率为 92%（下达指标 84%以上）；育苗面积 4200 亩，产地检疫 4200 亩，检疫率为 100%（下达指标 100%以上）；设立野生动物疫源疫病监测点 4 个，监测面积 2 万余亩；按照国家中心测报点测报要求，盐池测报小组在全县设立虫情监测点 20 个，监测面积 205.5 万亩。2015 年预测 2016 年全县林业有害生物发生面积 46 万亩，实际发生面积 50.3 万亩，测报准确率为 91%。2016 年完成光肩星天牛、木蠹蛾、春尺蠖、鼠兔等林业有害生物监测调查，发布趋势预测 3 期，虫情预报 3 期，虫情动态 18 期。按照《中华人民共和国森林病虫害防治条例》有关条款发出林业有害生物限期防治通知书 3 份，要求各林权单位根据害虫危害特性及时实施防治，防止蔓延。为切实加强危险性林业有害生物出入境管理，盐池县环境保护和林业局印发了《关于加强全县苗木检疫工作的通知》，对全县植物检疫工作采取对应措施、压实责任。根据生产种苗单位报检，实施产地检疫 4200 亩，检疫各类苗木 590.08 万株，签发产地检疫合格证 18 份，产地检疫率达到 100%。复检工程造林绿化苗木 863651 株（其中榆树 86553 株、大接杏 30500 株、刺槐 7100 株、樟子松 26650 株、花棒杨柴 70 万株、垂柳 8548 株、国槐 2000 株、金叶榆 2300 株），未发现林业检疫性有害生物。7 月中旬组织对辖区内加工使用木制品单位、花卉市场进行排查，先后检查使用木质包装电缆、光盘企业 3 家，电动车经营户 5

家，木材经营户5家，花卉经营户7家，检查电缆盘150余个，未发现带疫情况；向有关林权单位下达限期防治通知书3份。采用1.2%苦烟乳油制剂1500—2000倍液喷雾防治春尺蠖面积3.9万亩（包括哈巴湖1.9万亩），其中王乐井乡4000亩（盐兴路两侧2000亩、王吾岔2000亩），花马池镇14200亩（307国道两侧2000亩、柳杨堡1900亩、土沟项目区3700亩、四儿滩4300亩、灌木管理所200亩、宛记沟2100亩），青山乡郝记台1800亩；杨树天牛打孔注药908亩（包括哈巴湖170亩），其中冯记沟乡马儿庄灌区205亩，王乐井乡灌区35亩，花马池镇500亩（城西滩25亩、红山沟49亩、曹泥洼210亩、李毛庄216亩）；在惠安堡工业园区、211国道两侧公路防护林采用高效氯氰菊酯1500—2000倍液喷雾防治榆树蚜虫1450亩；在麻黄山乡李塬畔、郭记洼、上下甘沟、赵记湾村采用乐果苦烟乳油1500—2000倍液喷雾防治大接杏、大灰象甲2600亩；实施鼠兔害监测面积154.2万亩；诱捕苹果蠹蛾监测面积0.3万亩。全年共计投入林业有害生物防控资金8.86229万元（其中林业有害生物普查4万元、购买吡虫啉药剂0.46万元，开展天牛防治费1.97896万元，开展食叶害虫防治费1.92933万元，普查租车费0.494万元）。

2017年，盐池县依托天保工程、生态公益林补偿等项目实施，创新工作机制，严格落实责任，全面加强天然林、公益林、围城围乡镇造林区域管护，切实加强林业有害生物预测预报和检疫防治工作。

2018年，盐池县林木病虫害防治检疫部门严格森林植物调运和进出境管理，年内签发产地检疫证书23份，调用检疫证书32份，防治食叶害虫害面积11.23万亩、蛀干害虫面积7000余亩，悬挂诱捕器7600套。检疫各类苗木98万余株，防治面积11.23万亩。严格按照松材线虫病监测规程开展监测普查，疫源疫病检测率达到100%。

2019年，盐池县林木病虫害防治检疫部门开展调运检疫苗木53批次，复检苗木13.88万余株。疫情防控期间，创新建立野生动物监管"533"工作法，被自治区主管部门予以肯定并在全区推广。完成野生动物人工繁育处置及补偿工作，共处置人工繁育场所4家，无害化处理蒙古兔9935只（其中幼兔579只，成年兔9356只），成年兔补偿标准190元/只，补偿资金合计177.76万元。

2020年，盐池县林木病虫害防治检疫部门完成鼠（兔）害防治监测面积154.2万亩，发生面积8万亩，完成防治面积8.1万亩，完成率100%；全县林业有害生物成灾面积0.352万亩，成灾率控制达到0.87‰以下（自治区下达指标为4‰以下）；林业有害生物监测发生面积61.4735万亩，测报准确率达到93.8%（下达指标为90%以上）；无公害防治率91.75%（下达指标91%以上）；育苗产地检疫4276亩，检疫率为100%。林业有害生物监测面积374.38万亩，林业有害生物监测发生面积61.2万亩；实施春尺蠖等食叶害虫防治面积0.55万亩。建成森防物资储备库1处200平方米，储备各类应急防控器械200台（套），药剂500公斤。设立野生动物疫源疫病监测点4个，监测面积达2万余亩。根据各乡镇苗木使用计划，完成招标采购26.1451万株，并根据生产种苗单位报检实施产地检疫，按照检疫规程签发产地检疫合格证。

第三节　森林防火

森林防火主要贯彻《森林防火条例》有关规定,《森林防火条例》根据《中华人民共和国森林法》制定,于2008年11月19日经国务院第36次常务会议修订通过,2008年12月1日发布,自2009年1月1日起施行。2016年7月11日,自治区人民政府第68次常务会议讨论通过,自治区人民政府第84号令发布了《宁夏回族自治区森林防火办法》,自2016年9月1日起施行。

2000年以来,盐池县森林防火工作一直由林业部门、哈巴湖管理局(盐池机械化林场)及乡镇林业站负责。2019年3月盐池县自然资源局成立后,下设森林草原防火、禁牧办公室,具体负责执行森林防火工作。

此外,在2019年后,盐池县自然资源局、应急管理局等部门(单位)在自然灾害防治救治方面职责互有穿插,各有侧重。盐池县应急管理局负责组织编制全县总体应急预案和安全生产类、自然灾害类专项预案,综合协调应急预案衔接工作;指导协调相关部门单位实施森林草原火灾、水灾、旱灾等自然灾害防治;负责森林草原火情监测预警,发布森林和草原火险、火灾信息。盐池县自然资源局负责落实综合防灾减灾规划相关要求;指导开展防火巡护、火源管理、防火设施建设等工作;组织指导国有林场、林区开展防火宣传教育、监测预警、督促检查等职能。

"十五"期间,是盐池林业生态建设起步推进阶段,取得了一系列生态建设成果,森林防火工作也同时提到重要高度。2003年,盐池县林业部门通过系列宣传活动开展,共计发放森林防火宣传材料10万余份,加强野外火源管理,全年未发生森林火灾。

"十一五"期间,盐池县林业部门不断加强人员培训和设备升级储备,建立健全防火预警机制,逐步培养锻炼建立了一支随时待命、快速反应的森林防火队伍。2008年,根据春季、夏季森林防火形势需要,盐池县政府制定出台了《盐池县森林火灾应急预案》,全面落实防火组织、人员调配、机具装备、交通通信设备、扑救物资及后勤保障对应措施,最大限度减少森林火灾损失;实行24小时值岗纪律,强化火情监测,确保灾情信息畅通直达。同时加强对林区群众防火预警宣传。环境保护和林业部门组织开展《森林法》《野生动物保护法》和《森林防火条例》宣传,共出动宣传车20车次,散发宣传资料1000余份,印发森林防火宣传年历1万余份。

"十二五"期间,盐池县环境保护和林业部

2010年11月25日，盐池县林业部门组织森林扑火实战演练

任。2016年，县环境保护和林业部门开展生态文明宣传活动，共计发放宣传材料2万余份；同时切实加强森林安全巡护，尝试开展森林航空巡查。2020年，盐池县自然资源局以生态林场护林员为基础，组织35人半专业扑火队，先后举办县级森林草原防火演练2次、草原防火培训班3期，培训草原执法人员

门持续加强重要季节、重点林区森林草原防火巡查力度，加大林区防火宣传。2012年，由于盐池县当年雨水充沛，秋冬季植被茂盛、防火形势严峻。环境保护和林业部门积极组织各乡镇、各林地责任单位对辖区林带内枯树杂草等可燃物进行全面清理，做到防患于未然，减少火灾隐患。2013年，林业部门向重点林区群众发放宣传材料2万余份，制作森林防火宣传牌32块。2014年发放森林防火、生态文明建设宣传材料万余份。2015年组织对各乡镇、重点林区、项目区、涉林生产经营单位开展多轮森林防火督导检查，跟踪完善相关制度缺陷。

"十三五"期间，盐池县加强森林防火部门联运机制，由盐池县环境保护和林业局、哈巴湖自然保护区管理局、各乡镇共同承担森林防火责

和林区群众300人次。专题组织召开全县冬春季森林草原防火工作推进会暨培训班，与各乡镇签订年度森林草原防火责任书。组织在春节、燎干节（正月二十三）、清明节等特殊时间节点开展专项防火督查；利用全县8座防火瞭望塔实时监测火情预警。全年累计开展防火督查巡查331天，出动防火工作车750余台次、人员3400余人次。组织对环县城5千米内防护林防火隔离带及防火通道升级改造，完成防火隔离带120余公里，维护、新建防火通道80余公里；对全县8066处12617座坟头（墓）区位和墓主责任人基本情况开展排查。归并森林防火物资库存3467件（套），向各乡镇及县应急救援协会拨付防灭火物资844件（套）。五年来，全县无较大森林草原火灾发生，林草资源安全得到有效保障。

第五章　林业经济

灼灼艳芳（周勇摄）

林业经济，是指利用一切林业资源进行开发、生产、创造经济效益的活动和为人类及社会服务的一项产业。林业经济是林业生产建设和林业再生产各环节（生产、分配、流通）经济关系的总称，包括森林培育、木材、多种林特产品生产、加工等生产建设活动及其经济关系。林业生产既包括直接的物质性生产，又包括间接的物质性生产，甚至非物质性生产。非物质性生产又包括森林旅游、森林康养及科研教育基地等。林业生产有四大定位，即生态建设的首要地位、可持续发展的重要地位、西部大开发的基础地位以及应对气候变化的基础地位。

　　林业经济的特点是生产周期长，风险高，经营成果效用的多样性以及森林经营的社会性。前两者属于林业经济特点，效用多样性是林业跨三个产业的结果，而森林的社会性主要是多种生态服务效用的体现。

　　2000 年以来，盐池县围绕国家天然林资源保护、"三北"防护林、退耕还林（草）等重点林业生态建设项目、城乡绿化造林等林业建设目标任务，加大种苗生产、基地建设、市场营销和培育，鼓励跨县区、跨行业界别参与林木种苗生产经营，全面提升林业经济增幅，多渠道增加林农收入。"十三五"期间，盐池县结合林业助力精准扶贫精准脱贫工作思路，按照"坚持不懈、扎实推进，精准扶贫、注重实效，创新机制、激发活力，保护生态、绿色脱贫"工作原则，全面推进林下经济快速发展。

第一节　苗木培育

2000 年，盐池县林业部门结合重点工程项目需求，进一步加强了种苗基地建设。通过增加投入，培育建立了国有林场、扬黄灌区、灌木园、沙边子行政村等重点育苗基地，当年完成育苗 1694 亩。灌木园是盐池县最重要、林业技术最领先的种苗繁育基地，该基地积极争取生态重点县专项资金，先后引进中杨、雪松等 7 个新树种，为全面提高造林质量、丰富林种奠定了良好基础。此外，林业部门坚持适地适树原则，结合市场调剂因素，指导育苗的农户适当调整苗木结构，保证苗木品种对路，良种壮苗充足。盐池县大面积造林 20 年来，以柠条、杨柴、花棒为主的灌木林面积日益扩大，为保证造林用种需求，同时增加群众收入，县政府组织林业部门经过认真论证后，在各乡镇灌木林建立采种基地 5 万亩。在乡林业站统一指导下，苏步井、城郊等地群众共计采种 20 余吨，获得了良好的经济收益。

2001 年，盐池县为确保重点生态项目顺利实施，探索实行"工厂化"育苗措施。启动二项种苗抚育工程：一是针对日援生态项目，投入项目资金 125 万元，由灌木园进行工厂化育苗；二是综合其他重点项目资金 870 万元，建设采种基地 4 万亩。2001 年，自治区林业局下达盐池县育苗计划任务 1000 亩（不含机械化林场）。林业部门根据多年项目实施操作实际，首先安排国营场圃和有经验的育苗大户进行育苗，在各项目区也分别安排了育苗任务，并对育苗结构进行了适地性调整，减少了杨树育苗面积，增加了白蜡、臭椿、国槐、刺槐等抗旱、适应性强的树种面积。全年共完成育苗 1192 亩，完成任务的 119.2%。

2002 年，自治区林业局下达盐池县育苗计划任务 1500 亩。盐池县统筹林业生态建设目标任务，重点培育机械化林场和城郊林场两个县级骨干苗圃基地，在灌木园、扬黄灌区、井灌区新增育苗基地 2148 亩。品种以杨树、臭椿、刺槐、沙枣、旱柳、柠条、毛条、花棒、杨柴、紫穗槐、沙木蓼等适地条件较好苗种为主，基本能够保证自给。同时结合实施生态禁牧，对长势良好的柠条、毛条飞播区实行封育管护，建立采种基地，保证生态建设采种需求。

2003 年，盐池县新增育苗面积 2347 亩，可出圃优质灌木苗 6000 万株以上，出圃乔木苗（留床）100 万株左右。所生产的灌木苗能够满足本县造林需求，乔木苗达到部分自足。建立红枣育苗基地 100 亩，育苗 80 万株。林业部门紧紧抓住国家实施种苗工程的现实机遇，突出以机械

2011 年，盐池县环境保护和林业局主导新建十六堡樟子松育苗基地

化林场、灌木园、城郊林场等国有、集体场圃为重点，加快良种繁育及营养袋育苗，支撑全县林业建设与时俱进。在扬黄灌区、沙边子等产地条件较好区域培育发展一批育苗大户，扩大苗木供应范围，壮大林农经济实力。主导育苗结构依据市场规律进行科学调整，针对本县乔木苗育苗成本高、生长量远远小于川区的实际，引导群众积极培育沙生灌木苗；在城郊林场、灌木园等骨干苗圃加大柠条、花棒、杨柴、沙木蓼、紫穗槐、毛条等各种灌木苗育苗比重。突出种苗经营管理，大力推进种苗产业化。依法规范种苗生产经营和种苗市场管理，严格实行"三证一签"（采集证、检疫证、运输证和标签）制度，切实加强林木种苗检疫站建设，推行种苗市场监管，保证林业工程能够全部使用良种壮苗。全面推行种苗公开招标采购，增加透明度，形成良好的苗木生产、供销环境。

2005 年，为了更好地保证苗木质量和数量，盐池县林业部门对林木种子和苗木组织了 3 次公开招标，共计采购各类苗木 261.53 万株，杨柴、花棒等各类林木种子 2.6 万公斤。春季造林苗木采购以邀请招标方式进行，由政府采购办、环境保护与林业局及相关专家代表对报名投标的 30 余家苗木（场、圃）进行初步考察，确定 27 家苗木（场、圃）参加招标，本次招投标共采购各类苗木 212.9 万株。夏季飞播造林种子以询价和竞争性谈判方式采购。由县采购办、环境保护与林业局及有关专家代表对 8 家招投经营单位进行考察，最后确定 5 家经营单位参加招标；花棒种子以询价方式采购，杨柴、沙打旺种子以竞争性谈判方式采购，本次招投标共采购各类种子 1.1 万公斤。甘草种子确定 4 家经营单位以询价方式进行采购，共采购甘草种子 1.5 万千克。秋季造林苗木共确定 6 家苗木（场、圃）以竞争性谈判方式进行采购，共采购各类苗木 48.63 万株。

2006 年，盐池县绿化造林苗木种子依旧采取公开招标形式采购。由县采购办、环境保护与林业局及有关专家代表依据政府采购有关要求进行询价采购，共采购 15 个树种苗木 140.191 万株（含灵武长枣 18.525 万株）。夏季飞播造林共采购各类林木种子 17424 公斤，其中杨柴 5000 公斤，花棒 8374 公斤，沙打旺 2000 公斤，白沙蒿 2050 公斤。

2008 年，盐池县政府苗木种子采购共有 52 家苗木企业（单位）中标，共计签订 26 个树种 187 万株苗木种子购销合同，其中乔木苗 77 万株，灌木苗 110 万株。枣树苗实行单一来源采购方式招标。同时将各乡镇春季造林苗木验收权下放，涉及乡镇有权拒绝不合格苗木进入相关绿化造林项目。

2010 年，盐池县政府采购苗木种子程序更为严格规范，纪检、审计等部门会同采购办、环境保护与林业局和有关专家共同参与前期苗木考察，之后 4 次召开政府苗木种子采购会，保证苗木种子高质、低价。进一步加强骨干苗圃培育建设，增加育苗面积，争取政策扶持。以万亩生态园、沙生灌木园、城郊林场和哈巴湖管理局各分场为重点，扩大育苗面积，重点培育樟子松、榆树、沙枣、榆叶梅、紫穗槐等适地性苗木 3000 亩；以青山乡、刘窑头、哈巴湖各分场为重点，建立沙柳采条基地 15 万亩；以花马池镇柳杨堡村、四尔滩村为中心，建立柠条采种基地 25 万亩。

2011—2012 年，盐池县苗木种子仍实行政府采购，纪检、审计等部门全程参与政府采购程序，保证苗木种子高质、低价进入。

2013—2020 年，盐池县环境与保护部门进一步加强林木种苗行政执法建设，建立健全种苗质量监督机构，配置专业技术人员，加强人员岗位培训，提高检验水平。鼓励跨县区、跨行业界别形式（苗木种子生产企业、社会合作组织、个人）参与林木种苗生产经营，实行同等市场准入，并在国家投资、信贷政策方面给予支持，创造市场公平竞争环境，凡具备林木种苗生产条件的经营者都可以凭《林木种苗生产证》《经营许可证》从事林木种苗生产经营。

第二节　林业产业

2000年，盐池县在实施扶贫开发过程中，根据市场前景需求，对南部山区"两杏一果"经济林结构进行适时调整，选择立地条件好的惠安堡、马儿庄灌区和部分有水浇地的乡镇，建立以枣树为主的种植区，实施绿化造林1384.8亩，培育经果林3264亩。

2004年，盐池县林业部门根据市场需求、资源条件和产业基础，积极培育龙头企业，鼓励扶持各类林业合作组织，加快形成以培育森林资源为基础，以壮大优势特色产业为重点，以科技进步为支撑的林业产业新格局。支持引导各类合作组织、农村群众大力培育沙生灌木苗种，并在城郊林场、灌木园等骨干苗圃和老苗圃加大柠条、花棒、杨柴、沙木蓼、紫穗槐、毛条等各种灌木苗育苗比重，育苗基地达到1.5万亩。以青山乡、王乐井乡、花马池镇为红枣核心种植区，以麻黄山乡、惠安堡镇为山杏核心种植区，以高沙窝镇、花马池镇为林药间作核心种植区产业基地初具规模。全年发展红枣4000亩，主要集中在青山乡侯家河村、方山村、营盘台村，王乐井乡孙家楼村，花马池镇城西灌区；发展林药间作2万亩，其中移栽甘草4400亩，王乐井乡郑记堡子等7个自然村退耕还草示范区，惠安堡镇施天

池林果（山杏）间作区较有规模。发展以柠条加工为主的优质饲料加工业，共建成柠条饲料加工厂9个，年加工能力4.7万吨。

加强林业产业开发，保持林业经济增长，是林业可持续发展至关重要问题，也是盐池县"十一五"期间重点攻关课题。多年来，县委、县政府及部门乡镇为林业产业特别是沙产业开发做出不懈努力，但总体效果并不明显，林业经济还没有成为带动一方群众致富的支柱产业。

2006年，盐池县立足县情实际，着眼于有利生态建设、适应市场需求、促进农民增收为出发点，重点推进以柠条为主的灌木林饲料转化利用，大力发展以沙柳、红柳为主的柳编业，适当发展环保型造纸业。依据产业发展需求，加快以柠条、毛条、花棒、杨柴、沙柳、红柳、沙木蓼等灌木为主的采种基地建设，促进以甘草、金银花等中药材为主的沙产业和以苜蓿为主的草产业发展。先后共计栽植枣树等经果林5920亩，其中王乐井乡孙记楼村570亩（与2005年连片近1000亩），王吾岔村1000亩、王乐井乡盐兴公路南840亩，花马池镇王记梁村600亩、刘八庄村660亩（与2005年连片共1000亩），青山乡南300亩（与2005年连片600亩）、六里洼村350

亩，麻黄山乡余记洼子村 600 亩、李源畔村 1000 亩。进一步扩大麻黄山乡赵记湾、沙崾岘，惠安堡镇莴城村西山等鱼鳞坑造林面积，连片形成规模 5000 亩。在麻黄山乡、王乐井乡、花马池镇完成退耕地间作紫花苜蓿 3 万亩；与科技局共同完成甘草移栽直播 3 万亩；年内平茬柠条 50 万亩，转化饲料 5 万吨，制造中高密度板、造纸转化 20 万吨。

2007 年，花马池镇刘八庄村枣瓜间作种植示范基地成果

2007 年，盐池县完成生态经济林建设 4862 亩，全部为枣树；推进建设了一批林业产业可持续经营示范点；以退耕还林工程为依托，加快解决林业产业后续发展问题，逐步推动建立具有比较优势和特色优势的产业发展格局。一是转变产业发展思路，以提高林地生产力为核心，提质增效为重点，加强森林资源培育，增加林业资源储备。二是以提高林业产品科技含量和附加值为核心，加快柠条、沙柳资源转化利用，依托绿海公司、绿沙柠条产业开发公司等林草加工企业，组建柠条平茬队 10 个，组织农户在青山、花马池、大水坑等乡镇平茬复壮柠条 50 万亩，既解决禁牧后羊畜饲草短缺问题，同时也为相关企业提供了一定量的造纸原料。三是鼓励社会企业、农村群众积极参与生态观光、乡村旅游业。四是加强红枣、山杏等经果林抚育管理，成立专门技术服务小组，指导农户对 1 万亩幼树进行中耕抚育，提高林分质量，使其尽快发挥经济效益。五是在大水坑镇马儿沟流域实施柠条间作沙打旺 1 万亩；与有关部门协作项目投资 50 万元，实施柠条间作甘草 3 万亩、间作苜蓿 3 万亩。

2008 年，盐池县实施国家三北四期防护林工程营造经济林 38244.2 亩，其中在扬黄灌区和高效节水灌区种植红枣 1413.7 亩，由于受元月上旬连续超强低温阴雪天气影响，种植区 90% 以上苗木严重受冻，造成 3 万余亩造林计划受挫。针对不利因素，盐池县采取多项措施，全力组织实施计划任务：采取补植补造等方式，在花马池镇、大水坑镇完成营造经济林 7493.7 亩，其中成活率达到 85%，面积 7149.7 亩；在麻黄山、惠安堡等乡镇种植山杏、枸杞 6272 亩。针对枣树种植出台专门优惠政策，即当年枣树种植验收合格后，每亩补贴苗木费 80 元，种植 100 亩以上每亩再另行补贴浇水费 30 元；红枣嫁接育苗经当年验收合格后每亩补贴 500 元（嫁接当年每亩兑现 200 元，苗木出圃后优先供给本县造林每亩兑现 300 元）；积极鼓励有意发展枣树产业的企事业单位、社会团体、个人（包括在职干部职工）通过承包、租赁、转让、拍卖、协商等形式参与枣树种植经营；坚持"大户优先"原则，先协议后种

2009 年，盐池县鼓励林区群众发展林下特禽养殖

植，成活率达到合格后可办理林权证稳定林权。通过采取以上措施，全年完成以枣树为主的经济林种植面积 3 万亩。

2009 年，盐池县生态经济林以推进示范区、示范点建设为主，先后实施建立了惠安堡镇北河村、高沙窝镇东庄子村、王乐井乡曾记畔村 3 个千亩枣树示范区；建立高沙窝镇范记圈村、大疙瘩村、油坊村，冯记沟乡宋新庄村，大水坑镇杨儿庄村、谢记梁村，王乐井乡官东庄村，青山乡刘记窑头村、北马坊村、常山子村，麻黄山乡杨沙沟村等 11 个 300—500 亩枣树示范点；建立惠安堡镇萌城村，麻黄山乡胶泥湾村、何新庄村、冯忾佬村，大水坑镇井梁村等 6 个千亩鱼鳞坑种植山杏、刺槐示范区。

2010 年，盐池县持续加强生态经济林示范区建设。进一步加强对现有 1.5 万亩经果林抚育管护，加大技术培训，强化服务指导，提高经果林产量，有效增加果农收入。切实抓好城西滩灌区、贾记圈灌区、谢儿渠村等千亩以上经果林示范园建设；在南部山区实施建立了千亩大接杏示范区。

2011 年，盐池县林业部门以冯记沟乡马儿庄节水示范区和花马池镇田记掌水平梯田区为核心区，引种同心圆枣、中卫小枣建设生态经济林 1 万亩，完成计划任务的 100%，苗木成活率达 95% 以上；在十六堡移民新村建设育苗基地 1550 亩，培育榆树、旱柳、樟子松等苗木，解决县内造林绿化苗木需求。2013 年，全县共计完成营造生态经济林 1028 亩，其中枣树 278 亩，核桃 589 亩，苹果 96 亩，桃李杏 65 亩；由于当年气候及立地条件较差，合格面积只有 354 亩，其中核桃 333 亩，葡萄 6 亩，枣树 7 亩，李子 8 亩。2014 年全县共计完成营造经济林 750.5 亩，其中枣树 247.9 亩，核桃 36 亩，苹果 58.6 亩，接杏 408 亩；合格面积 624.5 亩。2015 年全县共计完成营造经济林 3469.3 亩，其中葡萄 95.3 亩，枣树 108.6 亩，核桃 267.7 亩，苹果 111.4 亩，接杏 2886.3 亩；合格面积 232.9 亩。

"十二五"期间，盐池县立足林业生态建设实际，大力推广林下高效种植养殖模式。截至 2015 年底，全县林下经济建设面积达到 31.3 万亩，产值超过 1.7 亿元。其中林下种植业产值近 2000 万元，林下养殖业产值近 1.3 亿元，林下产品采集加工业产值近 2500 万元。主要做法：一是按照传统和立地条件优势，分类指导林果产业发展。充分发挥种植大户带动作用，科学规划林果产业布局，分区域促进示范点建设。截至 2015 年底，全县经济林总面积达到 5 万亩，年产量 1500 吨左右，年产值达到 1071 万元，经济林每年为农民提供人均增收近 80 元。二是科学利用林地空间，发展林下种养殖业。种植业方面采用林药、林果和林草模式，小面积发展中药材种植，栽种香瓜、西瓜、豆类等；养殖方面采用林禽、林畜模式，利用林下昆虫多、杂草多、空间大、空气流通等特点，圈养或林下放养山鸡、野兔、农家土猪等，生产无公害绿色畜类产品。"十二五"期间全县林下种养殖业产值达到220万元，每年为林区农户人均增收500元。三是依托林业生态建设成果，发展乡村生态休闲旅游。先后打造花马寺生态旅游区、哈巴湖生态旅游区、白春兰治沙业绩园、曹泥洼生态民俗村等旅游景点，培育了长城自驾游、乡村休闲游、农家体验游等特色旅游产品，生态旅游成为县域经济发展新亮点。截至2015年，全县累计建成家庭林场（农场）2个，休闲农家乐27家，农村旅游业年收入达到180万元。四是深化林产品深加工，提高林业综合效益。依托柠条资源优势和产业特点，结合退耕还林、滩羊产业发展和精准扶贫等国家重点项目和攻坚任务实施，培育扶持了一批柠条平茬利用龙头企业。"十二五"期间，先后建成饲草配送中心7个，柠条饲草加工厂8个，辐射带动加工点106个，每年为畜牧业养殖提供饲草40余万吨，2015年全县滩羊饲养量稳定在300万只左右。在推动林业经济发展过程中，县委、县政府及有关部门采取积极措施，确保林业经济逐年增长：一是综合施策，示范带动。相关部门综合配套运用保水、节水、改土、施肥、良种和栽培措施，建立由核心示范区辐射推广示范区模式，示范与试验相结合，积极推广绿色有机栽培技术。二是政府主导，社会参与，形成林下经济投入新机制。积极争取国家和自治区林业经济建设项目，逐年加大县级财政投入力度，按照"谁投资、谁受益"原则，制定优惠政策，吸引各类社会企业、团体、个人投资兴办林下经济实体，逐步建立政府引导、市场推动、多

元投入、社会参与的资金投入保障机制。三是以科技为支撑，积极推广林下高效种植养殖新技术。加大与北京林业大学等科研院校项目协作，组织开展林下高效种植养殖关键技术攻关、成果推广，加快新技术、新成果引进，切实打造林下种植养殖业产品优势和品牌效应。

2016年，盐池县共计完成营造经济林面积997亩，其中枸杞775亩，红枣127亩，苹果39亩，杏56亩；合格面积997亩。在麻黄山乡张记湾村栽植曹杏、红梅杏1300亩。2017年全县共计完成营造经济林面积787亩，其中核桃148亩，红枣341亩，苹果270亩，杏17亩，桃树11亩；合格面积787亩。在麻黄山乡黄羊岭等地栽植曹杏、红梅杏2000亩。2018年继续在麻黄山乡安排种植曹杏、红梅杏1700亩。2019年全县实施柠条平茬20万亩。

"十三五"期间，盐池县结合林业助力精准扶贫精准脱贫工作思路，按照"坚持不懈、扎实推进，精准扶贫、注重实效，创新机制、激发活力，保护生态、绿色脱贫"原则，全面推进林下经济快速发展。一是实施建设了麻黄山万亩经果林基地。截至2020年底，麻黄山大接杏种植基地累计完成种植面积1万亩。二是大力发展柠条平茬利用产业。截至2020年底，全县累计建成柠条饲草加工厂10个，带动当地1050名农民就业，年均为畜牧业提供饲草40万吨以上。三是深入推进生态旅游业发展。集长城访古、红色体验、生态观光、农家休闲、爱国教育于一体的生态文化旅游品牌效应正在形成。四是培育扶持家庭林场经营模式。截至2020年底，全县先后建成家庭林场（农场）5个，农家乐50家，实现年收入300万元。

第三节　生态旅游

"生态旅游"术语，是由世界自然保护联盟（IUCN）于 1983 年首先提出，1993 年国际生态旅游协会把其定义为：具有保护自然环境和维护当地人民生活双重责任的旅游活动。

2001 年 10 月 24 日，盐池县首届生态旅游节在花马寺开幕，标志着盐池县生态旅游业起步发展。之后分别于 2002 年 10 月、2003 年 8 月、2006 年 6 月举办了第二、第三、第四届生态旅游节。先后集中打造了哈巴湖、革命历史纪念园、盐州古城、长城旅游带、张家场、花马寺、白春兰治沙业绩园、曹泥洼生态民俗村、兴武营特色产业村、李塬畔革命旧址、唐平庄宁夏工委旧址等历史文化、生态游泳、红色研学景区景点。截至 2019 年，全县年旅游接待人数达到 127.3 万人次，旅游综合收入 4.1 亿元。发展 3 星级以上农家乐 8 家、3 星级宾馆 3 家；累计建成家庭林场（农场）5 个，农家乐 50 家，实现年收入 300 万元。"盐州大集·民俗嘉年华""航空嘉年华"和"滩羊美食文化节"等系列文化旅游品牌正在形成。

粉黛占春场（2021 年 5 月薛月华摄于麻黄山）

一、生态旅游资源禀赋

（一）历史文化资源

盐池县地处中原农耕文化和草原游牧文化交汇融合地带，形成兼容并包、独具特色的文化积淀。境内汉唐、宋夏及明清古城、石窟墓葬、烽燧战台、长城边墙遗址众多。其中分布有明代长城3道，分别为深沟高垒（俗称头道边）、河东墙（俗称二道边）和固原内边，境内总长181公里。此外，县境内还分布有明代城堡近10座、关楼1座、战台1座、烽燧138座，与3道明长城一起，构成明代宁夏镇与延绥镇之间长城沿线较为完整的军事防御体系。

（二）自然景观资源

盐池县地处干旱、半干旱草原荒漠区，植物群落由旱生短花针茅、戈壁针茅、沙生针茅、隐子草等多年生小禾草及旱生、超旱生猫头刺、刺旋花、著状亚菊、珍珠等灌木建群种或优势植物组成，分布有较大面积的黑沙蒿、苦豆子、甘草、蒙古冰草、白草等沙生植物。经过数十年林业生态建设，已形成白榆林、旱柳林、沙枣林、杨树林、樟子松林、经果林、柠条林、红柳林、毛柳林、沙柳林、乔灌混交林等多种植被类型。林业成果显著，森林资源丰富，林相风景美观。不同季节呈现出不同林相特点。尤其是晚秋初霜冻来临之际，山川焕彩、枝叶含情，徜徉其间，如在画中。

盐池县自然景观资源较为丰富，草树、沙丘、湖泊、溪流、阳光、星夜，雄浑远旷的北地风光，恬淡旖旎的田园情趣，构成塞上独特景致。盐池中北部地区，宏观上给人以穿透时空的渺远之感，夕阳晚树间，一簇簇篝火点起来、一碗碗奶茶捧上来、一曲曲民歌吼喝来，使人陶醉，令人忘忧。南部山区为黄土丘陵区，山塬、梁峁、窑洞、冲沟、山花、麦浪引人情思，陇东小调弹起来，信天游吼起来，胸中积郁散出来，眼底目前亮起来。

（三）人文景观资源

盐池县境内山、沙、水、草交融，自然景观和人文景观星罗棋布，长城文化、红色文化、物产文化、草原文化、非物质遗产文化地域特色明显，文化内涵丰富。境内主要历史、人文景观有花马池古城、环城公园、长城公园、长城关、张家场古城、兴武营古城、八步战台、铁柱泉古城、灵应山、窨子梁、李塬畔革命旧址、唐平庄革命旧址、萌城战斗遗址、哈巴湖国家级自然保护区、花马寺国家森林公园、白春兰治沙业绩园、花马湖房车营地、九曲龙门阵、滩羊小镇、曹泥洼民俗村、兴武营产业示范村等。盐池县在旅游业过程中，将历史、人文景观与林业生态建设有机结合，使之成为旅游业发展优质资源。

1. 花马池古城：位于盐池县城。天顺年间（1457—1464年），朝廷根据宁夏总兵官史昭、镇守绥德都督金事王桢奏呈，"以城（旧花马池，在今北大池一带）在今长城外，花马盐池北，孤悬寡援"为由，改筑花马池城，即今盐池县城。万历八年（1580年），宁夏巡抚萧大亨对花马池城甃以砖石。乾隆六年（1741年）曾有修葺。正统九年（1444年）置花马池哨马营，弘治六年（1493年）置花马池守御千户所。正德二年（1507年）

改花马池千户所为宁夏后卫。天启七年二月丙辰（1627年4月4日），兵部批复将花马池改为镇。康熙三十六年（1697年）二月，康熙帝亲征噶尔丹。二月二十驻跸花马池城，在城内文庙题写了"万世师表"匾额。雍正三年（1725年）改置花马池分州，隶灵州。1913年置盐池县。2014年后，盐池县委、县政府结合遗址保护，多次组织对花马池城墙进行修葺，恢复修建了瓮城、魁星楼、城楼、箭楼、角楼等。

2.环城公园：即环花马池城墙景观文化主题公园。2016年规划建设，主要对花马池城墙外围四侧800余亩带状空地进行绿化、硬化、美化，进行文化雕塑和运动娱乐设施安装。以传统经典、革命记忆、历史流变、民俗传承为内容主线，围绕城墙四围建成四个主题文化公园：东段"民俗再现"、南段"红色印迹"、西段"经典重温"、北段"历史记忆"。环城公园主题鲜明，内容丰富，是对传统文化、革命文化、民俗文化的全面展示，是爱国主义教育、党史教育、思想道

德建设弘扬传承的重要载体，也是长城旅游带上的重点精品景点、景区。

3.明长城：横亘在盐池县境北部有2道长城，在北一道，为成化十年（1474年）所筑的河东墙，因位于黄河以东，故名，俗谓二道边。紧靠县城北侧一道长城，即深沟高垒，也称头道边，因采取"内筑墙、外挑壕堑"的修筑方法而得名。夯筑土层中多有红色胶土掺入，干燥后呈紫色，故名紫塞，县境内长63公里，是宁夏境内现存古长城遗迹中保存最好的一段。头道边长城南侧筑有城障，每隔15公里筑一小城，30公里筑一大城，亦即民间"三十里一堡，六十里一城"之说。盐池境内有花马池城、高平堡城、兴武营城，其各相距30公里；在3座大城中间有安定堡、英雄堡、天池子堡3座小城，各城堡中间沿线烽堠林立，草树烟霞四时之景具备。由于地处边塞，视野开阔，极尽"大漠孤烟"之美。

4.长城关：位于花马池城北瓮门以北120米的明长城上，又称"东关门"。嘉靖九年（1530

年）三边总制王琼所筑。关门上建有关楼，高耸雄壮。上书"深沟高垒""朔方天堑""北门锁钥""防胡大堑"等字。登高远眺，朔方形势，毕呈于下。长城关早年毁于战乱，残基仍存，2015年盐池县政府在原址以西恢复重建。长城关在当时军事地位与嘉峪关、山海关、居庸关等长城沿线重要关口齐名，也是明代万里长城中唯一以"长城"命名的关隘。

5.哈巴湖景区：位于盐池县城西南30公里处，哈巴湖自然保护区实验区内，控制面积800公顷。境内遍布细石器时期文化遗存，森林资源富集。主要历史人文景点有哈巴湖、南海子、狼母墩、大明墩、二郎庙、双堆梁等，生态景观有蘑菇云、四胞胎等。景区入口处建有哈巴湖博物馆（科研宣教中心），博物馆于2011年8月开工建设，总建筑面积2942.9平方米、展览面积2630平方米。内设序厅、印象哈巴湖、绿色哈巴湖、灵动哈巴湖和奋斗哈巴湖5大展厅，全方位展示了哈巴湖人文历史、植物资源、动物资源、保护区发展历程等内容，配套建设了多功能演播厅、游客服务中心、访客接待厅等。景区内建有祥云山庄，为旅游接待、服务中心。

6.花马湖景区：以县城南花马湖为景区核心，控制面积3200公顷。花马湖景区内分布大片人工林，榆、杨、柳、槐混交，沙柳、柠条成片连缀，松柏点缀其中，植被类型多样，季相色彩明显。

景区内花马寺、盐池革命历史纪念园、火车站前广场、房车营地、曹泥洼民俗村等人文景观同自然生态景观融为一体，是集人文体验、休闲观览、农家休闲、天然氧吧和生态保护为一体的优质旅游资源。

7.花马寺：旧称无量殿，位于花马湖东南侧，北距县城6公里，占地面积1万平方米，建筑面积0.2万平方米，依地势而建，布局自然，错落有致，气宇轩昂。始建于明代，毁于民国，2001年重建。是集佛教、道教文化为一体的庙宇寺院。

8.花马湖房车营地：位于盐池县城南5公里处、花马湖岸北、花马寺国家森林公园核心区。一期工程建成游客接待中心、度假别墅、民俗小镇、房车营地、中心岛生态文化主题公园以及养生社区和配套基础设施等；内设自驾车营位80个，房车营位80个，帐篷营位300个，小型休闲木屋40套，大型休闲木屋20套，集装箱休闲体验营地20个。

花马池北岸房车营地（2020年9月周勇摄）

9.张家场古城：位于盐池县城西北 17 公里处，花马池镇境内。据有关专家考证，张家场古城即西汉时期的上郡属国都尉城，也是东汉上郡的龟兹属国城。张家场古城于 1988 年被公布为自治区级文物保护单位，2006 年被公布为全国重点文物保护单位。古城平面呈长方形，外城东西长 1200 米，南北宽 800 米。内城南北长 338 米，东西宽 320 米，东、西城墙开门。城墙黄土夯筑，残高 2—4 米，基宽 8 米。城址内及东南边缘遍布秦汉时期板瓦、筒瓦、瓦当、空心砖等建筑材料残片，出土有大量西汉和新莽时的钱币五铢、货布、货泉、大泉五十、大布黄千、一刀平五千及铜印章、铜镜、箭镞等。古城西南 10 平方公里范围内散布汉代墓葬千余座，出土随葬品有陶灶、壶、博山炉、斧、甑等。2015 年于古城南侧建有"张家场博物馆"；盐池县政府及有关部门多次采取生物、生态措施对古城及周边地区进行保护。

10.窨子梁：位于盐池县高沙窝镇苏步井行政村硝池子自然村南 3 公里处的山梁上。1985 年在窨子梁发现唐代墓葬群，发掘墓葬 6 孔，出土墓志 1 通，胡旋舞石墓门 1 对，定为国宝级文物。墓主人姓何，为历史上著名的"昭武九姓"之一。史载，唐调露元年（679）六月，中亚大批"昭武九姓"降唐，唐朝廷将其迁至灵州、夏州之境，设六胡州进行安置。其中鲁州在今盐池县境内兴武营一带。胡旋舞为唐代最为盛行舞蹈之一，大约于天宝末年由西域康国、史国等地通过丝绸之路传入。白居易曾作《胡旋女》诗云："胡旋女，胡旋女。心应弦，手应鼓。弦鼓一声双袖举，回雪飘飖转蓬舞。左旋右转不知疲，千

匝万周无已时。人间物类无可比，奔车轮缓旋风迟。曲终再拜谢天子，天子为之微启齿。"

11.兴武营古城：位于盐池县高沙镇北 14 公里处，头道边南侧，为明代军城。《万历朔方新志·卷一》"地理·城池·兴武营"条下载："兴武城周回三里八分，高二丈五尺。池深一丈三尺，阔二丈。正统间，巡抚金濂始奏筑。万历十二年（1584 年），巡抚晋应槐甃以砖石。东门一，南门一。"在明代，由宁夏镇抵榆界（延绥）凡四百里，面对鞑靼部南侵，无高山叠涧之倚，皆长驱直骋之途。因此在花马池、兴武营一线置城设堡十分重要。正德年间，三边总制才宽带兵在兴武营北部与鞑靼部交战，不幸中流矢身亡。康熙三十六年（1697 年），康熙亲征噶尔丹部，于二月二十二驻跸兴武营，二十五日自横城渡黄河到宁夏镇。雍正三年（1725 年）省并宁夏后卫，兴武营以地属灵州花马池分州，民国二年（1913年）属盐池县至今。

12.八步战台：位于盐池县城西北 30 公里青羊井村，头道边内侧 15 米处。四周有坞墙，35 米见方，门向南开。坞城之外有城壕遗迹环绕，战台筑于坞城正中，门南开，台高 20 余米，基阔 15 米，土筑，外甃砖四层，顶部四周有垛口，垛口下四面开设箭窗，每面 3 孔。台内构造分三层，底层为砖箍拱券形，门洞直达北墙，进门即有斜形台阶登临，至战台半腰，中间是穹庐顶式空心室，室内正中有过道，顶部沿墙四周皆修房屋，除北边通道外，其余三面共 11 间，门向内开，而窗户向外。空心室东北角有台阶可登临顶部。顶部平面铺砖，垛口亦为砖砌。八步战台数百年来保存完好，1964 年兴修水利，将外部两层

砖拆去使用。1968年战台被炸毁，仅有16米土筑墩台残迹。由八步战台向东，在头道边内侧还有3座战台废址，每座之间相距2里，建筑形式与八步战台相似，由东而西，分别被称为四步、六步、七步战台。八步战台位于哈巴湖国家级自然保护区控制区内，自然生态环境良好。

13. 铁柱泉古城：位于哈巴湖景区西南7公里处，因其城内有一处清泉而得名。据《嘉靖宁夏新志》卷三载："去花池之西南，兴武营之东南，小盐池之东北，均九十里交会之处，水涌甘冽，是为铁柱泉。日饮数万骑弗之涸。幅员数百里又皆沃壤可耕之地。"铁柱泉城原为一堡，为明代三边总制秦纮所筑。嘉靖十五年（1536年），三边总制刘天和驻守花马池，向朝廷奏筑铁柱泉城。《明史》载："纮见固原迤北延袤千里，闲田数十万顷，旷野近边，无城堡可依，议于花马池迤西至小盐池二百里，每二十里筑一堡，堡周四十八丈，役军五百人。"三边总督李汶有《驻铁柱泉》诗云："怀往岁卜虏穿塞，入银麟边报错至。泉开铁柱水流撕，地主依然献气时。梦断翻嫌鸡唱早，忧来却恨雁书迟。寸心靡监虏臣节，百战于襄答圣知。客岁羽飞还此日，匈奴已报入东篱。"

14. 灵应山：位于盐池县青山乡方山村，西北距青山乡政府6.5千米，山上有石窟寺，名曰灵应寺。据该寺旧碑记载，寺庙始建于唐代，经明、清两代重修，先后将寺内13孔石窟分别建为吕祖、玄女、十八罗汉、财神、马王、龙王、催生娘娘、药王、十殿阎君、百子观音、眼光菩萨、关帝、三皇、观音等殿。寺院内建无量祖师殿一座，坐西面东，俗称正殿。正殿后半山坡上建前殿一座，为玉皇殿，其后建如来佛殿一座。无量佛殿对面建观音殿一座，面西，因此也被称作倒坐观音。1981年列为县级文物保护单位，并为宗教开放场所。每年三月初三庙会繁盛，香客云集。

15. 革命历史纪念园：位于城南花马寺国家森林公园内，北距县城7公里，总占地面积400

点染新春别样妆（2020年1月邓海军摄于盐池革命历史纪念园）

亩，属全国 100 个红色旅游经典景区之一。先后被命名为全国爱国主义教育基地、全国国防教育基地、全国民族团结进步教育基地、宁夏文明风景旅游景区、宁夏"十佳"旅游景区、国家 AAA 级旅游景区。园内主要有革命历史纪念馆、盐池县历史博物馆、中国滩羊馆、盐池县苏维埃纪念馆、毛泽民纪念馆、解放广场、解放纪念碑、红军陵、王贵与李香香纪念碑等景点。

16. 中共盐池县委李塬畔革命旧址：位于麻黄山乡李塬畔行政村，东北距麻黄山乡政府 12 公里。1947 年 3 月，国民党宁夏马鸿逵部配合胡宗南部进攻延安；8 月，盐池县城二次失陷后，中共盐池县委带领党政干部、游击队等 120 余人安全撤向南部山区李塬畔一带，组成两个武工队，以李塬畔、苏堡子、上禾场、唐平庄、孙崾崄、冯前庄、史家湾、包家塬、史堡子一带为根据地，继续发动群众，开展游击斗争，不断扩大革命根据地，最终迎来宁夏和全国解放。2017 年，李塬畔革命展厅对外开放。2021 年根据中组部、财政部《关于开展推动红色村组织振兴建设红色美丽村庄试点工作的通知》，李塬畔被列为全国红色美丽村庄试点建设。建设内容包括革命史展厅布展、游步道改造、景区节点标识标牌设立、环境绿化美化等，规划窑洞党校（县委党校教学延伸）体验教学，开展红色研学、党建研学等活动。

17. 宁夏工委唐平庄革命旧址：位于盐池县麻黄山乡唐平庄行政村，西南距麻黄山乡政府 7.5 公里，为自治区第五批重点文物保护单位。1947 年 3 月三边战争爆发后，宁夏（绥）工委及其领导的回汉支队辗转到达陕北吴旗。1948 年春，

宁夏（绥）工委根据三边地委决定，于 4 月上旬率回汉支队返回三边，主动开展游击战斗，恢复革命根据地，组织开展对宁夏国统区统一战线工作。工委驻地先后设在麻黄山境内唐平庄和李塬畔（临时驻地）。唐平庄位于陕甘宁三省交界处，有"一声鸡鸣响三省"之称，村中立有"三界碑"，渐成名胜。2021 年，盐池县委、县政府在对李塬畔革命旧址实施全国红色美丽村庄试点建设时，同时修缮唐平庄宁夏（绥）工委革命旧址窑洞 28 孔，布置革命展厅，配套"窑洞党校"开展红色体验、党建研学活动。

18. 萌城战斗遗址：位于盐池县惠安堡镇萌城行政村西，北距惠安堡镇 35 公里，东南距环县甜水堡镇 7 公里。1936 年 10 月 22 日，红一、二方面军在将台堡会聚，中共中央于 11 月 8 日发布《作战新计划》，命令三个方面军同时由同心、王家团庄、李旺堡一线东移，以便进入陕甘苏区。胡宗南令其第一、第四及四十三师紧追不舍。11 月 16 日，红四方面军第四军、第三十一军分别转移至红城水、萌城、甜水堡和石堂岭地区待机；红一方面军第一军团、第十五军团、第八十一师移至预旺地区待机；红二方面军全部移至环县以西地区进行战斗隐蔽。11 月 17 日 11 时许，先期到达萌城一带的红四方面军之第四军、第三十一军设伏于沙坡子村附近的石梁山、魏家山、羊粪山。当胡宗南部第一师第二旅进入伏击圈后，红军部队突然从三面出击，萌城战斗打响。此役红军共毙伤敌团长以下官兵 600 余人，缴获大批枪支、弹药，击落敌机 1 架。萌城战斗为其后山城堡战斗的从容部署赢得了时间。2018 年，盐池县政府争取国家专项资金修建了

"萌城战斗纪念碑"和游客接待中心,成为爱国主义教育基地。

19.白春兰治沙业绩园:位于盐池县花马池镇柳杨堡行政村一棵树自然村,为白春兰、冒贤夫妻创业治沙基地。20世纪80年代初,白春兰和丈夫冒贤为改善家庭贫困状况,带领家人来到人迹罕至的毛乌素沙漠南缘一棵树村,立志治沙造林,发展经济。经过30余年艰辛耕耘,先后治理荒漠2300余亩,种植乔木近5万株、灌木1200亩,巩固沙地草场1000余亩。使当年沙尘肆虐、寸草不生的"一棵树"变成了林草丰茂、良田荡绿、产业兴旺的绿色家园。白春兰先后被授予全国"三八"绿色奖、全国"三八"红旗手等荣誉称号。2000年5月5日,时任中共中央政治局常委、国家副主席胡锦涛视察宁夏工作时亲自到沙边子村看望白春兰一家人,高度评价了白春兰治沙精神。2008年,自治区党委宣传部、盐池县委决定在白春兰、冒贤夫妇治沙创业之地建一座"业绩园",广泛宣传白春兰、冒贤治沙事迹,弘扬劳模精神。之后,"业绩园"逐渐发展为全区爱国主义教育基地,休闲度假避暑胜地。

20.滩羊小镇:位于盐池县城西6公里处、307国道南侧。盐池县是全国266个牧区县中宁夏唯一牧区县,全县滩羊饲养量大约保持在200万只左右。2000年"盐池滩羊"被农业部列入国家二级保护品种;2003年6月盐池县被中国国际品牌协会评为"中国滩羊之乡";2010年1月"盐池滩羊"被国家工商总局商标局认定为中国驰名商标,滩羊品牌价值高达70亿元。滩羊小镇占地总面积1622.72亩,其中特色小镇主体占地面积761.9亩,牧场占地面积570.18亩,工业园区占地面积290.6亩。滩羊小镇通过参与式游览、民俗文化展示、厂区观摩、餐饮体验,全方位展示盐池滩羊文化、产业文化、民俗文化,集中打造旅游度假特色小镇。县委、县政府多次主持举办了"滩羊美食节"等文化推介活动。

21.曹泥洼民俗村:位于盐池县城西南8公里处,东靠花马湖西岸,为自治区重点打造乡村旅游精品示范点。盐池县在推进实施精准脱贫、乡村振兴过程中,整合各类项目资金,对曹泥洼生态景观、设施农业、民俗文化、娱乐休闲等优势资源进行统一规划、集中投入,打造塞上最美休闲民俗村。村北红山沟风景独特,环境幽静,适于徒步探险旅游。

22.兴武营产业示范村:位于盐池县高沙镇兴武营村,南距高沙窝镇14公里。兴武营产业示范村被确定为全区十大特色产业示范村之一,2019年入选全国首批乡村旅游重点村名单。示

兴武营特色旅游村

范村通过整合历史、生态、光伏、民俗、种植养殖等旅游业态资源，结合全域旅游发展，打造"边塞文化旅游第一村"。示范村建设规划为"一带六区"，即长城景观带、边塞休闲观光区、古城文化体验区、民俗休闲体验区、农业文创体验区、大漠风情度假区、农业产业观光区。古城文化体验区规划核心产品有：边塞故事营地、古城微电影节；民俗休闲体验区规划核心产品有：游客中心、精品民宿、休闲商业街、乡村动物园；农业文创产业区规划核心产品有：种植体验园、休闲大棚、杂粮文创园、大地艺术节；大漠风情度假区规划核心产品有：长城驿站、大漠自驾营地、文化演艺舞台、荒漠音乐节、沙漠越野赛；边塞休闲观光区规划核心产品有：芨芨草观景台、盐碱湖观景台、长城博物馆、边塞风光摄影。

23. 中民投光伏能源综合示范区：位于盐池县高沙窝镇南梁等村。2015 年，由中国民生投资股份有限公司投资约 150 亿元建成 2000 兆瓦规模光伏电站，项目占地面积约 6 万亩，为全球最大单体光伏电站项目。项目建设过程中，中国民生投资股份有限公司积极配合盐池县精准扶贫工作，先后组织实施了"光伏 + 产业扶贫""光伏 + 美丽乡村建设"等"光伏 +"扶贫项目，成为当地农民群众稳定增收致富项目，也为塞上长城岸边新添一景。

24. 十六堡移民新村（民俗村）：位于盐池县城西 12 公里处，青银高速公路北侧。十六堡移民新村于 2011 年由花马池镇苏步井等 5 个行政村 300 余户生态移民搬迁建成。移民新村南靠头道边长城，北依盐州大草原，生态、人文资源富

集。盐池县委、县政府着眼全县精准脱贫、乡村振兴、产业发展布局，着力将十六堡移民新村打造为塞上全域旅游示范村。该村已建成光伏产业装机总容量 1.98 兆瓦，滩羊养殖大棚 304 座，滩羊年存栏 1 万余只。村内建有长城驿站、旅游接待中心等。

25. 柽树红林（红柳滩）：位于高沙窝镇明代英雄堡古城东北 2 公里处，为一处天然红柳集中生长区，东西长约 10 公里，南北宽约 0.5 公里。红柳又名多枝柽柳，柽柳科柽柳属灌木或小乔木。20 世纪 80 年代以前，红柳为当地群众生产、生活必需之物，成形柳枝可编制背斗、油篓、草筐等生活用什，红柳鞭杆为车夫必备之物；次品柳枝可以编制建房衬材，或搭建羊圈，或用作燃薪。红柳滩北靠山梁，南入平滩。盛夏季节，十里红柳长廊，云烟如画，粉彩描情，远眺近观，风姿绰约，美轮美奂。

盐池县火车站景致（摄于2013年7月）

二、生态旅游业发展状况

2001年10月24日，盐池县首届生态旅游节在花马寺（位于花马寺生态旅游区核心区）开幕，标志着盐池县生态旅游业起步发展。2002年10月、2003年8月，盐池县又分别举办了第二届、第三届生态旅游节。此后，盐池县先后打造了哈巴湖、花马寺、长城关、长城旅游带、张家场、白春兰治沙业绩园、曹泥洼生态民俗村等历史文化和生态旅游景点，多次组织举办了滩羊节、黄花节、杏花节、香瓜节、农民丰收节、航空嘉年华等节庆活动，皆包含了生态旅游相关项目，"古长城、红老区、绿盐池"逐渐成为盐池旅游品牌代言。

2001年盐池县沙边子村成为全国治沙样板，生态旅游逐渐兴起。2002年，盐池县确定为"生态建设年"，周边市县党政代表团、旅客群众参观游览渐多。8月27日，"世界摄影家眼中的宁夏——中国西部生态大型摄影记者团"到盐池县采风，进一步宣传了盐池生态建设成果。12月2日，经国家林业局批准（国家林业局林场发〔2002〕274号）建立花马寺国家森林公园。2003年，盐池县确定为"生态旅游年"，县委、县政府制定出台了《关于加快发展旅游的决定》；举办了第三届生态旅游节；盐池县生态旅游基地、盐池县沙生植物园、宁夏防沙治沙生态教育与科学开发基础的相继启动；盐池县机械化林场申报"花马寺国家森林公园"和"哈巴湖国家级自然保护区"获得批准。2005年3月28日，盐池县哈巴湖自然保护区顺利通过国家环保总局国家级自然保护区评审委员会评审，晋升为国家级自然保护区。11月5日，按照自治区人民政府关于文物古迹保护的有关规定，盐池县对境内明长城遗迹实施围栏保护。围栏保护工程的范围为东起花马池镇王圈梁自然村（盐定交界处），西至高沙窝镇张记边壕（盐灵交界处），具体措施是对长城两侧各 50 米范围进行封闭式围栏，围栏总面积 15300 亩。

2006 年 5 月 18 日，"白春兰绿色家园"（后定名为"白春兰、冒贤治沙业绩园"）正式建成。是月，中国长城学会副会长董耀会带领"剑南春" 2006 年中国长城采访万里行考察团对盐池县境内的明长城进行了考察与采风，并建议进一步加强长城保护和长城旅游带开发建设。9 月 7 日，盐池革命烈士纪念园（后改为盐池革命历史纪念园）落成，随即隆重举行了纪念红军长征胜利暨盐池解放 70 周年系列庆祝活动，举办了"优质滩羊评比大赛""盐池籍在外工作人员代表研讨会"；10 月 30 日，盐池县文化部门组织在新落成三清阁举行了"三清阁落成典礼暨九九重阳登高书画笔会"一系列文化研讨、采风活动，有力带动了县域旅游业发展。2007 年 2 月 2 日，盐池县革命烈士纪念馆通过自治区旅游景区质量等级评定委员会验收，晋升为国家 AAA 级旅游景区。4 月，盐池县启动了全区长城资源调查试点工作；是月，盐池县政府决定投资 314 万元修复花马池城南城墙及瓮城。7 月 9 日，中国旅游局副局长王志发带领有关部门调研盐池县旅游业发展工作，并对盐池县旅游资源开发利用提出指导性意见。11 月 6 日，自治区党委书记陈建国针对高速公路沿线绿化美化问题，提出关于"盐中高速公路两侧视野范围内不设置人工围栏"的指示精神，哈巴湖保护区管理局组织对盐中高速公路穿越哈巴湖国家级自然保护区 18.5 公里范围内的二镇三村七队 14 处 3840 米草原围栏和 480 个围栏桩进行了清理。2008 年 1 月 3 日，张家场文物管理所及文物陈列室揭牌。文物管理所占地面积

1200 平方米，陈列室建筑面积 100 平方米，展出张家场出土典型文物 75 件。10 月 6 日，自治区党委书记陈建国、自治区政府副主席郝林海、吴忠市市长吴玉才带领有关部门对盐池县花马寺生态资源综合利用工程（花马湖）和火车站站台广场规划建设情况进行调研，进一步拓展了包括生态旅游业在内综合利用发展思路。2009 年 4 月 22 日，由国务院有关部委组成的专家组对盐池县红色旅游、生态建设等发展建设工作进行专项调研。专家组经过调研后达成共识：建议将延安、榆林、庆阳、白银、平凉、吴忠、固原三省（区）七市作为创建革命老区国家生态能源循环经济示范区组成，申请国家立项。5 月，盐池县"百里生态长廊"围栏工程全面启动。9 月 26 日，盐池县庆祝新中国成立 60 周年献礼工程——花马池生态水资源综合利用工程全面竣工。12 月，哈巴湖生态旅游区顺利通过自治区 AAA 级景区评定。2010 年 6 月，盐池县花马池镇被自治区环保厅命名为"第三批环境优美乡镇"，王乐井乡刘四渠村被命名为"第三批生态村"。7 月 28 日，第二届中国·宁夏（盐池）滩羊节开幕，期间举办了盐池滩羊肉清真菜肴烹饪邀请赛、优质滩羊评比赛、招商引资签约仪式及书画、摄影采风活动。8 月 27 日，盐池县政府组织在银川召开《盐池县旅游发展总体规划》及盐池县长城遗址公园、长城旅游带重要节点、哈巴湖旅游区重要节点开发建设规划终稿评审会。

2011 年 12 月，哈巴湖旅游开发公司被国家农业部、旅游局列入全国休闲旅游农业与乡村旅游示范点。2012 年 1 月，盐池县被世界著名品牌大会组委会公布为 2011 年度中国最具投资潜

2017 年，麻黄山乡何新庄文化大院生态绿化成果

力特色示范县 200 强。10 月 23—25 日，盐池县第五届文化旅游节在花马寺举行。2013 年 5 月，在第九届中国（北京）国际园林博览会暨国家园林城市（县城、城镇）授牌仪式上，盐池县被授予"国家园林县城"。2014 年 11 月 7 日，国家发改委、旅游局等七部委联合发布《关于实施乡村旅游富民工程　推进旅游扶贫工作的通知》，盐池县共 9 个村被列为乡村旅游扶贫重点村。2015 年 8 月 7 日，盐池县隆重举行了通用机场开航暨 2015 年翼扬航空嘉年华活动，期间举办了百名新闻媒体记者及百名企业家徒步穿越长城活动。

2016 年，盐池县启动编制了《全县旅游发展总体规划》《长城关风景旅游区修建性详细规划》《长城文化标志性旅游项目——兴武营古城旅游修规》和《盐池县全域旅游发展三年行动计划》。建成宁夏之门雕塑、消夏广场等旅游设施，配套建设了 35 个营位、9 个小木屋及其他基础设施。利用盐池解放 80 周年之际对革命历史纪念馆进行升级改造和重新布展。沿长城旅游观光带新建观景台 2 座、木栈道 1021 米；完成长城关主体基础设施建设。7 月，盐池县首届黄花观赏采摘节在惠安堡镇举办。8 月，由中国汽车工业协会房车委员会组织 206 辆房车在哈巴湖景区举办了中国国际房车旅游大会盐池站活动；先后组织举办了 2016 长城徒步大赛、第二届中国社群领袖丝绸之路徒步挑战赛、第二届航空嘉年华活动。9 月，组织举办了全国自行车邀请赛山地自行车分组赛、高沙窝荞麦花海观赏采风活动。10 月，举办了第二届中国（宁夏）房车旅游文化节、中国西部房车旅游产业高峰论坛暨盐池花马湖房车露营地开营仪式、中国盐池滩羊文化美食节暨滩羊文化美食大赛等旅游推介活动。

2017年，盐池县全年旅游接待人数达到70万人次，旅游综合收入2亿元，同比去年分别增长14%和25%。制定、编制完成了《盐池县加快全域旅游发展实施方案》《兴武营特色产业示范村建设规划》。依托通用机场、古长城、光伏基地、特色种植养殖等特色资源，成功打造了红色教育游、生态观光游、民俗风情游和文化体验游四大品牌。盐池长城观光景区被授予"全国通用航空旅游示范单位"，成为16家全国通用航空旅游示范基地之一。盐池县位列"2016西北地区旅游百强县"，荣获西北地区"十大旅游潜力县（区）"称号。争取自治区项目资金600万元推进宁夏东部旅游风景道项目建设，建设旅游驿站6处；争取自治区项目资金500万元启动建设高沙窝镇兴武营建设特色产业示范村；争取资金500万元申报《盐池县长城关风景旅游区盐湖小镇旅游基础设施建设项目》。扎实推动乡村旅游发展，以乡村休闲游为主的旅游产业逐渐兴起，曹泥洼、兴武营、何新庄等一批特色旅游村庄景点初步形成规模。全县已建成农家乐22家，其中园林人家农家乐被评为4星级农家乐，喜格格农家乐、何家大院、峰雅农家乐、梦艺园休闲农业示范区被评为吴忠市3星级农家乐。农家乐从业人员达到200余人，年收入480万元，成为全域旅游产业新生力量。

2018年，盐池县以盐州古城历史文化旅游区创建国家AAAAA级景区为突破，大力实施旅游业基础设施提标、公共服务提质、旅游品牌提升工程，不断丰富旅游业态资源。全年旅游接待

人数达110万人次（其中外籍游客3500余人次、港澳台游客1800余人次），实现旅游综合收入3.3亿元，同比分别增长56.7%和57.1%。实施旅游重点项目9个，概算投资3.78亿元。加快推进九曲民俗文化园、长城关长城博物馆布展、旅游驿站、标识标牌、导览系统及兴武营特色产业示范村旅游基础设施建设；开工建设宁夏东部环线旅游集散中心、智慧旅游建设等项目；新建改造旅游驿站4个，配套建设生态停车场6处，完成风景廊道景观优化美化3000亩。持续推进景区创A、酒店创星、乡村旅游创品牌工作。哈巴湖生态旅游区被批准为国家AAAA级景区，盐池县博物馆被评为国家三级博物馆。组织举办了"盐州大集·民俗嘉年华""航空嘉年华"和滩羊美食文化节等系列文化旅游品牌活动，充分发挥"文化＋旅游＋"效应。制定出台了《盐池县促进旅游产业发展扶持办法》《"引客入盐"旅游项目以奖代补管理办法》，为助推全域旅游发展提供有力保障，在上半年自治区政府重点工作大督查中获全区贫困县全域旅游工作第二名。

2019年，盐池县以创建全域旅游示范县为目标，全面加快旅游业发展。全年旅游接待人数达到127.3万人次，旅游综合收入4.1亿元，同比分别增长15.7%和24.2%。"2+3"红色研学模式基本形成，红色研学接待游客35.4万人次。继续推进何新庄等一批乡村旅游示范点，兴武营特色产业示范村被国家文化旅游部命名为第一批"全国乡村旅游重点村"。新增3星级以上农家乐8家、3星级宾馆3家。

第六章　林业科技

春风散金睫（周勇摄）

改革开放后，盐池县开始逐渐重视林业科技发展。1982年，盐池县林业局沙边子治沙站成立。1985年，自治区重点科研攻关项目"沙漠化土地综合整治"在盐池县实施。盐池县政府决定将林业局沙边子治沙站挂靠县科委，更名为盐池县沙边子基地，由"基地"组织实施"沙漠化土地综合整治"科研任务。1986年，沙边子基地同时纳入中科院兰州沙漠研究所分支研究基地，并作为宁南山区8大科研试验示范基地之一，承担并完成了"七五""八五"期间6项自治区级重点科研攻关项目。1995年，兰州沙漠研究所研究基地撤回，沙边子基地在自治区基地办与县科委主持指导下，继续开展林业科研工作，先后完成治沙成果和农业实用科技成果50项。截至2000年，先后有近百位国家、省部级领导和160多位国内外专家、学者到沙边子基地参观考察，交流科研成果经验，有140多位大学生、研究生到基地参加实习。多次和英、美、日、法、苏联、伊朗、以色列、西班牙、喀麦隆等国的专家、学者开展合作研究。

1978年，根据中科院与自治区党委、政府关于建立农业综合试验示范基地统一部署，盐池县科委建立了四墩子农林牧综合试验基地，为宁南山区八大科研试验示范基地之一。基地建成后先后承担完成了"六五""七五""八五"3个五年计划的4项区级重点科研攻关项目。通过项目实施，基地科研人员先后提交科研报告、论文130多篇。截至2000年，有近40项先进实用科技成果在试验区得到大面积推广应用，有近100名国内外专家、学者和盐池林业科技人员直接参加了基地科研工作。1983年9月，盐池县设立了沙地旱生灌木园，成立了旱地沙生灌木管理所，为县林业局下属事业单位。2006年机构改革，更名为旱地沙生灌木管理所，专门从事沙地灌木树种科学研究推广，取得了一系列重要科研成果。如1989年自治区林业科学研究所和盐池县林业科共同主持的《盐池县城郊地区沙壤、土壤水分动态研究》获自治区农林科学院科技成果技术改进二等奖，1991年《宁夏"三北"防护林体系总体规划》(盐池部分)获全国农业区划委员会、农业部优秀科技成果三等奖等。

2006年3月，盐池县将环境保护和林业局所属林业站、果树站合并为林业技术推广服务中心，持续加大针对林业项目和农村群众的林业科技推广服务。

2006年，宁夏盐池毛乌素沙地生态系统国家定位观测研究站在沙泉湾生态区成立。研究站前身为2006年挂牌成立的北京林业大学宁夏盐池荒漠化防治教学科研生产基地，2008年7月正式加入国家林业局陆地生态系统观测研究网络，由北京林业大学与盐池县环境保护和林业局共建，2012年2月被水利部命名为第四批国家水土保持科技示范园区，2013年7月加入中国科学院和国家林业局联合成立的中国荒漠—草地生态系统观测研究野外站联盟，2021年12月成为国家水土保持监测站点。

第一节　科技培训

生态林业作为国家重要产业，是集科学性、公益性、管理性为一体的全民事业。21 世纪以来，林业科技革命开始在全球盛行，在森林资源的培育、管理，森林火灾防控以及森林资源合理有效利用等方面都有重要提高。林业科技正在改变林业发展趋势，同时也极大地改善了林区群众的经济水平，对于我国实现脱贫致富以及经济结构调整具有重大意义。

我国在造林树种品种优选方面成效显著，各种育苗生产技术提高了幼苗成活率，使其达到 80% 以上；通过航空遥感、GPS 定位等技术对森林资源进行监控，使森林资源管理实现了质的飞跃；黄土高原植树造林技术、防护林体系营造技术等，是我国在荒漠化治理工作中所取得的重要成就，也为世界荒漠化治理提供了大量经验。上述先进林业科技成果，先后不同程度在盐池县得到推广运用。

2000 年，盐池县在组织实施国家重点生态林业项目和大规模植树造林活动中，除了在组织管理、任务要求、种苗提供、检查验收等方面提出细化方案外，重点抓好林业技术服务。一方面，积极组织技术力量分赴项目区、各乡镇落实任务指标，提出技术要求，推进项目进展；另一方面，围绕林农素质提高，加强各项林业实用技术培训，提供技术服务，先后举办林业技术培训班 10 期，培训农民 1000 余人次；印发林业科技宣传资料 2500 份；播放科教片 6 场，参与观看 300 人次。

2003 年，盐池县环境保护与林业局在重点林业项目实施中推行林业科技承包责任制，将相关项目实施落实到每个林业科技人员，进一步规范造林技术规程，严格项目实施流程。先后举办林业系统继续教育培训班 1 期，培训林业专业人员 60 人；配合"百万农民科技培训工程"实施，举办培训班 123 期，培训人员 30000 人次，发放科技资料 1.3 万份。组织技术人员编写《盐池县主要栽培树种造术技术手册》，统一发放项目区农户手中。通过在示范区现场咨询、田间指导、集中举办科技培训班，切实提高项目区林农林业技术水平。

2004 年，盐池县环境保护与林业局组织举办全区林业新技术培训班 1 期，GIS 软件培训班 1 期，培训林业技术人员 150 人次。通过在项目示范区现场咨询、田间指导、集中举办培训班 30 期，培训人员 6000 余人次，发放科技资料 8000 份。配合自治区百万农民培训工程实施，培训农民群众 3 万余人次，印发科技材料 3.5 万份。

2005 年，盐池县环境保护与林业局进一步加强基层林业站建设，重点加强业务培训和基础设施建设。由于基层林业站常年工作任务异常繁重，没有更多时间组织集中学习，只能采取项目带动、现场指导、现场培训、问题跟踪、观摩视察等办法进行业务培训和技能提升。组织业务骨干深入基层，带动林业站职工一起工作、带着问题学习，在工作实践中锻炼提高。组织各乡镇林业站长和部分业务骨干利用 1 周时间赴陕西省杨凌农科城及周边林业发达地区学习先进林业科技和管理经验，开阔思路视野，认识差距不足，鼓足干事劲头。为 8 个乡镇林业站配齐电脑、开通网络，创造良好的工作、学习环境。利用冬闲时节，举办以抗旱造林技术为主题的冬季科技培训专题讲座 50 余次，培训农民群众、基层林业干部、造林大户 50000 余人次，发放林业实用技术宣传材料 8 万份，将科技培训办到乡、办到村、办到户、办到地块，做到家家都有明白人，人人都是"技术员"。

2007 年，盐池县环境保护与林业局结合科技宣传周活动、科技下乡活动、科技示范推广等形式，组织多场次林业科技宣传活动，全面普及林木种苗培育、林果林药开发及林产品加工转化等方面科技知识和实用技术，助力全县生态立县、科技富民战略。

2008 年，盐池县环境保护与林业局多次组织召开造林技术论证会，对不同时期造林树种选择、栽植时间、缠杆、覆膜、苗木栽后抚育管护等技术进行科学论证，根据论证结果，编制最新《盐池县春秋季造林技术规程》，下发各项目区和农户。组织业务骨干、外聘专家组成包乡镇技术小组，分填项目区、各乡镇开展现场指导、现场培训，加大林农实用技术提升。全年共举办生态防护林造林实用技术培训班 50 期，发放实用技术资料 50 余万份。先后邀请 10 余位区内外经验丰富林业专家深入田间地头，现场指导枣树等乔木林栽植，教授农户田间管理、病虫害防治及整枝修剪等技术。开展保水剂、ATP 生根粉、树盘覆膜、树干缠膜等抗旱、抗寒造林实用技术集中培训 20 期；深入全县 99 个行政村巡回培训 99 期，培训人数达 3 万余人次；先后组织 30 余名林业技术人员分赴固原市原州区、同心县、中卫市等地考察学习先进经验；委派 2 名林果技术人员赴山东等地学习设施园艺，促进设施水果产业发展。

2010 年后，盐池县环境保护和林业部门持续加强林业技术人员和群众农户林业科技与实用技术培训。主要采取技术骨干包项目实施、包乡镇指导、举办培训班、现场实用技术指导、组织参观考察、冬季实用技术培训、科技"三下乡"等服务措施，不断加大林业技术人员、农村群众林业科技和实用技术学习提升。2015 年举办培训班 6 期，培训林业技术人员 68 人次、群众 468 人次；2016 年举办培训班 8 期，培训林业技术人员 76 人次、群众 482 人次；2017 年举办培训班 10 期，培训技术人员 80 人次、群众 516 人次；2018 年组织培训班 8 期，培训技术人员 72 人次、群众 486 人次。

第二节 科技推广

2000年以来，盐池县林业部门在科技推广方面做了大量工作，取得了显著成效，林业工作者、农村群众林业生产实用技术、林业管护知识有了很大提高，对全县林业生产建设发挥了重要作用。但林业科技推广仍然面临农村受众群体越来越少（农村劳动力偏少）、受众知识面普遍偏低（农村劳动力年龄偏大）、技术政策不完善（培训员多为林业站职工，本身素质不高且身兼多职）、组织体制不健全（部门单一行为居多）等诸多困难问题。因此，林业科技推广还有很长一段路要走。

2000年，根据自治区林业局统一部署要求，盐池县林业部门突出以"封沙育林育草技术示范""吸水剂、保水剂在干旱造林中推广运用"和"飞播造林种子包衣处理"三项新技术作为重点示范推广，对项目区苗木培育引进、新技术应用等方面提出更高要求，实行技术人员项目负责制，制定实施方案，规范技术操作，健全技术档案，取得了良好的推广效果。鸦儿沟乡孙记楼村1万亩封育示范区采取全封育模式，实行专人管护，植被覆盖率由封育前的15%提高到50%以上。猫头梁项目区推广使用吸水剂、保水剂种植乔木面积600亩，新疆杨、白蜡、刺槐、枣树等

树种成活率提高了4.9%；飞播种子经包衣处理，有苗率提高了50%。同时加强对北六乡荒漠化土地整治等8个项目区技术管理，围绕荒漠化治理、灌区林业建设、南部山区水土保持等重点项目，积极探索新技术、新途径；围绕饲料林、固沙林、种苗繁育"三个基地"和扬黄灌区仁用杏、青山牛记圈井灌区红枣、北部沙区沙柳、北部井灌区麻黄等中药材、中部滩地柠条饲料林"五大示范区"建设，以项目实施为抓手、以生态效益为主线、以科技推广为支撑，全面推进生态建设效益提升。

2001年，盐池县林业部门围绕县域中北部荒漠化治理、扬黄灌区绿化、南部山区水土保持等重点项目，在人工造林苗木培育、飞播造林种子处理、经果林栽植管护等方面积极推广容器育苗、地膜覆盖、配方施肥等新技术，建好各类示范区，突出节水管护；充分利用培训班、现场示范等形式，对农民进行新技术培训，提高林业实用技能推广普及。

2003年，盐池县林业部门在重点项目实施中大力推广抗旱造林、种子包衣飞播技术，突出应用节水钵、营养袋等新材料、新技术，打破造林季节，延长造林时间，提高造林质量。建立与

生态环境建设相适应的森林资源监测体系，科学管理退耕还林、荒漠化防治、森林病虫害防治三个国家级中心监测点工作，通过对不同造林类型的效益分析，提供荒漠化土地及森林动态变化数据。

2004年，盐池县林业局部门分别在日援项目区、四儿滩项目区、经济林示范区、盐大公路绿化林项目区推广使用节水钵造林600余亩，成活率明显提高。承担2004年国家林业局林业科技成果推广项目——干旱带流动沙区机械固沙和节水钵造林技术，通过科技成果鉴定。科学管理退耕还林、荒漠化治理、森林病虫害防治监测点运转。在重点林业项目实施中推行技术承包责任制，根据任务量不同，每个项目（乡镇）派出1—2名林业技术人员，参与地块规划、种苗选择、技术指导、检查验收全过程，严把设计关、技术关、质量关。

2005年，盐池县林业部门为应对全县持续干旱带来的不利因素，在林业生产中大力推广应用节水钵、覆膜、套袋、开沟深栽，使用保水剂、生根粉，采取苗木截干处理等措施，确保苗木成活。全县100余名林业技术人员坚守生产一线，对苗木选择、地块整理、栽植规范、抚育管理等关键环节进行全程跟踪指导，起苗、运输、分级、浸泡、栽植、浇水、培土、扶正一条龙作业，突出成活率。

2006年，盐池县环境保护与林业局配合北京林业大学实施了沙泉湾荒漠化综合治理示范项目，该项目分布于野湖井、周庄子、刘记窑头、下王庄等片区，计划治理面积3万亩。当年完成柠条、花棒固沙造林1700亩，扎设草方格1800亩，人工撒播花棒、杨柴种子200公斤，营造灵武长枣200亩；建设樟子松、丝棉木育苗基地150亩，培育樟子松苗种77000株，丝棉木苗

2008年5月，盐池县千户村绿化新景

种 10000 株；铺设输水管道 1000 米，修建林道 15 公里，围栏 24 公里，新建"三位一体"63 座，配备饲料粉碎机 60 台；同时成立了北京林业大学教学科研生产基地。配合宁夏农林科学院荒漠化治理研究所完成"抗旱优良植物品种扩繁及栽培配置优化研究"课题，实施造林面积 4890 亩，推广梨树、枣树、沙柳、杨柴、花棒、紫穗槐等栽植新技术，经验收全部合格。组织开展了森林资源状况调查，利用 SPOT-5 航

2008 年 6 月，盐池县林业部门组织项目区群众进行灌木营养袋育苗

天卫星遥感数据影像，建立森林蓄积与遥感因子、地理环境因子、林分因子之间多元回归模型，科学估测小班蓄积量，准确清查全县森林资源状况。继续推广实施跨区域示范、节水造林示范，2005 年沿青山乡造林区域向北扩展实施跨区域示范项目 1 万亩；利用退耕还林工程项目，在花马池佟记圈村营造 2 片（合计 800 亩）樟子松示范林；在麻黄山、青山、王乐井 3 个乡营造经果林、公路林、灌区绿化中实施节水钵造林 2000 亩。根据自治区林业局下达任务指标，对全县营造经济林（枣树为主）实行营造林承包，项目区群众根据作业设计实施造林，林业技术人员包片技术指导，共营造生态经济林 7731 亩。

2007 年，根据自治区林业局下达任务指标，盐池县环境保护与林业局继续组织实施了全国防沙治沙跨区域示范项目，在巩固方山区造林成果基础上，扩展营造沙泉湾示范林 5000 亩；在花马

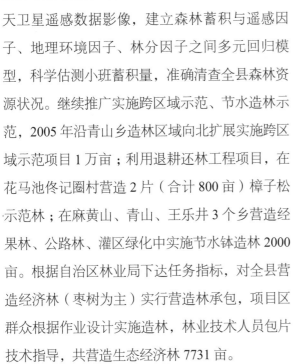

池、青山、王乐井 3 个乡镇营造经果林、公路林和灌区绿化中推广节水钵造林 1000 亩。切实加强与北京林业大学、自治区农科院、宁夏大学等科研院校交流合作，积极促进林业新成果推广应用，全面推广节水钵、覆膜、套带、生根粉、保水剂、截干、涂白、带土栽植等成熟造林技术，所有实施项目造林 90% 以上，成活率达到 85% 以上。

2008 年后，盐池县林业部门在重点林业建设项目中持续推广应用节水钵、地膜覆盖、苗木截杆、带土栽植、套膜、保水剂、生根粉等抗旱造林技术和材料，对各个造林环节进行精细化管理，切实提高造林质量和成活率。2012 年建立了荒漠化定位研究站、实验室，安装了大型蒸渗仪（测量降水量、渗透率等多项水文参数）和 3 个 CO_2/H_2O 通量塔（测量荒漠生态系统 CO_2 和 H_2O 通量），有效促进荒漠化定位研究顺利实施。

第三节　生态定位观测研究

宁夏盐池毛乌素沙地生态系统国家定位观测研究站位于盐池县沙泉湾生态区（行政区划跨盐池县花马池、青山、王乐井3个乡镇）。2008年7月该站加入中国荒漠生态系统定位研究网络（CDERN），由北京林业大学与盐池县环境保护和林业局共建。2012年2月成为国家水土保持科技示范园区，2013年7月加入中国科学院和国家林业局联合成立的中国荒漠—草地生态系统观测研究野外站联盟，2021年12月成为国家水土保持监测站点。研究站作为我国干旱半干旱农牧交错区重要的研究站，不仅在国内外荒漠生态系统基础研究领域占有重要科学地位，而且长期为我国半干旱地区固沙植被资源的保护利用、人居安全保障和荒漠化地区的可持续发展等方面提供示范模式和技术支撑。

沙泉湾荒漠化综合治理示范项目是为加快盐池县防沙治沙步伐，支持中德财政合作中国北方荒漠化治理宁夏盐池县项目顺利实施而进行的配套项目。项目实施主体为盐池县环境保护和林业局，项目区涉及花马池镇下王庄村；王乐井乡野湖井村、周庄子村；青山乡刘记窑头村，共一镇二乡四个自然村280户1260人，规划治理面积3万亩。该项目从2006年3月启动实施，由于项目区大部分土地类型属于干燥型流动和半流动沙地，植被稀疏，沙丘流动性大，为提高造林成活率，根据项目区不同立地条件，采取"五为主、五结合"治沙造林模式（以生物措施为主，生物和工程结合；以灌为主，乔、灌、草结合；以片为主，带、网、片结合；以封为主，封、飞、造结合；以科技引领为主，灵活运用各种抗旱造林技术相结合的治沙造林模式），采用了草方格工程治沙、人工撒播种草、封沙育林育草、沙柳深栽造林、杨树深栽造林、小流域综合治理等多项治理技术措施，提高了造林成效。项目完成固沙造林1万亩，封育2万亩，围栏30公里，建气象观测站1处；建实验室760平方米，护林、办公用房1000平方米，修筑林道20公里，开发沙旱生灌木快繁基地150亩，培育樟子松苗木7.7万株、云杉5000株、沙木蓼10万株；营造展示林1000亩，配套多管井5眼，架设农电线路5公里。通过该项目的实施，使区域内林草覆盖度由实施前的5%～10%提高到85%以上，当地群众户均收入比项目实施前增加500元左右，示范区生态环境极大改善，村庄、农田铁路、高速公路得到有效保护，实现环境、资源、人口的协调发展，经济可持续增长。五个治沙模式成为宁夏中部干旱带造林模式的典范，对我国北方荒漠化土地治理起到了有效的推广辐射作用。同年积极引进、成立北京林业大学宁夏盐池荒漠化防治教学科研生产基地。通过基地建立，使北京林业大学和盐池县能够更加紧密地合作，共同孵化出更多科研成果，培养更多优秀人才，使沙泉湾成为全民绿化教育基地、教学科研生产基地、治沙模式宣传基地、生态旅游观光基地、沙区生物多样性基因库。在此基础上成功申报国家林业局宁夏盐池荒漠生态系统定位研究站。

研究站首任站长为原北京林业大学党委书记吴斌教授（2008—2019）；2019年后，由北京林业大学教授张宇清任站长。

研究站是集长期观测、科学研究、人才培养、国际合作、成果示范、科普教育于一体的多功能开放性平台，致力于推动围绕荒漠化防治的多学科交叉融通和科技创新、增进公众科学素养和环境保护意识，支撑国家生态文明建设，服务于黄河流域生态保护与高质量发展的国家战略规划和宁夏先行区建设，助力沙区生态环境改善和当地群众脱贫致富。

研究站有固定研究人员18名，其中正高职称6名、副高职称6名、中级职称6名，专业涵盖水土保持与荒漠化防治、林学、生态学、地理学、水利学等；另特邀客座研究人员5名，分别来自法国波尔多第二大学、芬兰东芬兰大学、加拿大新布伦瑞克大学、中国农业大学和西北农林科技大学。

研究站先后为清华大学、北京大学、兰州大学、中国农业大学、西北农林科技大学、华中农业大学、北京林业大学、太原理工大学、海南大学、中国科学院西北生态环境资源研究院、中国科学院地理科学与资源研究所、中国科学院植物研究所、中国环境科学研究院、中国林业科学研究院、甘肃省治沙研究所、宁夏农林科学院、韩国国立山林科学院、苏丹森纳尔大学等学院和科研机构培养博士37名、硕士86名，已成为我国荒漠化防治、荒漠生态学领域重要的高水平人才培养和国际合作交流基地。

盐池站以荒漠草原生态系统为主要研究对象，立足毛乌素沙地（但不限于毛乌素沙地），辐射整个中国北方沙区，围绕荒漠生态学、荒漠化防治、生态修复等关键理论和应用技术开展生态科学研究。

1.荒漠草原生态系统地表过程及其驱动机制。主要研究荒漠草原生态系统物质循环（水、碳、氮）与能量平衡过程、生物与非生物因素对荒漠生态系统的影响机制、荒漠草原植物群落结构形成及演替机制、荒漠土壤微生物群落结构及其对土壤碳氮过程影响、沙地土壤风力侵蚀过程及其影响因素、地表覆盖及沙障等土壤风蚀防控机制等，为区域生态系统保护、生态修复、土地利用调整提供理论依据。

2.荒漠生态系统对全球变化的响应。主要研究氮沉降、降水变异和气温升高对荒漠生态系统结构的影响机制，气候变化对荒漠生态系统服务功能的影响等，为科学判断环境变化对生态系统的影响、生态系统在变化环境下的演变方向提供参考。

3.荒漠化发生与逆转机制及生态修复技术。主要研究农牧交错区土地荒漠化发生机制、土地荒漠化逆转内在机制与影响因素、土地荒漠化及其逆转过程中的土壤环境变化、荒漠化防治和生

宁夏盐池毛乌素沙地生态系统国家定位观测研究站

态修复的生物（植物、微生物）及工程技术措施等，为荒漠化防治提供理论依据和实用治理技术。

4.沙化土地综合整治及土壤快速培肥技术。主要研究沙化土地综合治理技术、微生物菌剂固沙改土培肥技术、环境友好型固沙材料研发与应用等，主要为沙化土地综合整治和土壤改良提供成套新技术。

研究站累计承担各类科研项目49项，其中国家级科研课题36项、省部级科研课题7项。先后在生态学、地球科学、土壤学、林学领域国内外一流学术期刊发表科研论文近300篇，获国家发明专利授权27件，登记软件著作权17件。获高等学校科学研究优秀成果奖（教育部）自然科学一等奖1项、中国水土保持学会科学技术一等奖2项、梁希林业科技进步二等奖1项、中国风景园林学会科技进步二等奖1项。

研究站先后被列为"十五"国家科技攻关计

划，"十一五""十二五"国家科技支撑计划、"十三五"国家重点研发计划项目试验示范区。十三届全国政协副主席、民盟中央常务副主席陈晓光，原宁夏回族自治区党委书记陈建国，原中国科协副主席刘恕、中国科学院傅伯杰院士等先后到盐池站考察调研，对研究站在荒漠化防治领域作出的突出贡献给予肯定。先后接待芬兰、美国、加拿大、韩国、阿尔及利亚、苏丹、德国、巴基斯坦、古巴、尼日利亚、沙特阿拉伯等20余个国家的专家和管理人员来站参观交流。

研究站积极服务国家和区域发展战略，先后向中央、国家林业和草原局及宁夏回族自治区党委、政府提交决策咨询报告5件，得到中共中央、国务院领导与国家林业和草原局领导的重要批示和肯定，部分建议被自治区有关部门直接采用。研究站主动服务宁夏林草系统、哈巴湖国家自然保护区和盐池县当地，为区域生态建设、科普教育、脱贫攻坚作出重要贡献，部分成果已辐射至青海、新疆等地区。研究站先后被中央电视台、新华社、人民网、凤凰卫视、光明网、《中国科学报》《宁夏日报》《吴忠日报》、中国科学院、教育部等媒体和部门报道数十次，产生了广泛的国内外影响。

第四节 科研成果

2000 年以来，盐池县林业系统各单位（包括林业技术推广服务中心、林木检疫站、林木病虫害防治检疫站、森林病虫害防治检疫站、旱地沙生灌木管理所等单位）直接从事林业技术工作者始终在 50—70 人，其中大部分直接参与林业生产、技术培训和科技推广研究，在工作实践中取得了丰硕的科研成果。

表 6—4—1 2000—2020 年盐池县环境保护和林业局重要著作（论文）和技术报告

序号	日期	著作（论文）、技术报告	出版、获奖及应用单位	合（独）著、奖项、获奖人、名次及完成情况
1	2000—2005	《保护母亲河项目》	盐池县环林局	刘伟泽主持编制项目可行性报告，协助参与组织实施
2	2001.1	《盐池荒漠化土地综合整治及农业可持续发展研究》	自治区科技进步奖评审委员会	自治区科技进步二等奖\王宁庚（11）
3	2001	《扬黄新灌区农业综合开发技术研究项目》	自治区政府	自治区科技进步二等奖\张德龙
4	2001—2005	《猫头梁生态综合治理示范区项目》	盐池县环林局	刘伟泽主持编制实施方案，负责组织实施
5	2001—2006	《日援治沙项目》	盐池县环林局	刘伟泽主持实施项目建设管理
6	2003	《宁夏主要灌木林虫灾综合控制技术研究》	《安徽农学通报》	合著\宋翻伶（1）
7	2003	《盐池县飞播治沙造林技术研究》	《宁夏农学院学报》	合著\范聪（1）
8	2004.8	《宁夏盐池县荒漠化地区节水造林实验研究》	自治区林业局、盐池县环林局、东北师范大学	合著\刘伟泽（2）
9	2005.4	《柠条饲料林开发利用技术研究》	自治区科学技术进步奖评审委员会	自治区科技进步二等奖\刘伟泽（2）
10	2005—2007	《沙泉湾生态综合治理项目》	盐池县环林局	刘伟泽主持选址，参与规划方案设计并组织实施

（续表）

序号	日期	著作（论文）、技术报告	出版、获奖及应用单位	合（独）著、奖项、获奖人、名次及完成情况
11	2006.1	《宁夏防沙治沙及沙产业技术开发》	自治区政府	自治区科技进步三等奖\刘伟泽（6）
12	2006.1	《盐池沙漠化土地综合技术示范推广》	自治区政府	自治区科技进步三等奖\刘伟泽（7）
13	2006.10	《重点地道中药材开发区技术研究》	宁夏农林科学院	自治区科技进步三等奖\刘伟泽（3）
14	2006.12	《干旱风沙区樟子松营养袋育苗及归圃定植移栽试验》	《东方骄子——中国创新英才理论与实践》	蒋佩雄
15	2006	《浅谈气候对盐池县森林病虫害发生和危害的影响》	《东方骄子——中国创新英才理论与实践》	吴学慧
16	2006	《盐池县荒漠化的成因与防治》	《中国科学学报》	郭琪林
17	2007.6	《宁夏干旱风沙区薪炭林营造技术与成效调查》	《农业科学研究》	合著\刘伟泽（1）
18	2007	《盐池县飞播造林成效与分析》	《农业科学研究》	刘伟泽（1）
19	2007	《沙蒿的生物生态特性及其保护》	《中国科学学报》	郭琪林
20	2007	《草原生态系统的合理利用与保护》	《湖北畜牧兽医》	郭琪林
21	2007	《优质牧草和饲料作物的种植试验报告》	《畜牧兽医杂志》	郭琪林
22	2007	《宁夏干旱风沙区薪炭林营造技术与成效调查》	《农业科学研究》	合著\郭海峰
23	2007	《新型牛羊全日粮复合秸秆成型饲料开发与示范》	自治区政府	科技进步一等奖\李月华（16）
24	2008.12	《宁夏沙漠化土地综合治理及沙产业开发》	国务院	国家科技进步二等奖\刘伟泽（9）
25	2008.6	《河东沙地灌木林水分高效利用及生命维持系统研究与示范》	自治区政府	自治区科技进步二等奖\刘伟泽（4）\张德龙（5）
26	2009.3	《宁夏盐池县北部地区昆虫资源调查》	《农业科学研究》	合著\李永红（2）\张海波（4）
27	2009.7	《宁夏榆木蠹蛾生态特性及综合防控技术研究与示范》	自治区政府	科技进步三等奖\李月华（7）
28	2019.10	《宁夏土地沙漠化动态监测与农田防护林体系优化》	宁夏农林科学院	自治区科技进步二等奖\谢国勋
29	2009	《盐池县主要栽培树种造林技术手册》	盐池县环林局	合著\刘伟泽\责任编辑
30	2009	《枸杞果实生长过程中几种元素的变化研究》	《宁夏农林科技》	郭海峰
31	2009	《盐池柠条栽培表现及栽培技术》	《甘肃林业科技》	郭海峰
32	2009	《宁夏农村信息化发展现状分析与发展对策》	《宁夏农林科技》	合著\古秀琴
33	2010.2	《宁夏退耕还林工程实践》	宁夏人民出版社	合著\郭琪林
34	2010.10	《完善盐池县林业有害生物监测预警体系之浅见》	《宁夏农林科技》	合著\张海波（1）\李永红（2）

序号	日期	著作（论文）、技术报告	出版、获奖及应用单位	合（独）著、奖项、获奖人、名次及完成情况
35	2010.10	《人工释放多异瓢虫对枸杞蚜虫的田间管理控制作用》	《宁夏农林科技》	合著\张淑梅（1）
36	2011.7	《城市绿化移植大树的管理与养护》	《农技服务》	宋翻伶
37	2011.7	《盐池县退耕还林后续产业发展现状与建议》	《农技服务》	合著\宋翻伶（2）
38	2011.9	《盐池县退耕还林后续产业发展现状与建议》	《农技服务》	合著\张海波（1）
39	2011.10	《3种植树造林技术》	《农技服务》	合著\张海波（2）
40	2011.10	《抗旱造林技术》	《农技服务》	张海波
41	2011.12	《宁夏盐池县生态退耕前后农资投入时空变化分析》	《中国农学通报》	合著\谢国勋（2）
42	2011	《半干旱区种植甘草效益分析》	《畜牧与饲料科学》	范聪
43	2011	《葡萄日灼病发生原因与防治措施》	《宁夏农林科技》	古秀琴
44	2011	《宁夏贺兰山国家级自然保护区封山育林调查与分析》	《现代农业科技》	合著\古秀琴
45	2012.3	《宁夏退耕还林工程研究》	宁夏人民出版社	合著\郭琪林
46	2013.3	《新型堆肥有氧发酵关键技术研究与开发》	批准登记号 2013031	自治区科技成果\张海波（7）
47	2013.7	《果树种植技术》	黄河出版传媒集团阳光出版社	合著\技术专著\谢国勋\副主编
48	2013.8	《宁夏盐池县樟子松移植造林技术》	《农技服务》	孙果
49	2013.8	《宁夏盐池县城市主干道路绿化技术探讨》	《农技服务》	孙果
50	2013.10	《枣树建园技术》	《农技服务》	王建红
51	2013.11	《苹果树不同年龄时期整形修剪》	《农技服务》	王建红
52	2013.12	《毛乌素沙地长根苗造林技术体系研究》	陕西省人民政府	陕西省科学技术二等奖\谢国勋（5）
53	2013	《盐池县天然林资源保护工程发展对策》	《宁夏农林科技》	吴学慧
54	2013	《盐池县干旱地区柠条栽植要点》	《宁夏农林科技》	吴学慧
55	2014.10	《宁夏干旱风沙区不同种植密度柠条林对土壤水分及植物生物量影响研究》	《宁夏农林科技》	中文核心期刊\谢国勋（1）
56	2015.2	《不同钙肥施用量对乌拉尔甘草产量及品质的影响》	《水土保持通报》	合著\王宁庚（2）
57	2015.2	《中国绿洲农业》	中国农业科学技术出版社	合著\技术专著\谢国勋\编委
58	2015.4	《暴马丁香生态文化经济价值及播种育苗技术》	《中国农业信息》	中文核心期刊\谢国勋\独著
59	2015.5	《荒漠草原带沙源及灌丛对灌丛沙堆形态的影响》	《中国沙漠》	谢国勋（1）

序号	日期	著作（论文）、技术报告	出版、获奖及应用单位	合（独）著、奖项、获奖人、名次及完成情况
60	2015.9	《基于单片机的堆肥好氧发酵时间—温度反馈控制系统研究》	《安徽农业科学》	合著＼张海波（3）
61	2015.11	《化学固沙剂固沙作用机理研究》	《宁夏农林科技》	中文核心期刊＼谢国勋（1）
62	2015.12	《关于桧柏育苗技术的研究分析》	《中国科技期刊数据库科研刊物》	蒋佩雄
63	2015.12	《关于沙木蓼引种的探讨》	《中国科技期刊数据库科研刊物》	蒋佩雄
64	2015	《盐池县林业可持续发展面临的问题及对策》	《现代农业科技》	合著＼郭海峰
65	2016.1	《简论樟子松造林中的首选容器抗旱造林栽培技术的重要性》	《中国科技期刊数据库科研刊物》	独著＼王宁庚
66	2016.5	《榆树在中部干旱带的栽植技术》	《农技服务》	合著＼张淑梅（1）
67	2016.5	《柠条种植技术要点探讨》	《农技服务》	张淑梅
68	2016.8	《毛条造林技术》	《农技服务》	张玉萍
69	2016	《宁夏回族自治区林业生态产业发展现状与建议》	《现代农业科技》	合著＼郭海峰
70	2016	《关于加快宁夏盐池县退耕还林工作的思考》	《农技服务》	张玉萍
71	2016	《浅议宁夏吴忠地区森林病虫害防治工作存在的问题及对策》	《中国绿色画报》第7期	独著＼王宁庚
72	2016	《宁夏引黄灌区农田防护林网胁地情况调查研究》	《宁夏农林科技》第11期	合著＼王宁庚（1）
73	2017	《宁夏引黄灌区农田防护林网更新技术与对策》	《宁夏农林科技》第1期	合著＼王宁庚（2）
74	2018.10	《柠条草粉常规储存过程中营养物质衰减规律研究》	《宁夏农林科技》	王建红
75	2018.12	《宁夏啮齿动物地理区系区划及分类管理》	阳光出版社	合著＼编委＼王宁庚
76	2020.12	《柠条研究与利用》	宁夏人民出版社	王建红

第七章 环境保护

锦衣光炫彩云鲜（2019 年摄于麻黄山）

林政管理，是针对林业经营过程中涉及的管理问题，依照相关林业政策法规，对林业相关产业实施的业务管理。其核心内容包括"六管理一执法"，即林业经营管理、林权管理、森林资源管理、野生动植物保护和自然保护区管理、林木采伐管理、木材流通管理和林业行政执法。

　　改革开放后，我国集体林业建设取得了较大成效，对经济社会发展和生态建设作出了重要贡献。集体林权制度虽经数次变革，但产权不明晰、经营主体不落实、经营机制不灵活、利益分配不合理等问题仍普遍存在，制约了林业发展。2008年6月8日，中共中央、国务院发布了《关于全面推进集体林权制度改革的意见》，为进一步解放和发展林业生产力，建立现代林业，建设生态文明和小康社会起到重要的推进作用。

　　1991年10月，原盐池机械化林场派出所移交盐池县林业局管理，更名为盐池县公安局林业派出所；2019年3月，根据区、市、县机构改革方案，成立盐池县自然资源局（加挂盐池县林业和草原局牌子）后，盐池县公安局林业派出所归新成立的盐池县自然资源局管理。2020年7月，盐池县委编制委员会决定将盐池县公安局森林派出所划归盐池县公安局管理，为盐池县公安局正科级派出机构，加挂盐池县公安局森林警察大队牌子。

第一节　林政管理

2001年，盐池县开始组织对部分林地进行确权发证，加强林地权属保护。广泛深入宣传资源环境保护法规，不断提高全民法制观念。加大林政、林业公安执法力度，依法打击破坏生态环境的违法犯罪活动，切实规范森林、林木、林地承包经营管理。持续加强木材流通管理，严防病虫害境外输入。2002年，盐池县林业局指导各乡镇林业站做好前期准备工作，陆续对全县范围内国有、集体林地进行确权发证。截至2003年，共发放国有、集体林权证16844份。

2007年，盐池县认真贯彻落实中央关于放手发展非公有制林业各项政策，大力支持各类社会主体参与林业建设，鼓励和扶持社团、企业等开展多种形式造林活动，不断扩大非公有制造林数量和规模。积极推行各种形式造林方式，荒山绿化、重点工程造林等项目开始采取招（投）标、承包等政府购买服务形式组织实施；执行政府苗木采购政策，继续推行苗木供应合同管理、全程服务的承包方式，努力提高苗木成活率。2008年，积极推行营林改革，组织研究配套政策，开辟筹资渠道，开展技术培训，探索集体林权改革，为集体林地"包山到户"打好基础。探索通过实施集体林权制度改革，激发农民发展

林业生产经营积极性，使生态得保护、农民得实惠，最终实现兴林富县目标。2009年，盐池县继续组织开展林地勘界确权和集体林权制度改革，建立健全林木管护责任制，落实林木管护制度，坚决制止乱砍滥伐林木和乱占乱垦林地、绿地行为，切实巩固造林绿化成果。9月，正式启动实施林权制度改革。到2010年，按照区、市统一部署，盐池县林权制度改革全面铺开，取得阶段性成果。

2011年，盐池县开展集体林权制度改革完成外业勘界75%、确权到户率完成65%，发证率完成60%；图表、建册、整案等各项工作有序开展。截至2012年，全县共计完成新承包林地面积288.8万亩，完善合同面积330.8万亩，签订合同5.35万份，签订合同面积317.5万亩，占应签订面积的96%，完成确权发证53470户，发证53470本，发证面积317.5万亩，占应发证面积的96%；完成外业勘界确权288.8万亩（不包括退耕地造林），占任务的100%；落实管护林地13.3万亩，占林地总面积的4%，通过自查验收林权登记合格率达到100%，林权纠纷调处率达到100%，档案合格率达到100%，农户满意率96.5%；全县13万农民从林业生产经营中获益。

2013 年，盐池县环境保护和林业局组织专职人员会同各乡镇林业站长、各村文书对林改档案进行归档、整理，共整理各类档案 8 柜 960 余册，移交县档案局统一管理，确保全县 330.8 万亩林地四至清楚、权属关系明确，图、表、册一致，人、地、证相符。进一步加大对林业生产、经营支持力度，扩大造林、森林抚育补贴规模，提高森林生态效益补偿标准；积极争取落实森林保险保费补贴政策，大力推进林权抵押贷款，鼓励发展林业专业合作组织；整合项目资金支持重点沙区林业发展，不断提升林农发展林业、保护资源的积极性和主动性。2014 年，林业部门积极推进发展生态民生林业，持续推进林权改革，专门成立了盐池县林权服务中心，安排专人负责受理林权证办理、林权证抵押贷款等服务项目。

2016 年，盐池县林权管理服务中心认真贯彻落实中央、区市关于推进集体林权配套改革重要文件精神，全面推进集体林权配套改革。一是进一步明晰林权制度，确保主体改革质量。针对主体改革过程中部分乡镇存在林权证发放不到位、宗地勘界不准确等问题，及时采取补救措施进行完善。二是全面推进配套改革。加强与金融、评估、法律、中介等林权服务机构合作，共同构建林权社会化服务体系，及时为林农、林企提供优质高效服务。加强林权管理信息系统建设，实现林权数字化、网络化管理。认真做好林权管理信息查漏补缺和林权档案补充、完善，提高林权现代化管理水平。不断加大林权争议调处力度，有效解决林区矛盾纠纷。加强林权管理服务中心作风建设，努力提高林权管理服务水平。

2017 年，盐池县进一步采取有力措施，从改革关键环节入手，不断加快集体林权制度改革进程。充分利用媒体舆论平台和宣传手段，全方位宣传集体林权制度配套改革方针、措施，激发和调动广大群众参与集体林权配套改革积极性。先后扶持家庭林场 2 处，林业合作社建设 8 家。积极推进曹泥洼、沟沿等特色村发展林下经济。2018 年，认真组织完成国家林业局下发 978 个森林疑似图斑点位核查，其中哈巴湖国家级自然保护区管理局负责核查点位 144 个，盐池县环境保护和林业局负责核查点位 826 个，省外误判点位 8 个，全部按照自治区林业和草原局要求，按要求、按时序圆满完成核查任务。

第二节　林政执法

林政执法是保护和发展森林资源的重要手段，也是林业主管部门加强宏观调控，运用法律和行政措施，强化森林资源管理的重要保证。

2000年，盐池县林业执法部门共计查处滥伐林木案件4起，协调林地纠纷18起。2002年，林业部门把"严管林"作为生态建设重要任务来抓，落实护林人员353名，研究制定了《林地管护条例》，印发至林区农户，并通过广泛宣传，减少非法侵占林地现象。2003年，盐池县林业部门通过完善管理机制，健全管护体系，实施积极的承包治理方法措施，不断提高林区管理水平。依法打击破坏生态环境违法犯罪活动，重点开展滥占林地、毁坏林木、乱捕滥猎野生动物专项整治，先后查处非法买卖木材案件1起，没收木材11立方米，收缴罚款2050元；查处非法出售野生动物案件1起；协调解决林地纠纷33起；处理滥伐林木案件2起、盗伐林木案件1起，收缴木材20立方米；查处非法占用林地9起；收取植被恢复费12万余元。加强对林业执法人员的监督，落实森林资源保护责任追究制度。2004年，盐池县切实加强森林公安、林政、森林病虫检疫和植物检疫等林业行政执法队伍建设，严格执法管理，加强森林采伐、木材流通和林地管理，依

法保护森林、湿地、野生动植物和林地资源，全年受理林业行政案件7起，结案7起，其中滥伐林木6起，侵占林地1起，调处林地纠纷33起，收缴木材16.2立方米，林业行政罚款6230元，补收植被恢复费18万元。

"十一五"期间，随着生态建设不断加快，林地面积不断增加，林牧矛盾日益尖锐，依法治林成为林业管理重中之重。林业执法部门进一步加强执法力度，严禁溢牧和乱采滥挖甘草、苦豆子等中药材现象，严惩乱征乱占林地行为，严厉打击滥伐、盗伐林木等违法犯罪活动。按照林业执法体系建设要求，2007年加强了森林派出所基础设施和管理制度建设。2008年受理各类林业行政案件13件，调解7件，立案6件，结案6件，结案率100%；处理违法人员6人，收缴罚款1626元。盐池县环境保护和林业局与各乡镇、各乡镇与护林员分级签订了管护合同，层层落实管护面积责任。是年，由于全县持续干旱，羊畜缺草断料现象普遍发生，夜间偷牧现象增加，管护压力陡然增大。面临管护难题困境，林业执法部门采取分组巡回排查方法，对各乡镇重点林区进行不定期、不间断排查通报。县政府采取激励措施，根据片区面积，对管护成效良好的45片

2009 年 11 月，盐池县林业部门组织对新植树木进行冬季管护

62.1 万亩天然林重点保护区发放管护费 18.36 万元，对管护不力的 7.6 万亩林地暂停护林员工资发放；新增护林员 20 名，加大夜间巡逻力度；抽调森林派出所干警 2 名强化禁牧工作。2010 年，林业部门进一步加强执法力度，切实落实管护责任，坚决杜绝"边治理、边破坏"现象。建立健全天然林、重点公益林和草原管护长效机制，完善退耕还林、退牧还草、生态效益补偿管理机制，采取以奖代补与合理处罚相结合措施，健全县、乡、村、组四级管护网络，不断加强林草管护队伍建设。加强征占用林地审核管理，深入开展林业综合执法，认真查处乱砍滥伐、乱占滥用、乱捕滥猎、乱垦滥挖案件，严厉打击破坏森林植物资源及野生动植物资源违法犯罪行为。

2011 年，为进一步健全县、乡、村、组四级管护网络，全县配备精干护林员 361 名，其中年内新增 173 名，全部实行分片包干责任制。2012年，县委、县政府安排对全县林业重点工作进展

成效情况督查，环境保护和林业局会同县委督查室、政府督查室和效能办联合对各林业重点项目进度质量、管护成效等情况进行全面检查，对管护不力、问题严重单位进行通报批评。组织有关部门乡镇对主干道公路沿线、外援项目治理区、扬黄干渠以及张记场、黄记场、冯记圈、魏庄子、兴武营等围镇（村、庄点）绿化情况实施重点管护和执法检查。2013 年，林业部门进一步创新管理机制，对新增造林面积采取"三包"（包栽、包活、包管，一包三年）责任制；管理上采取部门领导包乡包片、技术人员包村包点的"双轨"承包制和义务植树单位"三定三包"（定时间、定任务、定责任，包种、包管、包成活）责任制，力争做到人员、进度、服务、质量"四落实"。环境保护和林业局与全县 8 个乡镇及 436名护林员分级签订《管护责任书》，落实地块面积和任务责任。上半年共计受理林业行政案件 6起，查处 2 起，处罚违法人员 2 名，行政罚款

116.5万元；暂停未办理征占用林地手续进行生产企业和实施项目3个。2014年，全县涉林违法案件大幅度下降，林业执法部门共计受理毁林案件1起，查处1起，处罚违法人员1人，行政罚款2.1万元。2015年，全县未发生涉林违法犯罪案件。

"十三五"期间，随着环境保护和林业部门机构职能进一步调整、完善、明确，工作职责要求进一步提高，林业和环境保护执法力度随之进一步加强。

2016年，根据国家林业局、自治区林业厅统一安排，盐池县从9月1日起至11月30日在全县范围内组织开展了严厉打击非法占用林地等涉林违法犯罪专项行动。县委、县政府成立了由县委常委、政府常务副县长任组长，环境保护和林业局局长为副组长，国土资源、公安、住建、

交通、农牧、市场监督管理局和各乡镇领导为成员的专项行动领导小组，负责专项行动组织、指导和协调工作。领导小组先后3次召开专题会议，对专项行动中出现的问题进行研究、部署。充分发挥媒体优势作用，通过宣传册、标语横幅、QQ群、微信等媒介在全县范围内广泛开展专项行动措施宣传和情况通报，累计发放宣传手册7000余份，张贴《盐池县人民政府关于禁止猎捕野生动物通告》520余张，悬挂横幅50条。组织森林公安、林业行政执法人员分别在全县8个乡镇召开护林员专项行动推进会，确保专项行动底数清、措施明、效果好。专项行动开展后，盐池县公安局森林派出所民警联合林政执法人员跑遍全县8个乡镇102个行政村，对永久和临时占用林地项目进行逐乡镇、逐林场、逐项目、逐地块核查，先后查处各类林政案件12起，其中

2011年2月，盐池县林业部门组织林业工人对成年林木进行高位修枝

清理木材、野生动物非法交易场所 1 起，缴获野生兔子 152 只，放生 42 只；查处擅自改变林地用途案 8 起，毁林案 3 起，罚款 43 万余元，行政处罚 21 人。全年受理林业行政案件 23 起，查处 23 起，处罚违法人员 12 人，违法单位 8 个，行政罚款 29 万余元。依法做好征占用林地审批，全年审核申报永久性征占用林地 14 宗，审批临时征占用林地 64 起，收缴植被恢复费近 4200 万元；受理待审核申报永久性征占用林地 6 宗，待审批临时征占用林地 25 起。2018 年，盐池县环境保护和林业局、公安局等有关部门认真组织开展了"春雷 2018"专项打击行动，重点打击盗伐林木、滥伐林木、毁林开荒、非法移植树木、非法猎捕杀害野生动物等违法犯罪行为，行政立案共计 87 起，刑事立案 2 起，查处 87 起，结案 48 起，处罚违法人员 23 人，违法单位 25 个，行政罚款 1162.9 万余元。2019 年，针对天保工程、生态公益林补偿等项目，全面落实管护责任，扎实开展森林核查斑点整改，规范林地征占用审批，严厉打击涉林违法犯罪。2020 年，盐池县共计查处各类自然资源违法案件 151 件，收缴罚没款 493.4148 万元。开展动态巡查 262 次，接待和受理群众来信来访 94 件，均已全部办理完毕，信访办结率达到 100%。扎实开展农村乱占耕地建房问题摸排工作，国家下发盐池县疑似图斑 2550 个，自治区下发疑似图斑 21357 个，国家及自治区下发图斑外业核查均已完成，累计外业核查图斑 10410 个，全部摸排成果数据上报国家数据汇交平台。自治区违建办下发盐池县疑似违建别墅问题图斑 11 个，图斑总面积 642 亩。经核查认定不纳入清查整治范围图斑 8 个，不属于清查整治范围的 1 个，共上报违建别墅问题 2 个 9.05 亩（建筑面积 1782.7 平方米），均按要求整改完毕，逐级签字背书核销。核查自然资源部下发盐池县 2020 年前三季度卫片图斑 731 个，监测面积 12881.7 亩，立案查处违法用地图斑 57 个 451.48 亩，拆除违法图斑 3 个 6.22 亩。核查自然资源部下发盐池县 2020 年前三季度矿产卫片图斑 12 个；核查自然资源厅下发 2020 年度露天矿山疑似超层越界图斑 11 个，全部整改完毕。

第三节　环境检测监察

2006年7月，盐池县环境检测监理站正式成立，隶属盐池县环境保护与林业局，为副科级事业单位，主要负责县域辖区环境执法监察和环境检测管理。环境监察职责范围包括：受环境保护和林业局委托，依法对辖区内单位或个人执行环境保护法规情况进行监督检查，按规定进行处理；依法实施自然生态保护监察、农业生态环境监察；参与污染治理项目年度计划编制，负责该计划执行情况监督检查；参与环境污染事故、纠纷调查处理；负责对废水、废气、固体废物、噪声、放射性物质等超标排污进行依法管理，按规定征收排污管理费；负责排污费年度收支预、决算编制及统计报表编报会审；负责环境监察人员业务培训；承担主管部门和上级环境保护部门委托的其他业务开展。环境检测职责范围包括：对辖区内各种环境要素质量状况进行检测；对辖区内所有排放污染物单位进行定期或不定期检测；对辖区内污染事件进行环境监测，出具环境检测报告。

2009年11月，"盐池县环境保护与林业局"更名为"盐池县环境保护和林业局"。

2019年2月，根据县级事业单位改革方案，盐池县环境检测监理站隶属吴忠市生态环境局盐池分局，按照"编随事走、人随编走"原则，分别从盐池县自然资源局、农业农村局、水务局所属事业单位中划转4名事业编制到盐池县环境检测监理站，组建新的生态环境保护综合执法事业单位。

环境，是指影响人类生存和发展的各种天然的和经过人工改造的自然因素的总体，包括大气、水、海洋、土地、矿藏、森林、草原、湿地、野生生物、自然遗迹、人文遗迹、自然保护区、风景名胜区、城市和乡村等。国家采取有利于节约和循环利用资源、保护和改善环境、促进人与自然和谐的经济、技术政策和措施，使经济社会发展与环境保护相协调。环境是人类生存和发展的基本前提。

环境为人类生存和发展提供了必需资源和条件。随着社会经济的发展，环境问题已经作为一个不可回避的重要问题，提上了各国政府的议事日程。保护环境，减轻环境污染，遏制生态恶化趋势，成为政府社会管理的重要任务。保护环境是我国的一项基本国策，解决全国突出的环境问题，促进经济、社会与环境协调发展和实施可持续发展战略，是政府面临的重要而又艰巨的任务。

1989年12月26日，中华人民共和国第七届全国人民代表大会常务委员会第十一次会议审议通过首部《中华人民共和国环境保护法》，自公布之日起施行。2014年4月24日，中华人民共和国第十二届全国人民代表大会常务委员会第八次会议修订通过新的《中华人民共和国环境保护法》，自2015年1月1日起施行。1990年4月17日，宁夏回族自治区第六届人民代表大会常务委员会第十二次会议通过《宁夏回族自治区环境保护条例》。2016年5月27日，宁夏回族自治区第十一届人民代表大会常务委员会第二十四次会议《关于修改〈宁夏回族自治区公路路政管理条例〉等四件地方性法规的决定》对《宁夏回族自治区环境保护条例》作第二次修正。

2002年8月，根据自治区、吴忠市县乡机构改革方案，盐池县林业局组建为盐池县环境保护与林业局，环境保护成为林业部门的重要职能组成。

环境监察是一种具体、直接、"微观"的环境保护执法行为，是各级环境保护行政部门实施统一监督、强化执法的主要途径之一，是中国社会主义市场经济条件下实施环境监督管理的重要举措。环境监察突出"现场"和"处理"两个概念，即环境监察是在环境现场进行的执法活动，环境监察不是"环境管理"而是"日常、现场、监督、处理"。环境监察按时间不同可分为事前监察、事中监察和事后监察，按活动范围可分为一般监察与重点监察，按监察目的可分为守法监察与执法监察。环境监察的主要任务是在各级人民政府环境保护部门领导下依法对辖区内污染源排放污染物情况和对海洋及生态破坏事件实施现场监督检查并参与处理。环境监察受环境保护行政主管部门领导，在共辖区内进行。环境监察的

主要职责是：贯彻国家和地方环境保护有关法律、法规、政策和规章；依据环境保护主管部门委托，依法对辖区内单位或个人执行环境保护法规情况进行现场监督、检查，并按规定进行处理；负责污水、废气、固体废弃物、噪声、放射性物质等超标排污费和排污水费的征收工作；负责排污费财务管理和排污费年度收支预、决算编制及排污费财务、统计报表编报汇审；负责对海洋和生态破坏事件调查并参与处理；参与环境污染事故、纠纷调查处理；参与污染治理项目年度计划编制，并负责对该计划执行情况监督检查；负责环境监察人员的业务培训，总结交流环境监察工作经验；承担主管或上级环境保护部门委托的其他工作任务；自然生态保护监察；农业生态环境监察等。国家环保总局、国家发改委等六部门于2004年启动全国整治违法排污企业、保障群众健康环保专项行动，要求广大环境监察人员因地制宜，突出重点，抓住影响群众健康的环境污染现象，紧扣阻碍社会经济协调发展的环境问题，锁定环境违法企业和行为，严查严办，切实解决突出环境问题，保障群众身体健康；要求各级环境监察部门充分运用法律、经济、行政、教育手段，扎实深入开展整治违法企业专项行动；全面开通12369环保举报热线，公布举报电话，增强执法工作透明度，落实环境监察群众知情权、参与权。

2003年，盐池县环境保护与林业局积极组织开展环境影响评价和"三同时"（同时设计、同时施工、同时投产使用）制度检查，开始着手环境监察摸底工作，清查全县排污单位相对集中在五大行业、11个类别、980家，排污申

报率达到90%。摸清底数后，逐步开展进行执法监察，共计征收排污费7.606万元，监测费27.6593万元，罚没收入0.56万元；接待污染事故投诉23起，处理17起；企业建设环境影响登记5家。5月6日，盐池县城建等有关部门组织对县城22条街道保洁权进行公开拍卖，尝试城市保洁社会化服务机制，最终8名竞标者获得保洁权。6月上旬，组织开展了"六五"环境保护日宣传活动，发放宣传材料25000份，向社会和各企、事业单位及学校发放环保知识问答题1万份。积极创造条件，加强队伍建设，逐步开展环境监察、监测。

2004年，盐池县环境保护与林业部门配合吴忠市环保局收缴宁夏萌生水泥厂废弃放射源2枚，消除放射源隐患。组织开展城市餐饮娱乐业污水、垃圾处理情况监察。共征收排污费、监测费34万元，处理污染事故12起，结案10起，调解各类污染纠纷70余起，监测全县第三产业环境污染情况980家。组织开展"六五"环境保护日宣传活动发放宣传材料2万余份。

2006年7月，盐池县环境检测监理站正式成立。随之进行了机构组建、人员培训和相关环境监察、检测业务开展。

2007年，盐池县环境检测监理站逐步加强环保执法，严格控制污染源，加大对违法排污企业查处力度，巩固专项整治行动的成果。对辖区内重点建设项目落实"三同时"制度情况进行及时监管审查，加强对重点排污企业污染源治污设施运转情况进行依法监控，查处违法排污案件。建立环境治理长效机制，认真落实排污申报、排污许可证发放制度，核定企业排污量、治污收费

标准，规范收费程序和收费制度，共计征收排污费、监测费80万元。建立完善环境监察制度，畅通12369环保热线。强化工作人员素质，积极开展业务培训和岗位技术练兵。进一步建立完善各项工作制度，规范环境执法行为，以创建文明行业和文明窗口为载体，努力提高依法行政、文明执法水平，切实由"收费"型行业向"服务"型行业转变。

2008年，盐池县环保部门切实加强重点企业污染减排监控，对盐池县萌生水泥有限公司、宁夏全世达镁业有限公司、宁鲁石化有限公司、紫荆花药业等规模企业排污情况实行每月监察1次，其他中小型企业每季度监察1次。全年组织各类现场环境监察1637人（次），检查企业350家（次）；依法征收排污费97万元，完成任务的121%。

2012年，盐池县环境保护工作重点为：依法严格落实各项环境保护措施，有效维护环境安全；全面完成自治区人民政府与县人民政府签订《盐池县主要污染物总量减排年度目标责任书》中主要污染物总量减排任务。努力提高环境监测能力、突发性环境事件应急反应能力和环境监察执法能力；全力实施工业污染防治、水污染综合整治、农村环境保护、城市环境保护、环境能力建设五项工程；认真做好农村集中饮用水源地保护、环境监测、监察标准化建设；加大环保宣传力度，增强全民环保意识，积极组织开展"6·5"世界环境日宣传活动，发放环保购物袋5000个，环保宣传资料2000余份；由县人民政府分管领导作"绿色消费，你行动了吗"电视讲话，号召全民从我做起，从身边小事做起，树立绿色消费理念。进一步完善项目环保审批制度，

2008 年 4 月 2 日，盐池县组织开展油区整治，取缔小炼油罐

对新建、改扩建项目严把环评审批关；重点项目加强与区、市环保部门对接，确保符合产业政策项目顺利落户盐池；加强已批准建设项目实施中的环境监督管理，确保"三同时"制度得到执行，切实避免"先污染后治理、边污染边治理"现象发生。科学设定建设项目环保审批环节，切实解决审批过程低效率问题，建设项目环境影响报告书、报告表、登记表的审批时限由 60、30、15 个工作日缩短为 30、15、5 个工作日。加强上下沟通，明确审批责任。对需要市、自治区级审批的项目，主动与上级部门沟通配合，帮助企业办理环评审批手续，全年共审批建设项目 42 家，审批《环境影响报告书》5 家、《环境影响报告表》30 家、《环境影响评价登记表》7 家。争取环境监测、监察标准化建设项目设备资金 176 万元。

2013 年，盐池县环境保护部门认真落实国家环保政策，继续加大环境监测及执法力度，认真贯彻实施《环境影响评价法》，强化建设项目环境管理；严格执行突发环境事件应急预案备案制度，制定实施了《盐池县突发环境事件应急预案》。严把新改建项目和技改项目环评审批关，重点项目抓好与区、市环保部门对接，共计审批环保建设项目 40 家，其中审批《环境影响报告书》7 家、《环境影响报告表》26 家、《环境影响评价登记表》7 家；完成高沙窝工业区 100 平方千米规划环评；完成 54 家工业企业、78 家小型三产和 21 家建筑工地排污申报，共计征收排污费 300 万元。积极以开展百日安全大检查为载体的环保专项行动，强力推进涉油、涉危企业污染排查整治，完成 36 家涉油企业备案，督促 8 家危险废物产生单位和 7 家危险废物经营单位完成备案，对全县 11 家医疗机构废物储存设施、转运单位进行检查，对其产生的医疗废物全部移交自治区危险废物和医疗废物处置中心进行集中处理。环保日常监察工作方面，共计受理环境污染投诉 36 件，其中大气污染投诉 22 件、水污染投诉 3 件、噪声污染投诉 10 件，办结 35 件，正在办理 1 件，办结率 97.2%；办结上级部门批转环保信访案件 7 件。组织对城市环境进行综合整治，共整治三产环境污染问题 8 起。对辖区内其他污染源企业加大日常监察和不定期现场检查力度，保证各污染源治理设施正常运行，确保环境安全。利用 "6·5" 世界环境日、"6·17" 荒漠化防治日等重要节日，上街宣传发放资料，宣传生态建设成果和环保理念，引导和提升社区居民、学生环保意识。

2014 年，盐池县环保部门牵头编制完成了《国家重点生态功能区盐池县生态环境保护与建设规划》，报请县人民政府提交县人大常委会审议通过；配合完成《盐池县国家主体功能区建设试点示范方案》编制，提出划定生态旅游建设红线等相关建议；组织完成《盐池县环境保护行动计划》《大气污染防治行动计划》《落实宁东能源化工基地环境保护行动计划》和《2014 年度环保三项行动计划实施方案》等计划方案制订，加大环境执法力度。从源头上把握环境准入门槛，严格分级审批规定，逐步规范申请填报、现场核实和名录核准，共计核准审批建设项目 43 家，其中审批《环境影响报告书》6 家、《环境影响报告表》17 家、《环境影响评价登记表》20 家。组织制定了《盐池县高沙窝工业集中区准入条件（摘要）》，规范企业准入。完成 58 家企业排污申报。会同能源、公安等部门对全县涉油、涉危企业进行专项检查，取缔非法炼油点 3 处，同时召开环境整治工作推进会，制定标准化井场建设标准和验收标准，跟踪整改验收。按照自治区环保厅安排部署，集中 1 个月时间开展化学品污染摸排清查，上报相关排查数据，总结分析环保隐患问题。全年共计受理环境污染投诉 14 件，办理

12 件，办理上级部门批转环境信访件 2 件，办结率 85.7%。认真开展排污核定征收，全年共计征收排污费 300 万元。加强环境监察常效化能力建设，坚持定期与不定期监察结合、日常监察与突击检查结合，规范排污企业尤其是危废企业环境监管，开展环境安全隐患排查与整治；加大污染较严重行业治理设施运转情况检查，规范企业环境行为；规范建设项目分级审批管理，严格执行环保 "三同时" 制度；全面落实风险防范措施，严格执行突发环境事件应急预案备案制度。

2015 年，盐池县认真宣传贯彻新的《中华人民共和国环境保护法》（2014 年 4 月 24 日第十二届全国人民代表大会常务委员会第八次会议修订通过，自 2015 年 1 月 1 日起施行），切实按照《盐池县环境保护行动计划》《盐池县大气污染防治行动计划》《关于贯彻〈宁东能源化工基地环境保护行动计划〉的实施方案》措施要求，加强环境保护监察、治理力度；结合《国家主体功能区建设试点示范方案》，完善《国家重点生态功能区盐池县生态环境保护与建设规划》，分解落实各项任务，依托环境保护细胞工程，推进全县整体环境改善。依据《盐池县采油区环境综合整治方案》加大采油区环境综合整治力度，逐步规范油区厂井生产开发环境建设问题。严格把控环评分级审批和环保 "三同时" 制度，规范建设项目准入。加强区控及重点排污企业监测监管，完善环境应急防控制度。加强环境监察能力建设，提升监察执法队伍素质，建立健全环境监察监督机制。按照预防为主、综合治理、全面推进、重点突破原则，加大环保执法力度。以促进经济社会发展与生态环境保护相协调为根本，通

过工矿废弃环境治理，提升辖区矿区资源综合承载能力；加强矿区企业及尾矿治理、再利用；推进企业建设矿区封闭式储存库，建设矿区防尘、降尘设施。5月，根据自治区环保厅环保大检查工作方案，吴忠市成立环保大检查工作领导小组，抽调环境监察业务骨干组成3个执法组，对辖区排污企业进行逐一检查，成立5个督查组分赴各县（市、区）开展督查工作，共检查企业300家，拆除7家企业生产设施，查封14家塑料加工点生产设施，责令3家企业停产整治，责令3家企业停止环境违法行为并予以处罚，责令122家企业限期整改。盐池县按照区、市环保大检查方案要求，制定出台《盐池县环境保护大检查工作方案》，组织有关部门联合对辖区内企业进行环境污染排查检查，共排查企业170家，其中"一园五区"企业159家（县城园区56家，高沙窝园区56家，惠安堡园区16家，青山园区25家，冯记沟园区6家），园区外企业11家。联合县资源能源服务中心等部门开展排查辖区境内油井总计3400口，并召集各油井负责人召开安全生产暨环境保护专题会议，专题解读下发《环境保护法》和《行政主管部门移送适用行政拘留环境违法案件暂行办法》，督促问题油井加速整改。开展医疗废物集中收集处置检查，规范医疗废物收集、处置。开展非煤矿山整治及煤矿塌陷区生态修复检查，对青山功能区相关石膏企业及冯记沟、惠安堡辖区煤矿塌陷区生态恢复情况进行检查，对违反相关环境保护法规企业进行相应处理，其中限期整改企业18家（截至11月底整改完毕15家，正在整改企业3家）。保证12369热线24小时畅通，全年共接到环境投诉案件12

件，办结12件，办结率100%。

2016年，盐池县严格落实环境保护政策，不断加大环境监察执法力度，根据驻宁中央第八环境保护督察组及区、市环保部门有关文件要求，积极组织开展专项环境整治。一是开展环境保护大检查"回头看"。县委、县政府研究制定下发《盐池县环境保护大检查"回头看"工作实施方案》，明确职责任务分工，共计开展专项检查11批次，检查各类企业165家（包括危废使用储存单位18家、石膏加工企业23家），其中75家企业因市场等各种原因停产。发现问题企业4家，分别为宁夏宁远化工有限公司、宁夏盐池长源工贸有限公司、盐池县美雅裘皮有限公司、盐池县忠信畜产品有限公司，县环保部门及时跟进问题企业整改。排查整改中严格要求涉污企业按照"三同时"制度要求，确保环保设施与生产设施同时运行，对环保手续不健全企业下达整改通知书，限期完成整改。对涉及危废等存在环境风险企业开展全面排查，主要排查企业环境应急能力及应急演练情况。针对环保手续不全、未建设污染处理设施，特别是涉及危险废物排放企业加强监管力度，实行挂牌督办方式杜绝违法违规排放。针对无证小微企业协调市场管理部门进行有效对应整顿，对情节特别恶劣的，报请政府有关部门责令关停。二是开展重点行业环保专项执法检查。为着力解决损害群众健康和影响可持续发展突出环境问题，按照吴忠市环境保护局《关于印发吴忠市重点行业环境保护专项执法检查工作方案的通知》（吴环发〔2016〕185号）要求，盐池县组织有关部门开展重点行业环境保护专项执法检查。经排查，盐池县辖区共有水泥熟料制造业 2 家，城镇污水处理厂 1 家。其中宁夏明峰萌成建材有限公司于 2015 年 1 月至 2016 年 8 月处于停产状态，宁夏萌成水泥有限公司分别于 2013 年 11 月与 2014 年 8 月向盐池县环境保护和林业局递交停产申请。盐池县污水处理有限公司因出水水质不达标，于 2016 年 6 月提标改造。针对盐池县污水处理有限公司水质不达标问题，根据《中华人民共和国水污染防治法》第 74 条，对该企业处以 201.5974 万元罚款。三是开展油区环境综合整治。联合县国土、资源能源中心等部门对全县石油开发、探测企业开展拉网式排查，共计下达整改通知书 73 份，责令停产井场 22 个。组织对长庆油田第六采油厂、长庆油田第五采油厂、宁鲁石化有限公司等 18 家涉危险废物、危险化学品企业危废物暂存间使用管理情况进行检查，对危废标识不明确、暂存间设置不合理提出改进意见，责令限期整改。对华北采油厂盐池分公司和长庆油田长海石油项目部等环境应急预案不完善企业，责令限期整改。联合县资源能源服务中心对县内涉油企业进行停产整顿，要求各采油厂建设污水处理设施，确保各厂生产出水水质达标。鼓励企业引进成熟含油污水处理设施，集中解决企业含油污水处理难问题。四是开展大气污染防治专项检查。根据《关于印发吴忠市大气污染防治专项执法检查工作方案的通知》（吴环发〔2016〕309 号）要求，组织开展大气污染防治专项执法检查，共计执行技法检查 256 余人次，检查企业 68 家，其中石化化工行业 5 家、水泥制造行业 2 家、医药制造行业 2 家、其他涉气企业 47 家、城市建成区燃煤锅炉 11 家、集中供热公司 1 家；发现问题企业 7 家，其中“未验

先投”企业 5 家、“批建不符”企业 2 家。对于问题企业，采取责令停止建设或生产、限期整改、依法予以处罚等方式进行处理。组织开展工业企业大排查，出台《盐池县大气污染防治方案》，严格按照区、市环保部门《2016 年度全区大气污染防治重点工作安排》具体要求，组织对辖区内企业进行大气环境污染排查和整治，重点检查企业建设项目环评与“三同时”制度执行情况，企业燃煤设施脱硫、脱硝、除尘装置运行情况，污染物达标排放情况，企业大气污染物自动监控设施运行情况，燃煤锅炉改造、拆除情况，煤场、料场、渣场防尘措施落实情况。对未执行环境影响评价、环保审批手续不健全企业，督促其依照法定程序及时进行补办。对 11 家涉及燃煤小锅炉单位和个人进行逐一登记，建立管理台账。针对青山石膏园区粉尘污染情况，县环保部门组织进行专项排查，对污染防治设施建设运行不规范企业责令要求停产整治，对违法排污企业进行立案查处，对影响周边居民生活企业责令搬迁；对未批先建企业要求进行现状评价，完善污染防治设施，做到达标排放；对污染严重又拒不整改企业，报请政府责令关停。加强大气污染防治工作监督检查力度，特别强化夜间、双休日、节假日期间突击检查。充分发挥空气质量自动监测站作用，会同气象部门及时了解和掌握大气环境质量变化情况，为县委、县政府实施建设、生产工作提供科学决策依据。五是扎实开展自然保护区环保专项检查。根据自治区环保厅《关于依法查处国家级自然保护区人类活动情况的通知》（宁环办发〔2016〕66 号）和《关于加强自然保护区环境监管工作的通知》（宁环监发〔2016〕

96 号）要求，盐池县委、县政府制定印发《关于开展宁夏哈巴湖国家级自然保护区环境保护专项检查的实施方案》，组织宁夏哈巴湖国家级自然保护区管理局、国土资源局、农牧局、各乡镇等部门联合执法检查。根据自治区环保厅《关于依法查处国家级自然保护区人类活动情况的通知》要求，通过遥感监测自然保护区人类活动情况核查，明确宁巴湖国家级自然保护区内共有人类活动情况 22 处，根据实地核实分为三个类型：保护区内采石场 9 处（7 处分布于实验区，2 处分布于实验区、缓冲区），其中已完成生态恢复 3 处、限期完成生态恢复 6 处；保护区内工矿用地 9 处（7 处分布于核心区，1 处分布于缓冲区，1 处分布于实验区），其中已完成生态恢复 8 处，限期完成生态恢复 1 处；保护区内其他人工设施 4 处（1 处分布于核心区、缓冲区，3 处分布于实验区），全部限期完成生态恢复。按照检查发现问题，由哈巴湖国家级自然保护区管理局协同有关乡镇、部门分类整治，完成 72 处违建整改及人类活动整改，剩余 9 处违建厂矿经县人民政府第 48 次常务会议研究依法取缔。自然保护区实验区内 3 家公司经营的 6 处砖厂无环境影响评价手续，无配套污染防治设施，于 2016 年 8 月下达责令改正违法行为决定书。六是开展环境风险大排查。组织对宁鲁石化等 11 家重点危化企业进行定期排查，杜绝危险化学品泄漏事故发生，对长庆第三采油厂等 10 家危险废物产生单位和宁夏大地环保有限公司等 2 家危险废物经营单位进行重点检查，落实《危险废物转移联单》制度，加强对紫荆花药业等 7 家重点排污单位环保监管，及时掌握重点排污企业在线监控设施运行情

况，确保达标排放。着重对青山、冯记沟片区石膏、砂石料等加工企业开展专项检查，对环保不达标、不具备安全生产条件的 21 家石膏开采加工企业责令停产整顿。对全县 11 家医疗机构医疗废物储存设施、转运单位、处置单位进行专项检查，严格执行医疗废弃物转移联单制度，确保医疗废弃物收集、处置规范有序。组织开展施工扬尘及餐饮油烟污染专项整治，对县域餐饮油烟污染排放情况，要求环境监察人员按照法定程序在规定期限内进行查处、整治、办理回复，先后对 12 家建筑工地和 18 家餐饮企业进行了整治。对于不属于环保部门职责范围的一般性油烟扰民等问题，接到投诉后立即向相关部门交接转办。针对日常监管频次较低、群众反复投诉、历次环保专项行动中存在问题但尚未整改企业进行逐一排查，建立相应档案。督促施工工地规范施工车辆、料场管理，定期洒水抑尘；坚持不懈地开展环境保护宣传教育，使"保护环境人人有责、美化环境人人受益"理念深入人心。七是严格项目准入，规范排污费征收管理。设定《盐池县工业园区环境准入条件》，严控化工、冶炼等"两高"行业项目建设，控制污染物排放总量，落实"以新代老"政策；对于新建项目自开工时起开展不定期现场监察，督促企业落实环境影响评价文件、环评批复要求和"三同时"制度，入园企业"三同时"执行率达到 100%。已审批建设项目 54 个，其中《环境报告书》项目 17 个、《环境报告表》项目 37 个、《备案登记表》项目 45 个。完成企业排污申报 45 家，征收排污费 659.3 万元（其中追缴排污费 334.5 万元）。八是认真查办中央第八环境保护督察组转办件。盐池县共计

接到驻宁中央第八环境保护督察组转办事项 23 件，县委、县政府及有关部门按照"即接即查即办"原则要求，认真开展查处整改。已办结销号 19 件，正在办理 4 件；针对查实环境违法违规问题，拘留 2 人、问责 2 人、约谈 6 人，取缔非法涉油厂（点）3 处，责令限期搬迁企业 1 家，立案查处 10 家，收缴罚款 250.1 万元。

2017 年，盐池县委、县政府及环保和有关部门扎实做好中央第八环保督察组反馈意见整改落实。2016 年，盐池县共接到中央第八环保督察组反馈意见转办件 23 件，已整改完成 22 件，正在落实整改 1 件，即长庆油田采油三厂牛毛井环境污染问题，按照"池外植被恢复、池内污染阻隔"思路完成污染阻隔，正在对阻隔后场地进行覆土和植被恢复。并按照中央第八督察组反馈宁夏意见问题中涉及盐池县的 7 个问题（其中共性问题 3 个、个性问题 4 个）进行逐一销号整改，共性问题已基本完成整改，个性问题完成整改 1 个，正在整改 3 个。整改工作中，盐池县、政府制定了《盐池县贯彻落实中央第八环境保护督察组督察反馈意见整改落实方案》《盐池县领导同志包抓重点环保问题工作方案》，细化工作措施，确保整改落实到位。在扎实做好中央第八环保督察组反馈意见整改落实的同时，进一步加强全县环境治理力度。重点加强采油区环境综合治理，将采油区生态环境治理工作纳入环境保护"十三五"规划，分区块对采油区油井进行综合整治；建成高沙窝工业园区及高沙窝工业集中区工业污水集中处理厂，督促入园企业完善各项环保基础设施；严格分级审批规定，规范申请填报、现场核实和名录核准，审批建设项目环

准入 32 家；进一步加大环境保护执法力度，实行环境监察网格化、分类化、留痕化监管，定期与不定期监察结合。认真贯彻落实自治区第十二次党代会精神，铁腕治理县域境内突出环境问题。由政府主要领导亲自挂帅，公安、国土、环林、住建等 12 个部门牵头，联合开展铁腕治污百日专项整治行动。完成县城生活污水处理厂提标改造，改建县城工业园区污水处理厂，出水水质达到 1 级 A 标准；整治建设城北排水沟及人工湿地项目；建成高沙窝工业园区污水处理厂。认真贯彻落实《环境保护法》及"四个配套办法"（分别为《环境保护主管部门实施按日连续处罚办法》《环境保护主管部门实施查封、扣押办法》《环境保护主管部门限制生产、停产整治办法》及《企业事业单位环境信息公开办法》，"四个配套办法"与新修订的《环境保护法》一起于 2015 年 1 月 1 日起实施），通过执法大练兵交叉执法，及时查处环境违法行为，先后约谈相关部门、企业责任人 57 人次，出动监察人员千余人次，检查企业 300 余家次，下发责令整改通知书 98 份，立案查处环境违法 55 件，下发处罚决定书 50 份（其中查封扣押案件 3 件，移送公安机关 3 件），较 2016 年增长 205%；行政处罚 336.6 万元，较 2016 年增长 423%；依法征收排污费 830 余万元；受理"12369"环保投诉事项 47 件，办结率 100%。县政府成立非煤矿山环境整治领导小组，制定整治方案，按照最严格环保要求开展非煤矿山、砂石料场、黏土砖厂专项整治，针对青山工业园区 39 家石膏矿开采加工企业存在环境污染问题，责令停产 27 家，并依法对李利石膏厂进行查处，拘留 2 人；巡查建筑用砂、砖

瓦用黏土矿产资源采坑 27 处。开展城市大气污染综合整治，其中城市道路机扫率达到 83.12%；制定发布《关于禁止在城市建成区内违法焚烧垃圾的通告》，全天候不间断巡查监管，全方位杜绝垃圾、落叶焚烧现象；完成 153 家餐饮服务业油烟净化设备安装；整治县城建筑工地 10 处，建成区内 12 处、30 万平方米裸露地面全部通过遮盖、设置挡板等方式整治到位；自治区下达 19 项大气污染防治项目全部实施完成，通过验收。

2018 年，盐池县全面贯彻落实全国、自治区生态环保大会精神，深入实施蓝天、碧水、净土三大行动，"铁腕"治理县域突出环境问题，坚决打好打赢污染防治攻坚战。2008 年，自治区下达盐池县环境保护重点任务 62 项、重点项目 55 个，盐池县委、县政府详细制定《盐池县 2018 年环境保护任务清单》，与相关部门签订《目标责任书》，切实推进工作落实，各项重点任务及项目全部按时完成。剔除沙尘天气影响，全年空气质量优良率 96.7%，同比提高 12 个百分点；可吸入颗粒物（PM10）平均浓度 61 微克 / 立方米，细颗粒物（PM2.5）平均浓度 33 微克 / 立方米，同比改善 23.8% 和 29.8%。骆驼井、刘家沟饮用水源地水质达标率保持 100%，各项环境指标全部控制在自治区下达任务指标以内。中央第八环境保护督察组反馈盐池县整改意见 6 项、转办群众投诉问题 23 件，全部于 2017 年底按照销号程序完成整改，并通过吴忠市环保督察整改工作领导小组核查验收。6 月，中央环保督察"回头看"期间转办盐池县环保问题 38 件、群众投诉问题 46 个，县委、县政府研究制定了《盐池县迎接中央第二环境保护督察组来宁开展"回头看"工作方案》《关于深入落实中央第二环境保护督察组"回头看"转办件办理工作的通知》，拉条挂账，扎实整改。经过县级自验，已有 30 件、38 个问题完成整改，剩余 8 件、8 个问题按照整改时序稳步推进。反馈 8 项整改意见中，涉及县（市、区）共性整改任务 7 项、个性整改任务 1 项，盐池县全部有序推进整改。切实做好哈巴湖自然保护区清理整治，制定实施《"绿盾 2018"哈巴湖自然保护区清理整治专项行动实施方案》，"绿盾 2018"152 处点位全部按时整改完成，"绿盾 2017"167 处点位未出现反弹。中央环保督察"回头看"反馈利源驾校、佟记圈猪场等点位全部高标准清理整治完毕。全力推进全国第二次污染源普查，制定《盐池县第二次全国污染源普查实施方案》，全面完成污染源普查清查工作，确定污染源 389 个；完成污染源入户普查工作并进行信息审核上报；完成土壤污染重点行业企业空间位置遥感核查和农用地土壤污染详查点位核查。不断加大环境保护执法力度，严格贯彻落实《环境保护法》及"四个配套办法"，认真贯彻执行《最高人民法院、最高人民检察院关于办理环境污染刑事案件适用法律若干问题的解释》和《环境保护行政执法与刑事司法衔接工作办法》，对违法行为坚持零容忍、重打击，发现一起，坚决查处一起，彻底整改一起。对个别复杂案件及时与公检法部门对接，提前介入，共计出动监察执法千余人次，检查企业 300 余家（次），办理"12369"环保投诉事项 92 件，立案查处环境违法 58 件（其中移送公安机关 2 件，查封扣押案件 5 件），行政处罚 290.31 万元；林业环保行政罚没收入共计 1453.21 万元；依法征收植被恢复费共计 11267.4926 万元（其中县财政 1324.7006 万元，自治区财政 9942.7920 万元）。12 月 6 日，盐池县召开全县生态环境保护大会，深入学习贯彻习近平生态文明思想及中央、区市生态环境保护大会精神，会议印发了《盐池县 2018—2019 年冬春季大气污染综合治理攻坚行动方案》等 3 个环境保护实施方案，持续推进冬春季大气污染防治工作，打赢蓝天保卫战。

2019 年，盐池县坚持生态立区战略，以环境综合整治为重点，建立健全生态环境保护长效机制，巩固环境治理成果，基本消除重污染天气和严重污染水体，境内环境安全进一步得到改善和优化。制定《盐池县贯彻落实中央第二环境保护督察组督察反馈意见整改落实方案》，高标准完成中央环保督察"回头看"转办问题及反馈意见整改落实。按照区、市环保部门安排部署，制定《盐池县 2019 年环境保护任务清单》，采取月调度等方式，定期通报重点任务和项目进展情况，努力推进年度环境保护重点任务和重点项目高质量完成；做好哈巴湖国家级自然保护区环境集中整治，确保"绿盾 2017" 167 处、"绿盾 2018" 152 处人类活动点位清理整治到位，不出现反弹；加快保护区社区共建、共管能力建设，坚决杜绝保护区内出现任何新增违法违规点位。按照区、市环保部门安排部署，协调做好全国第二次污染源普查；抓紧抓实 2019 年环境保护重点项目建设，投资 2000 万元实施泾河盐池段十字河应急截污工程，在十字河宁夏和甘肃交界处建拦污坝 3 座，有效预防县境内油井污水泄漏引起十字河流域跨界污染问题。

2020 年，盐池县自然资源局坚持节约集约利用土地，依法管好用好自然资源，严守耕地保护红线，深入推进城镇低效用地再开发，盘活存量建设用地，提高土地利用率。建立联合执法机制，进一步加大自然资源执法巡查力度，加大矿产资源综合整治，严格落实矿山环境治理恢复和土地复垦责任。扎实开展农村乱占耕地建房问题摸排，完成国家及自治区下发图斑核查（国家下发盐池县疑似图斑 2550 个，自治区下发疑似图斑 21357 个），累计外业核查图斑 10410 个，并于 10 月 25 日将摸排成果数据提交市级审核后，上报国家数据汇交平台。核查自治区违建办下发盐池县疑似违建别墅问题图斑 11 个、642 亩，经核查认定，不纳入清查整治范围图斑 8 个，不属于清查整治范围 1 个，上报违建别墅问题 2 个 9.05 亩（建筑面积 1782.7 平方米），均已完成整改，并逐级签字背书进行核销。常态化疫情防控方面，建立并实施野生动物监管"533"工作法和矿山企业疫情防控"三督一批"管理机制，被自治区主管部门予以肯定并在全区推广。完成野生动物人工繁育处置及补偿，共处置人工繁育场所 4 家，无害化处理蒙古兔 9935 只（幼兔 579 只，成年兔 9356 只），成年兔补偿标准 190 元 / 只，补偿资金合计 177.76 万元。建立规划、土地、矿产审批电话咨询、网上申报、双向快递等"行政审批快速通道"，全力提升社会治理能力水平。全年开展动态执法巡查 262 次，受理群众来信来访 94 件（次），全部办理完毕，信访办结率 100%；共计查处各类自然资源违法案件 151 件，收缴罚没款 493.4148 万元。

第四节　环保减排

减排，广义上是指节约物质资源和能量资源，减少废弃物和环境有害物排放，狭义上是指节约能源和减少环境有害物排放。减排的具体定义指能减少资源投入和单位产出排放量的技术变革和替代方式。2005年10月8日召开的党的十六届五中全会在《中共中央关于制定国民经济和社会发展第十一个五年规划的建议》中首次提出建设资源节约、环境友好型社会目标。2006年3月16日发布的《中华人民共和国国民经济和社会发展第十一个五年规划纲要》提出了单位国内生产总值能源消耗降低20%左右的节约能源约束性指标和主要污染物排放总量减少10%的环境保护约束性指标。2007年5月，国务院发布的《节能减排综合性工作方案》提出要在"十一五"期间，主要污染物排放总量减少10%，到2010年二氧化硫排放量由2005年的2549万吨减少到2295万吨，化学需氧量由1414万吨减少到1273万吨；全国设市城市污水处理率不低于70%，工业固体废物综合利用率达到60%以上。

2014年3月21日，中共中央政治局常委、国务院总理李克强主持召开节能减排及应对气候变化工作会议上强调指出：必须用硬措施完成节能减排硬任务。要强化责任，把燃煤锅炉改造、淘汰黄标车、电厂脱硫脱硝除尘等任务指标分解到各地区，对完不成任务的，要加大问责力度。严格执法，对非法偷排、超标排放、逃避监测等"伤天害人"行为和监管失职渎职重拳打击，对相关企业、单位和责任人严惩不贷。

2014年9月29日，自治区十一届人大常委会第十二次会议审议通过了《宁夏回族自治区污染物排放管理条例》（以下简称《条例》），共七章38条，自2015年1月1日起实施。《条例》对重点污染物排放总量控制制度做了进一步具体细化，明确管控措施，规定自治区和市、县人民政府对污染物排放总量控制指标的分解落实责任，不得超过国家和自治区下达的排放总量控制指标。根据《条例》规定，全区将实行重点污染物总量预算管理制度、排污权有偿使用和交易制度以及水污染物、大气污染物排放许可制度。而排污权有偿使用和交易制度的核心，是将全民共同拥有的环境作为资源进行管理，将原来排污单位无偿获取排污权改为有偿使用，排污单位可以将有偿取得的排污权作为无形资产在市场进行交易。《条例》突出政府主导作用和排污企业责任主体地位，如明确对政府在资金投放、总量控制指标分解落实、排污交易管理、许可制度，制定减少污染物排放措施等方面做了具体规定，明确了排污单位减排责任和防止污染措施等。与此同时，《条例》还对污染物排放标准执行、污染物排放监督检查及隐患查处、重点排污单位信息公开等作了规定，对涂改、伪造排污许可证或以出租、出借、出卖等方式擅自转让排污许可证等行为设置了严厉的处罚责任，体现出《条例》强化监督和责任保障的特点。

在国家"十三五"环保节能减排规划中，下达宁夏控制温室气体排放考核目标为，碳排放强度较2015年下降17%，2017年至2019年连续3年宁夏均未完成时序目标任务。2018年，宁夏煤炭占能源消费总量的94.2%，能源结构以煤为主的特征没有改变。人均二氧化碳排放量24.3吨，是全国人均水平6.7吨的3.6倍。从宁夏实际看，产业结构、经济结构、能源结构都没有摆脱倚煤倚能的局面，控制碳排放任务十分繁重。

2003年，盐池县认真落实环境保护目标责任，全面提高污染防治能力，加速全县环保事业发展。建立健全适应新形势要求的环境保护工作目标责任制，加快城市污染源治理；以县城和中心城镇环境改善为核心，重点抓好工业污染防治，加强排污量核定、征收标准执行；促进工业企业污染物稳定达标和逐步实现污染物达标排放；坚持污染物排放总量控制定期考核和公布制度，推行污染物排放许可证制度和排污总量收费制度，实行排污申报登记动态管理，最大限度把工业排污、城市垃圾引发的环境问题限制在最低程度。切实加强环保减排宣传，鼓励机关干部节约用纸、城乡居民环保生活，树立健康、环保、生态、绿色的生活理念。积极组织开展环境影响

评价和"三同时"制度检查，清查全县排污单位相对集中在五大行业、11个类别、980家，排污申报率达到90%。全年共计征收排污费7.606万元，监测费27.6593万元，罚没收入0.56万元；接待污染事故投诉23起，处理17起。

2004年，盐池县进一步加快城乡污染源治理，加大环保减排力度。积极开展环境影响评价和"三同时"制度检查，认真查处环境污染纠纷事故。组织开展"清理整顿不法排污企业，保障群众健康环保行动"和"清理放射源，让百姓放心"专项行动，集中整治一批群众反映强烈的烟尘和噪声污染问题，处理污染事故22起。全面清查"十五小"企业，依法关闭惠安堡镇居民区石灰粉厂1家，取缔地条钢厂3处，取缔居民区垃圾场1处，对"萌生水泥厂"周边碎石企业污染提出整改方案。主要交通干线噪声、区域环境噪声达到功能区标准，噪声达标区覆盖率70%以上。全县污染物排放总量控制计划基本实现。二氧化硫排放量控制在80吨以内，工业粉尘排放量控制在390吨以内，烟尘排放量控制在170吨以内，工业固体废物排放量控制在200吨以内；工业固体废物综合利用率85%以上。环境信访、投诉，人大建议、政协提案处理率均达到100%，环境违法和纠纷处理率均达到95%以上；公众对城市环境基本满意率达到80%以上。新建、扩建、改建项目"三同时"制度执行率达到100%，新建、扩建、改建项目竣工3个月内验收率100%；城市规划区域中设置餐饮集中区，按排污总量征收排污费覆盖面达到95%以上。编制生态城市建设规划和实施纲要，全面启动生态城市建设。不断加强环保队伍建设，完善

环境管理工作机制。深入开展行风建设，扩大环保政务公开，积极推进机关效能建设，进一步健全分级属地环保管理体制，完成事业单位机构改革。创建盐池县第三中学为县级绿色学校、惠安堡中学为乡级绿色学校，重点开展校园绿化和环保意识宣传教育。全年共计征收排污费、监测费34万元，处理污染事故12起，结案10起，调解各类污染纠纷70余起。

2006年7月，盐池县环境检测监理站正式成立。随之进行了机构组建、人员培训和相关环境监察、减排业务开展。

2007年，盐池县环境保护部门认真落实有关排污申报、排污许可证发放制度，规范收费程序和收费制度，全年共计征收排污费、监测费80万元。

2008年，盐池县完成自治区环保局下达二氧化硫减排任务450吨。加强重点企业污染减排监控监管，全年征收排污费97万元，完成任务的121%。

2012年，盐池县委、县政府专门成立县级主要污染物减排工作领导小组和办公室，采取有效手段，落实减排任务。对宁鲁石化有限公司污水处理、盐池县城市污水处理厂减排、宁夏明峰水泥有限公司、宁夏萌城水泥有限公司等规模企业排污情况实行每月定期监察与日常监管相结合措施；集中对城区范围内群众反映强烈、严重影响广大人民群众工作和生活环境的噪声、粉尘、烟尘、恶臭气体、油烟污染等环境污染加强监察整治，共整治三产环境污染问题12起。深入开展重点行业重金属污染整治。在2011年开展重金属排放企业排查整治基础上，对已确定涉重金属企业督促其开展清洁生产审核，公开环保

不达标企业污染物排放和环境管理情况。进一步严格环境保护"三同时"验收，开展环境风险排查。对辖区内其他污染源企业加大日常监察和不定期现场检查力度，保证各污染源治理设施正常运行。认真处理环境信访案件，全年共受理环境污染投诉14件，办理上级部门批转环境信访案件2件，均进行及时、妥善处理，办结率100%。按照《排污费征收使用管理条例》和自治区《排污费征收使用管理办法》规定，严格执行排污费"收支两条线"制度，全年共征收排污费245万元，完成任务的326%。

2013年，盐池县在加强主要污染物减排方面，突出重点企业项目监察监管，对列入《盐池县主要污染物总量减排年度目标责任书》中宁夏萌成水泥有限公司1000吨/日新型干法密低氨燃烧改造工程、宁夏明峰萌城建材有限公司2#线4500吨/日新型干法密低氮燃烧改造＋脱硫设施建设工程、盐池县污水处理厂1.5万吨/日污水治理项目、淘汰300吨/日生产线工程等进行全程跟踪监督，确保全面完成自治区下达盐池县主要污染物减排任务。具体实施主要污染物总量减排任务过程中，县委、县政府高度重视，把减排工作作为全年环保工作主线，认真组织，扎实推进。成立了主要污染物减排工作领导小组和办公室，落实人员，明确职责，加大督促检查力度。进一步加强宣传力度，营造舆论氛围，调动全县各级各部门、社会各界参与环境保护和污染减排的积极性和主动性；制定切实有效措施，严查违法排污行为，促使相关企业提高达标排放率，减少主要污染物排放。对列入减排计划项目实行每月定期监察与日常监察结合，确保减排治理项目

工程顺利实施。2013 年，国家下达宁夏化学需氧量、氨氮、二氧化硫、氮氧化物减排目标分别是削减 0.4%、1%、2%、0.6%，宁夏实际完成各项减排指标为：化学需氧量排放量为 22.19 万吨，氨氮排放量为 1.70 万吨，二氧化硫排放量为 38.97 万吨，氮氧化物排放量为 43.74 万吨，分别削减 2.66%、2.34%、4.16% 和 3.96%，4 项主要污染物均实现大幅下降，较好完成了年度总量控制目标任务。尤其是化学需氧量排放量，比 2010 年削减 7.76%，完成 "十二五" 目标任务的 129%，2013 年全区氨氮排放量比 2010 年削减 6.57%，完成 "十二五" 目标任务的 82.13%。

2014 年，盐池县减排限排工作主要是加强项目监管，对列入《盐池县主要污染物总量减排年度目标责任书》中涉及污水处理厂中水回用项目、供热公司脱硫项目加强每月 1 次定期监察与日常监管。进一步规范建设项目分级审批管理，严格执行环保 "三同时" 制度。全面落实风险防范措施，严格执行突发环境事件应急预案备案制度。制定《盐池县工业企业排污 "拉网式" 排查工作方案》，组织开展排污企业、油井 "拉网式" 排查，共计排查企业 185 家，油井 2274 口，同时对相关企业、油井存在环境污染隐患问题进行分析，"一企一策" 地提出针对性整治方案。协管国控企业在线监测，对境内 2 家国控企业在线监测系统进行定期、不定期监察，督促上报数据，维护监测系统。在环保监察管理中，及时科普环保常识知识，开展多形式环保减排舆论宣传；大力开展生态乡镇、生态村、环境友好社区、环境友好企业创建活动；充分利用 "6·5" 世界环境日、"6·17" 世界荒漠化防治日等重要节日

节点，引导和提升居民、学生环保意识，号召全社会共同关心支持环保减排，自觉加入保护环境行列。2014 年 7 月，自治区环保厅、发展改革委等 7 部门联合下发《2014 年宁夏整治违法排污企业保障群众健康环保专项行动工作方案》（以下简称《方案》），明确全年环保专项行动重点任务。针对《方案》要求，盐池县相关部门积极对照任务指标，严查不正常使用或擅自闲置大气污染物处理设施、超标排放等违法问题；进一步加大重点流域重污染行业水污染专项整治惩处力度。8 月 4 日—7 日，自治区环保厅组织开展了全区主要污染物总量减排监测体系建设等重点工作督查。

2015 年 1 月，自治区政府督查室对 5 个地级市政府落实 "三项环保行动计划"（《环境保护行动计划（2014—2017 年）》《大气污染防治行动计划》《宁东能源化工基地环境保护行动计划》）情况进行了全面督查，自治区人大常委会对 5 市 15 个县（市、区）54 个项目点进行集中视察，并组织中央驻宁和自治区主流媒体对部分项目点进行暗访曝光。根据督查共性问题情况反映，盐池县对照 "三项环保行动计划" 具体要求，以改善环境质量为目标，全面落实自治区下达各项减排任务。进一步规范环境准入管理，创新环境保护体制机制，提升环境安全风险防范能力，推进农村环境综合整治，努力提升污染防治精细化水平，着力解决影响经济社会发展和损害群众健康突出环境问题。按照《排污费征收使用管理条例》和自治区《排污费征收使用管理办法》规定，完成 58 家企业排污申报，共计征收排污费 280 万元。

2016 年，盐池县环境减排工作方面，持续强化城乡水污染治理。制定出台《水污染防治工

作实施方案》，采用"PPP 模式"（PPP 模式是在公共基础设施领域政府和社会资本合作的一种项目运作模式，PPP 模式以市场竞争方式提供服务，主要集中在纯公共领域、准公共领域；在项目运作模式下鼓励私营企业、民营资本与政府合作，参与公共基础设施建设）对盐池县污水处理厂进行提标改造，建设大水坑镇污水处理厂。启动实施城北排水沟综合整治暨人工湿地建设项目。将盐池县工业园区、高沙窝工业集中区工业污水处理厂建设项目纳入环境保护"十三五"规划项目库中；对宁鲁石化改扩建工程配套实施"以新带老"工程，对原有污水处理设施进行改造提升，有效削减化学需氧量、氨氮等主要污染物排放，实现增产减污目标。扎实开展大气污染防治工作，实施集中供热工程建设，县城新区新建热源站 1 处，新增供热面积 25 万平方米；实施供热东站迁建项目，配套建设除尘、脱硫等污染防治设施；对供热西站 1 台 130 蒸吨供热锅炉进行除尘、脱硫改造。开展挥发性有机物治理和清洁生产审核；辖区内中石化加油站全部完成油气回收治理改造；并对宁鲁石化、金裕海相关减排项目进行审核，编制完成挥发性有机物治理方案，有序推进清洁生产审核。建成盐池县首个环境空气质量自动监测站，为辖区大气污染防治提供有力技术支撑。

2017 年，盐池县不断推进环境保护监察治理，主要污染物减排目标任务全面完成，环境质量不断改善，群众环境权益得到切实维护。持续加强矿区企业尾矿治理、再利用力度，责成相关企业建设封闭式储存库、防尘降尘设施及企业内部大气、污水处理设施，落实企业环境保护主体责任。完成城北排水沟暨人工湿地综合整治项目

建设，进一步加强工业污水、城镇生活污水治理，推动污水治理可循环回用。组织开展三大污染专项检查整治：治理大气污染方面，全县淘汰燃煤锅炉 16 台（其中供热公司 3 台，大水坑镇 13 台），启动实施宁夏明峰萌城水泥超低排放改造和神华宁煤金凤煤矿 3 台 20 蒸吨／小时燃煤锅炉脱硫、除尘改造。开展挥发性有机物治理方面，全县 37 家加油站完成治理 31 家，正在落实治理其他社会加油站 6 家；全县 17 家建筑工地全部采取封闭式围挡措施，施工道路全部硬化，施工土方采取覆盖、洒水等措施防止扬尘污染；淘汰黄标车、老旧车 4042 辆，完成目标任务的 81.7%。水污染治理方面，完成县城污水处理厂提标改造，达到 1 级 A 排放标准；依托盐池县污水处理厂建成县城功能区污水处理厂；完成高沙窝工业集中区及高沙窝功能区污水处理厂可行性方案编制；加快城北排水沟及人工湿地综合整治项目建设。按照环境监察标准化建设要求，配齐环境监察取证和办公设备，完善环境执法手段，建立更趋完善的环境管理、执法和监测体系，全面提高环保工作人员业务素质和履职能力。认真执行排污收费工作程序，完成 52 家企业排污申报，全年共计征收排污费 176.5 万元；严格落实"双随机"监察办法，通过限期治理、挂牌督办、约谈警示等措施，督促企业主动配合治理污染，确保达标排放。

2018 年，盐池县委、县政府在切实落实中央环保督察组反馈意见和完成自治区环保重点任务指标同时，按照区、市关于环境保护工作重要部署，制定出台《盐池县关于全面加强生态环境保护　坚决打好污染防治攻坚战实施方案》《打赢蓝天保卫战三年行动计划（2018—2020）》等

方案措施，成立打赢蓝天保卫战工作领导小组，积极推进环境污染防治攻坚。组织对高沙窝工业园区27家涉煤企业进行集中整治，责令其中16家企业建设封闭式料棚，使物料入棚入仓封闭存储，剩余11家涉煤企业责令长期停电停产；青山工矿区39家石膏开采加工企业已有36家完成整治，通过环保验收；建成区20蒸吨以下燃煤锅炉实现"清零"，完成工业园区县城区块天然气管网铺设；整治县城及周边"散乱污"企业17家，实现"散乱污"动态清零；高标准建成清洁煤配送中心，投入运行；全县566家餐饮服务场所全部安装油烟净化设备，55家烧烤店全部进入室内经营；城市道路机扫率达到83.12%，境内所有建筑工地全部落实"6个100%"扬尘污染防控措施，并严格落实冬春季停工要求；制定农业源污染专项整治方案，建立乡镇自查、部门巡查、政府督查的秸秆禁烧工作机制，加强秸秆转化利用，秸秆综合利用率达90%以上。坚决打好碧水保卫战，制定出台《河长制工作方案》，建立县、乡、村三级河长体系，县委、县政府主要领导分别担任总河长、副总河长，确定乡级河长53名、村级河长48名；开展水源地环保专项整治和标准化建设，全面拆除违章设施，水质达标率稳定在100%；县城污水处理厂达到一级A标准，实现稳定达标排放；工业园区高沙窝区块污水处理厂通过环保验收，实现污染源在线监测；制定《畜禽粪便堆肥池建设要求》和《畜禽养殖污水沉淀池建设要求》，全面推行"干清粪＋堆肥池＋沉淀池"减排模式，完成96家畜禽养殖场（点）污染防治设施建设，最大限度减轻对周围环境影响；淘汰黄标车及老旧车1403辆，完成

目标任务的100%。坚决打好净土保卫战，持续加强油区综合整治，全面推行油区及私人油井标准化井场建设，规范含油污水排放、落地油收集处理、危险废物处置等监管；对全县14家危废产生、经营单位进行专项排查整治，并通过自治区危险废物规范化管理督查考核。

2019年，盐池县委、县政府按照中央环保督察反馈意见要求，加快推进工业园区环境保护能力建设，按照"一区一热源"要求，以区块为单位，建设集中供热、供气设施，淘汰供热、供气能力覆盖范围内企业私设燃煤小锅炉；加快工业园区固废储存、处置场所建设；推进高沙窝区块、高沙窝集中区污水处理厂运行维护；筹备建设青山工矿区污水处理厂和人工湿地，工业园区实现污水全收集、全处置，达标排放。坚决、持续打赢蓝天保卫战，继续做好燃煤锅炉淘汰，保持建成区实现35蒸吨以下燃煤锅炉动态清零；在非煤矿山、砂石料场和黏土砖窑整治中，以青山工矿区、高沙窝区块为重点，区域推进，集中整治，确保达到环保要求；保持境内"散乱污"企业动态清零；确保清洁煤配送中心高效运行，做好散煤治理，工业企业、老百姓用煤煤质达到区、市标准要求，不断扩大城中村散煤治理区域范围。争取区、市环保资金，实施苟池大坝、得胜墩水资源综合利用等项目；实施盐池县再生水利用工程升级改造，使改造后的再生水厂出水水质达到《地表水环境质量标准》Ⅳ类标准（其中总氮指标执行一级A标准，可以用于城市绿化、城市景观补水和工业用水）；同时对生活污水处理厂污泥处置设施进行升级改造，努力实现资源有效循环利用。

第五节　农村环境保护

改善农村人居环境，建设美丽宜居乡村，是实施乡村振兴战略的一项重要任务，事关全面建成小康社会，事关广大农民根本福祉，事关农村社会文明和谐。新千年后，各级各部门认真贯彻党中央、国务院决策部署，把改善农村人居环境作为社会主义新农村建设的重要内容，大力推进农村基础设施建设和城乡基本公共服务均等化，农村人居环境建设取得显著成效。但是我国农村人居环境状况很不平衡，"脏、乱、差"问题在一些地区还比较突出，与全面建成小康社会要求和农民群众期盼还有较大差距，仍然是经济社会发展的突出短板。加强农村环境保护是建设生态文明的必然要求，是统筹城乡发展的重要任务，是改善和保障民生的迫切需要。全面建成小康社会，农村是重中之重。农村环境既是薄弱点，也是最有潜力的突破点和创新点。党的十八大以来，习近平总书记对建设生态文明和加强环境保护提出了一系列新思想、新论断、新要求，强调"中国要美，农村必须美，美丽中国要靠美丽乡村打基础，要继续推进社会主义新农村建设，为农民建设幸福家园。搞新农村建设要注意生态环境保护，因地制宜搞好农村人居环境综合整治，

2014 年 6 月，冯记沟乡强记滩民族特色村生态建设成果

尽快改变农村脏乱差状况，给农民一个干净整洁的生活环境。"李克强总理于2008年提出实施"以奖促治"政策、开展农村环境综合整治，先后作出多次批示，要求继续加大政策措施力度，每年都应有一批群众看得见、摸得着、能受益的成果。张高丽副总理也多次对农村环境保护作出重要批示，提出明确要求。党中央、国务院出台的一系列重要文件对农村环境保护作出了重要部署。这些重要批示指示和有关要求，为进一步推进农村环境保护指明了努力方向，提供了基本遵循和有力保障，标志着农村环境保护站在了新的历史起点，迎来了大有可为的机遇期。

2004年，盐池县积极推进农村环保规模化畜禽养殖场污染治理，全县畜禽养殖场粪便污水无害化、资源化处理率均60%以上。

2007年，盐池县结合农村"小康环保"行动，全面做好农村源面污染预防。积极引导农民生产、生活方式改变和推广使用清洁能源；通过广泛推广饮用水净化，解决全县部分乡镇农村饮

用高氨水、苦碱水、污染水问题；在干旱缺水地区推广水泥硬化集水场，提高水源利用率；深入开展畜禽养殖污染综合整治工作。

2010年，盐池县开始启动实施国家农村环境连片整治示范项目。

2011年，盐池县争取中央农村集中式饮用水源地保护专项资金24万元，启动实施6处农村饮用水源地保护工程。争取中央农村环境集中连片综合整治项目资金1577万元，新建垃圾填埋场1座，铺设集污管网12千米，砌建各类检查井895座，建设垃圾池、垃圾箱604个，采购垃圾转运车10辆、垃圾收集车37辆；创建1个自治区级环境优美乡镇和1个生态村。组织开展环保专项行动，全年共计出动执法人员1200余人次，检查企业130余家次，整治污染问题35起；接收并处理群众环保投诉13件，办结13件。以"四个必须"（必须计划用水、必须凭证用水、必须安装计量设施、必须足额缴纳水资源费）落实更为严格的水资源管理制度。进一步规范取水许可审批程序，从源头把好水资源开发利用关；县城周围、饮用水源保护区严格禁止地下水开采；对未经批准擅自取水、未按批准条件取水等行为依法严厉打击；全年共计办理取水许可证9本，审核批准新打机井25眼，处理非法取水案件5起；缴纳水土保持设施补偿费198.84万元，水资源费124.52万元。

2012年，盐池县组织实施水污染综合整治、农村环境保护等5项工程，认真做好农村集中饮用水源地保护、环境监测、监察标准化建设。盐池县自2010年启动实施国家农村环境连片整治示范项目以来，县环林局、各乡镇积极争取项目

2013 年 7 月，盐池县组织农村妇女开展围乡村造林

2015 年 4 月 30 日，高沙窝镇组织志愿者到南梁村开展义务植树活动

理设施 3 套、垃圾填埋场 4 座、垃圾中转站 1 座，配置垃圾箱（池）6513 个，人力垃圾清运车 55 辆，中、小型垃圾收集转运车 121 辆，受益人口 10.1174 万人。争取农村集中连片环境整治项目 4 个、项目资金 1500 万元，创建 1 个自治区级环境优美乡镇和 1 个自治区级生态村；组织实施了高沙窝余庄子等 5 处农村水源地保护。

2013 年，盐池县申报国家级生态乡镇 1 个，国家级生态村 1 个，申报自治区级环境友好示范社区 1 个；完成 4 个农村环境综合整治项目实施方案编制上报。投资 311 万元分别在大水坑镇、冯记沟乡、麻黄山乡实施农村环境整治项目，共计配置 1.2 立方米铁质垃圾箱 1052 个，8 立方米地坑式垃圾箱 58 个，农用机动三轮车

资金，落实国家"以奖促治"政策，3 年共计争取项目资金 4450 万元，先后在 8 个乡镇 65 个村庄集中开展了农村环境连片整治，项目实施村庄环境"脏、乱、差"现象得到有效遏制。2012 年，盐池县争取国家农村环保项目资金 1455 万元，分别在冯记沟乡马儿庄村、王乐井乡官滩村、麻黄山乡后洼村、高沙窝镇高沙窝村、惠安堡镇阳宁堡村、花马池镇四墩子村等 20 个村庄实施，共计建成污水收集管网 56.75 千米、集中式污水处

21 辆，摆臂车 3 辆。争取项目资金，加大各乡镇乡政府所在地及生态移民区环境综合整治投入力度。组织申报花马池镇盈德村、李华台村等 17 个农村环境整治项目，惠安堡镇隰宁堡生态移民环境整治项目，冯记沟汪水塘村、平台村环境整治项目，获批农村环保专项资金 1609 万元。积极组织开展环境科普知识进农村"四个一"（一个阵地、一个载体、一个平台、一个渠道）行动，共计制作环保宣传栏 20 个，刷写环保标语

60 余条，举办环保文艺演出 1 场，印发环保宣传手册 2000 份。2013 年，组织开展了国家重点生态功能区县域生态环境质量考核自查，上报相关自查报告。

2014 年，盐池县持续推进农村环境整治，惠安堡镇、麻黄山乡分别完成国家级生态乡镇和自治区级生态乡镇创建申报。

2015 年，盐池县以国家级、自治区级生态乡镇创建为抓手，以争取项目资金为依托，持续推动农村环境保护工作深入开展，力促农村生活垃圾集中收集、转运、处置，彻底改变农村环境"脏、乱、差"现象，实现农村环境连片整治全覆盖。成功创建 2 个国家级生态乡镇、4 个自治区级生态乡镇、4 个自治区级生态村、1 个环境友好型企业、1 个自治区级环境友好示范社区。以争取项目为依托，推动农村环境保护工作深入开展。2015 年，农村环境综合整治项目涉及 8 个乡镇 15 个项目，全年共采购垃圾收、转、运车辆 128 辆，垃圾箱 2598 个。结合"6·5"世界环境日和环境科普知识进农村"四个一"行动，加大环境保护宣传力度，努力营造人人关心环保、人人参与环保的良好社会氛围。10 月底，完成了 2015 年国家重点生态功能区县域生态环境质量考核自查工作并通过自治区核查。

2016 年，盐池县争取农村环保专项资金 5332 万元，在 8 个乡镇分别实施农村环境综合整治项目，重点对农村生活垃圾处理、污水排放等突出环境问题进行整治，共计建成农村生活垃圾填埋场 4 座，农村生活污水处理设施 9 处，配套污水收集管网 29.8 公里；配置垃圾收集转运车辆 182 辆、垃圾箱 2585 个；配备保洁员 831 名。探

索建立以公共财政为主、社会资金为辅的多元投入机制，采用保洁权拍卖等第三方运行维护模式对农村生活垃圾进行收集处理。农村生活污水、生活垃圾收集处理率大幅提升，农村人居环境得到进一步改善。

2017 年，自治区人民政府办公厅据此制定下发《关于印发宁夏新一轮农村人居环境综合整治行动方案的通知》（宁政办发〔2017〕123 号），盐池县从农村清洁能源推广使用、生活垃圾收集转运、农村排污等方面组织开展了农村环境污染专项检查整治。进一步加大秸秆焚烧整治秸秆饲料化利用扶持力度，新建"三贮一化"池 1 万立方米，制作农作物秸秆青（黄）贮和包膜 15 万吨，秸秆综合利用率达 90% 以上。建立各乡镇自查，农牧局巡查，两办督查室、环林局抽查的三级秸秆禁烧巡查制度，确保工作取得实效。

2018 年，中共中央办公厅、国务院办公厅印发《农村人居环境整治三年行动方案》（以下简称《方案》），自治区党委办公厅、自治区人民政府办公厅据此制定下发了《宁夏农村人居环境整治三年行动实施方案》（以下简称《方案》），根据两个《方案》提出农村人居环境整治原则要求，盐池县大力实施基础设施巩固提升工程，把乡村振兴与脱贫富民结合起来，全面改善农村人居环境，建设生态宜居新农村。全年新修柏油路 201.5 千米，完成村组巷道查漏补缺水泥路硬化 70 千米，完成村组连接路、灌区主干道路 260 千米；完成人饮安全提升改造和高效节水灌溉等中小型水利工程 20 个；建设村集体集中式黄花晾晒场 31700 平方米；完成污水处理及改厕 2000 户；完成惠安堡镇杜记沟村、王乐井乡王乐井村、

冯记沟乡杨庄台村等 30 个美丽村庄建设；完成了"十三五"易地扶贫搬迁到户产业项目、产业配套基础设施建设等项目；整合各类资金 580 万元，完成 75 个规模场和 20 个散养户的粪污治理工作，畜禽粪污综合利用率达到 98.8%，规模养殖场粪污处理设施装备配套率达 91.67%；培育壮大宁夏绿即达生态农业有限公司和盐池县特奇新能源技术推广专业合作社，收购畜禽粪污，通过生产沼肥和商品有机肥实现高效利用。水务部门进一步加强地下水资源保护，严格按照"四个一"管理模式，对每眼井登记造册，依法规范机井建设审批管理；针对农业、工业建设项目和服务业等新增取用水行业，实行地下水限采，并逐步削减超采量，实现地下水采补平衡。利用"世界水日""中国水周"积极开展节水宣传活动，发放宣传册 3000 本，各类宣传单 1.2 万余份，宣传品 6500 个，接受群众咨询 600 余次，有力增强了全县群众的水忧患意识和水法治观念，在全县范围内营造了治理水环境、关爱水资源的良好氛围。实施郑记堡、刘四渠、惠萌农村饮水安全工程，巩固提升全县 8 个乡镇 92 个行政村 265 个自然村 1.4 万户 4.9 万人（其中建档立卡贫困户 3980 户 1.4 万人）饮水安全保证，水质达标率保持 100%，常住户自来水入户全覆盖。盐池县人饮安全保障工作走在全区前列，并作为培训方参加全区农村饮水安全工程建设管理培训会。全面贯彻落实中央和区、市全面推行"河长制"要求，制定印发《2018 年盐池县"河长制"实施方案》《盐池县河湖水域岸线划界确权实施方案》，一河（沟）一策实施方案和一河一档编制完成，完成 556.35 千米河沟调查测量、水域岸线划定和雷家沟等 5 条河沟 315.02 千米外业核查、界桩预编工作，将哈巴湖列入"河（湖）长制"管理，确定湖长 2 名；积极组织开展河沟污染专项整治行动、"清水畅河净源"行动和"清四乱"行动 31 次，整治河道岸线 469 千米，清理打捞垃圾 1 万余吨，取缔违规排污点、违规侵占河道等 14 处，关停违规打井 22 处。

2019 年，盐池县加强农村污水处理能力建设。鼓励有条件的乡镇（如大水坑镇等）在镇区实施污水集中处理项目和人工湿地项目建设，提升污水处理能力。加快大水坑污油水集中处理项目建设，从源头解决油区含油废水处理难的问题。坚决打好净土保卫战。继续做好油区环境整治。继续开展整治，地产油井含油废水、含油污泥等污染物处置进一步规范，含油废水、含油污泥违法倾倒行为进一步减少。组织乡镇、村做好老百姓秸秆禁烧，认真抓好禁烧巡查和入户宣传。按照《净土保卫战三年作战计划》，做好土壤污染防治工作。

第六节　水源地保护

盐池县地处干旱、半干旱地带，地下水资源贫乏，水质较差，历史以来，人畜饮水就非常困难。从20世纪80年代开始，盐池县根据自治区相关项目安排，组织对人畜饮水特别困难地区和高氟病区进行人畜饮水改造，通过"供、改、蓄、引"等措施逐步缓解部分地区人畜饮水困难问题。2009年，批复建设陕甘宁盐环定扬黄续建宁夏专用工程，以黄河水替换以前建设的人饮集中供水工程水源，从根本上解决了全县人畜饮用水困难。2000年以后，县委、县政府提出"生态立县"战略，环境保护和林业部门、水务、建设等部门积极争取水资源改善保护项目，为城乡居民群众生活、工业企业生产、重点生态工程建设提供水源保障。截至2000年底，全县共计完成"人饮工程"37处，铺设主管线282.274千米，支管线597.448千米，建泵站12个，打机井18眼，建蓄水池255个，蓄水量10570方，共投资2583.93万元，解决了86个行政村322个自然村85766人、19806头大家畜、276979只羊的饮水困难。

截至2009年，全县累计完成供水工程52处，解决10.9万人饮水困难；2010年，县城供水区覆盖县城及周边35个自然村，供水1.8万户4.6万人，自来水普及率达90%以上。截至2016年，全县城乡年供水量达859万吨，全县集中供水率达100%；全县农村自来水普及率99.73%，常住户自来水入户率100%，水质达标率100%；县城乡供水公司承担全县8个乡镇16.7万人城乡居民的生产、生活供水工作，日供水能力达到1.8万吨。

一、水源地建设

2001年，自治区计委批准投资2900万元，实施盐池县城二期供水扩建工程，新建水源井18眼。二期供水工程建成后新增日供水量8000吨，县城供水量由过去的2000吨达到10000吨，稳定解决县城（当年县城人口约3万人）和城西滩吊庄群众生活用水问题。2009年，盐池县实施县城供水扩建三期工程建设，在骆驼井水源地建成生产井6眼，完成国补投资2000多万元。2015年，实施了县城老城区供水管网扩建一期工程，总投资2445.93万元（其中自治区下达项目资金1920万元）。

2001年，盐池县按照"先易后难，先近后远"原则，建设完成"生命工程"项目5个：南

2010年10月19日，盐池县在全区实现城乡供水一体化

部山区供水工程维修改造、高沙窝大疙瘩供水工程、城西滩扬黄吊庄供水工程、红井子石峁供水工程、青山甘洼山供水工程；实施了杨儿庄水源开发项目。2002年，水务部门相继建设完成月儿泉、冒寨子、佟家圈、余庄子、吴家圈、杨成沟饮水工程，续建了甘洼山、柳杨堡、城西滩人饮工程；解决了30个扬黄吊庄300个自然村人畜饮水困难。2003年，建设完成城西滩人畜饮水工程，稳定解决城西滩吊庄中心村、泾源吊庄村、刘八庄、八堡、深井、田家掌、王家圈村人畜饮水困难。2004年，建设完成李毛庄、官滩、雷家沟3处饮水工程，全县集中生活饮用水源地水质达标率98%以上。2005年，建设完成红沟梁、北塘、高沙窝镇、南梁、苏步井、铁柱泉、杨儿庄水源一期和太阳山工业园区、扬黄扩灌移民吊庄9处人饮工程，并在王乐井乡苦壕沟等4个村民小组安装了苦碱水蒸馏淡化棚200座；对红井子、柳树梁、胶泥湾等12处饮水工程进行了维修改造。

2006年，盐池县新建二步坑新农村供水工程；对南海子、马儿庄、南部山区供水工程进行

维修。2007年投资350万元（中央预算内资金200万元，地方自筹资金150万元）用于县城水厂及管网建设，新增日供水5000立方；完成王乐井平阳沟新农村供水工程建设；组织对李毛庄、柳杨堡等5处供水工程进行维修，恢复改善了22个村民小组的供水设施。2008年，盐池县先后实施建设了太阳山供水盐池受水区工程，总投资1321万元（其中国补资金1080万元）；完成千户村供水工程，总投资210万元；疏通南海子至孙家楼输水管线；实施了麻黄山应急水源井配套工程，投资78.6万元，解决了乡政府机关和周边5个村人畜饮水困难，实现了该地区没有水源井的历史性突破。2009年，投资180万元在冯记沟乡务工移民新村建泵房1座，50立方蓄水池1座；在惠安堡新村铺设各类输水主支管线5.24千米，解决了冯记沟、惠安堡2个移民新村3000人的饮水问题。全县累计完成供水工程52处，解决10.9万人饮水困难。2010年，县城供水区覆盖县城及周边35个自然村，供水1.8万户4.6万人，供水管道总长120千米，自来水普及率达90%以上。2015年建设完成麻黄山地区农村安全饮水工程，以黄河水替换了之前建设的小人饮水工程，实现农村集中供水。

截至2016年，全县共计建成农村集中供水工程2处（盐环定扬黄续建宁夏专用工程和麻黄山地区农村饮水安全工程），水处理厂4座，加压泵站30座，蓄水池83座，输水主管线1950

千米，城乡年供水量达859万吨，全县集中供水率达100%，农村饮水实现全覆盖；全县农村自来水普及率99.73%，常住户自来水入户率100%，水质达标率100%；盐池县城乡供水公司承担全县8个乡镇16.7万人城乡居民的生产、生活供水工作，日供水能力达到1.8万吨。

2017年，结合精准扶贫工作，彻底解决边远山区农村群众人畜饮水问题，盐池县整合资金3190万元，实施了农村人饮安全巩固提升改造项目5个，解决了244个自然村6215户（其中建档立卡户3715户）饮水安全问题。至此，全县城乡人畜饮水问题得到彻底解决。

二、水源地保护

1989年7月10日，国家环境保护局、卫生部、建设部、水利部、地矿部联合颁布了《饮用水水源保护区污染防治管理规定》。2018年7月1日，国家环境保护部批准颁布了《饮用水水源保护区划分技术规范》（HJ 338—2018）。盐池县在水源地保护方面，进一步落实《中华人民共和国环境保护法》《中华人民共和国水污染防治法》等相关水资源管理规定，规范国家饮用水水源保护区划定，全面提升饮用水水源管理水平。

2000年以前，盐池县城水源地保护主要由城建局所属自来水公司负责，2001年自来水公司划归水务局管理。2011年，

盐池县政府批准成立盐池县城乡供水总公司，负责全县城乡供水工程建设运行管理、水费缴纳、管道维护、管线巡视等工作。盐池县城乡供水总公司结合《城市供水质量标准》和《生活饮用水卫生标准》，制定了《水污染事件报告制度》《供水安全管理制度》《供水卫生管理制度》《盐池县城乡供水水质检查监督管理制度》《水质管理制度》《化验监测操作规范程序》《化验员岗位责任制度》等质量标准和规章制度，进一步强化安全管理制度，规范操作规程。2005年供水总公司设立了水质化验监测站，供水规模、水质监测及检验合格率按卫生部《生活饮用水机制供水单位卫生规范》严格实施。

2007年，盐池县切实加强水源地保护工作，认真贯彻执行《饮用水源保护区污染治理管理规定》《水污染防治法》，组织对全县集中饮用水源地开展专项检查，重点解决一类水源保护区内乱建项目和违法排污问题。对可能造成饮用水源地污染的重点污染源建立事故隐患档案，加强防范

骆驼井八字洼湿地保护区（摄于2009年9月）

和监督管理，建立健全水源地保护事故应急预案。对保护区内已建畜禽养殖场和污染企业限期搬迁，并规定水源地保护区内新建企业一律不予审批。

2010—2012年，盐池县组织实施了"百村千户"自来水入户工程。2011年，盐池县完成3个乡镇农村集中饮用水源地保护，创建1个自治区级环境优美乡镇和1个生态村；争取中央农村集中式饮用水源地保护专项资金24万元，启动实施了农村6处饮用水源地保护工程；争取中央农村环境集中连片综合整治项目资金1577万元，新建垃圾填埋场1座，铺设集污管网12千米，砌建各类检查井895座，建设垃圾池、垃圾箱604个，采购垃圾转运车10辆、垃圾收集车37辆。2012年环保部门组织实施了水污染综合整治工程，努力做好农村集中饮用水源地保护，进一步强化环境监测、监察标准化建设。

2016年，盐池县环保部门组织对骆驼井水源地保护情况开展专项检查，未发现保护区内水资源污染情况。水资源管理方面，持续加大水源地保护力度，在水厂、加压站周边布设围栏、警示牌、标志桩等，非工作人员严禁入内；保证水源地每眼井盖板上锁，并修建井房；水厂、加压站蓄水池通风孔改为"v"形，露天管口加钢网，防止鸟类筑巢和异物坠入；蓄水池观察口安装钢制盖板上锁，由专人管护，形成了取水、储水、输水全封闭式运行体系。安排在水厂周边绿化植树，形成绿色防风带，防止土壤沙化。配备三遥系统对各个水源井运行情况、机泵运转状况和水厂、加压站、蓄水池水位进行监测，通过计算机操作完成生产指令，降低意外爆管等安全事故

率。全年不定期维修维护输水设备，分析机泵运行状态，及时查找问题。

2017年，结合精准扶贫工作，盐池县有关部门组织开展了水源地专项整治，依法清理饮用水水源保护区违法建筑和排污口，开展农业面源污染专项整治。规范全县规模以上生猪、奶牛养殖场污染防治设施建设，针对养殖散户气味扰民问题制定了相关标准，划定了散养集中区，鼓励农村畜禽散养户实行人畜分离。对县城周边22家小、散、乱、污企业进行集中整治，取缔9家，停产整治13家。开展饮用水水源地环境基础状况调查评估，完成骆驼井水源地规范化建设，制定了刘家沟水源地划分方案，并通过自治区环保审定。

2018年，盐池县启动碧水专项整治行动，环保、水务等部门联合组织开展骆驼井、刘家沟水源地环保专项整治和标准化建设，全面拆除影响水资源保护的违章设施；定期监测并依法公开水质安全状况，水质达标率稳定达到100%；制定了《"河长制"工作方案》，建立县、乡、村三级河长体系，县委主要领导担任总河长，确定乡级河长53名、村级河长48名。

2019年，盐池县围绕坚决打好碧水保卫战，做好中水厂提标改造。城北排水沟水质稳定达到地表水Ⅳ类要求；骆驼井、刘家沟水源地保护区监管不断提高加强，保护区边界清晰，违法违规点位全部完成环保整治；环保、水务部门联合开展泾河、红山沟、苦水河水质监测，加强对十字河等跨界河沟的监管、监测力度，防治跨界污染。

第八章　组织机构与管理体制

塞上芙蕖别样红（2021 年 7 月周勇摄）

1999 年 7 月 23 日，经盐池县委常委研究决定，调整了县委绿化委员会组成成员；2001 年 10 月 11 日，盐池县委成立退耕还林（草）工作领导小组；2018 年 6 月 1 日，盐池县委再次调整了绿化委员会成员。2000—2020 年期间，除上述 3 次县委对绿化、林业工作领导机构进行明文调整外，随着县委、县政府主要领导人事调整，县委绿化委员会、退耕还林（草）工作领导小组工作由继任领导延续承担。

　　1991 年 5 月，盐池县人民政府林业科更名为盐池县林业局；2002 年 8 月，根据县级机构改革方案组建盐池县环境保护与林业局；2009 年 11 月，盐池县环境保护与林业局更名为盐池县环境保护和林业局；2019 年 3 月，根据区、市、县级机构改革方案，成立盐池县自然资源局，为盐池县政府正科级部门，挂盐池县林业和草原局牌子。

　　2004 年，成立环境保护与林业局党总支，隶属林牧党委；2005 年，环境保护与林业局党总支下设环林局机关、林果、环保 3 个党支部；2009 年 7 月，林牧党委更名为中共盐池县环境保护和林业局委员会；2009 年，环林局党委共有 2 个党总支、11 个党支部。截至 2013 年底，环境保护和林业局党委下辖 2 个党总支，10 个党支部，共有党员 107 人。2019 年 3 月，成立盐池县自然资源局党委（党组）。

第一节　领导机构

盐池县委绿化委员会、退耕还林（草）工作领导小组

1999 年 7 月 23 日，盐池县委对绿化委员会组成成员进行了调整；2001 年 10 月 11 日，县委成立了退耕还林（草）工作领导小组；2018 年 6 月 1 日，县委再次调整了绿化委员会成员。

表 8—1—1　盐池县委绿化委员会、退耕还林（草）工作领导小组组成人员

机构		组成人员（单位）	备注
盐池县委绿化委员会（1999 年 7 月 23 日调整）	主任	齐光泽（县人民政府副县长）	绿化委员会在县环境保护和林业局下设办公室，吴英明兼任办公室主任，杨召任办公室副主任。
	副主任	刘富成（县人武部部长）	
		朱　琳（县建设局局长）	
		吴英明（县林业局副局长）	
		牛惠民（县机械化林场副场长）	
	委员	李耀强（县政府办公室主任）	
		贺满文（县财政局局长）	
		李泽林（县交通局局长）	
		冯治国（县计划统计局局长）	
		刘忠海（县教育科学技术局局长）	
		张自力（团县委书记）	
		高盐芬（县妇联主席）	
		黄军辛（县委宣传部副部长）	
		张淑玉（城关镇镇长）	
		李天鹏（县农业局局长）	
		吴　德（县水利水保局局长）	
		高　玉（县扬黄局局长）	
		王学增（县畜牧局局长）	
		王志银（县土地管理局局长）	
		李月华（县绿化办公室干事）	

机构	组成人员（单位）		备注
盐池县委退耕还林（草）工作领导小组（2001年10月11日成立）	组长	何国攀（县人民政府县长）	领导小组在县林业局设立办公室，吴英明任办公室主任。
	副组长	齐光泽（县人民政府副县长）	
	成员	马俊义（县政府办公室副主任）	
		贺满文（县财政局局长）	
		张立宪（县委农工部部长）	
		王富伟（县林业局局长）	
		王学增（县畜牧局局长）	
		冯治国（县计划统计局局长）	
		白树明（县水利水保局局长）	
		王学强（县粮食局局长）	
		刘　谦（县农经局局长）	
		郭　军（县公安局局长）	
		李　杰（县监察局局长）	
		宋来发（县审计局局长）	
		王志银（县土地管理局局长）	
		王洪兵（中国农业银行盐池县支行行长）	
		吴英明（县林业局副局长）	
盐池县委绿化委员会（2018年6月1日调整）	主任	戴培吉（县委副书记、县人民政府县长）	绿化委员会在县环境保护和林业局设办公室，蒋刚兼任办公室主任，郭毅任办公室副主任。
	副主任	吴科（县委常委、县人民政府副县长）	
		郭飞（县委常委、人武部部长）	
		吴宏（哈巴湖管理局局长）	
	委员	陈志良（县政府办公室主任）	
		张志奋（县委宣传部副部长）	
		张旭斌（团县委书记）	
		张少华（县妇联主席）	
		刘永辉（县发改局局长）	
		张立泽（县财政局局长）	
		张志远（县教体局局长）	
		夏晓冬（县国土局局长）	
		蒋　刚（县环林局局长）	
		王金文（县住建局局长）	
		单　广（县交通运输局局长）	
		蔡向阳（县水务局局长）	
		曹　军（县农牧局局长）	

机构		组成人员（单位）	备注
盐池县委绿化委员会（2018年6月1日调整）	委员	龚晓德（县气象局局长）	
		李学春（花马池镇镇长）	
		王　勇（大水坑镇镇长）	
		石学晶（惠安堡镇镇长）	
		李玉龙（高沙窝镇镇长）	
		胡建军（王乐井乡乡长）	
		杨吉林（青山乡乡长）	
		杨　威（冯记沟乡乡长）	
		王永鲜（麻黄山乡乡长）	
		鲁　虎（街道办主任）	

第二节 党政机构

一、中共环境保护和林业局党委
（林牧机关党委、自然资源局党委）

1989年1月，林牧机关党委下辖林业局、园艺场、气象站、科协、农建办、土地局、乡企局、畜牧局、科委、经管站共10个党支部。

1992年，新增矿产局党支部、标准计量管理局党支部，林牧党委共有12个党支部。

1994年，林牧机关党委有13个党支部。

1998年，土地局、矿产局、科委3个党支部划出，林牧党委有党支部10个，党员190人。

2003年，企业局党支部划出，新增绿海公司党支部。

2004年，成立环境保护与林业局党总支。

2005年，林牧党委下辖环境保护与林业局党总支、畜牧局党总支。环境保护与林业局党总支下设环林局机关、林果、环保3个党支部；畜牧局党总支下设畜牧局机关、草原站、畜牧站、兽医站、动物检疫与监督所5个党支部。林牧党委共有2个党总支、16个党支部。

2006年底，绿海公司党支部划出，林牧党委共有2个党总支、15个党支部。

2009年7月，林牧党委更名为"中共盐池县环境保护和林业局委员会"。

2009年下半年，畜牧局党总支划出到农牧局党委，新成立了草原试验站党总支。环林局党委共有2个党总支、11个党支部。

2013年底，环境保护和林业局党委下辖2个党总支，10个党支部，共有党员107人。

2019年3月，盐池县自然资源局党委（党组）成立。

（一）盐池县林牧机关党委

表 8—2—1　历任盐池县林牧机关党委书记

职务	姓名	任职时间
书记	王爱友	1989 年 1 月—1994 年 9 月
	冯有林	1994 年 12 月—2003 年 4 月
	许倡礼	2003 年 5 月—2004 年 10 月
	王富伟	2004 年 11 月—2006 年 11 月
	黄银邦	2006 年 12 月—2008 年 5 月
	龙思泉	2008 年 6 月—2009 年 7 月

（二）盐池县环境保护和林业局党委

表 8—2—2　历任盐池县环境保护和林业局党委书记、副书记

职务	姓名	任职时间
书记	龙思泉	2009 年 7 月—2009 年 12 月
	宋翻伶	2010 年 1 月—2012 年 12 月
	李樾	2012 年 12 月—2014 年 7 月
	呼连峰	2014 年 7 月—2015 年 12 月
	蒋刚	2015 年 12 月—2019 年 3 月
副书记	李天鹏	2009 年 7 月—2009 年 11 月
	路关	2009 年 11 月—2012 年 12 月
	张自宇	2012 年 12 月—2013 年 8 月
	宋德海	2013 年 8 月—2015 年 12 月
	呼连峰	2015 年 12 月—2019 年 4 月（纪委书记）

（三）盐池县自然资源局党委（党组）

表 8—2—3　盐池县自然资源局党委（党组）成员

职务	姓名	任职时间
党委（党组）书记	蒋　刚	2019 年 3 月—2020 年 12 月
党组成员	王　勇	2019 年 3 月—2020 年 12 月
	王增吉	2019 年 3 月—2019 年 9 月
	李永亮	2019 年 9 月—2020 年 12 月
	陈志栋	2019 年 3 月—2020 年 12 月
党委副书记	谢　玉	2019 年 3 月党委任命
党委委员	郭　毅	2019 年 3 月—2020 年 12 月
	冯秉旭	2019 年 3 月—2020 年 12 月

（四）环林局党委下辖各党总支、党支部

表 8—2—4　历任盐池县环林局党委下辖党总支、党支部

党总支、党支部	职务	姓名	任职时间	备注
林业局党总支部	书记	高学明	1988 年 1 月—1996 年 4 月	
		段连生	1996 年 10 月—2001 年 12 月	
		杨文俊	2002 年 5 月—2005 年 6 月	
	副书记	王富伟	1996 年 4 月—2001 年 3 月	
林果党支部	书记	谢国勋	2005 年 11 月—2012 年 8 月	
		孙　果	2012 年 9 月—2013 年 12 月	
环林局机关党支部	书记	金韶春	2005 年 11 月—2012 年 3 月	
		石慧书	2012 年 5 月—2013 年 12 月	
环保党支部	书记	王岩林	2005 年 11 月—2013 年 12 月	
城郊林场党支部	书记	张培东	1989 年 8 月—1992 年 4 月	
		杨文俊	1992 年 5 月—1999 年 3 月	
		赵　云	1999 年 4 月—2003 年 4 月	
		冯秉雄	2003 年 6 月—2007 年 3 月	
		王建民	2007 年 3 月—2013 年 12 月	
	副书记	赵　云	1992 年 11 月—1998 年 8 月	
沙地旱生灌木园党支部	书记	李文韩	1994 年 6 月—2004 年 11 月	1994 年 6 月成立。
		陈　清	2004 年 11 月—2007 年 3 月	
		侯学相	2007 年 3 月—2013 年 12 月	

党总支、党支部	职务	姓名	任职时间	备注
标准计量管理局党支部	书记	崔建国	1992 年 9 月—2004 年 6 月	1992 年 9 月成立标准计量管理局党支部，1996 年更名为技术监督局党支部，1998 年更名为质量技术监督局党支部。
		杨彦军	2004 年 7 月—2010 年 6 月	
		白雪冬	2010 年 7 月—2013 年 12 月	
气象局党支部	书记	田生连	1983 年 5 月—1992 年 6 月	
		郭晓凤	1992 年 8 月—2010 年 3 月	
		龚晓德	2010 年 4 月—2013 年 12 月	
扶贫办党支部	书记	李光明	1993 年 1 月—1994 年 11 月	1997 年，农建办党支部更名为扶贫开发领导小组办公室党支部。
		刘振山	1994 年 11 月—1995 年 6 月	
		李成林	1996 年 6 月—1998 年 4 月	
		焦 健	1998 年 4 月—2003 年 1 月	
		马建义	2003 年 2 月—2013 年 1 月	
		武万春	2013 年 1 月—2013 年 12 月	
	副书记	焦 健	1995 年 8 月—1998 年 4 月	
草原试验站党总支部	书记	景维珍	1989 年 1 月—1994 年 10 月	
		李振德	1994 年 10 月—1995 年 5 月	
		景维珍	1995 年 7 月—1998 年 1 月	
		赵志明	1998 年 1 月—2006 年 12 月	
		李鹏程	2007 年 6 月—2010 年 1 月	
		呼连存	2010 年 1 月—2013 年 12 月	
	副书记	陈国忠	2006 年 12 月—2007 年 7 月	

（五）盐池县自然资源局党委（党组）下辖各党支部

表 8—2—5　盐池县自然资源局党委（党组）下辖党支部书记

党支部	职务	姓名	任职时间
机关党支部	书记	王 勇	2019 年 3 月—2020 年 12 月
林草党支部	书记	谢国勋	2019 年 3 月—2020 年 12 月
规划党支部	书记	冯秉旭	2019 年 3 月—2020 年 12 月
生态林场党支部	书记	陈 清	2019 年 3 月—2020 年 12 月
执法党支部	书记	崔 铭	2019 年 3 月—2020 年 12 月
退休老干部党支部	书记	秦利邦	2019 年 3 月—2020 年 12 月

二、盐池县环境保护和林业局
（林业局、自然资源局）

盐池县环境保护和林业局是盐池县人民政府主管全县环境保护及林业工作的主管部门，主要工作职责是：贯彻执行国家有关生态环境建设、林木资源保护与国土资源绿化方针政策和法律法规，组织起草有关地方性环境保护及林业建设规章制度，并监督实施；研究制订全县环境保护和生态林业中长期发展规划、年度计划并组织实施；监督对生态环境有影响的自然资源开发利用活动、重要生态环境建设和生态破坏恢复工作；监督检查各种类型自然保护区及风景名胜区、森林公园环境保护工作；监督检查生物多样性保护、野生动植物保护、湿地环境保护；组织开展植树造林、飞播造林和封山育林工作，组织指导全县退耕还林工作；组织指导以植树种草等生物措施防治水土流失和防沙治沙工作；组织开展荒漠化土地防治和环境监测；组织、指导、监督森林资源管理；制定地方环境质量标准和污染物排放标准并按规定程序发布；编报全县环境质量报告书；研究提出全县环保、林业发展意见；组织环境及森林资源调查、动态监测和统计；编制森林采伐限额并监督木材凭证采伐、运输；指导林地、林权管理；依法对林地征用、占用进行审核；指导全县森林公安工作；组织、指导陆生野生动植物资源保护与合理开发利用；组织、协调、指导、监督全县森林防火；组织指导全县森林病虫鼠害防治、检疫；调查处理重大环境污染事故和生态破坏事件；协调环境污染纠纷，负责环境监察和环境保护行政稽查；组织开展全县环境保护执法检查；审核城市总体规划中环境保护内容；监管国有环保和林业资产；申报重点环保、林业建设项目；指导各类商品林（包括用材林、经济林、薪炭林、药用灌木林）培育；组织指导林业科技工作；推广林业科技成果和先进林业技术；计划、指导全县苗木培育，引进新品种，组织繁殖推广；指导和协调解决各乡镇、部门重大环境问题；管理县级环保、林业资金；监督全县环保、林业专项资金管理使用；指导国有场圃及基层林业站建设与管理；加强全县林业队伍建设。

1991年5月，盐池县人民政府林业科更名为盐池县林业局。

2002年8月，组建盐池县环境保护与林业局。

2006年7月，组建盐池县环境检测监理站，隶属盐池县环境保护与林业局管理，为副科级全额拨款事业单位。主要职责为：受环境保护与林业局委托，依法对辖区单位或个人执行环境保护法规情况进行现场监督检查，并按规定进行处理；负责废水、废气、固体废物、噪声、放射性物质等超标排污费和排污水费征收工作；负责排污费财务管理和排污费年度收支预、决算编制及排污费财务、统计报表编报会审；参与环境污染事故纠纷调查处理；参与污染治理项目年度计划编制，负责该计划执行情况监督检查；负责环境监察人员的业务培训，总结交流环境监察工作经验；自然生态保护监察；农业生态环境监察；承担县级主管部门和上级环境保护部门委托的其他业务。环境检测主要职责为：对辖区内各种环境要素质量状况进行检测；对辖区内所有排放污染物单位进行定期或不定期检测；对辖区内污染事件进行环境监察，并出具环境检测报告。盐池县环境检测监理站核定事业编制 6 名，要求专业技术人员比例不低于 75%，管理人员比例不超过 15%，后勤服务人员比例不高于 10%，核定领导职数 1 名。

2007 年 5 月，盐池县机构编制委员会决定将各乡镇林业职能和人员从乡镇农业服务中心分离出来，在全县设置 4 个林业工作站，为县环境保护和林业局所属事业机构，分别为大水坑林业工作站（管辖大水坑镇、麻黄山乡）、高沙窝林业工作站（管辖高沙窝镇、花马池镇）、冯记沟林业工作站（管辖冯记沟乡、惠安堡镇）、青山林业工作站（管辖青山乡、王乐井乡），核定事业编制 35 名。

2009 年 11 月，盐池县环境保护与林业局更名为盐池县环境保护和林业局。盐池县环境保护和林业局内设办公室、植树造林与防沙治沙、森林资源保护、林木病虫害防治、环境监测评价 5 个岗位：办公室：负责机关日常工作；承担机关规范性文件起草审核；负责机关文电、会务、机要、档案、信息、信访、保卫、保密、财务、国有资产管理、政务公开等工作；负责行政复议等法律事务；拟订林业人才培训和教育发展规划并组织实施；承担环境保护和林业队伍建设有关工作；负责退休人员管理和服务工作。植树造林与防沙治沙：制订林业长期规划和年度计划，指导和组织农村集体、个人开展林业生产经营活动；承担实施并管理国家、自治区及外援林业项目建设；负责退耕还林、天然林保护、"三北"防护林工程、果树栽培管理等项目建设；组织实施全县义务植树；开展林业资源调查、荒漠化动态监测，掌握辖区内森林资源消长变化情况；负责全县常规造林苗木繁育和城市绿化树种引进、培

育、采购、储藏与调配；负责《林木种子生产、经营许可证》（苗木）的审核、发证及《林木种子经营许可证》（种子）的审核管理；负责造林检查验收，林业统计、森林资源档案管理；协助抓好乡镇林业站建设；抓好全县林业技术培训；传播林业科技，总结推广林业生产先进经验，开展林业技术咨询和技术服务；及时总结上报林业工作情况，做好半年和年度工作总结。森林资源保护：认真贯彻执行国家、自治区关于森林资源保护的方针政策和法律法规；负责天然林、公益林、湿地及林业行政案件执法管理；负责对全县森林（林木）采伐、木材运输和经营（加工）进行监督管理，对伐区作业进行检查验收；依法对辖区盗伐、滥伐林木及违法征、占用林地案件进行查处；承办各种林业行政案件的受理与查处；参与拟订有关天然林保护、重点公益林保护、湿地保护和林地（林权）管理制度，并负责监督执行；负责森林资源保护和湿地保护的长远规划、年度建设计划、实施方案编制，依据年度工程实施情况提出调控意见，监督实施单位完善建设内容；协助林业服务中心做好资源清查、撒播造林、封山育林等核查工作；指导乡镇做好森林资源和湿地管护；负责信息及资料收集、整档、汇总和统计上报。林木病虫害防治：组织指导全县林木病虫害防治、检疫、预测预报；制定林木病虫检疫对象和防治措施；开展辖区种苗检疫，指导种苗生产单位或种苗专业户建立无检疫对象的种苗繁殖基地；负责指定车站、仓库、公路沿线等重点场所林木检疫，签发林木调运检疫证书；负责检疫对象的封锁、扑灭工作；全面掌握本地区林木病虫害发生种类、危害程度和种群动态；定期为

生产、防治提供病虫害调查和测报资料；编制全年林业有害生物防治计划；承担全县林业有害生物指导防治、人员培训；组织推广应用防治新技术。环境监测评价：负责管理、征收废水、废气、固体废物、噪声、放射性物质等超标排污费征收；参与环境污染事故纠纷的调查处理；负责环境监理和环境保护行政稽查。

盐池县环境保护和林业局行政编制9名，其中局长1名，副局长3名，后勤服务事业编制2名。

盐池县环境保护和林业局机构职能，与县级相关部门多有交叉情况。盐池县公安局森林派出所为盐池县环境保护和林业局直属行政机构，实行双重领导体制，行政上受盐池县环境保护和林业局领导，业务上受盐池县公安局领导。主要职责是：维护辖区社会治安秩序，保护辖区林木资源；由环境保护和林业局授权代行《森林法》第三十九条、第四十二条、第四十三条、第四十四条规定的行政处罚案件执法权；组织协调、指导监督全县森林防火工作；组织实施陆生野生动植物资源保护政策，监督开发利用程序；负责护林员教育与培训。盐池县公安局森林派出所核定政法专项编制5名，其中所长（副科级）1名，指导员（副科级）1名。水污染与水资源保护职责，由盐池县环境保护和林业局与盐池县水务局共同承担，盐池县环境保护和林业局承担水环境质量和水污染防治职责，盐池县水务局承担水资源保护职责；盐池县环境保护和林业局对发布水环境信息的准确性、及时性负责，盐池县水务局发布的水文水资源信息中涉及水环境质量内容，应与盐池县环境保护和林业局协商一致；盐池县环境保护和林业局承担重要污染减排工作指导管理；

盐池县工业和商务局承担县节能减排工作领导小组办公室日常工作。

2013年，盐池县环境保护和林业局下辖事业单位有：盐池县林业技术推广服务中心、盐池县林木检疫站、盐池县环境监测监理站、盐池县城郊林场、盐池县旱地沙生灌木管理所、盐池县防治荒漠化国际援助项目协作中心、盐池县公安局林业派出所、大水坑林业工作站、高沙窝林业工作站、冯记沟林业工作站、青山乡林业工作站11个。

2015年5月，盐池县环境检测监理站核定增加全额事业编制4名，调整后盐池县环境检测监理站核定全额事业编制10名。

2015年10月，盐池县林木检疫站增加全县陆生野生动物疫源疫病监测防控工作职责。

2017年3月21日，盐池县编委决定给盐池县环境保护和林业局增加副局长（副科级）领导职数1名，调整后盐池县环境保护和林业局核定领导职数1正4副。

2017年3月21日，盐池县委编制委员会决定：整合盐池县旱地沙生灌木管理所和盐池县城郊林场机构、职能职责和编制人员，设立盐池县生态林场，不再保留盐池县旱地沙生灌木管理所、盐池县城郊林场。新设立的盐池县生态林场为盐池县环境保护和林业局所属公益一类全额拨款事业单位，主要职责为：保护和培育森林资源、引进新品种试验示范、建立良种示范基地、乡土树种培育、编制森林经营方案、森林病虫害防治、森林防火等。按照"编随事走，人随编走"原则，将原有两个机构编制整合，原盐池县旱地沙生灌木管理所核定差额事业编制13名、原盐池县城郊林场核定全额事业编制3名，整合后核定生态林场事业编制16名，其中差额事业编13名，全额事业编3名。

2017年9月，根据盐池县委机构编制委员会决定，确定盐池县林木检疫站为盐池县环境保护和林业局所属公益一类不定级别全额拨款事业单位，主要职责为：组织、指导全县林木病虫害防治、检疫、预测、预报；参与制定全县林木病虫检疫对象防治措施；开展辖区内种苗检疫工作，指导种苗生产单位或种苗专业户建立无检疫对象的种苗繁殖基地，配合相关执法部门在指定车站、仓库、公路沿线等重点场所开展林木检疫，签发《林木植物检疫》证书，负责检疫对象封锁、扑灭工作；全面掌握本地区林木病虫害发生种类、危害程度和种群动态，定期为生产、防治提供病虫害调查和测报资料；参与编制全年林业有害生物防治计划，承担全县林业有害生物指导防治、人员培训；组织推广应用防治新技术；承担陆生野生动物疫源疫病监测防控。林木检疫站核定全额预算事业编制8名，其中专业技术人员不得低于核定编制员额的85%。确定盐池县林业技术推广服务中心为盐池县环境保护和林业局所属公益一类不定级别全额拨款事业单位，主要职责为：参与制定林业长远规划和年度实施方案，指导和组织农村集体、个人开展各项林业生产经营活动；负责退耕还林、天然林保护、"三北"防护林工程、果树栽培管理等项目建设；组织实施全县义务植树，承担实施自治区生态项目、国家林业局治沙项目等重点工程建设；承担实施并管理外援项目；抓好育苗基地、采种基地建设利用，为发展林业生产提供优质种苗；负责林木种

苗的采购、储藏与调配；配合主管部门做好"林木种子（苗木）生产、经营许可"等技术性、事务性工作；开展林业资源调查，负责造林检查验收、林业统计、森林资源档案管理；掌握辖区内森林资源消长变化情况；协助抓好乡镇林业站建设；负责抓好全县林业技术培训，传播林业科技，总结和推广林业生产先进经验，开展林业技术咨询和技术服务。林业技术推广服务中心核定全额预算事业编制28名，其中专业技术人员所占编制不得低于核定编制员额的75%，管理人员所占编制不得超过核定编制员额的15%，后勤服务人员所占编制不得高于核定编制员额的10%。乡镇林业区域站机构编制按照乡镇区划和跨区域设置原则，全县设置4个林业区域站，即大水坑镇林业区域站（管辖大水坑镇、麻黄山乡）、高沙窝镇林业区域站（管辖高沙窝镇、花马池镇）、冯记沟乡林业区域站（管辖冯记沟乡、惠安堡镇）、青山乡林业区域站（管辖青山乡、王乐井乡）。乡镇林业区域站为县环境保护和林业局所属派驻乡镇公益一类不定级别全额拨款事业单位，主要职责是负责宣传落实党的各项林业方针政策和法律法规；负责林业、经果林新品种引进、新技术示范推广；配合林业重点工程项目建设及各项林业生产任务落实；抓好林木病虫害预防处置；负责森林防火巡查、防火知识宣传和森林火灾扑灭工作。乡镇林业区域站共计核定全额预算事业编制30名（见表8—2—6）。

2019年2月，根据自治区生态环境厅、党委编办、财政厅、人力资源和社会保障厅关于做好自治区生态环境机构监测监察执法垂直管理制度改革有关工作通知精神，盐池县委编制委员会决

表 8—2—6　盐池县乡镇林业区域站机构人员编制一览

序号	派驻乡镇单位名称	核定编制数（名）	备注
1	盐池县大水坑镇林业区域站	11	大水坑镇8名、麻黄山乡3名
2	盐池县高沙窝镇林业区域站	7	高沙窝镇2名、花马池镇5名
3	盐池县冯记沟乡林业区域站	6	冯记沟乡3名、惠安堡镇3名
4	盐池县青山乡林业区域站	6	青山乡3名、王乐井乡3名
5	合计	30	

定：盐池县环境检测监理站为吴忠市生态环境局盐池分局所属生态环境保护综合执法事业单位，按照"编随事走，人随编走"原则，分别从盐池县自然资源局、农业农村局、水务局所属事业单位中划转4名事业编制到盐池县环境检测监理站，划转后盐池县环境检测监理站核定全额预算事业编制14名。

2019年3月，根据区、市、县级机构改革方案，成立盐池县自然资源局，为盐池县人民政府正科级部门，挂盐池县林业和草原局牌子。

盐池县自然资源局与水务局、应急管理局等部门（单位）在自然灾害防治救治方面职责互有穿插，各有侧重。（1）盐池县应急管理局负责组织编制全县总体应急预案和安全生产类、自然灾害类专项预案，综合协调应急预案衔接，组织开展预案演练；按照分级负责原则，指导自然灾害类应急救援；组织协调重大灾害应急救援，并按权限作出决定；承担全县应对重大灾害指挥部具体工作，协助县委、县政府指定负责同志组织重大灾害应急处置；组织编制综合防灾减灾规划，指导协调相关部门（单位）实施森林草原火灾、水灾、旱灾、地震和地质灾害防治工作；会同县自然资源局、水务局、气象局等有关部门（单

位）建立统一的应急管理信息平台，建立监测预警和灾情报告制度，健全自然灾害信息资源获取和共享机制，依法统一发布灾情；开展多灾种和灾害链综合监测预警，指导开展自然灾害综合风险评估；负责森林草原火情监测预警，发布森林和草原火险、火灾信息。（2）盐池县自然资源局负责落实综合防灾减灾规划相关要求，组织编制地质灾害防治规划、防护标准并指导实施；组织指导协调和监督地质灾害调查评价及隐患普查、详查、排查；指导开展群测群防、专业监测和预报预警等工作，指导开展地质灾害工程治理；承担地质灾害应急救援技术支撑；负责落实综合防灾减灾规划相关要求，组织编制森林草原火灾防治规划、防护标准并指导实施；指导开展防火巡护、火源管理、防火设施建设等工作；组织指导国有林场林区和草原开展防火宣传教育、监测预警、督促检查。（3）盐池县水务局负责落实综合防灾减灾规划相关要求，组织编制洪水干旱灾害防治规划和防护标准并指导实施；承担水情、旱情监测预警；组织编制重要湖泊、重要水工程防御洪水抗御旱灾调度和应急水量调度方案，按程序报批并组织实施；承担防御洪水应急抢险技术支撑；承担防汛期间重要水工程调度。（4）根据

工作需要，盐池县自然资源局、水务局等部门可以提请盐池县应急管理局以盐池县应急指挥机构名义部署相关防治工作。

盐池县自然资源局内设以下岗位：办公室岗。承担机关公文处理、财务管理、人事管理及后勤管理等工作；负责党风廉政建设、机要信息、安全保密、组织、宣传、统战、信访、档案、政务公开、人大代表建议和政协委员提案办理等工作；负责起草重要文件文稿，协调自然资源领域综合改革有关工作；负责规范性文件合法性审查、备案和清理；依法负责行政应诉和争议裁决；负责重要文件、重要事项、重点工作、领导批示督查督办；负责效能目标考核、政风行风评议等工作。自然资源调查监测岗。贯彻执行自然资源调查监测、统计分析评价的指标体系和统计标准，实施全县自然资源基础调查、变更调查、动态监测和统计分析评价；负责开展全县水、森林、草原、湿地资源和地理国情等专项调查监测评价；负责开展荒漠调查，组织开展陆生野生动植物资源调查；负责开展林木种质调查；负责自然资源调查监测评价成果的汇交管理、维护、发布、共享和利用监督。国土空间规划勘测岗。拟订全县自然资源发展规划，组织编制、修订并监督实施全县国土空间规划和相关专项规划，承担自治区对市、县国土空间规划进行一致性审查并对执行情况进行监督考核；负责建立国土空间规划实施监测、评估和预警体系；负责划定生态保护、永久基本农田、城镇开发边界红线等控制线，构建节约资源和保护环境的生产、生活和生态空间布局；负责基础测绘和测绘行业管理；负责测绘资质与信用管理，监督管理全县地理信息安全和市

场秩序；负责地理信息公共服务管理；负责测量标志保护，监督管理县外组织、个人监测行为。自然资源开发利用岗。贯彻执行自然资源资产有偿使用制度并监督实施，建立全县自然资源市场交易规则，组织开展自然资源市场调控；承担自然资源市场监督管理和动态监测，建立自然资源市场信用体系；建立政府公示自然资源价格体系，组织开展自然资源分等定级价格评估；贯彻执行自然资源开发利用标准，开展评价考核，指导节约集约利用；提出土地年度利用计划并组织实施。贯彻执行国家耕地、林地、草地、湿地等国土空间用途转用政策，承担报请自治区政府审批的各类土地用途转用和土地征收审核报批工作；贯彻执行城乡规划管理等用途管制政策并组织实施，承担县级建设项目用地预审。自然资源保护监督岗。贯彻执行国家耕地政策，组织实施耕地保护目标责任考核和永久基本农田特殊保护，指导永久基本农田划定、占用和补划等工作；承担国土空间综合整治、土地整理复垦；负责农业开发用地审核申报、设施农用地备案、临时用地管理等工作；承担生态保护补偿相关工作；负责耕地保护政策与林地、草地、湿地等土地资源保护政策衔接。自然资源执法岗。贯彻执行自然资源违法案件查处的法律法规、规范性文件政策；查处全县国土空间规划和自然资源重大违法案件，组织协调跨县域违法案件查处；组织开展全县年度土地矿产资源执法检查；做好"两法衔接"工作。生态修复岗。组织编制全县国土空间生态修复规划并组织实施有关生态修复工程；负责国土空间综合整治、土地整理复垦、矿山地质环境恢复治理、林业和草原重点生态保护修复等重点工

程；承担生态保护补偿相关工作；指导植树造林、封山育林和以植树种草等生物措施防治水土流失工程项目；组织实施退耕（牧）还林（草）工程，实施天然林保护、荒漠化防治、国有林场建设发展等营造林绿化项目。矿产资源管理岗。贯彻执行国家矿业权管理政策；依法管理采矿权出让及审批登记；监督指导矿产资源保护和合理开发利用；组织实施矿山地质环境恢复治理；负责矿产资源储量评审、备案、登记、统计和信息发布。负责矿山储量动态管理，建立矿产资源安全监测预警体系及涉矿企业安全生产管理。自然资源权益登记岗。贯彻执行全民所有自然资源资产管理政策和全民所有自然资源资产统计制度，承担自然资源资产价值评估和资产核算；编制全民所有自然资源资产负债表，贯彻执行国家考核标准；贯彻执行全民所有自然资源资产划拨、出让、租赁、作价出资和土地储备政策；负责全县自然资源资产价值评估管理，依法收缴相关资产收益；贯彻执行各类自然资源和不动产确权登记、权籍调查、不动产测绘、争议调处、成果应用的制度、标准、规范。林草检疫、防火及禁牧岗。组织指导林业草原有害生物防治、检疫和预测预报；监督管理陆生野生动植物猎捕、采集、驯养、繁殖培植和经营利用；负责全县陆生野生动物疫源疫病监测、防控；执行林业有害生物检疫执法，签发检疫证书，编制有害生物防治计划；承担古

树名木保护、林业和草原应对气候变化等相关工作；开展防火巡护、火源管理、防火设施建设等工作；组织指导国有林场林区和草原开展宣传教育、监测预警、督促检查；做好封山禁牧工作。

盐池县自然资源局核定行政编制14名，设局长1名，副局长3名，后勤服务编制1名，聘用编制1名。

2020年7月，盐池县委编制委员会调整盐池县公安局森林派出所管理体制，将盐池县自然资源局（盐池县林业和草原局）所属盐池县公安局森林派出所划转盐池县公安局管理。盐池县公安局森林派出所为盐池县公安局正科级派出机构，加挂盐池县公安局森林警察大队牌子。盐池县公安局森林派出所划归盐池县公安局领导后职能职责保持不变，业务上受盐池县自然资源局（盐池县林业和草原局）指导，继续承担火场警戒、交通疏导、治安维护、火案侦破等森林和草原防火工作任务，负责查处森林和草原领域其他违法犯罪行为，积极协同自然资源局开展防火宣传、火灾隐患排查、重点区域巡护、违规用火处罚及自治区原森林公安局哈巴湖分局承担的相关职责。按照"编随事走，人随编走"原则，盐池县公安局森林派出所核定政法专项编制6名（实有官平、徐凤、闫长智、王学斌、乔发宾5人，空编1名），整建制划转盐池县公安局统一管理，核定科级领导职数3名，设所长、教导员、副所长各1名。

（一）盐池县环境保护和林业局（林业局）历任领导

表 8—2—7　盐池县环境保护和林业局（林业局）历任局长、副局长

职务	姓名	任职时间
局长	王富伟	1994 年 7 月—2004 年 9 月
	王学增	2004 年 9 月—2007 年 11 月
	李天鹏	2007 年 11 月—2009 年 10 月
	路　关	2009 年 10 月—2012 年 12 月
	张自宇	2012 年 12 月—2013 年 8 月
	宋德海	2013 年 8 月—2015 年 12 月
	蒋　刚	2015 年 12 月—2019 年 3 月
副局长	范　聪	1986 年 4 月—1994 年 4 月
	魏宗华	1990 年 4 月—1994 年 4 月
	冯有林	1994 年 11 月—1998 年 4 月
	吴英明	1998 年 4 月—2006 年 9 月
	刘伟泽	1998 年 4 月—2007 年 11 月
	师玉玲	1999 年 3 月—2005 年 4 月
	许倡礼	2002 年 2 月—2004 年 9 月
	张德龙	2005 年 10 月—2007 年 4 月
	宋翻伶	2005 年 5 月—2012 年 12 月
	官　雨	2007 年 3 月—2007 年 11 月
	张立泽	2008 年 2 月—2008 年 7 月
	龙思全	2008 年 7 月—2010 年 1 月
	张海波	2008 年 2 月—2013 年 10 月
	焦　智	2008 年 10 月—2012 年 12 月
	李　樾	2012 年 12 月—2014 年 7 月
	呼连峰	2014 年 7 月—2019 年 4 月
	王增吉	2013 年 10 月—2019 年 9 月
	陈志栋	2014 年 8 月—2020 年 12 月
	李　俊	2014 年 6 月—2015 年 6 月
	任海明	2017 年 4 月—2019 年 3 月
	张廷强	2016 年 7 月—2019 年 9 月

（二）盐池县自然资源局领导名录

表 8—2—8　盐池县自然资源局班子成员

职务	姓名	任职时间
局长	蒋　刚	2019 年 3 月—2020 年 12 月
副局长	王　勇	2019 年 3 月—2020 年 12 月
	王增吉	2019 年 3 月—2019 年 9 月
	李永亮	2019 年 9 月—2020 年 12 月
	陈志栋	2019 年 3 月—2020 年 12 月
绿化办副主任	郭　毅	2019 年 3 月—2020 年 12 月
国土空间规划服务中心主任	冯秉旭	2019 年 3 月—2020 年 11 月

（三）盐池县环境检测监理站

表 8—2—9　历任盐池县环境检测监理站站长、副站长

职务	姓名	任职时间	备注
站长	杨树森	2002 年 6 月—2003 年 1 月	2002 年 6 月环境检测监理站由建设局移交至环境保护和林业局，为副科级全额拨款事业单位。
	苏秉荣	2003 年 1 月—2005 年 1 月	
	高万隆	2005 年 1 月—2008 年 4 月	
	焦　智	2008 年 10 月—2012 年 12 月	
	李　樾	2012 年 12 月—2014 年 7 月	
	呼连峰	2014 年 7 月—2019 年 4 月	
副站长	刘喜荣	2006 年 1 月—2012 年 2 月	
	王岩林	2003 年 1 月—2013 年 12 月	
	孙彦香	2008 年 10 月—2013 年 12 月	
	杨子云	2008 年 10 月—2013 年 12 月	
	夏晓波	2012 年 1 月—2013 年 12 月	

三、工青妇组织

（一）盐池县自然资源局工会

中国工会是中国共产党领导的职工自愿结合的工会阶级群众组织，是党联系职工群众的桥梁和纽带，是国家政权的重要社会支柱，是会员和职工利益的代表。基层工会主席的主要职责是：负责工会全面工作，及时向党组织和上级工会汇报基层工会重要事项和重要情况；主持召开工会委员会、小组会、全体会员会（定期或不定期），传达上级工会工作指导意见和重要会议精神，提出贯彻执行意见和措施；负责组织工会年初工作计划的实施；组织工会代表参与部门重大决策；维护职工权益，关心职工生活，做好困难职工帮扶慰问等工作，全心全意为职工服务；切实加强搞好自身建设，组织工会干部与会员学习，指导小组开展工作，定期召开民主生活会；做好会员发展工作，做好工会组织换届选举、积极分子培养、培训等工作。组织全体职工每年进行健康体检，开展健康知识讲座；积极参与花马池古城迷你马拉松、长城徒步走等文体活动，严格按照工会有关规定开展困难职工慰问、职工医疗互助金收缴等工作。2020年盐池县自然资源局工会共有会员179人，其中女会员80人。

（二）盐池县自然资源局妇女委员会

基层妇女委员会是各级妇女联合会在机关和事业单位的基层组织，是党委和政府联系妇女群众的桥梁和纽带。基层妇女委员会主要职责是：认真宣传、贯彻党的路线、方针和政策，教育引导妇女增强自尊、自信、自立、自强精神，成为有理想、有道德、有文化、有纪律的新女性；贯彻执行上级妇联组织及本单位妇女大会或妇女代表大会决议精神，完成妇女联合会工作部署，推动本部门本单位业务工作顺利开展；弘扬社会公德、职业道德和家庭美德，积极组织开展"巾帼建功""五好文明家庭创建"和"女性素质工程"等创建活动；推动并参与妇女发展措施制定和落实，向有关部门反映妇女意见建议和诉求；代表妇女群众发挥民主参与、民主管理、民主监督作用；维护女职工合法权益，协助所在单位及有关部门查处侵害妇女儿童权益行为；加强妇女委员会、妇女工作委员会自身建设，建立完善的妇女学习、培训和评比表彰等制度，促进妇女人才脱颖而出；努力提高妇女理论素养、知识水平和工作技能；建立妇女人才信息库，积极向组织、有关部门推荐妇女人才，促进妇女人才成长；积极宣树、宣传妇女先进典型，弘扬社会正能量。组织妇女职工开展"三八"妇女节、"五一"劳动节等活动，参与全县"最美家庭"评选，开展"两癌"筛查"双丝带"行动（乳腺癌和宫颈癌筛查以双丝带为标志），按标准发放女职工卫生费，从实际出发关爱女职工身心健康。

（三）盐池县自然资源局共青团支部

共青团支部的基本任务是：组织团员学习党的基本方针、理念和基本知识，学习团章和团的基本知识，学习科学、文化、法律和业务知识；开展中国特色社会主义和实现中华民族伟大复兴中国梦宣传教育，开展爱国主义、集体主义和民主法治教育，组织团员和青年践行社会主义核心价值观，教育团员和青年抵制不文明行为，弘扬

表 8—2—10 盐池县自然资源局工会组织机构

职务	工会主席	经审委主任	女工委主任	文体委员
姓名	王国荣	梁 成	闵竹兰	李瑞璜 冯 凯

表 8—2—11 盐池县自然资源局妇女委员会组织机构

职务	妇委会主任	妇委会副主任	妇委会委员
姓名	闵竹兰	田海燕	郭珍林 林艳萍 赵 静

主旋律；贯彻执行党和团组织的重要指示和决议，参与民主管理和民主监督；找准服务本部门本单位工作大局的切入点、结合点和着力点，充分发挥模范带头作用，团结带领青年在促进经济社会发展、促进部门工作中发挥生力军和突击队作用；对团员进行教育、管理、监督和服务，健全团的组织生活，落实"三会两制一课"制度，定期开展主题团日，及时更新团员信息，监督团员切实履行义务；维护和执行团的纪律，保障团员权利不受侵犯；向青年有效传播党的主张，凝聚广大青年的智慧和力量，了解反映团员和青年的思想要求；关心团员和青年的学习、工作和生活，帮扶困难团员，发现培养和推荐团员、青年中优秀人才成长；实事求是对团的工作提出意见建议，及时向党组织和上级团组织报告情况；按照规定向团员、青年通报团的工作开展情况；正确行使团员权利，模范履行团员义务。

2020 年，盐池县自然资源局共青团支部副书记：江玥。

第三节　基层单位、内设机构

（一）盐池县环境保护和林业局、县林业局下设机构

表 8—3—1　盐池县环境保护和林业局（林业局）所属单位班子成员

单位	职务	姓名	任职时间	备注
盐池县林业技术推广中心	主任	谢国勋	2006 年 5 月—2013 年 12 月	2006 年 3 月，将盐池县林业站、果树站合并为盐池县林业技术推广服务中心，为全额拨款事业单位，隶属环境保护和林业局管理，核定编制 32 名。
	副主任	张海波	2004 年 10 月—2007 年 10 月	
		王宁庚	2007 年 1 月—2013 年 12 月	
		孙果	2007 年 1 月—2013 年 12 月	
		王建宏	2008 年 10 月—2013 年 12 月	
		郭琪林	2008 年 10 月—2013 年 12 月	
盐池县林木检疫站	站长	李培义	1991 年 9 月—1995 年 5 月	1991 年 8 月，盐池县林木病虫害防治检疫站成立，1999 年 11 月更名为盐池县森林病虫害防治检疫站，2006 年 7 月更名为盐池县林木检疫站，为全额拨款事业单位，隶属环境保护和林业局管理，核定编制 7 人。
		赵庆玲	1995 年 5 月—1998 年 8 月	
		王建民	1998 年 12 月—2005 年 1 月	
		李华	2005 年 1 月—2013 年 12 月	
	副站长	赵庆玲	1991 年 9 月—1995 年 5 月	
		李永红	2006 年 3 月—2013 年 12 月	
盐池县林业派出所	所长	李培义	1991 年 10 月—1996 年 2 月	1991 年 10 月，原机械化林场派出所移交盐池县林业局，更名为盐池县公安局林业派出所，核定事业编制 5 名，由公安局、林业局共同管理。
		刘贵彪	1996 年 2 月—2005 年 1 月	
		王学斌	2005 年 8 月—2011 年 3 月	
		吴锋	2011 年 3 月—2013 年 12 月	

单位	职务	姓名	任职时间	备注
盐池县城郊林场	场长	贺清俊	1988年5月—1992年4月	1988年6月，确定暂按副科级事业单位对待，逐步向企业过渡，隶属林业科领导，2006年更名为盐池县城郊林场，属全额拨款事业单位，隶属盐池县环境保护和林业局管理。
		杨文俊	1992年5月—1999年3月	
		张建设	1998年9月—2013年12月	
	副场长	何振锐	1990年3月—1992年7月	
		李风山	1989年5月—1999年3月	
		张建设	1992年8月—1998年9月	
盐池沙地旱生灌木园	主任	王北	1988年12月—1990年2月	1983年9月，为盐池县林业局下属事业单位，2006年更名为旱地沙生灌木管理所，隶属环境保护和林业局管理，属差额拨款事业单位。
		冯禧	1990年1月—2004年11月	
		陈清	2004年11月—2013年12月	
	副主任	王北	1983年9月—1988年11月	
		李新中	1983年9月—1990年1月	
		杨保林	1993年12月—2013年12月	
		冯秉雄	1999年3月—2013年12月	
盐池县防治荒漠化国际援助项目协作中心	主任	刘伟泽	2004年8月—2007年11月	2004年7月设立，隶属盐池县环境保护与林业局，为全额拨款事业单位，核定事业编制3名。
		石慧书	2013年10月—2013年12月	
	副主任	强永军	2004年8月—2006年7月	
		石慧书	2006年7月—2013年10月	

（二）盐池县自然资源局下设机构

表 8—3—2　盐池县自然资源局内设机构

序号	机构	职务	姓名
1	办公室	主任	王晓忠
		副主任	周枫　杨伟
2	财务室	主任	梁成
3	自然资源确权登记中心	主任	官渊博
		副主任	买晓波　郭丽华
4	国土空间规划服务中心	副主任	冯庚　牛峰
5	自然资源执法大队	队长	崔铭
		副队长	王军　侯伟伟
6	矿产资源管理所	所长	刘学忠
		副所长	赫平元
7	林草种苗检疫站	站长	王建红
		副站长	李永红　冯欢
8	自然资源保护监督所	所长	夏长青
		副所长	殷兆军
9	测绘站	站长	代晖
		副站长	刘朋涛
10	自然资源开发利用所	所长	李昊
		副所长	张曙峰
11	林草中心	主任	谢国勋
		副主任	刘玉宏（草原办）　郭珍林　郭琪林（退耕办）　孙果（林业办）　郭永胜
12	森林草原防火、禁牧办	主任	何连
		副主任	牛峰
13	生态林场	场长	陈清
		副场长	张建设

第四节　党建工作

2000 年以来，盐池县环境保护和林业局党组织认真组织学习马克思列宁主义、毛泽东思想、邓小平理论、"三个代表"重要思想、科学发展观和习近平新时代中国特色社会主义思想，学习党的一系列方针政策和法律法规，在自治区党委、吴忠市委坚强领导下，按照盐池县委统一安排部署，不断加强党的建设和开展社会主义精神文明实践，先后组织开展了"三讲"教育、"三个代表"重要思想警示教育、先进性教育、深入学习实践科学发展观、党的群众路线教育、"学党章、守纪律、转作风""两学一做"学习教育等活动，组织实施了"四五""五五""六五""七五"普法教育；组织干部职工参与封山禁牧、退耕还林、创建国家园林县城、创建国家卫生县城、脱贫攻坚精准扶贫、扫黑除恶专项斗争等全县重点攻坚工作。认真落实中央八项规定精神和加强党风廉政建设方面要求，在各项工作中体现党建引领作用，全体党员干部职工政治立场更加坚定，思想意识更加坚强，宗旨意识更加突出，党性原则、工作作风、廉洁自律意识都有明显转变和提高。

2000 年 2 月，盐池县林业局领导班子成员参加了县委"三讲"教育活动。按照中央和自治区党委统一部署，盐池县开展"三讲"教育活动从 2 月 28 日开始到 4 月 28 日结束，整个教育活动分为：思想发动，学习提高；自我剖析，听取意见；交流思想，开展批评；认真整改，巩固成果四个阶段。11 月 1 日—15 日，盐池县"三讲"教育领导小组根据自治区"三讲"教育领导小组的统一安排，开展了"三讲"教育"回头看"活动。

2001 年 2 月，宁夏第一批"三个代表"重要思想学习教育活动在全区 303 个乡镇、278 个县级涉农部门开展。2 月 8 日，盐池县第一批农村"三个代表"重要思想学习教育活动自 2 月 8 日开始到 5 月 18 日结束，参加学教活动有 16 个乡镇、103 个驻乡镇站（所）、14 个县直涉农部门及 38 个下属单位，共 1557 名干部。盐池县林业局深入学习"三个代表"重要思想，认真开展警示教育，树立良好的党风党纪。通过"三个代表"重要思想学习教育，进一步深挖思想根源，及时发现、纠正、解决党员干部出现的思想和作风问题，把"三个代表"重要思想要求落实到从严治党、改进作风工作重要部署之中。要求领导干部从思想作风、组织观念、党性原则、廉洁自律等方面认真查找问题和不足，深挖存在问题思想根源，纠正错误，提高认识，树立全心全意为人民服务思想，以组织是否满意、群众是否满意作为林业工作的出发点和落脚点，切实开创林业工作新局面。

2002 年，盐池县确定为"生态建设年"，先后推出一大批林业生态建设重点项目，生态文明更加深入人心。为贯彻落实宁夏中部干旱带生态建设会议、《自治区政府关于进一步完善草原承包经营责任制的通知》（宁政发〔2002〕57 号）文件精神，县委、县政府制定出台了《关于全面实行草原禁牧，大力发展舍饲养殖的决定》《盐池县草原有偿承包暂行办法》等一系列草原建、管、用新政策，在总结苏步井等 4 个乡镇草原禁牧试点经验的基础上，从 11 月 1 日起率先在全区实行草原全面禁牧。8 月 12 日—14 日，宁夏中部干旱带生态建设工作会议在盐池县召开，自治区党委书记陈建国、自治区政府主席马启智、自治区党委副书记韩茂华、自治区党委常委于革胜、自治区政府副主席赵廷杰及相关厅局负责人，石嘴山、吴忠、固原市党政主要负责人，同心、陶乐、灵武、海原、原州区、中宁、中卫、利通区、红寺堡开发区等 10 个中部干旱带市（县、区）党政主要负责人，宁夏电视台、宁夏日报社、宁夏广播电台记者等组成 50 余人党政考察团参观视察了盐池县生态建设重点项目。8 月 27 日，"世界摄影家眼中的宁夏——中国西部生态大型摄影记者团"到盐池专题采风采访盐池县生态文明建设成果。10 月 14 日，盐池县组织举办了第二届生态旅游节。林业部门在党的建设方面，不断深化"三个代表"学习教育，参与建立"党员科技示范发展基金"，实施"党内扶贫互助工程"，帮助农村贫困党员脱贫致富。

2003 年，盐池县环境保护与林业局认真践行"三个代表"重要思想，切实加强思想作风建设：以推进林业部门思想、作风、组织、制度、能力五大建设为目标，深入贯彻学习十六大精神，坚持与时俱进，开拓创新，不断提高林业部门工作效率与服务质量；创新工作方式，提高办事效率，努力形成科学规范、运转协调、公正透明、廉洁高效的行业管理体制和良好服务环境；大力推行依法行政和政务公开，文明办公，热情服务；加强学习，改善作风，加强行业技术培训，抓好"四五"普法教育和林业环保林业法律法规普及教育，全面提高林业干部队伍整体素质；加强作风建设，坚持深入实际，注重调查研究，加大对重大决策、重点工作的督促检查，有效解决生产热点、难点问题，真心实意地为人民群众办实事；认真落实党风廉政建设责任制，加大反腐败工作力度。

2004 年，盐池县环境保护与林业局党员干部认真践行"三个代表"重要思想，扎实推进思想、作风、组织、制度、能力建设，建立健全规章制度，切实开展服务承诺。制定出台了《盐池县环境保护与林业局首问首办责任制度》《盐池县环境保护与林业局投诉管理制度》《盐池县环境保护与林业局服务承诺制度》《盐池县环境保护与林业局限时办结制度》，积极推行规范化管理，净化服务环境。按照县委和上级环境保护与林业部门工作要求，明确职责，规范服务，全面推行"文明执法、文明接待、文明办事"工作方式。积极开展行风民主评议，加强环境监察、林业派出所、林政、森林病虫检疫等窗口单位行风建设。

2005年1月20日，盐池县委召开保持共产党员先进性教育活动动员大会，安排全县24个党委、299个党支部、7390名党员开展保持共产党员先进性教育活动。盐池县林业局开展保持共产党员先进性教育期间，组织全体党员学习《保持共产党员先进性教育读本》《江泽民论加强和改进执政党建设》以及胡锦涛总书记在新时期保持共产党员先进性专题报告会上的重要讲话等，增强林业系统党员干部学习实践"三个代表"重要思想的自觉性和坚定性。先进性教育活动中，林业部门党员干部结合自身思想工作实际，对照共产党员先进性具体要求，深挖思想根源，查找问题不足，通过召开座谈会、设置群众意见箱及投诉电话等形式广泛征求群众对林业工作的意见和建议，切实做到边学边改。3月1日，县委、县政府召开全县林业暨环保工作会议，要求广大林业干部职工结合保持共产党员先进性教育活动，继续推进科技兴林、森林资源保护与管理、林业产业化发展、污染防治工作等重要环境生态建设工作；更加关注老百姓退耕还林后续产业发展等问题，多办实事，争当模范。

2006年，林业部门积极组织专业技术人员，深入农村宣传"中央1号文件精神"，开展春季造林工作安排。4月24日，共青团盐池县委、林业、环保等部门举行了"保护环境，美化家园"活动启动仪式，北环路小学、盐池三中全体师生，县直机关部分干部职工，武警盐池县中队官兵、宁鲁石化有限公司职工和大学生志愿者近千人参加了启动仪式。2006年，盐池县生态治理成效显著，全国水土保持工作现场会和全区退牧还草现场会先后在盐池县召开，盐池县林业局被评

为"全国绿化先进集体"。

2007年，盐池县环保与林业局认真落实教育、制度、监督并重的各项廉政履职措施，努力提高廉洁从政水平。通过开展自查自纠，突出重点，解决实际问题，使全体干部职工普遍受到法律法规、组织纪律和职业道德教育，增强廉洁从政自觉意识，筑牢思想道德防线。按照"三个一流"（即一流的干部队伍，一流的服务水平，一流的工作业绩）要求，努力把环境保护和林业部门建成"四型"（学习型、创新型、效能型、廉洁型）机关。着力抓好邓小平理论、"三个代表"重要思想和科学发展观学习。积极开展机关效能建设和政务公开，以提高党的执政能力建设、促进林业机关"廉洁、勤政、务实、高效"为目标，以提高干部素质为重点，规范行政行为，改进工作作风，落实服务承诺。加大对重点林业生态项目、重要工作的执行和督促检查力度，有效解决生产热点、难点问题，真心实意地为项目区群众办实事。全体干部职工参与了全县"送温暖、献爱心一日捐"活动。

2008年，盐池县环保与林业局进一步加强干部职工思想作风建设，努力推进和提高机关效能建设。建立完善机关考勤考核、政务公开、财务管理等机关管理制度，实行首问责任制、服务承诺制、限时办结制、责任追究制等执法问责制度，机关效能建设作为工作人员年度考核的重要依据，与评优创先结合挂钩。积极推进"五五"普法和依法行政，组织干部职工学习《科技进步法》《农业法》《科普法》《防震减灾法》等法律法规，人均完成读书笔记1.5万字以上，撰写调研报告或心得体会2篇以上。按照县委政法综治

工作会议、党风廉政建设和反腐败工作会议、组织宣传工作会议精神，狠抓机关效能建设，实行公开政务，亮牌上岗，营造"把风气搞正，把作风搞实，按规矩办事"的良好氛围。认真落实党风廉政建设责任制，在"一把手"负总责基础上，局党委与所属各支部分别签订了《盐池县林业局2008年度党风廉政建设责任书》，制定了《盐池县林业局2008年党风廉政建设和反腐败工作实施意见》，形成一级抓一级、层层抓落实的廉政工作机制，切实做到党风廉政建设与林业工作"一岗双责"。结合工作实际，把理想信念和思想道德教育与创建文明机关相结合，营造以廉为荣、以贪为耻的良好氛围。积极创建"平安单位"、信访"三无单位"，确保林业系统安全稳定。认真做好群众来信来访，实行局领导干部信访接待日和矛盾纠纷隐患排查制度，全年收接信访件35件，解决落实35件。政务中心林业服务窗口受理行政审批事项58件，办结58件，窗口服务工作连续7个月考评获满分，在政务中心年度综合考评中获得"五个第一"的好成绩。组织干部职工向汶川大地震灾区捐款1.5644万元。5月上旬，积极配合国家林业局宣传办、国家林业局三北局宣传处联合《人民日报》、新华社、《光明日报》《经济日报》、中央人民广播电台、中央电视台6家媒体组成西部开发生态建设采访团对全县生态建设进行专题采访，进一步扩大盐池县生态文明建设成果影响展现。

2009年3月19日，根据中央总体部署，按照自治区党委《关于印发〈中国共产党宁夏回族自治区委员会关于开展深入学习实践科学发展观活动的实施方案〉的通知》（宁党发〔2008〕61号）和吴忠市委《关于印发〈中国共产党吴忠市委员会关于开展深入学习实践科学发展观活动的实施方案〉的通知》（吴党发〔2009〕17号）要求，盐池县环境保护与林业局参加第二批学习实践科学发展观活动，时间自2009年3月中旬开始到2009年8月底基本完成。在深入学习实践科学发展观活动中，盐池县环境保护与林业局围绕"统一思想，理清思路，解决问题，建章立制，突出重点，努力实现干部受教育，发展上水平，群众得实惠"的总体要求，按照县委统一部署要求，根据环境保护与林业工作实际，认真制定活动实施方案，召开形式多样的意见征求座谈会、领导班子民主生活会、党委扩大会等，认真查摆问题，制定整改措施，切实推动林业工作科学发展，迈上新台阶。认真贯彻落实4月14日—15日自治区党委书记陈建国视察盐池县生态建设等工作时提出"盐池县要以科学发展观为统领，着力夯实生态环境和水资源综合利用"的指示精神，牢固树立"抓生态就是抓生存、抓发展"理念，切实推进生态林业工作科学发展。2009年，盐池县先后完成沙泉湾国家级荒漠生态系统检测定位基地建设、集体林权制度改革试点等工作稳步推进，被评为"全区生态建设先进县"，成功创建全国林业科技示范县。

2010年，盐池县环境保护和林业局认真组织党员干部学习《中共中央关于印发〈中国共产党党员领导干部廉洁从政若干准则〉的通知》精神，严格执行党员领导干部52个"不准"，规范廉洁从政行为。安排县委学习《关于2010年度全县干部理论学习的安排意见》，加强干部政治理论学习。积极组织专业技术干部深入农村基层，宣传贯彻落实"中央1号"文件精神。总结开展学习实践科学发展观活动成果，进一步凝聚职工思想行动统一到全县生态建设重点工作和重要项目上来。根据自治区党委、盐池县委安排部署，积极组织开展"机关党的建设年"活动（2010年2月开始，12月底基本结束）。认真组织学习贯彻胡锦涛总书记来宁（来盐）视察时重要讲话精神，把思想和行动统一到全县生态建设大局上来。7月中旬，协助外交部、自治区外办、欧洲部分国家及港澳地区的14家新闻机构联合对盐池县退耕还林草情况进行访问视察和采访宣传。发挥部门功能优势，积极参与创建"国家卫生县城"各项工作。

2011年，盐池县环境保护与林业局按照《盐池县委争先创优活动领导小组2011年工作要点》安排，积极组织开展争先创优活动。在创建国家园林县城工作中，先后创建36个单位和22个住宅小区为"园林式单位（小区）"，较上年新增18个单位、16个住宅小区。认真组织党员干部学习中央纪委十七届六次、自治区纪委十届六次和吴忠市纪委三届六次全会精神，持续深入开展党风廉政建设工作；积极推进党务公开；按照县委《盐池县千名干部百日"民情大走访"活动实施方案》积极开展民情大走访活动。

2012年，盐池县环境保护与林业局按照县委开展"基层组织建设年"活动部署要求，深入推进创先争优，组织开展机关干部"下基层、解民忧、帮发展、促和谐"活动，力促党员承诺为群众办实事；组织开展"两管三评一推优""转作风、提效能、强管理、促发展"主题活动，积极创建"党员示范岗""巾帼示范岗"，引导党员干

部当表率、树标杆；认真落实《盐池县委〈建立健全惩治和预防腐败体系2008—2012年工作规划〉的安排意见》精神，组织开展机关群众民主评议基层站（场）活动，实施党务政务公开，扎实推进廉政风险防控管理，规范权力运行。牢固树立"抓环境就是抓发展"理念，高效完成全年效能目标责任制考核各项任务。

2013年，盐池县环境保护与林业局按照县委《关于开展"学党章 守纪律"集中教育活动的实施意见》要求，利用一周时间组织全体党员集中学习《党章》，进行"党章知识"现场考试；组织慰问系统老党员和困难群众。结合机关干部"下基层、解民忧、帮发展、促和谐"活动，切实为群众办实事6件；努力推动创建"五好"党支部，落实机关党建工作责任制和"一岗双责"制；严格落实"三会一课"、民主生活会、民主评议党员等规章制度，切实抓好党员教育、管理、服务和发展。全面落实《盐池县委党风廉政建设和反腐败工作任务分工》，组织开展系统行风政风民主评议，建立问题台账，实行跟踪问效，督促限期整改；推进廉政风险防控管理，规范财政权力运行，实施党务政务公开。以生态文明创建为抓手，全面提升全民环保意识，推进生态乡镇、生态村、环境友好社区、环境友好企业创建。以创建国家园林县城为抓手，积极开展生态文明和健康环保宣传活动。

2014年，盐池县环境保护与林业局按照县委统一部署，深入开展党的群众路线教育实践活动（盐池县深入开展党的群众路线教育实践活动于2月20日正式启动，为期一年），要求党员干部把学习教育放在首位，力求入脑入心，补精

神之"钙",解决世界观、人生观、价值观这个"总开关"问题。局机关累计集中学习20余次，组织专题学习5次，开展主题活动2次，撰写调研报告2篇，心得体会70余篇，上报简报信息30余份。围绕干部"四风"问题、林业生态建设和环境保护等方面征求社会各界意见建议47条，开展谈心谈话30余次，征求4个方面10项存在问题，制定"十三项专项整治行动"工作方案，逐项逐步落实整改。结合环境整治、林权改革、轮封轮牧等重点工作开展走基层解民忧活动，全局25名干部职工走访农户160户，慰问贫困群众20户，共计发放慰问金1万元，开展宣讲26场次，征求意见建议30条，反馈落实15条。扎实推进"七五"普法，局机关成立"七五"普法工作领导小组，制定印发了"七五"普法学习计划表和实施方案，规定干部职工学习法律每月不少于1次，每年学法笔记不少于3000字。在机关、基层场站、重点项目区设置法治宣传栏，重点宣传《宪法》《刑法》《中华人民共和国野生动物保护法》《中华人民共和国环境保护法》《森林法》《森林防火条例》等法律法规；利用"6·5"世界环境保护日、爱鸟周、乡镇农村赶大集等重要节日节点，加强环保生态文明宣传。

2015年，按照县委统一部署，盐池县环境保护和林业局组织机关干部开展百日"民情大走访"活动（盐池县百日"民情大走访"活动于1月10日启动，持续100天），引导党员干部深入基层群众，集中解决群众生产、生活困难问题，以及影响全县改革发展稳定突出问题。全局25名干部走访农户120户，人均到基层开展服务2次以上，慰问贫困群众20户，共计发放慰问

金1万元；开展环保林业科普"三下乡"活动15次，宣讲15场次。持续开展群众路线活动，组织开展党员干部、支部书记培训班。将建设服务型党组织与整顿软弱涣散党组织工作相结合，指导整顿基层党组织进一步加强党的建设。开展定点帮扶，投入帮扶村村部基础设施建设资金4.05万元。严格执行《廉洁从政若干准则》和"五个不直接分管"制度，推进廉政风险防控。对照事业单位分类指导实施意见，对局属5个单位进行分类，依此制定《环境保护与林业局主要职责、内设岗位和人员编制规定》，明确12项主要职责（调整9项），报县委编办审核备案。切实精简行政审批事项，压缩承诺办理时限，优化办事流程，努力做到权责一致、运转高效。严格按照规定标准对领导干部和职工办公用房进行清理调整；制定修订《机关效能建设实施意见》《年度工作考核实施办法》，量化考核标准，加强机关效能建设；完善机关财务、车辆、接待、后勤管理办法；减少文件、简报、宣传资料印发，发文数量同比下降3%；严格"三公"开支，公务接待费用同比下降5%；车辆费用开支同比下降7%。

2016年，盐池县环境保护和林业局认真落实中央八项规定和加强党风廉政建设方面有关规定，深入开展"两学一做"学习教育。制订学习计划，围绕"六查六看六树"要求，开展系列学党章党规、学系列讲话、做合格党员活动。局机关累计开展集中学习56次，组织专题讨论41次，班子成员讲党课8次，开展知识竞赛1次，观看警示教育片126人次，观看《榜样》等专题片65人次，撰写心得体会近300篇。按照"落细落小、因岗制宜"原则，建立一般问题台账和

机关服务岗、审批岗、窗口岗、执法岗 4 个个性问题台账，按照问题台账，逐项进行整改。共查摆班子问题 9 个，班子成员个人问题 138 个，完成整改 113 个，长期坚持整改问题 25 个。扎实开展贯彻中央八项规定精神"回头看"，严格执行"一岗双责"、党风廉政建设主体责任"五张清单"，积极推行"五个不直接分管"制度，加强监督指导和督导检查，切实将全面从严治党、管党的要求和责任贯穿基层，落实到支部，推动党风廉政建设全面进步、全面过硬。持续抓好党员组织关系集中排查，切实将每名党员纳入组织管理；按照县委组织部统一要求，加强二线干部在职管理。机关干部全体参与精准扶贫工作，一般干部人均包扶 1 ~ 2 户建档立卡户，领导干部人均包扶 3 ~ 5 户建档立卡户；全年人均走访入户 8 次以上，户均发放慰问金 200 元；开展集中帮扶慰问建档立卡户 1 次，帮扶化肥等生产、生活用品合计 3.8 万元；入户开展政策帮扶、宣讲 80 余次。

2017 年，盐池县环境保护与林业局认真按照"两学一做"学习教育常态化、制度化"四个合格"（政治合格、执行纪律合格、品德合格、发挥作用合格）要求，切实把"两学一做"学习教育融入日常、抓在经常。局机关累计开展集中学习 27 次，组织专题讨论 22 次，班子成员讲党课 3 次，撰写心得体会 175 篇，组织开展现场警示教育 1 次，参加机关干部"下基层" 53 人次，为群众办实事 18 件。6 月 30 日，邀请自治区生态环境厅驻花马池镇盈德村第一书记任建东同志结合自治区第十二次党代会精神作"七一"专题辅导；7 月 14 日，邀请自治区党校杨丽艳教授到

机关宣讲自治区第十二次党代会精神。9 月，组织系统离退休老干部对城北防护林工程、城南万亩生态园、猫头梁治沙区和沙泉湾生态建设区等重点项目进行观摩视察，增强党组织的凝聚力和向心力。认真落实党组织"三会一课""5+X"主题党日、民主评议党员制度，开展党员基本信息采集，切实将每名党员纳入组织管理。扎实推进党的组织建设，将"两学一做"学习教育、创建星级服务型党组织和整顿软弱涣散党组织有机结合；建立党员教育"积分制"示范，跟踪指导"无星"党支部整改。全员参与精准扶贫，一般干部人均包扶 1 ~ 3 户建档立卡户，领导干部人均包扶 3 ~ 5 户建档立卡户，全年人均入户走访 17 次以上；局机关为包扶村提供绿化苗木及办公、体育设施合计 4.35 万元，为包扶村 15 户易地搬迁贫困户补助村道铺设资金 0.64 万余元，包扶干部合计开展进村入户政策宣讲 80 余场次。扎实推进开展涉农扶贫领域腐败问题专项整治，制定《盐池县环林局涉农资金项目监督管理办法》，进一步规范森林生态效益补偿资金、退耕还林补助资金、护林员专项资金、公益林补偿资金等涉农扶贫领域项目资金管理。认真落实市、县联合巡察组专项巡察反馈 2 项问题有效整改；持续深化执行中央八项规定精神"回头看"问题整改；严格落实"一把手"述责述廉、班子成员"一岗双责"和"一把手""五个不直接分管"制度，建立"问题、责任、问责"三张清单，用好勤政廉政提醒约谈记录本，加强监督指导和廉政检查，切实将全面从严治党、管党要求和责任贯穿到基层，落实到支部。

2018 年，盐池县环境保护和林业局认真落

实全面从严治党要求，坚持党建与业务工作同安排、同部署、同推进。局党委与各支部签订了《2018年度基层党建目标管理责任书》，制订下发《环境保护和林业局党委2018年党建工作计划》，要求各支部结合实际制订全年党建工作计划。建立党委会定期研究党建工作、党建工作例会、党建工作督查和领导班子成员党建联系点制度，党委及支部分别建立了党组织书记抓党建成绩、问题、任务、责任"四个清单"，重点突出问题、任务、责任落实。鼓励各支部开展学习研讨、党员到社区服务报到等形式，丰富党支部"三会一课"和"5+X"主题党日活动形式。深入学习贯彻党的十九大精神和自治区第十二次党代会精神，围绕"两学一做"学习教育常态化、制度化，组织党建知识测试5场次，通过干部网络、专业技术人员网络及廉政教育网络学习平台参学人员达到75人，实现干部职工网络学习全覆盖。组织党员干部开展中央八项规定精神制度学习月活动，参与观看《贪欲之祸》《镜鉴》等专题教育片、开展警示教育专题讲座70余人次。建立完善"三级党费收缴"制度。坚决落实中央第八巡视组、自治区党委第二巡视组巡视反馈问题整改，第八巡视组反馈由环境保护和林业局牵头整改的1个问题和自治区党委第二巡视组反馈配合整改的29个问题全部整改到位。按照县纪委、县委组织部统一部署，按照程序组织召开了执行中央八项规定精神专题民主生活会、从严整改中央巡视和自治区党委巡视反馈问题专题民主生活会。

2019年5月29日，盐池县自然资源局第一届机关党委选举产生，下设6个党支部，共有党员103名，其中在职党员71名，离退休党员32名。自然资源局机关党委自成立以来，始终坚持党风廉政建设与业务工作同安排、同部署、同推进。注重加强基层组织建设，夯实党员教育管理，为6个支部配备政治过硬、责任心强的支部书记和年轻党务干部。确立党员发展对象1名，培养入党积极分子3名，提交入党申请人4名。按程序组织召开党建例会、政治+业务学习会、中心组学习会、"5+X"主题党日和党建督查会，专题召开马克思主义民族观宗教观中心组专题理论学习会1次、专题研讨会1次、意识形态部署会1次、保密工作专题会1次。累计开展集中学习73场次，知识测试6场次，全体党员干部参加了学习强国APP和干部网络学习。参加芙蓉社区开展"庆祝新中国成立70周年"文艺表演1次，帮扶小井坑社区城镇贫困群众106户209人。组织成立了生态环保自然资源服务队；局机关成功创建为"自治区文明单位"；妥善处置网络舆情2条。下发《盐池县自然资源局关于进一步贯彻落实习近平总书记重要指示精神　加大形式主义、官僚主义突出问题集中整治的通知》（盐自然党组发〔2019〕10号），从七个方面梳理突出问题8个，全部完成整改；问责党员干部4名，开展典型案例警示教育1次。根据县委统一部署，制定《关于印发盐池县自然资源局在全局开展"不忘初心、牢记使命"主题教育工作实施方案》，把土地征收、矿产资源开发、自然资源确权登记等主责主业问题纳入调查研究范围，将自然资源系统内行业乱象整治作为整改落实重点，完成调研报告6篇，梳理查摆问题24条，逐一进行整改。积极开展扫黑除恶专项斗争，成立领导小组和线索管理、档案管理、宣传报道、督办等 5 个工作小组，制定细化方案，召开专题会议 28 次。以生态治理工程建设、非法侵占林地草地、抢种抢建、破坏耕地、非法倒卖宅基地、非法采矿 6 类违法违规行为为重点，串并分析行政违法、行政转刑事、信访等案件 207 宗，上报摸排涉黑线索 33 条，办理上级转办线索 44 件，整治自然资源行业乱点乱象问题 33 个。

2020 年，盐池县自然资源局党委严格落实党风廉政建设责任制，制定完善全面从严治党"三个清单"，与各站（所）主要负责人、6 个党支部书记分别签订了《党风廉政建设责任书》；排查梳理廉政风险点 24 项，制定廉政风险防控措施 43 条。认真组织对中央第八巡视组、国家审计署扶贫领域专项审计组、自治区第二巡视组、自治区第六巡视组、自然资源西安督察局督察组、县级专项审计组专项巡视、巡察、审计反馈问题进行再梳理和"回头看"，确保巡视巡察和专项审计反馈问题彻底得到整改落实。通过"月督查 + 月通报"方式，定期研究、安排、检查、促进党建工作。组织党员干部重点围绕习近平新时代中国特色社会主义思想重要精神和重要指示批示，运用"三会一课""5+X"主题党日、"学习强国"等平台载体开展经常性学习和重点研究贯彻，组织召开中心组理论学习会、党建工作会、意识形态工作会 22 次；培养确定预备党员 2 名、入党积极分子 12 名、入党申请人 1 名。通过落实党员领导干部谈心谈话制度、设立意见箱、开通"6013392"民意热线、"12345"网络投诉平台，向社会各界和服务对象发放征求意见表等形式征集意见建议 49 条（"12345"网络平台 31 条、其他方式征求意见 18 条），逐条落实整改。推进扫黑除恶专项斗争方面，先后召开专题会议 25 次，集中梳理土地、矿产、规划、测绘、林草 5 个方面行业乱点乱象，串并分析近年来行政违法、行政转刑事、信访等案件 500 余宗，上报摸排涉黑线索 37 条，办理上级转办线索 51 件，承办"三书一函"[《监察建议》《司法建议书》《检察建议书》、公安机关提示（建议）函] 22 件，整治自然资源行业乱点乱象问题 63 个。联合发改、水务等 17 个部门和乡镇，全面推进"三线"（2019 年 5 月，中共中央国务院办公厅下发《关于建立国土空间规划体系并监督实施的若干意见〈中发〔2019〕18 号〉》，提出关于国土空间保护的生态保护红线、永久基本农田、城镇开发边界）管控、自然资源产权、能耗"双控"（指能源消费总量和强度双控）制度等 5 项改革。根据《盐池县工业园区"僵尸企业"处置工作实施方案》，配合工业园区管委会兼并、重组、盘活县内"僵尸企业"8 家，整治工业低效用地 1459 亩。进一步梳理行政审批事项，按照"应进必进"原则，确定 2020 年进驻政务大厅事项 109 项，全年累计办件量 6.8779 万件；全年公开各类政务信息 155 条。

第五节　社会主义精神文明实践

2000年5月5日，时任中共中央政治局常委、国家副主席胡锦涛视察盐池县生态建设工作，专程到柳杨堡乡沙边子村看望全国"三八"绿化标兵、环保百佳先进个人白春兰后，全县掀起新一轮生态建设高潮，县委、县政府积极选树生态建设先进典型，大力推进生态文明建设。林业部门按照县委、县政府统一部署，包村扶贫苏步井乡硝池子村解决温饱问题（1983—1993年，国家"三西"地区扶贫建设分阶段实施目标是"三年停止破坏，五年解决温饱，十年二十年改变面貌"），帮助该村种植冬小麦800亩、春小麦90亩、玉米300亩、麻子（苴麻）5800亩、葵花75亩、山芋6200亩、荞麦5000亩；修筑村道5千米、绿化育苗10亩、种植药材300亩，共计投入资金2万元，捐赠衣被143件；组织劳务输出975人，创收130万元。

2001年，盐池县林业部门结合建党80周年、红军长征胜利暨盐池解放65周年，积极推进城乡林业生态建设，全县生态文明取得丰硕成果，全国人大常委会副委员长姜春云、联合国荒漠治理考察团、日本国政府官员和专家考察团、佛得角非洲独立党代表团、吉林省党政代表考察团以及自治区政协主席任启兴、自治区人大常委会副主任马昌裔、自治区政府副主席陈进玉等领导、专家先后视察了盐池县生态建设成果。宁夏大学沙漠化防治生态教育与科技开发基地在盐池县落户；全国防沙治沙工程——毛乌素沙地盐池县柳杨堡试验示范基地通过自治区级验收，沙边子村成为全国治沙新样板；盐池县被自治区人民政府表彰为2000年度全区生态建设先进县；1月6日，盐池县高沙窝乡余庄子村农民余聪当选由团中央、农业部、水利部、财政部、国家林业局、全国青联联合评选的"第五届中国十大杰出青年农民"。10月24日—26日，由盐池县政府主办，县直有关部门配合，盐池县利源交通股份有限公司在无量殿（后更命名为花马寺）承办了"盐池县首届生态旅游节"，期间开展了系列生态旅游观光活动，举办了摩托车邀请赛、秦腔演出、赛马赛驴等表演。

2003年1月25日，盐池县委召开治沙18勇士命名及百名城建有功人员表彰大会，全面掀起生态文明建设新高潮。县委确定当年为"生态旅游年"，制定出台了《关于加快发展旅游的决定》，举办了第三届生态旅游节，盐池县沙生植物园、宁夏防沙治沙生态教育与科学开发基础的相继启动，组织举办了全县草原禁牧培训班，持续推进生态文明全面发展。党的建设和精神文明实践方面，根据县委组织部统一安排，盐池县林业局副科级以上党员干部结对帮扶农村贫困党员6名，由林业局统一向结对帮扶党员发放苜蓿、柠条种子各5千克，安排退耕还林指标1亩，想方设法帮助帮扶对象年内实现基本脱贫。

2004年6月14日，全国政协常委、自治区原党委书记黄璜在区、市有关领导的陪同下视察了盐池县社会经济发展情况，对盐池县在生态建设方面取得的成果给予充分肯定。12月27日在全县"两个文明"建设总结表彰会议上，专题举行了《盐池县生态建设志》首发式。是年，盐池县林业局党员干部积极开展为群众办实事活动，在日本援助项目区、四儿滩项目区各发展滩鸡饲养户10户，每户扶持滩鸡500只；投资3万元修筑了李华台至城西滩移民区道路；为城西滩固原、泾源地区移民到盐池农户解决口粮补助合计1.2万元；为惠安堡镇大坝村扶持发展资金0.3万元；为城西滩固原地区吊庄移民户中的114户贫困户解决购买化肥等农用资金1.14万元。配合全县教育"两基"（基本普及九年义务教育、基本扫除青壮年文盲）攻坚任务，为县内部分中小学校解决绿化苗木6.7万株，投入绿化资金10.5万元。

2006年，盐池县林业局主动开展社会主义精神文明实践，切实为群众办实事，先后为118户西海固吊庄农民每户解决购买化肥补助100元；完成盐池三中、大水坑二小校园绿化；为8个天然林保护区投放滩鸡1200只；为包扶李庄子、大疙瘩村贫困户解决扶持资金4000元，并为村部赠订了《吴忠日报》《宁夏日报》等党报刊物。

2008年1月2日，盐池县委书记王文宇、县长李卫宁、人大常委会主任刘继远、政协主席高盐芬带领有关部门深入沙边子村召开现场办公会，就修建"白春兰绿色家园"有关具体事项进行逐一落实，充分体现了县四套班子对生态建设有功人员的关爱和支持。5月9日，由国家林业局宣传办、国家林业局三北局宣传处联合《人民日报》、新华社、《光明日报》《经济日报》、中央人民广播电台、中央电视台6家媒体组成西部开发生态建设采访团对盐池县生态建设成果进行了专题采访。5月22日，吴忠市造林绿化现场观摩会在盐池县召开。9月22日，大型现代眉户剧《大漠春兰》在盐池县人民会堂首场试演。《大漠春兰》以冒贤、白春兰治沙事迹为主线，再现冒贤、白春兰夫妇不畏艰辛、治理沙害的感人事迹。该剧聘请国内知名导演黄天执导，由全国政协委员、中国秦腔四大花旦之一、梅花奖得主柳萍女士主演，9月27日，《大漠春兰》在银川市武警总队礼堂举行首演。是年，盐池县林业局严格按照县委、县政府开展"两大工程"（城市环境综合整治、绿化美化工程）工作统一安排，组织干部职工包片负责环境整治，组织开展相关部门、乡镇绿化美化工程。组织参与了全县"迎奥运、庆大庆、争两创"建党87周年合唱比赛；开展了向四川地震灾区捐款活动。

2009年1月13日，自治区人民政府命名盐池县为"自治区园林城市"。3月31日，吴忠市政协组织政协常委视察了盐池县生态绿化建设工作。自6月1日起，盐池滩羊、甘草宣传广告在CCTV—7《农业节目》和"乡村大世界"栏目连续播出1个月。11月，盐池县文艺工作者创作的歌曲《走进哈巴湖》《沙原明镜》分别荣获由中国群众文化学会艺术服务中心组织的"神州歌海·第六届中国群众创作歌曲大赛"金、银奖。10月，冒贤、白春兰治沙业绩园被自治区党委、政府命名为第三批自治区级爱国主义教育基地。

2011年，盐池县环境保护与林业局切实为群众办实事6件：筹资24万元集中对花马池镇冒寨子村、大水坑镇马坊村、高沙窝镇大圪塔村和南梁村、王乐井乡张步井村、冯记沟乡灌区调庄等6处饮用水水源地实施重点保护；筹资10万元帮助高沙窝镇扎设草方格巩固流沙1万亩，植树3000亩；资助包扶村4名二本以上新录取大学生学费4000元；筹资2万元修筑包扶村村级道路2条；筹资6万元实施"双到"扶贫工程，帮助冯记沟乡冯记沟村和丁记掌村20户村民发展特色种植、养殖产业；筹资14万元协助冯记沟乡开展农田水利基本建设和民情大走访活动。组织开展花马广场"绿化家园，保护生态"文艺晚会；配合中央和区、市、县新闻媒体采访报道生态环境建设成果，全年编发环保生态林业信息稿件102篇，其中报刊报道27篇（《光明日报》2篇、《宁夏日报》5篇、《吴忠日报》20篇），网络报道44篇（人民网2篇、新华网2篇、盐池信息网29篇、宁夏环保信息网11篇），电视报道31次（中央电视台1次、宁夏电视台经济频道2次、吴忠电视台10次、盐池电视台18次）。

2012年1月5日，盐池县被世界著名品牌大会组委会公布为2011年度中国最具投资潜力特色示范县200强之一。盐池县环境保护与林业局被授予"区级文明单位"；防沙治沙工作经验通过人大提案在全国推广，先后被中央电视台、凤凰卫视等媒体进行专题报道；生态建设工作获全市考核一等奖；林权制度改革顺利通过自治区林改领导小组验收，林权登记合格率达100%、林权纠纷调处率达100%、档案合格率达100%、农户满意率达到96.5%，13万农民从中获益。结合生态移民整体工作推进，先后在北塘、长城、十六堡、隰宁堡、猫头梁、官滩等18个村庄实施村庄绿化1155亩。

2013年，盐池县围绕建设宁夏东部特色生态旅游城市、打响"古韵长城、红色盐池、沙海绿洲"旅游品牌，开工建设了长城旅游观光带、古城墙修复等工程，开通了盐池旅游网，大力发展长城自驾游、生态观光游、特色体验游，促进生态文化旅游业融合发展。7月，新华社总社社长李存军专程采访了治沙英雄白春兰、张生英，撰写的新闻通讯《三北造林记》在《新华每日电讯》发表，被全国多家媒体转载。宣传、文联等部门组织举办了第三届"生态盐池 美丽县城"戏曲歌曲大家唱活动，吸引了上百名戏曲爱好者参与戏曲演唱，进一步扩大了生态文明建设成果。盐池县环境保护和林业局按照县委、县政府统一部署，狠抓"两大任务"（招商引资、争项目争资金）落实情况，完成招商引资到位资金10000万元，完成目标任务的100%；争项目争资金认定项目12个，合计资金14386万元，完成目标任务的110.6%。全局26名党员干部结合"下基层、解民忧"活动，走访农户510户，慰问贫困户10户，每户发放慰问金500元，宣讲惠民政策70场次，收集群众社情民意90余条。

2014年，盐池县环境保护和林业局按照县委关于《盐池县深入开展社会主义核心价值观宣传教育实践活动的实施方案》要求，在机关和基层单位深入开展道德讲堂等教育活动,营造"讲文明 树新风"良好社会氛围;组织干部职工参与全县创建国家文明县城志愿行动,向县城社区提供"菜单式"服务;参与全县创建全国健康促进县试点任务分工;组织党员干部到盐池县革命烈士纪念园举行缅怀革命先烈、弘扬革命传统公祭烈士活动。根据县委、县政府"两大任务"统一部署要求,洽谈引进项目5个,意向投资1.05亿元,占计划任务的105%;争项目争资金方面认定项目21个,合计资金1.53亿元,占计划任务的102%。

2015年,盐池县环境保护和林业局党委按照县委统一要求,组织开展了"解放思想、加快开放、创新驱动、促进发展"大讨论活动。根据全县"两大任务"统一部署要求,洽谈引进项目1个,计划投资1亿元,占总任务的100%;认定项目15个,资金1.54亿元,完成目标任务的103%。

2016年,盐池县环境保护和林业局按照县委、县政府脱贫攻坚总体部署,统筹推进林业生态建设促进精准扶贫工作。根据盐池县2016年实现"两个率先"(率先在宁夏脱贫、率先进入小康社会)目标要求,紧抓精准脱贫工作落实。抽调51名党员干部组成两个扶贫工作组,进村入户,开展精准扶贫。为包扶的冯记沟村和丁记掌村77户建档立卡户制订精准脱贫计划;包扶责任人人均走访入户15次以上,宣讲惠民政策80余场次;先后为建档立卡户帮扶购买化肥补助款3.8万元;为6户极贫户每户帮扶生活救济款0.5万元;为冯记沟、丁记掌和暴记春3个行政村帮扶基础设施建设、环境整治资金20万元。支持党员联系社区开展基层服务,帮扶资金0.5万元。配合麻黄山乡精准扶贫工作,种植大接杏1300

亩;实施新泉井等17个美丽村庄造林绿化,完成人工造林601亩;在全县建档立卡户中选聘生态护林员600名、天保护林员近400名,兑现护林员工资合计450余万元。组织对柳杨堡、青山、马儿庄等30个精准脱贫销号村实施了农村环境整治项目生活垃圾收集转运系统提标改造工程。大力推广发展柠条平茬利用,以林补饲,以林助畜,促进贫困养殖户增收;将新一轮退耕还林、荒山造林、防沙治沙等重大生态工程项目向县域贫困地区和生态移民区倾斜,以项目实施推动贫困人口如期脱贫;严格项目准入,做好绿水青山保护工作,及时开展环境监察。全年完成"两大任务"认定项目14个,认定资金1.69亿元,完成计划任务的113%。

2017年,盐池县环境保护和林业局统筹协调环境保护和生态建设项目,全力协助脱贫攻坚工作,努力完成包扶村实现脱贫致富目标。继续对23个精准脱贫销号村实施农村环境整治项目生活垃圾收集转运系统提标改造工程。配合精准扶贫工作,安排麻黄山乡部分农户和建档立卡户种植大接杏3000亩。着力抓好美丽村庄建设项目,美化绿化乡容村貌,以项目实施改善人居环境、带动农民增收。不断完善建档立卡户担任生态护林员、天保护林员选聘管理体制。持续将重大生态建设工程项目继续向县域贫困地区和生态移民区倾斜。扎实推进落实县委、县政府脱贫攻坚"六个坚持"(坚持脱贫攻坚目标、坚持解决突出问题、坚持狠抓精准扶贫落地、坚持激发内生动力、坚持从严考核监督、坚持在脱贫攻坚中培养锻炼干部)工作要求;及时掌握帮扶村发展困难,全力助推包扶村脱贫致富。2017年,盐池

秋日盐州园（2020年10月薛月华摄）

县环境保护和林业局签约招商引资项目2个，签约资金3.4亿元（其中盐池县垃圾微生物裂解气化工程项目计划投资1.3亿元，高沙窝工业园区塑料袋编织厂建设项目计划投资2.1亿元），完成任务的68%；争项目争资金认定项目4个，认定资金0.96亿元，完成目标任务的60.07%。

2018年，盐池县环境保护和林业局先后获得"全国林业系统先进集体""'三北'防护林体系建设工程先进集体"。组织开展了"世界环境保护日"集中宣传，举办了"夏季消防知识公益讲座"；《宁夏日报》《中国绿色时报》《中国经济时报》、宁夏电视台等媒体先后专题采访报道盐池县生态建设成果30余次。完成县委、县政府下达争项目争资金任务1.8亿元，共争取各类项目资金18139.2万元，完成目标任务的101%；与宁夏松涛生态环境园集团有限公司达成4亿元拟建生态环境园的投资意向。

2019年，盐池县自然资源局积极探索创新绿色脱贫模式，强化林草资源管护利用，破解滩羊产业持续发展瓶颈。依托全县260多万亩柠条资源，加大柠条平茬扶持力度，年均平茬柠条20万亩，年均可为畜牧业提供饲草40余万吨；先后建成饲草配送中心1个、柠条饲草加工厂8个，辐射带动饲草加工点200余个。鼓励群众"把草当粮种"，推广种植以苏丹草为主的一年生优质牧草10万亩以上，建成高产优质苜蓿示范区10个，多年生优质牧草留床面积79万亩，真正实现以林补饲、以草助畜，有效缓解草原禁牧与滩羊舍饲之间的矛盾，全县滩羊饲养量由禁牧前的80万只增长到2019年的315万只，确保群众稳定增收。注重林业生产"建、管"结合，破解生态奖补政策带动乏力瓶颈，全县累计兑现森林生态效益补偿资金4904.5万元，其中兑现建档立卡户1245.01万元（2019年兑现4894户291万元）；兑现退耕还林补助资金7960万元，其中兑现建档立卡户2039.2万元（2019年兑现1226户583.75万元）；选聘就业困难和无发展产业的建档立卡贫困人口担任生态护林员1180名，护

2020 年 4 月 23 日，冯记沟乡机关党支部、回六庄村党支部组织党员干部开展"我为家乡添抹绿"义务植树活动

林员年均增收 1 万元；2019 年兑付 341 名天保护林员工资补助 289.5 万元，其中建档立卡贫困人员 161 人 137.86 万元。大力开发生态旅游，破解生态效益向经济效益转化难的瓶颈。依托良好的生态环境，精心打造花马寺生态旅游区、哈巴湖景区、白春兰防沙治沙业绩园、长城旅游观光带等生态旅游景点，培育了长城自驾游、乡村休闲游、农家体验游等特色旅游产品，生态旅游已成为县域经济发展新的增长点，2019 年全县旅游人数突破 126 万人次，旅游综合收入达到 4.07 亿元，实现了"生态也能当饭吃"的良好愿景。坚持项目带动，破解贫困群众增收渠道单一瓶颈。实施重点造林绿化工程和林木抚育管护时，充分发挥项目带动能力，优先使用本地优质苗木，优先雇佣建档立卡户，让更多农户参与防沙治沙、围城造林、村庄绿化等生态建设工程，有效拉动贫困群众脱贫致富。自 2016 年全县开展精准扶贫工作以来，自然资源局（环境保护和林业局）先后抽调 5 名党员干部驻村包扶惠安堡镇隰宁堡村、冯记沟乡冯记沟村、花马池镇硝池子村，系

统 101 名党员干部分别针对冯记沟村、丁记掌村以及惠安堡镇狼步掌村、杜记沟村、麦草长村 101 户 363 名贫困人口展开结对帮扶。2019 年，自然资源局先后荣获自治区科学技术进步二等奖，吴忠市 2018 年度耕地保护责任目标考核一等奖；连续 4 年违法案件质量评查评定为优秀等级。局党委先后获得县直机关"唱红歌、颂党恩、庆七一"合唱比赛一等奖，全县"学习强国"知识竞赛团体一等奖。全年争取各类项目资金 27391 万元，占年度目标任务的 105.35%；完成招商引资 8200 万元，占年度目标任务的 27.33%。

2020 年，盐池县自然资源局积极利用"6·25 全国土地日""8·29 全国测绘日""12·4《宪法》宣传日"和森林草原防火宣传月等重要节日节点，普及自然资源保护知识。加强社会治安综合治理，不断巩固提高"平安单位"创建成果。切实推动基层行政减负，全年公文印发和召开会议数量较 2019 年度分别减少 24%、10.5%。全年承办人大议案 15 件，政协提案 1 件；接受政协民主评议 1 次。

第九章　人物　先进

红绡占秋场（摄于 2014 年 10 月）

新千年以来，盐池县委、县政府牢固树立生态立县"战略"，坚定秉持"绿水青山就是金山银山"理念，持续加强林业生态建设，大力弘扬生态文明精神。全县林业工作者、人民群众为全县生态环境改善付出了巨大心血，取得了显著效果，涌现出一大批先进集体和先进个人，为盐池生态建设作出了突出贡献，凝聚了可贵精神力量。一名先进就是一个榜样，一个模范就是一面旗帜。他们在平凡岗位上做出了极不平凡的业绩，集中体现了爱岗敬业、争创一流、艰苦奋斗、敢于创新、淡泊名利、乐于奉献的优秀品格。他们的奋斗足迹，一定会鼓舞、鞭策更多的同行者去追随、践行、奉献。

第一节　人物简录

人物简录主要收入历任盐池县委绿化委员会、退耕还林工作领导小组组长、副组长；全国和省部级劳动模范、绿化奖章获得者；盐池县委、县政府命名"治沙十八勇士"；盐池县环境保护和林业系统高级林业工程师、林业工作突出贡献者。

1999年7月23日，盐池县委研究调整绿化委员会组成成员，由县人民政府副县长齐光泽任主任；2001年10月11日，盐池县委成立退耕还林（草）工作领导小组，盐池县委书记、县长何国攀任组长，副县长齐光泽任副组长；2018年6月1日，盐池县委调整绿化委员会成员，县委副书记、县长戴培吉任主任，县委常委、副县长吴科任副主任。2000—2020年期间，除上述三次县委对绿化、林业工作领导机构进行明文调整外，随着县委、县政府主要领导人事调整，县委绿化委员会、退耕还林（草）工作领导小组工作由继任领导延续承担。

一、历任盐池县委绿化委员会、退耕还林工作领导小组组长、副组长

齐光泽　男，汉族，1955年10月出生于陕西省吴旗县，大专文化，中共党员。1975年在吴旗县一中参加工作，1983年调盐池县教育局工作；1986年至1996年12月，先后任盐池县政府办公室副主任、主任，县教育局局长、党委书记等职；1997年1月任盐池县委常委，同年3月挂职福建省福清市委常委、副市长；1998年3月任盐池县政府常务副县长；1999年7月任盐池县委绿化委员会主任；2001年10月任县委退耕还林工作领导小组副组长；2002年12月调任吴忠市利通区委副书记。任盐池县常务副县长近五年间，针对全县林业生态建设提出系列决策依据和应对措施，突出生态优先战略，实行农、林、水、牧综合治理，到2002年全县人工造林面积累计达到280万亩。1999年主持推行农村草原承包经营责任制，实施工程围栏草场80万亩，封育补播改良草原180万亩；积极推广人工优质牧草种植，多年生紫花苜蓿留床面积达到40万亩；主持生态移民工作，新开发灌区面积64万亩，发展井窖灌溉农业1.5万亩，安置生态移民2.5万人。在以整治荒漠化为重点的生态建设中，全县农民人均纯收入由五年前的603元提高到2002年的1400元左右。工作实践之余注重理论研究，先后代县委、县政府起草了大量农业、生态建设方面

的规范性文件和调研报告。

黄学银 男，汉族，1949 年 3 月出生于宁夏青铜峡市，大学学历，政工师，中共党员。1996 年 12 月任中共盐池县委书记。2001 年 11 月调任自治区人大常委会农环委副主任。在盐池工作期间，盐池县委提出于 1997 年实现基本脱贫，年内解决 4200 户、20000 名贫困人口温饱问题，摘掉苏步井、麻黄山、后洼三个区定贫困乡帽子。为此县委提出"吃饭必抓水，花钱靠养羊，生存靠治沙"发展思路，突出抓好"一二三四"扶贫开发重点，即抓住一个主旋律，解决两个问题，突出三个重点，搞好四个基地建设，具体抓手为：把握年内实现基本脱贫目标；抓好以扬黄灌区为主的农业生产和以滩羊为主的畜牧业生产，解决群众吃饭、花钱两个问题；突出以扬黄灌区为主的水利建设、畜牧业生产、资源开发三个重点；抓好粮食生产、畜牧业、中药材、马铃薯淀粉四个基地建设。以基地带农户，以龙头促基地，走产加销一体化之路，巩固提高扶贫成果，为稳定脱贫进而实现小康奠定基础。

何国攀 男，汉族，1955 年 8 月出生于甘肃省镇原县，研究生学历，高级政工师、农艺师，中共党员。1997 年 12 月任中共盐池县委副书记、县长。2001 年 11 月任盐池县委书记、人武部党委第一书记。2004 年 5 月任吴忠市委常委、红寺堡开发区党工委书记、管委会主任，后任吴忠市常务副市长等职。在盐池工作期间，县委、县政府确定1998 年为"通电、通路"年，1999 年确定为"普九"攻坚年，2000 年确定为"城市建设年"，2001年确定为"扶贫开发年"。2002 年确定为"生态建设年"，县委制定出台了《关于加快生态环境建设

与大力发展草畜产业的意见》，按照"北治沙，中治水，南治土"原则，加大生态环境建设力度，先后组织实施了草原禁牧、草原承包、发展舍饲养殖等重点工作，启动了日本国政府援助治沙造林项目，促进花马寺森林公园立项评估，举办了第二届生态旅游节等生态文化宣传活动。2003 年确定为"生态旅游年"，县委、县政府制定出台了《关于加快发展旅游的决定》，盐池县生态旅游基地、沙生植物园、宁夏防沙治沙生态教育与科学开发基础的相继启动；"花马寺国家森林公园"和"哈巴湖国家级自然保护区"获得批准；草原承包通过自治区验收，组织举办了盐池县第三届生态旅游节；表彰命名了全县"治沙十八勇士"；积极推进三北防护林、围城造林等生态环境改善工程，加大林业科技推广，努力促进生态文明建设。

张柏森 男，汉族，1964 年 10 月出生于宁夏平罗县，研究生学历，工程师、经济师，中共党员。2001 年 11 月任盐池县委副书记、县长，2004 年 5 月任盐池县委书记、县长，2004 年 9 月任盐池县委书记，2006 年 4 月任石嘴山市副市长。在盐池工作期间，组织开展了草原禁牧、草原承包、退耕还林、城乡造林、生态移民、发展舍饲养殖、林草转化、新农村建设等重点工作，积极推进"三北"防护林、爱德项目二期、日援项目三期等生态环境改善工程；持续加强资源管护、环境保护、草原禁牧、草原执法等生态管理工作；加大宁夏干旱带林业科技、实用技术推广，组织举办了第二、第三届生态旅游节，使全县生态文明建设迈上新台阶。

沈 凡 男，汉族，1962 年 8 月出生于宁夏中宁县，大学学历，政工师，中共党员。2004 年

9 月至 2005 年 1 月任盐池县委副书记、代县长；2005 年 1 月至 2006 年 3 月任盐池县委副书记、县长；2006 年 3 月至 2006 年 8 月任中共盐池县委书记；2006 年 8 月后任吴忠市红寺堡开发区管委会主任、自治区党委组织部副部长、自治区党委统战部常务副部长等职，2021 年 2 月当选为自治区人大常委会副主任。在盐池工作期间，组织开展了草原禁牧、退耕还林（草）后续产业、城乡造林、资源管护、林业环保、林草转化、易地扶贫搬迁等重点工作；积极推进了三北防护林、爱德项目、日援项目等重点林业工程实施。

王文宇　男，汉族，1963 年 3 月出生于宁夏中宁县，大学文学学士，中共党员。2006 年 3 月起任盐池县委副书记、代县长；2006 年 8 月任盐池县委书记；2008 年 1 月后历任固原市委常委、原州区委书记，中卫市委常委、海原县委书记，固原市委副书记、政法委书记、组织部部长，自治区林业厅党组书记、厅长，自治区农牧厅党组书记、厅长，石嘴山市委书记、市人大常委会主任，自治区人大常委会机关党组书记，石嘴山市人大常委会主任，自治区人大常委会秘书长等职。在盐池工作期间，持续加强退耕还林、退牧还草工程，积极推进中部干旱带设施农业、林业科研基地、黄河中游防护林、林木资源管理、哈巴湖国家级自然保护区规划及甘草产业、城乡绿化、干线公路绿化等工作。2006—2007 年，盐池县先后被评为全国绿化先进集体、全国防沙治沙先进集体、全国天然林保护工程管理先进集体。

李卫宁　女，汉族，1970 年出生于吴忠市利通区，研究生学历，中共党员。2005 年 1 月任盐池县副县长，分管文化旅游等工作；2005 年 8

月任共青团吴忠市委书记；2006 年 9 月后任盐池县委副书记、代县长、县长；2008 年 1 月任盐池县委书记、县长；2008 年 3 月任盐池县委书记；2009 年 2 月后任吴忠市副市长等职。在盐池县工作期间，持续开展草原环境保护，推动退牧还草后续产业发展、林业科技推广，组织开展生态移民、秋季农田水利建设、城乡环境综合整治暨绿化美化等社会主义新农村建设任务。

刘鹏云　男，汉族，1962 年出生于甘肃省庄浪县，研究生学历，中共党员。2008 年 3 月后任盐池县委副书记、代县长、县长；2009 年 2 月任盐池县委书记；2011 年任盐池县委书记（副厅级）；2013 年 12 月任自治区交通运输厅副厅长、党委委员。在盐池工作期间，认真落实生态移民、整村推进等扶贫政策措施；着力推进"三北"防护林、日援项目、沙泉湾生态综合治理示范区、花马寺生态资源综合利用工程、哈巴湖自然保护区规划建设和绿化造林、林业经济发展等工作。县委制定出台了《关于加快甘草产业发展的意见》《关于加快生态建设的意见》及《盐池县集体林权制度改革工作实施方案》等政策性文件，有力促进了林业产业发展和生态环境改善，在全县基础设施、草原保护、城乡一体化、农田水利建设、县城新区规划建设、创建国家园林城市和卫生城市等方面作出重要成果和贡献。

赵涛　男，汉族，1975 年 3 月出生于宁夏海原县，党校研究生学历，中共党员。2009 年 2 月起任盐池县委副书记、代县长、县长；2012 年 9 月任盐池县委副书记、县长（副厅级）；2013 年 12 月任盐池县委书记；2015 年 4 月任共青团宁夏区委书记、党组书记。在盐池县工作期间，围绕全县生态环境改善，积极推进花马寺国家森林公园、哈巴湖国家级自然保护区、花马池生态水资源利用工程、百里生态长廊、长城旅游带、环城公园等重点工程项目建设，认真落实生态补偿机制、集体林权制度改革、农村环境综合治理、草原保护科技示范区建设及节能减排、环境保护等政策措施，在生态移民、美丽村庄建设、全民义务植树、秋冬季农田水利建设、干线公路绿化、林业经济发展、乡村旅游、创建国家园林县城和卫生县城等方面取得重要阶段性成果。

滑志敏　男，汉族，1968 年 2 月出生于宁夏同心县，党校研究生学历，中共党员。2013 年 12 月起任盐池县委副书记、县长；2015 年 2 月任盐池县委副书记、县长（副厅级）；2015 年 6 月任盐池县委书记、县长；2015 年 8 月任盐池县委书记；2021 年 4 月任自治区农业农村厅党组书记、厅长。在盐池工作期间，持续加强草原生态和环境保护工作，进一步巩固退耕还林成果，加快后续产业发展，启动新一轮退耕还林工程和草原承包确权。在生态移民、美丽村庄建设、主干道路大整治大绿化、花马池环城公园续建、长城公园续建、创建国家文明县城、城乡绿化面积质量提升、生态环境整治等方面取得阶段性重要成果。在推动新农村建设、特色产业开发、林草经济发展、乡村生态旅游带动等方面做出成功尝试。

戴培吉　男，汉族，1973 年 7 月出生于宁夏固原县，大学学历，中共党员。2015 年 7 月任盐池县委副书记、提名县长（副厅级）候选人；2016 年 1 月任盐池县委副书记、县长；2018 年 6 月任盐池县绿化委员会主任；2020 年 9 月任吴忠市副市长。在盐池工作期间，坚持生态立县战略

不动摇，结合脱贫富民、小康社会建设，持续加强生态环境保护改善。切实推进生态移民、生态环境修复改善、城乡绿化美化、花马池环城公园续建、长城公园续建、解放公园绿化提升等重点工程项目实施。在推动城乡环境整治、美丽村庄建设、草原承包确权、新一轮退耕还林、林草产业开发、乡村旅游和生态文明建设等方面措施得力，取得重要成果。

龚雪飞　男，汉族，1983 年 12 月出生，浙江江山人，宁夏大学中国现代文学专业，在职硕士研究生学历，中共党员。2020 年 8 月任盐池县委副书记、代县长；2021 年 1 月任盐池县委副书记、县长；2021 年 3 月任盐池县委书记、县长；2021 年 4 月任盐池县委书记。到盐池工作后，把握新发展阶段，融入新发展格局，提出"产业强、生态美、百姓富、治理优"的新发展理念。结合乡村振兴、全国文明城市创建，着力推进城乡环境一体化建设，全面提升城市绿化、亮化、美化和文明素质提升，着力推进将盐池县建设成为"宜居宜业的中心县城、产业融合的特色小镇、美丽整洁的现代乡村"。

王海宁　男，汉族，1971 年 7 月出生于宁夏青铜峡市，中央大学研究生学历，中共党员。2021 年 4 月任盐池县委副书记、代县长，同年 10 月任盐池县委副书记，当选盐池县人民政府县长。到盐池工作后，牢固树立践行绿色发展理念，结合乡村振兴、全国文明城市创建，着力打造全区生态文明示范区，推动生态系统质量取得重要突破；积极推进现代农业全产业链体系，打造清洁能源、新型材料百亿级产业集群；优化提升"一城三镇"多点布局，乡村建设和城市更新

发展，努力将盐池建成"宜居宜业的中心县城、产业融合的特色小镇、美丽整洁的现代乡村"。

吴科 男，汉族，1968年8月出生于宁夏盐池县，大学工学学士，中共党员。1990年7月在盐池县水电局水土保持队参加工作，先后在盐池县扬黄指挥部规划设计室、扬黄指挥部施工管理办公室、水务局抗旱服务队、扬黄灌溉管理办公室任副主任、主任；2006年8月任盐池县水务局党委委员、副局长；2010年1月任盐池县大水坑镇党委书记、镇长；2011年7月任盐池县惠安堡镇党委书记、人大主席；2012年2月任盐池县政府办公室主任；2014年7月任盐池县政府党组成员、副县长；2016年7月任盐池县委常委、常务副县长；2018年6月任盐池县委绿化委员会副主任；2020年12月任盐池县人大常委会党组书记、主任。任盐池县副县长期间，主要分管农业和农村等工作，认真落实县委、县政府"北治沙，中治水，南治土"生态环境发展思路，坚持以打造宁夏东部绿色生态屏障、建设"美丽盐池"为目标，组织实施了天然林保护工程二期、退耕还林、"三北"防护林等重点工程项目建设，统筹全县林业生态建设和环境保护工作协调发展。

二、全国和省部级劳动模范、绿化奖章获得者

张生英 男，汉族，1953年10月出生于宁夏盐池县，大专学历，政工师，中共党员。1972年10月至1976年6月在宁夏石炭井矿务局四矿工作，1981年1月调入宁夏盐池机械化林场，先后任高沙窝分场副书记、哈巴湖分场副场长等职；1986年7月起任机械化林场机务科党支部书记、副科长、科长，多种经营科科长；1992年10月起任机械化林场副场长、场长；2008年10月至2013年12月任宁夏哈巴湖国家级自然保护区管理局局长。张生英从事林业生产管理工作多年，为盐池生态建设作出重要贡献，先后被评为2008年度全区林业建设先进个人、吴忠市敬业奉献模范建设先进个人（2008年）、全区林业生态建设先进个人（2009年）、2008年度感动宁夏十大人物（2009年）、第三批全区精神文明建设先进工作者（2009年）、全国绿化奖章获得者（2009年）、吴忠市先进工作者（2010年）、宁夏湿地保护管理工作先进个人（2011年）、自治区"五一劳动奖章"（2012年）、"十一五"全区环境保护先进工作者（2012年）、全国森林防火工作纪念奖章（2013年）、全国防沙先进个人（2013年）等荣誉称号。

刘伟泽 男，汉族，1962年9月出生于宁夏盐池县，大学学历，正高级林业工程师，自治区高层次人才，中共党员。1984年8月在盐池县林业局林业技术工作站任技术员；1985年11月任盐池县治沙站站长；1986年5月起任盐池县林业站站长、林副产品开发公司经理；1998年3月任盐池县林业局副局长；2002年8月起任盐池县环境保护和林业局副局长、盐池县治沙造林工程公司经理；2005年6月起任盐池县环境保护与林业局副局长、盐池县荒漠化防治中心主任；2007年11月任盐池县科技局局长；2010年1月任盐池县发展与改革局局长；2013年1月后任盐池县工业园区管委会主任、吴忠太阳山开发区管委会副主任、

党工委副书记等职。先后荣获第六届中国林业青年科技奖、全国科技先进工作者、全国林业系统先进工作者（省部级劳模）、全国森林资源林政管理先进个人、全国农村能源综合建设项目先进工作者、全国优秀林业科技工作者、自治区敬业奉献模范；获全国科技进步二等奖1次，自治区科技进步一等奖1次、二等奖2次、三等奖5次；为《宁夏治沙造林技术规程》主要编制人之一。

宋翻伶 女，汉族，1966年5月出生于宁夏盐池县，正高级林业工程师，中共党员。宋翻伶于1987年7月从宁夏农学院林学系毕业后，在盐池县林业站参加工作；1990年10月在盐池县萌城乡政府挂职乡长助理1年；1991年12月调盐池县林木检疫站工作；2000年1月调盐池县退耕办工作；2001年12月晋升为高级林业工程师；2004年12月起任盐池县环境保护与林业局副局长、绿化办主任、党委书记；2013年3月起任盐池县国土资源局副局长、支部书记；2016年11月起任盐池县生态林场副场长、副书记。宋翻伶参加工作30余年来，从技术骨干到分管领导，大多时间从事林业生产一线工作，先后参与设计、负责实施

了"三北"防护林、天然林保护、退耕还林、外援项目和围城造林等重点生态工程项目建设，为全县初步实现"人进沙退"历史性逆转付出了艰辛，作出了贡献，也多次受到上级部门表彰奖励，其中2007年8月被国家林业局授予全国退耕还林先进个人，2009年被自治区绿化委授予全区林业生态建设先进个人，2010年被评为吴忠市"三八红旗手""全国绿化奖章"获得者。

孙果 男，汉族，1976年11月出生，大学学历，林业高级工程师，中共党员。孙果于1997年6月从宁夏林业学校林学专业毕业后，分配到盐池县萌城乡政府工作，2003年调入盐池县环境保护与林业局；2008年6月起挂职花马池镇冒寨子村支部书记3年；2011年7月后调回盐池县环境保护和林业局工作，2009年9月被评为林业工程师。孙果自参加工作以来，多数时间直接从事林业生产一线工作，先后被评为全区森林资源连续清查工作先进个人（2006年）；全县创建自治区文明县城先进个人（2013年）、吴忠市效能目标管理考核植树造林工作先进个人（2013年）；2019年被全国绿化委员会授予"全国绿化奖章"。

三、盐池县委命名"治沙十八勇士"

2002年，盐池县确定为"生态建设年"，县委、县政府按照"北治沙，中治水，南治土"发展思路，研究制定了《关于加快生态环境建设与大力发展草畜产业的意见》，大力推进生态环境建设，并决定从11月1日起，在全区率先实行草原禁牧。为了更好地总结盐池县自20世纪80年代初以来20余年间全县人民积累的治沙成果

经验，表彰先进，凝聚精神力量，再次掀起全县林业生态建设新高潮，县委、县政府于2003年1月25日隆重召开了"治沙十八勇士"表彰命名大会。白春兰、李万福、高登良、贺国英、李玉芬、王锡刚（刘春秀夫妇）、施学仙、王汉、常兴正、余仲斌、何仲庆、王清、吴彦广、杨玉银、张汉斌、和爱民、殷秉虎、余聪18名治沙

模范被光荣命名为盐池县"治沙十八勇士",随之开展了一系列推动学习宣传活动。

白春兰 女,汉族,1953年5月出生,宁夏盐池县花马池镇沙边子行政村一棵树自然村农民。自20世纪80年代初开始,白春兰和丈夫冒贤为了改善家庭贫困状况,带领家人来到人迹罕至的毛乌素沙漠南缘一棵树村,立志治沙造林,发展经济。夫妻二人带着3个孩子,以手挖肩扛、人拉畜运等原始劳动方法,采取拔草挡沙、栽柳固沙、种树防沙等办法,勇战沙漠。经过30余年艰辛耕耘,先后治理荒漠2300余亩,种植乔木近5万株、灌木1200亩,巩固沙地草场1000余亩。使当年沙尘肆虐、寸草不生的"一棵树"变成了林草丰茂、良田荡绿、产业兴旺的绿色家园。白春兰一家人所取得的治沙成果得到社会广泛认可,她本人先后被授予全国"三八"绿色奖(1996年3月)、全国"三八"红旗手(1996年3月)、中国十大女杰提名奖(1998年8月)等荣誉称号。2000年5月5日,中共中央总书记、国家主席胡锦涛视察宁夏工作时亲自到沙边子村看望白春兰一家人,高度评价了白春兰治沙精神。2000年后,白春兰先后被评为第三届中国十大女杰提名奖(2000年)、"三北"防护林体系(1978—2000年)先进生产者(2001年7月)、全国绿化劳动模范(2001年)、全国防沙治沙十大标兵(2002年6月)、全国"十大绿化女状元"(2002年6月)、中国十大民间环保杰出人物(2005年10月)、"全国道德模范"提名奖(2008年9月)、"宁夏50年影响力人物"、全国防沙治沙先进个人(2013年)等荣誉称号,2012年当选为党的十八大代表。

李万福 男,汉族,1923年4月出生,中共党员,盐池县麻黄山乡井滩子行政村李新庄自然村农民,是盐池县第一个家庭承包小流域治理带头人。1980年秋,全县实行联产承包责任制,李万福瞅准机会,主动要求村上将自家承包的部分熟肥责任田按一定比例划转到门前的荒沟陂地。之后,李万福开始带领家人筑坝修畦,引水保墒,层层修筑反坡梯田,并在沟底岔地整挖鱼鳞坑,再从陕北买回苹果树苗150余棵,经过精心栽培,成活率达到90%以上,从此李成福承包的荒沟被邻居称作"果林湾"。1985年,果林湾70棵果树挂果2500余公斤,收入2000元,在当地引起了不小的轰动。李万福治沟18年,先后用独轮车人工筑坝8道,挖蓄水槽40条,修反坡梯田73亩,共计移动土石方2000余方,栽植果树3000株左右,被誉为山区"活愚公"。先后荣获自治区劳动模范(1985年)、自治区"双文明"建设先进个人(1986年)、银南地区"双文明"建设先进个人(1988年)、自治区"老有所为"精英奖,1988年6月当选为自治区第六次党代会代表。

高登良 男,汉族,1930年4月15日出生,盐池县苏步井乡芨芨沟村农民。1983年,一心希望通过劳动致富的高登良和乡上签订了1200亩荒地治理承包合同,从此一家人来到沙尘卷地、寸草难留的红墩子村安营扎寨,开始了艰苦的治沙生涯。头一年,全家人辛苦种下1000多棵树苗,大部分成活了,可是到了第二年春天,一场沙暴卷走了所有树苗。面对挫折,高登良并不气馁,再次和家人造林400亩,并采取草方格固沙等办法,耐心守护。小苗初栽,成长不易,高登良经常起早贪黑,赶着毛驴车从几里外拉水回来,辛勤浇灌。诚心付出终于带来了希望回报,大部分树苗成活了。高登良趁热打铁，3 年将 1200 亩承包荒地全部绿化，并在房前屋后栽植桃树、梨树等经果林 15 亩，整理出粮食、蔬菜耕地，养羊 100 多只。1989 年，综合农牧业、经果林收入，高登良一家成为当地的万元户。

贺国英 男，汉族，1940 年 7 月出生，初小文化，中共党员，盐池县麻黄山乡高窑子行政村凉风掌自然村农民，曾任自然村村长、党小组长。1982 年，贺国英在"劳动致富光荣"政策激励下，决定带着家人治理门前向阳山坡，靠种果树实现致富。先后移动土方 8.9 万方，建成水平梯田 174 亩、反坡田 25 亩、条田 8 亩，修筑涝池一座、拦水埂 1000 米、引水渠 400 米，修筑拦洪坝 2 座，治理水土保持面积 1000 余亩；治理后栽植苹果树 6000 余株。1989 年，贺国英的苹果树产果 1 万多斤，收入 8000 余元，成为远近闻名的富裕户。在贺国英带动下，村里 12 户农户承包小流域治理面积 500 亩，家家都建起了小果园。1987 年后，贺国英先后为周边村农户设计小流域治理方案 32 处，常年坚持为 60 多户农户义务修剪果树，提供技术指导。贺国英致富不忘乡亲的感人事迹，不仅赢得群众交口称赞，也为他带来众多荣誉，1985 年 10 月被银南行署水电处评为小流域治理先进个人，1989 年被评为自治区劳动模范，1990 年被自治区党委评为优秀共产党员，多次获得县级优秀共产党员和科技致富带头人等荣誉称号。

李玉芬 女，汉族，1946 年出生，小学文化，中共党员，盐池县柳杨堡乡沙边子行政村农民。1983 年，决心与贫困命运抗争的农村妇女李玉芬和丈夫决定在被称为"不毛之地"的沙边子开垦良田，种树造林，靠劳动发家致富。一开始，夫妇俩采取人工铺土压沙的办法改造良田，凭借坚强毅力，一寸寸平沙、一锹锹铺土，先后移动沙土 5 万方，终于改造良田 16 亩，试种成功，首开全县铺土压沙造田先例。1988 年，李玉芬在农技推广人员的指导下，尝试小麦套种玉米、间作黑豆试验种植，获得成功，亩产粮食 1092 公斤。当年，李玉芬家养羊过百只，产粮上万斤，农牧业收入近万元。李玉芬每年都要买一些树苗、草籽，当季把树苗栽到田埂边，草籽撒在沙丘上。几年下来，栽成杨树、果树 2100 余株，种植沙柳、沙蒿 100 亩，一片片新绿倔强呈现在沙原荒漠中。在李玉芬的帮助带动下，全村 73 户群众走上依靠科技、劳动致富之路，1989 年沙边子全村人均产粮、收入超"双千"，成为全县富裕村。1987 年，盐池县委、县政府授予李玉芬"全县脱贫致富女能手"称号，1988 年被评为全国治沙劳动模范，1989 年被授予自治区劳动模范、全区"三八"红旗手、银南地区"十大女能人"。

王锡刚 男，汉族，1953 年 7 月出生，中共党员，盐池县苏步井乡硝池子村农民。1986 年，之前跑运输的王锡刚响应全县治沙绿化号召，与村上签订了治理北沙窝承包合同，从此携妻带子，进驻沙窝。王锡刚妻子刘春秀身体一直都不太好，孩子年幼，一家人俩干累了，就跪下来，用手刨沙，眠足取土。幼苗初长，一家人轮换套上毛驴车，从几里外拉水回来，尽心浇灌树苗。春去春回，10 年汗水终于浇灌出 1062 亩新绿。1994 年，王锡刚利用种成沙柳组织村民编织柳芭子（农村建房衬材），当年获利 6 万余元。在王锡刚的带动下，当地村民纷纷加入柳编生产。近 10 年间，硝池子村仅发展柳编每年收入超过 10 万元。沙产业开发获利，成为农民群众加盟生态林业建设最好的动力。一时间，周边群众呈现出户户栽树、家家有林新景象。截至2003年，全县建立家庭林场284个，仅苏步井乡千亩造林大户达到36户。王锡刚夫妇带动群众开发沙产业取得成功，也为夫妻二人带来众多荣誉，王锡刚先后被评为"三北"防护林二期工程建设先进工作者、全县"致富带头人"（1992年）、全区农业战线先进个人（1996年）；刘春秀1992年被评为全国"三八"红旗手，获得"三八"绿色奖章。2003年1月，王锡刚与刘春秀夫妇共同被盐池县委、县政府命名为"治沙十八勇士"。

施学仙　女，汉族，1957年10月出生，中共党员，盐池县柳杨堡乡郭记沟村农民。1981年，村里实行家庭联产承包责任制，施学仙看准时机，带头承包沙地1500亩，开始了种草种树、治沙创业生涯。20余年来，施学仙一家人治理沙地1500余亩，种植经果林10亩，年产果3500公斤，林草经济年收入超过5000元。2001年，施学仙家庭养猪100头，育肥养羊250只，全年家庭总收入超过6万元，人均收入上万元。施学仙致富不忘乡亲，先后为周边农村妇女免费传授实用技术200余次，义务为群众养畜打防疫针上千余次，先后荣获全国"双学双比"女能手、全区"三八"红旗手、全区"三八"绿化奖章获得者、县乡"双四"竞赛活动先进个人和"巾帼创新标兵"等荣誉称号。1981年开始承包沙地治理荒沙。1999年9月获得全国"双学双比女能手"等荣誉称号。

王汉　男，汉族，1944年10月出生，初中文化，中共党员。自1963年起，前后担任盐池县高沙窝镇施记圈行政村村长、村主任长达40余年。改革开放后，王汉响应国家劳动致富号召，带领全村2000余名群众克服"等、靠、要"思想，主动开始种草种树，治理沙丘，先后采集草籽2万余斤，打井5眼，营造沙柳、柠条、杨树0.8万亩，初步改善了生态生存环境。2002年，县委、县政府安排群众基础条件好的施记圈村率先将14万亩草原全部承包到11户和23个联户，成为宁夏第一个落实草原承包责任制的行政村。之后，王汉组织群众集资5.6万元实施草原补播，种植优良牧草，发展滩羊养殖。动员群众选育良种，合理调整畜群结构，带头推行"三高一快"科学养羊技术，使施记圈村很快成为远近有名的"养羊村""万元户村""摩托车村"和"全区草原建设先进集体"，王汉也被群众誉为脱贫致富"领头雁"，当选自治区第七届至十五届人大代表，1989年被授予全国劳动模范，1990年被国家农业部、人事部联合表彰为全国农业劳动模范。

常兴正　男，汉族，1959年1月出生，中共党员，盐池县柳杨堡乡李记沟行政村沟北自然村农民。1984年，沟北自然村生产队长常兴正发动群众在村外沙丘地带种植杨树450亩、沙柳980亩，常兴正父亲成为这片新造林地的义务护林员。1989年，常兴正主动辞去生产队长职务，举家搬到村里林地中，盖了三间土坯房，当起了专职护林员。常兴正护林比他父亲多了两样东西：一是《森林法》小本本，二是护林员证。每当有羊群窜进林地，常兴正就拿出《森林法》小本本，耐心将相关条文讲给放羊人听。在他热心护林精神的感召下，周围群众护林意识也逐渐提高，极少有放牧毁林事件发生。精心护林之余，常兴正先后开发旱作农田30亩，养羊120只，除每年向村里上交2000元承包费外，全家种树、种粮、养羊年纯收入超过 14000 元，2001 年家庭人均纯收入 3500 元。1990 年，常兴正被自治区林业厅授予青年植树先进个人称号，1998 年被授予全国绿化奖章获得者。

余仲斌 男，汉族，1933 年 6 月出生，中共党员，盐池县大水坑镇新桥村人。12 岁参加革命，1955 年从部队复员回乡后，历任生产队队长、大队党支部副书记、村委会主任等职；1983 年担任新桥村党支部书记后，带领全村千余名群众坚持筑坝修渠、治理水土流失，开展植树造林，改善生态环境，组织修路拉电、建立村级农贸市场，搞活经济，受到群众拥护。2002 年 1 月，盐池县委作出在全县党员干部中开展向余仲斌同志学习的决定。

何仲庆 男，汉族，1964 年 6 月出生，中共党员。2001 年 1 月，根据组织安排，盐池县麻黄山乡政府干事何仲庆被派兼任管记掌村党支部书记。上任初时，何仲庆根据管记掌村情实际，构思了发展林业经济的设想，并提出在 40° 以上荒坡挖鱼鳞坑种植柠条、25° 至 40° 坡地种植带状柠条、沟底岔道点播柠条或种植枣杏，立体开展封山造林的具体措施。有了设想规划，得要干起来呀！何仲庆率先垂范，扛起铁锹，带着群众上了山。经过 2 年综合治理，全村群众共计挖鱼鳞坑近 10 万个；种植柠条验收合格面积 5593 亩（包括退耕还林面积）；种植苜蓿 2000 余亩，人均近 3 亩；种植山杏 300 余亩。全村生态发展框架基本确立，林业经济增长点逐步形成。

王 清 男，汉族，1952 年 10 月出生，盐池县高沙窝镇施记圈村农民。20 世纪 80 年代末，包括施记圈村在内的盐池北部地区草原不断退化，沙化日趋严重。为了生存，一些村民不得不想尽办法迁往他村谋生计，而王清却平静地对村主任说："让我来治理咱这个沙窝吧！"之后王清便开始了艰辛而漫长的播绿生涯，先后栽植沙柳、柠条、花棒 1200 余亩。王清常年游走沙窝深处，流沙掩盖了幼苗，他就用手扒开沙子，让树苗露出身来；小树被风刮倒了，他再抛上沙子，扶正树身，护住根系。经过 15 年艰辛付出，昔日黄沙窝变成了"绿海子"。王清先后开发水浇地 40 多亩，玉米亩产过千斤，小麦亩产 800 斤，养羊 100 多只，初步实现脱贫致富目标。在王清的带动下，村民石谱种植沙柳 500 余亩发展柳编业，村民杨吉利种植药材 50 亩，大家共同走上依托沙产业发家致富之路。

吴彦广 男，汉族，1951 年 10 月出生，中共党员，盐池县青山乡方山行政村农民。1986 年，吴彦广一家种植苹果树 90 亩，几年下来，年收入过万元，激发了周边群众发展经果林的积极性。在吴彦广的帮助与带动下，全村发展经果林 1700 亩，灌木林 4000 余亩，林木覆盖率由 10 年前的 13% 提高到 40%。1998 年，吴彦广请来打井队，开发浅层水，引水上山灌溉果园。2001 年县水利、林业部门投资 2.5 万元，为村里果园全部配齐管灌、滴灌、喷灌设施，改善了灌溉条件。2000 年，担任村民小组长的吴彦广为村里争取农业"四位一体"、千面红枣种植示范等项目投资 90 余万元，新建"四位一体"温室 17 座、养殖温棚 4 座、种植温棚 27 座，打机井 30 眼，控制灌溉面积 800 亩，发展鱼塘 20 亩，为村民多渠道致富拓宽路子。2000 年，吴彦广被评为全县生产经营先进个体大户，2001 年被评为自治区"十星级文明户"。

杨玉银 男，汉族，1954年9月出生，盐池县花马池镇郭记沟村农民。1983年，杨玉银和乡上签订治理村北大沙滩承包合同后，带着家人开始了近20年的艰辛治沙历程。先后栽植杨树、榆树、沙柳2000余亩，开发水浇地100亩，养羊200多只。2001年，全家人均纯收入达到3000元，成为村里富裕户。在杨玉银的带动下，全村先后种植柠条3000余亩，家家开发水浇地，户户种草养羊，大部分农户稳定解决温饱。从1998年开始，杨玉银先后投资十几万元进行设施农业建设，充分利用地下水资源，走生态建设与经济发展共赢路子，实现致富奔小康新目标。

张汉斌 男，汉族，1946年3月出生，中共党员，盐池县柳杨堡乡柳杨堡行政村土沟自然村农民。1997年，根据县上种植业结构调整，安排柳杨堡村种植麻黄。张汉斌瞅准时机，先后投资15万元，推土造田，打井修渠，种植麻黄132亩，全家人均年收入达到5000元，成为远近闻名的麻黄种植大户。2001年，张汉斌新打机井1眼，平整水浇地180亩，种植中药材100亩、麻黄40亩，营造防护林40亩。在张汉斌的带动下，全村种植麻黄1200余亩，人均达到2亩以上，成为麻黄种植专业村。

和爱民 男，汉族，1946年9月出生，中共党员，盐池县惠安堡镇村民。2001年，和爱民成立和丰种养有限责任公司，与镇上签订了治理北沙窝承包合同。之后投资2万元对北沙窝5260亩沙地进行围栏，开始植树造林。先后营造防风固沙林800亩，种植沙打旺、花棒、杨柴为主的耐旱沙生植物1000亩，栽植沙枣树600亩，臭椿200亩。昔日黄沙覆盖的北沙窝奇迹般披上了绿装。和爱民在治理沙窝同时，尝试种植中药材和优质牧草，发展舍饲养殖，走生态经济双赢发展之路。

殷秉虎 男，汉族，1961年9月出生，中共党员，盐池县萌城乡四股泉行政村农民。1997年前后，四股泉村委会主任殷秉虎开始组织群众封育草场，种草种树，治理水土流失。2000年后，四股泉村先后完成退耕还林1500亩，荒山造林5500亩，建设养殖暖棚30座；全村累计造林3.5万亩，羊只饲养量达到1万只，畜牧业收入占全村人均纯收入的55%。2001年，殷秉虎被评为全县"双四"竞赛先进个人。

余聪 男，汉族，1970年7月出生，中共党员，大专文化，盐池县高沙窝镇余庄子村农民。1994年，余聪怀揣打工挣来的3万元回到家乡，决心依靠林业发展家庭经济。一开始，余聪先和家人一起种植柠条2200亩、沙柳2800亩，并通过出售沙柳年创收5万余元。在余聪的影响下，全村建成沙柳基地8000亩、柠条基地2000亩，人均有林面积30余亩，户均出售沙柳年收入过千元。1996年，余聪带头开发浅层水，挖带子沟2条、土塬井2口，旱改水浇地80亩，采用立体复合种植新技术，创造了粮食亩产1200公斤的新高度。余聪的引领作用再次得到体现，全村共打土塬井63眼，开挖带子沟9条，发展水浇地300余亩，人均达到1亩，初步实现了脱贫目标。1998年，在余聪建成全村第一座"四位一体"温室、暖棚猪舍后，全村随之新建"四位一体"温室4座、暖棚猪舍32座、暖棚羊舍18座和1个饲料综合加工厂，年收入超过18万元。之后余聪先后建成暖棚羊舍60座、猪舍5座，年出栏育肥羊3000余只。2000年，在余聪的倡导下，盐池县温棚种养技术协会在余庄子村成立，余聪本人也创建了盐池县裕丰科技开发有限公司，走"公司＋农户"发展之路。余聪带动乡亲发家致富的事迹，成为新时代农村青年楷模，先后被授予自治区劳动模范（2000 年）、"中国杰出青年农民"（第五届）等荣誉称号。

四、高级林业工程师、环境保护林业工作突出贡献者（以姓氏笔画为序）

王　军　男，汉族，1974 年 12 月出生于宁夏同心县，大学学历，中共党员。1991 年 9 月在宁夏农业机械化学校农机化专业学习，1996 年 8 月任盐池县鸦儿沟乡政府科员；1999 年 5 月任盐池县委宣传部科员；2004 年 12 月任盐池县委宣传部副部长、文明办副主任；2011 年 8 月任盐池县纪委常委、办公室主任；2015 年 12 月任盐池县政府办副主任、信访局局长；2019 年 1 月任盐池县青山乡党委书记；2021 年 4 月任盐池县自然资源局党组书记。

王宁庚　男，汉族，1964 年 3 月出生，大学学历，高级林业工程师，中共党员。1983 年 12 月在盐池县马儿庄乡政府参加工作，1988 年 12 月调入盐池县林业局，长期从事林业技术指导、种苗生产管理等工作。1994 年参与《八岔梁试点小流域水土保持综合治理》课题获自治区科学技术三等奖；1995 年参与《飞播治沙造林技术推广》研究项目获国家林业部三北防护林体系建设技术推广三等奖；先后参加《盐池县荒漠化土地综合整治及农业可持续发展》等课题分别获得自治区科技进步等级奖。1998 年被银南地区行署评为植树造林先进工作者，2008 年当选吴忠市人大代表。

王学增　男，汉族，1961 年 5 月出生于宁夏盐池县，大专学历，政工师，中共党员。1990 年 2 月起先后任柳杨堡乡副乡长、副书记、乡长、乡党委书记。期间，柳杨堡乡先后被自治区政府评为科普工作先进乡、实施"231"工程先进集体、科技兴农先进单位。王学增本人于 1995 年被国家林业部评为"三北防护林二期工程先进工作者"，1996 年被全国绿化委员会、人事部、林业部评为"全国绿化工作者"。1998 年 4 月调任盐池县畜牧局局长，2000 年组织在大水坑镇新建村建立草原承包经营示范点，为县委、县政府出台《关于进一步完善草原承包责任制的暂行规定》提供实践依据。2001 年主持起草了《盐池县草原禁牧、休牧、轮牧管理试行办法》，是年 11 月在苏步井等乡镇实施草原禁牧试点，为全县于 2002 年 11 月 1 日在全区率先实行草原禁牧奠定了基础。期间主持实施了"天然草原建设与保护利用""以工代赈草原围栏工程""农业综合开发畜牧业生产建设"及"已垦草原退牧还草"建设等项目，进一步推动了全县生态畜牧业可持续发展。2003 年 9 月调任盐池县人事劳动保障局局长；2004 年 9 月任盐池县林牧机关党委委员、盐池县环境保护与林业局局长（期间 2007 年 3 月至 2007 年 12 月兼任盐池县绿化委员会办公室主任）；2007 年 12 月任盐池县人大常委会副主任；2008 年 4 月被全国绿化委员会授予"全国绿化奖章"荣誉称号；2008 年 11 月任盐池县人民政府副县长；2012 年 10 月任盐池县委常委、宣传部部长；2013 年 12 月至 2014 年 4 月任宁夏哈巴湖国家级自然保护区管理局副局长；2014年4月任宁夏哈巴湖国家级自然保护区管理局党委书记、局长；2018年1月任宁夏哈巴湖国家级自然保护区管理局党委书记；2019年4月任自治区林业和草原局保护处二级调研员；2020年1月任自治区林业和草原局保护处一级调研员。

王建民 男，汉族，1963年3月出生于宁夏盐池县，大学本科学历。1980年12月任盐池县林业工作站技术员助理；1986年9月至1988年6月在西北林学院脱产学习；1988年7月任盐池县冯记沟乡乡长助理；1989年7月调盐池县林业工作站工作；1992年5月任盐池县马儿庄治沙示范基地副主任；1994年11月任盐池县林业工作站副站长；1996年6月任盐池县森林病虫防治检疫站站长；2005年1月任盐池县绿化委员会办公室副主任；2007年3月任盐池县城郊林场支部书记；2017年1月后在盐池县生态林场工作。1994年12月评为林业工程师，2007年9月晋升为高级林业工程师。

王建红 男，汉族，1970年5月出生于宁夏盐池县，大学学历，无党派。1995年8月参加工作后，先后在马儿庄乡、冯记沟乡政府从事林业技术工作，2008年调入盐池县环境保护和林业局，先后任项目办主任、林政办和林木检疫站站长等职。主要参与了全县退耕还林、"三北"四期防护林、中德财政合作中国北方荒漠化综合治理、世界银行贷款宁夏黄河东岸防沙治沙项目等，主持开展了全县森林病虫害监测、防治、野生动物保护和疫源疫病监测等工作。2015年评为林业高级工程师。多次获得区、市、县级表彰奖励，发表论文3篇，合作著作1部。

王富伟 男，汉族，1954年3月出生于宁

夏盐池县，高中学历，中共党员。1994年7月至2004年9月任盐池县林业局局长；1994年10月至2006年12月任盐池县林牧党委书记；2007年1月起任盐池县环境保护和林业局科员。在盐池县林业局任职期间，全县实施人工造林合格面积196万亩，飞播造林76.3万亩，封山育林21万亩，全县有林面积由1995年的154万亩增加到2003年的358万亩，全县林业建设呈现出良好发展势头，山、沙、滩三大区域植被明显恢复，部分地区实现沙漠化逆转，生态环境有了明显改善。

古秀琴 女，汉族，1992年7月从宁夏林业学校果树专业毕业后，分配盐池县高沙窝乡林业工作站从事技术推广服务，1996年3月调入盐池县城郊乡林业站工作，2006年3月调入盐池县林业技术推广服务中心工作；2001年7月取得法学专科学历；2005年7月取得西北农林科技大学本科学历；2007年10月评为林业工程师；2015年晋升为高级林业工程师。自进入林业系统工作以来，主要从事林业技术推广，参与了退耕还林、湿地保护、生态移民迁出区生态修复等重点林业项目。发表主要论文有《葡萄日灼病发生的原因与防治措施》（独著）、《宁夏农村信息化发展现状分析与发展对策》（合著）、《宁夏贺兰山国家级自然保护区封山育林调查与分析》（合著）等。

龙思泉 男，汉族，1964年11月出生于宁夏盐池县，大学学历，中共党员。1988年7月起在盐池县农业广播电视学校任教（其间1990年12月至1993年1月兼任盐池县北六乡沙漠化治理农业技术员）；1993年4月调盐池县科学技术委员会工作；1995年9月任盐池县萌城乡科技副乡长；1999年3月任盐池县石油开发管理办公室副主任；

2000年6月任盐池县后洼乡党委副书记、乡长；2003年2月任盐池县麻黄山乡党委副书记、乡长；2004年9月任麻黄山乡党委书记；2006年8月任盐池县建设局副局长；2007年9月任建设局党委书记、副局长；2008年7月起任盐池县林牧党委书记，环林局党总支书记、副局长；2010年1月任盐池县委统战部副部长、工商联党组书记；2014年7月任盐池县交通局主任科员、公路段段长。

李樾 男，汉族，1965年3月出生于宁夏盐池县，大学本科，学士学位，中共党员。1987年7月在盐池县农业技术推广中心工作；1992年11月调盐池县农建办工作；1995年8月任盐池县红井子乡科技副乡长；1996年4月调盐池县农业局工作；1998年3月任盐池县扬黄灌区农技推广站站长；2004年11月任盐池县农业局副局长；2007年9月任盐池县高沙窝镇党委委员、副书记、副镇长；2008年11月任盐池县青山乡党委委员、书记、乡长；2011年8月任盐池县发改局党委委员、书记、副局长；2013年1月任盐池县环境保护和林业局党委委员、书记、副局长、环境监测监理站站长；2014年7月任盐池县纪委监委派驻第三纪检监察组组长。

李天鹏 男，汉族，1960年3月出生于甘肃环县，大学学历，政工师，中共党员。1989年10月在盐池县机械化林场参加工作，先后任办公室秘书、副主任；1994年2月任盐池县麻黄山乡党委书记；1998年5月起任盐池县农业局局长、农业与科学技术局局长；2007年11月任盐池县环境保护与林业局局长；2009年11月起任宁夏哈巴湖国家级保护区管理局局长助理、党委副书记、副局长；2016年4月调任自治区林业厅国有

林场林木种苗工作总站副站长。

李月华 女，汉族，1965年10月出生于宁夏盐池县，中共党员。1988年7月从宁夏农学院毕业后，分配盐池县园艺场工作；1999年1月调盐池县绿化办工作；2005年1月调盐池县林木检疫站工作；2001年12月被聘为高级林业工程师。在林木检疫站工作期间，认真组织实施林业有害生物防控措施，使森林病虫害成灾率控制在13.5%（下达指标为40%）左右，有效保护了全县森林资源安全和绿化造林成果。曾获自治区科技进步奖一等奖（2007年）、三等奖（2009年）。

李永红 女，汉族，1973年8月出生于宁夏盐池。1991年3月通过招工进入盐池县林业局下属园艺场工作；1992年9月至1995年1月在银南职工中等专业学校果林专业学习；1997年6月调入盐池县林业局工作后，长期从事林业有害生物监测检疫；2007年1月取得成人本科学历；2001年12月评为助理林业工程师；2006年8月评为林业工程师；2017年12月评为副高级林业工程师。先后在国内公开刊物发表论文5篇（其中独著2篇，合著3篇）。

杨玉莲 女，汉族，1968年1月出生于宁夏盐池，大学学历，农业推广硕士学位，正高职高级林业工程师。1991年7月毕业于宁夏农学院园林系林学专业，2006年6月毕业于中国农业大学在职研究生。先后在盐池县外援项目办、盐池县科技服务中心、盐池县农业广播电视学校工作。工作期间，先后发表专业论文15篇。获得美国花旗银行"全球微型创业奖"、宁夏实施《全民科学素质行动纲要》"十二五"工作先进个人等荣誉17项。政协盐池县第七届、八届委员会委

员，第九届政协常委；政协吴忠市第二届委员会委员；吴忠市第三届、四届人大代表。

吴学慧 女，汉族，1971 年 2 月出生。1991 年 3 月参加工作；1993 年毕业于宁夏林业学校森保专业，分配盐池县林业局森林病虫害防治检疫站工作；2003 年调入盐池县林业站工作后长期从事林业生产一线技术指导服务，先后参与实施了全县退耕还林、天然林资源保护、"三北"防护林及全县森林资源二类清查等项目作业。2016 年 12 月评为高级林业工程师。发表主要论文有《浅谈气候对盐池县森林病虫害发生和危害的影响》《盐池县天然林资源保护工程发展对策》《盐池县干旱地区柠条栽植要点》。

宋德海 男，汉族，1963 年 4 月出生于宁夏盐池县，大专学历，中共党员。1984 年 11 月任盐池县萌城乡团干、政府文书、党委秘书、副乡长；1990 年 11 月起任惠安堡镇副镇长、副书记，2003 年 10 月起任麻黄山乡乡长、书记；2007 年 11 月起任盐池县农业局局长、农牧局局长；2013 年 10 月至 2016 年 2 月任盐池县环境保护和林业局局长。

张玉萍 女，汉族，1971 年 3 月出生。1990 年 3 月于盐池县园艺场参加工作；1996 年 6 月调入盐池县林业局；2002 年毕业于宁夏大学农学专业专科；2007 年毕业于西北农林科技大学林学专业本科。从事林业工作 30 余年，长期在林业生产一线承担造林技术推广服务。2008 年 12 月评为林业工程师，2017 年 12 月评为高级林业工程师。先后参与实施全县天然林保护、退耕还林、中央财政补贴、黄土高原综合治理林业示范等项目建设；参与盐池县森林资源规划设计调查、林地保护利用规划编制等。发表主要论文有《毛条造林技

术》《关于加快宁夏盐池县退耕还林工作的思考》。先后被评为全区森林资源规划设计调查先进个人（2010 年）、吴忠市先进生产者（2011 年）、盐池县行业标兵（2012 年），全县春秋季植树造林先进个人（2012 年）、吴忠市优秀人才（2013 年）等。

张自宇 男，汉族，1963 年 12 月出生于宁夏盐池县，大学学历，中共党员。1983 年 7 月在盐池县王乐井乡参加工作，先后任经管干事、秘书；1989 年 7 月任王乐井乡副乡长；1992 年 7 月后任高沙窝乡副乡长、乡长；2003 年 3 月任高沙窝镇党委书记；2006 年 6 月任盐池县畜牧局局长；2009 年 9 月任盐池县民政局局长；2012 年 11 月任盐池县环境保护和林业局局长；2013 年 7 月任盐池县农牧局局长；2014 年 10 月任盐池县交通运输局局长；2015 年 12 月任盐池县政协四级调研员。

张建设 男，汉族，1963 年 3 月出生于陕西大荔县，中共党员，大学本科学历，高级林业工程师。1986 年 7 月从宁夏农学院林学专业毕业后，分配盐池县林业科林业工作站工作；1989 年 8 月任盐池县林业科果树站站长；1992 年 9 月任盐池县园艺场副场长；1998 年 9 月任盐池县城郊林场场长；2017 年 1 月任盐池县生态林场副场长。1989 年评为林业助理工程师，1992 年评为林业工程师，2003 年评为高级林业工程师。

张海波 男，汉族，1971 年 9 月出生。1990 年 9 月至 1993 年 7 月在宁夏林业学校林果班（成人班）学习；1991 年 3 月通过招工进入盐池县林业局园艺场工作，同年底调入盐池县林业检疫站工作后长期从事林业有害生物防治检疫工作。1997 年 7 月取得成人大专学历，2005 年 7 月取得成人本科学历。1999 年 7 月评为助理林业

工程师，2007年9月评为林业工程师，2016年12月评为副高级林业工程师。先后在国内公开刊物发表专业论文6篇（其中独著1篇、合著5篇），获得自治区科技进步奖一项（合作）。

张淑梅　女，汉族，1968年10月出生，中共党员。1989年7月从宁夏农业学校园林专业毕业后分配到盐池县鸦儿沟乡林业站从事林业技术工作；2006年调入盐池县环境保护和林业局林业中心工作。2005年8月评为林业工程师，2020年12月评为高级林业工程师。先后从事林业工作32年，参与规划实施了全县退耕还林工程、天然林保护工程、"三北"四期防护林工程、飞播造林工程、北六乡一期治沙工程、北六乡二期治沙工程等，在北六乡一期治沙工程项目结束后荣获区级先进个人。2006年4月至2008年主持规划实施了全县围城造林工程，2009年2月至2010年2月参加了宁夏"基层之光"（为培养基层急需科技骨干人才，从2005年开始宁夏实施了"基层之光"人才培养计划）培训学习。发表主要论文有《人工释放多异瓢虫对枸杞蚜虫的田间管理控制作用》《榆树在中部干旱带的栽植技术》《柠条种植技术要点探讨》。

张德龙　男，汉族，1966年11月出生于宁夏盐池县，高级林业工程师，中共党员。1988年7月从西北林学院水土保持系水土保持专业毕业后，先后任盐池县萌城乡林业干事、职业中学教师，盐池县林业局技术员、林业站站长，盐池县环境保护与林业局副局长、水务局副局长等职。曾获林业部"三北"防护林体系建设技术推广三等奖，自治区科技进步二等奖、三等奖，全国治沙暨沙产业先进科技工作者等。为宁夏作家协会会员，鲁迅文学院第十二届网络文学作家高级研修班毕业。在"铁

血网"等网站发表小说700余万字，其中长篇小说《活着》被改编为电视连续剧《太行英雄传》，先后在央视及多个地方台播出；长篇小说《静静的诺言》推荐进入"2019年北京市向读者推荐优秀网络文学原创作品名单"，入选庆祝中国共产党成立100周年重点网站优秀网络文学作品联展。

范　聪　男，汉族，1956年6月出生于宁夏盐池县，中共党员。1979年7月从宁夏农学院林学专业毕业后分配到盐池县林业部门工作，历任盐池县沙边子治沙站站长，盐池县林业工作站副站长、站长，盐池县林业局副局长等职。期间，作为"全国防沙治沙工程毛乌素沙地综合试验示范区宁夏盐池县柳杨堡基地"项目主持人，积极推广应用新技术、新成果，使柳杨堡基地生态、经济、社会效益取得了突破性进展，成为同类地区治沙造林样板工程。1980年参加了全县"五五"森林资源清查工作；1981年负责行业航片判读构绘和转绘工作，获自治区农业区划委员会科技成果三等奖；1984年任盐池县治沙站站长期间，探索采取乔灌草结合、生物措施与工程措施结合、多树种多方法结合的办法治理沙害，取得良好治理效果。承担"综合治理沙漠化土地"课题期间，主持试验并编写的《流动沙丘迎风坡沙柳深栽试验》成果，获银南地区林学会学术论文二等奖。1986年任盐池县林业局副局长后，积极研究、推广先进林业科技成果，参与撰写的《盐池县大面积灌木林营造技术的推广》论文获得自治区科技进步四等奖；主持承担的飞播造林试验项目通过三年艰苦试验，达到国内先进水平，填补了盐池县飞播造林空白。1994年获国家林业部"三北"防护林体系建设技术推广三等奖，并被国家林业

部授予全国林业技术推广先进工作者；1996 年在全国飞播造林 40 周年纪念大会上被国家林业部等部门授予全国飞机播种造林先进个人。2003 年 9 月评为高级林业工程师。

呼连峰 男，汉族，1965 年 9 月出生于宁夏盐池县，大学学历，政工师，中共党员。2014 年 7 月任盐池县环境保护和林业局党委委员、书记、副局长、环境检测监理站站长；2015 年 12 月任盐池县环境保护和林业局党委委员、副局长、环境检测监理站站长；2019 年 4 月任盐池县司法局主任科员。

郭海峰 女，汉族，1970 年 12 月出生，大学文化，高级林业工程师，中共党员。1991 年 7 月从宁夏林业学校果树专业毕业后分配到盐池县冯记沟乡林业站从事林业技术工作，2006 年调入盐池县环境保护和林业局防治荒漠化国际援助项目协作中心工作。1995 年参加高等教育自学考试，2 年后取得宁夏农学院园林系果蔬专业专科毕业证书；2011 年 1 月取得北京林业大学园林系园林专业本科毕业证书。2012 年 1 月评为高级林业工程师。从事林业工作 30 年，先后参与规划实施了全县退耕还林、天然林保护、"三北"四期防护林建设等项目；参与规划实施了沙泉湾荒漠化综合治理示范区项目建设；2008—2016 年参与规划实施了中德财政合作——中国北方荒漠化综合治理宁夏盐池项目建设；2013—2019 年参与规划实施了世界银行贷款——宁夏黄河东岸防沙治沙盐池县项目建设。发表主要论文有《宁夏干旱风沙区薪炭林营造技术与成效调查》《枸杞果实生长过程中几种元素的变化研究》《盐池柠条栽培表现及栽培技术》《盐池县林业可持续发展面临

的问题及对策》《宁夏回族自治区林业生态产业发展现状与建议》。

郭琪林 男，汉族，1995 年 7 月从宁夏农学院园林系果树专业毕业后，分配到盐池县大水坑镇林业工作站工作，2006 年 4 月—2008 年 3 月在盐池县环境保护与林业局林木病虫害防治检疫站工作；2008 年 4 月—2019 年 1 月在盐池县环境保护和林业局林业服务中心退耕办工作；2019 年 2 月至今在盐池县自然资源局林草中心退耕办工作。先后发表论文《草原生态系统的合理利用与保护》《优质牧草和饲料作物的种植试验报告》《盐池县荒漠化的成因与防治》《沙蒿的生物生态特性及其保护》，参与编写《宁夏退耕还林工程实践》《宁夏退耕还林工程研究》。

常海波 男，汉族，1963 年 10 月出生，籍贯北京，高级林业工程师，中共党员。1986 年 7 月毕业于宁夏农学院园林系园林专业。先后在盐池县计委"三西"办、盐池县农建办、盐池县扶贫开发办任业务专干、项目规划股股长等职。

蒋　刚 男，汉族，1967 年 5 月出生于宁夏盐池县，大学理学学士，中共党员。1990 年 7 月起在盐池县职业中学任教；1991 年 8 月调盐池县教育局工作；2000 年 8 月任盐池县教育系统工会主席；2002 年 12 月起任盐池县财政局副局长、主任科员；2009 年 9 月起任盐池县工业园区管委会副主任、招商局局长；2011 年 11 月任盐池县工业园区管委会副主任、资源能源开发服务中心主任；2014 年 7 月任盐池县司法局党组成员、书记、局长；2015 年 12 月任盐池县环境保护和林业局党委委员、书记、局长；2018 年 12 月任盐池县自然资源局党委书记、局长；2020 年 8 月任盐池县政协

副主席兼盐池县自然资源局党委书记、局长。

蒋佩雄 男，汉族，1964年12月出生于宁夏盐池县。1982年10月参加工作，1986年7月毕业于中央农广校农学专业（在职），1993年12月晋升助理工程师，1998年毕业于西北农林科技大学林学专业专科班，1999年晋升为林业工程师，2015年7月毕业于中国农业大学园林专业，2016年晋升为高级林业工程师。先后在盐池县治沙工作站、生态林场等林业生产一线工作39年，主要从事育苗培育技术指导、造林规划设计、项目施工管理等工作。1990年开始从事育苗工作以来，先后为全县退耕还林提供灌木苗种2000余万株，为全县围城造林等项目提供乔木苗种70万株、常青树种苗30余万株。参与了白春兰治沙基地沙柳、新疆杨深栽实验种植；1987年至1995年参与沙地旱生灌木园项目验收工作；2000年参与万亩生态园绿化建设。先后在全国公开刊物上发表论文5篇。

谢国勋 男，汉族，1965年出生于宁夏盐池县。参加工作后长期在县林业部门从事林业生产和技术推广工作，参与、主持的林业工程项目和技术工作主要有：2006年至2008年主持并参加全区森林资源二类清查盐池县资源规划设计，参与报告编写与汇报审定；2009年至2011年主持实施盐池县张记场林业生态治理示范项目建设；2009年至2012年实施全县林权制度改革试点，并最终通过国家林业局验收；连续三年主持实施黄土高原综合治理盐池县林业示范项目；连续三年实施三北工程中央财政补贴造林项目；作为项目主持人组织实施了农发项目和林业科技示范项目；从2012年起参与、配合中德财政合作——中国北方荒漠化综合治理宁夏项目的实施。此

外，还参加了全县枣树基地、杨黄灌区林网绿化、主要树种良种基地建设等林业工程项目设计和实施。1995年评为林业工程师，2005年评为高级林业工程师，2016年评为正高职林业工程师。先后荣获陕西省科学技术奖二等奖（2013年12月）、全区绿化先进个人奖、自治区科技进步奖。完成主要著作有《中国绿洲农业》《果树种植技术》；发表主要论文有《宁夏盐池县生态退耕前后农资投入时空变化分析》《宁夏干旱风沙区不同种植密度柠条林对土壤水分及植物生物量影响研究》《荒漠草原带沙源及灌丛对灌丛沙堆形态的影响》《暴马丁香生态文化经济价值及播种育苗技术》《化学固沙剂固沙作用机理研究》等。

路　关 男，汉族，1963年10月出生于宁夏盐池县青山乡，政工师，中共党员。1997年10月起任盐池县青山乡副乡长、乡党委副书记等职；2004年12月起任盐池县惠安堡镇党委副书记、副镇长、镇长；2007年12月任盐池县冯记沟乡党委书记、乡长；2009年10月任盐池县环境保护和林业局党委副书记、局长；2012年12月任盐池县水务局局长；2014年7月任盐池县扶贫开发办公室主任；2015年12月任盐池县扶贫开发办公室二级主任科员；2020年9月任盐池县扶贫开发办公室一级主任科员。

潘　伟 男，汉族，1983年7月在盐池县沙地旱生灌木园参加工作后，长期协助宁夏农林科学院林业研究所在灌木园的科研辅助工作。先后参与引进柽柳、沙木蓼、沙拐枣、沙冬青等沙地旱生灌木品种200余种，并参与多篇引种试验论文撰写。2005年8月评为林业工程师，2015年12月评为高级林业工程师。

第二节　表彰命名

先进集体主要收录环境保护和林业局（自然资源局）系统各单位县级（含县级）以上受表彰命名情况；先进个人主要收录环境保护和林业局（自然资源局）系统职工县级（含县级）以上业务方面受表彰情况，个人业务爱好如文艺等方面荣誉不在统计之列。

表9—2—1　2000—2020年县级（含县级）以上表彰先进集体

年份	受表彰单位	表彰命名	颁奖单位
2000	盐池县林业局	全国营造林工作先进集体	国家林业局
		全区"三五"普法先进单位	自治区党委、政府
2001	盐池县林业局	三北防护林体系建设（1978—2000）先进集体	国家林业局
	盐池县人民政府	自治区科学技术进步奖	自治区政府
		盐池县荒漠化土地综合整治及农业可持续发展研究二等奖	
		全区生态建设先进县	
2002	盐池县林业局	全国防沙治沙先进集体	全国绿化委员会、人事部、国家林业局
	盐池县人民政府	全区林业生态建设先进县	自治区人民政府
2006	盐池县林业局	全国绿化先进集体	全国绿化委员会、人事部、国家林业局
	盐池县环境保护与林业局、科技局、畜牧局	盐池县沙漠化土地综合治理技术示范推广二等奖	自治区政府
	盐池县环境保护和林业局	宁夏防沙治沙及沙产业技术开发三等奖	
		全区森林资源连续清查第三次复查工作先进单位	自治区林业局
	盐池县林牧党委	城乡环境百日综合整治活动先进集体	盐池县委、县政府
	盐池县环境保护与林业局	纪念红军长征胜利暨盐池解放70周年庆祝活动先进集体	
		盐池县2006年度责任制考核先进集体	

年份	受表彰单位	表彰命名	颁奖单位
2007	盐池县环境保护与林业局	全国防沙治沙先进单位	全国绿化委员会、人事部、国家林业局
	盐池县公安局森林派出所	集体三等功	宁夏林业局森林公安局
2008	盐池县环境保护与林业局	国家科学技术进步奖	国务院
		宁夏沙漠化土地综合治理及沙产业开发二等奖	
2009	盐池县	国家级林业科技示范县（第一批）	国家林业局
		全区林业生态建设先进单位	自治区绿化委
	盐池县环境保护与林业局	全区林业系统 2008 年度林业建设先进集体	自治区林业局
		2009 年度全区林业宣传工作先进集体	
		2009 年度全县动物防疫工作先进集体	盐池县委、县政府
2010	盐池县环境保护和林业局	2010 年度全区林业生态建设先进集体	自治区林业局
		2010 年度宣传思想文化工作先进单位	盐池县委、县政府
2011	盐池县环境保护和林业局	2011 年退耕还林工程管理先进单位	自治区林业局
		2011 年度宁夏林木种苗信息报送先进单位	自治区林木种苗管理总站
		2011 年度宣传思想文化工作先进集体	盐池县委、县政府
2012	盐池县政府	全国绿化先进集体	全国绿化委、人社部
	盐池县环境保护和林业局	全区林业生态建设先进集体	自治区林业厅
		全区 2012 年度退耕还林工程管理先进单位	
		全区 2012 年退耕还林工程管理考核第一名	自治区防沙治沙与退耕还林工作站
2013	盐池县环境保护和林业局	自治区文明单位	自治区精神文明建设指导委员会
		盐池县效能目标管理责任制考核二等奖	盐池县委、县政府
		盐池县秋季农田水利基本建设先进集体	
		盐池县春秋季植树造林工作先进集体	
		盐池县城乡环境综合整治工作先进集体	
		盐池县创建国家园林县城先进集体	
	盐池县环境保护和林业局机关党支部	盐池县争先创优先进基层党组织	盐池县委
	盐池县环境保护和林业局	2013 年全区林业工作先进集体	自治区林业厅
2014	盐池县环境保护和林业局	盐池县效能目标管理责任制考核二等奖	盐池县委、县政府
		农业农村工作综合奖（含春秋季植树造林）先进集体	
2015	盐池县环境保护和林业局	盐池县效能目标管理责任制考核二等奖	盐池县委、县政府
		秋冬季农田水利基本建设先进单位	
		植树造林先进集体	

年份	受表彰单位	表彰命名	颁奖单位
2016	盐池县环境保护和林业局	2016年度全区林业建设先进集体	自治区林业厅
		盐池县效能目标管理责任制考核一等奖	盐池县委、县政府
		盐池县争项目争资金责任制考核第二名	
		秋冬季农田水利基本建设先进集体	
		绿化工作先进集体	
2017	盐池县	《基于土壤水分平衡的宁夏干旱风沙区植被恢复模式研究》获2013—2015年度自治区科学技术奖	自治区政府
	盐池县环境保护和林业局	2017年度全区森林防火工作先进单位	自治区森林草原防火指挥部
		盐池县效能目标管理责任制考核优秀奖	盐池县委、县政府
		"工业转型升级提速年"活动及促进工业经济平稳增长先进集体三等奖	
		优化投资服务环境先进集体三等奖	
		秋冬季农田水利基本建设先进集体	
		绿化工作先进集体	
		脱贫攻坚工作先进集体	
2018	盐池县环境保护和林业局	全国防沙治沙先进集体荣誉称号	人力资源社会保障部、全国绿化委、国家林业局
		盐池县环境保护和林业局全区环境保护大检查、监察执法工作先进集体	自治区环保厅
		工业工作先进单位三等奖	盐池县委、县政府
		脱贫攻坚工作先进集体	
		秋冬季农田水利基本建设	
		绿化工作先进集体一等奖	
		2018年效能目标管理责任制考核良好等次	
2019	盐池县环境保护和林业局	全国林业系统先进集体	人力资源和社会保障部、国家林业局
		三北防护林体系建设工程先进集体	国家林业和草原局
		全国林业系统先进集体	人力资源和社会保障部、国家林业局
		2019年度耕地保护责任目标考核一等奖	吴忠市人民政府
		工业经济先进集体	盐池县委、县政府
		争项目争资金先进集体第二名	
		脱贫攻坚工作先进集体	
		驻村工作先进单位	
		农田水利基本建设先进集体	
		植树造林先进集体一等奖	
		环境保护先进集体一等奖	
		推进民主法治建设先进集体二等奖	

（续表）

年份	受表彰单位	表彰命名	颁奖单位
2020	盐池县自然资源局	自治区自然资源厅先进单位	自治区自然资源厅
		2020—2023年自治区文明单位	自治区精神文明建设指导委员会
		2020年案卷质量评查优秀案卷	自然资源部办公厅
		2020年效能目标管理责任制考核优秀等次	盐池县委、县政府
		全面建成小康社会先进集体二等奖	
		争项目争资金先进集体	
		林草建设先进集体一等奖	
		生态环境保护工作先进集体一等奖	
		农村人居环境整治工作先进集体	

表 9—2—2 2000—2020 年县级（含县级）以上表彰先进个人

年份	受表彰个人	表彰命名	颁奖单位
2006	盐池县环境保护与林业局 孙 果	全区森林资源连续清查先进个人	自治区林业局
	盐池县环境保护与林业局 王岩林	城乡环境百日综合整治先进个人	盐池县委、县政府
	盐池县环境保护与林业局 王宁庚	盐池县优秀人才	
	盐池县环境保护与林业局 强永军		
	盐池县林牧党委 黄银邦	纪念红军长征胜利暨盐池解放70周年庆祝活动先进个人	
	盐池县环境保护与林业局 张巧仙		
	盐池县环境保护与林业局林政办 王海丰	盐池县 2006 年度天然林资源保护工作先进工作者	盐池县政府
	盐池县花马池镇林业干事 李培东		
	盐池县青山乡林业干事 周 广		
2007	盐池县环境保护与林业局 宋翻伶	全国退耕还林先进个人	国家林业局
	盐池县环境保护与林业局 高万隆	全区建设项目环境保护管理先进个人	自治区环保厅
2008	盐池县人大常委会副主任 王学增	全国绿化奖章	全国绿化委
	盐池县环境保护与林业局 宋翻伶	全区林业系统 2008 年度林业建设先进个人	自治区林业局
	盐池县环境保护与林业局 谢国勋	科学创新改革先进个人	
	盐池县环境保护与林业局 石慧书	重点林业工程检查先进个人	
	盐池县环境保护与林业局 张巧仙	重点林业工程建设先进个人	
	盐池县环境保护与林业局 李月华	林业产业建设先进个人	
	盐池县环境保护与林业局 张海波	森林资源保护先进个人	
2009	盐池县环境保护与林业局 宋翻伶	全区林业生态建设先进个人	自治区绿化委
	盐池县花马池镇农民 白春兰		
	宁夏哈巴湖国家级自然保护区管理局局长 张生英	全国绿化奖章	全国绿化委
2010	盐池县环境保护与林业局 宋翻伶	全国绿化奖章获得者	全国绿化委
		吴忠市"三八"红旗手	吴忠市政府
	盐池县环境保护与林业局局长 路 关	2010 年度全区林业生态建设先进个人	自治区林业局
	盐池县环境保护与林业局检疫员 李永红	2010 年度全县动物防疫工作先进个人	盐池县委、县政府
2011	盐池县环境保护和林业局局长 路 关	全区天然林资源保护工程先进个人	自治区绿化委
	盐池县环境保护和林业局 吴 琳	全区林业统计工作先进个人	自治区林业局
	盐池县环境保护和林业局退耕办 郭琪林	全区退耕还林工程阶段验收先进个人	
	盐池县环境保护和林业局退耕办 李旭红	全区 2011 年度退耕还林工程阶段验收先进个人	
	盐池县环境保护和林业局 王宁庚	2011 年度宁夏林木种苗信息报送工作先进个人	自治区林木种苗管理总站

年份	受表彰个人	表彰命名	颁奖单位
2012	盐池县环境保护和林业局　吴琳	全区林业统计工作先进个人	自治区林业局
	盐池县环境保护和林业局　宋翻伶	吴忠市2012年造林绿化先进个人	吴忠市绿化委
	盐池县环境保护和林业局　张雨		
	盐池县环境保护和林业局办公室　张巧仙	2012年度县直社会帮扶部门先进个人	盐池县委、县政府
	盐池县环境保护和林业局　张海波	2012年度吴忠市农田水利基本建设先进个人	吴忠市政府
	盐池县环境保护和林业局　张雨	2012年度吴忠市造林绿化先进个人	
	盐池县环境保护和林业局林业技术服务中心　郭琪林	2012年盐池县争先创优优秀共产党员	盐池县委、县政府
	宁夏哈巴湖国家级自然保护区管理局局长　张生英	中国森林公园发展三十周年突出贡献个人	国家林业局森林公园管理办公室
		全国林业系统先进工作者	人力资源和社会保障部、国家林业局
2013	盐池县环境保护和林业局　孙果	2013年度吴忠市植树造林先进个人	吴忠市委、市政府
	盐池县环境保护和林业局　张巧仙	盐池县宣传文化思想工作优秀通讯员	盐池县委、县政府
	盐池县环境保护和林业局　焦智	盐池县"工业提速增效深化年"活动先进个人	
		盐池县招商引资先进个人	
	盐池县环境保护和林业局绿化办　郭毅	盐池县春秋季植树造林工作先进个人	
	盐池县环境保护和林业局林业中心　张玉萍		
	盐池县大水坑镇林业站　喻培龙		
	盐池县麻黄山乡林业站　刘家宝		
	盐池县环境保护和林业局　陈芳	盐池县创建国家园林县城先进个人	
	盐池县环境保护和林业局　焦智		
	盐池县环境保护和林业局绿化办　郭毅		
	盐池县环境保护和林业局　张淑梅		
	盐池县环境保护和林业局　杨树森		
	盐池县环境保护和林业局　李旭红		
	盐池县环境保护和林业局种苗站　王宁庚	盐池县秋季农田水利基本建设先进个人	
	盐池县环境保护和林业局　张德龙	全国治沙暨沙产业先进科技工作者	中国治沙暨沙产业学会
2014	宁夏哈巴湖国家级自然保护区管理局　张生英	全国防沙治沙先进个人	全国绿化委、人社部、国家林业局
	盐池县环境保护和林业局　张玉萍	吴忠市优秀人才	吴忠市政府
	盐池县环境保护和林业局　杨树森	春秋季植树造林先进个人	盐池县委、县政府
	盐池县环境保护和林业局　孙果	盐池县创建自治区文明县城先进个人	

年份	受表彰个人	表彰命名	颁奖单位
2015	盐池县环境保护和林业局　李　俊	盐池县争项目争资金先进个人	盐池县委、县政府
	盐池县环境保护和林业局　王增吉	植树造林先进个人	
	盐池县环境保护和林业局党委　呼连峰	全县党风廉政建设和反腐败工作先进个人	
	盐池县环境保护和林业局　王岩林	民族团结进步创建活动先进个人	
2016	盐池县环境保护和林业局　王岩林	招商引资先进个人	盐池县委、县政府
	盐池县环境保护和林业局　郭琪林	秋季农田水利基本建设先进个人	
	盐池县青山乡林业站　李红斌	优秀共产党员	盐池县委
	盐池县环境监测监理站　孙彦香		
	盐池县环境保护和林业局环境监测站　谢　玉	2016年脱贫攻坚工作先进个人	盐池县委、县政府
2017	盐池县环境保护和林业局　孙　果	秋季农田水利基本建设先进个人	盐池县委、县政府
	盐池县花马池镇林业站　李培东	绿化工作先进个人	
	盐池县王乐井乡林业区域站　马占利		
	盐池县环境保护和林业局绿化办　张淑梅		
	盐池县环境保护和林业局党委　丁　捷	组织工作先进个人	
	盐池县惠安堡镇林业站　陈红喜	优秀共产党员	盐池县委
	盐池县环境保护和林业局与草原局　郭向泽	盐池县"六五"普法先进工作者	盐池县委、县政府
2018	盐池县环境保护和林业局派驻冯记沟乡冯记沟村第一书记　张建军	2018年度脱贫攻坚工作先进个人	吴忠市委、市政府
	盐池县环境保护和林业局　王增吉	争项目争资金先进个人	盐池县委、县政府
	盐池县环境保护和林业局　丁　捷	帮扶部门先进个人	
	盐池县环境保护和林业局　古秀琴	秋冬季农田水利基本建设先进个人	
	盐池县环境保护和林业局绿化办　杨树森	绿化工作先进个人	
	盐池县环境保护和林业局环境监测站　谢　玉	环境保护工作先进个人	
2019	盐池县环境保护和林业局　孙　果	全国绿化奖章	全国绿化委
	盐池县环境保护和林业局　蒋　刚	包扶部门先进个人	盐池县委、县政府
	盐池县大水坑镇林业区域站　胡高峰	植树造林先进个人	
	盐池县惠安堡镇林业区域站　陈红喜		
	盐池县高沙窝镇林业区域站　周立甫	平安建设工作先进个人	
	盐池县王乐井乡林业区域站　马占利		
	盐池县环境保护和林业局　梁　成		
	盐池县惠安堡林业区域站　陈红喜		

年份	受表彰个人	表彰命名	颁奖单位
2019	盐池县环境保护和林业局　高　翔	环境保护工作先进个人	盐池县委、县政府
	盐池县麻黄山乡环保林业干事　郭华锋		
	盐池县环境保护和林业局　蒋　刚	纪检监察工作先进个人	
	盐池县环境保护和林业局　蒋　刚	2015—2017年连续三年优秀公务员	
	盐池县环境保护和林业局　呼连峰		
	盐池县环境保护和林业局　任海明		
2020	盐池县自然资源局党组　谢　玉	纪检监察工作先进个人	盐池县委、县政府
	盐池县自然资源局执法大队　王　军	安全生产工作先进个人	
	盐池县自然资源局矿管所　赫平元	治理拖欠农民工工资先进个人	
	盐池县自然资源局　周　枫	禁毒工作先进个人	
	盐池县自然资源局　王　勇	招商引资先进个人	
	盐池县自然资源局林业办　郭永胜	林草建设先进个人	
	盐池县青山乡林业站　卢晓蕾		
	盐池县麻黄山乡林草站　刘家宝		
	盐池县花马池镇林业与草原站　叶　瑞	生态环境保护工作先进个人	
	盐池县自然资源局测绘站　代　晖	全面推进河湖长制先进个人	
	盐池县自然资源局规划办　尚鹏飞	农村人居环境整治工作先进个人	
	盐池县自然资源局　孙万龙	新冠肺炎疫情防控先进个人	
	盐池县自然资源局保护监督所　夏长青		

第十章 生态文化

云暗天低树（摄于 2014 年 7 月）

生态文化是人与自然和谐的文化。生态文化的重要特点，在于用生态学的基本观点去观察现实事物、解释现实社会、处理现实问题，运用科学态度去认识生态学研究途径和基本观点，建立科学的生态思维理论。生态文化理论的形成，使人们在现实生活中逐步增加生态保护色彩。人类实践活动中，不断地认知人与自然环境关系，处理好这种关系，人类才能够得以长期和谐地生存于自然环境中。生态文化是生态文明建设的重要组成部分。

生态文化属意识形态范畴，对生态林业、民生林业、创新林业、和谐林业具有意识引导和道德规范作用。生态文化是探讨和解决人与自然之间复杂关系的文化；是基于生态系统、尊重生态规律的文化；是以实现生态系统的多重价值来满足人的多重需求为目的的文化；是渗透于物质文化、制度文化和精神文化之中，体现人与自然和谐相处的生态价值观。生态文化的核心思想是人与自然和谐；生态文化建设的主要任务就是科学认识、积极倡导和大力推动实现人与自然和谐发展。生态文化建设的主要任务，就是用文化的力量引导社会科学认识现代林业的地位和作用，积极倡导正确的生态文明观和现代林业发展观，大力推动实现人与自然和谐发展。

盐池地处西部边陲，历史以来即为中原朝廷与北方游牧民族反复争夺、驻牧之地，曾被誉为文化沙漠。然关河仍在，往事已亦。历史风烟俱逝，草树烟云长留。历代边塞守将、文人墨客和匆匆过客留下了大量文学艺术作品。"大漠孤烟直，长河落日圆"（唐·王维）、"绿杨著水草如烟，旧是盐州饮马泉"（唐·李益）、"白羽摇如月，青山断若云"（唐·骆宾王）、"驼马雨余鸣远塞，牛羊秋夕下高阡"（明·王琼），"骢马行边八月秋，灵州东望翠云浮"（明·王珣），这些古人描写塞上（盐池）风光的诗句，正是如今盐州草原最美风光体现。

新中国成立以来，盐池县加强林业生态建设深入人心，引发文化艺术繁荣发展，取得丰硕成果，其中不乏诗歌、散文、纪实文学、摄影等优秀林业生态文化艺术精品呈现。

第一节　诗词（联语）书画

一、古诗辑录

盐州过饮马泉

［唐］李　益

绿杨著水草如烟，旧是盐州饮马泉。

几处吹笳明月夜，何人倚剑白云天。

从来冻合关山路，今日分流汉使前。

莫遣行人照容鬓，恐惊憔悴入新年。

李益（748—约829），字君虞，陇西姑臧（今甘肃武威）人，大历四年进士，唐代著名边塞诗人，曾从军出塞外。建中二年（781）随崔宁"巡行朔野"，到过灵州等地。这首诗是诗人路经盐州铁柱泉一带时，看到美丽的自然风光，联想到是边塞将士守卫边疆、保卫大好河山的辛劳，有感而作，表达了诗人对边塞将士的敬仰和关爱之心。

兴武暂憩

［明］杨一清

簇簇青山隐戍楼，暂时登眺使人愁。

西风画角孤城晚，落日晴沙万里秋。

甲士解鞍休战马，农儿持券买耕牛。

翻思未筑边墙日，曾得清平似此不？

杨一清（1454—1530），字应宁，号邃庵，别号石淙。祖籍云南安宁人，寄籍湖广巴陵县，后入籍镇江府丹徒县。弘治十五年（1502），杨一清出任都督院左副都御史，督理陕西马政。正德元年（1506），经兵部尚书刘大夏提议，杨一清出任陕西三边总制。

九日登花马池城

[明] 王 琼

白池青草古盐州，倚啸高城豁望眸。

河朔毡庐千里迥，泾原旌节隔年留。

辕门菊酒生豪兴，雁塞风云惬壮游。

诸将至今多卫霍，伫看露布上龙楼。

王琼（1459—1532），字德华，号晋溪，别署双溪老人，太原县人。嘉靖七年（1528）二月出任陕西三边总督。

登城楼

[明] 刘天和

谁筑防胡万堞城，坐来谈笑虏尘清。

三秋号令风传檄，千里声容鸟避旌。

剑戟霜寒明远道，鼓鼙雷动满行营。

登楼渺渺龙沙地，极目烟销紫塞横。

刘天和（1479—1545），字养和。祖籍南昌，其祖先刘梦随明太祖朱元璋起兵，立有战功，擢升为漳州府同知，赐田胡广麻城，于是著籍湖广麻城。正德三年（1508），刘天和考中戊辰科二甲第32名进士，授南京礼部主客司主事。过了两年，朝廷诛灭大宦官刘瑾，台臣们多有变动，刘天和因才德出众，征拜为都察院监察御史，出按陕西。

驻花马池

[明] 杨守礼

六月遥临花马池，城楼百里间华夷。

云连紫塞柝声远，风卷黄沙马足迟。

名利一生空自老，是非千载不胜悲。

长安东望三千里，早把平胡颂玉墀。

杨守礼（？—1555），字秉节，别号南涧，山西平阳府蒲州（今永济市蒲州镇）人。正德六年（1511）进士，授户部山东司主事。嘉靖十八年（1539）升山东左布政使；同年，巡抚宁夏都御史吴铠卒于任上，朝廷改派杨守礼以都察院右副都御史巡抚宁夏。

防 秋

[明] 张 珩

兴武营西清水河，牧童横笛夕阳过。

逢人报到今年好，战马闲嘶绿草坡。

张珩（？—1560），字佩玉，山西太原府石州（今离石市）人，正德十六年（1521）辛巳科进士。嘉靖十五年（1536）升都察院右佥都御史、巡抚延绥等地方；二十二年（1543）擢兵部右侍郎兼都察院右佥都御史，代杨守礼总督陕西三边军务。

中秋登长城关楼

[明] 石茂华

戍楼危处一雄观，大漠遥通北溟看。
月色初添沙碛冷，秋风直透铁衣寒。
虽非文酒陪佳夕，剩有清晖共暮欢。
且喜休屠今款塞，长歌不觉露溥溥。

石茂华（1521—1583），字君采，号毅庵，益都（今青州）人。万历元年（1573）升都察院右都御史，总督陕西三边军务。此间数次平息内外兵乱，受到朝廷褒奖。后升任兵部尚书，掌南京都察院事。

盐川中秋对月独酌有感

[明] 李 汶

东来皓魄壮清眸，景物凋残巳蓐收。
一点寒光徐透榻，十分彩色正当楼。
婆娑欲问槎回渚，宛转难停杞抱忧。
月是主人身是客，仰看河汉又西流。

长城关远眺

[明] 李 汶

驱车直上傍烟霞，到处羊肠石径斜。
远岫逶迤抱雪谷，翠微陡绝博风沙。
三春不解毡裘服，五月始开桃杏花。
狼望龙城近在掬，惊心别是一天涯。

李汶（1535—1609），字宗齐，号次溪，直隶任丘（今河北任丘陈王庄）人。嘉靖四十年（1561）中举，翌年中进士。万历十年（1582）任陕西布政使，万历十二年（1584）任都察院右佥都御史，巡抚陕西。根据当时边防存在的诸多弊端，李汶上奏朝廷，提出防边十策（筑险隘、留额银、驱黠虏、罢远戎、连战守、防要堡、补军饷、收生蕃、复土官、任兵备），被一一恩准，由此边防大振。万历二十年（1592），李汶被任命为都察院右都御使兼兵部侍郎，奉命持节都督陕西军务，三边总督。李汶戍边之余，耽于诗文著述。在任三边总督期间，曾多次莅临宁夏镇及花马池一带备边防秋。《万历朔方新志》载有李汶诗作十数首，其中几首描写的背景与花马池、长城关、铁柱泉等地有关。

二、今人诗词选录

苦豆吟

牛振民

菽群称苦豆，类异谪荒垓。

味涩难为食，株低不作材。

叶如葱翠舞，花似橘黄开。

入药捐躯后，儿孙结队来。

沙枣赞二首（其一）

牛振民

迟开不逊李桃芳，天赋清芬四正罡。

朴质散材祛绮丽，素花劲蒂溢馨香。

立身自远上林茂，处世偏宜戈壁荒。

阀阅无名非所用，寿康大可鉴兴亡。

卜算子·沙枣

牛振民

大漠夕阳边，老树凝然立。暑往寒来不
记年，执守初生地。多刺失天心，难与名媛
比。远谪穷荒亦著花，色浅香无际。

牛振民，号孤山愚人，盐池县人，宁夏大学
中文系副教授，擅诗词文章，偶作曲赋，凡2300
余首。

沙枣花开

李玉成

纷纷红紫化轻尘，布谷声中燕子勤。

风暖天蓝迎盛夏，水潺山翠送三春。

百花拜谢无葩贵，柳絮飞空来秀宾。

一阵清香风借送，熏迷四野看花人。

李玉成，盐池县人，曾任宁夏司法警官学
院副校长、调研员，现任宁夏老年大学诗词学
会会长。

沁园春·盐州颂

刘成林

望南山万壑，云烟袅袅；千丘大漠，草
木青青。地沃花香，山明水秀，鸟语歌声绕
碧萦。今朝去，喜三边圣地，雪耻黄龙。

昔州铁马兵营，筑万里长城御夷雄。辖
三边要邑，河东门户；深沟高垒，烽燧纵横。
岁月沧桑，闾阎伟岸，花马腾飞映彩虹。忙
回首，瞰琼楼星布，银阙灯红！

刘成林，盐池县住房和建设局干部，宁夏作
协会员。

寻故里（新韵）

吴秀忠

离别故地三十载，退养之年探旧宅。
漫步村前思往事，徘徊未见老庄台。
新房建起六十排，旧址生出翡翠来。
绿溢横流风景秀，沙滩竟被草花埋。

吴秀忠，盐池县高沙窝镇农民，业务爱好诗词创作。

春 柳

尤其宏

春临孕育备生发，鸿雁排空启兴家。
柳枝吐芽伸项早，细风疏叶织窗纱。

尤其宏，盐池县工会干部，盐池县作家协会会员，业余爱好诗词创作。

鸟鸣山涧图

陈先发

那些鸟鸣，那些羽毛
仿佛从枯肠里
缓缓地
向外抚慰着我们

随着鸟鸣的移动，野兰花
满山乱跑
几株峭壁上站得稳的
在斧皱法中得以遗传

庭院依壁而起，老香榧树
八百余年闭门不出
此刻仰面静吮着
从天而降的花粉

而白头鹎闭目敛翅，从岩顶
快速滑向谷底
像是睡着了
快撞上巨石才张翅而避

我们在起伏不定的
语调中
也像是睡着了
又本能地避开快速靠近的陷阱

陈先发，安徽桐城人，复旦大学毕业。曾获十月诗歌奖、十月文学奖、1986—2006年中国十大新锐诗人、1998—2008年中国十大影响力诗人、复旦诗歌特殊贡献奖、第七届鲁迅文学奖等。作品被译成英、法、俄、西班牙、希腊等多种文字传播，并被选入国内外多所大学文学教材。代表作品有短诗《丹青见》《前世》等。

山中偶得

梁书正

那些飘过我眼前的树叶
是轻飘飘的羽毛吗

轻飘飘的羽毛
是一个人的一生吗

我看到它们落在地下
没有声音

那些：干净，缓慢，感激
也没有声音

梁书正，苗族，湖南湘西人，中国作家协会会员，鲁迅文学院学员。作品散见于《诗刊》《人民文学》等，曾获紫金人民文学之星诗歌奖。出版有《遍地繁花》《唯有悲伤无人认领》诗集等。

就像我早年的约会
十场雨，不光落在
绿松石的耳畔
落在一曲长调的舌尖
光阴，就这么消失了界限
我没有，在慈祥的花牛
那温暖的腹下躲雨
我甚至也想低下头，啃一口
新鲜的蕨麻叶

嘴唇干净，眼睛干净
我的绿色思想
爬上了被雨水打湿的草坡

第广龙，甘肃平凉人，旅居西安，中国作家协会会员，中国石油作家协会副主席、西安作家协会副秘书长，甘肃诗歌八骏。曾获首届、三届、四届中华铁人文学奖，敦煌文学奖，黄河文学奖，冰心散文奖等。已结集出版诗集9部，散文集10部。

草原雨

第广龙

春天，草原地上的星星
也情窦初开，把我初染腥膻的双脚
一次次抱住

我走在新衣裳的草地上
一天里，经历了十场雨
每一次，都很短暂

草原月夜

苏 黎

这是一天最后的时刻了
身披焰霞的草原，迎来了暮晚
月亮升起来了
月光如水，浣洗青草
这不是我第一次夜宿草原了
每一次，都是那么难忘
每一夜，都值得珍藏

我静静地坐在草原上

吮吸草原上青草淡淡的气息

远山如黛，近水似银

听牧场里传来几声粗犷的狗吠

一些低沉的牛哞，声声敲着空静夜

夜风吹来，将我的体温

一丝丝抽去

在此坐久了

我也成了草原的一部分

望着月色尽染的草原

想象着秋天漫滩遍野成熟的黄

再想一想，冬天那一望无际的白茫茫的雪

不带一点杂色。我就想到了我这平淡的一生

是如此的相似

苏黎，女，甘肃山丹人，中国作家协会会员。诗歌作品散见于《诗刊》《人民文学》《星星诗刊》《中国诗歌》等，入选《中国年度最佳诗歌》《中国年度诗歌精选》《中国〈星星〉五十年诗选》《中国当代诗歌导读（1949—2009）》《〈诗刊〉六十年诗歌作品选》等多种选本，出版有诗集《苏黎诗集》《月光谣》《祁连山下》等。

树林里

左　右

夜晚挺拔得寂静，四周葱茏

树林里，枫叶树下

一群蚂蚁静静守着一只蚂蚁的亡灵

大地口吐白霜，露珠颤颤微动

一棵树朝另一棵树的肩头，在风幕下慢慢靠拢

左右，陕西山阳人，旅居西安，中国作家协会会员。作品散见于《人民文学》《十月》《诗刊》《天涯》《花城》等。曾获珠江国际诗歌节青年诗人奖、紫金人民文学之星诗歌佳作奖、柳青文学奖、延安文学奖、冰心儿童文学奖等。

中午之蔽

杨森君

有时我会单独来到这里——

不在意夏天闷热的长空，横亘于此

与那排树相比，我们是平等的

都分到了各自应有的一道影子

只是我可以随意走动，而树

至多迎风，改变一下树冠原有的形状

相信有人也曾像我，貌似看破红尘

无声地走在一块中午正在发热的湖边

杨森君，宁夏灵武市人，中国作家协会会员。著有诗集《梦是唯一的行李》《上色的草图》，随笔集《钥匙挂在门上》（合作）《冥想者的塔梯》，中英文诗集《砂之塔》《草芥之芒》。1999年、2002年分获宁夏第五、六届文学艺术评奖诗歌一等奖。

三、联语辑录

李玉成联语（新韵）选辑

花马池城魁星楼

得胜墩实迎客滩羊地；
魁星楼厚酬宾甘草乡。

花马池城角楼

角楼声处古城悲壮风说起；
亭榭影中花马莽苍云载来。

昔日黄沙漫垛追风韵；
今朝绿树萦城听雨声。

长城关

大漠千里游牧戎族狂北地；
雄关一道农桑华夏锁长城。

黄龙亘卧洪荒造就万千事；
花马腾飞天地酬勤多少人。

北迢大漠金戈铁马萧萧去；
南望中原紫气祥云滚滚来。

侯凤章联语选辑

绿浪荡秋香，碧空映胡杨，紫塞新貌；
黄叶赛金光，草原飞玉蝶，宏图华章。

蓬草决紫燕，一派烟霞壮画卷；
明湖映远山，八方豪气涌雷霆。

百里芳草凝望眼，绿潮腾讯，豪情当为
自豪颂；
千奇画图浸壮志，明镜泻意，喜心正在
欣喜中。

侯凤章，宁夏作家协会会员、宁夏文史馆研究员、盐池县文联名誉主席。曾任盐池县一中高级教师、校长，盐池县人大常委会副主任、盐池县教育基金会会长、盐池县长城学会副会长等职。

党英才联语选辑

怀 古

朔漠风寒，空嗟岳武穆仰天长啸，咽吟未绝，兰山玉雪侵春雾；

关河冷月，独怅王龙标对酒悲歌，遗响犹存，古渡黄芦缭夕烟。

田 园

入吾庐请啜花英，允尝淡味，犹可寻来闲鹤诉；

瞻山圃休惊蝶梦，莫点禅机，无须道与外人言。

冬 景

飓冽厉风云，泫露凝珠，沉藏万物，莫讶寒梅征傲骨；

笼氤氲潦雾，含霜待雪，转运三阳，何妨乳燕戏春花。

风

驰大蠹威摧寒木，捋龙髯飙驭滚雷，丹台复震震，老君掩面烧云助；

极穹空由叹须弥，拂花雨但悲罗预，水月良闲闲，吟客持觞解带临。

花马湖

紫鸢横水槛；

芳蔼荡山船。

山塬小景

碧蔓闲抽叶；

红荞醉濯枝。

原 野

茅白嗔沾絮；

蓼红醉幽花。

树

一念争荣，四时弄色，霜骨每多枝节事；

穷阴杀节，急景凋年，本根聊复曲盘深。

桑 榆

乡关草色堪装点，原馀紫葚；

客路槐阴自比俦，隰有高榆。

桃 花

春工怜物意，偕来艳萼徘徊，栖迟风月；

酒面促诗肠，漫绾冲衿偃仰，沾溉桃花。

沙枣树

金荟诧村梅，香云浮蔓草；

玉轮矜雪骨，琼叶荐黄丹。

沙 柳

摇曳弄风尘，识面同春瘦；

萦回矜客久，关情分袂痴。

红　柳

丹枝飞玉缕，掩冉沙村月；

艳粉簇霜绦，参差驿树秋。

杏　树

春工裁物意，嫩萼含苞锦；

天匠染风情，青丹出叶黄。

柠条花

云边野旷飞黄鸟，肃肃其羽；

叶底枝头舞锦鸡，雍雍尔容。

水　仙

不与世争研，矜同梅共剪，倦影犹怜，
悔从掬水攀名籍；

龙镳丹台远，沧烟钓叟寒，孤怀暗许，
愿借僧瓯漱梦身。

庚子感怀

井邑蒙尘晻，江乡笼树寒，寂寞秋风，
诗草关心犹半展；

芒杖倦新晴，寄梅思快雪，沉吟世路，
雁书在枕才一翻。

百言题贺建党百年华诞

清夜无尘，明窗有月，忽闻量子传音，
嫦娥邀饮，此去神舟导翼，凤舰护航，共邀
赏九霄琼树，四海珠宫，愕愕然，今夕何
夕？时维辛丑；

近秋云锦，丰稔日华，快睹青山炫彩，
黄壤繁英，又逢绿水推文，银鲈点赞，莫新
奇总角拂屏，村翁上线，欣欣矣，雅情雅
怀，序属百年。

自　题

挠耳谋开篇，嘘荗尽放眼，窗前灯下，
莫笑贫衿彫细草；

常思归棹隐，久厌校书郎，梦里霜馀，
谁怜老蠹抱寒花。

党英才，别署放鹤晴空斋、栖云山房。长期
从事宁夏及盐池地方志、文史资料编研工作，中国
书法家协会会员、宁夏文史馆研究员。

四、书画

夫情动而言形，理发而文见。然言不能达
其心声，则寓之于书，凝而为画。家乡美景，永
远是艺术家笔下叙说不完的故事，描绘不尽的韵
致。时值辛丑建党百年华诞，全县书法、美术爱
好者创作书画作品百余幅，精选其中与生态文化
相关联作品十数幅，以示致贺，以舒雅怀。

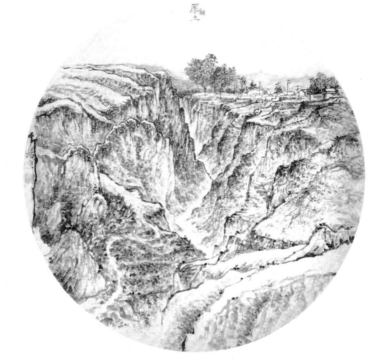

厚土（国画）杨东

山乡人家（国画）杨玉萍

堠（油画）赵文瑄

风景（装饰画）呼亚茹

哈巴湖金秋（色粉画）王耀炯

拟古山水（国画）芮利东　　　　　　　　行书自拟长城关联　党英才

长城两岸是故乡（国画长卷局部）袁柏生　姚竹　杨东　杨玉萍　田广龙　张海燕　等

行书录明王珣《巡视东路》 蔡明江　　　　　篆书唐人李益《过盐池饮马泉》句　常仲

行书唐人李益《过盐池饮马泉》句　呼连峰

映山红（油画）　徐迎丽

古道杏花香（油画）　段彩霞

哈巴湖秋景（油画） 赵娜

行书录宋人翁纬《使华亭》句　郭毅

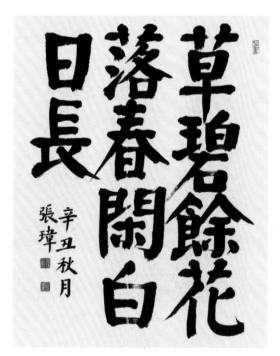

楷书唐人薛能句　张玮

隶书唐人赵氏《杂言》句　冒奎

第二节　纪实文学

2000 年以来，盐池县林业生态建设各项工作取得可喜成绩，同时在促进"两个文明"建设方面获得丰硕成果，先后被《人民日报》、新华每日电讯、《光明日报》《经济日报》《宁夏内参》《宁夏日报》、宁夏广播电台等多家媒体广泛报道。这些报道文章，从另一个侧面反映了盐池县在加强生态建设和社会主义精神文明实践方面所带来的人民群众生产、生活巨大变化。从地方志角度看，这部分内容弥足珍贵。

一访黎明村

庄电一

被风沙逼得四分五裂的村庄

6 月 27 日，记者在位于毛乌素沙地边缘的宁夏盐池县采访时，听到县草原站负责人靳宁富讲述了这样一件事：当地有一位农民在晚上喝醉了之后往家赶，竟然从房顶上掉下来摔死了。喝醉了酒怎会爬到房顶上去？记者对此表示诧异。靳宁富随后向记者解开了这个谜：原来，当晚一场沙尘暴不期而至，卷起漫漫黄沙，黄沙堆到了屋顶，这位农民爬上沙丘迷迷懵懵往前走，迈过了屋顶，便摔下去了。这个悲剧，让记者听起来都感到可怕：可憎的风沙，是在间接杀人啊！

这天，我们从盐池县县城驱车下乡采访。外面虽然只有 4 级左右的小风，但"活跃"的黄沙仍像一条条不安分的黄龙那样在车轮前的柏油路面上摇曳、游动，一会从路的左边"游"到路的右边，一会儿又从路的右边"游"到路的左边。有些路段，居然被一道道厚厚的沙梁阻断了，过往车辆只好驶下路基，绕过沙梁前行。而距此不远，刚刚砌护的引水渠内也堆满了黄沙，形成了一段不短的"梗阻"。

我们来到马儿庄乡的黎明村。这个村刚刚被风沙逼得四分五裂：1997 年，这里还有四十多户人家，现在为躲避风沙纷纷搬到别处，留在原地的只剩下两户了。呈现在记者眼前的都是被风沙掩埋的断壁残垣，而那些沙梁正与院墙"比高"呢。有的沙梁，虽然还没有院墙高，但风正"铆足劲"地为它增高，似乎不把院墙压下去就不会罢休。记者爬上沙梁，感觉风沙直往脸上打、往身上扑、往嘴里灌，脸上有一种针扎似的痛感，没走几步，就感觉沙子已经灌进了嘴里，而随身背着的背包也飞进了不少这些随风起舞的"不速之客"。

因为村里的多数人家都是人去屋空了，记者便来到尚未搬走的马儿庄乡中心小学教师白学全的家。白老师七十多岁的老父亲告诉记者：他家在这里已生活四五十年了，也亲眼看到这里沙子越来越多、危害越来越大的景象。白老师的爱人对沙害则有更深的感受，她说："有时吃饭，沙子都刮到了碗里，每天起床，到处都落一层沙子。"

更让他们苦恼的是：每年春季播了种，却保不住苗，一场风沙刮来，就把幼苗打死、掩埋了。常常要多次播种，才能有秋后微薄的收入。

白学全老师家现在也买好了盖新房的木料，但他们一直未下定搬家的决心。白老师认为，村里人现在搬到的地方并不保险，风沙还会"骚扰"他们的。况且，一个村子搞得这样分散，对通电、通水、就学都很不利。可是不搬家，这里过不了几年，就会被风沙埋掉，黎明村实在是难以保全了。

说到风沙危害的形成，白老师以十分肯定的语气对记者说："过去，这里的风沙根本没有这么大！现在，沙化一年比一年重，环境一年比一年差，完全是不注意保护环境的结果！"

（原载 1998 年 7 月 6 日《光明日报》头版）

十访黎明村

庄电一

物换星移几度秋

引 言

地处毛乌素沙漠边缘的黎明村，是一个只有四五十户人家的自然村，它不显山不露水，既不是最富有的，也不是最贫穷的，更没有出过特别出众的人物，它之所以让记者自从知道它就再也忘不掉且一次次前往，是因为它有与众不同的"前世今生"，经历过沧海桑田般的变化，其变化又具有警示意义。

最近，记者又一次踏上了这片魂牵梦绕的土地。驱车在盐池县境内，扑入记者眼帘的是一片片葱绿，公路两侧的柠条、花棒、沙蒿、沙打旺等固沙植物将大地盖得严严实实，这与记者二十年前看到的一片昏黄遮天蔽日的景象构成鲜明对比。在这个半农半牧区，黄与绿一直在进行着博弈。如今，"绿"变成了主色调，"黄"倒成了点缀，广袤大地上奏响的也是绿的乐章。

这是自1998年以来记者对黎明村的第十次踏访，也是自去年下半年一直期待的采访。让记者没想到的是，在黎明村竟然有人同样期待着记者的这次来访。

进入村口，记者见到马儿庄的村医吕红忠正在墙根下给村民们体检，便找了一把小凳子，借便与乡亲们攀谈起来。说话间，此前曾经多次采访过、彼此也建立了深厚感情的崔福香老大娘在不知不觉中走了过来，一见是记者，她便面露惊喜，伸出她那只粗糙的手拉住了记者，十分亲切、似乎还有点嗔怪地说："你有一年多没来了！去年你就没来嘛。"这让记者既惊讶又感动，还有人这样挂念着记者的采访，且能如此准确地说出来访相隔的时间！的确，自2014年12月九访黎明村至今，一转眼就是一年半了。也许，记者真的应该挤出时间，早点完成这次采访，以免老人和村里乡亲们悬望。

接下来，记者用两天时间走农家、进羊舍、访能人、寻觅旧踪、看望老朋友，先后与二三十位村民深入交流，采访到许多新鲜素材。

十次采访，记者见证了一个小荒村浴火重生的历程；二十多年的变迁，黎明村成为盐池县的缩影；黎明村，为我们展示的、给我们提示的、向我们警示的，实在太多了。

如今的黎明村已经定型，记者可以向读者呈现它的"完整版本"了。

黎明村的昨天：欲说当年好困惑

黎明村原来建在一个地势比较低洼的地方，"建村史"还没有超过百年。白、王、朱三姓人家具有"开村"之功，现在也是村里的大户。据说，黎明村最早曾叫"夏武村"，因为曾有夏、武两家人在此居住过。不知何时，"夏武村"竟被叫成了"下午村"。村民们不太喜欢这个"暮气沉沉"的村名，便将"下午村"改成了寓意美好的"黎明村"。

黎明村人原来的日子还是比较惬意的。那时，村里人口不多，有大片的草原可供放牧，有广阔的田地可供耕种，还有上好的甘草可供采挖，风沙也较少侵袭，虽然算不上富裕，但家家都衣食无忧。18岁时嫁入黎明村，如今已年逾古稀的崔福香老人，至今对此都有清晰的记忆。

20世纪七八十年代以来，随着人口的急剧增加，人们向大自然的索取也变成了掠夺，到后来更是毫无节制。放牧的羊群越来越庞大而放牧的羊只却越来越瘦小，但人们仍然不肯放过那已经严重沙化甚至看不见几株小草的草场，似乎谁少养了羊谁就是傻瓜；而乱采滥挖更是变成年复一年的浩劫，先是只挖粗壮的，等级高、售价也高的甘草，后来是"梳篦清剿""斩尽杀绝"，连细如铁丝的等外品也不放过；先是本地人和周边各县的"入侵者"抢着挖、轮着挖、赛着挖，后来是本地人"觉醒""挂锹"停挖，组织起来保卫家园，阻挡"入侵者"，最后竟因此演变成一场场械斗，甚至烧毁车辆，酿成流血事件。

短短十几年时间，这个拥有714万亩草原的地域大县、人口小县，竟有539万亩沙化。暂时没有达到沙化程度的地域，植被也相当晚啊。为掠夺资源而对大自然的摧残，让"忍无可忍"的大自然终于"暴怒"了，对人类的疯狂报复也变得肆无忌惮。

自20世纪80年代初开始，厄运便如影随形地缠绕这里了。到了90年代末，则到了步步紧逼、退无可退的地步。

草场退化，土壤沙化，遮天蔽日的黄沙不断

飞来，处于乱采滥挖和过度放牧重灾区的黎明村首当其冲。狂风搬来了黄沙，压埋了庄稼，封堵了道路，也封堵了农户的院门。一个个沙丘堆在农田里、公路旁和村庄周围，随时向人们发起进攻。一道道沙梁，连绵起伏，越积越多，越堆越大，毫不客气地挡住人们的去路，甚至让车辆和行人只能绕行。

风沙的危害，对黎明村人来说是铭心刻骨、永生难忘的。

在黎明村，许多村民又一次向记者讲述了那段经历。

1996年嫁到黎明村的王春燕告诉记者，那时，沙丘常常堆得跟院墙一样高，黄沙飞进屋里落得到处都是，灶台都得用报纸盖严，否则，锅碗瓢盆都变成盛沙子的容器。机动车常常开不到家门口，只能停在沙梁之外。村里人不得不一次次雇用推土机来推开沙丘，以疏通道路。

43岁的白学宝对此也有深刻的记忆："我十几岁时，黎明村的环境最恶劣。起初，沙丘是堆在院墙外，也没有院墙高，后来就飞到了院墙内，不仅高过了院墙，而且高过了屋顶。开始，是用铁锹铲沙子，用手推车运沙子，后来，就得用农用车拉沙子了。有时，上午刚把沙子清理干净，下午一场风又把院子填满了。"白学宝还向记者描述了当时生活的场景："那时，锅灶、炕头、家具上都有总也清理不净的沙子，早晨一觉醒来，眼睛、耳朵和身上都有沙子。刚刚洗净的脸，出门回来又脏了。"37岁的村民白学强告诉记者，小时候，一刮风就看不到家了，也找不到回家的路。有人开着手扶拖拉机往农田里送粪，因为沙多、难行、耗油量大，常常在半道上就把油烧干了。

对此，记者也有切身感受。1998年6月，记者头一次采访黎明村时，吉普车就没有开到要去的人家门前，是徒步走进去的。随风起舞的黄沙不仅一直往鼻子里钻，把人脸打得生疼，而且飞进了采访包。对此，记者至今还有清晰的记忆。

一场噩梦，牢牢地缠绕着黎明村以及周边地区。这样的日子，让人怎么过得下去？

45岁的王新福告诉记者，自己十八九岁时有个强烈愿望：尽快离开黎明村。直到结婚后，他还是想着逃离。他说，"在这里，我看不到希望，这一辈子，不能就在这样的环境生活下去。"

曾在马儿庄村当过六年文书的白学宝告诉记者，上中学时，常有同学要到家里来玩，但自尊心驱使他一次次拒绝：他不愿意让同学知道自己是在这样恶劣的环境中生活，看到自己的生活如此悲惨。

遭到报复的黎明村，让人无法活！在黎明村，人们也难以生活！黎明村人很快便达成共识：搬家，躲避风沙！

好在地广人稀的黎明村周边还有一些空地，可供重新安家；好在当时还没有严格的管控，选宅基地也有不小的自由度。于是，有人看上了"南梁"，有人相中了"北梁"，有人选择了"东梁"，三个"梁"相距有一公里，与老黎明村也有一公里。结果，不到一年时间，黎明村就七零八落了。

1998年，黎明村"一分为四"：原来完整的村庄，分成了四个小庄点，也不成其为"村"了。

1998年6月底，记者到盐池县采访，在县城里听说黎明村被风沙逼得四分五裂，便执意再驱车70余千米"慕名"前往。当时，呈现在记者面前的除了衰败还是衰败，原来的村庄，只剩下白家兄弟两家留在原地，其余的房屋都变成了断垣残壁，连村口饮羊的水槽都被黄沙填满了。记者为此写下《被风沙逼得四分五裂的村庄》《黄沙吞噬了黎明村》两篇报道。两年后的2000年，记者二访黎明村，黎明村只有白仁、崔福香一户人家在坚守，一直在犹豫的白学全老师也搬走了！ 2002年，记者三访黎明村，这唯一的一户还在原地，而那些搬到新址、暂时告别风沙围困的人家，又被新的沙丘围上了，有的地方又形成新的沙梁。记者为此惊呼：《人类的退路在哪里？》。黎明村的所见所闻，让记者很失望，也很伤心，甚至让记者不愿再踏上这片土地，对白仁、崔福香一家能否守住最后的家园，记者也不再抱有希望，但对黎明村人的命运还有关切、有牵挂，这也驱使记者在时隔四年之后，在2006年对黎明村又进行了四访，也就是在这次采访中，记者得知：三访黎明村后不久白仁、崔福香两位老人实在无法忍受风沙的侵袭，也搬到了"北梁"上，原来的黎明村不复存在！

黎明村留给它的乡亲们的是许多痛苦的回忆；留给记者的也是许多伤感：欲说当年好困惑，百感交集在心头。

黎明村的今天：风雨过后见彩虹

我们常常用"判若两人"来形容一个人的变化，如果套用这个词语来形容黎明村的变化，那就是"判若两地"了。

黎明村人命运的转机，不是从1998年撤离风沙包围圈、告别老庄点开始的，因为他们的撤离，并没有遏制风沙、远离风沙，跟踪而至的风沙又对他们形成了新的包围，只是比原来的危害

程度减轻了一点而已，记者就亲眼看到，又有许多沙丘堆在了他们新家的周围。

黎明村人命运的转变，是从一个会议开始的。

2002年8月14日，是盐池县人乃至宁夏人都应该记住的日子：宁夏畜牧业的一场革命就是从这一天开始的。面对盐池县等地日益恶化的生态环境，自治区党委、政府在盐池县召开了"史无前例"的"宁夏中部干旱带生态建设工作会议"，会议作出一个令许多人瞠目结舌、一时也难以接受的决定：自2003年5月1日起，在宁夏全境禁牧！

禁牧，全境禁牧！这让世世代代以放牧为生的农牧民如何生存？让以牧业为主的地区如何保持经济发展速度？一时间，不少县乡村负责人都颇感困惑。但应邀到会的记者却为这个决定感到振奋，当即以异常兴奋的心情在《光明日报》头版上发出消息：《宁夏将不再有牧羊人！》。

过度放牧、乱采滥挖，是导致宁夏草原退化、土壤沙化的两大祸首。只有全境禁牧，釜底抽薪，才能从根上解决问题。

禁牧，是大势所趋，人心所向！何需要等到第二年？"急不可待"的盐池县委、县政府决定在宁夏率先禁牧，将禁牧的时间提前到当年的11月。尽管时间紧迫、准备仓促、压力很大，但盐池县和整个宁夏都说到做到：不折不扣地如期禁牧了。在此后的十九年，虽然个别地方仍然有个别人偷牧，但都被及时制止，没有构成对草原的破坏。

与此同时，宁夏各级政府借用政策、法规、行政、经济、舆论等综合措施治理乱采滥挖，终结了这年复一年的生态灾难。

禁牧了，还能不能发展畜牧业？不放牧，畜牧业还有没有前途？富有创造力的宁夏人做出了肯定的回答。一个舍饲养殖，解决了既发展畜牧业又不破坏生态的问题。从此，羊可以不再漫山遍野地觅食，只需待在羊圈里优哉游哉地等人喂养，像猪一样"养尊处优"。结果，离开了"牧"的畜牧业，在盐池县乃至全宁夏并没有"禁足不前"，反而有了前所未有的发展。盐池县禁牧前，饲养羊只有68万只，禁牧后一度达到300万只，而黎明村一年就曾出栏4万只，村里的羊肉不仅有了特制的包装，而且卖到了北京、西安、兰州等地，"盐池滩羊肉"也成为驰名全国的品牌。

2006年，记者四访黎明村时，就已经看到了黎明村"黎明"的曙光。

到2009年五访黎明村时，则看到了黎明村的"新生"。也就是在那次采访，记者听到并反映了他们的呼声："一分为四"后的"村"实在算不上一个村，而居住过于分散，不仅增加了通水、通电、通路、通信的难度，而且加大了生活成本、隔断了亲情，"分裂"的黎明村应该尽早实现"统一"！

原来，当年只顾及躲避风沙，缺少长远考虑和规划，一时间的"短期行为"所带来的问题都暴露出来了。

很快，当地政府为黎明村规划出了建设方案，黎明村也踏上了"统一"之旅。到2011年记者六访黎明村时，原来住在"南梁"上的12户人家，在政府的资助下告别了居住了十余年的房屋，搬到了"北梁"，黎明村也就此实现了"三合二"。剩下的就是将"东梁"上的19户人

家搬过来"合二为一"了，黎明村也将实现"统一"。但搬迁这么多户人家并非易事，村民为此付出的代价也很高。在市、县领导的一次调研中，村民王新福看准机会反映了"东梁"群众的呼声，引起领导们的重视。

尊重民意，有关部门调整了规划方案，"东梁"上的住户暂时不搬，在"东梁"与"北梁"之间规划建设一个养殖园区，将相距五六百米的"东梁"与"北梁"连接起来，这样也就算实现了"统一"。

这一段分分合合的经历，让黎明村人有无限感慨。

十访黎明村时，记者再次"凭吊"了已经荡然无存的老黎明村。踩在长满小草的依然松软沙土上，记者明白了：昔日不可一世的黄沙，在这里都被锁定了。在记者眼里，那里除了三四棵大树和几块砖头外，就是生长茂盛的芨芨草和其他野草了，完全没有人类生活过的迹象。一个村庄消失得这么彻底，令人真有恍如隔世之感。

黎明村的变化可以用沧海桑田来形容。

记者对黎明村的前三次采访，每次心情都不大好，以致都不太愿意再去：近几年，环境变了，每次采访归来都很振奋，就渴望再有"下一次"。所以，自2011年以来，记者先后完成了对它的六访、七访、八访、九访，现在，又完成了十访。

黎明村及其附近地区，很多年都看不到一个乱采滥挖的人了，也找不到一只在田野上自由觅食的羊只。一个个奇迹也相继出现：原来无处不在的黄沙，居然无影无踪了；原来有风就有沙，现在有风却无沙，风与沙，不再是形影不离的孪生兄弟；原来寸草难生的地方，现在绿草如茵，

曾经沙化的土壤，多被植被所覆盖；刮到黎明村的风，越来越小，原来"不可一世"、频频光顾、横扫一切的沙尘暴，居然也很少"光顾"了。

"频频光顾"的是各级党委政府、各级组织的关爱：黎明村不仅引来了"远道而来"的黄河水，将上千亩旱地变成了水浇地；自来水通到了家家户户，所有村民都不再饮用苦咸水，也无须再到遥远的地方拉水了；太阳能装到了家家户户，劳作一天之后都可以潇洒、惬意地洗个热水澡；宽带连接到了家家户户，不少人家都可以随时了解外面世界，与外界进行沟通交流，洽谈生意……看到黎明村的日子一年比一年好，村民李月萍激动地对记者说："我们再也不羡慕城里人的生活了！城里人有的，我们这里差不多都有，城里人没有的，我们也有！"好像是进一步为此提供证据，她反问记者："城里有这么好的空气吗？能够吃到这么新鲜的羊肉吗？有这么宽敞的住宅和这么大的院子吗？"是的，这些城里还真没有，记者也无法"反驳"她的"乡村优于城镇论"。

今年刚刚从宁夏大学农学院毕业、正在积极找工作的白丽娟对记者描述了家乡的变化：过去住土房，现在住砖瓦房；过去吃野菜，现在吃各种时令菜；过去种的是靠天吃饭的旱地，现在有了旱涝保收的水浇地；过去，种田全靠体力，现在，全靠农机具，播种机、收割机、装载机应有尽有；过去，只求解决温饱，现在有了精神追求，生活观念也有了可喜的变化……

更令人感到欣慰的是，黎明村还是个和谐幸福的家园。村里不但没有发生过刑事案件，就连赌博、吸毒、打架、斗殴、邻里不和、虐待老人的事也基本没有。

在黎明村，几乎所有能出去旅游的人都不止一次游历过天南地北。

去年，王新福自驾车带着 81 岁的老母亲及家人游览了青海湖，同村的白学锋也带着老母亲与他同行，原来曾经担心母亲会有高原反应的王新福，这下完全放心了。今年，王新福又筹划带母亲游延安，以满足母亲对革命圣地的向往。明年，他还要远游新马泰呢。王新福家也因敬老爱亲而荣获吴忠市颁发的"最美家庭"奖牌，让许多黎明村人敬佩、羡慕不已。记者了解到，像他们一样热衷于饱览大好河山的，在黎明村家家户户都"不乏其人"。

原来一门心思要离开黎明村的王新福，现在越来越热爱这片土地。他对记者说，"近些年，我对黎明村的感情来了个一百八十度大转弯，感觉哪里都不如黎明村好，我要在这待一辈子，哪都不去了！"

今年 64 岁的贾云是 1981 年从百余公里外的吴忠到黎明村来当"上门女婿"的，一年比一年大的风沙，曾让他多次产生回老家的念头，但为了照顾年迈的岳父岳母，他又不能走。后来，老人去世了，环境也好转了，他又不肯走了。他笑着对记者说，现在，你逼我走，我也不走！这就是饱经沧桑的黎明村人！生存环境决定了他们的去留，也决定了他们生活的质量和未来的发展。

黎明村的明天：等闲识得东风面

黎明村人今后还会为躲避风沙而被迫迁徙吗？这是记者所关心的，也是关注黎明村命运的人所关注的。十访黎明村时，记者向许多人提出了这个问题，得到的都是十分肯定地回答：不会，绝不会！

在这个问题上，黎明村人有共识，也有自信。几乎所有的黎明村人都认为，导致草原沙化、环境恶化的就是人类的两个行为：一个是乱采滥挖，一个是过度放牧。只要不再乱采滥挖了，不再过度放牧了，环境就不会再变坏。许多人都表示：我们再也不会干那些自毁家园的蠢事了！这也是他们断定黎明村的悲剧不会重演的依据。白学宝对记者说，"没有好环境，就没有好心情，更没有好发展！"经历了这些磨难，黎明村人对此的体会更深了。

王新福对记者说："生态环境一般都很脆弱，几年的治理成果，只要几个月就可以彻底毁掉！"所以，他对绿色有特别的情结。一搬到现在的地方，他就栽下了树，而且年年都栽，他甚至花1200多元钱买树苗，他希望各种树木将自己的家紧紧地包围起来。与他不谋而合，白学强也有此想法。他真诚地对记者说："我现在特别想包下一块地专门栽树"。

记者看到，王新福在家门口栽下的国槐、垂柳、侧柏、榆树都已枝繁叶茂了。其中，栽在院内的枣树早几年就硕果累累了，记者采访时，挂满枝头的枣花正在绽放。为了这些树，王新福多掏了许多水费，但他在所不惜。

记者注意到，进出黎明村，道路已经变成柏油路了。而柏油路两侧栽上的白杨，现在都有成人小腿粗了。这些树木和它们身旁的青草，都将成为黎明村的"卫士"和风沙的"克星"。

看来，对黎明村未来的生态环境，没有必要担忧。

那么，黎明村的经济前景又如何呢？

"黎明村近些年都没有外出打工的！"说这话的是白学强。他告诉记者，村里的所有青壮年

红浅绿深（2020年9月薛月华摄）

都留在了村里，前些年外出闯荡的人也都回来了，他们都认为不离土、不离乡照样有发展、照样能致富。

肉羊育肥，在黎明村是很多人都看准的路子。但是，近几年养羊业很不景气。前些年，一市斤羊肉卖到近30元，现在一直在十几元上徘徊，每张羊皮最高时卖到200元，现在连40元都很难卖了。屋漏偏遭连阴雨，两年前，蔓延全国的小反刍疫情不期而至，给黎明村的养殖业造成灭顶之灾，其中养殖大户路文涛一家就焚烧、填埋了300多只病羊，损失达30万元，养殖业因此元气大伤。但是，这并没有动摇路文涛及乡亲们搞养殖业的信心。这次采访，记者又一次走进位于黎明村中部的养殖园区，看见路文涛正与爱人苏瑞在喂羊。路文涛告诉记者，2014年，他曾经养过上千只羊。小反刍疫情发生后，他有近一年的时间没有再养羊。今年，他一下子就养了780只，再有两个月就可以出栏了。今年，他要大干一场，计划出栏三批。他说，尽管目前养羊业不景气，但只要精心饲养、科学饲养，还是有利可图的。

白学强在今年4月刚刚卖掉了150只羊，尽管售价不很理想，但他还要继续养下去。与此同时，他另辟蹊径，种了50亩黄花菜，准备联合其他农户成立个黄花菜种植合作社。

尽管养羊已经进入微利阶段，但这些养殖户依然顽强坚持，他们相信，用不了多久，养羊业就可以"多云转晴"。

同这些养羊户同样没有动摇信心的还有40岁的王春燕，这位已经在村里成立的"盐池县黎明种植养殖专业合作社"担任了五年董事长的农村妇女，依然信心满满。她告诉记者，这个合作社已由2011年成立时的7个会员发展到了13个会员，养羊最多时达到1万多只，现在产业受挫，但仍然有5000只的养殖规模，不久前，这个合作社还被县里评为4星级合作社。记者看到，她领导的养殖园区正在扩大规模，一排排新养殖棚正拔地而起。王春燕告诉记者，当地政府对养殖业非常支持，除了对基础母羊每只给予200元补助外，这次又给她们的养殖园区补贴了35万元。在此基础上，她在村里筹集了45万元，准备再大干一场，建设高标准的青贮池、药浴池、堆草场、积粪场，进一步发挥规模效益。冯记沟乡党委书记赵军告诉记者，我们准备将黎明村打造成滩羊养殖示范村和整村脱贫的新亮点。为了扶持这个产业，我们将对村里的羊肉实行保护价收购，肉价低于成本时，我们按高于市场价10%收购；肉价行情好时，我们仍然按高于市场价8%来收购，这就免去了养殖户的后顾之忧。最近，由盐池县政府支持300万元、由马儿庄村（黎明村隶属于马儿庄村）村主任冯立珍牵头成立的饲料加工厂，马上就要投产了。这个以当地柠条、苜蓿、玉米秸秆为原料的饲料厂，可以为当地养殖户提供品质高、价格低的饲料，基本满足养殖的需要。采访中，记者获悉：羊肉价格正在回升，养殖业的春天又回来了！

赵军书记对记者说，"我们要让人人都思富、想富、能富，决不让一户在奔小康的路上掉队。"

看来，黎明村明天的经济也不必忧虑。

现在，黎明村人最渴望有品质的文化生活，最希望后代能够接受高质量的教育。

与青壮年纷纷回乡创业形成对照的是，黎明村的孩子都早早就离开村子到城里学习去了，村里很少能看到 4 岁以上的儿童。教育从幼儿园抓起，在村里已经形成共识，有人甚至为此不惜代价在县城乃至银川为子女的学习租房或购房。近年来，黎明村考上大学的已有十几个人了。白学强有两个小孩，一个 10 岁，一个 15 岁，目前都在县城租房读书。他自己读书不多，特别希望将孩子培养成才。如此重视教育，也预示着黎明村会有更美好的未来。说到个人的需求，白学强一再向记者表达添置健身器材和建图书室的愿望。他说，"我愿意把自家的住房腾出一两间来改作图书室，也愿意为乡亲们义务管理图书"。

在白学宝家采访时，记者看到一个刺绣木架摆在沙发旁，那上面正有一件刺绣的半成品。白学宝告诉记者，那是他爱人沈爱萍闲暇时绣的，而墙上挂着的精美刺绣也是她的杰作。当记者为此啧啧赞叹时，白学宝平静地说："这不算什么。黎明村的妇女几乎都会绣十字绣，也都能达到这个水平。"

在解决了温饱、摆脱了恶劣的环境之后，黎明村人越来越爱美，也有了越来越多的精神追求。

对乡亲们在精神文化生活方面的渴求，有关部门也注意到了。乡党委书记赵军告诉记者，乡里准备为村里配备一套音响，让乡亲们在闲暇时跳跳广场舞，参加一些体育活动。乡里还将组织农民趣味运动会及其他适合农民参加的文体活动，不断丰富群众的文化生活，最终让农民也能像城里人那样享受休闲时光。

黎明村的明天是令人向往的，黎明村人也正以自己的方式建设今天，迎接明天。

后　记

对黎明村的十访，是记者近期热切期待、一些热心读者密切关注的一次采访，也是记者职业生涯中的最后一次采访，它将成为记者自 1998 年以来报道这个小荒村的收官之作。十访黎明村，是记者从业 30 多年一段难忘的经历。黎明村，通过记者的报道，引起各界关注，也引起许多同行的关注。近年来，中央媒体、地方媒体的记者也多次前来采访，拍摄、撰写了很多稿件，作为最早报道它的记者，真心希望兄弟媒体继续关注它，进而采写出更有温度也更精彩的后续报道，给这个饱经沧桑的村庄以更多的关爱。

庄电一，高级记者，宁夏大学兼职教授、宁夏文史馆员，在光明日报社供职长达 30 余年，采访足迹遍及全国 20 多个省（自治区、直辖市），先后有 5000 篇各类稿件见诸全国近 200 种报刊。曾被评为全国百佳新闻工作者、2013 年"感动宁夏"年度人物。出版有《艺苑飞鸿》《记者的天空》《记者的感悟》《这方水土这方人——〈光明日报〉高级记者庄电一笔下的宁夏》《青山明月不曾空》等新闻作品、新闻研究和文学作品集。

从 1998 年开始，庄电一先后历时近 20 年，以一个新闻工作者的敏锐视野和独特角度，十访黎明村，深刻反映当地群众对自然生态环境由破坏到保护的发展过程，以及由此带来人们思想观念的变化。《十访黎明村》系列报道结集成《风沙过后是"黎明"——庄电一十访盐池县黎明村见证的奇迹》一书，今选其三，以窥概要。

大疙瘩村的"死疙瘩"是怎样解开的？

黄会清

宁夏盐池县大疙瘩村人有个"死疙瘩"：地处草原养不活羊，家家有地种不成粮。当《相约九八》的歌声传唱大江南北之时，大疙瘩村人却流传着一句顺口溜："吃粮靠回销，花钱靠救济，风吹沙子跑，沙丘比房高。"

1998 年，大疙瘩村农民人均纯收入仅有 400 元，挣扎在贫困线上的群众面前似乎有一卡车的难题。而出难题的作者却不是别人，恰恰是大疙瘩村人自己。全村 1000 多人，人均耕地 15 亩，人均草原 200 多亩。资源可谓丰富。手中有如此大把的草场和耕地，却没有带给大疙瘩村大把的钞票。草原上白云般飘动的羊群日益膨胀，小草被吞噬，风沙长驱直入。

忆往昔，村民高永贞谈沙色变：羊放出去不顶事，吃不上几口草，就像学生在跑操。羊圈在圈里饿得一夜直叫唤，吵得人睡不着觉。种庄稼的季节，苗儿一出头就被风沙打死了，种五六次才能捉住一次苗。绝收的土地一大片一大片，看着让人揪心。

种粮、放牧都走进死胡同，人们觉醒了：都是羊儿惹的祸！在村干部的号召下，大疙瘩人痛定思痛，走上自发禁牧之路。村主任李凤岐介绍

绿野涌金浪

说，1998 年，县上在这里搞了一个种草养羊的试点，给了我们一些苜蓿种子，我们就尝试着种了进去。一年下来，我们算了一笔账，两亩苜蓿能养 3 只羊、育肥 4 只羊，收入比散牧的羊效益高得多。大家开窍了，原来不破坏草原也能养羊，饱受风沙之苦的村民一呼百应。大疙瘩村于 1999 年在全区率先禁牧，堪称宁夏禁牧第一村。

大疙瘩村村民纷纷在地里种草，到了 2001 年，人均纯收入由过去的 400 多元增加到 1600 元，其中种草养畜占了 1020 元，农民终于尝到了甜头。现在大疙瘩村种的苜蓿不仅能供本村羊只饲用，而且还有大量富余出售。今年，这个村人均种草已达 10 亩，全村养羊 7000 多只。去年出栏 5600 只，建羊棚 228 座。

原来出去打工的人又纷纷回来种草养羊。记者来到了一位名叫高占宝的村民家里，见窗明几净，房屋旁边的羊圈也是整齐划一，满圈的羊咩咩欢叫。记者坐在主人的炕头上，听他讲述他返乡养羊的经历。10 年前，面对本村风沙的危害，高占宝选择了外出打工。一次偶然的机会他回到家乡，发现山乡巨变，大家不种粮了，也不"信天游"似的放牧了，都靠养羊种草致了富。于是，他决定拿出这几年打工的积蓄回到家乡种草养羊，他买了 10 只母羊，加上去年育肥出栏羊只收入净赚了 1 万元。这位在外打工漂荡 10 余年的农民谈起去年的好收成时深有感触地说："种草养羊，沙子没了，票子来了，比打工强多了。"

站在大疙瘩村外的草原上，多年累积的沙丘上已长出高高的植物，"一岁一枯荣"的杂草在地表上形成了黑黑的地垢，牢牢锁住了沙尘。大风吹得我们脸颊生疼，却不见沙尘扬起。村主任李凤岐自豪地告诉记者，你们眼前的绿色绝不会再消失于羊嘴。

（原载《新华每日电讯》2002 年 5 月 22 日）

冲出怪圈

—— 宁夏禁牧第一县的变迁

黄会清

盐池县作为宁夏唯一列入全国的牧业县，由于超载过牧导致草场沙化、退化严重。20 多年来，国家在盐池县用于治理生态的项目多达数十个，耗资上亿元，却始终没有走出"局部治理、整体恶化"的怪圈，畜牧业也陷入低质徘徊的困境而难以自拔。

2001 年，这个县个别乡村开始走上禁牧之路，改变了靠天养畜的落后状况，在荒漠半荒漠地区探索出了牧业现代化发展的新路。2002 年 11 月 1 日，盐池县在宁夏率先禁牧，在短期内实现了一场草原革命，生态恢复迅速，羊产业开始由传统经营方式向现代经营方式进行历史性跨越。

哭泣的草原

盐池县拥有草原835.4万亩，占全县面积的83.7%。正是由于不断增长的羊群毁坏了草原植被，风沙紧随而来。

盐池县高沙窝乡余庄村一位88岁姓余的老汉对沙害深有体会，他说："10年前沙坝就把我们的房子埋了，我们已经搬过一次家，再治不住沙子我家还能往哪里搬？"据余老汉回忆，20年前的高沙窝是"立夏不起尘"，草套子非常厚实，沙蒿一眼望不到边。现在高沙窝是"一年一场风，从春刮到冬"。

高沙窝乡10年前的搬迁史，逐渐在盐池县更多的乡重演。另一个沙化严重的马儿庄乡，近年又上演举村搬迁的一幕。几年前，连日风沙掩埋了这里的黎明村，村里39户农民被迫搬迁到几公里以外的高地上，黎明村从此成为一片废墟。像黎明村这样受风沙危害的村庄仅马儿庄乡就有13个。

当记者驱车驶过一个又一个沙障，来到这个曾被沙子掩埋的村落时，看到的只是一片片残垣断壁。眼前的景象让我们无法想象这里曾经人畜兴旺，倒像一个古城遗址，寂寞而苍凉，只有涌进残存农房墙基的沙坝诉说着曾经发生的一切。

黎明村位于盐池中部草原，曾是草原的精华地段，却在人为因素下，不幸成为沙化最严重的地区。由于人们无休止地挖甘草，掠夺草原，盐池草原日益衰落，20世纪50年代豹子绝迹，60年代野猪绝迹，80年代黄羊绝迹，90年代野狼绝迹。2000年扬沙53天，沙暴长达16天。对比过去的数字人们发现，大风天气减少了，但扬沙和沙暴日数却增加了。

草原应该是村民们赖以生存的基础，而现在已经沙化的草原却成为他们生活的灾害。在大水坑镇柳条井自然村张连家中，这位老农谈起沙害，黝黑的脸庞上流露着无奈的表情，2001年他家30亩地收了500多公斤粮食。他说："草原沙化没草了，我家40只羊只好买草喂养。1斤草2毛钱，养羊不划算了。十几年前我们这里春天种麦子收成可好呢，而现在春天已种不成粮食了，只能在秋天种几亩秋杂粮，1亩地也只能收上个三四十斤。大风把耕地上的肥土一层层都吹跑了，土地瘠薄了，沙子掺进去了。"在女主人的带领下，我们来到他们家的厨房，看到厨房内只有半袋子面，灶台上放着的两个剩饭盆上蒙着一层厚厚的白布。女主人告诉我们，外面沙子太大，锅盖根本挡不住风沙，这里面是剩饭，晚上还要吃，所以每天不得不再盖上一层布挡沙子。

据统计，盐池草场退化，过去15亩草原养一只羊变成了30亩草原养不活一只羊。羊只在草原上半饥半饱，春乏、夏饱、秋肥、冬瘦，效益低下。而风沙日甚，种下去的庄稼苗刚一露头就被风沙打死，一年种五六次庄稼才能捉住一次苗。

盐池县对于草原的治理，自1978年盐池县草原管理站恢复重建开始。1979年，盐池县被国家农业部、畜牧总局列为"畜牧业现代化综合试验试点县"，实施了人工种植优良牧草、草原围栏、封育划管、飞播及补播改良、移栽沙蒿沙柳等多项措施。

1991—2000年，先后有"世界宣明会援助围栏沙化草场发展畜牧业项目""牧业开发示范工程项目""坡改梯综合治理生态工程项目""国家生态环境建设项目""天然草原恢复与保护建设项目""国家生态环境建设综合治理项目"等7

个草原建设项目在盐池实施，此外还有"三北"防护林建设、防沙治沙项目等多个林业建设项目，总投资超亿元。

通过一系列重大项目的实施，项目区植被和产草量大幅提高，分别由建设前的30%、48公斤/亩，提高到70%和150公斤/亩。

然而，由于管理不善，出现了有人用无人管的现象，使项目成果大打折扣。而更为根本的原因是，建设速度赶不上破坏速度。到2000年年底，全县共保留围栏草场50.2万亩，这相对于600多万亩草原，不敢说是杯水车薪，但终究是扬汤止沸。

绝处逢生

面对日益严峻的生态灾难，盐池人从来没有停止过探索的脚步。在生态怪圈表现最为典型的高沙窝乡大疙瘩村，发展之路似乎已经结成了"死疙瘩"。地处草原养不活羊，家家有地种不成粮。村民中流传着一句顺口溜："吃粮靠回销，花钱靠救济。风吹沙子跑，沙丘比房高。"

1998年，大疙瘩村农民人均纯收入仅有400元，挣扎在贫困线上的群众似乎有解不完的难题。全村1000多人，人均耕地15亩，人均草原200多亩。守着这么多草场和耕地的大疙瘩村人，却依然家里缺粮，手中缺钱。

忆往昔，村民高永贞谈沙色变：羊放出去跑一天，吃不上几口草，就像学生在跑操；圈在圈里饿得一夜直叫唤，吵得人睡不着觉。种庄稼的季节，苗儿一出头就被风沙打死了，种五六次才能捉住一次苗。绝收的土地一片又一片，看着让人揪心。遇上好年景，小麦亩产也只有百十斤。

种粮、放牧都走进死胡同，人们觉醒了：都是羊儿惹的祸！1998年，县上在这里搞了一个种草养羊的试点。一年下来，村民算了一笔账，两亩苜蓿能养3只羊，育肥4只羊，收入比散牧的羊效益高得多。大家开窍了：原来不破坏草原也能养羊。2001年，饱受风沙之苦的大疙瘩村在全区率先禁牧，堪称宁夏禁牧第一村。

村民纷纷在地里种草，在宅院旁养羊，禁牧后农民人均纯收入由过去的400多元增加到1600元，其中种草养畜占了1020元，农民终于尝到了甜头。现在，大疙瘩村种的苜蓿不仅能供本村羊只饲用，还大量出售。今年，这个村人均种草已达10亩。全村养羊7000多只，去年出栏5600只，建羊棚228座。

原来出去打工的人又纷纷回来种草养羊。记者来到一个名叫高占宝的农民家里，见窗明几净，房屋旁边的羊圈也是整洁宽敞，满圈的羊咩咩欢叫。10年前，面对风沙的危害，高占宝选择了外出打工。一次偶然的机会，他回到家乡，发现一切都变了，大家不种粮了，也不"信天游"似的放牧了，都靠养羊种草致了富。于是他决定拿出这几年打工的积蓄，回到家乡种草养羊。他买了10只母羊，去年加上育肥出栏，靠养羊净挣了上万元。这位在外打工漂荡10余年的农民谈起去年的好收成时深有感触地说："种草养羊沙子没了，票子来了，比打工强多了。"

大疙瘩村外的草原上，沙化地上已长出高高的植物，"一岁一枯荣"的杂草在地表上形成了黝黑的地垢，牢牢锁住了沙尘。昔日种粮的旱地上，成片的苜蓿郁郁葱葱。大风吹得我们脸颊生疼，却不见沙尘飞扬。记者感到由衷地欣慰，西部的天空少了些恼人的沙尘，大疙瘩人也多了条脱贫致富路。盐池县禁牧办公室主任张立宪说，大疙瘩村不仅解开了自己的"死疙瘩"，还为干旱地区找到了一条"阳光出口"，为宁夏禁牧唱了一出"样板戏"。

走向双赢

面对农民增收与草原沙化的突出矛盾，结合个别乡村禁牧所取得的突出成绩，2002年春天，盐池县在4个乡镇搞禁牧试点，并于去年7月开展了进村入户的禁牧宣传，给村民散发宣传材料15万份，详细调查全县不同区域内养羊户缺圈棚、缺水、缺粉草机等实际困难，有针对性地出台了补助政策，果断提出于去年11月1日全县禁牧的决定，比宁夏全境禁牧提前了半年。

禁牧后的盐池县生态恢复迅速，春末夏初，当记者再次踏访这片土地时，眼前所见，今非昔比。我们仿佛走进了一片"绿海"，处处林草丰茂。驱车驶进盐池县中部草原，一望无际的广阔天地里，满眼都是柠条、沙冬青和郁郁葱葱的杂草，只有星星点点的黄土艰难地露出头来。往深处走，觉得空气也变得湿润起来，路两旁不时窜出几只兔子。"草原防火"的警示牌几十年来首次矗立在每条穿越草原的公路旁。公路上不见了清沙车，漫漫黄沙被厚密的青草牢牢锁压。去年盐池境内沙尘暴发生10余次，而今年只有5次。

关闭了天然草场的大门后，沿袭千年的"信天游"停止了歌唱，盐池这个牧业县的羊产业迎来了"脱胎换骨"大发展的春天。

曾经无偿地、掠夺式地使用草原的人们开始大规模种草，逐水草而居的牧民拿出自家最好的地种草。农牧民在"塞翁失马"般的惊喜中有了

盐池县治沙先锋灌木——沙柳（2017年8月周勇摄）

一本明明白白的"粮草账",改粮种草蔚然成风。全县仅苜蓿种植面积就达到40万亩。牧草加工业应运而生,刚刚成立不久的绿海草业公司,年加工能力达4万吨,产品远销韩国、上海等国内外市场,还与500多户农牧民签订了长期订单。

草产业为发展现代畜牧业搭建了新平台,畜产业在舍饲圈养后走上了提质增效之路。专家测算,舍饲养羊收入比放羊的效益高4倍以上。长期难以推行的羊品种改良难题,化为农牧民自觉自愿的行动。农牧民纷纷淘汰本地不适合圈养的羊种,更换多胎多羔的小尾寒羊。资金雄厚的养殖场和大户则从美国、新西兰、澳大利亚引进"萨福克""夏洛来"等国外良种,进行杂交改良,羊的成活率、产肉率和商品率均大幅增长。

走进盐池县惠安堡镇养羊大户韩世杰养羊示范园区,"羊老板"正忙着准备扩建养羊棚圈。韩世杰已投资15万余元,建养殖温棚50座,种草1000亩,养滩羊1500只,其中生产母羊500只,平均一只母羊年产羔1.7个,年利润达4万元。不仅如此,他承包的上千亩草原绿草没膝,可在秋季割草喂羊。他家的羊只存栏数占全村羊只存栏数的1/4。

像韩世杰这样的养殖大户,在盐池县如雨后春笋般地破土而出,拉动了这个县的畜牧业由粗放式向集约化迅速转变,不论是舍饲养殖的农户还是规模化的"羊老板",他们已经找到了围着市场要效益、向着规模要利润的路子。

盐池县政府咬住"路子"不放松,做大做强草畜产业。他们于去年3月在县城建起了总占地面积有100亩的畜产品交易市场,一期工程总投资达到1300多万元。分工合理地屠宰车间、成品交易大厅、皮毛交易厅已经拔地而起,开始投入运营。市场将辐射周边4个省区的农牧民,种草养羊奔富路。在成品肉交易大厅里,记者了解到,已经有100多个经销羊肉的个体户将新鲜的羊肉出售到上海、北京等地。个体户马广文说:"我们这里的羊肉由各地的老板上门收购,销路根本不愁。"盐池县终于走上了一条既保护草原生态,又发展高效畜牧业的"双赢"之路,向着"立草为业,以草促牧,草畜双赢"的目标迈进。

(原载《宁夏内参》2003年第9期)

黄会清,宁夏盐池县人,兰州大学新闻系毕业,主任记者;先后在新华社宁夏分社、新华网宁夏频道任记者、主编,2015年后任新华网宁夏分公司总经理。

大 事 记

—— 2000 年 ——

◎ 3 月 17 日　自治区政协副主席金晓昀、周振中一行 10 人到盐池县视察全国防沙治沙工程毛乌素沙地试验示范区——盐池县柳杨堡试验基地、沙边子试验示范区治沙情况。吴忠市政协副主席曹宁安、盐池县政协主席赵继泽及有关部门陪同视察。

◎ 4 月上旬　盐池县被自治区人民政府列为草原承包经营责任制试点县。

◎ 4 月 13 日　民进中央副主席、农业专家、原农业部副部长陆明赴盐池县就农业部实施的"生态家园富民工程"建设情况进行指导检查。

◎ 5 月 5 日　中共中央政治局常委、国家副主席胡锦涛在自治区党委书记毛如柏、自治区主席马启智等地方领导陪同下到盐池县视察生态建设情况，并到柳杨堡乡沙边子村看望了全国"三八"绿化标兵、环保百佳先进个人白春兰。

◎ 5 月 12 日　宁夏"保护母亲河行动"绿色工程盐池项目启动暨万人签字仪式在盐池县举行，该项目是自治区实施的第一个国家级"保护母亲河"绿色工程，项目区位于盐池县惠安堡镇境内的山水河、苦水河流域，两河流域属于黄河一级支流，每年约有 20 万吨盐等有害矿化物和 1100 万吨泥沙汇入黄河，严重影响着黄河下游人民群众生活、生存环境和工农业生产。

◎ 5 月 15 日　财政部农业司司长张振国在自治区财政厅厅长邓炎辉及有关部门的陪同下到盐池县考察生态建设工作。

◎ 5 月 19 日—20 日　自治区政协主席马思忠、副主席任怀祥带领自治区民政厅、交通厅、林业厅和自治区农业银行负责人到盐池县青山乡实地察看生态建设和冬小麦返青情况。

◎ 5 月 21 日　自治区主席马启智、副主席陈进玉带领自治区有关厅局到盐池县召开治沙现场办公会，吴忠市委书记赵廷杰、市长杨永山及盐池县委、县政府有关领导参加会议。现场会将盐池县确定为自治区生态建设重点县。国家生态建设重点项目、"保护母亲河行动"绿色工程项目、"三区一点"生态综合治理项目、退耕还林（草）工程、天然林保护工程、天然草原植被恢复与建设项目、小流域综合治理工程、日援治沙项目、国家"三北"防护林四期工程等大型生态建设项目相继在盐池县实施。

◎5月23日　自治区人大常委会副主任马昌裔、黄超雄带领有关部门到盐池县视察抗旱救灾和生态建设等工作。

◎5月25日　应国家林业局邀请，以日本国际协力事业团无偿资金部审查室长中川和夫先生为团长，日本宁夏无偿造林考察团一行10人在国家林业局国际合作司刘立军的陪同下到盐池县对"宁夏黄河中上游无偿造林项目"——高沙窝项目区进行基本设计调查。

◎6月9日　全国政协副主席、台盟中央主席张克辉带领台盟中央、全国工商联及无党派人士赴"西部大开发"考察团，在自治区党委副书记任启兴及有关部门的陪同下到盐池县柳杨堡乡沙边子村考察了白春兰治沙成果及全县退耕还林还草、防沙治沙等工作。

◎是日　全国人大法律委员会主任、全国工商联副主席张绪武，全国政协常委、中央统战部副部长张廷翰一行到盐池县视察治沙工作。张廷翰为盐池题词："根治沙害，造福子孙。"

◎6月13日　自治区人大常委会副主任黄超群带领人大检查组到盐池县检查《环保法》贯彻执行情况。

◎6月18日　自治区党委书记毛如柏，自治区党委常委、宣传部部长王正伟带领有关部门到盐池县考察治沙工作。毛如柏指出：治理沙害，保护和改善生态环境是盐池县当前乃至今后一项重大而紧迫的任务，要在管护好现有治沙示范区的同时，积极探索新的治沙方法，大力推广治沙科技成果，进一步推进草原划管承包、封育围栏，调动更多的群众投入治沙工作之中。

◎9月27日—28日　参加北京国际农村发展研讨会的外国专家、学者对盐池县荒漠化防治和外援项目实施情况进行了考察。

◎10月23日　自治区人大常委会副主任黄超雄带领人大检查组到盐池县检查《水土保持法》贯彻执行情况。

◎10月25日　盐环定扬黄工程盐池县城西滩段通水。11月6日，县委、县政府在县城举行了庆典活动。自治区副主席陈进玉参加庆典活动。

◎10月27日　中央国家机关工委副书记周敬东、团中央书记处书记崔波到盐池县参加"保护母亲河行动"宁夏盐池项目捐款暨中央国家机关"世纪林工程"命名仪式（中央国家机关"5元捐植一棵树，200元捐植一亩林"的活动始于1999年3月）。命名仪式上，团中央、中央国家机关工委为盐池项目捐款100万元。

◎是年　全县人工造林106371亩，飞播造林11.3万亩，零星植树10万株，育苗1194亩。

—— 2001 年 ——

◎4月2日　盐池县委副书记、县长何国攀，人大主任杨和森，政协主席赵继泽带领县直18个党委2000多名干部职工在城西滩灌区开展植树造林活动。2001年，盐池县委决定对城西滩农田林网、村镇道路和外围固沙进行综合治理，使灌区林地面积达到灌区总面积的75%以上。

◎4月6日　盐池县水土保持生态环境监督

管理规范化建设工作顺利通过黄河上中游管理局和自治区水利厅专家组验收。

◎ 5月16日　自治区党委副书记、自治区政协主席任启兴，自治区政协副主席任怀祥、梁俭带领自治区政协常委视察了盐池县生态治理示范区、城西滩扬黄灌区林网建设和县城旧城改造工程。

◎ 5月30日—31日　全国保护母亲河工程领导小组有关专家对宁夏盐池保护母亲河工程项目进行检查验收。

◎ 6月7日　中国老年科学家协会及中国工程院赴宁夏专家组部分专家学者对盐池县荒漠化治理工作进行了考察。专家认为，盐池县在荒漠化治理上探索出比较成功的经验做法，走出一条兼顾社会、经济和生态效益协调发展的路子，在干旱草原荒漠地带乃至整个西北地区具有普遍意义，尤其是飞播造林和草原封育经验值得推广。

◎ 6月9日　国家林业总局副局长李玉才带领联合国荒漠治理考察团，在自治区政府办公厅副秘书长容健的陪同下，实地考察了盐池县履行联合国防治荒漠化公约情况及林业建设情况。

◎ 8月16日　自治区副主席陈进玉带领有关部门到盐池县苏步井乡封育治理区、史俊沙产业基地、白春兰沙产业基地、青山乡刘窑头小流域综合治理区和扬黄灌区现代农业示范园治沙项目区调研生态建设工作。

◎ 8月21日　自治区人大常委会副主任马昌裔带领在宁全国人大代表到盐池县视察生态环境治理、城西滩扬黄灌区开发和城市基础设施建设。

◎ 9月14日　中共中央政治局委员、全国人大常委会副委员长姜春云在自治区主席马启智、自治区政协主席任启兴及有关部门的陪同下到盐池县视察防沙治沙工作。

◎ 是日　以佛得角非洲独立党全国书记鲁伊·塞梅多为团长的佛得角非洲独立党代表团一行4人到盐池县参观考察治沙情况。

◎ 10月16日　全国防沙治沙工程毛乌素沙地盐池县柳杨堡试验示范基地通过自治区有关单位验收。

◎ 10月17日　总投资约2000万元的日本国政府无偿援助黄河中上游宁夏防护林建设盐池工程项目正式启动，该项目规划造林面积2804公顷。

◎ 10月24日　盐池县首届生态旅游节在无量殿（后命名为花马寺）开幕。其间，举行了摩托车邀请赛、秦腔演出、赛马和赛驴表演，组织了生态旅游景点观光。本次生态旅游节至10月26日结束。

◎ 11月6日　日本国政府官员和工程技术专家来盐池县视察日援治沙项目区、林区道路建设情况。日本国政府无偿援助黄河中上游宁夏生态防护林建设项目，在盐池县规划造林面积42060亩。

◎ 11月22日　宁夏大学沙漠化防治生态教育与科技开发基地在盐池县城举行挂牌仪式。

◎ 是年　经自治区林业局验收，盐池县当年完成人工造林合格面积19.08万亩，其中退耕还林（草）6.9万亩，"三北"防护林工程11.7万亩，补植合格面积4.6万亩，机械化林场完成人工造林9万亩，飞播造林面积10万亩。截至2011年年底，全县有林面积229.8万亩。

—— 2002 年 ——

◎ 3月26日 盐池县委、县政府在花马广场召开"生态建设年"春季造林绿化动员大会。是日,全区草原无鼠害示范区工作会议在盐池县召开。

◎ 4月13日 中日合作治沙造林项目进入全面实施阶段。截至2002年4月份,盐池项目区草方格固沙100平方米,修建林道11.1公里,完成大面积造林666.7公顷。

◎ 4月25日 中国工程院有关专家在自治区相关领导、部门陪同下视察了盐池县生态建设工作。

◎ 5月1日—2日 自治区党委书记陈建国带领有关部门到盐池县检查指导生态建设等工作。

◎ 5月11日 自治区副主席陈进玉带领有关部门到盐池县检查指导生态建设工作。

◎ 6月16日—23日 盐池县委副书记、县长张柏森带领党政考察团赴内蒙古鄂托克前旗、乌审旗,陕西省榆阳区、横山县、吴旗县等地学习考察草原禁牧、舍饲养殖和生态建设工作。

◎ 6月24日 盐池县委、县政府召开专题会议,专题研究草原禁牧工作,并以县委办、政府办联合下发《关于认真做好全县草原禁牧准备工作的通知》,确保11月1日全面实行草原禁牧舍饲养殖工作顺利开展。

◎ 7月4日 盐池县委常委会议研究决定,把每年7月份确定为草原禁牧工作集中宣传月。

◎ 7月16日 中共盐池县委十一届四次全体会议通过了《关于全面实行草原禁牧大力发展舍饲养殖的决定》。并决定从2002年11月1日起在全县范围内全面实行草原禁牧,大力发展舍饲养殖。随后在全县推行草原承包到户或联户工作,计划到2003年3月底,将全县714万亩可利用草原中有承包条件的550万亩全部承包到户或联户。同时出台了《盐池县全面实行草原禁牧、大力发展舍饲养殖工作方案》《关于实行草原承包经营责任制的实施方案》《盐池县草原有偿承包暂行办法》等相关配套办法。

◎ 8月1日 国家计委及自治区计委组成检查组到盐池县检查异地生态移民项目执行情况。

◎ 8月12日—14日 宁夏中部干旱带生态建设工作会议在盐池县隆重召开。自治区党委书记陈建国,自治区主席马启智,自治区党委副书记韩茂华,自治区党委常委、秘书长于革胜,自治区副主席赵廷杰及相关厅局负责人,石嘴山市、吴忠市、固原市党政主要负责人,盐池、同心、陶乐、灵武、海原、原州区、中宁、中卫、利通区、红寺堡开发区等10个中部干旱带市(县、区)党政主要负责人,宁夏电视台、宁夏日报社、宁夏广播电台记者等50余人组成宁夏党政考察团,于8月12日至8月13日分别到陕西省吴旗县、内蒙古自治区鄂托克前旗和宁夏盐池县参观考察生态建设情况。8月14日在盐池县宾馆召开大会。会议确定宁夏全区在2003年5月1日前全面实行封山禁牧。

◎ 8月27日 "世界摄影家眼中的宁夏—中国西部生态大型摄影记者团"到盐池县采风。是日,吴忠市人大代表团、同心县党政考察团分别到盐池县考察生态建设情况。

◎ 9 月 7 日　盐池县委召开全县草原禁牧工作协调会，决定抽调 1000 余名干部下基层进村入户，调查摸底草原禁牧准备工作进展情况及存在问题。

◎ 9 月 11 日　全国人大及自治区人大农环委领导到盐池县检查生态建设工作。

◎ 10 月 10 日　为贯彻落实宁夏中部干旱带生态建设会议、《自治区政府关于进一步完善草原承包经营责任制的通知》（宁政发〔2002〕57 号文件）精神，盐池县委、县政府决定在搞好草原禁牧同时，到 2003 年 3 月 31 日前全县应承包草原全部承包到户或承包到联户。

◎ 10 月 14 日　盐池县第二届生态旅游节开幕，自治区人大常委会副主任马骏廷、自治区政协副主席任怀祥、吴忠市委书记刘语平、吴忠市长杨国林等到会祝贺。

◎ 11 月 22 日　盐池县召开全县草原承包工作会议，要求各乡镇在 2003 年 3 月底前全面完成草原承包工作。

◎ 12 月 11 日　自治区副主席赵廷杰带领有关部门到盐池县调研草原禁牧工作。

◎ **是年**　盐池县确定为"生态建设年"，县委、县政府制定出台了《关于加快生态环境建设与大力发展草畜产业的意见》，并按照"北治沙，中治水，南治土"原则，加大生态环境建设力度。积极把推进草原经营和管理体制改革作为重点，制定出台了《关于全面实行草原禁牧，大力发展舍饲养殖的决定》《盐池县草原有偿承包暂行办法》等一系列草原建、管、用政策，从 2002年 11 月 1 日起率先在全区实行草原全面禁牧。

—— 2003 年 ——

◎ 1 月 9 日　盐池县委召开第十一届六次扩大会议强调，要在加快工业化进程同时，进一步加强旅游、环保、生态治理、社会保障、基础设施建设和提高人民群众生活等九个方面工作。

◎ 1 月 25 日　盐池县委召开全县治沙 18 勇士命名及百名城建有功人员表彰大会。

◎ 2 月 21 日　盐池县畜牧局组织举办了全县草原禁牧及畜牧培训班。培训班上邀请自治区畜牧专家对舍饲养殖、管理、育肥技术，草料加工配制、秸秆转化等问题作专题讲座，现场进行饲草料调制技术演示。

◎ 3 月 3 日　自治区政府批准建立宁夏哈巴湖区级自然保护区，保护区面积 8.4 万公顷，核心区 3.07 万公顷，缓冲区 2.23 万公顷，实验区 3.1 万公顷。

◎ 3 月 5 日　盐池县实施由国家农业部下达 2000 年天然草场保护项目通过自治区草原站专家组验收。

◎ 4 月 2 日　盐池县麻黄山乡 40 万亩草原承包工作顺利结束，并向各承包户办理了草原承包使用证。

◎ 4 月 12 日—24 日　按照盐池县委决定，由县委副书记杨志带领党政考察团赴山东等地学习考察生态建设、城镇化、工业化、农业产业化发展情况。

◎ 4 月 13 日　盐池县草原承包通过自治区

畜牧厅验收。盐池县共有天然草场834万亩，可利用草场770万亩，承包到户550万亩，承包期为50年。全县农业人口人均承包草地42.5亩，人均最多承包276亩，最少承包4.6亩。

◎ 4月15日　国家计委有关部门在自治区有关厅局领导陪同下到盐池县检查指导生态建设项目执行情况。是日，由中国国际工程公司牵头，国家有关院所组成专家组对盐池县退耕还林还草工程项目进行中期调查评估。

◎ 4月21日　国家西部开发办公室主任段应碧在自治区副主席赵廷杰陪同下到盐池县高沙窝乡大疙瘩村调研草原植被建设情况。是日，自治区党委政策研究室有关同志到盐池县调研生态建设情况。

◎ 4月25日—26日　自治区党委书记陈建国、自治区副主席赵廷杰、于革胜带领相关部门到盐池县调研封山禁牧工作。调研组一行视察了马儿庄飞播造林和紫花苜蓿种植情况、猫头梁综合荒漠化实验基地和大疙瘩畜牧业发展情况；实地观摩了冯记沟、高沙窝、马儿庄等乡镇沙漠化土地治理情况。陈建国书记对盐池县封山禁牧工作中积累的经验给予了高度评价。

◎ 是月　盐池县正式启动日援贷款生态项目。该项目总投资3175万元，其中日方协力银行贷款2387万元，规划用五年时间营造防风固沙林1660公顷，围栏封育补植林木4013公顷。

◎ 6月5日　自治区农牧厅有关部门在盐池县城西滩绿海苜蓿开发公司组织召开了机收苜蓿现场会。

◎ 6月13日　自治区人大常委会副主任韩有为带领视察组对盐池县草原禁牧及草原承包工作进行了视察。盐池县委副书记、县长张柏森，县人大常委会主任刘继远，县委副书记马跃军陪同视察。

◎ 6月16日　自治区副主席郑小明带领有关部门对花马寺国家森林公园旅游景区建设情况进行了视察。

◎ 7月19日　自治区党委书记陈建国，自治区党委常委于革胜、自治区副主席赵廷杰在自治区林业局局长韩陕宁及盐池县委、县政府领导陪同下视察了哈巴湖自然保护区。

◎ 7月20日　自治区政府主席马启智在自治区林业局局长韩陕宁及盐池县委、县政府领导陪同下视察了哈巴湖自然保护区开发建设情况。

◎ 7月23日—30日　原自治区人大常委会副主任张立志同志就盐池县生态建设发展情况进行了为期七天的专项调查研究，之后向自治区党委、政府提交了专题调研报告。

◎ 7月24日　自治区人大常委会副主任马骏廷带领有关部门视察了盐池县生态建设工作。盐池县人大常委会主任刘继远，县委副书记、县长张柏森陪同视察。

◎ 7月25日　中共中央政治局委员、国务院副总理曾培炎在自治区党委书记陈建国、自治区政府主席马启智等领导陪同下，考察了盐池县高沙窝镇高沙窝村和大疙瘩村退耕还林、退牧还草工程进展和草原围栏、草原承包、封山禁牧情况，详细了解了各项优惠政策落实情况和农民生产生活情况。陪同考察的还有农业部副部长张宝文，国务院政策研究室、国家发展和改革委员会西部开发办公室等国家部委同志和自治区农牧厅厅长高万里同志等。

◎ 8月13日　自治区人大常委会韩有为副主任带领有关部门考察了盐池县林业生态建设工作。

◎ 8月26日—9月1日　盐池县举办了"宁夏吴忠第六届（盐池）商品交易会暨盐池县滩羊商品交易会"和"盐池县第三届生态旅游节"。

◎ 8月30日　自治区政协副主席陈育宁一行到盐池县机械化林场城南分场和哈巴湖分场考察生态建设情况。

◎ 10月26日　盐池县哈巴湖自然保护区旅游接待中心落成，举行了开业庆典活动。

◎ 10月30日　盐池县人大常委会组织部分人大委员视察了全县退耕还林还草、草原围栏等工作。

◎ 11月26日　盐池县人大常委会召开十四届人大常委会第五次会议，听取和审议了关于全县退耕还林（草）及草原围栏等生态建设工作推进情况报告。

◎ **是年**　盐池县共计完成人工造林78.6805万亩，其中造林合格面积70.6423万亩；飞播造林10万亩，封山育林2万亩，零星植树61.4万株，育苗2347亩。

◎ **是年**　盐池县委、县政府确定为"生态旅游资源开发年"。

—— 2004 年 ——

◎ 3月3日—5日　为期三天的宁夏中部干旱带林业科技支撑暨新技术培训班在盐池县举办。培训班邀请北京林业大学教授和宁夏知名林业专家围绕科学技术与林业跨越式发展、沙产业开发、沙生乔灌树种选育及造林技术等方面进行专题讲座。

◎ 4月8日　宁夏大树绿化公司和日本制纸植林公司在盐池县高沙窝日援项目区共同举行了中日合作治沙项目三期工程造林启动仪式。

◎ 4月22日　国家三北林业局副局长、总工程师张玉明带领督查组对盐池县围城造林区、猫头梁生态项目区、柳杨堡治沙造林示范园区、沙生灌木园及春季植树造林区进行了督导视察。

◎ 5月2日　吴忠市委书记肖云刚在盐池县委书记、县长张柏森和机械化林场场长张生英同志陪同下视察了哈巴湖自然保护区、花马寺国家森林公园保护建设情况。

◎ 6月6日　国家西部开发办副主任王志宝在自治区副主席赵廷杰的陪同下先后到盐池县高沙窝镇张庄子村、王乐井乡鸦儿沟村和边记洼村视察了退耕还草、退牧还草及草原围栏工程建设情况。

◎ 6月15日—22日　盐池县委、县政府召开草原禁牧工作会议，决定抽调260名干部利用一周时间进村入户，协助各乡镇强化禁牧工作。

◎ 6月18日　以林久晴为团长的日本造林治沙考察团赴盐池县考察日本国民间组织在盐池县投资建设的一期治沙项目成果。项目区经过三年建设基本达到预期治理目的。考察团对项目区生态变化给予了较高评价。

◎ 6月19日　国家林业局造林司司长魏殿生带领相关部门负责人在宁夏林业局副局长刘荣

光，盐池县委常委、副县长石瑞林陪同下对盐池县生态环境建设工作进行了视察。

◎ 6 月 29 日　自治区政府副主席赵廷杰带领林业、农牧、财政、科技、发改、扶贫和林科院等部门就盐池县柠条饲料加工科技攻关项目进展情况进行了视察。

◎ 7 月 13 日　自治区林业局在盐池县召开全区柠条饲料加工利用现场观摩会。自治区林业局副局长艾矛、李月祥，盐池县四套班子分管领导及全区各市县林业部门负责人参加了观摩会。自治区农林科学院荒漠化治理研究所专家和技术人员就柠条饲料平茬、加工、饲喂技术和经济效益等方面作专题讲解。

◎ 7 月 14 日—15 日　自治区草原执法现场会在盐池县召开，全区各市县草原站站长、草原派出所所长参加会议。现场会组织观摩了盐池县南王圈围栏封育区、绿海草畜产业基地、花马池镇下王庄舍饲养殖示范园区和哈巴湖生态建设示范区。

◎ 8 月 17 日　自治区党委书记陈建国在吴忠市委书记肖云刚、市长吴玉才、市委常委何国攀

及有关部门同志陪同下，到盐池县惠安堡镇世杰综合养殖园区、日援治沙项目区调研封山禁牧工作；深入太阳山工业园区指导园区规划建设工作。

◎ 9 月 5 日　农业部畜牧司副司长、国家草原监管中心主任宗锦耀一行到盐池县视察天然草原禁牧封育、草原围栏承包及草畜产业发展情况。

◎ 9 月 26 日　盐池县防治荒漠化国际援助项目协作中心正式挂牌成立。盐池县代县长沈凡和自治区林业局项目办主任何全发参加揭牌仪式。

◎ 11 月 29 日　国务院西部办副主任彭维克在自治区发改、林业、畜牧等部门领导及盐池县委常委、副县长石瑞林陪同下就盐池县退耕还林和退牧还草工程实施情况进行督导检查。

◎ 12 月 24 日　自治区政协主席任启兴、副主席任怀祥带领有关部门到盐池县慰问了治沙劳模白春兰、王锡刚。

◎ 12 月 27 日　盐池县《盐池县生态建设志》首发，县委书记张柏森、县政协主席陈其昌等领导出席首发式，县委副书记、代县长沈凡致辞祝贺。

—— 2005 年 ——

◎ 3 月 1 日　盐池县召开林业暨环保工作会议，县四套班子分管领导石瑞林、许倡翊、韩向春、刘振山出席会议。2004 年盐池县完成人工造林合格面积 60.5 万亩，为年初计划任务的 119%。林业、环保工作呈现出四个方面的特点：一是加快科技兴林步伐；二是加大了森林资源保护与管理力度；三是加速了林业产业化发展；四是加强了污染防治工作。

◎ 3 月 28 日　盐池县哈巴湖自然保护区顺利通过国家环保总局国家级自然保护区评审委员会评审，晋升为国家级自然保护区。

◎ 4 月 21 日　国家林业局有关专家和国家"三北"防护林建设局负责人到盐池县考察生态治理及林草转化利用工作。

◎ 4 月 28 日　自治区政协副主席马瑞文带领有关部门到盐池县调研退耕还林后续产业发

展情况。盐池县于 2001 年被列为退耕还林（草）试点县，全县 8 个乡镇 99 个行政村全部纳入项目实施范围，全县累计完成退耕造林 49.71 万亩，荒山造林 100.44 万亩，草原围栏 215.2 万亩，人工种草 130 万亩。

◎5 月 16 日　财政部农财司副司长楚立明一行到盐池县调研退耕还林（草）及后续产业发展问题。

◎6 月 25 日　由日本国政府提供 14.7 亿日元援助实施的中国黄河中游宁夏防护林建设项目顺利竣工。自治区副主席赵廷杰，日本驻华大使参赞百崎贤之先生一行参加了竣工仪式。黄河中游宁夏防护林建设项目于 2001 年 10 月启动，2004 年竣工，分别在盐池、灵武、陶乐三个项目区造林 6.3 万亩。其中盐池项目区造林 4200 亩，修筑林道 34 千米，围栏 74 千米，建护林房 3 座，打观测井 12 眼，设气象观测站两处，营造展示林 75 亩，树立生态示范户 40 户。

◎7 月 27 日　自治区人大常委会副主任韩有为带领有关部门到盐池县检查退耕还林（草）及生态治理工作，县委书记张柏森、县人大常委会主任刘继远、县长沈凡陪同检查。

◎8 月 12 日　盐池县委、县政府召开全县草原禁牧工作会议，传达自治区草原禁牧工作会

议精神。自 2002 年 11 月 1 日起盐池县率先在全区实行草原禁牧和舍饲养殖，天然草原植被得到有效恢复，生态环境明显改善，但同时也存在着一定的偷牧现象，本次会议进一步强调和重申盐池县加强草原禁牧的决心。

◎8 月 19 日　参加在银川召开的全国退牧还草工程经验交流会的 100 多名代表到盐池县观摩草原建设工作。盐池县拥有草原面积 835.4 万亩，占总土地面积的 78%，其中可利用草原面积 714.7 万亩。盐池县实行草原禁牧以来，有 475.4 万亩草原承包到户或联户，全县草原植被覆盖度和产草量分别由 30% 和每亩 48 公斤提高到 85% 和每亩 188 公斤。

◎9 月 26 日　由自治区发改委、科技厅立项，自治区政协经济委员会在盐池县花马池镇四墩子村实施的"宁夏中部干旱带禁牧封育草原利用方式研究"课题通过验收。

◎11 月 23 日　自治区人大常委会副主任马昌裔、张小素带领在宁十届全国人大代表到盐池县视察退耕还林后续产业发展工作。到 2005 年，盐池县累计完成退耕还林 153.5 万亩，全县农业人口均享受 3.2 亩退耕还林粮、钱补助，累计向退耕的农民兑现粮食 6268.2 万公斤，现金补助 9354.4 万元。

—— 2006 年 ——

◎2 月 11 日　国务院（国办发〔2006〕9 号文）批准建立盐池县哈巴湖等 22 处国家级自然保护区。

◎2 月 13 日　全国绿化委、人事部、国家

林业局授予盐池县林业局"全国绿化先进集体"荣誉称号，这是盐池县林业局继 2001 年获全国造林先进单位之后再次获得的国家级荣誉。盐池县通过 20 余年不懈努力，沙化面积从 539 万亩

减少到 100 余万亩，初步实现了"人进沙退"的历史性逆转，生态环境步入良性循环。

◎ 3 月 26 日　自治区党委书记陈建国、自治区副主席齐同生带领有关部门视察了盐中高速公路试验段绿化工程。

◎ 4 月 19 日　自治区人大常委会副主任韩有为带领检查组检查了盐池县封山禁牧工作。吴忠市人大常委会副主任王有才、盐池县人大常委会主任刘继远、代县长王文宇、县委副书记马维敏陪同检查。

◎ 4 月 24 日　盐池县团委在北环路小学举行了"保护环境，美化家园"活动启动仪式。北环路小学、盐池三中全体师生，县直机关部分干部职工，武警盐池县中队官兵、宁鲁石化有限公司职工和大学生志愿者近千人参加了启动仪式。

◎ 5 月 11 日　国家"三北"林业局副局长张伟一行到盐池县就毛乌素沙漠治理和春季造林工作进行调研。

◎ 5 月 18 日　位于盐池县花马池镇沙边子行政村一棵树自然村"白春兰绿色家园"建成，张小素、马力、沈凡、马维敏、石瑞林等区、市、县领导参加了落成剪彩仪式。

◎ 5 月 21 日　由国家林业局和西北林勘院有关同志组成工作组就盐池县落实《国务院关于加强林业建设的决定》执行情况进行检查。

◎ 6 月 6 日—7 日　国家林业局退耕办主任张鸿文在自治区林业局副局长刘荣光陪同下，先后到盐池县花马池镇田记掌村、芨芨沟村、长城村、昌寨子村及宁夏绿沙柠条科技开发公司考察退耕还林草工作。

◎ 6 月 9 日　日本制纸植林公司经理落合先生一行对盐池县日援治沙项目工程管护工作进行了考察。

◎ 6 月 17 日　盐池县政府、北京林业大学共同在王乐井乡沙泉湾荒漠化生态治理区举行了北京林业大学宁夏盐池荒漠化防治教学科研生产基地挂牌仪式。北京林业大学党委书记吴斌和盐池县委书记沈凡为基地揭牌。

◎ 7 月 29 日　全国妇联书记处书记甄砚在自治区政协副主席金晓昀、自治区妇联主席金萍芬，吴忠市委常委、妇联主席丁兰玉，盐池县委书记沈凡及有关部门陪同下，专程到柳杨堡乡沙边子村看望慰问治沙劳模白春兰。

◎ 8 月 15 日　国家林业局资源司司长肖兴威在国家三北林业局副局长张伟、自治区林业局副局长李月祥和盐池县委常委、副县长韩向春陪同下，对盐池县退耕还林工程建设和荒山造林工作进行了调研。

◎ 9 月 4 日　全国人大常委会副委员长盛华仁一行在马启智、于革胜、马昌裔、赵廷杰、肖云刚、吴玉才、王文宇、刘继远等区、市、县领导的陪同下，深入盐池县红石梁天然草场生态修复区、绿海苜蓿产业发展有限公司、王乐井乡丁记井村及新落成的盐池革命烈士纪念馆等地进行视察。盛华仁副委员长对盐池县生态环境建设所取得的成就给予了充分肯定，并就解决好群众生产、生活用水，促进县域经济发展提出指导意见。

◎ 9 月 14 日—15 日　全区草原工作会议在盐池县城召开，农业部草原监理中心副主任刘加文、处长时彦民，自治区农牧厅厅长赵永彪，自治区政府副秘书长郭进挺及全区各市、县（区）有关部门参加会议。会议表彰了全区草原工作先进集体和先进个人，传达了全国草原监理工作会议精神。固原市、灵武市和盐池县畜牧局就草原保护与建设工作进行了大会交流发言。

◎ 12月1日 盐池县政府组织召开甘草产业发展征求意见会。会议对全县甘草产业发展及建设甘草栽培基地可行性报告、50万亩甘草产业化基地建设项目规划报告、2007年人工种植甘草实施方案及"西部甘草"原产地认证及商标注册情况等问题征求了与会领导、专家意见。

◎ 是年 盐池县生态治理成效显著。全年完成人工造林合格面积8.6万亩，人工种草13万亩，围栏草原188.3万亩，补播改良草原40万亩，治理小流域46.1平方千米。全国水土保持工作现场会和全区退牧还草现场会先后在盐池县召开。

—— 2007 年 ——

◎ 3月9日 韩国庆尚北道国际交流工作协议会代表团到盐池县考察荒漠化治沙工作。

◎ 3月29日 盐池县参加全国防沙治沙大会的代表载誉归来。这次全国防沙治沙大会上，盐池县环保与林业局被全国绿化委员会、人事部、国家林业局授予"全国防沙治沙先进集体"荣誉称号，在人民大会堂受到温家宝总理接见。

◎ 4月23日 自治区党委书记陈建国，自治区党委常委、副主席王正伟，自治区党委常委于革胜带领在同心县召开全区加快中部干旱带发展工作会议的全体与会者视察了盐池县宁鲁石化公司、滩羊繁育中心、盐中高速公路绿化工地、马儿庄万亩甘草及优质牧草种植示范区。

◎ 5月12日 农业部草原监测中心副主任刘连贵带领有关部门调研了盐池县草原承包和退牧还草后续产业发展问题。截至2006年底，盐池县草原承包到户和联户面积550万亩，占全县草原可利用面积714.7万亩的77%；草原围栏514.16万亩，占承包面积的93.5%；人工种植多年生牧草留床面积50万亩。

◎ 5月19日 中国西部农村发展与资源管理会议在盐池县召开。会议主要通过实地观摩和座谈交流，总结西部地区社会主义新农村建设成效，探索西部农村发展与资源管理新模式等。

◎ 6月1日 盐池县委书记王文宇、县长李卫宁、人大常委会主任刘继远、政协主席陈其昌带领党政考察团到毗邻陕西省定边县就石油开发、防沙治沙、重点项目建设等工作进行考察学习。

◎ 6月4日 日本海外林业咨询协会专务理事处长二泽先生在国家林业局外交厅多边处处长刘利军陪同下，就盐池县实施黄河中游日援项目建设工作进行考察。

◎ 是日 首届全国环保局局长论坛、"六五"世界环境日纪念暨全国绿色创建表彰大会在北京召开。盐池县史俊在大会上被授予"全国绿色卫士"称号。

◎ 8月17日 北京林业大学教学实验生产基地实验室在盐池县沙泉湾奠基。北京林业大学党委书记吴斌，国家林业局、三北林业局有关领导及盐池县县长李卫宁出席奠基仪式。

◎ 9月8日 水利部副部长鄂竟平在自治区

副主席郝林海及有关部门陪同下视察了盐池县水土保持和生态修复工作。

◎ 9月19日　国家林业局资源管理司副司长兰思仁一行赴盐池县调研林木资源管理和退耕还林工程林权证发放工作。自2001年以来，盐池县累计完成退耕还林核实面积162万亩，林权证发放工作已全部完成，退耕地的权属得到明确。

◎ 10月9日　自治区党委副书记于革胜、自治区副主席郝林海带领有关部门对盐池县农业和农村工作进行指导检查。检查组一行先后视察了王乐井乡万亩大拱棚建设项目区、城西滩日光温室建设项目区、日援治沙项目区、福林公司滩羊养殖场、花马池镇李毛庄新农村示范点等。

◎ 10月10日　全国防沙治沙现场会在宁夏召开，国家林业局副局长祝列克带领与会的全国各省市林业厅（局）负责人视察了盐池机械化林场防沙治沙及沙产业开发建设情况。

◎ 10月17日　盐池县委书记王文宇、县长李卫宁带领党政考察团赴石嘴山市平罗县、大武口区、惠农区就城市建设、工业企业发展、畜牧养殖业、生态园林建设和新农村建设等工作进行考察学习。

◎ 10月18日　日本驻华使馆一等秘书空周一对黄河中游防护林建设项目盐池项目区林草种植后续管护工作进行了考察。

◎ 11月6日　参加在银川召开的全国防沙治沙现场会的全体与会人员在国家林业局副局长祝列克带领下，到盐池县柳杨堡全国防沙治

沙示范点、绿海草产业公司、高沙窝日援治沙项目区参观视察。是日，根据自治区党委书记陈建国关于"盐中高速公路两侧视野范围内不设置人工围栏"指示精神，哈巴湖保护区管理局按照"二权一界不变"（土地、林地权属不变，地界不变）、"实施一快一补"（加快实施并给予劳动补贴）、"明界变暗界"（将围栏桩埋入地下，变明界为暗界）原则，对盐中高速公路穿越哈巴湖国家级自然保护区18.5千米范围内的二镇三村七队14处3840米的草原围栏和480个围栏桩进行了清理。

◎ 是月　国家林业局（林计发〔2007〕220号文件）批准了《宁夏哈巴湖国家级自然保护区总体规划》。

◎ 12月3日　盐池县委召开2007年第三十八次县委常委（扩大）会议，研究部署进一步开展城乡环境综合整治暨绿化美化工程有关工作。是日，盐池县组织党政观摩团赴青铜峡市、利通区观摩学习开展城乡综合整治暨绿化美化工程经验做法。

◎ 是年　盐池县坚持生态立县战略不动摇，大力实施退耕还林、"三北"四期防护林等全国重点生态建设工程，新增人工造林面积13万亩，治理水土流失面积86万平方千米，围栏草原35万亩，补播改良草场50万亩，种植以紫花苜蓿为主的优质牧草19.4万亩，平茬柠条50万亩，生态建设取得明显成效。盐池县被评为"全国防沙治沙先进集体"和"全国天然林保护工程管理先进集体"。

—— 2008 年 ——

◎ 1 月 7 日　国家林业局监察局局长樊德新一行到盐池县花马池镇南梁"三北"防护林基地日援项目区和沙泉湾生态综合治理示范区进行调研视察。

◎ 3 月 12 日　盐池县委召开 2008 年第六次县委常委（扩大）会议，就城乡环境整治暨绿化美化工程、创建自治区园林城市和卫生城市以及"两基"迎国检工作进行安排部署。

◎ 3 月 22 日　自治区党委常委、宣传部部长杨春光带领有关部门到盐池县调研"白春兰绿色家园"、日援治沙项目区建设推进等工作。

◎ 3 月 25 日　宁夏农科院在盐池县举行了科研人员服务"三农"座谈会及进驻试验基点启动会。2007 年，农科院盐池农业综合试验基点以项目为纽带，围绕农林牧结构优化、荒漠化土地治理和利用，草畜产业、沙产业、中药材、设施农业和滩羊等优势特色产业发展实施科研项目 19 项，有效发挥了科技服务"三农"的积极作用。

◎ 4 月 16 日　全区毛乌素沙漠百万亩防沙治沙造林启动仪式在盐池县花马寺国家森林公园举行。

◎ 是月　由自治区环保局组织自治区发改委、国土资源厅、交通厅、林业局、吴忠市和盐池县政府对宁夏哈巴湖国家级自然保护区范围和功能区进行专家论证，同意将保护区总面积由84000 公顷调整为 68000 公顷。

◎ 5 月 9 日　由国家林业局宣传办、国家林业局"三北"局宣传处联合人民日报、新华社、光明日报、经济日报、中央人民广播电台、中央电视台 6 家媒体组成西部开发生态建设采访团到盐池县进行生态建设专题采访。

◎ 5 月 22 日　吴忠市造林绿化现场观摩会在盐池县召开。2008 年，盐池县以创建自治区园林县城为突破口，以改善城乡生态和人居环境为目标，扎实推进城乡造林绿化工程。截至 4 月底全县植树造林 6.34 万亩，栽植各类苗木 1046.22 万株。其中完成城市造林绿化 6844.7 亩，栽植各类苗木 252.7 万株；完成农村绿化面积 5.66 万亩，栽植各类苗木 793.4 万株。

◎ 5 月 29 日　联合国粮农组织驻华代表处代表、德国驻华使馆公使、德国 GTZ 公司负责人、世界自然保护联盟高级林业项目官员一行到盐池县考察防沙治沙造林工作。盐池县委副书记、代县长刘鹏云向考察团成员介绍了盐池县防沙治沙工作总体情况。

◎ 6 月 5 日　日本制纸综合开发株式会社社长吉村义孝在自治区林业局副局长马林陪同下考察了盐池县日援项目区建设进展情况。

◎ 6 月 8 日　德国园艺专家卡尔·海因博士应自治区外国专家局邀请在哈巴湖自然保护区举办了园艺技术培训班。卡尔·海因博士以互动式授课方法，从园艺管理、果树整修等方面对盐池县 70 多名园艺技术骨干进行了培训。

◎ 6 月 16 日—19 日　国家"两基"督导检查组一行 5 人在自治区政府副主席刘仲、吴忠市市长吴玉才及相关部门陪同下，对盐池县城市建设及防沙治沙情况进行了视察。17 日，检查组对盐池县"两基"工作进行全面考核验收。

◎ 7月30日　中部干旱带县内生态移民现场观摩会在盐池县召开。自治区领导于革胜、马秀芳、郝林海、张乐琴、屈冬玉和与会代表一起观摩了在建的盐池县城南千户新村。

◎ 8月20日　自治区考核专家组对盐池县创建自治区级园林县城工作进行初评考核。盐池县围绕创建生态园林县城目标，按照完善城市功能，美化人居环境，塑造绿地景观，提升城市品位的总体思想，大力实施绿化、美化、亮化、硬化、净化五项工程，全力推进城市基础设施建设、园林绿化和环境综合整治。截至2008年上半年，全县建成区域绿化面积398公顷，各项指标均达到考核标准。

◎ 10月6日　自治区党委书记陈建国、自治区副主席郝林海在吴忠市委、市政府主要领导及有关部门陪同下，对盐池县花马寺生态资源综合利用工程和火车站站台广场规划建设情况进行调研。

◎ 10月8日　国家林业局集体林权制改革领导小组副组长黄建兴一行到盐池县就防沙治沙和集体林权制度改革试点工作进行调研。

◎ 10月17日　盐池县委书记李卫宁、县长刘鹏云、人大常委会主任刘继远、政协主席高盐芬带领党政考察团一行54人赴陕西省吴起、靖边、榆林和内蒙古鄂尔多斯等市、县（旗）考察学习生态移民、设施农业、石油化工、工业经济和城市建设等工作。

◎ 10月28日　"中德财政合作中国北方荒漠化综合治理宁夏项目"管理机构——德国复兴银行专家一行在自治区林业局有关领导和盐池县委书记李卫宁及相关部门陪同下对盐池项目区建设情况进行了考察。"中德财政合作中国北方荒漠化综合治理宁夏项目"是德国政府援助宁夏的生态治理项目，该项目自2008年开始实施，建设期8年。盐池县项目区涉及花马池、高沙窝、王乐井、冯记沟、青山、大水坑6个乡镇，规划治理面积81.18万亩，总投资2833万元，其中德方援助1841.45万元。建设内容包括草地恢复与可持续管理和水土保持两种类型，建设集水窖、畜棚、饲料加工储存四项辅助内容。

◎ 11月6日　盐池县生态教育基地——治沙英雄白春兰、冒贤业绩园竣工落成。

◎ 11月10日　盐池县秋季植树启动仪式在王圈梁村举行。

◎ **是年**　盐池县在吴忠市"两大工程"考核验收中名列全市第二。同时以完善城市功能、优化人居环境、提升城市品位为目的，大力开展自治区级卫生县城和园林县城创建，被命名为自治区园林县城、自治区卫生县城。

—— 2009 年 ——

◎ 3月15日　盐池县春季植树造林暨重点工程项目建设启动仪式在花马池生态水资源综合利用工程施工现场举行。

◎ 3月31日　吴忠市政协组织政协常委视察了盐池县生态绿化建设工作。随后在县政协召开了吴忠市政协三届六次常委会议。市政协主席、副主席、秘书长、常委及市人大、政府有关领导，各县（市）政协主席，市政协各委（办）

负责人参加了会议。

◎ 4月8日　中德财政合作中国北方荒漠化综合治理宁夏项目启动大会在盐池县沙泉湾德援项目基地举行。自治区副主席郝林海，德国马立华使馆、德国复兴银行驻北京代表处官员，财政部金融公司、国家林业局国际合作公司、德国DFIS咨询公司负责人，盐池县四套班子领导刘鹏云、赵涛、刘继远、高盐芬及有关部门出席启动仪式。自治区政府秘书长张存平主持启动仪式。中德财政合作中国北方荒漠化综合治理宁夏项目是宁夏争取到的第二个德援林业项目，项目规划为：在未来的7年中，德国政府提供700万欧元的援助款和250万元贷款，中方配套7155万元资金，分别在盐池县、红寺堡开发区、罗山等地开展林草植被恢复、利用和土壤侵蚀治理，同时开展庭院经济林、集水窖和温棚建设。项目结束后，可使60400公顷草原植被得到恢复，59100公顷土壤侵蚀得到控制。

◎ 4月11日　吴忠市春季植树现场观摩会在盐池县火车站站台广场举行。吴忠市各县（区）主要领导，盐池县各乡镇、县直各机关单位参加了观摩仪式。

◎ 4月14日—15日　自治区党委书记陈建国、自治区副主席郝林海带领有关部门视察了盐池县哈巴湖管理局"二路一沿"绿化工程、花马寺国家森林公园和哈巴湖国家级自然保护区。陈建国书记指出：盐池县要以科学发展观为统领，牢固树立"求实、创新、争先"理念。以"保增长、保民生、保稳定"为中心，着力夯实水资源综合利用、城乡基础设施建设、跨省区域物流中心"三大基础"，突出抓好教育提升、文化繁荣、卫生惠民、社会保障、创业富民五大民生工程。

◎ 4月22日　由国务院有关部委组成专家组对盐池县红色旅游、生态建设等工作进行专项调研。专家组建议将延安、榆林、庆阳、白银、平凉、吴忠、固原三省（区）七市作为创建革命老区国家生态能源循环经济示范区的重要组成，申请国家立项。

◎ 6月2日　盐池县委、县政府组织50余人党政考察团到平罗县、大武口区、青铜峡市、灵武市对城市建设、生态园林和社会主义新农村建设等工作进行考察学习。

◎ 6月29日　联合国环境保护组织专家一行对盐池县生态环境保护工作进行了考察。

◎ 7月　韩国东新大学副校长郑玉英一行20余名师生在宁夏大学有关领导陪同下，到盐池县哈巴湖自然保护区考察防沙治沙工作，并与保护区职工共植"中韩友谊林"。

◎ 8月11日　甘肃省环县县委书记赵连印带领党政考察团对盐池县滩羊产业发展、城市环境建设、新农村建设、生态建设等情况进行了考察。盐池县委书记刘鹏云、代县长赵涛、人大常委会主任刘继远、政协主席高盐芬、县委副书记韩向春等陪同参观考察。

◎ 8月27日　国家统计局局长马建堂在自治区副主席赵小平和有关部门陪同下调研了盐池县花马池镇柳杨堡境内生态建设情况。

◎ 8月31日　为进一步促进封山禁牧，巩固生态成果，盐池县政府组织在青山乡旺四滩村召开草原禁牧村民自治试点工作会，各乡镇、有关部门负责人和部分村民代表参加会议，副县长王学增主持会议。

◎ 9月27日　国家林业局国际合作司、对外合作项目中心副主任苏明在自治区林业局副局长马林及盐池县有关部门陪同下就盐池县外援治沙项目实施情况进行了考察。

◎ 是月　国家林业局批准建立盐池县沙泉湾森林定位研究站。

◎ 10月13日　宁夏党校第十期厅级领导干部进修班一行9人对盐池县生态、资源、养殖、扶贫开发等工作进行了观摩考察。

◎ 11月9日　自治区人大常委会副主任马秀芬带领"民生计划宁夏行"视察组对盐池县草原生态建设和危窑危房改造项目实施情况进行了视察。

◎ 是月　盐池县哈巴湖生态旅游区顺利通过自治区AAA级景区评定。

◎ 是月　盐池县文艺工作者创作的歌曲《走进哈巴湖》《沙原明镜》分别荣获由中国群众文化学会艺术服务中心组织的"神州歌海·第六届中国群众创作歌曲大赛"金、银奖。

◎ 是年　盐池县牢固树立抓生态就是抓生存、抓发展理念，完成沙泉湾国家级荒漠生态系统检测定位基地建设；集体林权制度改革试点工作稳步开展；新增造林、退耕还林补植补造、人工种草、草原围栏及补播改良总面积84.3万亩；创建全区环境优美乡镇1个，成功创建全国林业科技示范县，被评为全区生态建设先进县。

—— 2010 年 ——

◎ 3月12日　盐池县在万亩生态园举行了2010年春季义务植树造林启动仪式。2010年盐池县规划造林6.5万亩，其中春季造林32557亩，围城造林9617亩，义务植树7141亩，林业局发包造林2371亩，各项造林任务确保于3月底前全面完成。

◎ 3月17日　国家林业局林权制度改革司司长张蕾一行在自治区林业局副局长王志强、盐池县副县长王学增及有关部门的陪同下，调研了盐池县集体林权制度改革工作。

◎ 3月22日　国家发改委、国务院发展研究中心、陕甘宁革命老区振兴规划调研组到盐池县调研退耕还林、退牧还草和防沙治沙工作。

◎ 4月3日　中德合作荒漠化治理项目国际研讨会专家克里斯汀·夏德等一行50余人对盐池项目实施情况进行考察。中德财政合作中国北方荒漠化综合治理宁夏项目区预分配盐池县治理荒漠化土地98万亩，2009年盐池县开始试点建设，当年采取沙丘生态恢复、沙障固沙、植树造林、封育补播等措施完成植被恢复6550亩。

◎ 是月　盐池县有关部门与西北农林科技大学合作在沙边子沙产业科技示范基地试种中药材"肉苁蓉"。肉苁蓉又名大芸，属一类野生珍稀植物保护物种，俗称"沙漠人参"。

◎ 5月20日　财政部农业司副司长卢贵敏，财政部农业处处长吕书奇、副处长丁丽丽一行到盐池县高沙窝镇南梁村草原围栏区、宏翔二十万只滩羊养殖园、东郭庄村草原生态综合治理区及花马池镇大墩梁草原围栏区进行工作调研。自治区财政厅副厅长董峰，盐池县委书记刘鹏云、副县长王学增及有关部门陪同调研。

◎ 6月27日　国家草原保护建设科技综合示范区建设启动会在盐池县召开。自治区农牧厅副厅长周东宁、盐池县委副书记韩向春、副县长王学增、政协副主席白树明及相关部门参加了启动仪式。2010年4月，农业部畜牧司组织国家草业行业科技专家对盐池县草原保护和建设进行考察调研后，计划于2010年6月将盐池县纳入全国10个草原保护建设科技综合示范县之一。

◎ 7月1日　盐池县委召开2010年第13次常委（扩大）会议，研究审定了《盐池县集体林权制度改革工作实施方案》，关于举办第二届中国·宁夏（盐池）滩羊节等有关事宜。

◎ 7月14日　自治区副主席李锐带领有关部门在吴忠市委常委、副市长赵永清，盐池县委书记刘鹏云，县委常委、副县长杨晓军，副县长王学增、蒯文普陪同下，到永生物流园、长城新村、汽车城、万亩生态园和大水坑镇等地就新农村建设、小城镇建设、生态环境建设等工作进行了调研。

◎ 7月19日　外交部、自治区外办、欧洲部分国家及港澳地区14家新闻机构联合对盐池县退耕还林草情况进行访问视察，盐池县副县长王学增陪同视察。

◎ 是月　哈巴湖国家级自然保护区在湿地鸟类资源调查中首次发现了欧嘴噪鸥、灰斑鸽和反嘴鹬3种新鸟类，经专家确认为宁夏首次发现。此次湿地鸟类资源调查工作自2010年5月30日启动，截至7月份，在保护区共发现栖息繁殖的湿地鸟类32种，其中国家Ⅱ级重点保护鸟类有灰鹤、蓑羽鹤2种；自治区重点保护鸟类有

凤头、苍鹭、大白鹭、赤麻鸭、翘鼻麻鸭、绿头鸭、斑嘴鸭、琵嘴鸭、凤头潜鸭、黑水鸡、骨顶鸡11种；留鸟6种，夏候鸟26种。哈巴湖国家级自然保护区属于内陆干旱区湿地生态系统，区内分布湿地资源1.16万公顷，占保护区总面积的25.7%。湿地类型主要有湖泊型湿地、沼泽型湿地和人工湿地。自2006年保护区成立以来，加大对湿地和动植物资源的保护力度，通过植树种草、修建围栏、设置鸟巢、配备湿地保护监测设备等形式对湿地进行保护监测，湿地保护成效初步显现，湿地鸟类种类和种群数量明显增加。

◎ 是月　盐池县被国家农业部确定为全国10个国家级草原保护科技综合示范区之一。示范区依托草原工程项目、农业行业公益科研项目和牧草产业技术体系，用5年时间示范建设，逐步实现政策项目、科学研究、应用推广有机结合，为不同区域类型草原保护建设提供各种技术集成示范，提升草业发展科技水平，推动草原生态保护与草原畜牧业持续健康发展。盐池县是宁夏唯一牧区县，草原面积占全区草原面积的20%。自2003年实施禁牧封育到2009年底，全县共围栏草原488万亩、补播改良退化草原113万亩、优质牧草留床面积48万亩。

◎ 8月21日　自治区党委书记张毅、自治区政府主席王正伟在有关区、市领导陪同下到盐池县万亩生态园、王乐井孙家楼旱作节水农业示范区等地调研生态建设和农业农村工作。盐池县委书记刘鹏云、县长赵涛陪同调研。

◎ 10月26日　盐池县政府召开2010年第五十六次常务会议，传达学习党的十七届五中全会精神；听取全县草原承包经营规范化试点工作

开展情况、全县村民自治禁牧工作开展情况、盐池县"十二五"规划编制工作进展情况、城市总体规划修编情况汇报等。

◎ 11月2日 联合国开发计划署（UNDP）项目官员刘怡女士对盐池县实施"宁夏盐池县营西村环境可持续发展项目"进展情况进行检查。"宁夏盐池县营西村环境可持续发展项目"由全球环境基金小额赠款计划中国项目（GEF SGP）给予支持，刘女士为该项目国家总协调人。

◎ 是月 盐池县被列入国际金融组织贷款生态治理项目宁夏项目区。该项目涉及银川市兴庆区、灵武市、永宁县、贺兰县、平罗县、吴忠市利通区、青铜峡市、盐池县8个县（市、区），总投资7.3亿元，其中申请国际金融组织贷款5.4亿元（8000万美元），中方配套1.9亿元（2800万美元）。盐池县争取该项目资金过亿元，约占项目总投资的20%。

◎ 12月2日 以"节能减排、低碳生活"为主题的2010年"福特汽车环保奖"颁奖典礼在北京人民大会堂举行。由全球环境基金小额赠款计划支持、在盐池县高沙窝镇营西村实施的"宁夏盐池县营西村环境可持续发展项目"荣获"节能减排环保奖"三等奖。

◎ 是年 盐池县退耕还林8年来，累计完成造林165.5万亩，农民直接受益4亿元。

◎ 是年 盐池投资500万元引进7万株同心圆枣、中卫小枣等大规格枣苗，扶持发展孙家楼万亩枣树示范园。

◎ 是年 盐池县以"四园三线两区"为重点，完成春季植树造林4.6466万亩，其中乔木2.2396万亩，灌木1.0370万亩，育苗0.37万亩，草方格固沙1万亩；新建了万亩生态园、孙家楼万亩枣园、黄记场万亩治沙示范区等重点生态建设工程。

—— 2011年 ——

◎ 1月19日 由宁夏农林科学院种质资源研究所和盐池县科学技术局等单位共同承担的自治区科技攻关项目"宁夏半干旱风沙区设施农业关键技术研究与示范基地建设"项目验收会在盐池县召开。

◎ 2月22日 自治区党委副书记于革胜、自治区政府副主席郝林海带领农牧、水利、发改等部门到盐池县高沙窝镇兴武营防沙治沙示范区、王乐井乡王吾岔村、赵记沟秋覆膜种植区、城西滩设施农业示范区、长城新村等地调研生态绿化、设施农业发展和生态移民等工作。

◎ 3月8日 盐池县政府主持召开了中德财政合作中国北方荒漠化综合治理宁夏项目盐池项目区座谈会。德国复兴银行项目经理马林海、技术专家哈斯，国家林业局国际合作双边处处长沈素华，宁夏林业国际合作项目管理中心负责人，盐池县副县长王学增及环境和林业保护局、财政局等有关部门参加了会议。

◎ 3月14日 鄂尔多斯市党政考察团到盐池县考察调研生态移民建设工作。盐池县委书记刘鹏云、县委副书记贺满文及有关部门陪同调研。

◎ 3月21日 盐池县在王乐井乡狼洞沟3.5

万亩防沙治沙区启动了2011年春季植树造林活动。

◎ 4月19日 盐池县委副书记、县长赵涛，县委常委、组织部长妥成军，副县长王学增、县政协副主席白树明带领水务、发改、环林等有关部门和各乡镇负责人前往吴忠市利通区、青铜峡黄河外滩、青铜峡广武乡、中宁县、同心县和红寺堡等县（市、区）观摩学习春季植树造林和移民新村规划建设经验。

◎ 4月21日 自治区党委书记张毅在自治区党委常委、秘书长蔡国英，副秘书长、办公厅主任纪峥及有关部门的陪同下，到革命烈士纪念馆、盐池高级中学、十六堡移民新村、狼洞沟治沙项目区等地调研生态移民、生态治理、教育教学和文化工作。吴忠市委书记白雪山、市长吴玉才，盐池县委书记刘鹏云、县长赵涛等陪同调研。

◎ 5月20日 自治区政协原副主席郝廷藻、强锷、金晓昀，原自治区检察院检察长师梦雄带领省厅级离退休老干部考察团一行100余人考察了盐池县城市建设、生态建设等工作。吴忠市委常委、组织部部长马文娟及盐池有关

领导陪同考察。

◎ 9月 盐池县投资8.6万元在柳杨堡日援项目区、沙泉湾防沙治沙综合治理项目区、旱地沙生灌木园建成防火检查站三处，加强森林防灾工作。

◎ 11月5日 自治区副主席李锐带领有关部门调研了盐池县花马池镇十六堡生态移民新村建设情况。

◎ 12月2日 盐池县有关部门组织在花马池镇北塘村举行了全县生态移民入住仪式。自治区主席助理刘云、自治区移民局副局长郭建繁、吴忠市移民局相关领导到会祝贺。

◎ 12月 盐池县环林局组织对全县8个乡镇65万亩重点生态公益林兑现管护补偿284.5万元。

◎ 是年 盐池县以构筑宁夏东部绿色生态屏障为目标，以防风固沙、围城造林、水土保持为重点，重点实施城北防护林体系、盐惠路公路林、马儿庄和田记掌高效节水经济林、南部水土保持林等生态治理工程，新增造林13.8万亩，封山育林30万亩，抚育幼林50万亩，被评为全国绿化先进县。

—— 2012 年 ——

◎ 2月7日 中央候补委员、中央党校副校长、研究员陈宝生带领调研组对盐池县生态移民建设和防沙治沙情况进行了调研。自治区党委常委、组织部部长傅兴国，自治区党委副秘书长杜银杰，自治区党校副校长张廉及盐池县委书记刘鹏云等陪同调研。

◎ 2月16日 亚行贷款宁夏中部节水特色

农业示范项目专家组对宁夏中部节水特色农业示范项目盐池项目区进行中期评审。项目区位于盐池县冯记沟乡中部，涉及两个行政村560户1938人。项目建设期为5年，规划利用马一支灌区扬黄水配套蓄水池、引水渠道及滴灌等设施，发展以红枣为主的节水特色农业。项目总投资2742.90万元，其中申请亚行贷款1920万元（折

合美元 300 万），占总投资 70%；地方配套与农民自筹 822.91 万元，占总投资 30%。

◎ 是月　全国绿化委员会下发了关于表彰国土绿化突出贡献人物的决定，宁夏哈巴湖国家级自然保护区管理局局长张生英、盐池县柳杨堡乡沙边子村农民白春兰荣获全国国土绿化突出贡献人物荣誉称号。

◎ 3 月 23 日　盐池县 2012 年春季植树造林暨机关干部义务植树启动大会在花马池镇佟记圈村举行。2012 年，盐池县计划实施 4 类 22 项绿化工程，完成人工造林 10 万亩，封沙育林 30 万亩，平茬转化柠条 40 万，抚育未成林 50 万亩，树木修剪 13.5 万亩 861 万株，枣树嫁接 1 万亩。

◎ 3 月 30 日　自治区党委副书记崔波在盐池县政府县长赵涛及相关负责人的陪同下，深入盐池县城新区、工业园区功能区二期、城北生态防护林体系、永生物流园区、鑫海清真食品有限公司、宗源畜产品交易市场调研经济发展情况。

◎ 4 月 19 日　自治区林业局党组书记赵永清带领参加全区林业观摩会的 60 多名县（市、区）林业局领导专家观摩了盐池县 2012 年造林绿化工作。

◎ 5 月 6 日　自治区财政厅厅长王和山在吴忠市副市长高万金，盐池县委书记刘鹏云、县长赵涛及有关部门陪同下视察了盐池县工业经济和社会发展情况，意向性同意由自治区财政安排盐池县各类建设资金 2.8 亿元，其中草畜产业发展专项资金 4000 万元、公共文化设施建设专项资金 2000 万元、大县城建设资金 1.8 亿元（其中专项资金 1 亿元、地方债券 8000 万元）、工业园区基础设施建设专项资金 2000 万元、教育事业发展专

项资金 1000 万元、生态建设支持资金 1000 万元。

◎ 5 月 10 日　吴忠市生态移民工作汇报会在盐池县召开。会议分别听取吴忠市、利通区、青铜峡市、盐池县、同心县、红寺堡开发区生态移民工作开展、工程建设等存在问题情况汇报。

◎ 5 月 29 日　自治区党委书记张毅在自治区党委副书记崔波、自治区副主席郝林海和有关厅局负责人陪同下，到花马池镇杨记圈村、十六堡生态移民新村调研旱作节水农业、生态移民工作。盐池县委书记刘鹏云、县长赵涛、县人大常委会主任刘继远陪同调研。

◎ 6 月 19 日　自治区林业局党组书记赵永清带领自治区植树造林现场观摩评比组对盐池县植树造林工作开展情况进行现场观摩考核。

◎ 7 月 10 日　农业部检查组主持在盐池县召开了草原生态保护奖补工作汇报会，国家首席兽医师丁康震，农业部畜牧业司司长王智才及农业部检查组成员出席会议。自治区农牧厅党组书记张柱主持会议，自治区农牧厅副厅长周东宁及区县相关部门负责人参加会议。

◎ 7 月 22 日　宁夏草业发展联盟、西北百合草产业发展联盟成立大会暨专题研讨会在银川召开。中国科学院副院长、党组成员张亚平，自治区党委副书记崔波、自治区政府副主席屈冬玉出席大会。会议由自治区发改办确定盐池县为发展优质牧草核心区，并决定从中科院植物所引进中科二号羊草在盐池县试种。盐池县委书记刘鹏云、县长赵涛、县委常委杨铎、人大常委会副主任裴明芳、副县长王学增及有关乡镇部门负责人参加会议。

◎ 7 月 31 日　全国人大常委会民族委员会

主任委员马启智在自治区人大及盐池县有关领导和部门陪同下，深入盐池工业园区县城功能区二期、高沙窝功能区、花马池生态水资源综合利用工程、县城新区、高级中学、永生物流园、高沙窝南梁草原围栏补播改良区、狼洞沟草方格防沙治沙区、王乐井平阳沟马铃薯节水种植区、四墩子优质牧草新品种植区、十六堡生态移民新村等地调研视察。

◎ **是月** 盐池县财政统筹资金 31.1 万元，推行农村集体林权制度改革。

◎ 8 月 10 日 全球环境基金（GEF）宁夏盐池县旱地生态保护与恢复项目启动。该项目由自治区财政厅负责实施，总投资 152.9 万美元，实施期 5 年，项目惠及宁夏哈巴湖国家级自然保护区及周边 58 个行政村 8.34 万人。

◎ 9 月 1 日 国家科技支撑计划课题——《荒漠草原区农牧复合生态系统构建与可持续利用技术集成与试验示范》核心试验示范区揭牌仪式在盐池县花马池镇皖记沟行政村北王圈自然村举行。

◎ 9 月 11 日 自治区党校行政学院第 60 期县处级干部进修班 B 班学员对盐池县防沙治沙成果经验开展现场教学活动。

◎ 9 月 13 日 盐池县政府研究同意县环境保护与林业局《关于颁发集体林权证的请示》，同意按照相关程序在全县实施颁发集体林权证书。

◎ 11 月 16 日 全国治沙劳模白春兰参加党的十八届全国代表大会返回盐池后，参加了县委组织的座谈汇报会，向与会领导干部讲述出席十八大感受体会，共同回顾大会盛况。白春兰是 1936 年 6 月中共盐池县委成立以来第一位出席党的全国代表大会的代表。

◎ 12 月 13 日 2012 年度全国建设领域节能减排专项督查检查（盐池）汇报会在盐池县宾馆召开。住房和城乡建设部科技与产业化发展中心副主任梁俊强一行 14 人出席会议，自治区住建厅党组成员、副厅长张吉胜，盐池县委副书记、县长赵涛，县委常委刘汉卿、县人大常委会副主任裴明芳、副县长杨晓明、县政协副主席吴斌辛及县住建局、审计局、发改局等有关部门负责人参加会议。检查组通过听取汇报、查阅档案资料、实地查看等形式对盐池县 2012 年度建设领域节能减排工作进行了全面检查、督导。

—— 2013 年 ——

◎ 4 月 18 日 盐池县委召开 2013 年第九次常委（扩大）会议，研究审定了《盐池县草产业发展规划（2013—2017 年）》《2013 年紫花苜蓿种植实施方案》和《2013 年滩羊产业发展实施方案》等政策性文件。

◎ **是月** 盐池县科技局农牧科学研究所与宁夏大学在花马池镇曹泥洼村合作开展了"荒漠化草原放牧试验研究"项目，实验草原 14 块，每块 140 亩。

◎ 5 月 18 日 在第九届中国（北京）国际园林博览会暨国家园林城市（县城、城镇）、中国人居环境奖授牌仪式上，盐池县被授予"国家园林县城"。

◎ 6月14日　全区飞播造林种草工程启动仪式在盐池县王乐井乡狼洞沟飞播作业区举行，自治区副主席屈冬玉出席仪式并讲话。自治区农牧厅厅长张柱、自治区林业局局长王文宇、盐池县委副书记、县长赵涛参加了启动仪式。

◎ 是日　来自全区10个县（市、区）技术推广单位代表、70名养殖专业户在盐池县千禾饲料配送中心观摩了柠条粉碎现场演示。

◎ 6月17日　中国草学会草业生物技术专业委员会组织对盐池县草产业发展情况进行了现场观摩。

◎ 6月19日—20日　自治区发改委西部办主任蔡晓隽和自治区农牧厅相关领导对盐池县2011年以来巩固退耕还林成果和退牧还草项目建设情况进行了督导检查。

◎ 是月　自治区政府安排盐池县大县城建设专项资金5000万元，重点用于城市道路及排水工程1500万元，新区绿化建设2700万元，垃圾中转站及环卫设施建设500万元，供水工程300万元。

◎ 是月　国家林业局组织对盐池县2005年实施的9.5万亩退耕地进行核查验收。

◎ 7月8日　十一届全国人大民族委员会主任委员、中国草学会理事长马启智在自治区农牧厅厅长张柱和盐池县委书记刘鹏云、县长赵涛陪同下调研了盐池县生态建设和禁牧工作情况。

◎ 7月28日　全国畜牧总站草业处负责人董永平在自治区草原工作站站长马建军陪同下到盐池县督导检查草原生态保护补助奖励机制运行情况。

◎ 8月29日　坐落于盐池县哈巴湖自然保护区内的"宁夏国家级自然保护区博物馆"（科研宣教中心）正式建成揭牌。博物馆总建筑面积2942.9平方米，展览面积2630平方米，工程总投资2000余万元。

◎ 9月13日　自治区林业局局长王文宇在盐池县委书记刘鹏云、县长赵涛及有关部门陪同下调研了生态林业重点工程建设情况。

◎ 9月15日　中德财政合作项目检查评估代表团到盐池县考察项目进展并召开座谈会，国家林业局、自治区林业局有关专家及盐池县副县长张玉进陪同考察。

◎ 9月27日　中国科协副主席、中国国土经济学会沙产业专业委员会主任刘恕一行调研了盐池县防沙治沙和沙产业发展情况。

◎ 9月29日　盐池县召开2013年秋冬季农田水利基本建设动员大会，安排部署了全县2013年秋冬季农田水利基本建设和植树造林各项工作。

◎ 10月9日　新疆阿勒泰地委副书记朱天舒带领考察组到盐池县参观考察生态、畜牧建设工作。

◎ 10月21日　自治区政协副主席梁乐琴带领全区生态移民整村推进和农田建设经验交流会与会人员对盐池县生态移民工程进行观摩。

◎ 10月22日　国务院参事葛志荣、郭廷结、刘志仁、黄当时、蔡克勤在吴忠市副市长马和清，盐池县委常委杨铎、副县长朱志军的陪同下对盐池县生态建设情况进行了调研。

◎ 11月8日　由自治区森林草原防火指挥部草原防火办公室开展的全区草原防火实战演练在盐池县举行。

◎ 12 月 9 日　自治区生态移民工作考核组对盐池县 2013 年生态移民工作进行了考核。

◎ 12 月 18 日　中国航空油料集团公司党委常委、副总经理罗群在盐池县委副书记、县长赵涛及有关部门陪同下考察了盐池城北生态防护林工程、县城工业园区、花马池水资源利用工程等。

—— 2014 年 ——

◎ 3 月 2 日　吴忠市委书记、市人大常委会主任赵永清，市委常委、组织部长孙瑛带领调研组就盐池县城北防护林三期及通用机场建设规划、党的群众路线教育实践活动、社区社会管理创新等工作进行了调研。盐池县委书记赵涛，县委副书记杨晓军及有关部门陪同调研。

◎ 3 月 24 日　自治区党委书记李建华，自治区党委常委、统战部部长马三刚，自治区政府副主席刘小河带领有关部门视察了盐池县朔牧滩羊繁育中心、城北防护林三期、亿嘉甘草茶等在建项目推进情况。吴忠市委书记赵永清、市长白尚成，盐池县委书记赵涛、县长滑志敏及有关部门陪同视察。

◎ 5 月 9 日　盐池县政府召开 2014 年第二十四次常务会议，研究审议了盐池县 2014 年滩羊产业发展实施方案、盐池县 2014 年甘草种植实施方案、盐池县 2014 年重点贫困村整村推进扶贫开发项目实施方案、盐池县环境保护行动计划（2014—2017 年）、盐池县大气污染防治行动计划（2013—2017 年）和盐池县落实〈宁东能源化工基地环境保护行动计划〉实施方案等政策性文件。

◎ 5 月 30 日　陕西省榆林市林业局局长康文伟及定边县县长温江城带领榆林市造林现场会与会人员参观考察了盐池县造林绿化工作。

◎ 6 月 10 日　农业部草产品质量检验中心主任冯葆昌、副主任李存福一行对盐池县牧草良种补贴和退牧还草工程项目招标工作进行督导检验。

◎ 6 月 15 日　全国政协副主席罗富和带领考察团考察了盐池县生态建设工作。自治区政府副主席屈冬玉、自治区政协副主席张守志，盐池县委书记赵涛、县长滑志敏、人大常委会主任韩向春、政协主席贺满文等领导陪同考察。

◎ 7 月 8 日　国家林业局造林绿化管理司副司长赵良平带领调研组对盐池县造林绿化工作进行了调研。

◎ 7 月 11 日　美国农业青年中国访问团一行对盐池县生态建设、滩羊养殖、长城遗迹保护等情况进行考察，盐池县委常委、组织部部长杨铎，县委常委、副县长凌海泉及相关部门陪同考察。

◎ 11 月 10 日　自治区人大常委会副主任王儒贵带领调研组对盐池县退耕还林及产业发展情况进行了调研。

◎ 12 月 3 日　财政部、林业局、发改委等部门组成国家督查组对盐池县巩固退耕还林成果专项规划项目进行督导检查。自治区财政厅副厅长董锋，自治区林业厅副厅长金韶琴，盐池县委副书记杨晓军、副县长吴科陪同检查。

◎ 1 月 13 日　盐池县委十三届八次全体（扩大）会议组织 100 余名参会人员先后对县城东城墙修复工程、城北防护林三期工程、通用机场建设工地、张家场博物馆建设工地、王乐井乡曾记畔小流域综合治理项目、花马池镇曹泥洼特色村等观摩点和政务服务中心运行情况进行了观摩视察。

◎ 1 月 14 日—15 日　自治区人大常委会副主任肖云刚带领视察组对盐池县涉及宁夏空间规划草案中确定的产业布局、生态环境保护等重大建设项目进行调研视察。盐池县委书记赵涛，县委副书记、县长滑志敏，县人大常委会主任韩向春及有关部门陪同调研。

◎ 1 月 21 日　自治区林业厅党组书记、厅长王文宇带领调研组先后到哈巴湖国家级自然保护区高沙窝镇管理所、城北防护林工程、通用机场建设工地、城南林场管理所等地，对盐池县非法侵占林地专项整治行动进展情况和冬季森林防火工作进行调研。

◎ **是月**　盐池通用机场飞机试飞成功。通用机场建成后，主要开展农林作业、喷药播种、人工增雨、应急救援、飞行驾驶培训、空中观光旅游、航空拍摄及超低空客运服务等业务。机场规划占地面积 1000 亩，概算总投资 1.07 亿元。

◎ 2 月 7 日　国家开发银行行长张道洋带领考察团在盐池县委常委、副县长杨晓明，副县长冯茂璋及相关部门陪同下对盐池县生态建设、大县城建设和滩羊养殖等重点项目进行了考察。

◎ 3 月 25 日　自治区副主席屈冬玉带领调研组对盐池县森林、草原防火工作进行调研。自治区林业厅党组书记、厅长王文宇，盐池县委副书记、县长滑志敏，副县长吴科、哈巴湖管理局局长王学增及相关部门陪同调研。

◎ 4 月 15 日　中日合作宁夏盐池县毛乌素沙地樟子松营造示范项目揭牌仪式暨植树造林活动在盐池县举行。

◎ 7 月 9 日　宁夏（盐池）环保产业园战略合作框架协议签约仪式在盐池县举行，吴忠市委书记赵永清、自治区环保厅厅长赵旭辉、国家环保部对外合作中心主任陈亮及盐池县有关部门参加签约仪式。

◎ 7 月 13 日　国家林业局防沙治沙办主任潘迎珍，"三北"林业局党委书记、局长张炜，国家发改委农经司副司长方言带领有关部门对盐池县防沙治沙工作进行调研。自治区林业厅副厅长平学智，盐池县委书记、县长滑志敏及相关部门陪同调研。

◎ 7 月 23 日　国家发改委就业和收入分配司副司长胡德巧带领稽查组对盐池县 2012—2014 年退牧还草工程实施情况进行专题调研，盐池县副县长吴科及相关部门陪同下调研。

◎ **是日**　宁夏草原确权承包登记试点在盐池县青山乡正式启动。青山乡作为自治区首家草原确权承包登记试点乡，计划于 2015 年底全面完成试点工作。

◎ 8 月 25 日　自治区交通厅副厅长武宁生带领考核组，分组对盐池县主干道路大整治大绿化工程进行考核验收，盐池县委书记滑志敏，副县长温宇峰、冯茂璋及有关部门参加考核验收。

◎ **是月** 盐池县 2013 年度巩固退耕还林成果项目顺利通过自治区发改委、林业厅、水利厅、农牧厅联合检查验收。

◎ **9 月 18 日** 自治区政协副主席刘小河带领自治区民建、科技、青联界别委员视察了盐池县英雄堡、城北生态工程四期、环城公园、城南万亩生态园、沙泉湾生态区及哈巴湖生态建设情况，盐池县政协主席贺满文、县委常委陈旭、副县长张学良及相关部门陪同视察。

◎ **是月** 自治区发改委、财政厅、林业厅、农牧厅、国土资源厅联合下达 2015 年退耕还林还草任务，其中盐池县实施退耕还林 4 万亩，退耕还草 2 万亩，盐池县新一轮退耕还林还草工程全面启动。

◎ **11 月 15 日** 盐池县代县长戴培吉、县人大常委会主任韩向春带领有关部门组成的考核验收组，对全县 8 个乡镇秋冬季农田水利基本建设工作进行全面验收。2015 年，全县共计实施农田水利建设重点工程 39 项，完成投资 5.7 亿元，动用土石方 951 万余立方米，投入劳力 36.52 万工日，投入机械 12.69 万台班。其中扬黄灌区按照节水型灌区建设要求，打破村组、田埂界线，统一规划条田档向，统一布局沟渠路林，对中低产田实施集中连片高标准整治，激光平地 3 万亩，新建高标准农田 6.39 万亩；老灌区实施节水改造、旱地节水灌溉设施配套，新增节水灌溉面积 7.36 万亩；库井灌区和黄土丘陵区实施节水改造、旱作基本农田建设，大力推进旱地覆膜、坡改梯、洪漫坝的等集雨补灌，发展雨养农业，新增旱作三田 3.68 万亩，改造低产田 1.37 万亩，春

秋覆膜 18.4 万亩，机深翻 22.3 万亩。实施建设了牛皮沟、摆宴井等 11 条小流域治理工程，治理水土流失面积 260.8 平方千米。综合实施了生态绿山、疏沟筑坝治水、推坡平地、覆膜保墒沃田、挖坑育林、人工种草的"山、水、田、林、路、草"治理措施；在县境北部荒漠沙化区重点抓好封山禁牧、防风固沙、草原生态保护和恢复，完成抚育林木 4.86 万亩，草方格治沙 1 万亩，柠条平茬 9.7 万亩。

◎ **11 月 22 日** 国家林业局直属机关党委、中央国家机关工委宣传部组织到盐池县开展以深入学习贯彻党的十八届五中全会精神，推动林业"十三五"大发展，牢固祖国生态安全屏障为主题的部委基层联学活动。国家林业局直属机关党委副书记、纪委书记柏章良等国家机关部委领导，盐池县委书记滑志敏、代县长戴培吉及部分特邀全国劳动模范、治沙英雄、基层林业工作者参加联学活动。

◎ **是年** 盐池县高标准打造城西滩高效节水灌溉、牛皮沟小流域综合治理、施记圈草方格治沙、惠安堡激光平地等一批节水农业精品工程和生态治理示范区，累计完成投资 5.7 亿元。全县农田水利建设在抗旱应急、高效节水、秸秆高效利用、闲置温棚盘活、乡镇农水建设零债务五个方面实现突破；在老扬黄灌区集中建设的 4.2 万亩高效节水滴灌示范区实行"五统一"（统耕、统种、统浇水、统施肥、统收割）管理。采取项目捆绑、以奖代补、严格考核等办法，全年青贮、黄贮饲草 25 万吨，秸秆饲料化利用率达到 90% 以上。

—— 2016 年 ——

◎2月　宁夏哈巴湖管理局与宁夏翼扬通用航空有限公司达成以轻型固定翼飞机对保护区内林业、草原资源进行航空巡护监测的合作协议。

◎3月1日　自治区发改、财政、国土、林业、农牧等有关部门负责人一行对盐池县新一轮退耕还林还草工程进展情况进行督查调研，盐池县副县长张学良及发改、国土、农牧、环林等部门负责人陪同调研。

◎3月9日　自治区农科院与盐池县政府"院地共建现代农业综合示范基地"座谈会在盐池县城举行。自治区农科院相关科研机构和课题组围绕盐池滩羊、甘草及中药材产业发展和生态修复等方面展示研究示范，对院地共建滩羊选育、甘草及中药材产业合作示范基地建设、生态恢复与牧草产业发展等情况进行了介绍。

◎3月16日　盐池县2016年项目建设大会战集中开工仪式暨现场督办会在县城新区永宏乐丰生态养生园项目工地隆重举行。盐池县四套班子主要领导、分管领导及有关部门、企业参加开工仪式。2016年盐池县共谋划各类建设项目152个，计划投资200亿元以上。此次集中首批开工的35个项目涵盖农林水牧、工业经济、文化旅游、城市建设和社会民生等七大领域。

◎3月30日　盐池县2016年春季植树造林活动在青山乡猫头梁村启动。2016年，盐池县计划投资3500万元，平茬柠条20万亩、封山育林2万亩、人工造林3.0375万亩。其中干部职工义务植树0.4168万亩，美丽乡村绿化0.0601万亩，乡镇造林0.2567万亩，发包造林0.6207万亩，

荒山造林2万亩。

◎4月12日　自治区林业厅副巡视员李安带领调研组，在盐池县委书记滑志敏、副县长吴科及有关部门陪同下，先后到日援项目区、城北防护林四期、城南万亩生态园、猫头梁义务植树点、沙泉湾生态综合示范区和哈巴湖国家级自然保护区等地，对盐池县防沙治沙和造林绿化推进情况进行调研。

◎5月7日　由盐池县政府主办，哈巴湖国家森林公园、宁夏神舟国际旅行社承办的"重走红色路，共涛盐池梦"千人草原之旅在哈巴湖国家森林公园举行。银川、石嘴山、吴忠3市区游客代表及志愿报名游客千余人参加了全程约7公里的徒步游。

◎5月11日　自治区林业厅"十二五"防沙治沙期末综合考核组一行分别对盐池县十六堡柠条饲料加工、沙泉湾生态综合治理示范区、二道湖治沙区、猫头梁治理区、万亩生态园、城北防护林种植区等项目任务完成情况、治理成效、沙产业发展等方面进行考核验收。自治区林业厅副厅长平学智，盐池县委常委陈旭、副县长吴科及相关部门陪同考核。

◎5月12日—13日　国家退耕办副主任李青松带领实绩核查组，先后到盐池县王乐井乡孙家楼枣树种植示范基地、鸦儿沟新一轮退耕还林枣树种植区、退耕还林柠条种植示范区、花马池镇刘八庄巩固退耕还林成果补植补造区、十六堡育苗示范区、千禾饲草配送中心、沙泉湾生态治理项目区、青山乡猫头梁义务植树区，进行项目

实绩核查。

◎ 5月13日　国家"三北"防护林五期工程中期总结评估专家考察组在自治区林业厅"三北"防护林工作站站长王治啸、盐池县委常委陈旭及相关部门陪同下，分别到沙泉湾生态综合治理示范区、猫头梁义务植树区、世界银行贷款项目区、城北防护林工程建设区等地，对盐池县实施"三北"防护林五期工程建设完成情况进行成效评估考察。

◎ 7月11日　政协盐池县委员会召开九届三十四次主席会议，听取相关部门关于扬黄灌区节水改造、农业产业结构调整、农村民风建设情况报告；民主评议了盐池县文化旅游广电局、环境保护和林业局工作。

◎ 7月30日—31日　中央第八环境保护督察组对盐池县环境保护工作展开督查。盐池县委书记滑志敏、县长戴培吉、县委副书记施铉峰、副县长吴科及区、市、县相关部门参加了督查座谈会，并作相关工作情况汇报。

◎ 8月25日　自治区政府副主席刘可为带领调研组对盐池县城乡生态环境治理等工作进行调研，盐池县县长戴培吉、县委常委尹益龙、马瑞英及有关部门陪同调研。

◎ 9月8日　自治区副主席曾一春带领参加全区中部干旱带高效节水特色农业综合生产技术示范推广观摩座谈会与会人员赴盐池县观摩视察，自治科技、财政、水利、农牧、林业等厅局相关领导参加座谈会。

◎ 10月22日　国家林业局副局长刘东生一行在自治区林业厅副厅长徐庆林，"三北"防护林建设局党委书记、局长张炜，盐池县县长戴培吉及相关部门陪同下，对盐池县柠条产业发展情况进行调研。

◎ 是年　盐池县认真贯彻落实区、市农田水利基本建设指挥部安排部署，坚持农建工作与脱贫攻坚、产业结构调整相结合，与增加群众收入、建立长效机制相结合，着力打造盐池特色农建模式。全年治理水土流失面积200.83平方公里，新增水平梯田3.82万亩，修筑洪漫坝367条，人工造林1929.54公顷，完成旱地机耕深翻12.7万亩，完成测土配方施肥28.2万亩、冬小麦种植2.85万亩、柠条平茬10万亩。实施了管记掌等村农村饮水安全巩固提升工程；完成农村环境综合整治庄点3个，建设美丽村庄11个，拆除各类废弃建筑物25万平方米，清理各类垃圾18.92万吨。

—— 2017 年 ——

◎ 3月21日　盐池县委副书记、县长、编委会主任戴培吉主持召开2017年第1次编制委员会工作会议，会议决定：1.同意整合盐池县旱地沙生灌木管理所和城郊林场机构职能，设立盐池县生态林场，为盐池县环境保护和林业局所属全额拨款事业单位。不再保留盐池县旱地沙生灌木管理所、盐池县城郊林场机构。盐池县生态林场核定事业编制16名，其中差额事业编制13名，全额事业编制3名；同意增加环境保护和林业局副局长（副科级）领导职数1名。

◎ 4月18日　吴忠市委书记沈左权带领有关部门先后到盐池县高沙窝镇天利丰能源利用公司、王乐井乡曾记畔村、花马池镇惠泽村养牛合作社、全民健身中心、县城东瓮城、花马湖房车营地、青山乡猫头梁义务植树区、冯记沟乡黑土坑滩羊养殖合作社、惠安堡黄花种植示范区等地调研基层组织建设、产业发展等情况。在随后召开的座谈会上，盐池县委书记滑志敏就全县经济社会发展基本情况做汇报发言，吴忠市发改、财政、园林管理、旅游、扶贫等部门作相关工作交流发言。

◎ 4月27日　为响应盐池县委、县政府"一乡一业""一村一品"产业发展部署，麻黄山乡组织举办了"首届杏花观赏节"，加大"大接杏＋文旅"产业宣传推进力度。

◎ 6月1日　国家林业局对外合作项目中心副主任刘立军会同参加中德财政合作中国北方荒漠化综合治理宁夏项目成果推广大会与会人员先后到青山乡二道湖、沙泉湾项目区，对盐池县实施中德财政合作中国北方荒漠化综合治理项目治理、科研教学成果进行调研考察。自治区林业厅副厅长平学智，盐池县委常委、副县长刘一鹤及有关部门陪同考察调研。

◎ 6月2日　原国家林业局党组成员、中纪委驻局纪检组组长杨继平带领调研组到盐池县花马池镇柳杨堡村开展走访调研，了解盐池县生态、林地资源管理使用情况。在随后召开的座谈会上听取了盐池县林地资源管理使用情况汇报，并对存在问题提出参考性意见建议。

◎ 6月14日　自治区党委副书记姜志刚带领有关部门调研了盐池县哈巴湖国家级自然保护区生态建设情况。

◎ 7月19日　自治区人大常委会"中华环保世纪行——宁夏行动"调研督查组深入盐池县大水坑镇牛毛井村、哈巴湖自然保护区、县城污水处理厂等地开展环保执法督查。此次督查重点内容包括：贯彻落实《环境保护法》《大气污染防治法》《水污染防治法》《固体废物污染环境防治法》和《自治区环境保护条例》过程中采取的主要措施和存在问题情况；贯彻落实中央第八环境保护督察组反馈意见问题整改工作进展情况；辖区环境质量状况和环境保护目标任务完成情况；工业园区、湖泊湿地、重点流域、主要排水沟和重点行业企业污染治理，城镇污水处理厂提标改造，城乡水源地保护情况；贯彻落实《固体废物污染环境防治法》，跟踪监督检查违法排污企业整改落实情况等。调研督查组提出，盐池县要不断分立健全环境保护污染防控机制，深入推进产业、能源结构调整，加大日常监管力度，着力提升环境保护能力。

◎ 8月7日　中央电视台早间新闻《朝闻天下》对盐池县生态建设取得成果进行报道。报道称：近年来，盐池县紧紧围绕全面建成小康社会奋斗目标，精准把握生态文明建设新形势、新任务，切实增强生态安全责任感、使命感、紧迫感，着力提高生态质量，加快推进生态现代化建设。通过生物措施和工程措施相结合，采取"先固再治"技术措施，着力实施精准造林，扎实推进防风固沙、围城围乡围村造林绿化，全县初步建成集水土保持林、防风固沙林、农田防护林、人居绿化防护林为一体的生态防护林网体系。盐池县先后荣获全国防沙治沙示范县、全国造林绿化先进县和国家园林县城等一系列荣誉称号，盐州大草原再现了"绿杨著水草如烟"胜景。

◎ 9月19日　中科院西安分院院士专家组一行组织到盐池县开展了"助推宁夏生态环境建设服务行"活动。

◎ 10月10日　国家林业局副局长刘东生带领参加"三北"工程精准治沙和灌木平茬复壮试点工作现场会与会人员先后到盐池县柳杨堡柠条平茬示范区、千禾饲草料配送有限公司、生物质燃料基地、哈巴湖国家级自然保护区沙柳平茬示范区等地，对盐池县精准治沙工作进行观摩视察。

◎ 10月14日　福建省泉州市企业家代表团赴盐池县投资考察座谈会在盐池县城召开。座谈会上，泉州市企业家观看了盐池招商宣传片，听取了盐池县自然资源、生态环境、区位交通状况、基础设施建设等基本情况介绍，对盐池县投资环境、尤其是资源生态环境表示满意，双方还就共同关注企业投资问题进行互动交流。

◎ 11月7日　吴忠市委书记、十九大代表沈左权带领相关部门负责同志到哈巴湖灌木林综合利用示范基地，就生物质能源利用情况进行实地调研。沈左权听取了有关情况的介绍，详细了解了生物质颗粒燃料原料收集、生产过程、发热量及柠条发酵饲料等情况，现场参观了生物质锅炉并听取基地负责人关于锅炉的特点优势、使用方法、供热效果等的介绍。他指出，生物质颗粒燃料是优质环保燃料，生物质锅炉有利于解决农村居民冬季取暖问题，是一项惠民利民的好工程，有关单位要迅速行动起来，各司其职、密切配合，多方了解，大力支持生产企业发展，多渠道帮助企业解决问题。

◎ 12月5日　自治区人大常委会副主任肖云刚带领人大检查组对盐池县环保执法情况进行督导检查。检查组对哈巴湖国家级自然保护区中央环境保护督察组反馈问题、宁夏金裕海化工有限公司挥发性有机物治理项目、盐池县污水处理厂提标改造工程建设等情况进行重点检查。检查组强调，各级党委、政府和相关部门一定要把环保工作放在重要议事日程，不断强化组织领导、监测手段，提高监管能力，加大执法力度，进一步完善监管制度，着力解决重点环保问题尤其是群众普遍关心的环境问题。盐池县委副书记、县长戴培吉，县委副书记牛犇及相关部门陪同检查。

◎ 12月8日　盐池县委副书记、县长戴培吉主持召开全县环境保护工作专项推进会。会议传达了自治区环境保护督查工作电视电话会议暨环境保护督查整改工作领导小组第二次会议精神，县委、县政府分管领导分别汇报了大气污染防治、非煤矿山专项整治、油区专项整治工作进展情况。会议研究决定：由副县长尹益龙负责，住建局牵头对县城内尚未拆除的6台燃煤锅炉尽快组织拆除；由国土局牵头，督促证照齐全的17家砂石料厂进行全面环保整改，环保部门进行环保验收，并要求在2018年3月10日之前暂停开采生产，对52家无证照开采点坚决予以取缔；由工业园区管委会主任刘宝清负责，对园区内76台无任何环保措施的燃煤锅炉进行全部拆除；由环林局负责，督促金凤煤矿、金裕海化工有限公司于12月20日前完成环保整改，萌城水泥场于12月10日前完成防尘措施整改；由国土资源局负责，督促9家还未达标石膏企业进行环保整改；公安部门继续加大对原油收购贩卖行为整治打击力度；市场监管局、环林局、公安局、住建局、供电局成立专项工作小组，对57家"小散乱污"企业开展专项整改；由县委常委、副县长吴科负责，环林局、哈巴湖管理局、各乡镇组织对国家环保督察组"绿动行动"反馈问题进行逐一整改落实。

—— 2018 年 ——

◎1月26日　由盐池县国税局、环境保护和林业局联合举办的"环境保护税培训班"正式开班，该培训班为全区首场县级环保税培训班。

◎3月13日　哈巴湖生态旅游区被自治区旅游景区质量等级评定委员会批准为国家AAAA级旅游景区。

◎5月28日　盐池县委召开全县生态建设和环境保护委员会第三次会议。会议通报了中央第八环保督察组转办件及反馈问题整改情况，研究了《佟记圈自然村养殖园区拆除及后续产业发展扶持工作方案》《宁夏哈巴湖国家级自然保护区和骆驼井水源地一级保护区生态移民项目实施方案（讨论稿）》等整改实施方案。

◎6月14日　盐池县委召开全县环保工作推进会。会议传达了十二届自治区党委第二轮巡视第二巡视组巡视盐池意见反馈，传达学习了中纪委《关于六起生态环境损害责任追究典型问题的通报》和《关于进一步加强转办件报送工作的通知》精神；听取了相关部门落实中央环保督察组"回头看"反馈问题办理情况和县领导包抓反馈案件进展情况汇报。

◎6月25日—27日　国家林业和草原局、自治区农牧厅、吴忠市政府、盐池县政府有关部门共同在盐池县举办了2018年全国草原普法现场宣传活动，内蒙古、四川、西藏、甘肃、宁夏、青海、新疆7个省区80余名相关部门人员参加了现场宣传。

◎8月4日　北京林业大学水土保持学院人才培养基地揭牌仪式在哈巴湖博物馆举行。

◎10月15日　自治区党委书记、人大常委会主任石泰峰带领有关部门调研了哈巴湖自然保护区生态建设及中央环保督察"回头看"反馈问题整改落实情况。石泰峰强调：要坚决贯彻习近平生态文明思想，大力实施生态立区战略，加强生态环境保护，加快建设天蓝、地绿、水美的美丽家园，让老百姓在绿水青山中有更多获得感、幸福感。

◎10月16日　全国政协委员、九三学社宁夏区委副主席、宁夏农林科学院荒漠化治理研究所所长、研究员蒋齐，国家牧草产业技术体系盐池试验站站长、研究员张蓉，九三学社宁夏区委参政议政处处长张锐等一行8人赴盐池县就"宁夏草原生态建设与草畜产业发展"问题进行专题调研。

◎10月26日　全国绿化委员会办公室专职副主任胡章翠带领农业农村部检查组对盐池县非洲猪瘟防控工作进行检查。

◎11月15日　自治区生态环境保护重点任

务督查检查组第三组组长吴洪相带领督查检查组对盐池县高沙窝区块污水处理厂、宁夏佳能创科化工有限公司挥发性有机污染物气体治理项目建设、南环新村散煤治理等情况进行督导检查。

—— 2019 年 ——

◎ 1 月 20 日　盐池县完成 2018 年度土地变更调查 1234 个监测图斑外业调查举证。

◎ 1 月 31 日　盐池县自然资源局挂牌成立，加挂盐池县林业和草原局牌子。

◎ 是月　盐池县自然资源局联合盐池县农业农村局组织开展全县"大棚房"问题清理整治专项行动，专项整治行动截至 3 月底。

◎ 2 月 27 日　自治区"大棚房"问题清理整治专项行动领导小组对盐池县"大棚房"清理整治专项行动进展情况进行督导检查。

◎ 3 月 10 日　国家林草局"三北"林业局局长张玮、自治区林草局局长徐庆林带领有关部门调研了盐池县生态建设情况。

◎ 3 月 13 日　盐池县委召开 2019 年环境保护委员会第一次全体（扩大）会议，传达学习了习近平新时代中国特色社会主义思想和党的十九大精神，中央和区、市有关环境保护工作会议精神，总结 2018 年全县环境保护工作开展情况，安排部署 2019 年工作。

◎ 是日　自治区草原站、宁夏大学、农科院专家一行到盐池县落实退牧还草人工种草生态修复试点项目规划情况。

◎ 3 月 20 日　自治区自然资源厅党组书记、厅长马波带领有关部门调研盐池县自然资源领域机构改革重组工作开展情况。

◎ 4 月 15 日　盐池县委常委、副县长明智

安，吴忠市生态环境局副局长黄执荣为"吴忠市生态环境局盐池分局"挂牌。

◎ 4 月 26 日　全国政协副主席、中国生态文明研究与促进会会长陈宗兴一行调研了盐池县生态建设情况。

◎ 5 月 12 日　国家林草局"三北"局总工程师武爱民一行调研盐池县"十四五"规划生态林业建设、自然资源保护基本思路与发展问题。

◎ 5 月 15 日　自治区自然资源厅党组书记、厅长马波带领有关部门调研盐池县保障重点建设项目用地和"放管服"（简政放权、放管结合、优化服务）工作。

◎ 5 月 27 日　国家林业和草原局森防总站检查考核组一行对盐池县 2015—2017 年松材线虫病等重大林业有害生物目标责任履职情况进行考核检查。

◎ 是月　盐池县"三北"防护林工程精准治沙重点县建设项目实施方案编制完成。

◎ 7 月 3 日　盐池县自然资源局协助自治区林业调查规划院开展了全县野生动物调查工作。

◎ 7 月 21 日　国家林草局有关部门对盐池县青山乡草原确权承包试点工作进展情况进行调研。

◎ 8 月 7 日—8 日　国家林业和草原局副司长刘加文带领有关部门到盐池县调研草原林业建设工作。

◎ 8 月 10 日—12 日　西部森林有害生物防

治专家库研究员张星耀一行赴盐池县调研鼠害危害现状情况。

◎ 8 月 15 日—21 日　国家林业和草原局新一轮退耕还林核查验收组对盐池县 2015 年实施新一轮退耕还林成果进行核查验收。

◎ 8 月 19 日—23 日　国家林草局调查规划设计院乔永强、刘增力两位处长及有关工作人员对盐池县自然保护地优化整合工作开展情况进行调研。

◎ 8 月 19 日—22 日　全区退牧还草工程项目管理暨草原生态修复关键技术研讨会在盐池县召开，并组织到生产现场开展了技术观摩培训活动。

◎ 8 月 21 日　自治区生态保护红线评估组对盐池县红线评估工作进展情况进行督导调研。

◎ 9 月 20 日　自治区政协副主席李彦凯带领调研组对自治区政协委员提出的"关于实施草原稀疏林建设，防止我区草原生态系统退化"提案办理情况进行督办调研。

◎ 9 月 23 日　国家林业局"三北"局有关部门领导组织对盐池县 2018 年实施"三北"五期工程项目完成情况进行督导检查。

◎ 9 月 24 日　世界银行亚太地区与自然资源局副局长安·珍妮带领项目组，对盐池县实施世行项目竣工验收开展预审。

◎ 9 月 27 日　国家林草局荒漠化防治司调研员滕秀玲一行对盐池县沙漠公园建设情况进行调研。

◎ 10 月 9 日—11 日　国家林业和草原局退耕还林（草）中心总工程师刘再清一行对盐池县 2019 年度退耕还林工程管理情况开展工作核查。

◎ 10 月 10 日　国家自然资源部土地利用重点实验室宁夏科研基地盐池县野外观测基地挂牌成立。

◎ 10 月 28 日—30 日　国家林草局西北院有关领导专家组织对盐池县 2019 年森林资源管理"一张图"（以"林地一张图"为基础，利用 GIS 平台对森林资源进行管理）实施情况进行督导核查。

◎ 11 月 11 日—15 日　国家自然资源督察西安局第四督查室主任建社妮带领督查组，对盐池县第三次国土调查项目内容抽取 81 图斑进行内外业专业核查。

◎ 12 月 2 日　盐池县完成永久基本农田储备区划定，并通过了县级初步论证、外业核实和市级审核。

◎ 12 月 31 日　盐池县副县长李国强，吴忠市生态环境保护综合执法支队队长马晓明、副队长金刚共同为"吴忠市盐池生态环境保护综合执法大队"及"吴忠市盐池生态环境监测工作站"挂牌。

—— 2020 年 ——

◎ 3 月 10 日　自治区自然资源厅党组书记、厅长马波带领有关部门对盐池县花马湖房车营地运营情况进行调研。

◎ 3 月 25 日　盐池县委书记滑志敏组织召开 2020 年第 1 次全县国土空间规划领导小组工作会议。

◎ 4月3日　自治区党委副书记、政府主席咸辉，自治区政府副主席刘可为及自治区林草局局长徐庆林带领有关部门对盐池县春季森林草原防火工作进行专题调研。

◎ 4月28日　吴忠市委副书记、市长喜清江带领有关部门对盐池县扫黑除恶专项斗争及自然资源领域行业乱象整治情况进行督导调研。

◎ 5月18日　全国政协委员、民盟宁夏区委会主委冀永强带领民盟调研组对盐池县国家发改委西部大开发重点项目建设情况进行调研。

◎ 6月18日　自治区人大常委会副主任姚爱兴带领人大调研组对盐池县野生动物保护工作开展情况进行调研。

◎ 7月7日　自治区党委常委、纪委书记艾俊涛带领有关部门对盐池县工业园区复工复产情况进行调研。

◎ 7月8日　自治区副主席刘可为、自然资源厅副厅长杨洪涛、林草局局长徐庆林及有关部门对哈巴湖保护区生态建设和自然保护地整合优化工作情况进行调研。

◎ 7月14日　国家林草局西安专员办专员王洪波、自治区林草局局长徐庆林带领有关部门对盐池县机构改革后林草工作运行情况和各项重点工作落实情况进行调研。

◎ 7月16日　盐池县委副书记、县长戴培吉组织召开2020年第2次全县国土空间规划工作推进会议。

◎ 9月9日　自治区政协副主席李泽峰带领政协调研组赴盐池县开展"加快休闲农业产业发展，促进农民增收"问题调研。

◎ 9月15日　自治区林草局纪检组组长杨珺带领督查组对盐池县使用中央财政资金林草建设项目运行情况进行督查。

◎ 9月中旬　盐池县自然资源局组织对全县1.3万多个疑似乱占耕地违法建房图斑进行摸底排查。

◎ 9月21日　自治区自然资源厅监测院院长王树军带领有关专家对盐池县青山石膏矿权开发利用情况进行现场指导。

◎ 9月24日　国家林草局退耕办副主任吴礼军、自治区林草局副局长王东平带领有关部门对盐池县退耕还林还草高质量发展推进情况进行调研。

◎ 10月9日　盐池县委副书记、县长龚雪飞带领有关部门对房地产开发项目规划及拟出让地块基本情况进行现场调研。

◎ 10月12日　盐池县委副书记、县长龚雪飞组织召开2020年全县第3次国土空间规划小组工作会议。

◎ 12月11日　盐池县入选全国绿色矿业发展示范区。

◎ 12月29日　盐池县3座矿山通过全国绿色矿山遴选。

附　录

《宁夏盐池县天然林资源保护工程实施方案（2000—2010 年）》

（盐池县林业局 2001 年 11 月）

一、盐池县天然林保护工程实施领导小组成员

组　长：王富伟

副组长：刘伟泽

成　员：张德龙　牛创民　宋翻伶

　　　　王宁庚　王金霞

二、实施年限：2000—2010 年

三、实施内容及规模：封山育林 1.29 万亩；飞播造林 79.89 万亩；森林资源管护 161.20 万亩

四、投资总额：7938.90 万元

党中央、国务院提出实施西部大开发战略，已在西部各地拉开序幕，生态环境问题从来没有像今天这样得到普遍关注和广泛重视。由于长江、黄河中上游过量采伐，带来一系列前所未有的重大生态环境问题，导致土地沙化、水土流失、江河泛滥、洪水肆虐、泥石横流、旱灾加剧、物种灭绝等自然灾害，已对当前经济发展构成严重威胁，建立结构完整、功能完备的天保工程体系对改善生态环境、减灾防灾、维护生态平衡、实现经济可持续发展具有十分重要的意义。

生态环境是人类生存发展的基本条件，是经济社会发展的基础。多年来，由于自然因素和人为生产活动，生态环境恶化严重制约着盐池经济社会发展，也是导致这一地区长期贫困的直接原因。实施天保工程能够以较少投入，在短时期内加速全县造林绿化步伐，扩大森林面积，增加植被覆盖度，是治理水土流失和防治土地沙漠化，改善生态环境，加快沙区经济发展的一项重要措施。

一、工程实施范围及基本情况

（一）天保工程实施范围

工程区包括盐池县北部六乡的鸦儿沟、高沙窝、王乐井、苏步井、柳杨堡、城郊以及中部的青山、冯记沟、马儿庄、大水坑、红井子，南部的惠安堡、萌城、后洼、麻黄山四乡镇和盐池机械化林场，总面积 998 万亩。

附表 1：盐池县林业用地情况统计表（略）

（二）工程区自然概况

1. 地形地貌。境内地形北部为沙地，南部为黄土丘陵区，中部为沙地向黄土丘陵区过渡地带，地势南高北低，起伏很大。

2. 气候。属典型大陆性气候，干旱少雨，风大沙多，植被稀疏。年降雨量 250 毫米左右，主要集中在 7、8、9 三个月，蒸发量 2879 毫米，年平均气温 7.6℃，≥ 10℃积温 2944℃，年平均风速 2.8 米 / 秒，大风日数 24 天，绝对无霜期 120 天。

3. 土壤植被。主要有风沙土、灰钙土、白僵土等。其中沙土、沙壤土占比重较大。植被主要以多年生草本为主，分布有莎草、苦豆子、沙蒿、甘草、猫头刺、白刺、沙柳、柠条等，植被覆盖度低，生物量少。

（三）社会经济状况

天保工程涉及 15 个乡镇、99 个行政村，土地总面积为 1069.5 万亩。2000 年底，全县羊只饲养量 91.9 万只，粮食总产量 2767.2 万公斤，人均纯收入 1350 元。

二、实施天然林资源保护工程的重要性

由于超载过牧、乱垦滥伐及干旱少雨、风大沙多、植被稀少等自然因素和人为因素，形成了盐池县干旱、风沙、霜冻、冰雹、干热风等灾害性天气，以及近几年的沙暴天气，都是造成盐池县生态环境脆弱的主要原因。同时严重制约着当地农牧业经济发展，使人民群众生活水平长期处于贫困状态。实施天然林资源保护工程，通过人工造林、飞播造林、封山（沙）育林，增加林草覆盖率，充分发挥森林植被的多种生态效益和社会效益，以此改善全县生态

环境，推动当地经济发展。

三、实施天保工程的指导思想和主要原则

（一）工程实施的指导思想和主要原则

1. 指导思想。天保工程的实施以西部大开发为契机，以生态环境建设为宗旨，按山、沙、滩统一规划，合理布局，突出重点，分步实施，坚持以封为主，封、飞、造相结合，加快营林步伐，使全县尽快绿起来，充分发挥林业生态效益，改善当地农民的生产和生活环境，提高经济和社会效益，使生态、经济、社会效益有机结合。

2. 实施原则。坚持因地制宜、综合治理、治用结合、讲求实效原则；坚持分类经营、分区突破、科学指导原则；坚持树种多样性、合理配置、优化结构原则；坚持高起点、高标准、高质量原则。

（二）工程实施的目标与步骤

截至 2010 年，完成封山育林 1.29 万亩，飞播造林 79.87 万亩，林草覆盖率由 18.7% 提高到 30%，全县风沙、干旱等自然灾害性天气减少，野生动物的数量和种类大大增加。安置下岗分流人员 76 名，完成养老统筹费 511.87 万元。工程实施中，飞播造林、封山育林任务根据年度规划以及各乡具体情况分步实施，截至 2001 年全部完成，其他任务均根据实施情况安排完成。

（三）主要建设内容

飞播造林 79.89 万亩（2001—2010）；封山育林 1.29 万亩（疏林地）（2001—2010）；种苗基地建设 6.7 万亩；森林资源管护 161.20 万亩；安置分流下岗人员 76 名。（详见表 2；略）

四、天然林资源停伐与森林资源保护

（一）全面停止天然林采伐

根据 1998 年清查结果，全县天然林总面积 15.39 万亩，树种主要以天然柠条、毛条、白刺为主。自西部开发战略实施以来，生态环境建设受到普遍重视，特别对天然林进行强化管护、禁止放牧，同时进行封、造、平茬复壮等措施。

（二）切实加强森林资源的管护

为确保森林资源成果，要求执法人员经常深入实地，对违法犯罪予以坚决从严查处，决不姑息。同时教育农民从长远利益、从大局出发，自觉保护林地。与此同时，根据实际情况允许当地农民进行合理的开发利用，使林地建、管、用有机结合，充分发挥林业"三大效益"。

五、生态公益林建设

（一）飞机播种造林

根据目前飞播造林成果，沙区干部群众在这方面都有较高认识，认为飞播造林投入少，省工、省时，特别是在人工无法治理地区，飞播治沙造林意义更大。

1. 飞播造林作业设计。组织技术人员对人工治理难度大的沙化区进行实地勘察，按照飞播造林基本要求进行作业设计。

2. 种子处理。按照各个播区树种设计，对种子分品种按不同方式进行包衣处理，同时进行混合包装。

3. 飞机播种。5—6 月份进行飞播造林，组织人员进行地面导航，保证飞机播种的有效性。

（二）封山（沙）育林

1. 封育类型。根据全县林业发展现状及自然特点，封山（沙）育林均采取灌草型封育类型。

2. 封育方式。采用全封方式，封育期间严禁采伐、砍柴、放牧、采挖甘草等其他一切不利于植被生长的人为活动。

3. 封禁育林措施。对于封育区分片落实 2—5 名兼职护林员进行人工管护，同时进行补植补播和平茬复壮等育林措施。

六、人员分流安置与职工养老保险社会统筹

（一）国有林业局、林场富余人员分流安置

全县共有林业在职职工 255 名，富余人员 77 名。通过天保工程实施，对 77 名富余人员全部进行安置，其中通过森林管护工程安置人员 11 名，营造林工程安置人员 65 名，其他安排 1 名。（详见表 3；略）

（二）职工基本养老保险社会统筹

工程实施中，根据中央和地方资金投入，完成养老保险社会统筹 511.87 万元，其中中央投资完成 409.51 万元，地方投资完成 102.36 万元。

七、种苗生产基地建设

（一）种子苗木需求量

按照工程任务量，飞播造林每亩用种 0.4 公斤，78.89 万亩总共用种 31.56 万公斤，封山育林每亩用苗 33 株，总计用苗 42.57 万株。

（二）苗圃及种子基地的建设

"九五"期间，全县初步建起了采种基地和育苗基地。先后建立柠条采种基地 2.5 万亩，花棒、杨柴采种基地 2.0 万亩，毛条采种基地 0.5 万亩，年采收种子 5 万公斤；以沙柳、红柳为主的采种基地 1.5 万亩，年采条 7500 万根；同时建

立以灌木园为主的育苗基地 0.18 万亩，年出苗量 600 万株。为保证工程实施用苗，种苗全部实行政府采购。

八、科技支撑体系建设

（一）推广应用成熟的科技成果

总结多年来取得的科研成果，工程实施期间将大力推广干旱风沙区造林技术、大面积灌木林营造技术、多树种混交林造林技术、飞播造林技术及人工模拟飞播造林技术等多项科技成果。按照适地适树原则，增加科技投入，提高工程建设成效。

（二）开展关键技术的科技攻关

天保工程的实施，有待于对新的科技材料、新的造林技术进行进一步探索，以便在将来的林业科技攻关上有新突破，同时对现有科技成果进行总结、整理、筛选、配套、推广应用，广泛开展科学实验，探索和积累新的技术成果经验。

（三）加强质量管理和技术培训

吸取国内外先进管理经验，提高管理水平，建立健全各项工程制度，提高工程质量，增强工程实施者的责任感和危机感，并建立切实可行的检查监督制度，定期、不定期进行检查监督，使天保工程得以顺利实施。技术培训方面，采取现场指导、举办学习班、聘请专家讲课、发放学习资料等形式开展。

（四）建立工程技术支撑体系

为保证工程实施有人抓、有人管，达到预期目的，抽调专业技术人员负责工程实施管理、检查监督，解决有关技术方面问题。工程实施中按照有关技术规程，严格执行《飞播造林技术》《宁夏治沙造林技术规程》《封山育林技术规程》。

九、工程建设投入测算与效益分析

（一）投入测算标准

飞播造林投资标准 50 元/亩；封山育林投资标准 70 元/亩；种苗基地建设 9.2 万元/年；森林管护费 20 元/亩；养老统筹 46.6 万元/年。

（二）工程建设投资测算

飞播造林 79.89 万亩，投资 3989.94 万元；封山育林 1.29 万亩，投资 91.50 万元；种苗基础设施投资 92.73 万元；森林管护投资 3110.76 万元；养老统筹 511.87 万元；社会性支出 142.09 万元。总投资 7938.90 万元，其中中央投资 6346.13 万元，地方投资 1592.77 万元。（详见表 4、表 5；略）

（三）效益分析

1. 生态效益。植被覆盖率由实施前的 18.7% 提高到 30%，植物种类增多，形成较为平衡的生态系统。流沙得到固定，土壤条件得到改善。通过飞播造林、封沙育林有效解决了土地沙化严重等问题，土壤条件得到改善，各种有效成分增加，促进植物生长。改善了全县生态环境，多种灾害性天气减少。天保工程的实施在很大程度上改善了全县生态环境，减少了沙暴、霜冻、大风灾害性天气发生，同时给野生动物繁衍和栖息创造了条件。

2. 经济效益。采取封育措施后，保护区内的灌木通过更新复壮、平茬利用，产生了一定的经济效益。

十、工程组织管理保障措施

附表（略）

《中共盐池县委、县人民政府关于全面实行草原禁牧，大力发展舍饲养殖的决定》

2002 年 7 月 16 日中共盐池县委十一届四次全体会议通过

盐党发〔2002〕43 号

以滩羊为主的畜牧业是我县传统优势产业，多年来在我县农村经济中一直占据主导地位。但是由于近年来干旱加剧，人为破坏，草原沙化、退化严重，生态环境恶化，以传统自由放牧为主的粗放饲养方式与治理沙化和防止水土流失、建设生态农业的矛盾日益突出，严重地制约着全县社会经济持续健康发展。为了认真贯彻落实《国务院关于进一步完善退耕还林政策措施的若干意见》精神，遵循"草原禁牧、舍饲养殖、恢复生态、提高效益"原则，从根本上解决畜牧业发展与治理生态环境的矛盾，大力促进传统畜牧业向生态畜牧业转变，粗放经营向舍饲集约化经营转变，单一数量型向质量效益型转变，畜牧业大县向畜牧业强县转变，建设具有盐池特色的高效益生态农业格局，实现可持续发展，县委、县政府决定，从 2002 年 11 月 1 日起，在全县范围内全面实行草原禁牧，大力发展舍饲养殖。

一、加大宣传力度，营造全面实行草原禁牧的良好氛围

为了进一步提高认识，统一思想，县委、县政府决定把 2002 年 7 月确定为草原禁牧工作集中宣传月，各乡镇和县直有关部门在宣传教育月活动中必须切实加强领导，精心组织安排，确保取得实效。在宣传教育方法上，要采取各种形式，多渠道、多层次、多典型，广泛深入地开展宣传教育工作，使草原禁牧和舍饲养殖宣传教育工作达到家喻户晓，人人皆知。宣传教育的主要内容是：《中华人民共和国森林法》《中华人民共和国防沙治沙法》《中华人民共和国草原法》《国务院关于进一步完善退耕还林政策措施的若干意见》《宁夏回族自治区草原管理条例》，县委、县政府《关于进一步完善草原承包经营责任制的暂行规定》和《关于认真做好全县草原禁牧准备工作的通知》等法律法规和规范性文件。宣传教育的主要目的是：教育农民群众解放思想，转变观念，树立强烈发展意识、生态意识，坚定草原禁牧信心、舍饲养殖信心、人工种草信心、退耕还林草信心，立草为业，以草促牧，以牧增收。教育引导农民群众在全面实行草原禁牧和舍饲养殖前，早计划、早准备，克服"等、靠、要"思想，发扬自力更生、艰苦奋斗优良传统，认真做好草原禁牧和舍饲养殖各项准备工作。要在全县

形成强大的宣传声势和舆论氛围，为全县全面按期实行草原禁牧和舍饲养殖工作奠定牢固的思想基础。

二、强化管护措施，建立严格的林草管护制度

全县实行草原禁牧后，各类家畜一律不准在天然草原进行放牧。县林业、畜牧部门要制定严格的林草管护办法，各乡镇要结合实际制定严格的林草管护制度，各村要订立林草管护公约，落实管护责任。乡、村都要组织力量加强对草原的巡查，实行分片包干责任制，经常性地对草原管护情况进行检查。对抢牧、偷牧者，要及时从严处罚。严禁在林草地内开垦荒地、采挖药材等各种破坏植被行为，一经发现，要依法严肃处理。加强林草执法队伍建设，加大执法力度，严厉打击各种毁林毁草行为，依法保护林草建设成果。

三、积极推广新技术，大力发展舍饲养殖

积极教育引导农民群众学习、应用科学养殖技术。畜牧部门要加强畜牧科技服务队伍建设，建立县、乡、村技术服务网络，大力开展饲草料转化、"三高一快"育肥、暖棚养殖、人工种草等畜牧新技术培训、推广、应用。组织科技人员深入农户，抓好示范典型，推动面上工作，帮助农户解决生产经营中存在的实际困难和问题。要制定并完善科技承包措施，调动畜牧科技人员工作积极性，充分发挥他们在草原禁牧和舍饲养殖工作中的技术骨干作用，对作出突出贡献的技术人员要给予重奖。广大农民群众要积极学习掌握舍饲养殖新技术，用先进科学技术和管理措施提高舍饲养殖的整体水平和经济效益，不断增加收入。

四、调整产业结构，突出抓好饲草料基地建设

足够的饲草料是保证草原禁牧和舍饲养殖顺利实行的关键。今后几年，全县农业产业结构调整的重点是压粮扩草、扩经，特别是大面积旱作农业，要顺应自然规律，遵循科学，按照"宜林则林，宜草则草"原则，对农田、退耕地和荒地林草建设进行再调整、再规划，努力实现农民人均种植 6 亩以上的紫花苜蓿、沙打旺为主的优质牧草。大力推广饲草料及秸秆青贮、氨化、粉碎加工等新技术，增加科技含量，提高转化利用率。

为了增强全民生态意识，加快饲草料基地和林业生态建设，按照适地适种，自繁、自育、自足要求，解决目前全县林草种子短缺矛盾，县委、县政府号召，从 2002 年开始在全县范围内开展全民义务采集树种、草种活动。采集林草种子品种主要为：柠条、花棒、羊柴、沙枣、山杏、苜蓿、沙打旺、苏丹草、甘草、沙蒿等适生植物种子。采集任务为每人每年 1 斤。各乡镇农民采集的种子由乡镇负责，在当地安排种植补播任务；各乡镇所属机关干部职工采集的种子由乡镇政府收贮、管理、使用；县直各部门干部职工采集的种子集中交给林业部门收贮、管理、使用。采集收缴时间为每年 10 月底前。对完不成采种任务的干部职工由林业部门按每斤 10 元的标准收取义务采集林草种子费，专项用于种子调运。

五、全面推行草原承包，落实草原经营责任制

坚持"谁承包、谁受益、谁管理、谁建设"原则，承包经营权50年不变，积极推行草原承包工作。今冬明春，各乡镇要抽调得力干部组成专门工作班子，有计划、有步骤地逐村逐户落实草原承包经营责任制，真正把草原使用权固定到户或联户。草原承包过程中，城郊、高沙窝、大水坑、惠安堡四个乡镇要留出30%的草原作为机动用地，麻黄山、后洼、萌城三个乡要留出10%的草原作为机动用地，其余八个乡要留出20%的草原作为机动用地，主要用于今后科技示范和大规模引资开发以及公用设施建设用地。在没有进行科技示范和引资开发之前，每年可以进行临时性承包利用。创造条件积极推行草原有偿承包。要引进竞争机制，鼓励企业和经营大户参与有偿承包"四荒地"和已经取得一定治理效果的生态建设项目区。畜牧、农经部门和各包乡包村单位要在推行草原承包工作中，组织技术人员和干部协助各乡镇做好草原承包及承包合同签证和《草原使用证》发放工作。

六、加强组织领导，切实搞好草原禁牧工作

全面实行草原禁牧和舍饲养殖是盐池县实施西部大开发，开展"生态建设年"的一项重大举措，是对传统畜牧业生产方式的重大变革，其政策性强、涉及面广、任务十分艰巨。各乡镇、部门务必高度重视、精心组织，作为全县农村工作的头等大事来抓。就全县而言，实行各级党政一把手负总责，制定方案，细化责任，分工到人，确保落实。各乡、村要成立草原禁牧工作领导小组，抽调得力干部组成专门工作机构，积极开展工作。县直各部门、各单位要根据工作职能，结合扶贫包乡包村工作，拿出具体支持草原禁牧工作的配套方案，在技术培训、服务指导、培育典型、资金筹措等方面对草原禁牧工作给予大力支持，重点帮助贫困户解决好草原禁牧和舍饲养殖中具体问题和困难。从今年开始把全面实行草原禁牧，大力发展舍饲养殖工作列入乡、村干部政绩考核的主要内容，层层建立目标管理责任制，定期检查，严格考评，实行一票否决制。对工作不负责任、措施不力、管护不严、延误时机的乡镇和部门，要追究主要领导和有关人员责任；对无理取闹、顶风干扰、阻挠草原禁牧行为要进行严肃处理，情节严重的要依法追究责任；对工作认真负责、措施具体扎实、封禁效果明显、舍饲养殖规范、工作成绩突出的乡村、部门和个人给予重奖。以强有力的行政措施和技术措施推进全县草原禁牧和舍饲养殖工作顺利开展。

本决定自发布之日起执行，此前与本决定不一致之规定，以本决定为准。

中共盐池县委

盐池县人民政府

2002年7月16日

《中共盐池县委、县人民政府关于加快生态环境建设与大力发展草畜产业的意见》

盐党发〔2002〕58号

保护生态环境就是发展生产力。加快生态环境建设，改善生产生活条件，实现经济社会可持续发展是中共中央实施西部大开发的战略重点，是加快发展的必然选择和广大人民群众的迫切愿望。为进一步落实中央西部大开发战略和宁夏中部干旱带生态建设工作会议精神，加快我县生态环境建设和草畜产业发展，加快农民群众脱贫致富步伐，推动全县经济社会健康快速发展，提出如下意见：

一、充分认识生态环境建设与发展草畜产业的重要性和紧迫性

盐池县位于毛乌素沙漠南缘，为黄土高原丘陵区向鄂尔多斯台地缓坡丘陵区过渡地带，全县境内平均海拔1600米，气候特点为风多沙大、干旱少雨、蒸发强烈、日照充足，年降水量平均300毫米左右，年均蒸发量约为年降水量的7倍。属典型大陆性气候，干旱草原半荒漠区。按宁夏气候分区，全县15个农村乡镇、99个行政村，12.3万农村人口，7130平方公里的土地面积都处于宁夏中部干旱带。由于全县自然灾害频繁、水资源极度短缺、土地荒漠化严重、经济社会发展落后，是国家确定的重点贫困县和沙尘暴源区之

一。恶劣的生态环境是制约全县可持续发展的主要瓶颈。加快生态环境治理、彻底改善生产条件和生态环境是全县生态环境建设的重点，也是实施西部大开发战略的重要内容。中央实施西部大开发战略，宁夏加快中部干旱带生态环境建设与大力发展草畜产业的决策，为全县加快生态建设提供了历史性机遇。因此必须抢抓机遇，用足、用活、用好国家政策，从战略高度、全局发展角度，重视和加强生态环境建设。

改革开放以来，县委、县政府对生态环境建设十分重视，先后开展了大规模的林草建设，生态环境状况有了明显改善，经济取得了长足发展，人民群众基本解决了温饱。但是由于自然条件较为严酷，以及人为因素影响，全县生态环境局部治理、总体恶化的严峻局面尚未根本扭转。加快建设步伐是改善全县生态环境，实现经济社会全面发展的必然要求，也关系宁夏中部干旱带生态环境改善的全局要求。重视和加快生态环境建设，对于实现全县经济繁荣、环境优美、民族团结、人民富裕目标有着十分重要的政治、经济和社会意义。

良好的生态环境是经济社会可持续发展和人民群众生存的重要前提。长期以来，以传统自

由放牧为主的粗放饲养方式和广种薄收的种植业生产方式，直接影响着经济发展和农民收入的提高。经过多年实践和探索，发展草畜产业是促进我县经济发展和解决贫困人口温饱、实现脱贫致富的重要途径。尽快把加快发展的重点转移到生态环境建设和发展草畜产业上来，是县委、县政府结合全县实际，在认真总结经验教训，重新审视在全县生态建设和经济社会发展中的重要地位之后作出的重大战略调整。各乡镇、部门要进一步统一思想，提高认识，把生态建设作为贯彻落实"三个代表"重要思想和宁夏中部干旱带生态建设工作会议的具体实践，增强生态环境建设的使命感、紧迫感，调整思路，转变观念，加快生态环境建设，大力发展草畜产业，千方百计增加农民收入。

二、生态环境建设与草畜产业发展的指导思想、原则和奋斗目标

指导思想：认真贯彻落实中央西部大开发战略和宁夏中部干旱带生态建设工作会议精神，坚持生态优先、草畜业为主的战略方针，以实现可持续发展为目标，以增加农民收入为核心，以保护和改善生态环境为主体，以发展草畜产业为主线，以科技进步为动力，遵循自然规律和经济规律，坚持从实际出发，因地制宜，分区治理，紧密结合国家退耕还林还草项目实施，以草兴牧，强县富民，努力实现经济社会大发展、快发展。

遵循原则：

1. 坚持经济、社会、生态效益相统一原则。在生态效益优先前提下，把生态环境建设和发展草畜产业结合起来，最大限度地调动农民群众积极性，实现生态建设、草畜产业和农民增收有机结合和协调发展。

2. 坚持因地制宜、科学规划、重点突破原则。宜草则草、宜灌则灌、宜农则农。林草结合，灌草结合，造封结合，走农林牧结合、草畜一体化路子。对本县生态环境和社会经济发展影响较大区域优先治理，抓好典型示范，推动整体发展。

3. 坚持保护与利用相统一原则。在生态环境建设与草畜产业发展中，坚持以保护为主，合理开发利用，做到保护与利用相统一、相协调，互相促进，相得益彰。

4. 坚持体制机制创新原则。以完善草原承包经营责任制为前提，进一步明晰产权，使管建用相统一，责权利有机结合。建立国家、集体和个人相结合的多元化投入、保护和建设机制，努力探索退耕还林草、发展草畜产业新模式、新机制。

发展目标：到2005年全县完成草原围栏补播改良300万亩，人工种草累计面积达到100万亩，舍饲养羊规模达到100万只，年育肥出栏60万只，退耕还林草80万亩，造林累计面积达到540万亩，约占全县总土地面积的50%，生态移民总人口2.5万人以上。使草地畜牧业人工生产的饲草料占实际需要的60%以上，全面实行草原禁牧，林草覆盖率达到60%以上，畜牧业总产值突破2.5亿元，使草畜业产值占农业总产值比重达到65%以上，农民人均牧业纯收入达到1500元以上，生态环境停止破坏，实现生态环境明显好转，经济社会协调发展。

到2010年，全县完成草原围栏补播改良

520 万亩，人工种草累计面积达到 120 万亩，舍饲养羊规模达到 150 万只，年育肥出栏 80 万只以上，退耕还林草 100 万亩，造林累计面积达到 600 万亩，约占全县总土地面积的 60%。畜牧业实行科学饲养，科技含量不断提高，畜牧产业化进程明显加快，附加值增加，草原实行轮封轮牧，产草量和林草覆盖度有明显提高，畜牧业总产值突破 3 亿元，草畜产值占农业总产值比重达到 70% 以上，农民人均牧业纯收入达到 2000 元以上，草畜产业顺利实现由数量型向效益型转变，畜牧业大县向畜牧业强县的转变。

三、科学规划，合理布局，综合治理，分区突破

按照自然特点和立地条件，全县大体划分为三种不同类型区进行分类治理。

风沙干旱区：包括苏步井、高沙窝、冯记沟三个乡镇全部 18 个村；城郊乡的八岔梁、郭记沟、沟沿 3 个村；柳杨堡乡的皖记沟、李记沟、冒寨子、东塘 4 个村；王乐井乡的刘四渠、曾记畔、牛记圈 3 个村；鸦儿沟乡的鸦儿沟、孙家楼、双垃塔、狼洞沟、李庄子 5 个村；青山乡的旺四滩、月儿泉 2 个村；大水坑镇的大水坑、宋堡子、新泉井、柳条井、新建 5 个村；马儿庄乡平台 1 个村，共 41 个村。该区域干旱少雨、风多沙大，草原植被沙化、退化严重，基本没有水源和补水条件。应以保护和恢复生态环境为主，大力发展草地畜牧业。工作重点是：

1. 实行退耕还林还草。除零星分布有水源或补水条件较好的少数耕地作为以饲草基地为主的农田保留外，所有旱耕地（除部分基本农田）

均要退耕还林还草，实行以片条为主的灌草间作或单种牧草，与退牧还草的天然草场一并纳入草场建设。

2. 坚持围栏封育，退牧还草。对该区域超载过牧、植被破坏严重、大面积退化草场，坚持草原禁牧，以恢复改良为主。对流动和半流动沙丘采取生物措施和工程措施综合治理。

3. 搞好补播改良。在保护草场原生植被前提下，大力补播适应性强、饲用价值高的牧草和灌草，特别是加大柠条、花棒、杨柴、沙打旺等灌草种植，以增加植被种类成分，增加地面覆盖率，提高饲草产量和质量。

4. 合理利用草地资源。从今年起全面实行草原禁牧，经过几年的封育补播，视草场恢复情况，有计划的实行划区轮封轮牧，逐步实现草场利用制度化和科学化。大力推广灌草结合模式，在灌木林带间种植牧草，营造带状灌木林，把人工草场（含饲草料基地和退耕还林还草）和天然草场培育利用结合起来。建立家庭牧场，开展饲草料加工，发展以舍饲半舍饲为主的草食畜牧业。

5. 积极发展沙生产业。坚持"以牧为主，草业先行，多种经营，全面发展"方针，在发展草场畜牧业基础上，因地制宜发展多采光、少用水、高效益的麻黄、甘草等沙生中药材及西甜瓜等适生沙生产业。

6. 有计划推进生态移民。对缺乏生存条件和封育治理区域，有计划地实行生态移民，使经济、社会、环境与人口协调发展。

黄土丘陵干旱半干旱区：包括麻黄山、后洼、萌城、红井子四乡全部 25 个村；大水坑镇摆宴井、向阳、莎草湾 3 个村；惠安堡镇狼布掌、

杜记沟2个村,共计30个村,涉及约6987户,33364人。该区域沟壑纵横,丘陵起伏,干旱少雨,没有水源和补水条件,水资源极度贫乏,自然条件苛刻。应以保护和建设生态环境为主,实行农牧结合,发展草场农牧业。工作重点是:

1.退耕还林还草。把15度以上的坡耕地全部实行退耕,实施以柠条、苜蓿、沙打旺为主的林草间作。

2.封山育林育草。对未曾开垦的所有山坡地,坚持以封为主,封造结合;在对天然草木封育的同时,梁峁顶部及其以下的陡坡、沟头,栽种柠条、沙棘等适生灌木、灌草混生。

3.实行草田轮作。通过结构调整,把15度以下基本农田的种草比例提高到50%以上,同时将豆科牧草纳入轮作,解决旱作基本农田的地力下降问题。

4.大力发展特色农业。在种草之外的基本农田上,围绕畜牧业发展和增加农民收入,大力发展具有地域优势的马铃薯、荞麦、地膜玉米、膜侧冬小麦、葵花、瓜菜类经济作物和小杂粮等特色农业。

荒漠绿洲农业区:包括城郊乡四墩子、长城、田记掌、佟记圈4个村;柳杨堡乡柳杨堡、沙边子、红沟梁3个村;王乐井乡王乐井、石山子、边记洼、郑记堡子4个村;鸦儿沟乡官滩、王吾岔2个村;青山乡青山、猫头梁、郝记台、营盘台、古峰庄、方山6个村;惠安堡镇惠安堡、西宁堡、杨儿庄、大坝、潘河5个村;马儿庄乡马儿庄、雨强、老盐池、汪水塘4个村,共计28个村,涉及约8125户,37169人。该区域具有井、泉、扬黄水灌源条件,但灌区之

外还有部分区域草原沙化严重,没有灌溉条件,需要以加快保护、恢复和建设生态环境为主,坚持"为养而种、为牧而农、以种促养、以养赚钱"的发展思路,走农牧结合发展草场农业路子。工作重点是:

1.大力调整农业结构。按照经济规律,把种草养畜放在突出位置,发展规模经营,提高养殖效益。围绕主导产业大力培植加工、运输、销售服务业,实现产业化经营。压粮、扩经、扩草,把单一的种粮结构转变为粮、经、草三元结构,粮、经、草比重逐步达到"三三制"目标。发挥当地资源优势,适度发展中药材、瓜菜等特色农业。

2.大力发展节水农业。积极推广先进适用节水灌溉技术,采取滴灌、喷灌、小畦灌溉等措施,降低灌溉成本,提高水资源利用率。扩大种植耐旱作物,压夏增收。

3.高度重视生态保护体系建设。灌区外围以保护植被、封沙育林育草为主,构建具有较强防护功能的绿色屏障。灌区内以农田防护林建设为骨干,构建完整的生态保护体系,建立"乔、灌、草、经、果、薪"复合系统,做到防护效益与经济效益、社会效益相统一。

四、强化建设措施,抓好任务落实

1.建立完善体系建设。一是按照区域化布局、专业化生产要求,以林草畜种资源保护、增加种源、提高质量为核心,建立健全林、草、畜良种繁育体系。加强良种生产、质量监督、市场管理,加快种质资源开发利用,实现种子生产经营产业化。二是坚持防治结合,以防为主,逐步

建立健全监测预警体系。三是加强科研基础设施和科研队伍建设，大力应用生物工程等高新技术推广新成果、新技术，开发新产品，逐步建立科技支撑体系。

2. 实施工程项目建设，加快区域发展步伐。根据国家投资方向和重点，积极争取并组织实施好天然草场恢复与建设、草场围栏、畜种改良、舍饲禁牧、退耕还林草、天然林保护、三北防护林、农业综合开发、生态移民等工程项目。同时积极争取国际组织支持，认真组织实施日本协力银行贷款项目及生态建设等外援项目。加快柠条饲料化试点和推广力度。进一步整合资源和措施，把各类工程建设项目与各区域农田基本建设、小流域治理、农村能源建设、千村扶贫、农业结构调整等统筹规划，合理安排，集中资金办大事，提高项目建设整体效益，促进区域经济加快发展。

3. 大力推进产业化经营，促进农民增产增收。以提高农民收入为出发点，大力推行公司＋基地＋农户产业化经营模式，扶持以加工流通为主的草畜产品龙头企业，逐步完善龙头企业与广大农户建立风险共担、利益共享的互利合作关系，通过拉动加工业，加快生态环境保护建设，带动草畜产业集约化经营，实现农业产业结构战略性调整。

4. 合理开发利用水资源。以小流域治理为重点，综合运用生物、工程和耕作措施，加强治理，防止水土流失；充分利用天上水、地下水和扬黄水，通过扬黄工程建设，打井打窖、贮水蓄水，增辟水源，解决人畜饮水和部分生产用水；大力推行保水节水措施，做到水资源保护利用和

生态环境改善、畜牧业持续发展的基本平衡。

5. 调整优化畜牧业结构。根据不同区域资源特点，发展高产、优质高效、低耗畜牧业。以滩羊产业为主体，打清真牌，走特色路，突出发展肉羊产业；重点提高母畜比重和产羔率，加快周转，提高效益；积极引进国内外优良畜种，进行杂交改良，在大水坑、惠安堡、马儿庄、冯记沟、青山、鸦儿沟、王乐井等乡镇划定滩羊保护区，保护和开发滩羊良种资源。

6. 大力推广舍饲圈养技术。以草原禁牧为基础，加快草原保护和建设力度，为今后合理利用创造条件。重点抓好人工种草、舍饲圈养技术推广。积极发展生态型家庭牧场，实现从传统放牧向舍饲圈养转变，创建集约型生态畜牧业生产体系。加强优质特色畜产品基地建设。按照大规模、小群体方式，以户养为基础，以规模养殖户为依托，建设一批高标准、无规定疫病的畜产品生产基地。

7. 依靠科技，提高草畜业质量效益。坚持科技兴草兴牧，以良种繁育、草场改良、饲养管理、饲草料加工、疫病防治为重点，加强实用技术集成整合和推广应用，普及牧草加工、秸秆青贮技术和育肥羊规模化饲养技术。积极推行科技特派员制度，鼓励科技素质较高的技术人才到农村从事农业科技承包，形成农民与科技人员长效合作机制。加大科技培训力度，提高广大群众科技素质和经营管理水平。

8. 建立多元化投融资体系，拓宽投融资渠道。探索建立包括国家、地方、企业、社会、外资在内的多层次、多元化投资机制和政府引导、企业介入、群众参与、社会推动的开发建设机

制，加大投资力度。国家和地方草原建设资金重点用于草原生态建设、养殖业基础设施建设和科技推广。运用市场机制，吸纳社会各方面资金，解决生产经营项目运用资金需要。

9.加快小城镇建设步伐。根据生态环境建设和产业结构调整需要，对生态环境严重恶化的苏步井等重点地区实行生态移民，进行整体搬迁，集中安置，把小城镇建设作为加快发展的战略措施，抓紧抓好。高起点、高标准规划建设好县城、大水坑、惠安堡、高沙窝等乡镇。

10.严格控制人口增长。我县生态环境脆弱，人口承载能力有限。各乡镇要严格执行国家计划生育政策，控制人口过快增长，减轻人口对环境资源压力。大力推行"少生快富"工程，把计划生育与生态环境建设和经济发展结合起来，建立行之有效的激励机制，引导群众通过发展生产实现"少生快富"。

11.加大执法力度，依法保护草原。加强森林法律法规宣传，严格落实执行《中华人民共和国草原法》《中华人民共和国防沙治沙法》《中华人民共和国森林法》《中华人民共和国水土保持法》《国务院关于进一步完善退耕还林政策措施的若干意见》和《宁夏回族自治区草原管理条例》等法律法规及县委、县政府《关于全面实行草原禁牧大力发展舍饲养殖的决定》《关于进一步完善草原承包经营责任制的暂行规定》《盐池县草原有偿承包暂行办法》等规范性文件。各乡镇和县直有关部门要制定草原禁牧、保护生态环境、发展舍饲养殖的具体实施意见，严厉打击各种破坏草原违法犯罪行为，严禁破坏原生草原植被、毁草开荒、滥挖甘草等行为，把草原管理纳

入依法建设的轨道。

五、进一步落实和放宽草原承包及开发建设政策

1.加大工作力度，尽快落实完善草原承包经营责任制。按照有偿、长期、到户和谁承包、谁建设、谁管理、谁受益原则，尽快落实以草原承包到户或联户为主的承包经营责任制。草原承包期延长到50年不变。承包期内，草原使用权允许依法继承、转让、抵押和入股。要求各乡镇在2003年3月底以前，将应该承包到户或联户的草原全部落实到户或联户。

2.用足用好国家现行政策，积极争取重大建设项目，扶持草畜产业大力发展。根据自治区安排，从2003年起连续三年安排支持草畜产业发展的专项补助资金。对不在各类项目覆盖范围内退耕种草的农户给予草种补贴进行扶持；对农户的舍饲圈棚建设、饲草料加工机械设备和基础母羊购置给予适当贴息补助。各有关部门要抢抓机遇，积极申报重大建设项目，各乡镇要认真实施各类项目，通过项目建设拉动，加快生态环境建设步伐。

3.对草原禁牧后开展草原围栏、补播改良和生态移民积极性高的乡镇，优先安排国家项目资金。列入项目区的围栏封育、封山禁牧、生态移民效果明显，达到有关标准，按照国家有关规定予以补助。

4.鼓励县内外各类工商企业投资参与生态环境建设和草畜产业开发，对投资参与生态环境建设和草畜产业开发建设的企业与农户一视同仁，可享受国家西部大开发有关项目优惠政策。凡有

偿承包草原的，承包期 50 年不变。

5. 金融部门特别是农村信用联社要把发展草畜产业作为今后信贷投放重点，简便手续，增加信贷额度和中长期贷款比例，特别是在农户圈棚建设、饲草料加工机械购置和基础母羊、种公羊购买方面给予信贷扶持。

6. 积极鼓励县内外科研单位和农业科技人员参与生态环境建设和草畜产业发展。县外农林牧科研单位和大专院校来盐开展科研工作的，要尽可能提供工作条件和提供方便，支持相关工作开展。全面开展农业科技承包工作，鼓励科技人员进农户、进基地、进园区开展科技承包、技术服务。科技人员可以离岗通过技术入股、技术转让等形式参与生态环境建设和草畜产业开发和产业化经营。离岗期间，身份不变，五年内保留基本工资和福利待遇，养老、医疗等各项社会保险视同在职人员办理。

六、加强组织领导

加快生态环境建设与草畜产业发展，是加快盐池经济社会发展的重大战略，各级部门和乡镇要高度重视，切实把生态环境建设和发展草畜产业作为各级党委、政府一项重要任务，摆上议事日程。有关部门要根据工程项目建设要求，尽快制定总体规划和年度实施方案，做好资金统筹协调。各乡镇要实行行政首长负责制，层层建立目标责任制。县委、县政府组织对各乡镇实行年度考核，抓好落实，抓出成效。县上成立草原公安派出所，为草原生态建设保驾护航。盐池县作为宁夏中部干旱带加快生态环境建设和发展草畜产业试点县，要先行开展工作，积极为宁夏中部干旱带生态环境建设和发展草畜产业探索经验，发挥示范带头作用。全县各企事业单位和各社会团体共同行动起来，广泛动员社会力量，积极参与各项工作推进，努力为加快全县生态环境建设作出应有贡献。

中共盐池县委

盐池县人民政府

2002 年 12 月 6 日

《盐池县全民义务植树办法》

盐政发〔2005〕16 号

第一条　为改善生态环境，实施生态立县战略，推动全民义务植树运动开展，促进城乡绿化和人与自然协调发展，根据有关法律法规，结合盐池县实际制定本办法。

第二条　凡盐池县行政区域内的全民义务植树活动皆适用本办法。

第三条　本办法所称的义务植树，是指适龄公民为了国土绿化无报酬地完成一定劳动量的整地、育苗、种树、管护等绿化任务。

第四条　本县行政区域内 18—60 周岁男性公民和 18—55 周岁女性公民，除丧失劳动能力者外应当参加义务植树活动。11—17 周岁的青少年，应当根据个人具体情况就近安排力所能及的绿化活动。对依法依规不承担植树义务而自愿参加义务植树的，应当给予鼓励和支持。

第五条　县、乡（镇）人民政府应当加强对义务植树工作的领导，县绿化委员会负责全县义务植树工作的组织、协调、指导和监督。县绿化委员会下设办公室，负责义务植树日常工作；林业行政主管部门应做好义务植树实施工作。

第六条　乡（镇）人民政府和街道办事处负责本乡、镇和街道范围内义务植树的组织工作；村（居）民委员会应当按照乡（镇）人民政府和街道办事处安排，做好适龄公民参加义务植树的具体组织工作。

第七条　县绿化委员会办公室应当按照城乡发展总体规划，编制全民义务植树规划，报县绿化委员会批准后组织实施。

第八条　县绿化委员会每年应当根据国家林业发展规定及全县义务植树年度计划，将义务植树任务以通知书形式下达到单位；通知书应当明确义务植树人数、地点、数量、完成时间以及其他要求。

第九条　义务植树的重点是义务植树基地绿化、城市园林绿化和农村防护林建设。义务植树应当实行定地点、定任务、定质量为内容的多种形式责任制。县绿化委员会对有条件的单位可以因地制宜，建立义务植树基地。

第十条　机关、团体、企业事业单位及区属驻盐各单位应当按照绿化委员会安排，积极组织本单位人员参加义务植树。

第十一条　县绿化委员会应当建立义务植树登记卡制度。各单位应当按期向绿化委员会报送义务植树登记卡，并由绿化委员会对义务植树任务完成情况进行检查验收。未完成任务的应当予以补植。

第十二条　应当履行植树义务的单位或者个人因合理理由确实不能直接参加义务植树的，应当缴纳相当于完成义务植树任务所需的绿化费。绿化费收取标准由盐池县人民政府根据本地工日值核定；绿化费专门用于义务植树和造林绿化；绿化费的收支管理应当接受县人民政府审计和财政部门监督。

第十三条　在国有土地上义务栽植的树木，林权归拥有该土地使用权单位所有；在集体土地上义务栽植的树木归集体所有；尚未确认土地使用权的，由所在乡（镇）人民政府依法确定；另有约定的，从其约定。

第十四条　义务栽植的树木验收前由栽种者或其委托人管护；验收后由林权单位或者绿化委员会指定单位或个人管护；采伐、更新、变更义务栽植的林木，改造义务建造的绿地按照有关法律、法规执行。

第十五条　鼓励单位和个人除履行植树义务外，认建认养林木、绿地，或捐资支持义务植树。

第十六条　在义务植树活动中成绩显著或积极捐资支持义务植树的，由各级人民政府给予表彰奖励。

第十七条　违反本办法规定，不履行义务植树任务的单位，由县绿化委员会责令其限期完成；逾期仍不完成的，除按规定收缴绿化费外，并由县林业行政执法部门对其单位处以应缴绿化费2倍的罚款；对其单位负责人进行批评教育，并处以100—500元的罚款。

第十八条　公民无故不履行植树义务的，由所在单位、街道办事处、乡（镇）人民政府和村（居）民委员会进行批评教育，责令其限期履行义务；逾期仍不履行义务的，由县绿化委员会按规定收缴绿化费，并由县林业行政执法部门处以应缴绿化费2倍的罚款。

第十九条　单位或个人对行政处罚决定不服的，可以依法申请复议或提起诉讼；逾期不申请复议、也不提起诉讼，又不履行处罚决定的，由作出处罚决定的机关申请人民法院强制执行。

第二十条　本办法自发布之日起施行。

2005 年 3 月 5 日

《盐池县环境保护五年规划》

（2008—2012）

"十一五"是我国全面建设小康社会承上启下的重要历史时期，可持续发展的资源和环境压力日趋严峻，环境保护工作被提高到极为重要地位。科学编制和实施环境保护五年（2008—2012）规划，对于能否抓住机遇，落实科学发展观、转变经济增长方式，改善环境、保护人民健康，建设资源节约型、环境友好型社会，实现环境与经济社会协调可持续发展，对建设社会主义和谐社会具有十分重要意义。

一、社会经济发展现状

（一）自然环境资源现状

盐池县位于宁夏回族自治区东部、毛乌素沙漠南缘。东邻陕西定边县，南接甘肃环县，北靠内蒙古鄂托克前旗，西连本区灵武、同心两市县，为陕、甘、宁、内蒙古四省（区）交界地带。全县南北长110公里，东西宽66公里，总面积8661.3平方公里。县境地势南高北低，平均海拔1600米，南部为黄土丘陵区，中北部为鄂尔多斯缓坡丘陵区。常年干旱少雨，风大沙多，属典型温带大陆性季风气候，年降水量260毫米左右，蒸发量2100毫米；日照2955小时，无霜期163天，平均气温9.4℃，平均风速3.9m/s。

全县共有可利用草原714万亩，耕地135万亩（水浇地20.3万亩），农作物盛产糜谷、荞麦、土豆、豌豆等优质小杂粮。地下蕴藏石油、天然气、煤炭、石灰石、石膏、白云岩、石英砂、芒硝等矿产资源16种，已探明石油储量4500万吨，煤炭78亿吨，石膏4.5亿立方米，白云岩3.2亿立方米，石灰石11亿立方米。此外，柠条、沙柳、蜜源植物等资源也非常丰富。

2005年盐池县成功注册"盐池滩羊"产地证明商标，以滩羊为主的畜牧业是当地农业和农村经济发展支柱产业。作为全国滩羊集中产区和宁夏畜牧业生产重点县，2006年滩羊年饲养量达到120万只，二毛皮、滩羊肉等滩羊产品享誉海内外。

盐池县境内分布野生中药材130多种，尤其以甘草、苦豆草居多，面积分别达到235万亩和300万亩。所产甘草品质好、药用价值高，在国内外享有很高声誉。

（二）社会现状

全县辖4乡4镇、101个村民委员会、675个村民小组、1个街道办事处、9个社区，总人口16.3万，其中农业人口13.1万。

（三）经济发展现状

2006年全县完成地区生产总值11.8亿元，同比增长13.8%，其中第一产业完成2.36亿元，增长5%，第二产业完成4.13亿元，增长29.1%，第三产业完成5.29亿元，增长8.2%；完成全社会固定资产投资8.6亿元，增长51.3%；县财政一般预算收入7749万元，增长55.9%；农民人均纯收入2238元，增长11.6%；城镇居民人均可支配收入6044元，增长6.5%；完成工业总产值8.89亿元，增加值3.05亿元，同比增长29.6%和28.1%；全年畜牧业产值达到2.41亿元，同比增长17.4%，占农业总产值的48.6%；全年输出劳务4.36万人次，创收1.87亿元。

全县有工业企业767个，其中规模以上企业10家，产品品种约32种。初步形成煤炭、石油化工、金属镁、水泥建材、中药材、保健食品、草产业、畜产品加工八大支柱产业，培育了宁鲁石化、萌生水泥、全世达镁业、紫荆花药业等一批优势骨干企业。

（四）全县经济社会发展中的环境问题

"十五"期间，全县经济社会保持较快发展，人民群众物质生活水平得到较大幅度提高，综合县力明显增强，为防治污染、建设和改善城乡生态环境提供了一定的物质条件。但以目前经济社会发展水平，还达不到能从根本上解决环境问题的物质基础。全县经济社会发展过程中，原有环境问题尚未得到彻底解决，同时又产生了新的环境问题，主要表现为：

1. 人口增长、城市化进程加快，对能源、自然资源需求量激增，使经济、人口、资源环境之间矛盾日益突出与尖锐。

2. 粗放型经济增长方式未能得到根本转变，高耗能、重污染企业比重较大，产业结构性污染问题日益突出。

3. 低水平重复建设项目时有发生，能源资源利用率低，浪费严重。

4. 工业企业污染治理水平低，局部环境污染与破坏仍较为严重。

二、环境保护发展现状

（一）生态环境发展现状

全县自然生态环境脆弱，自然灾害频繁，加之人为生产活动尤其是对甘草等野生植物资源掠夺式开发，使本就脆弱的生态环境遭受更为严重破坏。水土流失、土地沙化严重，全县境内沙化面积达到378.5万亩，占全县总面积的30%。"十五"期间，国家实施西部大开发战略，加强生态环境保护建设。盐池县委、县政府抓住有利时机，认真实施退耕还林（草）工程，开展水土流失、沙漠化综合治理和植树造林活动，累计完成人工造林面积430万亩，林木覆盖率达到31%，全县天然草场面积835.4万亩，占全县土地总面积的64.3%。其中可利用草地面积714.7万亩，占草地面积的85.6%。建立了哈巴湖国家级自然保护区，总保护面积84万公顷。全县生态环境建设与保护成效达到了全县"十五"规划中提出"生态环境破坏趋势得到基本控制，局部区域生态环境步入良性循环发展"的规划目标。

（二）大气环境质量现状

全县城市大气环境质量状况依然介于国家《环境空气质量标准》（GB3095—1996）二级与三级之间，主要污染指标比"十五"期间有明显下降。其中总悬浮颗粒物年均值 0.444mg/m³、二氧化硫年均值 0.026mg/m³、二氧化氮年均值 0.026 mg/m³，比 2000 年总悬浮颗粒物年均值 0.5597mg/m³、二氧化硫年均值 0.041mg/m³、二氧化氮年均值 0.028mg/m³ 分别下降了 3.3%、36.6% 和 7.1%。全县大气环境污染物扩散条件较好，随着生态植被不断改善和恢复，沙尘暴发生频次较过去明显减少。

（三）城市环境质量状况

"十五"期间，盐池县抓住国家实施西部大开发、加大基础设施投资力度契机，利用国债资金先后建成全县排污管网、集中式垃圾填埋场、集中饮用水水源地及自来水厂、集中供热等工程项目。通过组织开展城市环境综合整治定量考核，促进了全县城市环境质量和管理水平不断提高。全县饮用水水源地达标率 95%，生活垃圾一般处理率达到 90%，无害化处理率达到 48%，建成区绿地覆盖率达到 12.37%，人均公共绿地面积达到 3.47 平方米，区域环境噪声均值为 58.3dB（A），汽车尾气达标率 81%，城市空气环境质量介于国家二级与三级之间，总体环境污染趋势趋于明显改善。

（四）环境污染与污染治理现状

1. 环境污染问题：全县总体植被较差、干旱多风，自然扬尘输送及二次扬尘是造成大气污染物总悬浮颗粒物居高不下的主要因素；随着工业经济加快发展，各类污染物排放量呈上升趋势；2007 年全县工业废水排放量 45 万吨、主要污染物 COD 排放量 307 吨、氨氮排放量 2.41 吨、二氧化硫排放量 2037 吨、工业烟尘排放量 1147 吨、工业粉尘排放量 519 吨，工业固体废物产生

量 15.4 万吨、排放量 0.3 万吨；农村畜禽养殖规模化、迅速发展，加重了农业面源污染问题；城市机动车辆迅速增长，使机动车尾气、噪声对城市环境的污染越来越突出。2. 工业污染治理状况：工业废水排放达标率为 72%，工业二氧化硫排放达标率为 95%，工业烟尘排放达标率为 82%，工业粉尘排放达标率为 88%，工业固体废物综合利用率达到 53%，"三废"综合利用产品产值 148 万元。

（五）环境管理现状

县级环保机构配备职工 22 名。"十五"期间，环保机构办公条件及监测监察手段、交通通讯能力等有明显改善，基本具备现场监察取证能力，现场快速监测尚存一定技术难度；建立了监测、监察、环评、统计等较为完整的环境管理技术档案。"十五"期间全县环境管理技术支持能力方面仍然薄弱，如水质监测项目几乎空白，污染源在线监测和网络系统尚未建立，应急监测尚处于空白。

三、经济社会发展趋势及环境保护面临形势

（一）按照科学发展观要求，环境保护必须全面融入经济社会发展各个方面，通过强化环保理念促进产业结构调整，转变发展观念和发展模式，以环境安全服务于经济社会发展大局，努力实现科学发展和跨越式发展。

（二）建设资源节约型、环境友好型社会是国民经济与社会发展中长期规划的一项战略任务，也是从环境保护角度落实科学发展观的具体体现。建设环境友好型社会，要建立从源头控制环境污染和生态破坏的决策体系，完善环境与发

展综合决策、环境影响评价、绿色国民经济核算制度；提升环境产业技术，提高自主创新能力；积极开展全民环境教育，创新教育形式和教育手段，使科学发展观成为全县人民共同遵守的行为准则；深化不同领域、不同层次的"绿色创建"示范活动，以环境保护模范城、环境优美乡镇、生态工业园区、生态文明村、绿色社区、绿色学校、环境友好企业的典型示范作用，促进经济结构优化升级和经济增长方式转变。

今后五到十年，随着国家对环境保护工作日益重视，经济增长对防治环境污染支持能力不断增强，环境污染问题将会彻底得到有效控制。目前，由于在环境管理环节中存在体制不顺、技术支持能力不足等问题，环境污染问题及其造成的环境压力将会持续存在，有时还会很突出。因此一定要正确认识环境形势，研究分析、加快解决现有环境问题，处理好经济社会快速发展带来新的环境问题。

四、今后五年环境保护规划指导思想与目标

（一）指导思想

以邓小平理论和"三个代表"重要思想为指导，以落实科学发展观和构建和谐社会为主线，以大力发展循环经济，推动经济增长方式转变为重点，坚持政府管环保、社会办环保和项目带动战略，坚持解放思想、实事求是，突出重点和分类指导，切实改善环境质量，保护生态环境。强化环境执法监督，提高环境管理能力，切实维护人民群众利益。

（二）总体目标

到2012年，全县环境污染和生态破坏得到有效控制，生态脆弱区得到有效治理，城乡环境质量明显改善，生态环境质量进一步好转。合理开发利用资源，管理体系进一步健全，监督管理能力和污染防治能力显著提高，保障人民群众喝上干净水、呼吸到新鲜空气、吃上放心食品。

（三）规划指标

1. 环境质量指标：城市集中式饮用水源地水质达标率大于98%；全县空气质量逐步好转，达到二级标准天数占全年总天数不少于80%；县城区域环境噪声平均值小于55dB（A），道路交通噪声小于70dB（A）；生态环境质量综合指数大于35，生态环境质量达到一般水平；林木覆盖率达到40%；环境辐射水平在天然本底涨落范围内；放射性废物储存率达到100%。

2. 污染防治指标：废水中化学需氧量、氨氮排放总量分别控制在300吨/年、50吨/年以内；废气中烟尘、粉尘排放量控制在1100吨/年、500吨/年以内；二氧化硫排放量在"十五"基础上削减50%，控制在2000吨/年以内；危险废物、医疗废物和放射性废物得到安全处置；城镇生活污水集中处理率大于80%；城镇生活垃圾无害化处理率大于80%；城市机动车尾气排放达标率大于90%；重点工业污染源工业废水排放达标率达到92%；重点工业污染源工业废气排放达标率达到93%；规模化养殖场和集中式养殖区粪便综合利用率达到90%；工业用水重复利用率达到80%；工业固体废物综合利用率达到65%。

3. 环境管理能力指标：健全环境保护管理机制；县级环境监察、监测、信息能力达到标准化水平；重点污染源在线自动监控实现零的突破；重点污染源排污许可证发放率大于90%；50%以上重点污染源实行企业环境报告制度。

4. 综合指标：工业水资源消耗强度小于20吨/万元；工业水污染强度小于15吨/万元；工业能源（煤炭）消耗强度小于2.75吨/万元。

五、环境保护规划重点和基本任务

（一）重点领域和关键环节

今后五年，全县环境保护的重点领域和关键环节是贯穿一条主线，把握两个抓手，提高三种能力，实施四项工程，突出五个区域，取得六项进展。贯穿一条主线：即全面贯彻落实《国务院关于落实科学发展观加强环境保护工作的决定》和《宁夏回族自治区国民经济和社会发展第十一个五年规划纲要》确定的环境保护目标任务，为实现科学发展和跨越式发展、构建和谐盐池作出贡献。把握两个抓手：即实施污染物排放总量控制，采取严格有效措施抓好节能减排工作，切实解决影响经济社会发展、特别是严重危害人民群众健康的突出环境问题，尽快改善重点流域、重点区域环境质量；多渠道加大环境保护投入，推进工业污染防治和农村环境保护，强化环境管理支撑能力，提高环境保护执法监督水平。提高三种能力：即提高环境监测能力，加强环境监测标准化建设；提高突发性环境事件应急反应能力；提高环境监察执法能力。实施四项工程：即实施饮用水水源地环境综合治理工程，以保证骆驼井水源环境安全为核心，控制饮用水源环境污染；实施重点企业大气污染防治工程，以提高城区大气环境质量为核心，削减县供热公司二氧化硫排放量，抓好宁夏全世达镁业有限公司煤改气项目建设，使全县环境质量进一步改善；实施农村小

康环保行动计划工程，以防治农业面源污染为核心，控制规模化畜禽养殖业废弃物污染，保护农村饮用水源和农业土壤环境质量，提高农村环境监管能力和农民环保意识；实施县城污水处理工程，建设盐池县污水处理厂。突出五个区域：即县城区域；集中式饮用水骆驼井水源地；农村环境综合整治试点区域；哈巴湖自然保护区。在六个方面取得突破性进展：建立环境保护工作长效机制；创建环境保护模范城市；开展规划环境影响评价；推行循环经济和清洁生产；狠抓节能减排工作；加强环境监察、监测能力建设。

（二）基本任务

1. 以改善饮用水水源地水质为重点，强化水污染防治。重点治理化工、淀粉加工行业废水污染，化工行业要加强废水循环利用，切实降低废水排放强度，淀粉加工业以节水、减排、治污为主，以产业结构调整和工艺技术改造为载体，以废水排放减量化、资源化、无害化为目标，加大监管力度，加快治理进度，建设示范项目。规范各类污染源排放行为，实施水污染源全面达标排放工程，削减老污染源排污总量。加强城市生活污水污染防治，加快污水处理厂建设步伐。统筹推进污水处理设施建设与供水、排水、节水措施，完善污水处理厂配套管网建设，逐步建设污水再利用设施，培育中水回用市场体系。加强对污水处理企业监督管理，新建污水处理厂必须采取脱氮工艺，降低氨氮排放浓度；采取有效措施安全处置生化污泥；安装自动监控装置，实时、动态监督污水处理企业运转效果，坚决杜绝超标排污现象。加强饮用水源地保护，开展饮用水源地环境状况普查，科学制定饮用水源地保护规

划。严格执行饮用水源地保护管理制度，规范保护区内各类建设和排污行为，采取综合措施防止液体或污水渗漏造成的饮用水源水质安全隐患，加强集中式饮用水源水质监测，定期发布饮用水源地水质监测信息。

2.以加强工业园区环境监管为重点，推进工业污染防治。以把东顺工业园区建成生态工业园区为目标，开展园区建设规划环评，强化新建项目环境影响评价制度和"三同时"制度，推动新建项目实现"低投入、高产出、低消耗、少排放"增长方式，实现"以新带老"，消化排污总量目标，坚决杜绝先污染后治理、边污染边治理现象发生。

3.以开展村庄环境综合整治为重点，推进农村环境保护。全面推进农村小康环保行动计划全国试点工作。积极开展生态移民新村等村庄环境综合整治，因地制宜建设简易实用的农村生活垃圾收集处置设施，采取多种方法推进乡镇生活污水处理。深入开展农村改厕、改厨、改圈和沼气设施建设利用，以循环经济理念开发农村环保新能源。结合旧村改造、新农村建设，美化村庄环境，改善村容村貌。规范畜禽养殖行为，严格执行《畜禽养殖管理办法》，逐步解决小型养殖场和养殖小区固态畜禽粪便的环境污染问题，实现养殖业废物资源化利用。建设农业废弃物利用工程，发展秸秆青贮中心，合理利用秸秆资源。大力发展生态农业，加强有机食品示范基地、绿色食品和无公害食品生产基地建设管理。

4.以加强放射源监管为重点，确保环境安全。建立完善放射源监管体系，加强放射源监督管理，加大对放射源安全状况的监督和查处

力度，保障放射性废源（物）安全收贮。严格执行放射源登记管理制度；妥善完成放射性废物库的退役安置；开展医疗和危险废物申报登记工作，规范医疗和危险废物产生、收储和转运程序；建立医疗废物和其他危险废物安全收集网络，对从事收集、贮存、处置医疗和危险废物经营活动单位发放经营许可证，严禁无证经营；完善危险废物处置中心配套设施建设，加强处置中心规范化管理，实现医疗和危险废物从产生到贮存、处置的全过程控制，严防管理不当造成环境污染事故。

5.以建设先进的环境执法监督体系为重点，全面提高环境监管水平。建立完备的环境执法监督体系。加强环境监察规范化和标准化建设，提高现场监查能力。以加强执法能力为重点，提高环境监察装备和执法水平。建设环境事故应急体系，确保辖区内一般性污染事故快速识别。建设"12369"环保举报和应急接警中心，形成快速突发事件应答响应机制。建设具备一定危险事故处置能力的环境安全保障队伍。

六、保障措施

（一）加强环境宣传教育，提高公众参与环保能力。围绕环保中心工作开展环境宣传。创建一批绿色社区、绿色学校。培育公众参与环保、建设环保、监督环保的思想意识。进一步实行环境保护政务信息公开制度，扩大公开范围，增强环境管理透明度。建立信息发布制度，定期发布城市空气、水体水质、饮用水源水质、城市噪声等环境质量信息和企业环境行为信息，以及环保法律法规、政策、环境标准及环境功能区划等信

息，便于公众查询，推动公众参与对环境和环境执法的监督。

（二）严格环境影响评价管理，有效遏制环境污染加重趋势。全面推行项目环评和规划环评制度，把预防为主方针落实到规划与决策阶段；全面树立环境影响评价法律制度权威，严格审批程序，切实依法行政。严格执行建设项目环境影响评价制度和"三同时"制度，把好招商引资项目、工业园区入园项目环境保护准入关，建立以环境容量为基础的新建项目审批机制和工业类项目环境保护准入标准，加强建设项目全程管理力度，强化建设项目竣工环境保护验收管理，建立新建项目环境影响评价后评价制度和责任追究制度，确保环境保护不欠新账，努力实现"增产不增污"、经济与环境的良性发展。

（三）集中力量解决突出环境污染问题。综合治理县域大气污染问题。通过改造除尘治理设施、提高使用清洁能源比例、提高城市绿化率、减少道路和施工扬尘、控制汽车尾气达标排放等措施，改善城市环境质量。严格控制 COD、工业粉尘、烟尘、二氧化硫主要污染物排放总量。通过经济、政策、管理手段，促使污染企业污染防治设施与主体工程同时设计、同时施工、同时投产，实现达标排放。推广洁净煤技术和低硫煤，大幅削减工业、生活燃煤 SO 排放量。对污染负荷占全县工业污染 80% 以上、严重影响区域环境质量的重点污染源和挂牌整治超标企业实施重点防治和监控。

（四）加强农村环境保护，控制农业面源污染。推动农业产业结构调整，发展绿色农林牧渔产业。积极调整农业生产结构和布局，推

动专业化分工和区域经济联合，形成种养结合、农林牧渔结合、贸工农结合的新型农业产业格局。注重发展无公害农产品、绿色食品和有机食品，把农产品质量控制关口前移，从源头上消除餐桌污染。促进农村秸秆资源化利用，加快农村沼气工程建设。科学合理使用农业投入品，加强农药、化肥监测控制，大力推广高效、安全、低毒、低残留农药和生物农药，防止和减少农药、化肥残留污染，保证农产品和农产品生产环境安全；改进提高种植、养殖技术，严格控制各类饲料添加剂、激素和植物生长调节剂的使用；加强畜禽养殖污染防治，促进畜禽污染物资源化。加强环境保护规划，开展环境优美乡镇评选活动。把控制畜禽养殖和退耕还林、退牧还草、农村能源建设、生态环境保护、生态农业示范区建设科学结合起来，开展污染治理示范项目建设。

（五）加强生态环境保护，提高生态环境质量。优化自然保护区体系结构，提高自然保护区建设质量；加强生物物种资源保护，增强自然保护区管护能力。强化资源开发的生态环境监督管理，重点提高煤炭、石油、矿产资源开发的生态环境保护监管能力。对生态环境影响较大的开发建设项目，其环境影响报告书中必须具有经水务行政主管部门认定的水土保持方案。对可能造成生态环境破坏和不利影响的项目，须做到生态环境保护和恢复措施与资源开发建设项目同步设计、同步施工、同步检查验收，防止产生新的生态破坏。

（六）加快环境保护队伍建设，加强环境监管能力水平。加快环境监测能力建设步伐，尽快

实现达到环境监测三级站标准，具备城市空气质量和噪声例行监测能力。建设突发性污染事故应急响应体系，配备完善应急监测车、实验室快速测定分析设备和应急监测防护装备。环境监察机构达到标准化建设要求，基本具备现场监督执法能力、机动快速反应能力和应对突发性污染事件能力。建设重点污染源在线监测系统，对排放COD、氨氮、烟尘、粉尘、二氧化硫污染负荷占85%以上的重点污染源企业安装废水、废气自动监测仪，对排污浓度和总量进行实时监测。加强环境科技、统计、规划、监测队伍建设，提高环境决策技术支持能力。

（七）增加环保投入，实施环境保护重点工程。以多种措施和途径增加环境保护投入，重点加强环境监管能力建设、饮用水水源地环境综合治理、县城污水处理企业建设、重点企业大气污染防治，生活垃圾、危险废物无害化处理，农村环境与农业面源综合整治，生态功能区、自然保护区与生态示范区建设，工业园区污染治理等环境保护重点工程。积极争取国家专项扶持资金项目，搞好环境基础设施建设。

《中共盐池县委、县人民政府关于加快生态建设的意见》

盐党发〔2009〕58号

为进一步加快全县生态建设步伐，打造宁夏东部生态屏障，促进县域经济可持续发展，提出如下意见。

一、充分认识加快生态建设的重要意义

县委、县政府历来高度重视生态治理工作，特别是近年来进一步加大了生态治理力度，通过实施天然林保护、"三北"防护林、退耕还林还草、天然牧场恢复与小流域治理等一批国家及自治区重点建设项目实施，在宁夏率先实现"人进沙退"的历史性逆转，生态建设取得明显成效。但是由于自然及人为因素综合影响，生态环境仍然十分脆弱，生态治理任务仍然艰巨。全县仍有120万亩沙化土地、30万亩流动沙丘、100万亩退化草场和黄土丘陵区水土流失尚未得到有效治理；生态建设投入主体单一、管护难度大等问题严重影响着城乡人民的生产生活，制约着县域经济快速发展。

盐池县是宁东能源基地和太中银铁路重要生态功能区，加快生态综合治理对于保障宁东矿区安全生产、铁路安全运行、净化城市环境、减少风沙危害有重要意义。在可持续发展原则下，以生态环境整治为中心、以资源保护和开发利用为

突破口，以现代科技为支撑，通过生物和工程措施加强生态综合治理，既是我县国土治理、环境整治和区域经济开发的重要组成部分，也是推进社会主义新农村建设的必然要求。各乡镇、部门要从实践"三个代表"重要思想和落实科学发展观的高度，进一步提高对生态建设重要性认识，切实加强领导，真抓实干，力促全县生态面貌得到根本改观。

二、指导思想与目标任务

（一）指导思想：以科学发展观为指导，尊重自然和经济规律，坚持"生态立县"战略不动摇，按照"加快治理、适度超前、可持续发展"原则，严格落实封山禁牧政策，认真贯彻草灌乔结合、以灌为主，建管用结合、以管为主，统一规划、因地制宜的治理方针，加快推进防沙治沙、水土保持、小流域治理、林草建设等重点生态工程建设，着力打造宁夏东部绿色生态屏障；积极培育后续产业，大力发展生态经济，实现生态建设与经济社会发展互促共赢良好局面，努力建设山川秀美、生态文明、经济繁荣新盐池。

（二）目标任务：到2012年，全县120万亩沙化土地基本得到治理，境内30万亩流动沙丘

基本固定，100 万亩退化草场得到恢复，水土流失进一步得到控制，林木覆盖率和草原植被覆盖度分别达到 33% 和 65% 以上。生态环境明显改善，生态产业初具规模，生态管护长效机制进一步完善，土地荒漠化实现有效逆转。

三、统筹规划，重点突破，全面加快生态建设步伐

（一）统筹规划，科学布局。根据不同区域立地条件，合理布局，分区治理。南部黄土丘陵区以水土流失治理为重点，大力营造水土保持林；中北部毛乌素沙地以保护和恢复原生植被为重点，建设草灌结合的防沙固沙林；扬黄灌区、库井灌区以农田林网为重点，建立以农田防护林为骨干、农村庄点绿化为补充、绿色通道为网络的防护林体系；城区乡镇以创建国家级园林县城和城乡大环境绿化为重点，形成以花马池为核心、以干线公路为轴线的城镇绿色景观生态圈，努力营造自然舒适、和谐优美的人居环境。

（二）强化生态系统保护与恢复，构建长效管理机制。加强对现有林草植被和甘草、苦豆子等优势特色野生中药材保护，落实保护责任，杜绝"边治理、边破坏"现象。建立天然林、重点公益林和草原管护长效机制，完善退耕还林、退牧还草、生态效益补偿监督管理机制，探索以奖代补与合理处罚有效形式。建立健全县、乡、村、组四级管护网络，明确管护责任，严格执行禁牧政策，进一步加大执法力度，严厉打击破坏林地和林木违法犯罪行为。切实加强林草病虫鼠害防治，建立完善预测预报和防治网络，严防危险性病虫害入侵。结合新农村

建设，对居住偏远、生态失衡、干旱缺水、生产生活条件困难的农户实行移民搬迁。通过土地流转等形式，在迁出地扩大林草种植面积，切实巩固生态建设成果。

（三）加大水土保持和淤地坝建设，促进小流域治理。加快治沟骨干工程建设，稳步推进水土流失重点防治工程建设，改造旱作中低产田。到 2012 年，累计完成水土流失治理面积 400 平方公里，旱作区人均基本农田达到 3 亩以上。

（四）加强防风固沙治理，建设绿色生态屏障。通过沙区治理、灌区林网和道路绿化，到 2012 年全县营造防风固沙林 30 万亩，封山（沙）育林 70 万亩。依托三北防护林工程和自治区"六个百万亩"生态建设项目，突出重点风沙口的集中治理，在花马池、高沙窝、王乐井、冯记沟等乡镇重点建设张记场、禹记圈、沙泉湾等 10 个万亩以上示范区和扬黄干渠"百里生态绿色长廊"。在扬黄灌区、库井灌区和节水补灌区大力营造农田林网。以各乡镇公路干道沿线及庄点为主，加大公路林营造、庄点绿化和公路两侧明沙丘治理力度，形成点、线、面结合的"绿色生态屏障"。

（五）提高生态农业综合生产力，建立高效农业生产体系。坚持"因地制宜、效益优先"原则，重点打造"三大农业示范区"。到 2012 年，初步建成南部丘陵区生态农业种植示范区，集雨补灌和春秋覆膜年均达到 10 万亩；扬黄、库井灌区现代农业产业示范区，累计发展设施农业 5 万亩；中北部旱作区节水农业示范区，累计发展节水农业 10 万亩。

（六）促进生态后续产业开发，拓宽农民增

收渠道。充分发挥沙区光热等资源优势，大力发展草产业和沙产业，加大人工种草力度，发展沙区特色种养业和加工业。到2012年，全县人工种草留床面积累计达到100万亩，一年生牧草种植面积每年保持在15万亩；适合本地生长的生态经济林累计达到6万亩；建立柠条、沙柳生产基地260万亩，沙生灌木采种及苗木繁育基地100万亩。加大招商引资力度，培育一批以林草和沙地特色种植、加工为主的龙头企业，初步形成企业连基地、基地连农户的沙产业发展格局，带动全县沙产业发展。加强哈巴湖自然保护区和张记场、兴武营、铁柱泉等防沙治沙示范区建设开发，大力发展生态旅游和乡村旅游。合理利用农业资源，搞好农作物秸秆、畜禽粪便等农业残留物综合利用，加快"一池三改"建设力度，巩固提高"一池三改"利用效率，鼓励农村居民使用沼气和太阳能等新型能源。到2012年，在适宜发展沼气地区，农户使用沼气普及率达到50%以上。

四、完善政策，创新机制，为加快生态建设注入活力

（一）完善生态建设扶持政策，建立多元化投资机制。坚持"谁投资、谁受益"原则，以国家项目投入为主，引导鼓励多种经济成分参与生态建设，逐步建立社会化生态治理机制。设立生态建设补偿专项资金，确保地方财政每年用于生态建设的资金逐年增加，每年统筹整合生态建设经费不少于500万元。整合防沙治沙、草原建设、扶贫开发、农业综合开发、农田水利建设等涉及生态建设项目，有效提高项目资金利用率。加强与国内外政府机构、民间组织合作交流，积

极引进资金、技术、人才和管理经验，不断拓展合作领域，扩大利用外资规模。投资造林、发展林草加工和生态旅游业的国内外企业平等享受招商引资各项优惠政策。

（二）推进草原林地经营制度改革。在坚持农村家庭承包经营责任制和稳定农村土地承包关系基础上，采取转包、转让、互换、租赁、入股和委托转包等多种形式推进农村土地承包经营权有序流转。加快农村集体经营管理的有林地及宜林地等集体林权制度改革，明晰林地使用权、林木所有权和经营权，依法保护农民承包、延包和轮包权力。积极探索推行草原承包经营权流转机制，鼓励联户承包经营和草原有偿转包。打破村组界限，集中连片发展，用于生态建设的土地不予征用，开发建设后确权发证。

（三）实行税收优惠和信贷支持。对于投资生态治理的单位和个人，金融部门要给予积极的信贷支持。县财政每年安排一定资金用于生态治理贷款贴息，并扩大农民小额信用贷款和农户联保贷款范围，发展多种经营，提高收入。

（四）建立多元科技合作机制。加强与高等院校、科研院所联系合作，通过科技支撑、技术合作、项目引资、人才培养等方式，建立多元化科技合作机制。逐步构建和完善防沙治沙、沙产业开发等科研推广体系，并引进推广国内外防沙治沙、草原建设、小流域治理、旱作节水等方面先进技术，为全面开展荒漠化综合整治提供技术保障。抓好国家级、自治区级科技示范园区、培训基地和沙泉湾生态系统定位研究站等重点实验基地建设，进一步加强生态建设人才培养和科技推广队伍建设。

五、加强领导，明确责任，为生态建设提供有力保障

（一）加强领导，健全组织。成立由政府主要领导任组长，县委、人大、政府、政协分管领导任副组长，各相关单位和乡镇主要负责人为成员的生态建设领导小组，具体负责研究制定生态建设规划和奖罚政策，指导协调项目规划实施等工作。各有关部门单位要按照职责分工，各负其责，密切配合，做到组织到位，责任到位，投入到位，措施到位，努力形成县乡分级负责、各部门整体联动、全社会广泛参与的生态建设机制。

（二）建立完善生态建设考核监督机制。制定封山禁牧、造林绿化考核细则，建立责任追究制度，严格考核奖惩。对造成严重生态破坏事故的相关责任人进行严肃处理，并追究主要领导责任。林业、水务、农牧等部门要严格生态治理项目验收，确保工程建设质量；加强林区、草原管护人员监督管理，建立绩效考核和奖罚机制，确保管护责任落实到人，落实到山头、地块。建立生态建设督查、巡查机制，不定期邀请党代表、人大代表、政协委员对生态建设进行视察，提出指导性发展意见。

（三）强化生态文化宣传教育。大力营造全社会支持、参与生态建设的良好氛围，充分调动社会各界自觉参与生态建设的积极性和主动性。积极组织、安排机关干部和社会群众积极开展义务植树造林活动，各部门要建立义务植树基地，实行"包栽、包管、包活"责任制，一包三年不变；共青团、妇联、个体工商户和企业大户等要充分发挥造林绿化突击队作用，积极营造"共青林""三八林""个体工商户林"等；各乡镇要积极开展村庄绿化和农田防护林建设，在群众和社区中广泛开展"绿色学校""绿色家园"创建活动。

中共盐池县委

盐池县人民政府

2009 年 11 月 28 日

《盐池县天然林资源保护工程二期实施方案（2011—2020年）》

（盐池县环境保护和林业局 2012年1月）

前 言

2010年10月，国务院召开第138次常务会议，正式批准《长江上游、黄河上中游地区天然林资源保护工程二期实施方案》，2011年5月20日国务院在北京召开了全国天然林资源保护工程工作会议，标志着天然林资源保护工程二期全面启动。2011年12月自治区林业局召开天然林资源保护工程工作会议，天保工程二期在全区范围内正式拉开帷幕。2000年至今，天保工程一期工程得以在盐池县实施，极大地推动了沙漠化治理进程，加快了环境优化步伐，快速步入生态环境良好循环状态，为再造山川秀美新盐池奠定了坚实基础。二期工程的实施，将为巩固一期工程治理成果提供坚强有力保障。

根据自治区林业局关于编制天然林资源保护工程二期县级实施方案有关精神要求，县委、县政府对天然林资源保护工程二期实施方案编制工作进行了认真部署。在编制实施方案中，认真总结天保工程一期建设成效及经验，对国有林业场圃职工参加社会保险、国有林场经营改革、公益林建设、森林资源管护等问题进行了专题研究，县林业局、发展改革局、财政局、人力资源社会保障局根据国家天保工程二期政策和相关要求，进行反复衔接和协商，严格按照国家相关政策，结合盐池实际情况，组织专家及相关技术人员编制完成了《宁夏天然林资源保护工程二期实施方案》。

第一章 盐池县天保工程一期主要成效经验

2000年，盐池县被国家正式批准实施天保工程，实施范围为辖区内6个乡镇，实施期限为2000年至2010年。盐池县累计完成天保工程一期投资2221万元，全部为中央投资。天保工程一期实施以来进展顺利，工程区发生了一系列重大深刻变化，取得了丰硕成果。

一、主要成效

（一）森林资源持续增长，生态状况明显好转。天保工程一期实施11年来，共计完成封山育林33.6万亩，飞播造林核实合格面积42万亩，森林覆盖率由2000年的8.4%增加到现在的12.1%，增加3个百分点。随着工程区森林植被不断增加，森林生态系统功能逐步恢复，生物多样性得到有效保护，生态状况明显改善，风沙危害大大减少。工程区林木资源得到休养生息，并开始发挥显著的生态效益，各种鸟类、狐狸进入飞播封育区繁衍生息，在全国率先实现了沙漠化逆转。

（二）大力发展后续产业，职工收入明显增加。工程实施以来林区经济结构调整加快，林业经济实力不断增强。全县柠条资源基地达到220万亩，沙柳资源基地40万亩，以甘草为主的人工中药材基地8.13万亩。柠条、沙柳等林木资源转化利用速度加快，年均可平茬复壮60万亩，可加工转化柠条颗粒配方饲料10万吨。职工安置稳步推进，通过天保工程的实施，安置富余职工从事森林管护；通过林业生态重点工程的实施，安排富余职工从事造林工作；通过大力发展林业后续产业，安排富余职工从事林下产业经营，切实解决了职工就业困难，维护了林区稳定。

（三）社会保障逐步完善，林区社会和谐稳定。盐池县天保工程实施11年，对改善国有林场民生问题和建设和谐林场发挥了重要作用，社会保障不断完善。解决了全县34名国有林业场圃职工养老、医疗两项保险。天保工程社会保险政策的落实解决了全县林业职工的后顾之忧，林业职工真正实现老有所养，老有所医。林业职工思想稳定，工作热情高涨。职工收入的增加、社会保障的逐步完善，使林区职工精神面貌焕然一新，林区社会呈现和谐稳定的新气象。

（四）林场基础设施建设得到加强，生产生活条件明显改善。一期工程中，全县共建设完成各级各类苗圃、采种基地10余处，并建成了100万亩优质灌木采种基地。林区森林防火、森林病虫害防治和生物多样性保护及林区水电路基础设施逐步完善，全面改善了林区职工群众生产生活条件。

（五）生态文明渐入人心，天然林管理机制不断完善。工程实施11年来，县委、县政府建立了工程建设目标责任制，每年签订责任书，从上到下建立起完善的管理体系。县、乡镇逐级成立了工程建设领导小组及管理机构，保证了工程顺利实施。严格按照《宁夏天然林资源保护工程县级考核办法（试行）》等规章制度执行工程管理。天保工程建设取得了集宣传、教育、行动于一体的社会效果。保护森林资源、改善生态环境、促进人与自然和谐发展，正在成为全民的自觉行动。工程实施以来，通过广泛宣传，涉林刑事案件、林政案件发生率比实施前大幅下降，工程区没有发生过重大森林火灾，偷伐、盗伐等毁林案件大幅下降，形成了广大群众关心天保、支持天保工程的良好局面。

实施天保工程是推进发展盐池县森林资源保护、改善生态环境、治理中北部沙化、南部水土流失、确保生态安全、促进人与自然和谐的治本之举。特别是森林资源管护真正体现了造管并重的营林方针，解决了林业职工的切身利益问题，国有林业场圃基础设施得到一定改善，林场可持续发展有了保障。

二、主要经验及做法

（一）坚持把森林安全放在首位，实施封山禁牧。2000年以来，针对盐池县土地沙化严重局面，自治区林业局调整飞播任务，由20世纪90年代每年4万—5万亩增加到每年10万亩，极大加快了盐池县中北部沙区治理进程。同时增加封育任务，对部分郁闭度不达标林地进行封育。2002年11月，盐池县全面实行封山禁牧，林业、畜牧部门加快草原围栏建设，促进林草协调发展，确保天保工程顺利实施。为保证天然林保护工程建设领导、技术、资金、工作措施到位，工程启动以来，成立了由政府分管领导任组长，林业、财政、发改和项目区乡镇为成员单位的天保工程领导小组，完成作业设计、技术培训、宣传发动等前期工作。层层签订责任书，将年度封育管护任务落实到村、到地块，加强对造林地管护，有效防止羊只践踏啃食、人为因素破坏生态环境现象。组织对管护情况进行随时检查，发现管护不到位情况督促其及时整改。在全县发布了禁牧封育通告，禁止牲畜进入林地放牧，进一步强化森林资源管理，坚决打击乱砍滥伐行为，保护森林资源安全。林业、公安、政法等部门齐抓共管，加大了多部门联合检查监督力度，确保天保工程顺利实施。

（二）积极推广应用新技术，努力创新经验做法。为解决天保工程立地类型复杂、树草种选择难度大、造林科技含量低等问题，林业技术人员积极探索，大力推广应用人工模拟飞播、机械免耕旋播等林业新技术，各飞播造林地块根据中长期天气预报，做到雨前播种，播后立即封育管护。飞播过程中，聘请专家开展技术指导，飞播造林种子采取包衣、大粒化等方法处理，提高出苗率，减少鼠、兔危害。近年来，专业技术人员开展多项试验研究，选择花棒、杨柴、沙蒿、沙打旺等适合县情实情的树草种籽，确定了播种方法和混交比例，飞播和人工模拟飞播成效显著。与此同时，采取积极封育措施，对33.6万亩封育区全部进行围栏，设立标志牌和警示牌。根据各封育区植被情况，因地制宜，适时补播补植，加大柠条、毛条、花棒、杨柴、紫穗槐等容器苗栽植比例，确保封育区植被覆盖度达标。

（三）完善规章制度，规范工程管理。坚持造管并重，全面加强森林资源保护与管理。一是2005年底县政府制定了《盐池县林地保护和管理暂行办法》。2006年元月两会结束后，召开全县林草资源管护大会，提出"坚定不移地抓好封山禁牧工作、选好配齐管护人员、积极创新管护机制、明确细化管护责任、以管护促建设、以利用促管护"六项目管护措施。二是林业部门先后制定《盐池县天然林资源工程管理暂行办法》《盐池县天然林资源管护办法》，区划确定第一批管护区域，涉及全县50处林地共80万亩，建立林地档案，并与各乡镇签订管护合同。53名护林员全部持证上岗，做到责任到人，地块落实，面积落实。投资30万元设建护林房13处、485平方米；为了使护林员安心工作，县林业局在各护林点投放滩鸡3万只；投资8万元配置风力发电机14台，切实改善护林员生活条件。三是积极配合全区开展打击破坏森林资源专项行动，严厉打击乱砍滥伐林木、乱垦滥占林地、乱挖乱采甘草等野生植物和乱捕滥猎野生动物等违法犯罪行为。十年来，先后受理林业案件77起，结案77起，其中盗伐4起，滥伐林木18起，其他涉林案件55起，收缴罚款26507元，依法收缴植被恢复费95.159万元。开展野生动物保护专项行动，发放通告5000份。四是飞播地块和封育地块配备专职护林员182名，固定报酬，落实奖惩办法。在管理困难封育区实行围栏；在指定采种飞播区鼓励农民采种，按照市场价进行收购，保护群众利益，巩固治理成果。五是采取无公害仿生制剂防治，病虫危害大大降低，病虫鼠害成灾面积下降至 8500 亩，病虫成灾率控制在 0.5% 以内，防治率由过去的 40% 提高到 2007 年的 90% 以上，监测覆盖率由 50% 提高到 88% 以上，灌木采种基地产地检疫率达到 100%。六是建立健全内部监督制度，规范资金管理，做到专款专用，确保天保工程质量和投资效益。七是加强档案管理，做到归档文件字迹工整、图样清晰。

（四）资金投入与管理。2000—2010 年，盐池县累计争取天保工程资金 2221 万元，全部投入工程建设。资金是工程实施的命脉，只有管好用好资金，才能保证工程顺利实施。盐池县实施天保以来，严格按照自治区《天然林保护工程财政资金管理规定》实施细则执行，根据国家林业局提出的"严管林、慎用钱、质为先"管理原则使用项目资金，使资金发挥最大效益，严格根据实施方案，把有限资金用在刀刃上。1. 严格资金管理要求，做到专户储存、单独建账、专款专用、单独核算，分工程项目进行明细核算。2. 建立健全内部监督制度，规范资金管理，做到专款专用，确保天保工程质量和投资效益。

三、主要问题

经过天保工程一期建设，盐池县天保工程区生态状况和经济社会面貌发生明显变化，但天然林生态系统仍然十分脆弱、不稳定，处于不进则退关键阶段。

一是工程区经济社会发展水平不高。天保工程区自然生态状况与生态文明建设要求还有很大差距；天保工程区的森林资源储备与加快推进工业化、城镇化需求还有很大差距；天保工程区经济社会发展水平与林区职工的期待还有很大差距。林区社会经济发展缓慢，经济条件差，职工收入不高，制约了林业发展。

二是生态环境依然脆弱。整体天然林防护效益较差，林地利用率低，防护功能弱；从树种结构看，以灌木居多，结构较单一；从建设结构看，没有形成乔灌草复层异龄结构，存在纯林、单层林多，混交林、复层林少的问题，应进一步培育引进适宜生长发展树种，从而提高防护效益和防护功能；林木管护的难度越来越大。经过治理后的部分荒漠化地区和水土流失严重地区生态环境依然脆弱，人工造林立地条件越来越差，造林难度越来越大，抗御自然灾害能力差，干旱、风沙依然十分严重。

三是森林管护区基础设施建设落后。盐池县大部分森林管护区地处偏僻，交通不便，信息闭塞，环境条件差。林区护林防火、道路养护、病虫害防治，以及水、电、暖、管护站等基础设施由于资金问题，缺乏维护和改善，护林员生活条件非常艰苦，严重影响了森林资源有效管护和林区经济发展，在后续产业发展方面还存在困难和问题。近年来，虽然各级部门将森林资源管护纳入议事日程，但由于全县林地分布广泛，点多面广，人员、资金少，形不成合力，造成天保工程林地监管不力，手段落后，严重影响森林资源管护成果。因此，建成完备的林木监测体系迫在眉睫。

加强天然林保护工程建设是有效保护森林资源，加快森林植被恢复发展的主要途径，也是维护国土生态安全、促进人与自然和谐发展的需要。必须从全县经济社会持续、协调、健康发展高度出发，更加重视天然林保护工程建设。

第二章　盐池天保工程区基本概况

一、工程实施范围

盐池天然林资源保护工程覆盖全县8个乡镇、1个国有林场、1个国有苗圃场，共计10个单位，即花马池镇、高沙窝镇、王乐井乡、青山乡、冯记沟乡、惠安堡镇、大水坑镇、麻黄山乡、城郊林场、沙生植物灌木园。

二、自然地理概况

（一）地理地貌

盐池县地势南高北低，海拔在1295—1951.3米之间，北接毛乌素沙漠，属鄂尔多斯台地，南靠黄土高原，属黄土丘陵沟壑第五副区。南北分为黄土丘陵和鄂尔多斯缓坡两大地貌单元，地理位置属典型过渡地带，即自南向北从黄土高原向鄂尔多斯台地过渡。黄土丘陵区位于我国黄土高原西北部边缘、陇东黄土地貌北部边缘。黄土丘陵区总面积1400平方公里，占全县总面积的20.63%，海拔均在1600米以上，最高海拔1951.5米。该区山峦起伏，沟壑纵横，梁峁相间，水土流失严重。区域北部横亘一条长45公里的黄土梁，海拔1823—1951.3米之间，构成东北—西南向分水岭，南部属黄河水系的环江流域，北部属内河水系。县境北部鄂尔多斯台地缓坡丘陵区面积5588.6平方公里，占全县总面积的79.37%，海拔1400—1600米，大部分为缓坡滩地，主要地貌类型为沙漠，境内有三条明显大沙带，沙化地约387.5万亩，占总土地面积的38%。

（二）气候条件

属典型中温带大陆性气候，光能丰富，热量偏少，干燥少雨，蒸发强烈，无霜期短。"冬寒长、春暖迟、夏热短、秋凉早"是当地气候特征集中概括。根据当地气象资料显示，年平均气温6.7—7.7℃，年平均日照时数2867.9小时，年均辐射量140千卡/平方厘米；≥0℃积温2944.9℃；无霜期128天；年平均降水量296.4mm，七、八、九月降水占全年降水量的62%以上。

（三）土壤

主要土壤类型有9大类、24亚类、45个土属、146个土种和变种。土壤大类有灰钙土、黑垆土、盐土、新积土、草甸土、堆垫土、白僵土和裸岩。①灰钙土面积398.1万亩，占全县土壤总面积的39.7%，主要分布在中北部鄂尔多斯缓坡丘陵地带。②风沙土即沙丘、浮沙地，全县灰钙土地区土壤普遍沙化，面积387.5万亩，占全县总土地面积的38.6%，主要分布在中北部灰钙土地区。③黑垆土是盐池县干草原生物气候带条件下形成的地带性土壤，面积189.29万亩，占土壤总面积的18.9%，分布于南部麻黄山、大水坑、惠安堡等黄土丘陵地区，土层深厚，以轻壤土为主，有机质含量及养分储量高，渗透性较好，属较好农业土壤。④盐土面积20.31万亩，占全县土壤总面积的2.1%，除黄土丘陵区外其他各乡镇均有分布。另有新积土5.59万亩、草甸土0.52万亩、堆垫土0.49万亩、白僵土0.36万亩、裸岩0.16万亩。

（四）水文

盐池县境内没有河流，西南部有苦水河流域的两条支流，南北向分水岭之东冲沟多为季节性河流，流入平滩或进入盐湖消失。

三、社会经济状况

（一）行政区划与人口状况

盐池县辖8个乡镇，土地总面积8861.3平方公里，人口 16.5 万，其中农业人口占 13.4 万人；总户数 56760 户，其中乡村总户数 26802 户，占总户数的 74.1%。

（二）经济收入状况

2010 年，全县地区生产总值 20.8 亿元，其中第一产业 4.4 亿元，增长 5%；第二产业 8.1 亿元，增长 29.1%，第三产业 8.3 亿元，增长 8.2%。地方财政收入 7749 万元，农民人均纯收入 2518 元，增长 55.9%。全年完成工业总产值 8.9 亿元，增长 29.6%；农业总产值达到 4.97 亿元，增长 6.5%；粮食总产量 7208 万千克。全年输出劳务 4.36 万人次，创收 1.87 亿元。

（三）产业结构及就业状况

近年来，盐池县主要依托滩羊、甘草品牌特色优势产业链，大力调整产业结构，年羊只饲养量为 86 万只，出栏 43 万只，其中育肥出栏 34 万只。粮食总产量 7125 万公斤，人均有粮 468 公斤，2010 年人均纯收入 2500 元左右。随着退耕还林工程的实施，林业产值在农业产值中所占比重越来越大，仅退耕还林项目就为农民人均带来 400 多元收入，占人均纯收入的 1/4 左右。随着林业产业不断深化发展，林业产值在农业产值中的比例会越来越大。充分发挥沙区光、热等资源优势，大力发展灌区、沙区生态经济林及林果深加工企业，建设以红枣为主的生态经济林基地 6 万亩，其中红枣 3.7 万亩，杏、桃、李等 1.4 万亩，枸杞 0.2 万亩，高酸苹果基地 0.6 万亩，其他经济林 0.1 万亩。在扬黄灌区、井灌区和节水补灌区形成生态经济林产业带。大力发展庭院经济林，区域相对集中，规模效益明显。以中北部为主，加快柠条、红柳加工转化利用，发展以沙

柳、红柳为主的柳编业。通过政策扶持，新建一批以林果和沙地特色林产品深加工龙头企业，初步形成"企业连基地、基地连农户"的沙产业发展格局，并不断延长产业链条，带动全县沙产业发展。

在乡乡通油路、村村通公路、村村通电话和广播电视的基础上，"三纵六横"公路网络基本形成。盐池县交通便利，盐兴公路、307 国道、古王高速、盐中高速、中太铁路越境而过，形成西进东出、南来北往的交通网络。2000 年以来，随着国家古王高速、盐兴公路贯通，全县交通状况得到极大改善。初步形成以县城为中心，古王高速、盐中高速、307 国道、211 国道和中太银铁路纵贯东西的公路主骨架，等级公路连接县乡、辐射毗邻县市的公路交通网络。2010 年全县 8 个乡镇通油路率为 100%，97 个行政村通等级（四级砂砾公路以上）公路率 95%。

2010 年，全县城镇居民人均可支配收入达到 15345 元，农民人均纯收入达到 2575 元，城镇新增就业人员 35.7 万人，以基本养老、基本医疗、失业、工伤、生育等为主的社会保障体系基本建成。16 万农村人口饮水安全得到解决，改造山区危房危窑 0.5 万户，引黄灌区 0.3 万农户住进"塞上农民新居"，完成中部干旱带县内生态移民 1.3 万人。

（四）资源状况

盐池县矿产资源丰富，发展潜力大。已探明主要矿产资源 14 种，矿产地 56 处，其中大型矿床 4 处，中型矿床 9 处，小型矿床 14 处，矿点 29 处。境内共有油田 6 处，累计探明储量 3443.34 万吨；煤炭 5 处，总储量 78 亿吨；石灰

岩 7 处，其中萌城地质储量最多，达 2094.43 万吨（其中石灰和水泥原料为 907.76 万吨，大理石板材石灰岩 104.34 万立方米）。已探明石膏矿储量 7926.6 万吨；石英砂总储量 479.75 万吨；马儿庄等地砂砾石总储量 479.75 万立方米。池盐仅产于惠安堡，占地 5573.2 亩，年产原盐 2000—3000 吨；芒硝主要分布在柳杨堡、惠安堡、马儿庄、冯记沟等地，50 亩以上硝湖 26 处约 1 万亩，年产硝 1 万吨。

盐池县土地总面积 872.2 万亩，林地面积 421.2 万亩，占土地总面积的 48%。其中：有林地面积 8 万亩，疏林地面积 1.6 万亩，灌木林地面积 157 万亩，未成林造林地面积 50.7 万亩，苗圃地面积 0.2 万亩，无立木林地面积 5.9 万亩，宜林地面积 197.8 万亩；森林面积 165 万亩，占林地面积 39.1%；森林覆盖率 19.2%；沙化土地面积 387.5 万亩，占土地总面积的 38%。沙化土地比例高于全国平均水平，是我国土地沙漠化最严重县区之一。盐池县生态状况可以用"干旱少雨，植被稀疏，风沙灾害频繁，林木资源严重匮乏，生态非常脆弱"来概括。虽然盐池县沙漠化治理速度大于沙漠化速度，但沙漠化和水土流失土地治理，仍然是盐池社会经济发展中带有全局性的重大问题，也是盐池人民面临一项十分艰巨而紧迫的任务。

盐池县经济社会发展还面临着一系列亟待解决的突出问题：一是经济总量较小，自我发展能力不强；市场化程度不高，科技创新能力弱，增长方式较为粗放，制约发展的结构性矛盾依然突出。二是社会事业发展滞后，城乡之间发展不平衡、不协调，扶贫攻坚及生态移民压力较大，保

障和改善民生任务艰巨。三是生态环境依然脆弱，节能减排约束增大，推进"两型"社会建设任重道远。四是公共服务较为薄弱，行业管理较为粗放，群众关心的房价、物价、教育医疗优质资源紧缺等问题有待进一步解决。

第三章　实施天保工程二期的必要性

天然林资源是国家重要的战略性资源，是自然界中群落最稳定、生物多样性最丰富、结构最复杂的陆地生态系统，在维护生态系统平衡、应对气候变化、保护生物多样性等方面发挥着不可替代的重要作用。保护好天然林资源，对于改善全县生态环境、维护生态平衡、促进经济社会可持续发展，改善人民群众生活具有重要作用。

一、战略地位

盐池县中北部地区地处毛乌素沙漠西南缘，沙丘起伏不大，流动性小，地下水位较高，一些再生能力较强的沙生灌木分布较为集中，封育后成林和植被恢复相对容易。通过封育管护，适当进行人工促进更新，植被群落结构将会逐渐稳定，实现沙漠化逆转。对于从根本上遏制生态环境恶化，实现经济和社会可持续发展具有重要现实意义。

二、实施天保工程二期的必要性

党中央、国务院决定延长天保工程实施期限。盐池县组织实施好天保工程二期意义重大。

一是构建宁夏东大门生态安全屏障。盐池县地处宁夏东大门，是全区生态区位极为重要、生态环境最为脆弱、自然灾害较为频繁地区，也是风沙入侵内陆腹地和沙尘暴加强区域之一。保护好现有森林资源，建设绿色生态屏障，对保障全

县生态立县、工业强县，促进经济社会可持续发展具有十分重要战略意义。森林资源自然生长发育是一个长期过程，盐池县经过天保工程十余年实施保护，天然林资源进入初步发展阶段，但森林资源质量仍然不高，中幼林比重大，如果不继续加强保护，则前功尽弃。实施天保工程二期不仅可以巩固天然林保护成果，还可以大幅度提升森林质量和生态功能，对构建宁夏东部生态屏障，保障人民安居乐业具有不可替代作用。

二是促进经济社会可持续发展。盐池县"十二五"规划纲要明确提出：要依托项目、建设生态文明先行区；树立生态、绿色、环保发展理念，打造中部干旱带防风固沙体系，继续巩固全国防沙治沙示范县，构建西部重要生态安全屏障；实施以灌木为主治沙造林 40 万亩，封沙育林 60 万亩，完成未成林抚育管护 150 万亩；建立采种基地 100 万亩；林木繁育基地 0.5 万亩；建设以红枣为主的生态经济林基地 6 万亩；柠条平茬 250 万亩；努力提升原有生态综合治理示范区的生态、经济、社会效益。通过治理使全县 150 万亩沙化土地得到治理，30 万亩流动沙丘基本得到固定。使全县林草覆盖率提高到 35%，净增 5 个百分点。造林苗木基本实现自给自足，林业产业化程度明显增强，生态与经济协调发展，初步实现兴林富民目标；为我国沙漠化土地综合整治提供示范样板。

三是确保森林管护区社会稳定。盐池县经济社会发展长期滞后，保障和改善民生任务十分艰巨。虽然项目区群众生活水准逐年有所提高，但远低于社会平均水平，且差距越来越大。农民就业岗位严重不足，贫困弱势群体较大。国家、自治区在天保工程方面的投入一定程度上解决了当地群众务工问题，尤其对国有林场、苗圃职工而言，有了收入保障，解决了部分职工养老、医疗保险，在一定范围、群体内保障了社会稳定。

第四章　天保工程主要目标任务

天保工程二期主要立足于黄河上中游地区森林资源的保护和培育，构建黄河上中游稳定的森林生态屏障，充分发挥森林保持水土、涵养水源、调节气候等生态功能，维护区域生态系统稳定和国土生态安全，为缓解全球气候变化做出贡献。

一、实施期限

由于天保工程区森林资源恢复和发展需要一定时间，应实行长期保护，分期实施。结合国民经济社会发展规划，天保工程二期时间为 10 年，即 2011—2020 年。

二、指导思想

天保工程二期的指导思想是：高举中国特色社会主义伟大旗帜，以邓小平理论和"三个代表"重要思想为指导，深入贯彻落实科学发展观。以巩固天保工程建设成果为基础，以保护培育天然林资源为主线，以改善生态环境为核心，以保障和改善民生为宗旨，以调整完善政策为保障，加大投入力度，促进林区改革，提升发展能力，努力实现资源增长、生态良好、民生改善、林区和谐。

三、基本原则

（一）坚持因地制宜，分区施策。继续停止天然林商品性采伐，加强森林资源保护，采取不同经营措施增加森林植被。

（二）坚持以人为本，保障民生。着力改善林区民生，增加就业，提高收入，不断完善社会保障。

（三）坚持政策引导，促进改革。工程建设与推动改革相结合，为改革创造条件，努力构建天然林保护长效机制。

四、主要目标

构建宁夏东部稳定的森林生态屏障，实现森林资源从恢复性增长进一步向质量提高转变。森林资源191.2万亩林地面积应管尽管，到2020年森林面积增加175万亩（含国家特别规定的灌木林），生态状况从逐步好转进一步向明显改善转变，工程区沙化面积明显减少，生物多样性明显增加；林区经济社会发展由稳步复苏进一步向和谐发展转变，民生明显改善，国有林场职工社会保障应保尽保，辖区社会和谐稳定。

五、主要任务

（一）加强森林资源管护。继续实施封山（沙）禁牧，确保盐池全境森林生态功能修复。森林管护面积232.7万亩。其中：国有林管护面积11.5万亩，集体所有国家级公益林面积33.1万亩，集体所有地方公益林面积188.1万亩。（管护任务分解到各乡镇详见附表5；略）

（二）加强公益林建设，完成公益林建设12万亩，其中封山育林10万亩；人工造林10万亩，其中乔木造林6万亩，灌木造林4万亩。（公益林建设任务量分解各县详见附表8；略）

（三）实施中幼林抚育。完成国有中幼林抚育1.5万亩。

（四）保障和改善民生。通过落实政策和工程项目，保障全县林场、苗圃34名林业职工基本养老、医疗、失业、生育、工伤保险得到落实，增加管护区就业，提高职工和林农收入，健全完善社会保障体系，使职工收入和社会保障接近或达到社会平均水平。（社会保险补助人数分解林场、苗圃详见附表6；略）

第五章　加强森林资源管护与经营

一、继续停止天然林商品性采伐

在工程区内，除满足基本生活需要保留一部分农民自用材、薪炭材的资源消耗，以及集体林权制度改革后集体林区划为商品林并落实到户部分以外，停止其他天然林商品性采伐。

二、加强森林资源管理

（一）强化森林资源管护

在森林资源管护中，把林业有害生物灾害和森林火灾防治作为主要工作来抓。进一步规范森林病虫害监测管理，实现测报信息传输网络化。建立健全国家级中心测报点和区、市、县三级测报网络为主题的四级监测网络体系，对病虫情进行全面监测，定期发布病虫情预报。健全和完善森林病虫鼠害的调查和监测网络，实现测报信息传输网络化。加强森林防火各项工作，以重点林区为主，加强防火阻隔带、林区道路及防火设备等基础设施建设，有效提高防扑火综合能力。

（二）加强林政管理

保护是发展的前提。天保工程二期继续加强林政管理，进一步加大林政执法力度，确保工程建设成果。严格执行森林采伐限额管理，加大森林资源检查监督力度，坚决杜绝超限额采伐。加大执法力度，依法打击乱砍滥伐、非法侵占林地行为。

（三）建立森林管护责任制

加强森林资源保护，强化森林、林木、林地消长变化监测评价和动态管理，建立森林管护责任制，强化巡查，积极保护野生动植物资源及其栖息地，防止人畜破坏天然林资源。

1.国有林管护

认真总结并不断完善现有森林管护办法，根据工程区内森林分布特点，结合自然和社会经济发展状况，针对不同区域具体情况，采取行之有效的森林管护模式，确保管护效果。

（1）管护站管护模式。因地制宜，建设森林管护站，成立专业管护队伍，层层签订责任合同，全面落实目标责任。实行"管护效果信息卡"等制度，全过程监督森林管护工作。

（2）专业和承包管护模式。对交通不便、人员稀少边远地区实行封山管护，建立精干森林专业管护队伍。对交通方便，人口稠密，林农交错近山区，采取划分森林管护责任区，实行承包管护。

（3）家庭生态林场管护模式。以森林管护责任制为前提，结合林下资源综合开发利用，以林场职工为主要承包者，以家庭成员为主要劳动力，在加强森林资源管护同时，开展林下资源合理利用。

（4）其他管护模式。包括场乡、场村、场农（户）联管等行之有效的管护模式。

2.集体林管护

按照集体林权制度改革要求，已确权到户的尊重林农意愿，因地制宜确定管护方式。集体林中未分包到户的公益林，可以采取专业管护队伍统一管护办法，也可以采取农民个人承包进行管护，管护承包者与林权所有者签订森林管护承包合同，林权所有者加强检查监督。还可以采取其他灵活多样管护方式，明确责、权、利，提高管护成效。

（1）集体管护模式。以行政村或自然村为单位成立专业管护队，配备专职护林员，对集体所有林木实行管护。

（2）家庭托管模式。所有权和管护经营权分离，在所有权不变情况下，把管护责任委托到家庭户，把责任指标落实到人、地块，明确管护对象和奖惩办法。

（3）林农直管模式。根据林权权属，委托有能力的组织或个人进行管理，并签订委托管护协议，由经营者直接进行森林管护。

（4）承包管护模式。划分管护责任区，签订承包管护责任书，任务到山头，责任到人，责权利挂钩。

三、分类经营

（一）森林分类区划

根据生态区位不同，按照《国家级公益林区划界定办法》和地方公益林区划界定相关规定将工程区林地区划界定为国家级公益林、地方公益林和商品林。工程区林地总面积421.2万亩，其中国家级公益林面积126.4万亩，地方公益林面积292.6万亩，商品林面积2.2万亩。根据区划界定结果，实行分类经营和管理。

（二）国有中幼林抚育

天保工程一期实施禁伐措施，有效增加了森林植被。但是，目前大量天然次生林林分生长过密，林下更新困难，中幼龄树生长受阻，林木生长缓慢，幼树枯损严重，防护效能低下；大量的人工林由于初植密度过高，林分郁闭后，空间竞争激烈，生长被抑制。安排国有中幼林抚育，不断提高森林质量和林地生产力，努力解决安置好职工就业，提高职工收入。

1. 抚育对象

（1）公益林。为提高防火、防病虫害能力，促进森林健康，构建稳定的森林生态系统，充分发挥公益林生态功能，对特殊保护地区的生态公益林（国家级公益林一级）不进行任何形式的抚育活动，对重点保护地区的生态公益林（国家级公益林二级）和一般保护地区的生态公益林（国家级公益林三级以及地方公益林，下同）按照保护和发展需要，开展有限制抚育。抚育对象：郁闭度 0.8 以上，林木分化明显，林下立木或植被受光困难的林分；遭受病虫害、火灾等严重自然灾害，病腐木达 5% 以上的林分；林木生长发育已不符合其主导生态功能的林分。

（2）商品林。加强商品林培育，提高森林质量，增加森林蓄积，增强林地生产力，促进林业产业发展和职工增收。抚育对象：每公顷树高 30 厘米以上幼树超过 3000 株，或 30 厘米以下幼树超过 6000 株，更新频度超过 60%，幼苗、幼树层植被总盖度 80% 以上的幼龄林；郁闭后目标树受到非目标树、灌木、杂草压制的幼龄林；郁闭度在 0.9 以上或分布不均、郁闭度在 0.8 以上的人工幼龄林；郁闭度 0.8 以上或分布不均、郁闭度在 0.7 以上的天然幼龄林；郁闭度 0.8 以上的中龄林；郁闭度 0.7 以上，下层目标幼树较多且分布均匀的中龄林；林木胸径连年生长量明显下降，枯立木与濒死木数量超过林木总数 30% 中龄林；遭受病虫害、火灾及风雪危害等自然灾害

和林内卫生状况较差的林分。

2. 抚育措施

（1）公益林。按照提高生态功能和促进林木生长原则，主要采取卫生伐的抚育方式，通过剪枝、除杂，以及病腐木清理等方式提高公益林质量。林间空地和稀疏林地，必须采取合理补植措施。

（2）商品林。按照森林生长发育阶段，采取透光伐、生长伐、卫生伐等抚育采伐方式。透光伐（透光抚育）主要在幼龄林阶段进行，在天然林中清除高大草本植物、灌木、藤蔓与影响目标树幼树生长的萌芽条、霸王树与上层残留木及目标树中生长不良林木，调节林分密度。在人工纯林中主要伐除过密和质量低劣、无培育前途林木。人工混交林中，主要伐除有碍保留林木生长的乔灌木、藤蔓和草本植物。生长伐主要在中龄林阶段进行。同龄纯林，伐除有害树以及过密或受害的辅助树；混交林、尤其是复层混交林，伐除位于林冠上方的霸王树和上一世代残留木；反复多次不合理择伐后的天然次生林，伐除有害树；天然更新的单层同龄林，伐除上层散生的上一世代残留木和主林层中生长落后林木；同时伐除易引起病虫害的枯立木、风倒木、风折木、濒死木等。如遭受病虫害、风折、风倒、雪压、森林火灾等情况，需要伐除已被危害林木。

第六章　加强公益林建设

尊重自然规律，积极营造生态公益林，加大重点地区、重点流域生态治理力度，尽快恢复森林植被，推进绿色屏障建设，维护国土生态安全。

一、资源状况评价

天保工程区林地面积 421.2 万亩，其中宜林荒山荒地 40 万亩，宜林沙荒地 157.8 万亩。全县森林资源总量在持续增加，但森林类型单一、总量少、覆盖率低；有林地面积 8 万亩，仅占全区有林地面积的 0.032%。森林质量总体上仍然偏低，林龄结构低龄化，可利用资源极少。天保工程二期继续安排公益林建设任务，根据自然社会经济条件及林地特点的不同，生态公益林建设包括人工造林、封山育林两种。（林地资源状况详见附表 1；略）

二、立地区划及造林方式确定

根据自治区林业局规划，盐池县工程范围内宜林荒山（沙）地区划为蒙宁陕半干旱区。为保证生态公益林建设成效，提高造林成活率和保存率，按照适地适树原则，根据气候、地貌条件差异，并依据自然资源和生态状况，确定适宜的生态公益林植被类型、造林方式、林种比例及树种配置。

盐池县为宁夏东部半荒漠草原护牧区，处于干旱风沙地带，大部分地区年平均降水量在 300 毫米以下，干旱缺水是制约造林种草的主要因素。自然环境恶劣，风沙危害和水土流失严重，植被以灌木林和灌丛为主。在保护好现有植被同时，通过封山（沙）育林（草）、人工造林种草等措施，大力营造防风固沙林、水土保持林，最大限度地增加林草植被，改善调节气候，减轻风沙危害，控制水土流失。

三、公益林建设

1. 人工造林。人工造林是快速恢复森林植被，有效扩大森林面积最直接、最有效的生态治理措施，造林主要对象是宜林荒山荒地和沙荒地。天保工程二期安排盐池县人工造林任务 10 万亩，其中乔木造林 6 万亩，灌木造林 4 万亩。（人工造林建设任务量分解各县详见附表 8；略）

2. 封山育林。封山育林在增加森林植被、保护生物多样性、节省投资、促进林木生长，提高林分质量等方面具有明显优势。封山育林主要对象为疏林地、符合封山育林条件的无林地。天保工程二期继续安排盐池县封山育林任务 12 万亩。（封山育林建设任务分解详见附表 8；略）

第七章　保障和改善民生

完善社会保障，促进职工就业，是天然林保护事业健康发展的重要保证，是构建社会主义和谐林区的重要举措，是经济社会发展的"稳定器""减震器"。针对目前工程区林业职工社会保障和收入水平低的问题，完善相关政策，扩大林区就业渠道，提高林业职工收入。

一、建立完善社会保障

继续实施并完善社会保险补助政策，相应提高保障水平，使职工收入和社会保障接近或达到社会平均水平，为林区改革发展和社会稳定创造宽松的政策环境，确保天然林保护工程顺利推进。

二、政策性社会性支出补助

天保工程区国有林业单位政策性、社会性岗位，随着推进政企分开、社企分开改革逐步移交地方政府管理。

三、扩大国有林场就业渠道

天保工程二期通过森林管护、公益林建设、中幼龄抚育，每年可为国有林场职工及林农提供多个就业岗位。

（一）森林管护。国有林管护面积11.5万亩，每年可提供20个就业岗位；集体公益林管护面积224.2万亩，每年可为林农和社会提供200个就业岗位。

（二）国有中幼龄林抚育。抚育面积1.5万亩，每年可提供2个就业岗位。

（三）公益林建设。公益林建设任务22万亩，每年可提供30个就业岗位，其中人工造林10万亩，每年可提供10个就业岗位，封山育林12万亩，每年可提供10个就业岗位。

第八章　主要政策和资金投入

一、测算主要依据

（一）国家林业局、发展改革委、财政部、人力资源社会保障部《关于编制天然林资源保护工程二期省级实施方案有关事宜的通知》（林规发〔2011〕168号）。

（二）《长江上游、黄河上中游地区天然林资源保护工程二期实施方案》（林规发〔2011〕21号）。

（三）《宁夏2009年统计年鉴》。宁夏天保工程二期社保缴费工资基数为24575.2元，是宁夏2008年社会平均工资的80%。

二、主要政策

（一）继续实施森林管护补助政策。对国有林，中央财政安排森林管护费每亩每年5元；对集体林，属于国家级公益林的，由中央财政安排森林生态效益补偿基金每亩每年10元；属于地方公益林的，主要由地方财政安排补偿基金，中央财政每亩每年补助森林管护费3元。管护经费可以用于补植补造，其中管护设施建设维护（包括护林点建设维护、护林员生活设施配套、水利基础设施、场站用房、职工用房建设、林区道路建设、交通工具）和设备购置费等占管护费的30%左右。

（二）完善社会保险补助政策。1.中央财政继续对国有林场（以下简称国有林业单位）负担的在职职工基本养老、基本医疗、失业、工伤和生育等五项社会保险给予补助，分别按缴费工资基数的20%、6%、2%、1%、1%比例补助。社保缴费工资基数为24575.2元，是宁夏2008年社会平均工资的80%。2.对符合现行就业政策由国有林业单位代管的灵活就业困难人员，地方人民政府按国家有关规定统筹解决社会保险补贴，对国有林业单位跨行政区域的，由所在地、市或省级人民政府统筹解决。

（三）完善政策性社会性支出补助政策。中央财政继续对国有林业单位负担的教育、医疗卫生及公检法司经费给予补助，并相应提高补助标准；为鼓励推进改革，对将国有林业单位承担的消防、环卫、街道等社会公益性事业移交地方政府管理的省（区、市），中央财政给予补助。补助标准参照2008年全国社会平均水平，教育经费人年均补助30000元，医疗卫生经费人年均补助15000元。

（四）继续实行公益林建设投资补助政策。中央基本建设投资继续安排公益林建设，人工造林乔木每亩补助300元，灌木造林每亩补助120元，封山育林每亩补助70元。

（五）增加森林培育经营补助政策。中央财政对国有中幼林抚育每亩补助120元。

（六）地方投入政策。自治区财政对集体所

有地方公益林管护每亩补助2元。

三、资金投入

根据上述任务、政策和测算标准，及国家、自治区有关规定，经测算，盐池天保工程二期工程（2011—2020年）总投资13316.9万元，其中中央财政6623万元（不含2010年前已纳入生态补偿的管护费），占49.7%，中央基本建设投资3120万元，占23.4%；自治区财政投入3573.9万元，占26.8%。分投资渠道和建设项目投资测算如下：（详见附表9、附表10；略）

（一）财政资金投入。2011—2020年盐池县天然林资源保护工程二期建设共需投入财政资金9743万元（不含2010年前已纳入生态补偿的管护费），占工程建设总投资的50%，其中中央补助6623万元，地方配套3573.9万元。

1. 森林管护费和中央补偿基金补助。2011—2020年盐池县天然林资源保护工程二期建设森林资源管护中央投资6372万元，其中国有林管护面积11.5万亩（不含2010年前已纳入补偿的国家级公益林面积），管护费105万元；集体所有国家级公益林面积33.1万亩（不含2010年前已纳入补偿的国家级公益林），管护费2317万元；集体所有地方公益林面积188.1万亩，管护费3950万元，自治区财政配套资金3573.9万元。

2. 国有林场职工社会保险补助。2011—2020年盐池县国有林业场圃职工34人基本养老、基本医疗、工伤、失业、生育保险中央投资资金251万元。

3. 森林抚育补助。2011—2020年盐池县国有中幼龄抚育面积1.5万亩，中央投资1800万元。

（二）基本建设投入。2011—2020年盐池县天然林资源保护工程二期基本建设共需投入资金3120万元，占工程建设总投资的23.4%，为中央基本建设投资。

1. 人工造林投资。2011—2020年盐池县实施天然林资源保护工程二期建设人工造林计划完成10万亩，其中乔木造林6万亩，灌木造林4万亩，中央基本建设投资2280万元。

2. 封山育林投资。2011—2020年盐池县实施天然林资源保护工程二期建设封山育林计划完成12万亩，中央基本建设投资840万元。

第九章　保障措施

一、加强组织领导，实行责任制考核。盐池县天保工程二期，继续实行县人民政府负责制，层层签订责任书。县委、县政府成立由林业、发改委、财政、社保等有关部门参加的天然林资源保护工程领导小组，下设办公室，具体工作由盐池县环境保护和林业局天然林资源保护工程办公室负责实施方案编制、造林封育技术指导、检查验收等具体工作。县委、县政府对承担建设任务的乡镇、林场、灌木园实行目标、任务、资金、责任"四到"乡镇、场管理体制，各乡镇、场成立政府领导挂帅的工程建设领导机构，负责统一协调，明确职能，落实责任，统一组织，精心实施，从规划设计、组织协调、竣工验收等全过程进行管理，形成由各级政府统一组织管理，林业等有关部门配合的组织机制。县委、县政府与各乡镇、场签订责任书，明确目标、任务、资金、责任，把工程责任落实到各级政府，一级带一级，一级抓一级，层层抓落实。

二、科学编制实施方案，加强工程管理能力

建设。盐池县本着科学规划原则，精心组织编制本地区天保工程二期实施方案，明确目标，落实任务，制定具体政策措施，确保工程建设任务目标实现。要根据工程建设任务落实好管护措施，因地制宜安排好公益林建设，合理确定封、造比例，加强中幼林抚育作业设计管理和监督检查，按标准设计，按标准实施，按标准验收，努力提高工程质量。结合工程项目建设妥善安排好职工就业，提高职工收入水平。各级工程管理部门要加强对工程的检查、验收和效益检测，推进工程管理信息化建设，不断提高工程管理能力。

三、严格执行国家政策，完善规章制度。严格按照国家出台的天然林资源保护工程各项政策及相关规定，认真执行《天然林资源保护工程管理办法》《天然林资源保护工程财政专项资金管理办法》及《天然林资源保护工程绩效考评暂行办法》《天然林资源保护工程"四到省"考核办法》等规章制度，依照自治区《天然林资源保护工程森林资源管理办法》及《天然林资源保护工程"四到县"考核办法》，修订完善盐池县《天然林资源保护工程森林资源管理办法》。各有关部门要按照职责分工，制定相关管理细则，依法依章办事，推进工程实施和管理科学化、规范化建设。

四、依靠机制创新，激发全社会参与工程建设的积极性。在工程建设中引入新机制，把国家长远利益和林农切身利益有机结合起来，对现有林管护、公益林建设推行企业、个体承包经营管理，使造林护林责任到户、到人。建立严格责任制，做到责权利统一。对人工造林、封山育林建设全面推行招投标制、监理制，形成多种经济成分共同参与，既符合市场经济要求，又有利于调动发挥各方面积极性的良性机制。

五、加强基础设施建设，改善林区生产生活条件。按照中央林业工作会议要求，要强化地方政府在国有林场社会管理中的责任，进一步加强林区基础设施建设，将林区水、电、路、通信等基础设施建设纳入各级政府经济社会发展规划和相关行业发展规划。加快实施森林防火规划，推进国有林区棚户区改造和国有林场危旧房改造工程。切实履行属地化社会保障责任和落实再就业扶持政策，将林业职工和林区居民纳入地方社会保障体系；加强再就业培训，采取有效措施多渠道促进国有林业单位转岗职工和林区就业困难人员实现再就业。

六、加大科技支撑力度，提高工程建设科技含量与水平。大力林业新科技成果和实用技术推广，努力提高工程建设科技含量。加大对林农技术培训力度，普及林业先进技术。积极与科研院所配合，充分发挥科技工作者带动作用，提高工程质量水平。坚持因地制宜、适地适树、宜乔则乔、宜灌则灌原则，积极开展引种工作。选择适应性强、耐旱性强树种，加快干旱山区、沙区造林技术推广与探索，大办推广生根粉、保水剂、覆膜套袋、容器苗等系列新技术在工程造林中的应用。探索封山育林区植被恢复技术措施，研究推广封育区补植补播造林技术。加强天然林资源保护工程资源、病虫害防治等监测工作，推广先进监测管理技术和手段。

七、强化工程管理，实行绩效考评。工程实施实行招投标制、监理制和报账制，确保工程建设质量；建立工程实施绩效考评机制，完善考评办法，开展年度考评；建立考评结果与投资投入挂钩的奖惩机制，考评结果差的，调减工程任务量和资金。加强审计稽查，强化资金监督，杜绝截留、挤占、挪用工程资金，提高资金使用效果。加强调查研究，认真总结经验，不断完善各项工程措施。对在天然林保护工程实施中做出突出贡献的单位和个人给予表彰奖励，激发广大干部群众参与工程建设的积极性。

第十章 效益分析

一、资源质量提升

森林资源量的增加和质的提升，是工程区经济社会可持续发展的重要基础。盐池县天保工程二期通过全面停止天然林商品性采伐、森林资源管护、生态公益林建设和中幼林抚育，将进一步扩大森林面积，增加森林蓄积，森林资源质量得到显著提升。有利于逐步建立区域布局合理、生产力发达、多层次、多功能的森林生态系统，有利于促进全县经济社会可持续发展。

持续停止天然林商品性采伐，开展生态公益林建设，退化森林植被逐步将得到恢复重建。通过中幼龄林抚育，改善林分环境，加快促进林木生长发育，有效改善林龄、林种、树种结构，提高林木生长率和林地生产力，增强森林生态防护功能。积极维护森林健康，降低森林病虫害、火灾、气候灾害危害程度，改善野生动植物栖息地环境。随着森林资源数量和质量不断提升，将进一步构筑良好的生态环境，为全县经济社会协调发展提供重要保障。

二、显著改善生态效益

森林是人类和多种生物赖以生存和发展的基础，它具有丰富的生物多样性、复杂的结构和生态过程，对改善生态环境，维持生态平衡，保护人类生存发展环境起着不可代替的作用。天保工程二期的实施，工程区217.5万亩的有林地、灌木林地、未成林造林地及部分灌丛地将进一步得到有效保护，将在气候调节、涵养水源、土壤保育、固碳释氧、净化空气、防风固沙、森林游憩和维持生物多样性等方面产生巨大的森林生态效益。

气候变化是当今人类面临的最大威胁和挑战，气候变化的发生，主要是由于空气中的二氧化碳不断增多，形成了温室效应而导致的。应对气候变化，最根本的措施就是要降低空气中的二氧化碳等温室气体含量。森林是固态的碳，是地球碳循环的重要载体，是维持空气碳平衡的重要杠杆，是陆地上最大的"储碳库"和最经济的"吸碳器"。森林固碳由于投资少、代价低、综合效益好，已受到国际社会的广泛关注和高度重视。

三、社会效益突出

着力保障和改善民生是经济发展的根本，是实现社会进步和国家长治久安的基础。实施天保工程二期将有效改善民生，有力促进林区社会和谐稳定。一是有效增加职工就业。天保工程二期实施森林管护、中幼龄林抚育、公益林建设任务，可增加林农就业岗位450个，同时为当地提供大量务工机会。二是大幅提高职工群众收入。天保工程二期通过提高补助标准，有效提高职工工资水平，增加林农收入。以国有林管护补助为例，由原来每年每亩补助1.4元提高到5元，管护人员工资标准提高将近3倍。三是进一步完善社会保障体系。天保工程二期项目中，中央财政继续对国有林业单位职工基本养老、基本医疗等五项社会保险给予补助，并提高补助标准。四是有效改善人居环境、促进民族地区发展。天保工程项目具有很强的产业功能。项目区群众充分利用林区资源环境优势，大力开展森林旅游和特色产业，可以有效促进地方经济发展、促进民族地区社会和谐。

天保工程二期通过森林管护、公益林建设和中幼龄林抚育等项目实施，可有效保护现有森林资源，扩大森林面积，提高林分质量，增强森林生态功能。对于改善区域生态环境，增加森林资源储备，增强森林碳汇能力，维护国土生态安全和木材资源安全，应对气候变化具有重要现实意义。通过增加就业、提高职工收入、完善社会保障制度和促进林区改革等措施，将进一步保障和改善民生，实现林区社会和谐稳定具有长远意义。

方案指标参考依据

1.《生态公益林建设技术规程》（GB/T18337.3—2001）

2.《造林技术规程》（GB/T15776—2006）

3.《森林抚育规程》（GB/T15781—2009）

4.《造林作业设计规程》（LY/T1607—2003）

5.《宁夏天然林资源保护工程实施方案》（2001年）

6.《国家级公益林区划界定办法》（林资发〔2009〕214号）

7.《企业职工生育保险试行办法》（老部发〔1994〕504号）

8.《企业职工工伤保险试行办法》（老部发〔1996〕266号）

9.《失业保险条例》

附表（以下附表内容略）

1. 盐池天保工程二期各类土地面积统计表

2. 盐池天保工程二期公益林区划界定表

3. 盐池天保工程二期国有林各龄组面积蓄积统计表

4. 盐池天保工程二期林分郁闭度面积统计表

5. 盐池天保工程二期森林管护与补助面积统计表

6. 盐池天保工程二期社会保险和政策性社会性支出补助人数统计表

7. 盐池天保工程二期国有职工就业安排统计表

8. 盐池天保工程二期公益林建设任务汇总表

9. 盐池天保工程二期中央投入汇总表

10. 盐池天保工程二期地方投入汇总表

《盐池县经济林产业"十三五"发展规划》

"十三五"时期,是我国全面建成小康社会的关键时期,是深化改革开放、加快转变经济发展方式的攻坚时期,在这种新常态下更是推动经济林产业可持续发展的重要战略机遇期。

为认真贯彻落实自治区林业厅关于做好《经济林产业"十三五"规划编制工作》通知,认真做好全县"十三五"期间经济林产业发展规划,促进全县经济林产业综合开发,提高林业产出效益,增加农民收益,使经济林产业在新常态形势下的新发展,为实现"富裕盐池、民生盐池、和谐盐池、美丽盐池"的愿景,结合盐池县实际情况,特制定本规划。

一、产业现状

(一)"十二五"取得成就

"十二五"期间,盐池县认真贯彻落实中央和区、市关于林业工作方针政策,以科学发展观统领林业工作全局,狠抓以红枣为主的特色经济林产业,顺利完成林业"十二五"规划各项任务和指标,各项林业事业取得了巨大成就,为全县林业可持续发展奠定了坚实基础。

1. 经济林产业逐步壮大。"十二五"期间,盐池县经济林产业结构调整步伐加快,全县在实施林业重点工程建设中,始终把林业结构调整与地方经济发展、农民脱贫致富结合起来,在全力打造中部干旱风沙区红枣产业带基础上,大力推进"林草、林果、林药"结合的多种林业产业模式。"十二五"期间全县新增以红枣为主特色经济林 1.27 万亩,产值达 114.48 万元。

2. 始终把民生林业作为林业发展重点。牢固树立兴林为了富民、富民才能兴林的"民生林业"理念,着力打造生态效益良好和经济效益明显的特色林果业,充分调动了广大人民群众发展林业的积极性,使其成为改善生态环境、促进农民增收的新亮点和支撑点。"十二五"以来,县林业部门在巩固提升传统产业同时,把加快发展具有地方特色、惠及千家万户的红枣作为产业培育重点,新增红枣面积 1.27 万亩。截至 2014 年底,全县经济林总面积达到 5 万亩,年产量 1500 吨,年产值 1071 万元。

3. 林业管理体系建设不断完善。加强了林业队伍建设,进一步重视林业科技推广工作。通过健全乡镇林业站并加强了对各站硬件设施的配备。通过送出去、请进来、举办培训班、专题讲座等形式,全面提高了科技人员业务素质。"十二五"期间,先后举办了资源管理知识培训、红枣丰产技术培训，示范推广了红枣矮化密植、无公害化学防治等项目的技术。

（二）"十二五"经济林发展存在问题

"十二五"期间，虽然全县经济林产业发展工作取得显著成效，但在国民经济发展对经济林产业要求方面，还存在很大差距。主要表现在以下几个方面：

1.林牧矛盾突出，影响经济林产业发展。盐池县是畜牧产业大县，畜牧业是全县特色支柱产业，在农村经济中占主导地位，2014年全县羊只饲养量达到300多万只。随着封山（沙）禁牧工作进一步强化，林牧矛盾普遍存在、日益突出。保护和发展林木资源压力增大。羊只、牲畜进入林地啃食、践踏，对新造经济林破坏严重，影响经济林产业发展。

2.经济林效益不佳，影响广大林农生产积极性。盐池县目前保存各类经济林5万余亩，主要以红枣为主，品种混杂，良莠不齐，优质品种不多。同时由于农民缺乏相应栽培技术，加之管理难度大、不到位，致使红枣产量低、质量差，难以批量进入市场，经济效益低下。严重影响了农民积极性，不利于经济林在全县进一步促进发展。

3.科技支撑水平不高，工程管理存在薄弱环节。因资金投入少、技术人员少等因素，一些成熟、先进的林业技术不能得到有效示范推广；"重栽轻管"现象普遍存在，致使经济林成活率和保存率都较低；由于造林、管护成本较高，以至于对经济林管护、监管不及时，难以达到"树有人栽、林有人管、责有人担"的基本要求。

上述问题的严重存在，制约着全县经济林产业现代化进程，影响全县经济发展快。对此要有清醒认识，增强危机感和紧迫感，抓住机遇，迎接挑战，全面加快全县经济林建设步伐。

（三）主要做法

1.更新理念，改造低效经济林。由于盐池县经济林产量低、质量差，导致经济效益低、农民积极性不高问题。为增加农民收益，提高经济林效益，必须更新理念，积极探索经济林建设新模式，改造低效经济林，推动经济社会可持续发展。

2.因地制宜，发展特色经济林。经济林建设必须遵从自然立地条件，遵循生态适应性规律和地域分布规律，因地制宜，适地适树。针对全国、全区经济林产业发展有利时机，充分利用林业科技研发成果，因地制宜发展富有特色的经济林产业体系，结合低效经济林改造提升，进一步增加经济效益，促进群众致富。

3.广泛吸纳社会资金投入，保障经济林项目实施。坚持项目带动为主，广泛吸纳农村专业合作社、企业、大户和个人等社会资金参与经济林建设。鼓励支持社会各类投资主体和广大林农使用林业信贷资金从事林业建设，为加快经济林发展提供有力资金保障。

二、"十三五"经济林产业发展总体思路

（一）指导思想

以党的十八大精神为指引，深入贯彻落实科学发展观，在新常态下，把经济林产业工作充分融入全县经济社会发展全局；以改善生态、改善民生为总任务，以构筑林业现代化三大体系为基础，全面深化经济林产业改革和发展方向；全面

推进"美丽盐池"大发展，初步形成特色优势明显的经济林产业体系，推进全县经济林产业全面协调可持续发展，更好地为国民经济和社会发展服务。

（二）基本原则

1. 坚持统一规划、合理布局、因地制宜、分期实施、突出重点原则，全面推进经济林产业建设。

2. 坚持生态效益优先，生态、经济与社会效益相结合原则，促进人与自然协调发展。

3. 坚持市场导向，政府扶持，促进适度规模发展，提高集约经营水平原则。

4. 坚持依靠科技，积极推广优良品种和新技术，努力实现高产、优质、高效原则。

5. 坚持适地适树、稳步推进，充分利用宜林地、盐碱地、沙荒地，不占耕地、尤其是不占基本农田原则。

6. 坚持资源开发与生态保护建设相结合，统筹城乡生态建设，大力发展经济林产业，因地制宜地发展富有特色的经济林产业，致富群众，改善民生。

7. 坚持国家投入与社会参与、政府主导与市场调节相结合原则，促进经济林产业综合开发。

（三）发展目标

立足全县资源优势和立地条件，大力培育特色经济林产业，切实增加农民收益。"十三五"期间，全县规划新发展经济林面积6000亩，改造低效经济林1万亩。

（四）总体布局

1. 规划"十三五"期间新发展曹杏、红梅杏共计6000亩。规划区位于南部山区麻黄山乡的

黄土高原丘陵区，西北、西南与大水坑镇、惠安堡镇毗邻，东南与陕西定边县姬塬镇相连，东与甘肃环县秦团庄乡接壤。

2. 改造低效经济林面积1万亩。位于2008年以来在麻黄山、惠安堡、花马池、大水坑等乡镇建立的红枣基地和杏树示范种植区。

（五）建设进度

1. "十三五"期间新发展曹杏、红梅杏共6000亩，具体进度安排如下：

2016年种植2500亩；

2017年种植2000亩；

2018年种植1500亩；

2019—2020年加强养护管理。

2. "十三五"期间低效林改造工程1万亩，具体进度安排如下：

2016年改造麻黄山乡低效经济林面积8400亩；

2017年改造惠安堡镇低效经济林面积620亩；

2018年改造大水坑镇低效经济林面积520亩；

2019年改造花马池镇低效经济林面积460亩。

三、重点建设内容

立足于盐池的资源特色和立地条件，要大力培育特色经济林产业，努力增加林业产值，提高林业在国民经济发展中的占比。

（一）发展经济林曹杏、红梅杏共6000亩

规划在盐池县南部的麻黄山乡，实施以曹杏和红梅杏为主的生态经济型防护林工程。在项目

盐池县经济林产业"十三五"发展规划投资任务表

序号	项目名称	建设地点	建设任务	面积合计（万亩）	单价（元）	投资（万元）
合计				1.6		2800
1	新发展经济林	麻黄山	种植红梅杏、曹杏	0.6	3000	1800
2	低效经济林改造	花马池	改造低效经济林面积1万亩	1	1000	1000
		大水坑				
		王乐井				
		高沙窝镇				

区经济效益低下的耕地种植经济效益高的曹杏、红梅杏等经济林，是响应国家发展生态林业和民生林业号召，调整林业产业向经济林产业聚集，对促进当地农民致富增收，建设社会主义新农村具有重要现实意义。

1. 树种选择及规格

项目建设选用苗木须符合《宁夏主要造林树种苗木质量分级》和本项目设计规格标准。根据上述树种选择原则，本项目主要树种及规格选择如下表：

2. 营造技术

（1）苗木培育

以山杏作嫁接培育苗木。春季嫁接，可采用插接、皮下接等方法。

（2）栽植季节

以春季或秋季为宜。栽植密度为 4m×4m，挖坑（80cm×80cm×80cm）栽植，随栽随起。选用 2 年生嫁接苗，苗木地径要求达到 1—2cm。

（3）抚育管护

曹杏：①施肥：秋施基肥以有机肥为主，结合扩穴深翻进行，幼树每株 25—50kg，初果树每株 50—100kg，盛果树每株 100—150kg。追肥分

4 次进行，分别在发芽前、开花后、硬核始期、硬核中期，株施尿素 0.5kg、硫酸铵 1kg，促使幼果生长，加快花芽分化。②保花保果：生长期应对辅养枝进行环剥，提高花芽质量，减少败育花。夏季进行摘心，延长新梢、副梢生长；花期喷 7%—10% 石灰液延迟花期 3—5 天；花芽膨大期喷 500—2000ppm 青鲜素推迟花期 4—6 天；盛花期喷水或喷 0.3%—0.5% 尿素 +0.3% 硼酸，提高坐果率。③整形修剪：以疏散分层型或自然圆头型为宜。幼树修剪要及早留好主枝，配备好侧枝，多留辅养枝。修剪时要对各级骨干枝延长头适度短截，内膛枝要重剪，衰弱枝组及时重缩，更新结果枝组。④病虫害防治：及时防治杏疔病、流胶病、食心虫、蚜虫、红蜘蛛等病虫害。可应用于山杏高接换头。

红梅杏：①土肥水管理：每年秋季对树盘进行扩穴松土 1 次，春秋季中耕除草 2 次，秋季结合扩穴松土，每亩施有机肥 2500kg。生长期间，根据结果产量和季节不同适当追肥，每亩 40kg 左右。②整形修剪：以自然开心形为主。夏季修剪主要采取抹芽、摘心、开张角度、疏枝等措施控制树冠，同时采用疏花疏果等措施限制结果

苗木规格、质量一览表

序号	品种	质量要求	备注
1	曹杏	2年生嫁接苗，根系完整、枝干无机械损伤	
2	红梅杏	2年生嫁接苗，根系完整、枝干无机械损伤	

量，提高优质果率。冬季修剪以短截、疏除衰弱枝组等方法培养主枝，以形成强大的树体骨架。③病虫害防治：及时防治杏疗病、杏树流胶病、蚜虫等病虫害。

（二）低效经济林改造提升

"十三五"期间，规划全县改造低效经济林10000亩。

1.规划范围。盐池县现有经济林5万余亩，其中麻黄山乡经济林最多，为1.71万亩，其次为惠安堡、花马池和大水坑三镇。"十三五"期间，规划对麻黄山、惠安堡、花马池、大水坑4个乡镇的低效经济林进行改造和补植补造。

2.改造面积。"十三五"期间，规划改造低效经济林面积10000亩，其中：麻黄山乡改造低效经济林面积8400亩，涉及李塬畔、胶泥湾、麻黄山、何新庄、后洼、唐平庄、井滩子、沙崾岘8个村。惠安堡镇改造低效经济林面积620亩，涉及老盐池、惠安堡、隰宁堡、杏树梁、萌城5个村。大水坑镇改造低效经济林面积520亩，涉及柳条井、红井子、大水坑、二道沟、新泉井、莎草弯、向阳7个村。花马池镇改造低效经济林面积460亩，涉及东塘、李记沟、皖记沟、柳杨堡、郭记沟、长城、四墩子、佟记圈8个村。

3.改造模式及改换品种。规划期内，重点对原有低效红枣经济林和杏树进行改造。改造方式为更替改造、补植以及高接换种。其中红枣更换品种主要为同心圆枣、骏枣、灵武长枣等优质品种；杏树更换品种主要为红梅杏和曹杏。

4.改造任务及面积，见下表。

四、重点项目实施及资金来源

"十三五"期间，全县经济林产业发展规划投资2800万元，其中：

（一）发展经济林6000亩，投资1800万元，占规划总投资的64%；投资标准为3000元/亩。资金来源为中央财政专项资金、地方配套资金和农民自筹。其中：

中央财政专项资金投资180万元，投资标准为300元/亩，占项目总投资的10%；

地方配套资金投资1260万元，投资标准为2100元/亩，占项目总投资的70%；

农民自筹360万元，投资标准为600元/亩，占项目总投资的20%。

（二）低效经济林改造提升1万亩，投资1000万元，占规划总投资的36%。投资标准为1000元/亩。资金来源为中央财政专项资金、地方配套资金和农民自筹。其中：

中央财政专项资金投资100万元，投资标准为100元/亩，占项目总投资的10%；

低效经济林改造任务及建设面积

序号	建设区域	改换品种	改造积极	备注
合计			10000	
1	麻黄山乡	红梅杏、曹杏	8400	
2	惠安堡镇	同心圆枣、骏枣、灵武长枣	620	
3	大水坑镇	同心圆枣、骏枣、红梅杏、曹杏	520	
4	花马池镇	同心圆枣、骏枣、灵武长枣	460	

地方配套资金投资700万元，投资标准为700元／亩，占项目总投资的70%；

农民自筹200万元，投资标准为200元／亩，占项目总投资的20%。

逐步建立以政府投入为引导，企业、专业合作组织、农民为主体的多元投入机制。国家统筹各类造林投资，加大对经济林产业发展的扶持力度，带动地方和各类社会投资积极参与。

五、保障措施

（一）强化组织领导。完成"十三五"经济林建设各项目标任务，需要县委、县政府加强组织领导，强化制度体系建设，完善相关政策措施，为提高林业产出效益、推动科学发展提供有力保障。县人民政府全面负责"十三五"经济林产业工作安排部署、组织协调和监督检查。要切实加强林业建设总体布局，把经济林建设纳入当地经济社会发展总体规划，列入城乡统筹发展重要内容。积极动员全社会关心支持经济林发展，协调解决产业发展中突出矛盾和问题。县环境保护和林业局作为落实规划责任单位，要统一布置，明确建设目标、任务和保障措施，将任务分解到年度、细化到项目、落实到地块，不折不扣

抓好落实。县委、县政府督查室会同有关部门对各项经济林工程完成情况进行重点督促检查，及时通报情况，排查问题，确保规划期内经济林产业发展顺利推进。

（二）加强部门协调。根据规划目标，合理划分乡镇、部门在经济林建设方面的事权，建立激励约束机制，实行地方政府林业建设目标责任制。各有关部门要发挥行业优势和责任，按职责分工，建立起政府统一领导下的部门分工协作机制，共同推进全县经济林产业发展。

（三）加强政策扶持力度。经济林建设是一项针对农民增收的公益性项目，通过重点项目实施争取国家财政资金，当地政府配套扶持，对营造经济林给予补助。积极开辟新筹资渠道，提高和改善营林投资环境。完善林业信贷资金扶持政策，加大对涉林企业信贷资金使用力度，实现经济林建设投资主体多元化。逐步建立以政府投入为引导，企业、专业合作组织和农民投入为主体的多元投入机制。国家统筹各类营林投资，加大对经济林产业发展扶持力度，带动地方和各类社会投资积极参与。

（四）加强科技创新与服务。依靠科技创新，全面提高经济林营林水平、综合生产力和竞争能

力，重点抓好林业科技成果推广应用。实施经济林项目时，多与科研院校进行技术合作，组建专家团队，提高科技含量；加强基础科学研究，引进和推广先进适用技术，扩大经济林先进技术适用覆盖面，提高科技支撑水平。建立和完善科技创新激励机制，充分调动科研人员参与经济林建设的积极性、主动性和创造性。

（五）加强业务技能培训，提高管理者素质。根据加快经济林与经济建设需要，强化林业行政管理体系，加强各级林业执法机构建设。各级政府要将森林防火、有害生物防治、林业行政执法、基础设施建设纳入政府预算；加大林业工作者队伍培训教育，注重人才培养。通过开展多种形式的培训，培养高素质管理队伍和实用人才，稳定和壮大林业专业队伍。强化服务意识，提高干部职工综合素质，全面提升管理服务水平；加强经济林产业综合开发方面宣传工作，为加快经济林发展营造良好的舆论和社会氛围。

盐池县环境保护和林业局
2015 年 9 月 2 日

编　后

生态文明建设是新时代中国特色社会主义的一个重要特征，是实现中华民族伟大复兴中国梦的重要内容。编纂《盐池县环境保护和林业志》是盐池县委、县人民政府全面贯彻落实习近平生态文明思想的具体实践和使命担当，也是对历史、对全县广大人民群众负责的责任担当。

2019年3月，盐池县自然资源局成立。至此盐池县林业局（环境保护和林业局）完成阶段性历史任务。组织编纂《盐池县环境保护和林业志》，全面总结改革开放以来全县林业生态建设成果经验，有利于持续推进新形势下生态建设和环境保护工作，有利于加快新时期生态文明建设深入发展。

鉴于此前已经编辑出版了《盐池县生态建设志》（时间下限为2000年，2004年由宁夏人民出版社出版），因此《盐池县环境保护和林业志》是《盐池县生态建设志》的续修志。

编纂《盐池县环境保护和林业志》是在县委党史和地方志编纂委员会指导下，由县自然资源局主持、党史和地方志研究室负责大纲审定，于2021年2月启动编辑，10月份完成初稿，先后经过三次修改，于当年12月25日组织了县级专家评审，之后进行终稿修改，再经过出版社三审三校，终成是志。

志书启动编辑以来，县政协副主席蒋刚［兼任县自然资源局党委（党组）书记、局长，2021年10月后任盐池县人大常委会副主任］亲自主持编纂工作，邀请县委党史和地方志研究室主任党英才承担志书编纂业务指导，特邀张立宪组织县内地方志编研人员负责编写。编辑人员认真查阅大量档案资料，走访邀请林业战线老领导、老同志和林业专业技术人员参与其事，共同提出修改完善意见。

编辑人员先后查阅整理档案资料、重要文件120万字，征集图片1000余张，数易其稿，最终成稿60余万字，收入图片160余幅。

终审阶段，邀请自治区地方志编纂委员会办公室主任负有强、自治区地方志办公室业务科黄鑫（博士）、盐池县委党史和地方志评审小组成员侯凤章、张玉东、原盐池县环境保护和林业局局长王学增、刘伟泽，盐池县自然资源局现任班子成员王军、李永亮、郭毅及高级林业工程师谢国勋、孙果和退休干部秦立帮等人组成专家评审小组，对该志进行详细审读和专业评审。

该志收录生态文明建设成果图片分别由县内摄影爱好者提供，生态文化（艺文）部分相关作

金秋韵致（2020年10月李茂荣摄于哈巴湖）

者为此志提供或专门创作了一批诗词、联语、纪实文学和书画作品，在此一并致谢。

地方志"纵述史实，横陈百科"，蕴藏着磅礴的历史智慧。改革开放四十年间，盐池县生态建设取得的重大成果，是历届县委、县政府团结带领全县广大干部群众，用汗水和智慧铸就的一部感人奋斗史、发展史、精神史。总结好、记录好这一奋斗历程，是参与编写此志所有人员的共同愿望。期待《盐池县环境保护和林业志》能够充分发挥"以史鉴今、资政育人"功用，为历史、为后人留下珍贵的史料遗存。

由于编写人员水平有限，难免出现挂一漏万之不足，还祈指正为盼。

编　者

2022年2月

2021 年 12 月 25 日，《盐池县环境保护和林业志》评审会参会区县专家评审组成员、部分编委会和编辑组成员

大漠长歌
"生态盐池"的绿色演变史

图书在版编目（CIP）数据

盐池县环境保护和林业志 / 盐池县自然资源局编 .
-- 北京 : 中国文史出版社 , 2022.4
　ISBN 978-7-5205-3507-6

　Ⅰ.①盐… Ⅱ.①盐… Ⅲ.①环境保护—概况—盐池
县②林业史—盐池县 Ⅳ.① X321.243.4 ② F326.274.34

中国版本图书馆 CIP 数据核字（2022）第 057738 号

责任编辑：梁　洁　　装帧设计：杨飞羊

出版发行：中国文史出版社

社　　址	：北京市海淀区西八里庄路 69 号　邮编：100142
电　　话	：010-81136606　81136602　81136603（发行部）
传　　真	：010-81136655
印　　装	：北京新华印刷有限公司
经　　销	：全国新华书店
开　　本	：787mm×1092mm　1/16
印　　张	：30
字　　数	：618 千字
版　　次	：2022 年 7 月北京第 1 版
印　　次	：2022 年 7 月第 1 次印刷
定　　价	：198.00 元
